Kubernetes in Action 中文版

[美] Marko Lukša 著

七牛云 七牛容器云团队 译

Kubernetes in Action

電子工業出版社

Publishing House of Electronics Industry

北京•BEIJING

内 容 简 介

本书主要讲解如何在Kubernetes中部署分布式容器应用。本书开始部分概要介绍了Docker和Kubernetes的由来和发展，然后通过在Kubernetes中部署一个应用程序，一点点增加功能，逐步加深我们对于Kubernetes架构的理解并逐步掌握操作的实践技能。在本书后面的部分，也可以学习一些高阶的主题，比如监控、调试及伸缩。

Kubernetes是希腊文，意思是“舵手”，带领我们安全地到达未知水域。Kubernetes这样的容器编排系统，会帮助我们妥善地管理分布式应用的部署结构和线上流量，高效地组织容器和服务。Kubernetes作为数据中心操作系统，在设计软件系统时，能够尽量降低在底层网络和硬件设施上的负担。

版权贸易合同登记号 图字：01-2018-5008

图书在版编目（CIP）数据

Kubernetes in Action中文版 / (美) 马尔科·卢克沙著；七牛容器云团队译. —北京：电子工业出版社，2019.1

ISBN 978-7-121-34995-9

Ⅰ. ①K… Ⅱ. ①马… ②七… Ⅲ. ①Linux操作系统－程序设计 Ⅳ. ①TP316.85

中国版本图书馆CIP数据核字(2018)第206265号

责任编辑：张春雨
印　　刷：三河市华成印务有限公司
装　　订：三河市华成印务有限公司
出版发行：电子工业出版社
　　　　　北京市海淀区万寿路173信箱　邮编：100036
开　　本：787×980　1/16　印张：37.5　字数：888千字
版　　次：2019年1月第1版
印　　次：2022年5月第13次印刷
定　　价：148.00元

凡所购买电子工业出版社图书有缺损问题，请向购买书店调换。若书店售缺，请与本社发行部联系，联系及邮购电话：（010）88254888，88258888。

质量投诉请发邮件至zlts@phei.com.cn，盗版侵权举报请发邮件至dbqq@phei.com.cn。

本书咨询联系方式：010-51260888-819，faq@phei.com.cn。

推荐序

2013 年，Docker 问世，由于其简练易用的使用范式，极大降低了容器技术的使用门槛，引爆了容器技术，一场轰轰烈烈的由容器带来的新计算革命开始了。

2014 年，预见到了容器带来的革命性变化，七牛内部成立了一个新项目——QCOS，全称为 Qiniu Cloud Operating System（也可以理解为 Qiniu Cluster Operating System），目标是实现一个数据中心操作系统，让开发人员使用数据中心如同使用一台机器一样容易。在当时，Kubernetes 项目也刚刚开始，还在规格设计阶段。我们通读了 Kubernetes 的设计，决定自己干。这是一个非常疯狂的想法。促使我们决定自己干的原因有两点：一是我们存储也自己干，而且干成了，所以计算自己干，也不无成功的可能；二是 Kubernetes 刚开始，一切如果跟随 Kubernetes，那么我们做起事情来肯定束手束脚，没办法按照商业公司的推进速度来推进。

但是做着做着我们就发现，计算不像存储，计算问题是一个非常开放性的问题。而以容器为核心的计算系统，其复杂性也不同于以虚拟机（VM）为代表的计算系统，因为虚拟机（VM）是以虚拟一台机器为边界的，其问题域同样比较闭合。但是容器计算就是要打破机器的边界，让计算力在数据中心内自由调度。这个问题域涉及面非常广，比如常规的计算力调度、负载均衡、部署升级、服务发现、日志与监控，都要以全新的方式来解决。

实际上给数据中心做一个操作系统并不是什么新想法。20 世纪 80 年代中期，贝尔实验室就开启了一个名为 Plan9 的操作系统项目，目的就是做一个数据中心操作系统。参与创建这个操作系统的工程师都大名鼎鼎：Rob Pike、Ken Thompson，等等。你没看错，就是今天创建了 Go 语言的那帮人。他们在 Plan9 项目解散后被 Google 抢了过去，换了一个思路继续做数据中心操作系统 —— 从面向数据中心的语言开始：Go 语言就这样诞生了。而随着 Go 语言的流行，Docker、Kubernetes 接连诞生，继续续写着数据中心操作系统的梦想。

Kubernetes 诞生之初，虽然嘴里衔着 Google Borg 系统的金钥匙，但是同期竞争的项目还是比较多的，除了七牛自己内部发起的 QCOS 外，比较知名的还有 Docker Swarm 和 Mesos。但是到了 2016 年，这场竞争越来越趋于 Kubernetes 一统天下。七牛内部 QCOS 项目也放弃了自研，将方向转向了 Kubernetes 阵营。

QCOS 项目对七牛有着特殊的意义，它是七牛业务多元化的开始。在此之前，七牛秉承专注做好一件事情，着眼于对象存储一个点，从单点切入，把单点做到极致的思路，获得了极佳的口碑，大量的移动互联网应用都选择了七牛作为它们的图片和视频托管的云服务提供商。选择做 QCOS，实际上是我们在打第二个根据地时，选择了一条极其艰难的道路。

今天我们 QCOS 团队（内部已更名为 KIRK 团队）发起了 *Kubernetes in Action* 一书的翻译，他们邀请我给译本作序，我脑子里不由自主想起了这段历史。选择基于 Kubernetes，是我们从商业上来说的务实选择，但是它并不代表放弃自主研发，只是把梦想暂时封存在心里。中国古话说，师夷长技以制夷，别人的好东西我们是要学习的，学好了我们才能完成从模仿到超越的过程。

Kubernetes 的背后，是一场新计算革命，是真正的云计算 2.0，我们期待更多有想法的开发者能够学习 Kubernetes，能够加入这场计算革命。也欢迎大家加入七牛。

是为序。

许式伟 七牛云 CEO

译者序

早在 2011 年创业初期，七牛就决定使用 GoLang 作为主要开发语言，那时距离 GoLang 1.0 的正式发布还有将近一年的时间。当时我们就断定，在分布式时代，GoLang 这种语言必定会大放异彩。今天，七牛的绝大多数线上服务都是用 GoLang 实现的，Golang 帮助我们以最高的效率实现应用，快速响应客户需求。现在，我们也很幸运地看到当前最热门的开源项目如 Docker、Kubernetes 等，也都是基于 GoLang 来实现的。

就像早期拥抱 GoLang 一样，七牛也是 Docker 和 Kubernetes 技术的坚定拥护者和践行者。早在 2014 年，我们就基于 Docker 自研了一套容器集群管理系统，用于图片、音视频转码应用实例的资源调度，这套系统在线上运行了好几年，现在正逐渐被 Kubernetes 替代。

Docker 和 Kubernetes 的出现，让我们发现了构建数据中心操作系统（DCOS）的可能性。Docker 的轻量级、Kubernetes 的灵活性和开放性，能让我们以 API 调用的方式来交付计算力（包括 CPU、内存、网络、磁盘等），能让业务应用摆脱传统资源交付方式和既往运维手段的束缚，更快捷地得到部署、升级和管理，业务迭代速度大大加快，资源利用率大幅提高。

早在几年前，我们在七牛就成立了专门的容器云团队，致力于打造更健壮、更易用的容器集群调度管理系统。现在，我们在七牛内部全面推广和应用 Kubernetes，不仅把无状态服务运行在Kubernetes中，也把有状态服务比如数据库运行在Kubernetes中，正如使用GoLang提高了我们的开发效率一样，使用Kubernetes大大提高了我们的部署和运维效率。

在七牛，我们坚定地认为，Kubernetes会成为下一个Linux，但是管理的不再是单台机器，而是以DCOS的方式来管理整个数据中心。熟练地掌握和使用Kubernetes，将成为每个前后端工程师的必备技能，Kubernetes将成为发布前后端服务的标准途径。

这本书的翻译，我们集中了七牛容器云团队，以及其他七牛内部热心志愿者的力量，针对翻译的每个术语我们认真推敲，尽最大可能达到“信”“达”“雅”的程度。鉴于水平有限，难免有纰漏，请读者谅解。

希望这本书能带领你进入Kubernetes的世界。

袁晓沛 七牛云容器计算部技术总监

前 言

在 Red Hat 工作了几年之后，2014 年底，我被分配到一个叫 Cloud Enablement 的新团队。我们的任务是将公司的中间件系列产品引入基于 Kubernetes 开发的 OpenShift 容器平台。当时，Kubernetes 还在初始的 1.0 版本中，甚至还没有正式发布。

我们团队必须尽快了解 Kubernetes 的细节，以便能够充分利用 Kubernetes 的一切，为软件开发设定正确的方向。当遇到问题时，很难判断是我们出错了，还是仅仅是碰到了一个 Kubernetes 的 bug。

从那以后，Kubernetes 有了长足的发展，我对它的理解也有了很大的提升。当我第一次使用它的时候，大多数人甚至从未听说过 Kubernetes。现在，几乎每个软件工程师都知道它，Kubernetes 已经成为在云上和内部数据中心运行应用程序的增长最快和使用最广泛的方式之一。

在使用 Kubernetes 的第一个月，我写了一篇包含两部分的博客文章，介绍如何在 OpenShift/Kubernetes 中运行 JBoss WildFly 应用服务集群。当时，我从未想过一篇简单的博客文章会让曼宁出版社的人联系我，询问我是否愿意写一本关于 Kubernetes 的书。当然，我不能拒绝这样的提议，尽管我确信他们也会联系其他人，甚至最终会选择其他人。

经过一年半的写作和研究，完成了本书，这是一次很棒的经历。写一本关于一项技术的书是比使用更好地了解它的方法。随着我对 Kubernetes 了解的深入，以及

Kubernetes 本身的不断发展，我不断地回到之前写完的章节，添加更多的信息。我是一个完美主义者，所以永远不会对这本书感到绝对满意，但我很高兴听到 MEAP（Manning Early Access Program）的许多读者觉得它是一本很好的学习 Kubernetes 的指南。

我的目的是让读者了解技术本身，并教会你如何使用工具有效地在 Kubernetes 集群中开发和部署应用程序。本书的重点不在如何建立和维护一个高可用的 Kubernetes 集群，但本书的最后一部分告诉读者这样一个集群应该包含什么，这能让大家很容易地理解处理这个问题的额外资源。

希望你能享受阅读此书，并且让你学到如何能够充分利用 Kubernetes 系统的强大之处。

致　谢

在我开始写这本书之前，从来就没有想到将来会有这么多人参与进来，将一堆粗略的手稿整理成一本可以发行的书籍，我要感谢他们的帮助。

首先，我要感谢 Erin Twohey，是他指导我写了这本书。还有 Michael Stephens，在我写书的一年半的时间里，他始终给予我信心，并激励着我继续做下去。

要感谢我的两位编辑。第一位编辑 Andrew Warren，是他协助我完成了此书的首章，迈出了艰难的第一步。第二位编辑 Elesha Hyde，庆幸有他接管 Andrew 的工作,和我并肩作战,直到完成本书的全部章节。我知道自己是一个难以沟通合作的人，但是他们表现出了极大的宽容与耐心。

我要感谢 Jeanne Boyarsky，他是我的第一个审稿人，在我写作期间，不断地审阅我的稿子，并给出很多有用的建议。后来又有了 Jeanne 和 Elesha，他们三人让这本书的品质达到了预期。如今我收到了大量外部读者与评论者的好评，这都是他们的功劳。

要感谢我的技术校对 Antonio Magnaghi，以及所有的外部审稿人：Al Krinker、Alessandro Campeis、Alexander Myltsev、Csaba Sari、David DiMaria、Elias Rangel、Erisk Zelenka、Fabrizio Cucci、Jared Dunca、Keith Donaldson、Michael Bright、Paolo Antinori、Peter Perlepes 和 Tiklu Ganguly。在我心情糟糕到想要放弃写作时，他们的鼓励继续温暖我前行。另一方面，他们建设性的想法帮助我完善了那些因为

精力有限而匆匆拼凑的章节。他们还积极指出了那些晦涩难懂的章节，并给出了如何优化的建议。这期间他们也提出了一些很好的问题，让我及时地意识到自己的错误，并完善了手稿的初版。

我还需要感谢一些读者，他们在 Manning MEAP（Manning Early Access Program）购买了这本书的早期版本，并通过在线论坛讨论或者直接联系我的方式，给出了很多建议，特别是 Vimal Kansal、Panoo Patierno 和 Roland Huß，他们发现了不少内容前后不一致和描述性错误。我还要感谢那些在 Manning 工作并参与过此书出版的所有人。我同样要感谢高中和大学期间的好友 Ales Justin，他引荐我到 Red Hat，结识了 Cloud Enablement 团队的同事。感谢他们，如果不是进入这家公司，进入这个团队，我不可能写这本书。

最后，我要感谢我的妻子与孩子，在过去的 18 个月，我把自己反锁在办公室里，忽略了对他们的陪伴，即便这样，他们表现出了对我的莫大理解与支持。

感谢他们所有人！

关于本书

本书旨在让你能够熟练使用 Kubernetes。它介绍了在 Kubernetes 中有效地开发和运行应用所需的几乎所有概念。

在深入研究 Kubernetes 之前，本书概述了 Docker 等容器技术，包括如何构建容器，以便即使以前没有使用过这些技术的读者也可以使用它们。然后，它会慢慢带你从基本概念到实现原理了解大部分的 Kubernetes 知识。

本书适合谁

本书主要关注应用开发人员，但也从操作的角度概述了应用的管理。它适合任何对在多服务器上运行和管理容器化应用感兴趣的人。

对于希望学习容器技术以及大规模的容器编排的人，无论是初学者还是高级软件工程师都将得到在 Kubernetes 环境中开发、容器化和运行应用所需的专业知识。

阅读本书不需要预先了解容器或 Kubernetes 技术。本书以渐进的方式展开主题，不会使用让非专家开发者难以理解的应用源代码。

读者至少应该具备编程、计算机网络和运行 Linux 基本命令的基础知识，并了解常用的计算机协议，如 HTTP。

本书的组织方式：路线图

本书分为三个部分，涵盖 18 个章节。

第一部分简要地介绍 Docker 和 Kubernetes、如何设置 Kubernetes 集群，以及如何在集群中运行一个简单的应用。它包括两章：

- 第 1 章解释了什么是 Kubernetes、Kubernetes 的起源，以及它如何帮助解决当今大规模应用管理的问题。
- 第 2 章是关于如何构建容器镜像并在 Kubernetes 集群中运行的实践教程。还解释了如何运行本地单节点 Kubernetes 集群，以及在云上运行适当的多节点集群。

第二部分介绍了在 Kubernetes 中运行应用必须理解的关键概念。内容如下：

- 第 3 章介绍了 Kubernetes 的基本构建模块——pod，并解释了如何通过标签组织 pod 和其他 Kubernetes 对象。
- 第 4 章将向你介绍 Kubernetes 如何通过自动重启容器来保持应用程序的健康。还展示了如何正确地运行托管的 pod，水平伸缩它们，使它们能够抵抗集群节点的故障，并在未来或定期运行它们。
- 第 5 章介绍了 pod 如何向运行在集群内外的客户端暴露它们提供的服务，还展示了运行在集群中的 pod 是如何发现和访问集群内外的服务的。
- 第 6 章解释了在同一个 pod 中运行的多个容器如何共享文件，以及如何管理持久化存储并使得 pod 可以访问。
- 第 7 章介绍了如何将配置数据和敏感信息（如凭据）传递给运行在 pod 中的应用。
- 第 8 章描述了应用如何获得正在运行的 Kubernetes 环境的信息，以及如何通过与 Kubernetes 通信来更改集群的状态。
- 第 9 章介绍了 Deployment 的概念，并解释了在 Kubernetes 环境中运行和更新应用的正确方法。
- 第 10 章介绍了一种运行需要稳定的标识和状态的有状态应用的专门方法。

第三部分深入研究了 Kubernetes 集群的内部，介绍了一些额外的概念，并从更高的角度回顾了在前两部分中所学到的所有内容。这是最后一组章节：

- 第 11 章深入 Kubernetes 的底层，解释了组成 Kubernetes 集群的所有组件，以及每个组件的作用。它还解释了 pod 如何通过网络进行通信，以及服务如何跨多个 pod 形成负载平衡。
- 第 12 章解释了如何保护 Kubernetes API 服务器，以及通过扩展集群使用身份验证和授权。
- 第 13 章介绍了 pod 如何访问节点的资源，以及集群管理员如何防止 pod 访问节点的资源。

- 第 14 章深入了解限制每个应用程序允许使用的计算资源、配置应用的 QoS（Quality of Service）保证，以及监控各个应用的资源使用情况。还会介绍如何防止用户消耗太多资源。
- 第 15 章讨论了如何通过配置 Kubernetes 来自动伸缩应用运行的副本数，以及在当前集群节点数量不能接受任何新增应用时，如何对集群进行扩容。
- 第 16 章介绍了如何确保 pod 只被调度到特定的节点，或者如何防止它们被调度到其他节点。还介绍了如何确保 pod 被调度在一起，或者如何防止它们被调度在一起。
- 第 17 章介绍了如何开发应用程序并部署在集群中。还介绍了如何配置开发和测试工作流来提高开发效率。
- 第 18 章介绍了如何使用自己的自定义对象扩展 Kubernetes，以及其他人是如何开发并创建企业级应用平台的。

随着章节的深入，不仅可以了解单个构建 Kubernetes 的模块，还可以逐步增加对使用 `kubectl` 命令行工具的理解。

关于代码

虽然这本书没有包含很多实际的源代码，但是包含了许多 YAML 格式的 Kubernetes 资源清单，以及 shell 命令及其输出。所有这些都是用等宽字体显示的，以便与普通文本相互区分。

shell 命令大部分以粗体文字展示，以便与命令的输出清晰地区分，但为了表示强调有时只有命令的最重要的部分或是命令输出的一部分是粗体的。在大多数情况下，为了适应图书有限的版面空间，命令输出会被重新格式化。此外，由于 Kubernetes 的命令行工具 `kubectl` 不断发展更新，新版本输出的信息可能会比书中显示的更多。如果输出结果不完全一致，请不要感到困惑。

代码清单有时会包括续行标记（➥）表示一行文字延续到下一行。代码清单还可能包括注释，这些注释用于解释最重要的部分。

在文本段落包含一些常见的元素，如 Pod、ReplicationController、ReplicaSet、DaemonSet 等，为了避免代码字体的过度复杂，便于阅读，都以常规字体显示。在某些地方，大写字母开头的“Pod”表示 Pod 资源，小写则表示实际运行的容器组。

本书中的所有示例都使用谷歌 Kubernetes 引擎（Google Kubernetes Engine），在 Kubernetes 1.8 版本和 Minikube 的本地集群进行了运行测试。完整的源代码和 YAML 清单可以在 https://github.com/luksa/kubernetes-in-action 找到，或者从出版商的网站 www.manning.com/books/kubernetes-in-action 中下载。

其他线上资源

可以在下面的网址中找到更多额外的 Kubernetes 信息：

- Kubernetes 官方网站：https://kubernetes.io
- 经常发布有用信息的 Kubernetes 博客：http://blog.kubernetes.io
- Kubernetes 社区的 Slack 频道：http://slack.k8s.io
- Kubernetes 以及 Cloud Native Computing Foundation 的 YouTube 频道：
  - https://www.youtube.com/channel/UCZ2bu0qutTOM0tHYa_jkIwg
  - https://www.youtube.com/channel/UCvqbFHwN-nwalWPjPUKpvTA

为了获得对于单个话题更深入的理解或者贡献 Kubernetes 项目，可以查看 Kubernetes 特别兴趣小组（SIGs）：https://github.com/kubernetes/kubernetes/wiki/Special-Interest-Groups-(SIGs)。

最后，由于 Kubernetes 是一个开源项目，Kubernetes 源码本身包含大量的信息。可以访问 Kubernetes 和相关的仓库：https://github.com/kubernetes/。

读者服务

轻松注册成为博文视点社区用户（www.broadview.com.cn），扫码直达本书页面。

- **提交勘误**：您对书中内容的修改意见可在 提交勘误 处提交，若被采纳，将获赠博文视点社区积分（在您购买电子书时，积分可用来抵扣相应金额）。
- **交流互动**：在页面下方 读者评论 处留下您的疑问或观点，与我们和其他读者一同学习交流。

页面入口：http://www.broadview.com.cn/34995

关于作者

马尔科·卢克沙（Marko Lukša）是一位具有20年开发Web应用、ERP系统、框架以及中间件软件经验的专业软件工程师。1985年，六岁的他在父亲给他买的一台二手ZX光谱计算机（ZX Spectrum computer）上开始了编程的第一步。小学时，他是全国Logo语言编程大赛的冠军，他在参加编程夏令营时学习了Pascal编程。从那时起，他开始使用各种编程语言开发软件。

他从高中在万维网的早期就开始搭建动态网站。在斯洛文尼亚卢布尔雅那大学（University of Ljubljana）学习计算机科学期间，他在当地一家公司为医疗和电信行业开发软件。最终，他成为了Red Hat的员工，最初开发了谷歌应用程序引擎（Google App Engine）API的开源实现，该API底层使用了Red Hat的JBoss中间件产品。他还参与了CDI/Weld、Infinispan/JBoss DataGrid等项目。

自2014年底以来，他一直是Red Hat Cloud Enablement团队的一员，在该团队中，他的职责包括了解Kubernetes和相关技术的最新发展趋势，保证公司的软件中间件充分利用Kubernetes和OpenShift的特性。

关于封面插画

本书封面上的人物肖像名为“Divan 的成员”（Member of the Divan），Divan 是指土耳其国务委员会或理事机构。图片来自 1802 年 1 月 1 日出版的由伦敦老邦德街的威廉·米勒（William Miller ）创作的一套奥斯曼帝国服装设计作品集。作品集的标题页丢失了，至今没有找到。作品集的目录用英文和法文标出了这些人物，每幅插图上都有创作的两位艺术家的名字，艺术家们应该会为自己的作品出现在 200 年之后的一本电脑编程书的封面上感到惊讶吧。

作品集由 Manning 的一位编辑从位于曼哈顿西 26 街“车库”的一个古董跳蚤市场买的。卖家是一位居住在土耳其安卡拉的美国人，交易发生在他收拾摊子的时候。Manning 的编辑当时身上没有足够的现金，信用卡和支票都被卖家礼貌地拒绝了。由于那天晚上卖家要飞回安卡拉，情况令人绝望。后来，通过一种类似握手的旧式口头协议，交易出现了转机。卖家提议用电汇的方式把钱汇给他，然后编辑拿着一张包含银行信息的纸和一叠照片走了出来。第二天我们把钱转了过去。这个陌生人的信任让我们心存感激，印象深刻，时时忆起。Manning 以呈现两个世纪前丰富多彩的地区生活的书籍封面来颂扬计算机产业的独创性和首创性，并让像这本画册这样的古籍和藏品中的绘画作品重现生机。

目　录

1 Kubernetes介绍

本章内容涵盖

- 应用的开发和部署方式在近几年的发展趋势
- 容器如何保障应用间的隔离性，以及减少应用对部署环境的依赖性
- Docker 容器如何在 Kubernetes 系统中应用
- Kubernetes 如何提高开发人员和系统管理员的工作效率

在过去，多数的应用都是大型单体应用，以单个进程或几个进程的方式，运行于几台服务器之上。这些应用的发布周期长，而且迭代也不频繁。每个发布周期结束前，开发者会把应用程序打包后交付给运维团队，运维人员再处理部署、监控事宜，并且在硬件发生故障时手动迁移应用。

今天，大型单体应用正被逐渐分解成小的、可独立运行的组件，我们称之为微服务。微服务彼此之间解耦，所以它们可以被独立开发、部署、升级、伸缩。这使得我们可以对每一个微服务实现快速迭代，并且迭代的速度可以和市场需求变化的速度保持一致。

但是，随着部署组件的增多和数据中心的增长，配置、管理并保持系统的正常运行变得越来越困难。如果我们想要获得足够高的资源利用率并降低硬件成本，把组件部署在什么地方变得越来越难以决策。手动做所有的事情，显然不太可

行。我们需要一些自动化的措施，包括自动调度、配置、监管和故障处理。这正是 Kubernetes 的用武之地。

Kubernetes 使开发者可以自主部署应用，并且控制部署的频率，完全脱离运维团队的帮助。Kubernetes 同时能让运维团队监控整个系统，并且在硬件故障时重新调度应用。系统管理员的工作重心，从监管应用转移到了监管 Kubernetes，以及剩余的系统资源，因为 Kubernetes 会帮助监管所有的应用。

注意 Kubernetes 是希腊语中的“领航员”或“舵手”的意思。Kubernetes 有几种不同的发音方式。许多人把它读成 Koo-ber-nay-tace，还有一些人读成 Koo-ber-netties。不管你用哪种方式，大家都知道你指的是这个单词。

Kubernetes 抽象了数据中心的硬件基础设施，使得对外暴露的只是一个巨大的资源池。它让我们在部署和运行组件时，不用关注底层的服务器。使用 Kubernetes 部署多组件应用时，它会为每个组件都选择一个合适的服务器，部署之后它能够保证每个组件可以轻易地发现其他组件，并彼此之间实现通信。

所以说应用 Kubernetes 可以给大多数场景下的数据中心带来增益，这不仅包括内部部署 (on-premises) 的数据中心，如果是类似云厂商提供的那种超大型数据中心，这种增益是更加明显的。通过 Kubernetes，云厂商提供给开发者的是一个可部署且可运行任何类型应用的简易化云平台，云厂商的系统管理员可以不用关注这些海量应用到底是什么。

随着越来越多的大公司把 Kubernetes 作为它们运行应用的最佳平台，Kubernetes 帮助企业标准化了云端部署及内部部署的应用交付方式。

1.1　Kubernetes系统的需求

在开始了解 Kubernetes 的细节之前，我们快速看一下近年来应用程序的开发部署是如何变化的。变化是由两方面导致的，一方面是大型单体应用被拆解为更多的小型微服务，另一方面是应用运行所依赖的基础架构的变化。理解这些变化，能帮助我们更好地看待使用 Kubernetes 和容器技术带来的好处。

1.1.1　从单体应用到微服务

单体应用由很多个组件组成，这些组件紧密地耦合在一起，由于它们在同一个操作系统进程中运行，所以在开发、部署、管理的时候必须以同一个实体进行。对单体应用来说，即使是某个组件中一个小的修改，都需要重新部署整个应用。组件间缺乏严格的边界定义，相互依赖，日积月累导致系统复杂度提升，整体质量也急剧恶化。

运行一个单体应用，通常需要一台能为整个应用提供足够资源的高性能服务器。为了应对不断增长的系统负荷，我们需要通过增加 CPU、内存或其他系统资源的方式来对服务器做垂直扩展，或者增加更多的跑这些应用程序的服务器的做水平扩展。垂直扩展不需要应用程序做任何变化，但是成本很快会越来越高，并且通常会有瓶颈。如果是水平扩展，就可能需要应用程序代码做比较大的改动，有时候甚至是不可行的，比如系统的一些组件非常难于甚至不太可能去做水平扩展(像关系型数据库)。如果单体应用的任何一个部分不能扩展，整个应用就不能扩展，除非我们想办法把它拆分开。

将应用拆解为多个微服务

这些问题迫使我们将复杂的大型单体应用，拆分为小的可独立部署的微服务组件。每个微服务以独立的进程（见图 1.1）运行，并通过简单且定义良好的接口（API）与其他的微服务通信。

服务之间可以通过类似 HTTP 这样的同步协议通信，或者通过像 AMQP 这样的异步协议通信。这些协议能够被大多数开发者所理解，并且并不局限于某种编程语言。这意味着任何一个微服务，都可以用最适合的开发语言来实现。

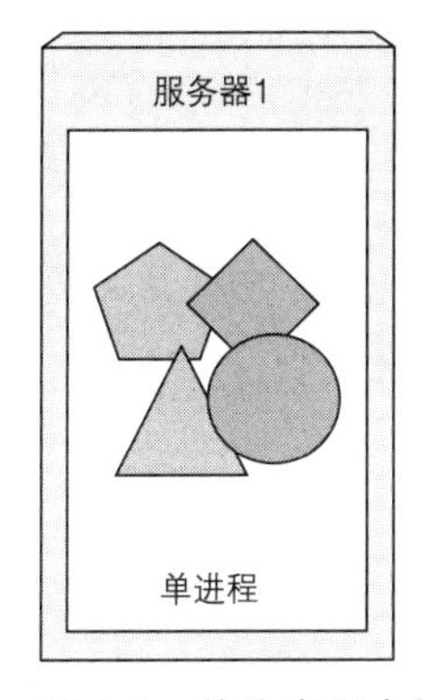

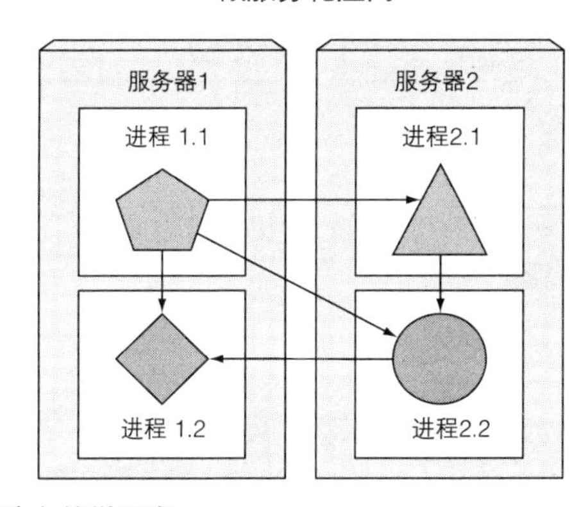

图 1.1 单体应用中的组件与独立的微服务

因为每个微服务都是独立的进程，提供相对静态的 API，所以独立开发和部署单个微服务成了可能。只要 API 不变或者向前兼容，改动一个微服务，并不会要求对其他微服务进行改动或者重新部署。

微服务的扩容

面向单体系统，扩容针对的是整个系统，而面向微服务架构，扩容却只需要针对单个服务，这意味着你可以选择仅扩容那些需要更多资源的服务而保持其他的服务仍然维持在原来的规模。如图 1.2 所示，三种组件都被复制了多个，并以多进程的方式部署在不同的服务器上，而另外的组件只能以单体进程应用运行。当单体应用因为其中一部分无法扩容而整体被限制扩容时，可以把应用拆分成多个微服务，将那些能进行扩容的组件进行水平扩展，不能进行扩容的组件进行垂直扩展。

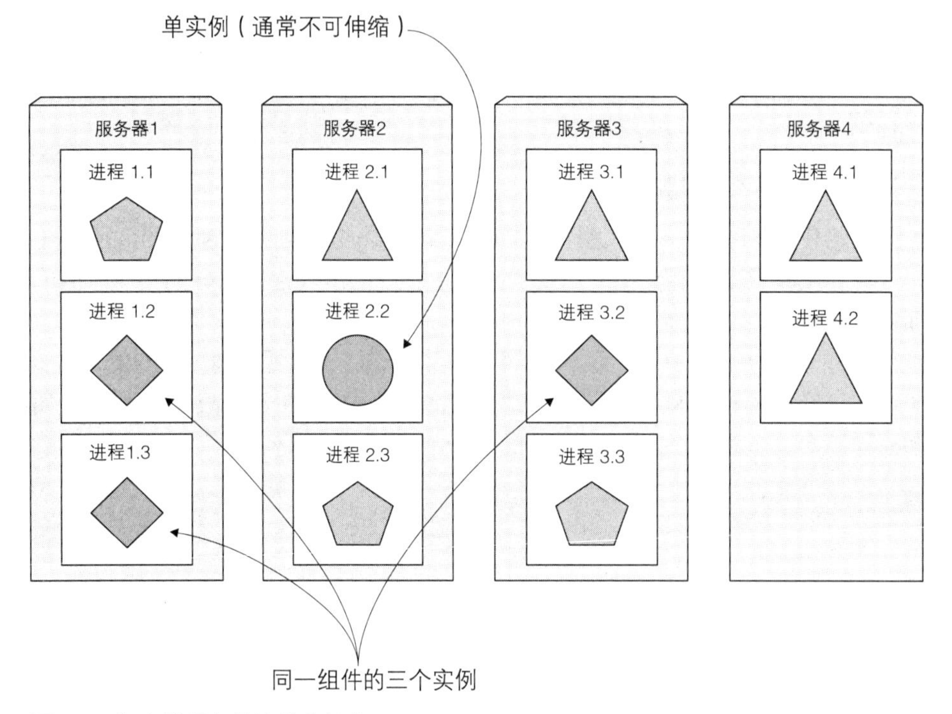

图 1.2　每个微服务能被单独扩容

部署微服务

像大多数情况一样，微服务也有缺点。若你的系统仅包含少许可部署的组件，管理那些组件是简单的。决定每个组件部署在哪儿是不重要的，因为没有那么多选择。当组件数量增加时，部署相关的决定就变得越来越困难。因为不仅组件部署的组合数在增加，而且组件间依赖的组合数也在以更大的因素增加。

微服务以团队形式完成工作，所以需要找到彼此进行交流。部署微服务时，部署者需要正确地配置所有服务来使其作为一个单一系统能正确工作，随着微服务的数量不断增加，配置工作变得冗杂且易错，特别是当你思考服务器宕机时运维团队需要做什么的时候。

微服务还带来其他问题，比如因为跨了多个进程和机器，使得调试代码和定位异常调用变得困难。幸运的是，这些问题现在已经被诸如 Zipkin 这样的分布式定位系统解决。

环境需求的差异

正如已经提到的，一个微服务架构中的组件不仅被独立部署，也被独立开发。因为它们的独立性，出现不同的团队开发不同的组件是很正常的事实，每个团队都有可能使用不同的库并在需求升级时替换它们。如图 1.3 所示，因为组件之间依赖的差异性，应用程序需要同一个库的不同版本是不可避免的。

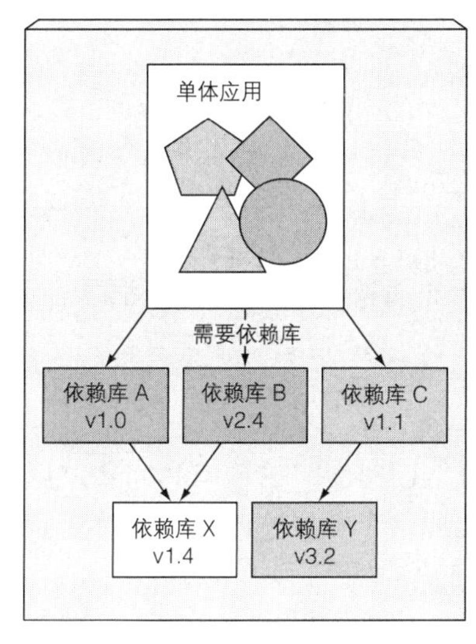

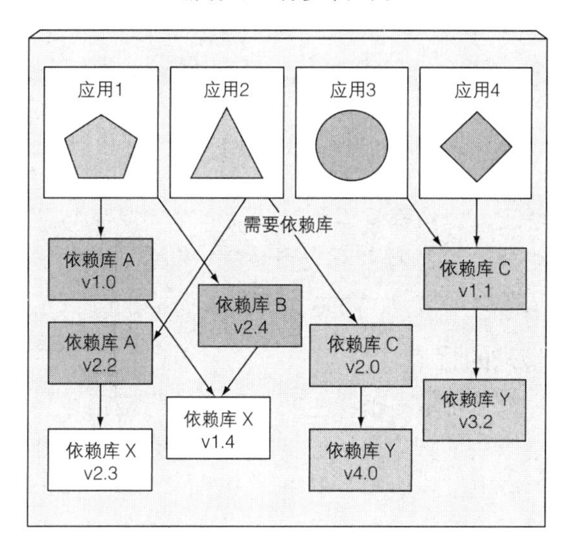

图 1.3 多个应用在同一个主机上运行可能会有依赖冲突

部署动态链接的应用需要不同版本的共享库，或者需要其他特殊环境，在生产服务器部署并管理这种应用很快会成为运维团队的噩梦。需要在同一个主机上部署的组件数量越大，满足这些组件的所有需求就越难。

1.1.2 为应用程序提供一个一致的环境

不管你同时开发和部署多少个独立组件，开发和运维团队总是需要解决的一个最大的问题是程序运行环境的差异性，这种巨大差异不仅存在于开发环境与生产环境之间，甚至存在于各个生产机器之间。另外一个无法避免的事实是生产机器的环境会随着时间的推移而变化。

这些差异性存在于从硬件到操作系统再到每台机器的可用库上。生产环境是由运维团队管理的，而开发者常常比较关心他们自己的开发环境。这两组人对系统管理的理解程度是不同的，这个理解偏差导致两个环境的系统有较大的差异，系统管理员更重视保持系统更新最近的安全补丁，而大多数开发者则并不太关心。

生产系统可能要运行多个开发者或者开发团队的应用，而对于开发者的电脑来说就不是这个情况了。一个生产系统必须给所有它需要承载的应用提供合适的环境，尽管这些应用可能需要不同的，甚至带有冲突的版本库。

为了减少仅会在生产环境才暴露的问题，最理想的做法是让应用在开发和生产阶段可以运行在完全一样的环境下，它们有完全一样的操作系统、库、系统配置、网络环境和其他所有的条件。你也不想让这个环境随着时间推移而改变。如果可能，你想要确保在一台服务器上部署新的应用时，不会影响到机器上已有的应用。

1.1.3 迈向持续交付：DevOps 和无运维

在最近几年中，我们看到了应用在开发流程和生产运维流程中的变化。在过去，开发团队的任务是创建应用并交付给运维团队，然后运维团队部署应用并使它运行。但是现在，公司都意识到，让同一个团队参与应用的开发、部署、运维的整个生命周期更好。这意味着开发者、QA 和运维团队彼此之间的合作需要贯穿整个流程。这种实践被称为 DevOps。

带来的优点

让开发者更多地在生产环境中运行应用，能够使他们对用户的需求和问题，以及运维团队维护应用所面临的困难，有一个更好的理解。应用程序开发者现在更趋向于将应用尽快地发布上线，通过收集用户的反馈对应用做进一步开发。

为了频繁地发布应用，就需要简化你的部署流程。理想的状态是开发人员能够自己部署应用上线，而不需要交付给运维人员操作。但是，部署应用往往需要具备对数据中心底层设备和硬件架构的理解。开发人员却通常不知道或者不想知道这些细节。

让开发者和系统管理员做他们最擅长的

成功运行一个应用并服务于客户，这是开发者和系统管理员共同的目标，但他们也有着不同的个人目标和驱动因素。开发者热衷于创造新的功能和提升用户体验，他们通常不想成为确保底层操作系统已经更新所有安全补丁的那些人，他们更喜欢把那些事留给系统管理员。

运维团队负责管理生产部署流程及应用所在的硬件设备。他们关心系统安全、使用率，以及其他对于开发者来说优先级不高的东西。但是，运维人员不想处理所有应用组件之间暗含的内部依赖，也不想考虑底层操作系统或者基础设施的改变会怎样影响到应用程序，但是他们却不得不关注这些事情。

理想情况是，开发者是部署程序本身，不需要知道硬件基础设施的任何情况，也不需要和运维团队交涉，这被叫作 *NoOps*。很明显，你仍然需要有一些人来关心硬件基础设施，但这些人不需要再处理应用程序的独特性。

正如你所看到的，Kubernetes 能让我们实现所有这些想法。通过对实际硬件做抽象，然后将自身暴露成一个平台，用于部署和运行应用程序。它允许开发者自己配置和部署应用程序，而不需要系统管理员的任何帮助，让系统管理员聚焦于保持底层基础设施运转正常的同时，不需要关注实际运行在平台上的应用程序。

1.2 介绍容器技术

在 1.1 节中，罗列了一个不全面的开发和运维团队如今所面临的问题列表，尽管你有很多解决这些问题的方式，但本书将关注如何用 Kubernetes 解决。

Kubernetes 使用 Linux 容器技术来提供应用的隔离，所以在钻研 Kubernetes 之前，需要通过熟悉容器的基本知识来更加深入地理解 Kubernetes，包括认识到存在的容器技术分支，诸如 *Docker* 或者 *rkt*。

1.2.1 什么是容器

在 1.1.1 节中，我们看到在同一台机器上运行的不同组件需要不同的、可能存在冲突的依赖库版本，或者是其他的不同环境需求。

当一个应用程序仅由较少数量的大组件构成时，完全可以接受给每个组件分配专用的虚拟机，以及通过给每个组件提供自己的操作系统实例来隔离它们的环境。但是当这些组件开始变小且数量开始增长时，如果你不想浪费硬件资源，又想持续压低硬件成本，那就不能给每个组件配置一个虚拟机了。但是这还不仅仅是浪费硬件资源，因为每个虚拟机都需要被单独配置和管理，所以增加虚拟机的数量也就导致了人力资源的浪费，因为这增加了系统管理员的工作负担。

用 Linux 容器技术隔离组件

开发者不是使用虚拟机来隔离每个微服务环境（或者通常说的软件进程），而是正在转向 Linux 容器技术。容器允许你在同一台机器上运行多个服务，不仅提供不同的环境给每个服务，而且将它们互相隔离。容器类似虚拟机，但开销小很多。

一个容器里运行的进程实际上运行在宿主机的操作系统上，就像所有其他进程一样（不像虚拟机，进程是运行在不同的操作系统上的）。但在容器里的进程仍然是和其他进程隔离的。对于容器内进程本身而言，就好像是在机器和操作系统上运行的唯一一个进程。

比较虚拟机和容器

和虚拟机比较，容器更加轻量级，它允许在相同的硬件上运行更多数量的组件。主要是因为每个虚拟机需要运行自己的一组系统进程，这就产生了除组件进程消耗以外的额外计算资源损耗。从另一方面说，一个容器仅仅是运行在宿主机上被隔离的单个进程，仅消耗应用容器消耗的资源，不会有其他进程的开销。

因为虚拟机的额外开销，导致没有足够的资源给每个应用开一个专用的虚拟机，最终会将多个应用程序分组塞进每个虚拟机。当使用容器时，正如图 1.4 所示，能够（也应该）让每个应用有一个容器。最终结果就是可以在同一台裸机上运行更多的应用程序。

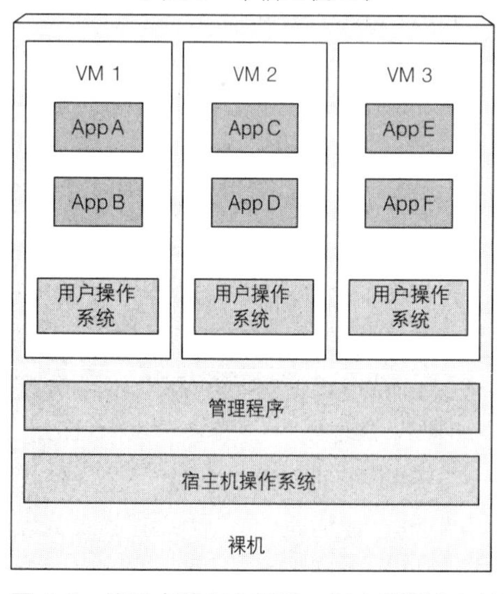

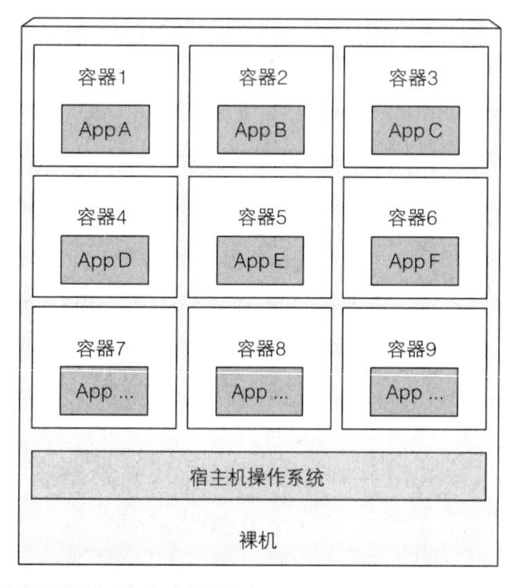

图 1.4 使用虚拟机来隔离一组应用程序与使用容器隔离单个应用程序

当你在一台主机上运行三个虚拟机的时候，你拥有了三个完全分离的操作系统，它们运行并共享一台裸机。在那些虚拟机之下是宿主机的操作系统与一个管理程序，它将物理硬件资源分成较小部分的虚拟硬件资源，从而被每个虚拟机里的操作系统使用。运行在那些虚拟机里的应用程序会执行虚拟机操作系统的系统调用，然后虚拟机内核会通过管理程序在宿主机上的物理来 CPU 执行 x86 指令。

注意 *存在两种类型的管理程序。第一种类型的管理程序不会使用宿主机 OS，而第二种类型的会。*

多个容器则会完全执行运行在宿主机上的同一个内核的系统调用，此内核是唯一一个在宿主机操作系统上执行 x86 指令的内核。CPU 也不需要做任何对虚拟机能做那样的虚拟化（如图 1.5 所示）。

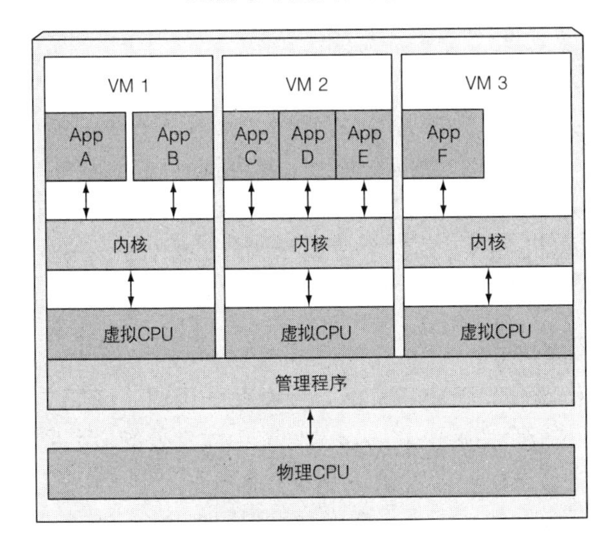

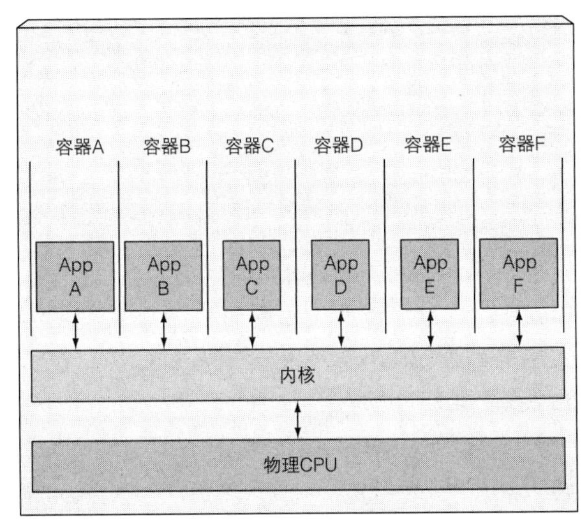

图 1.5 虚拟机和容器中的应用程序对 CPU 的不同使用方式

虚拟机的主要好处是它们提供完全隔离的环境，因为每个虚拟机运行在它自己的 Linux 内核上，而容器都是调用同一个内核，这自然会有安全隐患。如果你的硬件资源有限，那当你有少量进程需要隔离的时候，虚拟机就可以成为一个选项。为了在同一台机器上运行大量被隔离的进程，容器因它的低消耗而成为一个更好的选择。记住，每个虚拟机运行它自己的一组系统服务，而容器则不会，因为它们都运行在同一个操作系统上。那也就意味着运行一个容器不用像虚拟机那样要开机，它的进程可以很快被启动。

容器实现隔离机制介绍

你可能会好奇，如果多个进程运行在同一个操作系统上，那容器到底是怎样隔离它们的。有两个机制可用：第一个是 Linux 命名空间，它使每个进程只看到它自己的系统视图（文件、进程、网络接口、主机名等）；第二个是 *Linux 控制组*（*cgroups*），它限制了进程能使用的资源量（CPU、内存、网络带宽等）。

用 Linux 命名空间隔离进程

默认情况下，每个 Linux 系统最初仅有一个命名空间。所有系统资源（诸如文件系统、用户 ID、网络接口等）属于这一个命名空间。但是你能创建额外的命名空间，以及在它们之间组织资源。对于一个进程，可以在其中一个命名空间中运行它。进程将只能看到同一个命名空间下的资源。当然，会存在多种类型的多个命名空间，所以一个进程不单单只属于某一个命名空间，而属于每个类型的一个命名空间。

存在以下类型的命名空间：

- Mount（mnt）
- Process ID（pid）
- Network（net）
- Inter-process communicaion（ipc）
- UTS
- User ID（user）

每种命名空间被用来隔离一组特定的资源。例如，UTS 命名空间决定了运行在命名空间里的进程能看见哪些主机名和域名。通过分派两个不同的 UTS 命名空间给一对进程，能使它们看见不同的本地主机名。换句话说，这两个进程就好像正在两个不同的机器上运行一样（至少就主机名而言是这样的）。

同样地，一个进程属于什么 Network 命名空间决定了运行在进程里的应用程序能看见什么网络接口。每个网络接口属于一个命名空间，但是可以从一个命名空间转移到另一个。每个容器都使用它自己的网络命名空间，因此每个容器仅能看见它自己的一组网络接口。

现在你应该已经了解命名空间是如何隔离容器中运行的应用的。

限制进程的可用资源

另外的隔离性就是限制容器能使用的系统资源。这通过 cgroups 来实现。cgroups 是一个 Linux 内核功能，它被用来限制一个进程或者一组进程的资源使用。一个进程的资源（CPU、内存、网络带宽等）使用量不能超出被分配的量。这种方式下，进程不能过分使用为其他进程保留的资源，这和进程运行在不同的机器上是类似的。

1.2.2 Docker 容器平台介绍

尽管容器技术已经出现很久，却是随着 Docker 容器平台的出现而变得广为人知。Docker 是第一个使容器能在不同机器之间移植的系统。它不仅简化了打包应用的流程，也简化了打包应用的库和依赖，甚至整个操作系统的文件系统能被打包成一个简单的可移植的包，这个包可以被用来在任何其他运行 Docker 的机器上使用。

当你用 Docker 运行一个被打包的应用程序时，它能看见你捆绑的文件系统的内容，不管运行在开发机器还是生产机器上，它都能看见相同的文件，即使生产机器运行的是完全不同的操作系统。应用程序不会关心它所在服务器上的任何东西，所以生产服务器上是否安装了和你开发机完全相同的一组库是不需要关心的。

例如，如果你用整个红帽企业版 Linux(RHEL) 的文件打包了你的应用程序，不管在装有 Fedora 的开发机上运行它，还是在装有 Debian 或者其他 Linux 发行版的服务器上运行它，应用程序都认为它运行在 RHEL 中。只是内核可能不同。

与在虚拟机中安装操作系统得到一个虚拟机镜像，再将应用程序打包到镜像里，通过分发整个虚拟机镜像到主机，使应用程序能够运行起来类似，Docker 也能够达到相同的效果，但不是使用虚拟机来实现应用隔离，而是使用之前几节中提到的 Linux 容器技术来达到和虚拟机相同级别的隔离。容器也不使用庞大的单个虚拟机镜像，它使用较小的容器镜像。

基于 Docker 容器的镜像和虚拟机镜像的一个很大的不同是容器镜像是由多层构成，它能在多个镜像之间共享和征用。如果某个已经被下载的容器镜像已经包含了后面下载镜像的某些层，那么后面下载的镜像就无须再下载这些层。

Docker 的概念

Docker 是一个打包、分发和运行应用程序的平台。正如我们所说，它允许将你的应用程序和应用程序所依赖的整个环境打包在一起。这既可以是一些应用程序需要的库，也可以是一个被安装的操作系统所有可用的文件。Docker 使得传输这个包到一个中央仓库成为可能，然后这个包就能被分发到任何运行 Docker 的机器上，在那儿被执行（大部分情况是这样的，但并不尽然，后面将做出解释）。

三个主要概念组成了这种情形：

- 镜像 — Docker 镜像里包含了你打包的应用程序及其所依赖的环境。它包含应用程序可用的文件系统和其他元数据，如镜像运行时的可执行文件路径。
- 镜像仓库 — Docker 镜像仓库用于存放 Docker 镜像，以及促进不同人和不同电脑之间共享这些镜像。当你编译你的镜像时，要么可以在编译它的电脑上运行，要么可以先上传镜像到一个镜像仓库，然后下载到另外一台电脑上并运行它。某些仓库是公开的，允许所有人从中拉取镜像，同时也有一些是私有的，仅部分人和机器可接入。
- 容器 — Docker 容器通常是一个 Linux 容器，它基于 Docker 镜像被创建。一个运行中的容器是一个运行在 Docker 主机上的进程，但它和主机，以及所有运行在主机上的其他进程都是隔离的。这个进程也是资源受限的，意味着它只能访问和使用分配给它的资源（CPU、内存等）

构建、分发和运行 Dcoker 镜像

图 1.6 显示了这三个概念以及它们之间的关系。开发人员首先构建一个镜像，然后把镜像推到镜像仓库中。因此，任何可以访问镜像仓库的人都可以使用该镜像。然后，他们可以将镜像拉取到任何运行着 Docker 的机器上并运行镜像。Docker 会基于镜像创建一个独立的容器，并运行二进制可执行文件指定其作为镜像的一部分。

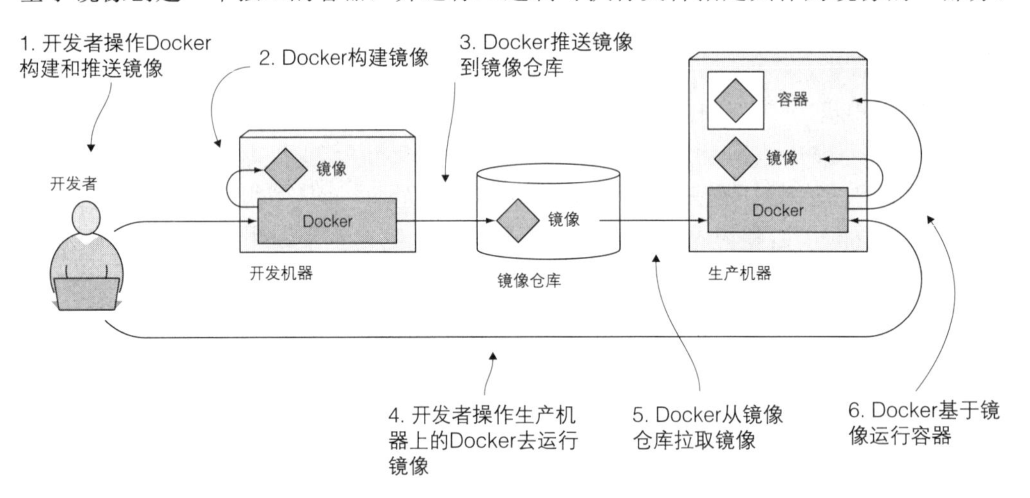

图 1.6 Docker 镜像、镜像仓库和容器

对比虚拟机与 Docker 容器

由上文可知，Linux 容器和虚拟机的确有相像之处，但容器更轻量级。现在让我们看一下 Docker 容器和虚拟机的具体比较（以及 Docker 镜像和虚拟机镜像的比

较）。如图例 1.7 所示，相同的 6 个应用程序分别运行在虚拟机上和用 Docker 容器运行。

运行多个虚拟机的宿主机

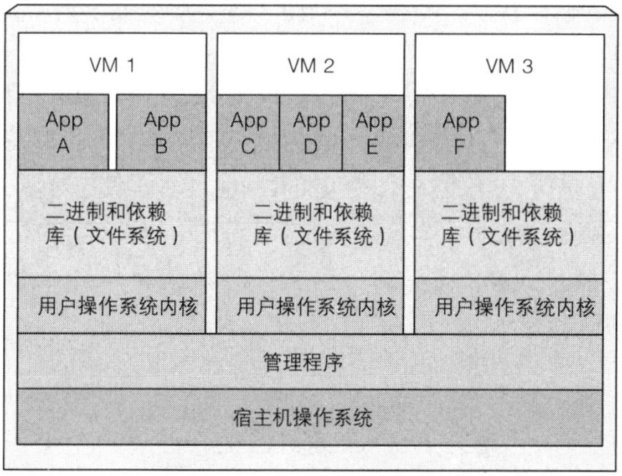

VM 1
VM 2
VM 3
App A
App B
App C
App D
App E
App F
二进制和依赖库（文件系统）
二进制和依赖库（文件系统）
二进制和依赖库（文件系统）
用户操作系统内核
用户操作系统内核
用户操作系统内核
管理程序
宿主机操作系统

运行多个Docker 容器的宿主机

容器1
容器2
容器3
容器4
容器5
容器6
App A
App B
App C
App D
App E
App F
二进制和依赖库（文件系统）
二进制和依赖库（文件系统）
二进制和依赖库（文件系统）
Docker
宿主机操作系统

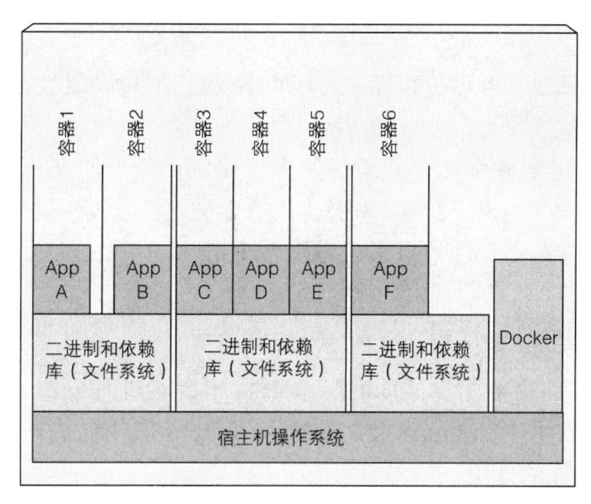

图 1.7 在 3 个虚拟机上运行 6 个应用及用 Docker 容器运行它们

你会注意到应用 A 和应用 B 无论是运行在虚拟机上还是作为两个分离容器运行时都可以访问相同的二进制和库。在虚拟机里，这是显然的，因为两个应用都看到相同的文件系统。但是我们知道每个容器有它自己隔离的文件系统，那应用 A 和应用 B 如何共享同样的文件？

镜像层

前面已经说过Docker镜像由多层构成。不同镜像可能包含完全相同的层，因为这些Docker镜像都是基于另一个镜像之上构建的，不同的镜像都能使用相同的父镜像作为它们的基础镜像。这提升了镜像在网络上的分发效率，当传输某个镜像时，因为相同的层已被之前的镜像传输，那么这些层就不需要再被传输。

层不仅使分发更高效，也有助于减少镜像的存储空间。每一层仅被存一次，当基于相同基础层的镜像被创建成两个容器时，它们就能够读相同的文件。但是如果其中一个容器写入某些文件，另外一个是无法看见文件变更的。因此，即使它们共享文件，仍然彼此隔离。这是因为容器镜像层是只读的。容器运行时，一个新的可写层在镜像层之上被创建。容器中进程写入位于底层的一个文件时，此文件的一个拷贝在顶层被创建，进程写的是此拷贝。

容器镜像可移植性的限制

理论上，一个容器镜像能运行在任何一个运行Docker的机器上。但有一个小警告——一个关于运行在一台机器上的所有容器共享主机Linux内核的警告。如果一个容器化的应用需要一个特定的内核版本，那它可能不能在每台机器上都工作。如果一台机器上运行了一个不匹配的Linux内核版本，或者没有相同内核模块可用，那么此应用就不能在其上运行。

虽然容器相比虚拟机轻量许多，但也给运行于其中的应用带来了一些局限性。虚拟机没有这些局限性，因为每个虚拟机都运行自己的内核。

还不仅是内核的问题。一个在特定硬件架构之上编译的容器化应用，只能在有相同硬件架构的机器上运行。不能将一个x86架构编译的应用容器化后，又期望它能运行在ARM架构的机器上。你仍然需要一台虚拟机来做这件事情。

1.2.3 rkt——一个Docker的替代方案

Docker是第一个使容器成为主流的容器平台。Docker本身并不提供进程隔离，实际上容器隔离是在Linux内核之上使用诸如Linux命名空间和cgroups之类的内核特性完成的，Docker仅简化了这些特性的使用。

在Docker成功后，开放容器计划（OCI）就开始围绕容器格式和运行时创建了开放工业标准。Docker是计划的一部分，*rkt*（发音为“rock-it”）则是另外一个Linux容器引擎。

和Docker一样，rkt也是一个运行容器的平台，它强调安全性、可构建性并遵从开放标准。它使用OCI容器镜像，甚至可以运行常规的Docker容器镜像。

这本书只集中于使用Docker作为Kubernetes的容器，因为它是Kubernetes最初唯一支持的容器类型。最近 Kubernetes 也开始支持 rkt 及其他的容器类型。

在这里提到 rkt 的原因是，不应该错误地认为 Kubernetes 是一个专为 Docker 容器设计的容器编排系统。实际上，在阅读这本书的过程中，你将会认识到 Kubernetes 的核心远不止是编排容器。容器恰好是在不同集群节点上运行应用的最佳方式。有了这些意识，终于可以深入探讨本书所讲的核心内容——Kubernetes 了。

1.3 Kubernetes介绍

我们已经展示了，随着系统可部署组件的数量增长，把它们都管理起来会变得越来越困难。需要一个更好的方式来部署和管理这些组件，并支持基础设施的全球性伸缩，谷歌可能是第一个意识到这一点的公司。谷歌等全球少数几个公司运行着成千上万的服务器，而且在如此海量规模下，不得不处理部署管理的问题。这推动着他们找出解决方案使成千上万组件的管理变得有效且成本低廉。

1.3.1 初衷

这些年来，谷歌开发出了一个叫 *Borg* 的内部系统（后来还有一个新系统叫 *Omega*），应用开发者和系统管理员管理那些数以千计的应用程序和服务都受益于它的帮助。除了简化开发和管理，它也帮助他们获得了更高的基础设施利用率，在你的组织如此庞大时，这很重要。当你运行成千上万台机器时，哪怕一丁点的利用率提升也意味着节约了数百万美元，所以，开发这个系统的动机是显而易见的。

在保守 Borg 和 Omega 秘密数十年之后，2014 年，谷歌开放了 Kubernetes，一个基于 Borg、Omega 及其他谷歌内部系统实践的开源系统。

1.3.2 深入浅出地了解 Kubernetes

Kubernetes 是一个软件系统，它允许你在其上很容易地部署和管理容器化的应用。它依赖于 Linux 容器的特性来运行异构应用，而无须知道这些应用的内部详情，也不需要手动将这些应用部署到每台机器。因为这些应用运行在容器里，它们不会影响运行在同一台服务器上的其他应用，当你是为完全不同的组织机构运行应用时，这就很关键了。这对于云供应商来说是至关重要的，因为它们在追求高硬件可用率的同时也必须保障所承载应用的完全隔离。

Kubernetes 使你在数以千计的电脑节点上运行软件时就像所有这些节点是单个大节点一样。它将底层基础设施抽象，这样做同时简化了应用的开发、部署，以及对开发和运维团队的管理。

通过 Kubernetes 部署应用程序时，你的集群包含多少节点都是一样的。集群规

模不会造成什么差异性，额外的集群节点只是代表一些额外的可用来部署应用的资源

Kubernetes 的核心功能

图 1.8 展示了一幅最简单的 Kubernetes 系统图。整个系统由一个主节点和若干个工作节点组成。开发者把一个应用列表提交到主节点，Kubernetes 会将它们部署到集群的工作节点。组件被部署在哪个节点对于开发者和系统管理员来说都不用关心。

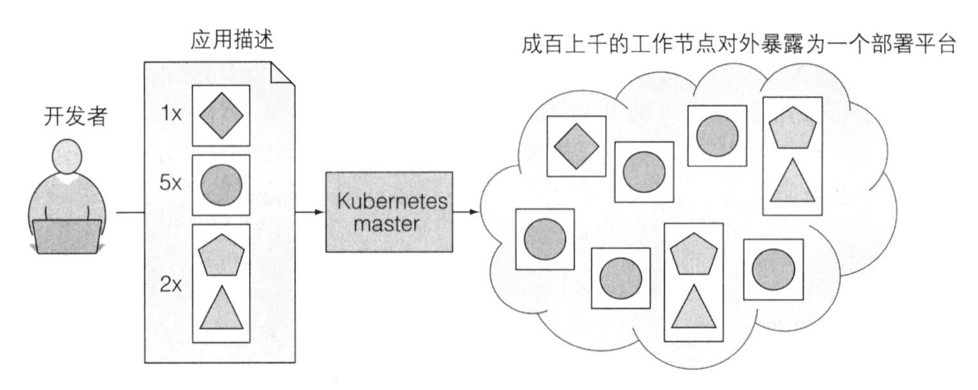

图 1.8 Kubernetes 暴露整个数据中心作为单个开发平台

开发者能指定一些应用必须一起运行，Kubernetes 将会在一个工作节点上部署它们。其他的将被分散部署到集群中，但是不管部署在哪儿，它们都能以相同的方式互相通信。

帮助开发者聚焦核心应用功能

Kubernetes 可以被当作集群的一个操作系统来看待。它降低了开发者不得不在他们的应用里实现一些和基础设施相关服务的心智负担。他们现在依赖于 Kubernetes 来提供这些服务，包括服务发现、扩容、负载均衡、自恢复，甚至领导者的选举。应用程序开发者因此能集中精力实现应用本身的功能而不用浪费时间思索怎样集成应用与基础设施。

帮助运维团队获取更高的资源利用率

Kubernetes 将你的容器化应用运行在集群的某个地方，并提供信息给应用组件来发现彼此并保证它们的运行。因为你的应用程序不关心它运行在哪个节点上，Kubernetes 能在任何时间迁移应用并通过混合和匹配应用来获得比手动调度高很多的资源利用率。

1.3.3 Kubernetes 集群架构

我们已经以上帝视角看到了 Kubernetes 的架构，现在让我们近距离看一下 Kubernetes 集群由什么组成。在硬件级别，一个 Kubernetes 集群由很多节点组成，这些节点被分成以下两种类型：

- 主节点，它承载着 *Kubernetes* 控制和管理整个集群系统的控制面板
- 工作节点，它们运行用户实际部署的应用

图 1.9 展示了运行在这两组节点上的组件，接下来进一步解释。

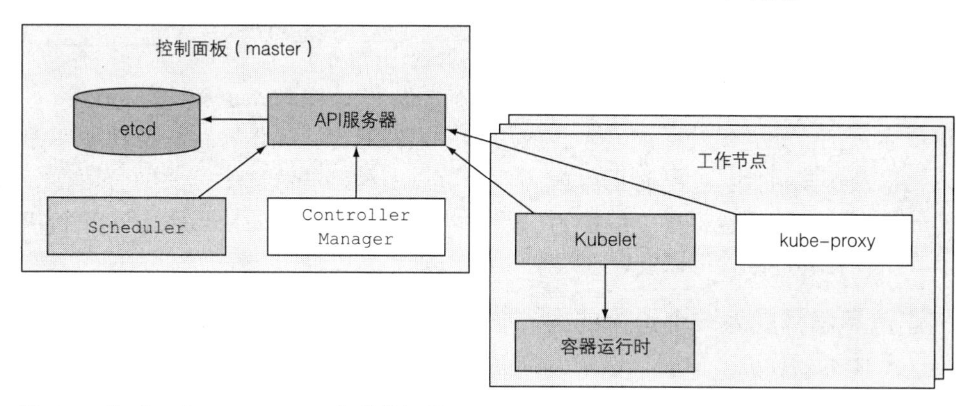

图 1.9 组成一个 Kubernetes 集群的组件

控制面板

控制面板用于控制集群并使它工作。它包含多个组件，组件可以运行在单个主节点上或者通过副本分别部署在多个主节点以确保高可用性。这些组件是：

- *Kubernetes* API 服务器，你和其他控制面板组件都要和它通信
- *Scheculer*，它调度你的应用（为应用的每个可部署组件分配一个工作节点）
- *Controller Manager*，它执行集群级别的功能，如复制组件、持续跟踪工作节点、处理节点失败等
- *etcd*，一个可靠的分布式数据存储，它能持久化存储集群配置

控制面板的组件持有并控制集群状态，但是它们不运行你的应用程序。这是由工作节点完成的。

工作节点

工作节点是运行容器化应用的机器。运行、监控和管理应用服务的任务是由以下组件完成的：

- Docker、rtk 或其他的容器类型
- *Kubelet*，它与 API 服务器通信，并管理它所在节点的容器

- *Kubernetes Service Proxy (kube-proxy)*，它负责组件之间的负载均衡网络流量

我们将在第 11 章中详细解释所有这些组件。笔者不喜欢先解释事物是如何工作的，然后再解释它的功能并教人们如何使用它。就像学习开车，你不想知道引擎盖下是什么，你首先想要学习怎样从 A 点开到 B 点。只有在你学会了如何做到这一点后，你才会对汽车如何使这成为可能产生兴趣。毕竟，知道引擎盖下面是什么，可能在有一天它抛锚后你被困在路边时，会帮助你让车再次移动。

1.3.4 在 Kubernetes 中运行应用

为了在 Kubernetes 中运行应用，首先需要将应用打包进一个或多个容器镜像，再将那些镜像推送到镜像仓库，然后将应用的描述发布到 Kubernetes API 服务器。

该描述包括诸如容器镜像或者包含应用程序组件的容器镜像、这些组件如何相互关联，以及哪些组件需要同时运行在同一个节点上和哪些组件不需要同时运行等信息。此外，该描述还包括哪些组件为内部或外部客户提供服务且应该通过单个 IP 地址暴露，并使其他组件可以发现。

描述信息怎样成为一个运行的容器

当 API 服务器处理应用的描述时，调度器调度指定组的容器到可用的工作节点上，调度是基于每组所需的计算资源，以及调度时每个节点未分配的资源。然后，那些节点上的 Kubelet 指示容器运行时（例如 Docker）拉取所需的镜像并运行容器。

仔细看图 1.10 以更好地理解如何在 Kubernetes 中部署应用程序。应用描述符列出了四个容器，并将它们分为三组（这些集合被称为 *pod*，我们将在第 3 章中解释它们是什么）。前两个 pod 只包含一个容器，而最后一个包含两个。这意味着两个容器都需要协作运行，不应该相互隔离。在每个 pod 旁边，还可以看到一个数字，表示需要并行运行的每个 pod 的副本数量。在向 Kubernetes 提交描述符之后，它将把每个 pod 的指定副本数量调度到可用的工作节点上。节点上的 Kubelets 将告知 Docker 从镜像仓库中拉取容器镜像并运行容器。

保持容器运行

一旦应用程序运行起来，Kubernetes 就会不断地确认应用程序的部署状态始终与你提供的描述相匹配。例如，如果你指出你需要运行五个 web 服务器实例，那么 Kubernetes 总是保持正好运行五个实例。如果实例之一停止了正常工作，比如当进程崩溃或停止响应时，Kubernetes 将自动重启它。

同理，如果整个工作节点死亡或无法访问，Kubernetes 将为在故障节点上运行的所有容器选择新节点，并在新选择的节点上运行它们。

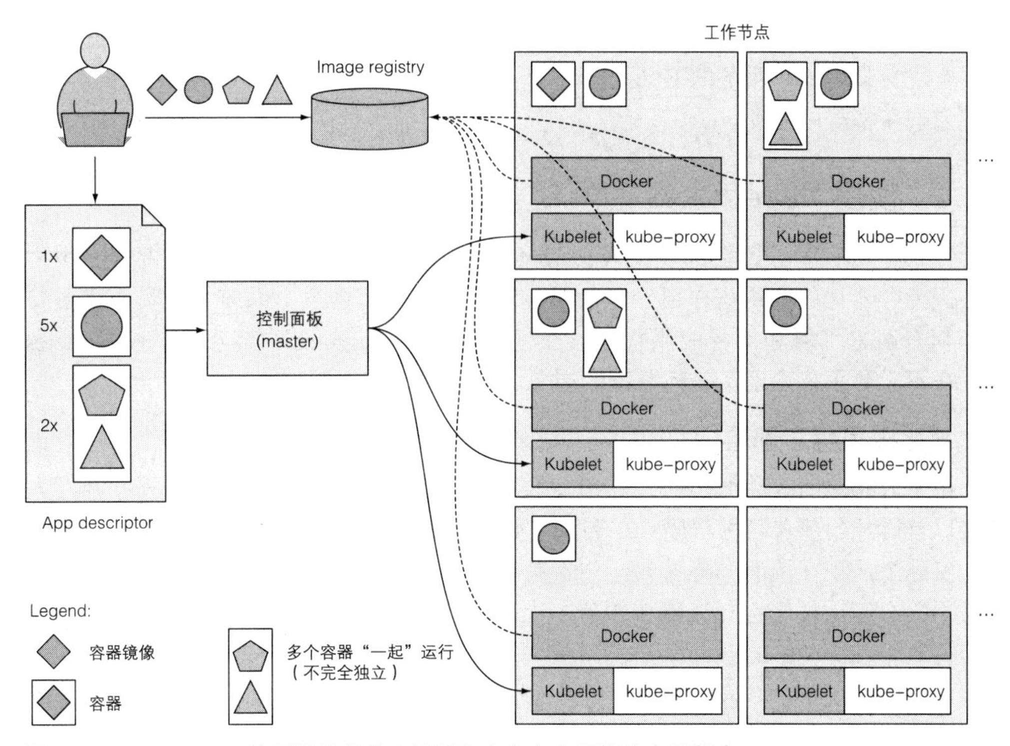

图 1.10 Kubernetes 体系结构的基本概述和在它之上运行的应用程序

扩展副本数量

当应用程序运行时，可以决定要增加或减少副本量，而 Kubernetes 将分别增加附加的或停止多余的副本。甚至可以把决定最佳副本数目的工作交给 Kubernetes。它可以根据实时指标 (如 CPU 负载、内存消耗、每秒查询或应用程序公开的任何其他指标) 自动调整副本数。

命中移动目标

我们已经说过，Kubernetes 可能需要在集群中迁移你的容器。当它们运行的节点失败时，或者为了给其他容器腾出地方而从节点移除时，就会发生这种情况。如果容器向运行在集群中的其他容器或者外部客户端提供服务，那么当容器在集群内频繁调度时，它们该如何正确使用这个容器？当这些容器被复制并分布在整个集群中时，客户端如何连接到提供服务的容器呢？

为了让客户能够轻松地找到提供特定服务的容器，可以告诉 Kubernetes 哪些容器提供相同的服务，而 Kubernetes 将通过一个静态 IP 地址暴露所有容器，并将该地址暴露给集群中运行的所有应用程序。这是通过环境变量完成的，但是客户端也可以通过良好的 DNS 查找服务 IP。kube-proxy 将确保到服务的连接可跨提供服务的容器实现负载均衡。服务的 IP 地址保持不变，因此客户端始终可以连接到它的容器，即使它们在集群中移动。

1.3.5 使用 Kubernetes 的好处

如果在所有服务器上部署了 Kubernetes，那么运维团队就不需要再部署应用程序。因为容器化的应用程序已经包含了运行所需的所有内容，系统管理员不需要安装任何东西来部署和运行应用程序。在任何部署 Kubernetes 的节点上，Kubernetes 可以在不需要系统管理员任何帮助的情况下立即运行应用程序。

简化应用程序部署

由于 Kubernetes 将其所有工作节点公开为一个部署平台，因此应用程序开发人员可以自己开始部署应用程序，不需要了解组成集群的服务器。

实际上，现在所有节点都是一组等待应用程序使用它们的计算资源。开发人员通常不关心应用程序运行在哪个服务器上，只要服务器能够为应用程序提供足够的系统资源即可。

在某些情况下，开发人员确实关心应用程序应该运行在哪种硬件上。如果节点是异构的，那么你将会发现你希望某些应用程序在具有特定功能的节点上运行，并在其他的节点上运行其他应用程序。例如，你的一个应用程序可能需要在使用 ssd 而不是 HDDs 的系统上运行，而其他应用程序在 HDDs 上运行良好。在这种情况下，你显然希望确保特定的应用程序总是被调度到有 SSD 的节点上。

在不使用 Kubernetes 的情况下，系统管理员将选择一个具有 SSD 的特定节点，并在那里部署应用程序。但是当使用 Kubernetes 时，与其选择应用程序应该运行在某一特定节点上，不如告诉 Kubernetes 只在具有 SSD 的节点中进行选择。你将在第 3 章学到如何做到这一点。

更好地利用硬件

通过在服务器上装配 Kubernetes，并使用它运行应用程序而不是手动运行它们，你已经将应用程序与基础设施分离开来。当你告诉 Kubernetes 运行你的应用程序时，你在让它根据应用程序的资源需求描述和每个节点上的可用资源选择最合适的节点来运行你的应用程序。

通过使用容器，不再用把这个应用绑定到一个特定的集群节点，而允许应用程序在任何时候都在集群中自由迁移，所以在集群上运行的不同应用程序组件可以被混合和匹配来紧密打包到集群节点。这将确保节点的硬件资源得到尽可能好的利用。

可以随时在集群中移动应用程序的能力，使得 Kubernetes 可以比人工更好地利用基础设施。人类不擅长寻找最优的组合，尤其是当所有选项的数量都很大的时候，比如当你有许多应用程序组件和许多服务器节点时，所有的组件可以部署在所有的节点上。显然，计算机可以比人类更好、更快地完成这项工作。

健康检查和自修复

在服务器发生故障时，拥有一个允许在任何时候跨集群迁移应用程序的系统也很有价值。随着集群大小的增加，你将更频繁地处理出现故障的计算机组件。

Kubernetes 监控你的应用程序组件和它们运行的节点，并在节点出现故障时自动将它们重新调度到其他节点。这使运维团队不必手动迁移应用程序组件，并允许团队立即专注于修复节点本身，并将其修好送回到可用的硬件资源池中，而不是将重点放在重新定位应用程序上。

如果你的基础设施有足够的备用资源来允许正常的系统运行，即使故障节点没有恢复，运维团队甚至不需要立即对故障做出反应，比如在凌晨 3 点。他们可以睡得很香，在正常的工作时间再处理失败的节点。

自动扩容

使用 Kubernetes 来管理部署的应用程序，也意味着运维团队不需要不断地监控单个应用程序的负载，以对突发负载峰值做出反应。如前所述，可以告诉 Kubernetes 监视每个应用程序使用的资源，并不断调整每个应用程序的运行实例数量。

如果 Kubernetes 运行在云基础设施上，在这些基础设施中，添加额外的节点就像通过云供应商的 API 请求它们一样简单，那么 Kubernetes 甚至可以根据部署的应用程序的需要自动地将整个集群规模放大或缩小。

简化应用部署

前一节中描述的特性主要对运维团队有利。但是开发人员呢？Kubernetes 是否也给他们带来什么好处？这毋庸置疑。

如果你回过头来看看，应用程序开发和生产流程中都运行在同一个环境中，这对发现 bug 有很大的影响。我们都同意越早发现一个 bug，修复它就越容易，修复它需要的工作量也就越少。由于是在开发阶段就修复 bug，所以这意味着他们的工作量减少了。

还有一个事实是，开发人员不需要实现他们通常会实现的特性。这包括在集群应用中发现服务和对端。这是由 Kubernetes 来完成的而不是应用。通常，应用程序只需要查找某些环境变量或执行 DNS 查询。如果这还不够，应用程序可以直接查询 Kubernetes API 服务器以获取该信息和其他信息。像这样查询 Kubernetes API 服务器，甚至可以使开发人员不必实现诸如复杂的集群 leader 选举机制。

作为最后一个关于 Kubernetes 带来什么的例子，还需要考虑到开发者们的信心增加。当他们知道，新版本的应用将会被推出时 Kubernetes 可以自动检测一个应用的新版本是否有问题，如果是则立即停止其滚动更新，这种信心的增强通常会加速应用程序的持续交付，这对整个组织都有好处。

1.4 本章小结

在这个介绍性章节中，你已经看到了近年来应用程序的变化，以及它们现在如何变得更难部署和管理。我们已经介绍了 Kubernetes，并展示了它如何与 Docker 或其他容器平台一起帮助部署和管理应用程序及其运行的基础设施。你已经学到了：

- 单体应用程序更容易部署，但随着时间的推移更难维护，并且有时难以扩展。
- 基于微服务的应用程序体系结构使每个组件的开发更容易，但是很难配置和部署它们作为单个系统工作。
- Linux 容器提供的好处与虚拟机差不多，但它们轻量许多，并且允许更好地利用硬件。
- 通过允许更简单快捷地将容器化应用和其操作系统环境一起管理，Docker 改进了现有的 Linux 容器技术。
- Kubernetes 将整个数据中心暴露为用于运行应用程序的单个计算资源。
- 开发人员可以通过 Kubernetes 部署应用程序，而无须系统管理员的帮助。
- 通过让 Kubernetes 自动地处理故障节点，系统管理员可以睡得更好。

在下一章中，你将通过构建一个应用程序并在 Docker 和 Kubernetes 中运行它，来上手实践。

开始使用Kubernetes和Docker

本章内容涵盖

- 使用 Docker 创建、运行及共享容器镜像
- 在本地部署单节点的 Kubernetes 集群
- 在 Google Kubernetes Engine 上部署 Kubernetes 集群
- 配置和使用命令行客户端 —— kubectl
- 在 Kubernetes 上部署应用并进行水平伸缩

在深入学习 Kubernetes 的概念之前，先来看看如何创建一个简单的应用，把它打包成容器镜像并在远端的 Kubernetes 集群（如托管在 Google Kubernetes Engine 中）或本地单节点集群中运行。这会对整个 Kubernetes 体系有较好的了解，并且会让接下来几个章节对 Kubernetes 基本概念的学习变得简单。

2.1 创建、运行及共享容器镜像

正如在之前章节所介绍的，在 Kubernetes 中运行应用需要打包好的容器镜像。本节将会对 Docker 的使用做简单的介绍。接下来的几节中将会介绍：

1. 安装 Docker 并运行第一个“Hello world”容器

2．创建一个简单的 Node.js 应用并部署在 Kubernetes 中
3．把应用打包成可以独立运行的容器镜像
4．基于镜像运行容器
5．把镜像推送到 Docker Hub，这样任何人在任何地方都可以使用

2.1.1 安装 Docker 并运行 Hello World 容器

首先，需要在 Linux 主机上安装 Docker。如果使用的不是 Linux 操作系统，就需要启动 Linux 虚拟机（VM）并在虚拟机中运行 Docker。如果使用的是 Mac 或 Windows 系统，Docker 将会自己启动一个虚拟机并在虚拟机中运行 Docker 守护进程。Docker 客户端可执行文件可以在宿主操作系统中使用，并可以与虚拟机中的守护进程通信。

根据操作系统的不同，按照 http://docs.docker.com/engine/installation/ 上的指南安装 Docker。安装完成后，可以通过运行 Docker 客户端可执行文件来执行各种 Docker 命令。例如，可以试着从 Docker Hub 的公共镜像仓库拉取、运行镜像，Docker hub 中有许多随时可用的常见镜像，其中就包括 `busybox`，可以用来运行简单的 `echo"Hello world"` 命令。

运行 Hello World 容器

busybox 是一个单一可执行文件，包含多种标准 UNIX 命令行工具，如：`echo`、`ls`、`gzip` 等。除了包含 `echo` 命令的 `busybox` 命令，也可以使用如 Fedora、Ubuntu 等功能完备的镜像。

如何才能运行 `busybox` 镜像呢？无须下载或者安装任何东西。使用 `docker run` 命令然后指定需要运行的镜像的名字，以及需要执行的命令（可选），如下面这段代码。

代码清单 2.1 使用 Docker 运行一个 Hello world 容器

```
$ docker run busybox echo "Hello world"
Unable to find image 'busybox:latest' locally
latest: Pulling from docker.io/busybox
9a163e0b8d13: Pull complete
fef924a0204a: Pull complete
Digest: sha256:97473e34e311e6c1b3f61f2a721d038d1e5eef17d98d1353a513007cf46ca6bd
Status: Downloaded newer image for docker.io/busybox:latest
Hello world
```

这或许看起来并不那么令人印象深刻，但非常棒的是仅仅使用一个简单的命令就下载、运行一个完整的“应用”，而不用安装应用或是做其他的事情。目前的应

用是单一可执行文件（busybox）, 但也可以是一个有许多依赖的复杂应用。整个配置运行应用的过程是完全一致的。同样重要的是应用是在容器内部被执行的，完全独立于其他所有主机上运行的进程。

背后的原理

图 2.1 展示了执行 `docker run` 命令之后发生的事情。首先，Docker 会检查 `busybox:latest` 镜像是否已经存在于本机。如果没有，Docker 会从 http://docker.io 的 Docker 镜像中心拉取镜像。镜像下载到本机之后，Docker 基于这个镜像创建一个容器并在容器中运行命令。`echo` 命令打印文字到标准输出流，然后进程终止，容器停止运行。

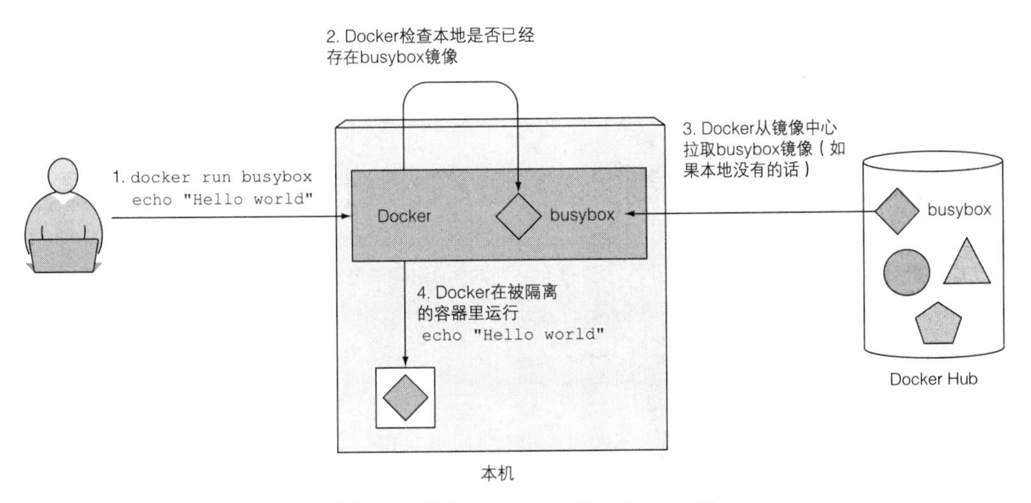

图 2.1 在一个基于 busybox 镜像的容器中运行 echo“Hello world”

运行其他镜像

运行其他的容器镜像和运行 busybox 镜像是一样的，甚至可能更简单，因为你可以不需要指定执行命令。就像例子中的 `echo "Hello world"`，被执行的命令通常都会被包含在镜像中，但也可以根据需要进行覆盖。在浏览器中搜索 http://hub.docker.com 或其他公开的镜像中心的可用镜像之后，可以像这样在 Docker 中运行镜像：

```
$ docker run <image>
```

容器镜像的版本管理

当然，所有的软件包都会更新，所以通常每个包都不止一个版本。Docker 支持同一镜像的多个版本。每一个版本必须有唯一的 tag 名。当引用镜像没有显式地指定 tag 时，Docker 会默认指定 tag 为 latest。如果想要运行别的版本的镜像，需要像这样指定镜像的版本：

```
$ docker run <image>:<tag>
```

2.1.2 创建一个简单的 Node.js 应用

现在有了一个可以工作的 Docker 环境来创建应用。接下来会构建一个简单的 Node.js Web 应用，并把它打包到容器镜像中。这个应用会接收 HTTP 请求并响应应用运行的主机名。这样，应用运行在容器中，看到的是自己的主机名而不是宿主机名，即使它也像其他进程一样运行在宿主机上。这在后面会非常有用，当应用部署在 Kubernetes 上并进行伸缩时（水平伸缩，复制应用到多个节点），你会发现 HTTP 请求切换到了应用的不同实例上。

应用包含一个名为 app.js 的文件，详见下面的代码清单。

代码清单 2.2 一个简单的 Node.js 应用：app.js

```
const http = require('http');
const os = require('os');

console.log("Kubia server starting...");

var handler = function(request, response) {
  console.log("Received request from " + request.connection.remoteAddress);
  response.writeHead(200);
  response.end("You've hit " + os.hostname() + "\n");
};

var www = http.createServer(handler);
www.listen(8080);
```

代码清晰地说明了实现的功能。这里在 8080 端口启动了一个 HTTP 服务器。服务器会以状态码 `200 OK` 和文字 `"You've hit <hostname>"` 来响应每个请求。请求 handler 会把客户端的 IP 打印到标准输出，以便日后查看。

注意 返回的主机名是服务器真实的主机名，不是客户端发出的 HTTP 请求中头的 `Host` 字段。

现在可以直接下载安装 Node.js 来测试代码了，但是这不是必需的，因为可以直接用 Docker 把应用打包成镜像，这样在需要运行的主机上就无须下载和安装其他的东西（当然不包括安装 Docker 来运行镜像）。

2.1.3 为镜像创建 Dockerfile

为了把应用打包成镜像，首先需要创建一个叫 Dockerfile 的文件，它包含了一系列构建镜像时会执行的指令。Dockerfile 文件需要和 app.js 文件在同一目录，并包含下面代码清单中的命令。

代码清单 2.3 构建应用容器镜像的 Dockerfile

```
FROM node:7
ADD app.js /app.js
ENTRYPOINT ["node", "app.js"]
```

`From` 行定义了镜像的起始内容（构建所基于的基础镜像）。这个例子中使用的是 `node` 镜像的 tag 7 版本。第二行中把 app.js 文件从本地文件夹添加到镜像的根目录，保持 app.js 这个文件名。最后一行定义了当镜像被运行时需要被执行的命令，这个例子中，命令是 `node app.js`。

选择基础镜像

你或许在想，为什么要选择这个镜像作为基础镜像。因为这个应用是 Node.js 应用，镜像需要包含可执行的 `node` 二进制文件来运行应用。你也可以使用任何包含这个二进制文件的镜像，或者甚至可以使用 Linux 发行版的基础镜像，如 `fedora` 或 `ubuntu`，然后在镜像构建的时候安装 Node.js。但是由于 `node` 镜像是专门用来运行 Node.js 应用的，并且包含了运行应用所需的一切，所以把它当作基础镜像。

2.1.4 构建容器镜像

现在有了 Dockerfile 和 app.js 文件，这是用来构建镜像的所有文件。运行下面的 Docker 命令来构建镜像：

```
$ docker build -t kubia .
```

图 2.2 展示了镜像构建的过程。用户告诉 Docker 需要基于当前目录（注意命令结尾的点）构建一个叫 `kubia` 的镜像，Docker 会在目录中寻找 Dockerfile，然后基于其中的指令构建镜像。

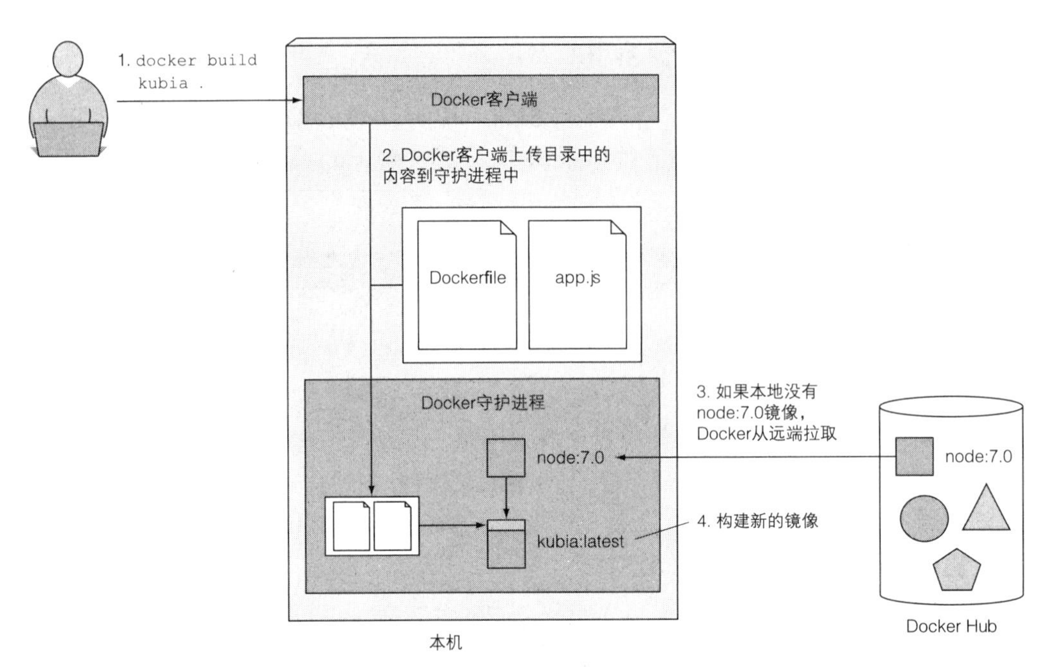

图 2.2 基于 Dockerfile 构建一个新的容器镜像

镜像是如何构建的

构建过程不是由 Docker 客户端进行的，而是将整个目录的文件上传到 Docker 守护进程并在那里进行的。Docker 客户端和守护进程不要求在同一台机器上。如果你在一台非 Linux 操作系统中使用 Docker，客户端就运行在你的宿主操作系统上，但是守护进程运行在一个虚拟机内。由于构建目录中的文件都被上传到了守护进程中，如果包含了大量的大文件而且守护进程不在本地运行，上传过程会花费更多的时间。

提示 不要在构建目录中包含任何不需要的文件，这样会减慢构建的速度——尤其当 Docker 守护进程运行在一个远端机器的时候。

在构建过程中，Docker 首次会从公开的镜像仓库（Docker Hub）拉取基础镜像（node:7），除非已经拉取过镜像并存储在本机上了。

镜像分层

镜像不是一个大的二进制块，而是由多层组成的，在运行 `busybox` 例子时你可能已经注意到（每一层有一行 `Pull complete`），不同镜像可能会共享分层，这会让存储和传输变得更加高效。比如，如果创建了多个基于相同基础镜像（比如例子中的 node:7）的镜像，所有组成基础镜像的分层只会被存储一次。拉取镜像的时候，Docker 会独立下载每一层。一些分层可能已经存储在机器上了，所以 Docker 只会下载未被存储的分层。

你或许会认为每个 Dockerfile 只创建一个新层，但是并不是这样的。构建镜像时，Dockerfile 中每一条单独的指令都会创建一个新层。镜像构建的过程中，拉取基础镜像所有分层之后，Docker 在它们上面创建一个新层并且添加 app.js。然后会创建另一层来指定镜像被运行时所执行的命令。最后一层会被标记为 kubia:latest。图 2.3 展示了这个过程，同时也展示另外一个叫 other:latest 的镜像如何与我们构建的镜像共享同一层 Node.js 镜像。

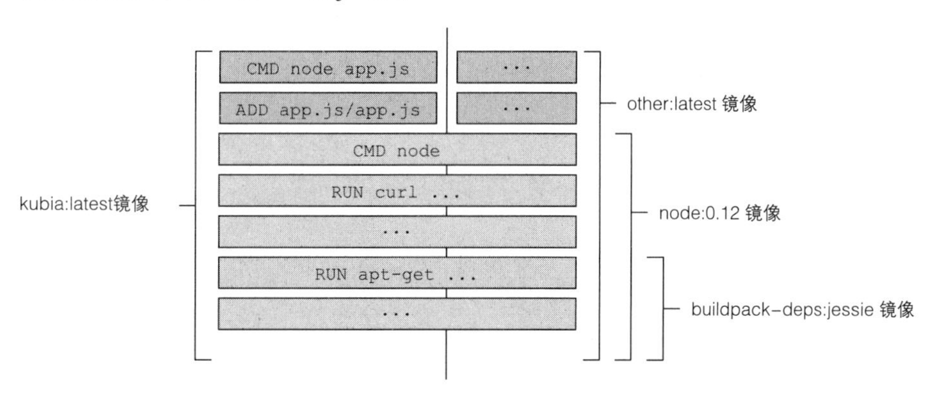

图 2.3 容器镜像是由多层组成的，每一层可以被不同镜像复用

构建完成时，新的镜像会存储在本地。下面的代码展示了如何通过 Docker 列出本地存储的镜像：

代码清单 2.4 列出本地存储的镜像

```
$ docker images
REPOSITORY    TAG      IMAGE ID        CREATED          VIRTUAL SIZE
kubia         latest   d30ecc7419e7    1 minute ago     637.1 MB
...
```

比较使用 Dockerfile 和手动构建镜像

Dockerfile 是使用 Docker 构建容器镜像的常用方式，但也可以通过运行已有镜像容器来手动构建镜像，在容器中运行命令，退出容器，然后把最终状态作为新镜像。用 Dockerfile 构建镜像是与此相同的，但是是自动化且可重复的，随时可以通过修改 Dockerfile 重新构建镜像而无须手动重新输入命令。

2.1.5 运行容器镜像

以下的命令可以用来运行镜像：

```
$ docker run --name kubia-container -p 8080:8080 -d kubia
```

这条命令告知Docker基于 kubia 镜像创建一个叫 kubia-container 的新容器。这个容器与命令行分离（-d 标志），这意味着在后台运行。本机上的8080端口会被映射到容器内的8080端口（-p 8080:8080 选项），所以可以通过 http://localhost:8080 访问这个应用。

如果没有在本机上运行Docker守护进程（比如使用的是Mac或Windows系统，守护进程会运行在VM中），需要使用VM的主机名或IP来代替localhost运行守护进程。可以通过 DOCKER_HOST 这个环境变量查看主机名。

访问应用

现在试着通过http://localhost:8080访问你的应用（确保使用Docker主机名或IP替换localhost）：

```
$ curl localhost:8080
You've hit 44d76963e8e1
```

这是应用的响应。现在应用运行在容器中，与其他东西隔离。可以看到，应用把 44d76963e8e1 作为主机名返回，这并不是宿主机的主机名。这个十六进制数是Docker容器的ID。

列出所有运行中的容器

下面的代码清单列出了所有的运行中的容器，可以查看列表（为了更好的可读性，列表被分成了两行显示）。

代码清单 2.5 列出运行中的容器

```
$ docker ps
CONTAINER ID  IMAGE         COMMAND                CREATED         ...
44d76963e8e1  kubia:latest  "/bin/sh -c 'node ap  6 minutes ago   ...

...  STATUS              PORTS                   NAMES
...  Up 6 minutes        0.0.0.0:8080->8080/tcp  kubia-container
```

有一个容器在运行。Docker会打印出每一个容器的ID和名称、容器运行所使用的镜像，以及容器中执行的命令。

获取更多的容器信息

docker ps 只会展示容器的大部分基础信息。可以使用 docker inspect 查看更多的信息：

```
$ docker inspect kubia-container
```

Docker 会打印出包含容器底层信息的长 JSON。

2.1.6 探索运行容器的内部

我们来看看容器内部的环境。由于一个容器里可以运行多个进程，所以总是可以运行新的进程去看看里面发生了什么。如果镜像里有可用的 shell 二进制可执行文件，也可以运行一个 shell。

在已有的容器内部运行 shell

镜像基于的 Node.js 镜像包含了 bash shell，所以可以像这样在容器内运行 shell：

```
$ docker exec -it kubia-container bash
```

这会在已有的 `kubia-container` 容器内部运行 `bash`。`bash` 进程会和主容器进程拥有相同的命名空间。这样可以从内部探索容器，查看 Node.js 和应用是如何在容器里运行的。`-it` 选项是下面两个选项的简写：

- `-i`, 确保标准输入流保持开放。需要在 shell 中输入命令。
- `-t`，分配一个伪终端（TTY）。

如果希望像平常一样使用 shell，需要同时使用这两个选项（如果缺少第一个选项就无法输入任何命令。如果缺少第二个选项，那么命令提示符不会显示，并且一些命令会提示 `TERM` 变量没有设置）。

从内部探索容器

下面的代码展示了如何使用 shell 查看容器内运行的进程。

代码清单 2.6 从容器内列出进程

```
root@44d76963e8e1:/# ps aux
USER   PID %CPU %MEM    VSZ   RSS TTY STAT START TIME COMMAND
root     1  0.0  0.1 676380 16504 ?   Sl   12:31 0:00 node app.js
root    10  0.0  0.0  20216  1924 ?   Ss   12:31 0:00 bash
root    19  0.0  0.0  17492  1136 ?   R+   12:38 0:00 ps aux
```

只看到了三个进程，宿主机上没有看到其他进程。

容器内的进程运行在主机操作系统上

如果现在打开另一个终端，然后列出主机操作系统上的进程，连同其他的主机进程依然会发现容器内的进程，如代码清单 2.7 所示。

注意 如果使用的是 Mac 或者 Windows 系统，需要登录到 Docker 守护进程运行的 VM 查看这些进程。

代码清单 2.7 运行在主机操作系统上的容器进程

```
$ ps aux | grep app.js
USER  PID %CPU %MEM    VSZ   RSS TTY STAT START TIME COMMAND
root  382  0.0  0.1 676380 16504 ?   Sl   12:31 0:00 node app.js
```

这证明了运行在容器中的进程是运行在主机操作系统上的。如果你足够敏锐，会发现进程的 ID 在容器中与主机上不同。容器使用独立的 PID Linux 命名空间并且有着独立的系列号，完全独立于进程树。

容器的文件系统也是独立的

正如拥有独立的进程树一样，每个容器也拥有独立的文件系统。在容器内列出根目录的内容，只会展示容器内的文件，包括镜像内的所有文件，再加上容器运行时创建的任何文件（类似日志文件），如下面的代码清单所示。

代码清单 2.8 容器拥有完整的文件系统

```
root@44d76963e8e1:/# ls /
app.js  boot  etc   lib    media  opt   root  sbin  sys  usr
bin     dev   home  lib64  mnt    proc  run   srv   tmp  var
```

其中包含 app.js 文件和其他系统目录，这些目录是正在使用的 `node:7` 基础镜像的一部分。可以使用 `exit` 命令来退出容器返回宿主机（类似于登出 ssh session）。

提示 进入容器对于调试容器内运行的应用来说是非常有用的。出错时，需要做的第一件事是查看应用运行的系统的真实状态。需要记住的是，应用不仅拥有独立的文件系统，还有进程、用户、主机名和网络接口。

2.1.7 停止和删除容器

可以通过告知 Docker 停止 `kubia-container` 容器来停止应用：

```
$ docker stop kubia-container
```

因为没有其他的进程在容器内运行，这会停止容器内运行的主进程。容器本身仍然存在并且可以通过 `docker ps -a` 来查看。`-a` 选项打印出所有的容器，包括运行中的和已经停止的。想要真正地删除一个容器，需要运行 `docker rm`：

```
$ docker rm kubia-container
```

这会删除容器，所有的内容会被删除并且无法再次启动。

2.1.8 向镜像仓库推送镜像

现在构建的镜像只可以在本机使用。为了在任何机器上都可以使用，可以把镜像推送到一个外部的镜像仓库。为了简单起见，不需要搭建一个私有的镜像仓库，而是可以推送镜像到公开可用的 Docker Hub（http://hub.docker.com）镜像中心。另外还有其他广泛使用的镜像中心，如 Quay.io 和 Google Container Registry。

在推送之前，需要重新根据 Docker Hub 的规则标注镜像。Docker Hub 允许向以你的 Docker Hub ID 开头的镜像仓库推送镜像。可以在 http://hub.docker.com 上注册 Docker Hub ID。下面的例子中会使用笔者自己的 ID（luksa），请在每次出现时替换自己的 ID。

使用附加标签标注镜像

一旦知道了自己的 ID，就可以重命名镜像，现在镜像由 `kubia` 改为 `luksa/kubia`（用自己的 Docker Hub ID 代替 `luksa`）：

```
$ docker tag kubia luksa/kubia
```

这不会重命名标签，而是给同一个镜像创建一个额外的标签。可以通过 `docker images` 命令列出本机存储的镜像来加以确认，如下面的代码清单所示。

代码清单 2.9 一个容器镜像可以有多个标签

```
$ docker images | head
REPOSITORY        TAG       IMAGE ID        CREATED              VIRTUAL SIZE
luksa/kubia       latest    d30ecc7419e7    About an hour ago    654.5 MB
kubia             latest    d30ecc7419e7    About an hour ago    654.5 MB
docker.io/node    7.0       04c0ca2a8dad    2 days ago           654.5 MB
...
```

正如所看到的，`kubia` 和 `luksa/kubia` 指向同一个镜像 ID，所以实际上是同一个镜像的两个标签。

向 Docker Hub 推送镜像

在向 Docker Hub 推送镜像之前，先需要使用 `docker login` 命令和自己的用户 ID 登录，然后就可以像这样向 Docker Hub 推送 `yourid/kubia` 镜像：

```
$ docker push luksa/kubia
```

在不同机器上运行镜像

在推送完成之后，镜像便可以给任何人使用。可以在任何机器上运行下面的命令来运行镜像：

```
$ docker run -p 8080:8080 -d luksa/kubia
```

这非常简单。最棒的是应用每次都运行在完全一致的环境中。如果在你的机器上正常运行，也会在所有的 Linux 机器上正常运行。无须担心主机是否安装了 Node.js。事实上，就算安装了，应用也并不会使用，因为它使用的是镜像内部安装的。

2.2 配置Kubernetes集群

现在，应用被打包在一个容器镜像中，并通过 Docker Hub 给大家使用，可以将它部署到 Kubernetes 集群中，而不是直接在 Docker 中运行。但是需要先设置集群。

设置一个完整的、多节点的 Kubernetes 集群并不是一项简单的工作，特别是如果你不精通 Linux 和网络管理的话。一个适当的 Kubernetes 安装需要包含多个物理或虚拟机，并需要正确地设置网络，以便在 Kubernetes 集群内运行的所有容器都可以在相同的扁平网络环境内相互连通。

安装 Kubernetes 集群的方法有许多。这些方法在 http://kubernetes.io 的文档中有详细描述。 我们不会在这里列出所有，因为内容在不断变化，但 Kubernetes 可以在本地的开发机器、自己组织的机器集群或是虚拟机提供商（Google Compute Engine、Amazon EC2、Microsoft Azure 等）上运行，或者使用托管的 Kubernetes 集群，如 Google Kubernetes Engine（以前称为 Google Container Engine）。

在这一章中，将介绍用两种简单的方法构建可运行的 Kubernetes 集群，你将会看到如何在本地机器上运行单节点 Kubernetes 集群，以及如何访问运行在 Google Kubernetes Engine（GKE）上的托管集群。

第三个选项是使用 kubeadm 工具安装一个集群，这会在附录 B 中介绍，这里的说明向你展示了如何使用虚拟机建立一个三节点的 Kubernetes 集群，但是建议你在阅读本书的前 11 章之后再尝试。

另一个选择是在亚马逊的 AWS（Amazon Web Services）上安装 Kubernetes。为此，可以查看 kops 工具，它是在前面一段提到的 kubeadm 基础之上构建的，可以在 http://github.com/kubernetes/kops 中找到。它帮助你在 AWS 上部署生产级、高可用的 Kubernetes 集群，并最终会支持其他平台（Google Kubernetes Engine、VMware、vSphere 等）。

2.2.1 用 Minikube 运行一个本地单节点 Kubernetes 集群

使用 Minikube 是运行 Kubernetes 集群最简单、最快捷的途径。Minikube 是一个构建单节点集群的工具，对于测试 Kubernetes 和本地开发应用都非常有用。

虽然我们不能展示与管理多节点应用相关的一些 Kubernetes 特性，但是单节点集群足以探索本书中讨论的大多数主题。

安装 Minikube

Minikube 是一个需要下载并放到路径中的二进制文件。它适用于 OSX、Linux 和 Windows 系统。最好访问 GitHub 上的 Minikube 代码仓库（http://github.com/kubernetes/minikube），按照说明来安装它。

例如，在 OSX 和 Linux 系统上，可以使用一个命令下载 Minikube 并进行设置。对于 OSX 系统，命令是这样的：

```
$ curl -Lo minikube https://storage.googleapis.com/minikube/releases/
➥ v0.23.0/minikube-darwin-amd64 && chmod +x minikube && sudo mv minikube
➥ /usr/local/bin/
```

在 Linux 系统中，可以下载另一个版本（将 URL 中的“darwin”替换为“linux”）。在 Windows 系统中，可以手动下载文件，将其重命名为 minikube.exe，并把它加到路径中。Minikube 在 VM 中通过 VirtualBox 或 KVM 运行 Kubernetes，所以在启动 Minikube 集群之前，还需要安装 VM。

使用 Minikue 启动一个 Kubernetes 集群

当你在本地安装了 Minikube 之后，可以立即使用下面的命令启动 Kubernetes 集群。

代码清单 2.10　启动一个 Minikube 虚拟机

```
$ minikube start
Starting local Kubernetes cluster...
Starting VM...
SSH-ing files into VM...
...
Kubectl is now configured to use the cluster.
```

启动集群需要花费超过一分钟的时间，所以在命令完成之前不要中断它。

安装 Kubernetes 客户端（kubectl）

要与 Kubernetes 进行交互，还需要 `kubectl` CLI 客户端。同样，需要做的就是下载它，并放在路径中。例如，OSX 系统的最新稳定版本可以通过以下命令下载并安装：

```
$ curl -LO https://storage.googleapis.com/kubernetes-release/release
➥ /$(curl -s https://storage.googleapis.com/kubernetes-release/release
➥ /stable.txt)/bin/darwin/amd64/kubectl
➥ && chmod +x kubectl
➥ && sudo mv kubectl /usr/local/bin/
```

要下载用于 Linux 或 Windows 系统的 `kubectl`，用 `linux` 或 `windows` 替换 URL 中的 `darwin`。

注意 如果你需要使用多个 Kubernetes 集群（例如，Minikube 和 GKE），请参考附录 A，了解如何在不同的 `kubectl` 上下文中设置和切换。

使用 kubectl 查看集群是否正常工作

要验证集群是否正常工作，可以使用以下所示的 `kubectl cluster-info` 命令。

代码清单 2.11 展示集群信息

```
$ kubectl cluster-info
Kubernetes master is running at https://192.168.99.100:8443
KubeDNS is running at https://192.168.99.100:8443/api/v1/proxy/...
kubernetes-dashboard is running at https://192.168.99.100:8443/api/v1/...
```

这里显示集群已经启动。它显示了各种 Kubernetes 组件的 URL，包括 API 服务器和 Web 控制台。

提示 可以运行 `minikube ssh` 登录到 Minikube VM 并从内部探索它。例如，可以查看在节点上运行的进程。

2.2.2 使用 Google Kubernetes Engine 托管 Kubernetes 集群

如果你想探索一个完善的多节点 Kubernetes 集群，可以使用托管的 Google Kubernetes Engine（GKE）集群。这样，无须手动设置所有的集群节点和网络，因为这对于刚开始使用 Kubernetes 的人来说太复杂了。使用例如 GKE 这样的托管解决方案可以确保不会出现配置错误、不工作或部分工作的集群。

配置一个 Google Cloud 项目并且下载必需的客户端二进制

在设置新的 Kubernetes 集群之前，需要设置 GKE 环境。因为这个过程可能会改变，所以不在这里列出具体的说明。阅读 https://cloud.google.com/containerengine/docs/before-begin 中的说明后就可以开始了。

整个过程大致包括：

1. 注册谷歌账户，如果你还没有注册过。
2. 在 Google Cloud Platform 控制台中创建一个项目。
3. 开启账单。这会需要你的信用卡信息，但是谷歌提供了为期 12 个月的免费试用。而且在免费试用结束后不会自动续费。
4. 开启 Kubernetes Engine API。
5. 下载安装 Google Cloud SDK（这包含 gcloud 命令行工具，需要创建一个 Kubernetes 集群）。
6. 使用 `gcloud components install kubectl` 安装 `kubectl` 命令行工具。

注意 某些操作（例如步骤 2 中的操作）可能需要几分钟才能完成，所以在此期间可以喝杯咖啡放松一下。

创建一个三节点 Kubernetes 集群

完成安装后，可以使用下面代码清单中的命令创建一个包含三个工作节点的 Kubernetes 集群。

代码清单 2.12 在 GKE 上创建一个三节点集群

```
$ gcloud container clusters create kubia --num-nodes 3
➥ --machine-type f1-micro
Creating cluster kubia...done.
Created [https://container.googleapis.com/v1/projects/kubia1-
    1227/zones/europe-west1-d/clusters/kubia].
kubeconfig entry generated for kubia.
NAME   ZONE    MST_VER MASTER_IP      TYPE     NODE_VER NUM_NODES STATUS
kubia  eu-w1d  1.5.3   104.155.92.30  f1-micro 1.5.3    3         RUNNING
```

现在已经有一个正在运行的 Kubernetes 集群，包含了三个工作节点，如图 2.4 所示。你在使用三个节点来更好地演示适用于多节点的特性，如果需要的话可以使用较少数量的节点。

获取集群概览

图 2.4 能够让你对集群，以及如何与集群交互有一个初步的认识。每个节点运行着 Docker、Kubelet 和 kube-proxy。可以通过 `kubectl` 命令行客户端向运行在主节点上的 Kubernetes API 服务器发出 REST 请求以与集群交互。

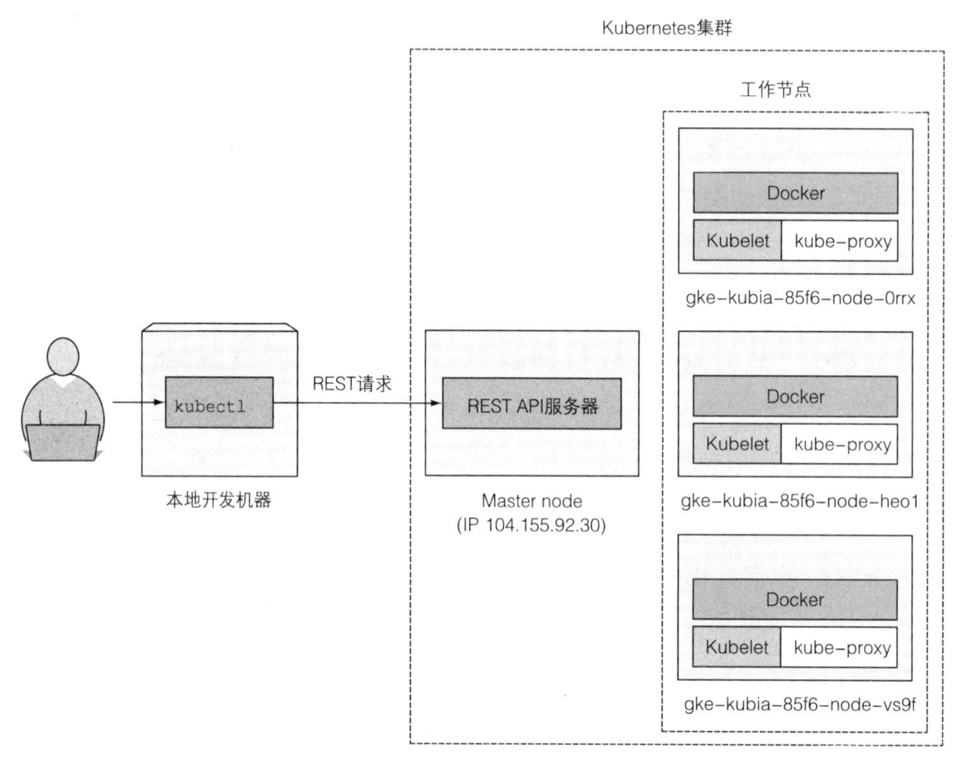

图 2.4 如何与三节点 Kubernetes 集群进行交互

通过列出集群节点查看集群是否在运行

现在可以使用 kubectl 命令列出集群中的所有节点，如下面的代码清单所示。

代码清单 2.13 使用 kubectl 列出集群节点

```
$ kubectl get nodes
NAME                      STATUS   AGE   VERSION
gke-kubia-85f6-node-0rrx  Ready    1m     v1.5.3
gke-kubia-85f6-node-heo1  Ready    1m     v1.5.3
gke-kubia-85f6-node-vs9f  Ready    1m     v1.5.3
```

kubectl get 命令可以列出各种 Kubernetes 对象。你将会经常使用到它，但它通常只会显示对象最基本的信息。

提示 可以使用 gcloud compute ssh <node-name> 登录到其中一个节点，查看节点上运行了什么。

查看对象的更多信息

要查看关于对象的更详细的信息，可以使用 kubectl describe 命令，它显示了更多信息：

```
$ kubectl describe node gke-kubia-85f6-node-0rrx
```

这里省略了 describe 命令的实际输出，因为内容非常多且在书中是完全不可读的。输出显示了节点的状态、CPU 和内存数据、系统信息、运行容器的节点等。

在前面的 kubectl describe 示例中，显式地指定了节点的名称，但也可以执行一个简单的 kubectl describe node 命令，而无须指定节点名，它将打印出所有节点的描述信息。

提示 当只有一个给定类型的对象存在时，不指定对象名就运行 description 和 get 命令是很提倡的，这样不会浪费时间输入或复制、粘贴对象的名称。

当我们讨论减少输入的时候，开始在 Kubernetes 运行第一个应用程序之前，先学习如何让 kubectl 命令的使用变得更容易。

2.2.3 为 kubectl 配置别名和命令行补齐

kubectl 会被经常使用。很快你就会发现每次不得不打全命令是非常痛苦的。在继续之前，花一分钟为 kubectl 设置别名和 tab 命令补全可让使用变得简单。

创建别名

在整本书中，一直会使用 kubectl 可执行文件的全名，但是你可以添加一个较短的别名，如 k，这样就不用每次都输入 kubectl 了。如果还没有设置别名，这里会告诉你如何定义。将下面的代码添加到 ~/.bashrc 或类似的文件中：

```
alias k=kubectl
```

注意 如果你已经在用 gcloud 配置集群，就已经有可执行文件 k 了。

为 kuebctl 配置 tab 补全

即使使用短别名 k，仍然需要输入许多内容。幸运的是，kubectl 命令还可以配置 bash 和 zsh shell 的代码补全。tab 补全不仅可以补全命令名，还能补全对象名。例如，无须在前面的示例中输入整个节点名，只需输入

```
$ kubectl desc<TAB> no<TAB> gke-ku<TAB>
```

需要先安装一个叫作 bashcompletion 的包来启用 bash 中的 tab 命令补全，然后可以运行接下来的命令（也需要加到 ~/.bashrc 或类似的文件中）：

```
$ source <(kubectl completion bash)
```

但是需要注意的是，tab 命令行补全只在使用完整的 kubectl 命令时会起作用（当使用别名 k 时不会起作用）。需要改变 kubectl completion 的输出来修复：

```
$ source <(kubectl completion bash | sed s/kubectl/k/g)
```

注意 不幸的是，在写作本书之时，别名的 shell 命令补全在 MacOS 系统上并不起作用。如果需要使用命令行补全，就需要使用完整的 kubectl 命令。

现在你已经准备好无须输入太多就可以与集群进行交互。现在终于可以在 Kubernetes 上运行第一个应用了。

2.3 在Kubernetes上运行第一个应用

因为这可能是第一次，所以会使用最简单的方法在 Kubernetes 上运行应用程序。通常，需要准备一个 JSON 或 YAML，包含想要部署的所有组件描述的配置文件，但是因为还没有介绍可以在 Kubernetes 中创建的组件类型，所以这里将使用一个简单的单行命令来运行应用。

2.3.1 部署 Node.js 应用

部署应用程序最简单的方式是使用 kubectl run 命令，该命令可以创建所有必要的组件而无需 JSON 或 YAML 文件。这样的话，我们就不需要深入了解每个组件对象的结构。试着运行之前创建、推送到 Docker Hub 的镜像。下面是在 Kubernetes 中运行的代码：

```
$ kubectl run kubia --image=luksa/kubia --port=8080 --generator=run/v1
replicationcontroller "kubia" created
```

--image=luksa/kubia 显示的是指定要运行的容器镜像，--port=8080 选项告诉 Kubernetes 应用正在监听 8080 端口。最后一个标志（--generator）需要解释一下，通常并不会使用到它，它让 Kubernetes 创建一个 *ReplicationController*，而不是 *Deployment*。稍后你将在本章中了解到什么是 ReplicationController，但是直到第 9 章才会介绍 Deployment，所以不会在这里创建 Deployment。

正如前面命令的输出所示，已经创建了一个名为 kubia 的 ReplicationController。如前所述，我们将在本章的后面看到。从底层开始，把注意力放在创建的容器上（可以假设已经创建了一个容器，因为在 run 命令中指定了一个容器镜像）。

介绍 pod

你或许在想，是否有一个列表显示所有正在运行的容器，可以通过类似于 kuberctl get containers 的命令获取。这并不是 Kubernetes 的工作，它不直接处理单个容器。相反，它使用多个共存容器的理念。这组容器就叫作 pod。

一个 pod 是一组紧密相关的容器，它们总是一起运行在同一个工作节点上，以及同一个 Linux 命名空间中。每个 pod 就像一个独立的逻辑机器，拥有自己的 IP、主机名、进程等，运行一个独立的应用程序。应用程序可以是单个进程，运行在单个容器中，也可以是一个主应用进程或者其他支持进程，每个进程都在自己的容器中运行。一个 pod 的所有容器都运行在同一个逻辑机器上，而其他 pod 中的容器，即使运行在同一个工作节点上，也会出现在不同的节点上。

为了更好地理解容器、pod 和节点之间的关系，请查看图 2.5。如你所见，每个 pod 都有自己的 IP，并包含一个或多个容器，每个容器都运行一个应用进程。pod 分布在不同的工作节点上。

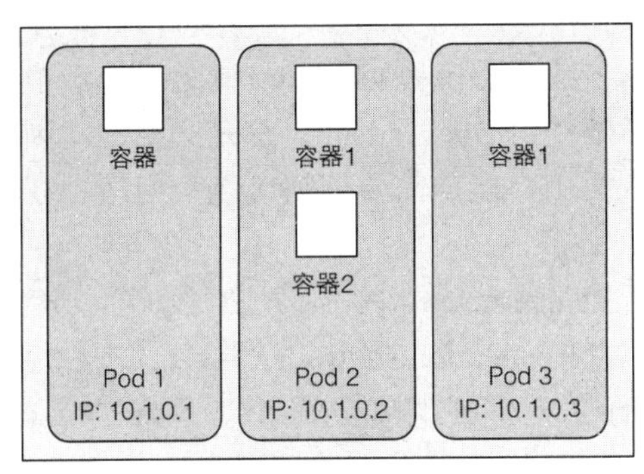

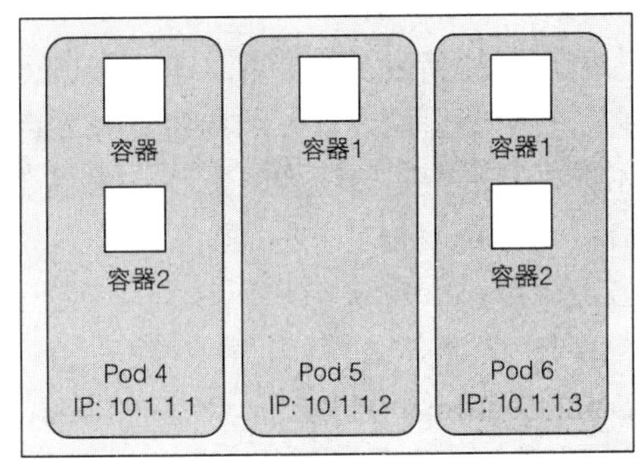

图 2.5 容器、pod 及物理工作节点之间的关系

列出 pod

不能列出单个容器，因为它们不是独立的 Kubernetes 对象，但是可以列出 pod。让我们看看如何使用 kubectl 在下面的代码清单中列出 pod。

代码清单 2.14 列出 pod

```
$ kubectl get pods
NAME          READY     STATUS    RESTARTS   AGE
kubia-4jfyf   0/1       Pending   0          1m
```

pod 仍然处于挂起状态，pod 的单个容器显示为还未就绪的状态（这是 READY 列中的 0/1 的含义）。pod 还没有运行的原因是：该 pod 被分配到的工作节点正在下载容器镜像，完成之后才可以运行。下载完成后，将创建 pod 的容器，然后 pod 会变为运行状态，如下面的代码清单所示。

代码清单 2.15 再次列出 pod 查看 pod 的状态是否变化

```
$ kubectl get pods
NAME          READY     STATUS    RESTARTS   AGE
kubia-4jfyf   1/1       Running   0          5m
```

要查看有关 pod 的更多信息，还可以使用 kubectl describe pod 命令，就像之前查看工作节点一样。如果 pod 停留在挂起状态，那么可能是 Kubernetes 无法从镜像中心拉取镜像。如果你正在使用自己的镜像，确保它在 Docker Hub 上是公开的。为了确保能够成功地拉取镜像，可以试着在另一台机器上使用 docker pull 命令手动拉取镜像。

幕后发生的事情

为了可视化所发生的事情，请看图 2.6。它显示了在 Kubernetes 中运行容器镜像所必需的两个步骤。首先，构建镜像并将其推送到 Docker Hub。这是必要的，因为在本地机器上构建的镜像只能在本地机器上可用，但是需要使它可以访问运行在工作节点上的 Docker 守护进程。

当运行 kubectl 命令时，它通过向 Kubernetes API 服务器发送一个 REST HTTP 请求，在集群中创建一个新的 ReplicationController 对象。然后，ReplicationController 创建了一个新的 pod，调度器将其调度到一个工作节点上。Kubelet 看到 pod 被调度到节点上，就告知 Docker 从镜像中心中拉取指定的镜像，因为本地没有该镜像。下载镜像后，Docker 创建并运行容器。

展示另外两个节点是为了显示上下文。它们没有在这个过程中扮演任何角色，因为 pod 没有调度到它们上面。

定义 术语调度（scheduling）的意思是将 pod 分配给一个节点。pod 会立即运行，而不是将要运行。

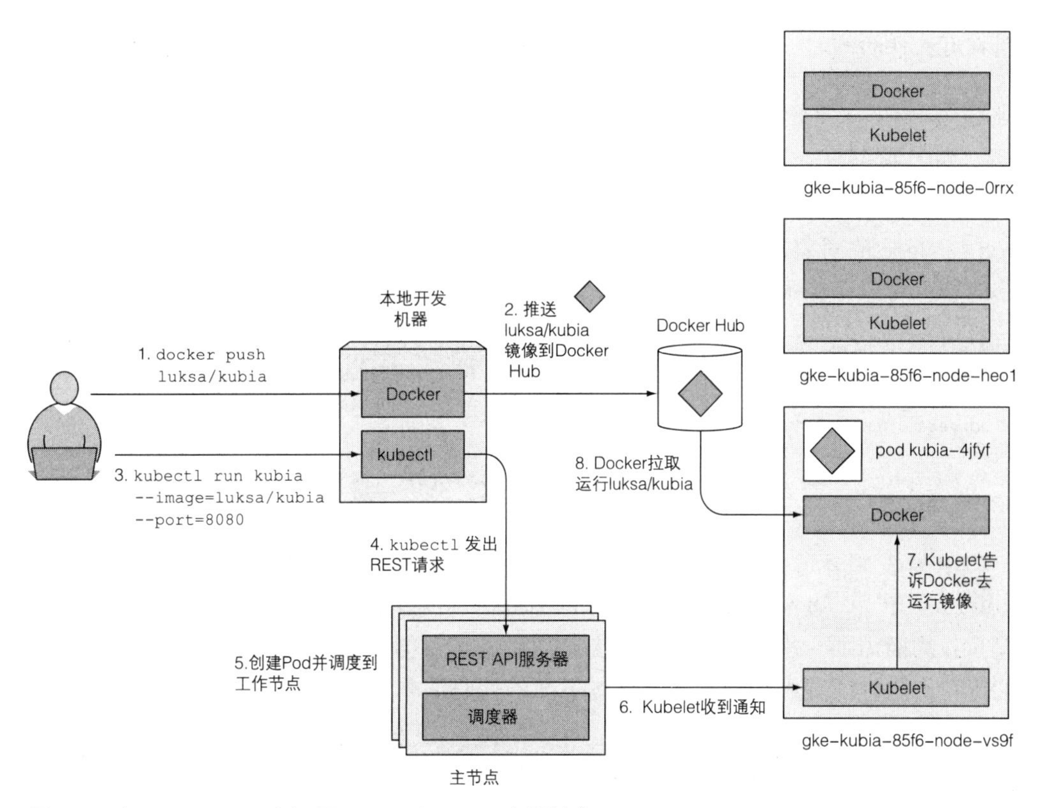

图 2.6 在 Kubernetes 中运行 `luksa/kubia` 容器镜像

2.3.2 访问 Web 应用

如何访问正在运行的 pod？我们提到过每个 pod 都有自己的 IP 地址，但是这个地址是集群内部的，不能从集群外部访问。要让 pod 能够从外部访问，需要通过服务对象公开它，要创建一个特殊的 `LoadBalancer` 类型的服务。因为如果你创建一个常规服务（一个 `ClusterIP` 服务），比如 pod，它也只能从集群内部访问。通过创建 `LoadBalancer` 类型的服务，将创建一个外部的负载均衡，可以通过负载均衡的公共 IP 访问 pod。

创建一个服务对象

要创建服务，需要告知 Kubernetes 对外暴露之前创建的 ReplicationController:

```
$ kubectl expose rc kubia --type=LoadBalancer --name kubia-http
service "kubia-http" exposed
```

注意 我们这里用的是 `replicationcontroller` 的缩写 `rc`。大多数资源类型都有这样的缩写，所以不必输入全名（例如，pods 的缩写是 po，service 的缩写是 svc，等等）。

列出服务

expose 命令的输出中提到一个名为 kubian-http 的服务。服务是类似于 pod 和 Node 的对象，因此可以通过运行 kubectl get services 命令查看新创建的服务对象，如下面的代码清单所示。

代码清单 2.16 列出服务

```
$ kubectl get services
NAME          CLUSTER-IP     EXTERNAL-IP   PORT(S)         AGE
kubernetes    10.3.240.1     <none>        443/TCP         34m
kubia-http    10.3.246.185   <pending>     8080:31348/TCP  4s
```

该列表显示了两个服务。暂时忽略 kubernetes 服务，仔细查看创建的 kubian-http 服务。它还没有外部 IP 地址，因为 Kubernetes 运行的云基础设施创建负载均衡需要一段时间。负载均衡启动后，应该会显示服务的外部 IP 地址。让我们等待一段时间并再次列出服务，如下面的代码清单所示。

代码清单 2.17 再次列出服务并查看是否分配了外部 IP

```
$ kubectl get svc
NAME          CLUSTER-IP     EXTERNAL-IP    PORT(S)         AGE
kubernetes    10.3.240.1     <none>         443/TCP         35m
kubia-http    10.3.246.185   104.155.74.57  8080:31348/TCP  1m
```

现在有外部 IP 了，应用就可以从任何地方通过 http://104.155.74.57:8080 访问。

注意 Minikube 不支持 LoadBalancer 类型的服务，因此服务不会有外部 IP。但是可以通过外部端口访问服务。在下一节的提示中将介绍这是如何做到的。

使用外部 IP 访问服务

现在可以通过服务的外部 IP 和端口向 pod 发送请求：

```
$ curl 104.155.74.57:8080
You've hit kubia-4jfyf
```

现在，应用程序在三个节点的 Kubernetes 集群（如果使用 Minikube，则是一个单节点集群）上运行起来了。如果你忘了建立整个集群所需的步骤，那么只需两个简单的命令就可以让你的应用运行起来，并且让全世界的用户都能访问它。

提示 使用 Minikube 的时候，可以运行 `minikube service kubia-http` 获取可以访问服务的 IP 和端口。

如果仔细观察，会发现应用将 pod 名称作为它的主机名。如前所述，每个 pod 都像一个独立的机器，具有自己的 IP 地址和主机名。尽管应用程序运行在工作节点的操作系统中，但对应用程序来说，它似乎是在一个独立的机器上运行，而这台机器本身就是应用程序的专用机器，没有其他的进程一同运行。

2.3.3 系统的逻辑部分

到目前为止，主要介绍了系统实际的物理组件。三个工作节点是运行 Docker 和 Kubelet 的 VM，还有一个控制整个系统的主节点。实际上，我们并不知道主节点是否管理着 Kubernetes 控制层的所有组件，或者它们是否跨多个节点。这并不重要，因为你只与单点访问的 API 服务器进行交互。

除了这个系统的物理视图，还有一个单独的、逻辑的视图。之前已经提到过 pod、ReplicationController 和服务。所有这些都将在后面几章中介绍，但是让我们先快速地看看它们是如何组合在一起的，以及它们在应用中扮演什么角色。

ReplicationController、pod 和服务是如何组合在一起的

正如前面解释过的，没有直接创建和使用容器。相反，Kubernetes 的基本构件是 pod。但是，你并没有真的创建出任何 pod，至少不是直接创建。通过运行 `kubectl run` 命令，创建了一个 ReplicationController，它用于创建 pod 实例。为了使该 pod 能够从集群外部访问，需要让 Kubernetes 将该 ReplicationController 管理的所有 pod 由一个服务对外暴露。图 2.7 给出了这三种元素组合的大致情况。

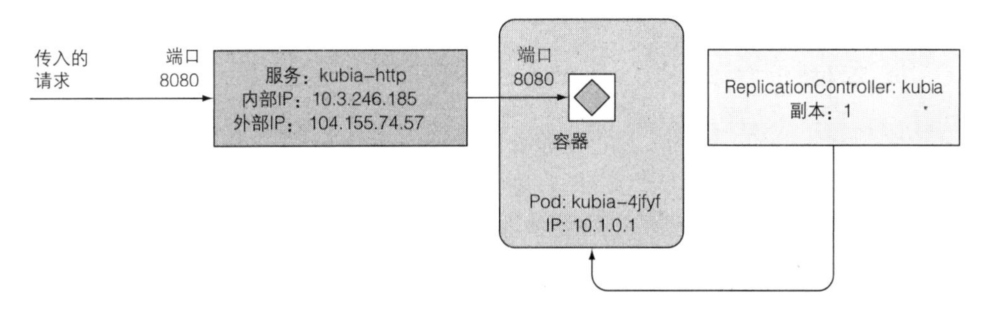

图 2.7 由 ReplicationController、pod 和服务组成的系统

pod 和它的容器

在你的系统中最重要的组件是 pod。它只包含一个容器，但是通常一个 pod 可

以包含任意数量的容器。容器内部是 Node.js 进程，该进程绑定到 8080 端口，等待 HTTP 请求。pod 有自己独立的私有 IP 地址和主机名。

ReplicationController 的角色

下一个组件是 `kubia` ReplicationController。它确保始终存在一个运行中的 pod 实例。通常，ReplicationController 用于复制 pod（即创建 pod 的多个副本）并让它们保持运行。示例中没有指定需要多少 pod 副本，所以 ReplicationController 创建了一个副本。如果你的 pod 因为任何原因消失了，那么 ReplicationController 将创建一个新的 pod 来替换消失的 pod。

为什么需要服务

系统的第三个组件是 `kubian-http` 服务。要理解为什么需要服务，需要学习有关 pod 的关键细节。pod 的存在是短暂的，一个 pod 可能会在任何时候消失，或许因为它所在节点发生故障，或许因为有人删除了 pod，或者因为 pod 被从一个健康的节点剔除了。当其中任何一种情况发生时，如前所述，消失的 pod 将被 ReplicationController 替换为新的 pod。新的 pod 与替换它的 pod 具有不同的 IP 地址。这就是需要服务的地方——解决不断变化的 pod IP 地址的问题，以及在一个固定的 IP 和端口对上对外暴露多个 pod。

当一个服务被创建时，它会得到一个静态的 IP，在服务的生命周期中这个 IP 不会发生改变。客户端应该通过固定 IP 地址连接到服务，而不是直接连接 pod。服务会确保其中一个 pod 接收连接，而不关心 pod 当前运行在哪里 (以及它的 IP 地址是什么)。

服务表示一组或多组提供相同服务的 pod 的静态地址。到达服务 IP 和端口的请求将被转发到属于该服务的一个容器的 IP 和端口。

2.3.4 水平伸缩应用

现在有了一个正在运行的应用，由 ReplicationController 监控并保持运行，并通过服务暴露访问。现在让我们来创造更多魔法。

使用 Kubernetes 的一个主要好处是可以简单地扩展部署。让我们看看扩容 pod 有多容易。接下来要把运行实例的数量增加到三个。

pod 由一个 ReplicationController 管理。让我们来查看 `kubectl get` 命令：

```
$ kubectl get replicationcontrollers
NAME        DESIRED     CURRENT    AGE
kubia       1           1          17m
```

使用 kubectl get 列出所有类型的资源

一直在使用相同的基本命令 kubectl get 来列出集群中的资源。你已经使用此命令列出节点、pod、服务和 ReplicationController 对象。不指定资源类型调用 kubectl get 可以列出所有可能类型的对象。然后这些类型可以使用各种 kubectl 命令，例如 get、describe 等。列表还显示了前面提到的缩写。

该列表显示了一个名为 kubia 的单个 ReplicationController。DESIRED 列显示了希望 ReplicationController 保持的 pod 副本数，而 CURRENT 列显示当前运行的 pod 数。在示例中，希望 pod 副本为 1，而现在就有一个副本正在运行。

增加期望的副本数

为了增加 pod 的副本数，需要改变 ReplicationController 期望的副本数，如下所示：

```
$ kubectl scale rc kubia --replicas=3
replicationcontroller "kubia" scaled
```

现在已经告诉 Kubernetes 需要确保 pod 始终有三个实例在运行。注意，你没有告诉 Kubernetes 需要采取什么行动，也没有告诉 Kubernetes 增加两个 pod，只设置新的期望的实例数量并让 Kubernetes 决定需要采取哪些操作来实现期望的状态。

这是 Kubernetes 最基本的原则之一。不是告诉 Kubernetes 应该执行什么操作，而是声明性地改变系统的期望状态，并让 Kubernetes 检查当前的状态是否与期望的状态一致。在整个 Kubernetes 世界中都是这样的。

查看扩容的结果

前面增加了 pod 的副本数。再次列出 ReplicationController 查看更新后的副本数：

```
$ kubectl get rc
NAME      DESIRED    CURRENT   READY    AGE
kubia     3          3         2        17m
```

由于 pod 的实际数量已经增加到三个（从 CURRENT 列中可以看出），列出所有的 pod 时显示的应该是三个而不是一个：

```
$ kubectl get pods
NAME          READY     STATUS    RESTARTS    AGE
kubia-hczji   1/1       Running   0           7s
kubia-iq9y6   0/1       Pending   0           7s
kubia-4jfyf   1/1       Running   0           18m
```

正如你所看到的，有三个 pod 而不是一个。两个已经在运行，一个仍在挂起中，一旦容器镜像下载完毕并启动容器，挂起的 pod 会马上运行。

正如你所看到的，给应用扩容是非常简单的。一旦应用在生产中运行并且需要扩容，可以使用一个命令添加额外的实例，而不必手动安装和运行其他副本。

记住，应用本身需要支持水平伸缩。Kubernetes 并不会让你的应用变得可扩展，它只是让应用的扩容或缩容变得简单。

当切换到服务时请求切换到所有三个 pod 上

因为现在应用的多个实例在运行，让我们看看如果再次请求服务的 URL 会发生什么。会不会总是切换到应用的同一个实例呢？

```
$ curl 104.155.74.57:8080
You've hit kubia-hczji
$ curl 104.155.74.57:8080
You've hit kubia-iq9y6
$ curl 104.155.74.57:8080
You've hit kubia-iq9y6
$ curl 104.155.74.57:8080
You've hit kubia-4jfyf
```

请求随机地切换到不同的pod。当pod有多个实例时Kubernetes服务就会这样做。服务作为负载均衡挡在多个 pod 前面。当只有一个 pod 时，服务为单个 pod 提供一个静态地址。无论服务后面是单个 pod 还是一组 pod，这些 pod 在集群内创建、消失，这意味着它们的 IP 地址会发生变化，但服务的地址总是相同的。这使得无论有多少 pod，以及它们的地址如何变化，客户端都可以很容易地连接到 pod。

可视化系统的新状态

让我们可视化一下现在的系统，看看和以前相比发生了什么变化。图 2.8 显示了系统的新状态。仍然有一个服务和一个 ReplicationController，但是现在有三个 pod 实例，它们都是由 ReplicationController 管理的。服务不再将所有请求发送到单个 pod，而是将它们分散到所有三个 pod 中，如前面使用 `curl` 进行的实验所示。

作为练习，现在可以尝试通过进一步增加 ReplicationController 的副本数来启动附加实例，甚至可以尝试减小副本数。

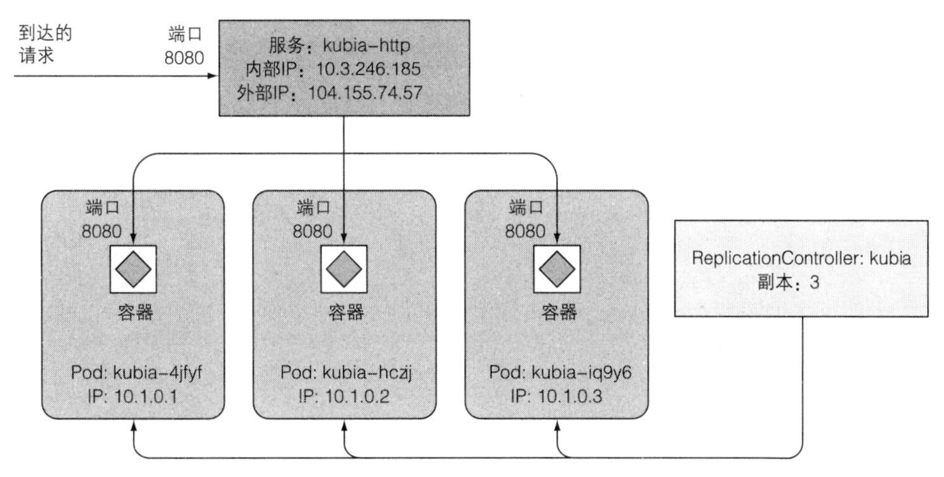

图 2.8 由同一 ReplicationController 管理并通过服务 IP 和端口暴露的 pod 的三个实例

2.3.5 查看应用运行在哪个节点上

你可能想知道 pod 被调度到哪个节点上。在 Kubernetes 的世界中，pod 运行在哪个节点上并不重要，只要它被调度到一个可以提供 pod 正常运行所需的 CPU 和内存的节点就可以了。

不管调度到哪个节点，容器中运行的所有应用都具有相同类型的操作系统。每个 pod 都有自己的 IP，并且可以与任何其他 pod 通信，不论其他 pod 是运行在同一个节点上，还是运行在另一个节点上。每个 pod 都被分配到所需的计算资源，因此这些资源是由一个节点提供还是由另一个节点提供，并没有任何区别。

列出 pod 时显示 pod IP 和 pod 的节点

如果仔细观察，可能已经注意到 `kubectl get pods` 命令甚至没有显示任何关于这些 pod 调度到的节点的信息。这是因为它通常不是 pod 最重要的信息。

但是可以使用 `-o wide` 选项请求显示其他列。在列出 pod 时，该选项显示 pod 的 IP 和所运行的节点：

```
$ kubectl get pods -o wide
NAME          READY   STATUS    RESTARTS   AGE   IP         NODE
kubia-hczji   1/1     Running   0          7s    10.1.0.2   gke-kubia-85...
```

使用 kubectl describe 查看 pod 的其他细节

还可以使用 `kubectl describe` 命令来查看节点，该命令显示了 pod 的许多其他细节，如下面的代码清单所示。

代码清单 2.18　使用 `kubectl describe` 描述一个 pod

```
$ kubectl describe pod kubia-hczji
Name:          kubia-hczji
Namespace:     default
Node:          gke-kubia-85f6-node-vs9f/10.132.0.3    <-- 这是 pod 被调度到的节点
Start Time:    Fri, 29 Apr 2016 14:12:33 +0200
Labels:        run=kubia
Status:        Running
IP:            10.1.0.2
Controllers:   ReplicationController/kubia
Containers:    ...
Conditions:
  Type         Status
  Ready        True
Volumes: ...
Events: ...
```

这展示 pod 的一些其他信息，pod 调度到的节点、启动的时间、pod 使用的镜像，以及其他有用的信息。

2.3.6　介绍 Kubernetes dashboard

在结束这个初始实践的章节之前，让我们看看探索 Kubernetes 集群的另一种方式。

到目前为止，只使用了 `kubectl` 命令行工具。如果更喜欢图形化的 web 用户界面，你会很高兴地听到 Kubernetes 也提供了一个不错的（但仍在开发迭代的）web dashboard。

dashboard 可以列出部署在集群中的所有 pod、ReplicationController、服务和其他部署在集群中的对象，以及创建、修改和删除它们，如图 2.9 所示。

尽管你不会在本书中使用 dashboard，在 `kubectl` 创建或修改对象之后，还是可以随时打开它，快速查看集群中部署内容的图形化视图。

访问 GKE 集群的 dashboard

如果你正在使用 Google Kubernetes Engine，可以通过 `kubectl cluster-info` 命令找到 dashboard 的 URL:

```
$ kubectl cluster-info | grep dashboard
kubernetes-dashboard is running at https://104.155.108.191/api/v1/proxy/
➥ namespaces/kube-system/services/kubernetes-dashboard
```

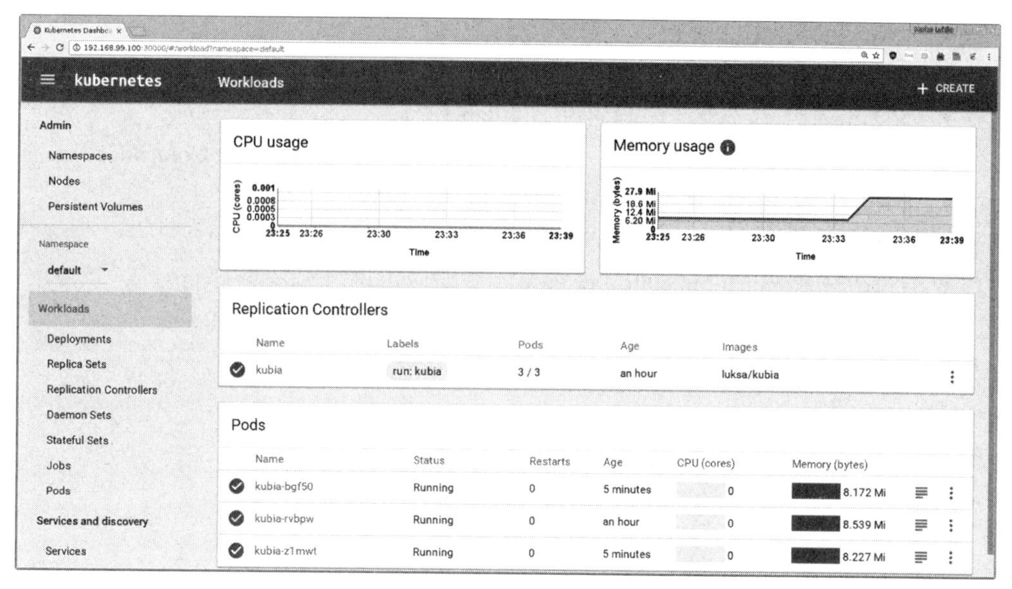

图 2.9 Kubernetes dashboard 的页面截图

如果在浏览器中打开这个 URL，将会显示用户名和密码提示符。可以运行以下命令找到用户名和密码：

```
$ gcloud container clusters describe kubia | grep -E "(username|password):"
  password: 32nENgreEJ632A12
  username: admin
```

dashboard 的用户名和密码

访问 Minikube 的 dashboard

要打开使用 Minikube 的 Kubernetes 集群的 dashboard，请运行以下命令：

```
$ minikube dashboard
```

dashboard 将在默认浏览器中打开。与 GKE 不同的是，不需要输入任何凭证来访问它。

2.4 本章小结

希望这个初始实践章节已经向你展示了 Kubernetes 并不是很难上手的复杂平台，希望你已经准备好深入学习关于它的所有知识。读完这一章，你应该知道如何：

- 拉取并且运行任何公开的镜像。
- 把应用打包成容器镜像，并且推送到远端的公开镜像仓库让大家都可以使用。

- 进入运行中的容器并检查运行环境。
- 在 GKE 上创建一个多节点的 K8s 集群。
- 为 `kubectl` 命令行工具设置别名和 tab 补全。
- 在 Kubernetes 集群中列出查看节点、pod、服务和 ReplicationController。
- 在 Kubernetes 中运行容器并可以在集群外访问。
- 了解 pod、ReplicationController 和服务是关联的基础场景。
- 通过改变 ReplicationController 的复本数对应用进行水平伸缩。
- 在 Minikube 和 GKE 中访问基于 web 的 Kubernetes dashboard。

3 pod：运行于Kubernetes中的容器

本章内容涵盖

- 创建、启动和停止 pod
- 使用标签组织 pod 和其他资源
- 使用特定标签对所有 pod 执行操作
- 使用命名空间将多个 pod 分到不重叠的组中
- 调度 pod 到指定类型的工作节点

上一章已经大致介绍了在 Kubernetes 中创建的基本组件，包括它们的基本功能概述。那么接下来我们将更加详细地介绍所有类型的 Kubernetes 对象（或资源），以便你理解在何时、如何及为何要使用每一个对象。其中 pod 是 Kubernetes 中最为重要的核心概念，而其他对象仅仅是在管理、暴露 pod 或被 pod 使用，所以我们将首先介绍 pod 这一核心概念。

3.1 介绍pod

我们已经了解到，pod 是一组并置的容器，代表了 Kubernetes 中的基本构建模块。在实际应用中我们并不会单独部署容器，更多的是针对一组 pod 的容器进行部署和操作。然而这并不意味着一个 pod 总是要包含多个容器——实际上只包含一个单独容器的 pod 也是非常常见的。值得注意的是，当一个 pod 包含多个容器时，这些容器总是运行于同一个工作节点上——一个 pod 绝不会跨越多个工作节点，如图 3.1 所示。

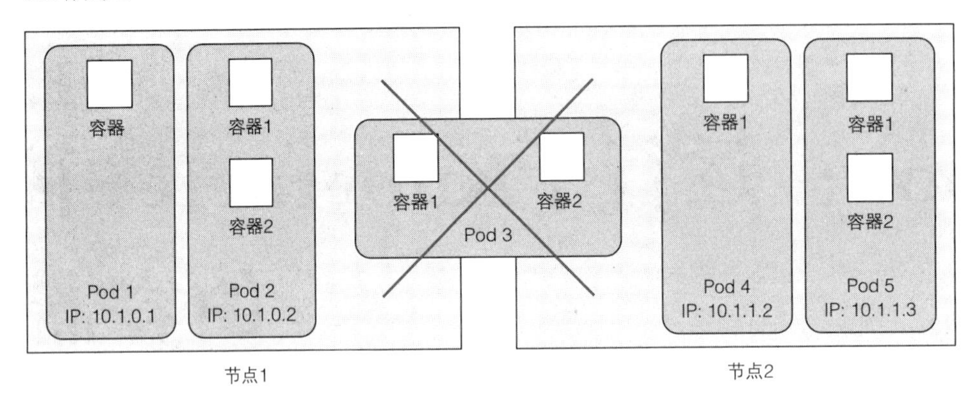

图 3.1　一个 pod 的所有容器都运行在同一个节点上；一个 pod 绝不跨越两个节点

3.1.1　为何需要 pod

关于为何需要 pod 这种容器？为何不直接使用容器？为何甚至需要同时运行多个容器？难道不能简单地把所有进程都放在一个单独的容器中吗？接下来我们将一一回答上述问题。

为何多个容器比单个容器中包含多个进程要好

想象一个由多个进程组成的应用程序，无论是通过 ipc（进程间通信）还是本地存储文件进行通信，都要求它们运行于同一台机器上。在 Kubernetes 中，我们经常在容器中运行进程，由于每一个容器都非常像一台独立的机器，此时你可能认为在单个容器中运行多个进程是合乎逻辑的，然而在实践中这种做法并不合理。

容器被设计为每个容器只运行一个进程（除非进程本身产生子进程）。如果在单个容器中运行多个不相关的进程，那么保持所有进程运行、管理它们的日志等将会是我们的责任。例如，我们需要包含一种在进程崩溃时能够自动重启的机制。同时这些进程都将记录到相同的标准输出中，而此时我们将很难确定每个进程分别记录了什么。

综上所述，我们需要让每个进程运行于自己的容器中，而这就是 Docker 和 Kubernetes 期望使用的方式。

3.1.2 了解 pod

由于不能将多个进程聚集在一个单独的容器中，我们需要另一种更高级的结构来将容器绑定在一起，并将它们作为一个单元进行管理，这就是 pod 背后的根本原理。

在包含容器的 pod 下，我们可以同时运行一些密切相关的进程，并为它们提供（几乎）相同的环境，此时这些进程就好像全部运行于单个容器中一样，同时又保持着一定的隔离。这样一来，我们便能全面地利用容器所提供的特性，同时对这些进程来说它们就像运行在一起一样，实现两全其美。

同一 pod 中容器之间的部分隔离

在上一章中，我们已经了解到容器之间彼此是完全隔离的，但此时我们期望的是隔离容器组，而不是单个容器，并让每个容器组内的容器共享一些资源，而不是全部（换句话说，没有完全隔离）。Kubernetes 通过配置 Docker 来让一个 pod 内的所有容器共享相同的 Linux 命名空间，而不是每个容器都有自己的一组命名空间。

由于一个 pod 中的所有容器都在相同的 network 和 UTS 命名空间下运行（在这里我们讨论的是 Linux 命名空间），所以它们都共享相同的主机名和网络接口。同样地，这些容器也都在相同的 IPC 命名空间下运行，因此能够通过 IPC 进行通信。在最新的 Kubernetes 和 Docker 版本中，它们也能够共享相同的 PID 命名空间，但是该特征默认是未激活的。

注意 当同一个 pod 中的容器使用单独的 PID 命名空间时，在容器中执行 `ps aux` 就只会看到容器自己的进程。

但当涉及文件系统时，情况就有所不同。由于大多数容器的文件系统来自容器镜像，因此默认情况下，每个容器的文件系统与其他容器完全隔离。但我们可以使用名为 *Volume* 的 Kubernetes 资源来共享文件目录，关于这一概念将在第 6 章进行讨论。

容器如何共享相同的 IP 和端口空间

这里需强调的一点是，由于一个 pod 中的容器运行于相同的 Network 命名空间中，因此它们共享相同的 IP 地址和端口空间。这意味着在同一 pod 中的容器运行的多个进程需要注意不能绑定到相同的端口号，否则会导致端口冲突，但这只涉及同一 pod 中的容器。由于每个 pod 都有独立的端口空间，对于不同 pod 中的容器来说则永远不会遇到端口冲突。此外，一个 pod 中的所有容器也都具有相同的 loopback 网络接口，因此容器可以通过 localhost 与同一 pod 中的其他容器进行通信。

介绍平坦 pod 间网络

Kubernetes 集群中的所有 pod 都在同一个共享网络地址空间中（如图 3.2 所示），这意味着每个 pod 都可以通过其他 pod 的 IP 地址来实现相互访问。换句话说，这也表示它们之间没有 NAT（网络地址转换）网关。当两个 pod 彼此之间发送网络数据包时，它们都会将对方的实际 IP 地址看作数据包中的源 IP。

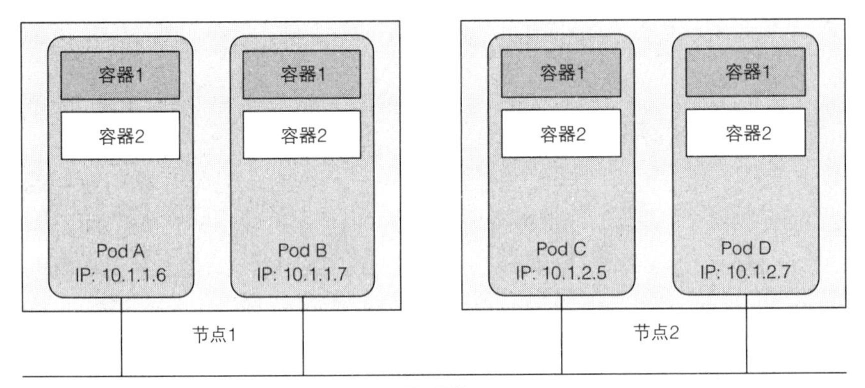

图 3.2 每个 pod 获取可路由的 IP 地址，其他 pod 都可以在该 IP 地址下看到该 pod

因此，pod 之间的通信其实是非常简单的。不论是将两个 pod 安排在单一的还是不同的工作节点上，同时不管实际节点间的网络拓扑结构如何，这些 pod 内的容器都能够像在无 NAT 的平坦网络中一样相互通信，就像局域网（LAN）上的计算机一样。此时，每个 pod 都有自己的 IP 地址，并且可以通过这个专门的网络实现 pod 之间互相访问。这个专门的网络通常是由额外的软件基于真实链路实现的。

总结本节涵盖的内容：pod 是逻辑主机，其行为与非容器世界中的物理主机或虚拟机非常相似。此外，运行在同一个 pod 中的进程与运行在同一物理机或虚拟机上的进程相似，只是每个进程都封装在一个容器之中。

3.1.3 通过 pod 合理管理容器

将 pod 视为独立的机器，其中每个机器只托管一个特定的应用。过去我们习惯于将各种应用程序塞进同一台主机，但是 pod 不是这么干的。由于 pod 比较轻量，我们可以在几乎不导致任何额外开销的前提下拥有尽可能多的 pod。与将所有内容填充到一个 pod 中不同，我们应该将应用程序组织到多个 pod 中，而每个 pod 只包含紧密相关的组件或进程。

说到这里，对于一个由前端应用服务器和后端数据库组成的多层应用程序，你认为应该将其配置为单个 pod 还是两个 pod 呢？下面我们将对该问题做进一步探讨。

将多层应用分散到多个 pod 中

虽然我们可以在单个 pod 中同时运行前端服务器和数据库这两个容器，但这种方式并不值得推荐。前面我们已经讨论过，同一 pod 的所有容器总是运行在一起，但对于 Web 服务器和数据库来说，它们真的需要在同一台计算机上运行吗？答案显然是否定的，它们不应该被放到同一个 pod 中。那假如你非要把它们放在一起，有错吗？某种程度上来说，是的。

如果前端和后端都在同一个 pod 中，那么两者将始终在同一台计算机上运行。如果你有一个双节点 Kubernetes 集群，而只有一个单独的 pod，那么你将始终只会用一个工作节点，而不会充分利用第二个节点上的计算资源（CPU 和内存）。因此更合理的做法是将 pod 拆分到两个工作节点上，允许 Kubernetes 将前端安排到一个节点，将后端安排到另一个节点，从而提高基础架构的利用率。

基于扩缩容考虑而分割到多个 pod 中

另一个不应该将应用程序都放到单一 pod 中的原因就是扩缩容。pod 也是扩缩容的基本单位，对于 Kubernetes 来说，它不能横向扩缩单个容器，只能扩缩整个 pod。这意味着如果你的 pod 由一个前端和一个后端容器组成，那么当你扩大 pod 的实例数量时，比如扩大为两个，最终会得到两个前端容器和两个后端容器。

通常来说，前端组件与后端组件具有完全不同的扩缩容需求，所以我们倾向于分别独立地扩缩它们。更不用说，像数据库这样的后端服务器，通常比无状态的前端 web 服务器更难扩展。因此，如果你需要单独扩缩容器，那么这个容器很明确地应该被部署在单独的 pod 中。

何时在 pod 中使用多个容器

将多个容器添加到单个 pod 的主要原因是应用可能由一个主进程和一个或多个辅助进程组成，如图 3.3 所示。

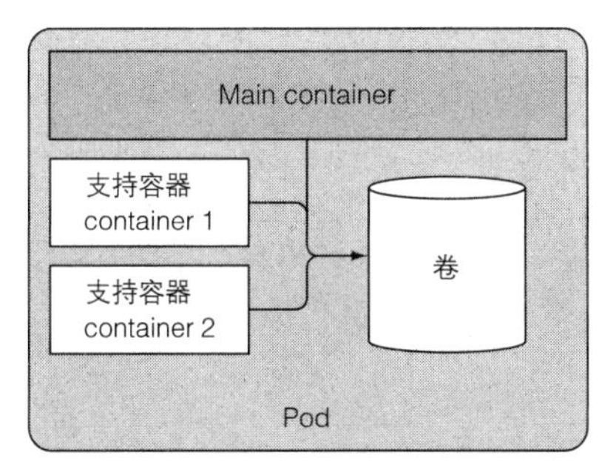

图 3.3　pod 应该包含紧密耦合的容器组（通常是一个主容器和支持主容器的其他容器）

例如，pod 中的主容器可以是一个仅仅服务于某个目录中的文件的 Web 服务器，而另一个容器（所谓的 sidecar 容器）则定期从外部源下载内容并将其存储在 Web 服务器目录中。在第 6 章中，我们将看到在这种情况下需要使用 Kubernetes Volume，并将其挂载到两个容器中。

sidecar 容器的其他例子包括日志轮转器和收集器、数据处理器、通信适配器等。

决定何时在 pod 中使用多个容器

回顾一下容器应该如何分组到 pod 中：当决定是将两个容器放入一个 pod 还是两个单独的 pod 时，我们需要问自己以下问题：

- 它们需要一起运行还是可以在不同的主机上运行？
- 它们代表的是一个整体还是相互独立的组件？
- 它们必须一起进行扩缩容还是可以分别进行？

基本上，我们总是应该倾向于在单独的 pod 中运行容器，除非有特定的原因要求它们是同一 pod 的一部分。图 3.4 将有助于我们记忆这一点。

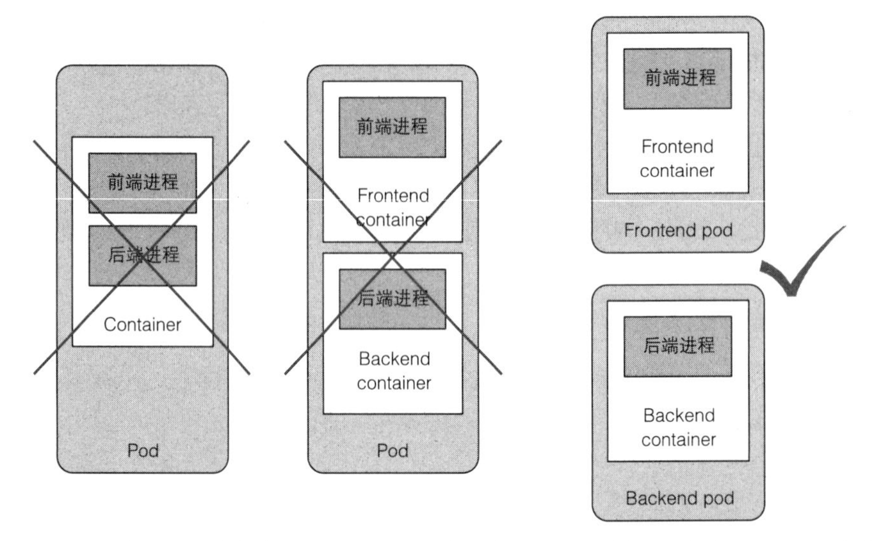

图 3.4 容器不应该包含多个进程，pod 也不应该包含多个并不需要运行在同一主机上的容器

尽管 pod 可以包含多个容器，但为了保持现在的简单性，本章将仅讨论单容器 pod 有关的问题。稍后我们将在第 6 章看到如何在一个 pod 中使用多个容器。

3.2 以YAML或JSON描述文件创建pod

pod 和其他 Kubernetes 资源通常是通过向 Kubernetes REST API 提供 JSON 或 YAML 描述文件来创建的。此外还有其他更简单的创建资源的方法，比如在前一章中使用的kubectl run命令,但这些方法通常只允许你配置一组有限的属性。另外，通过 YAML 文件定义所有的 Kubernetes 对象之后，还可以将它们存储在版本控制系统中，充分利用版本控制所带来的便利性。

因此，为了配置每种类型资源的各种属性，我们需要了解并理解 Kubernetes API 对象定义。通过本书学习各种资源类型时，我们将会了解其中的大部分内容。需要注意的是，我们并不会解释每一个独立属性，因此在创建对象时还应参考 http://kubernetes.io/docs/reference/ 中的 Kubernetes API 参考文档。

3.2.1　检查现有 pod 的 YAML 描述文件

假设我们已经在上一章中创建了一些 pod，接下来就来看看这些 pod 的 YAML 文件是如何定义的。我们将使用带有 -o yaml 选项的 kubectl get 命令来获取 pod 的整个 YAML 定义，正如下面的代码清单所示。

代码清单 3.1　已部署 pod 的完整 YAML

```
$ kubectl get po kubia-zxzij -o yaml
apiVersion: v1                        ◁ YAML 描述文件所使用的 Kubernetes API 版本
kind: Pod                             ◁ Kubernetes 对象 / 资源类型
metadata:                             ┐ pod 元数据（名称、标签和注解等）
  annotations:
    kubernetes.io/created-by: ...
  creationTimestamp: 2016-03-18T12:37:50Z
  generateName: kubia-
  labels:
    run: kubia
  name: kubia-zxzij
  namespace: default
  resourceVersion: "294"
  selfLink: /api/v1/namespaces/default/pods/kubia-zxzij
  uid: 3a564dc0-ed06-11e5-ba3b-42010af00004
spec:                                 ┐ pod 规格 / 内容（pod 的容器列表、volume 等）
  containers:
  - image: luksa/kubia
    imagePullPolicy: IfNotPresent
    name: kubia
    ports:
    - containerPort: 8080
      protocol: TCP
    resources:
      requests:
        cpu: 100m
```

```
    terminationMessagePath: /dev/termination-log
    volumeMounts:
    - mountPath: /var/run/secrets/k8s.io/servacc
      name: default-token-kvcqa
      readOnly: true
  dnsPolicy: ClusterFirst
  nodeName: gke-kubia-e8fe08b8-node-txje
  restartPolicy: Always
  serviceAccount: default
  serviceAccountName: default
  terminationGracePeriodSeconds: 30
  volumes:
  - name: default-token-kvcqa
    secret:
      secretName: default-token-kvcqa
status:
  conditions:
  - lastProbeTime: null
    lastTransitionTime: null
    status: "True"
    type: Ready
  containerStatuses:
  - containerID: docker://f0276994322d247ba...
    image: luksa/kubia
    imageID: docker://4c325bcc6b40c110226b89fe...
    lastState: {}
    name: kubia
    ready: true
    restartCount: 0
    state:
      running:
        startedAt: 2016-03-18T12:46:05Z
  hostIP: 10.132.0.4
  phase: Running
  podIP: 10.0.2.3
  startTime: 2016-03-18T12:44:32Z
```

pod 规格 / 内容（pod 的容器列表、volume 等）

pod 及其内部容器的详细状态

上述代码清单的内容看上去较为复杂，但一旦我们理解了基础知识并知道如何区分重要部分和细枝末节时，它就变得非常简单。此外，稍后我们将看到，当创建一个新的 pod 时，需要写的 YAML 相对来说则要短得多。

介绍 pod 定义的主要部分

pod 定义由这么几个部分组成：首先是 YAML 中使用的 Kubernetes API 版本和 YAML 描述的资源类型；其次是几乎在所有 Kubernetes 资源中都可以找到的三大重要部分：

- *metadata* 包括名称、命名空间、标签和关于该容器的其他信息。
- *spec* 包含 pod 内容的实际说明，例如 pod 的容器、卷和其他数据。
- *status* 包含运行中的 pod 的当前信息，例如 pod 所处的条件、每个容器的描述和状态，以及内部 IP 和其他基本信息。

代码清单 3.1 展示了一个正在运行的 pod 的完整描述，其中包含了它的状态。`status` 部分包含只读的运行时数据，该数据展示了给定时刻的资源状态。而在创建新的 pod 时，永远不需要提供 `status` 部分。

上述三部分展示了 Kubernetes API 对象的典型结构。正如你将在整本书中看到的那样，其他对象也都具有相同的结构，这使得理解新对象相对来说更加容易。

对上述 YAML 中的每个属性进行深究的意义并不大，因此接下来我们将关注如何创建 pod 的最基本的 YAML。

3.2.2 为 pod 创建一个简单的 YAML 描述文件

我们将创建一个名为 kubia-manual.yaml 的文件（可以在任意目录下创建该文件），或者下载本书的代码档案文件，然后在 Chapter03 文件夹中找到该文件。下面的清单展示了该文件的全部内容。

代码清单 3.2 一个基本的 pod manifest：kubia-manual.yaml

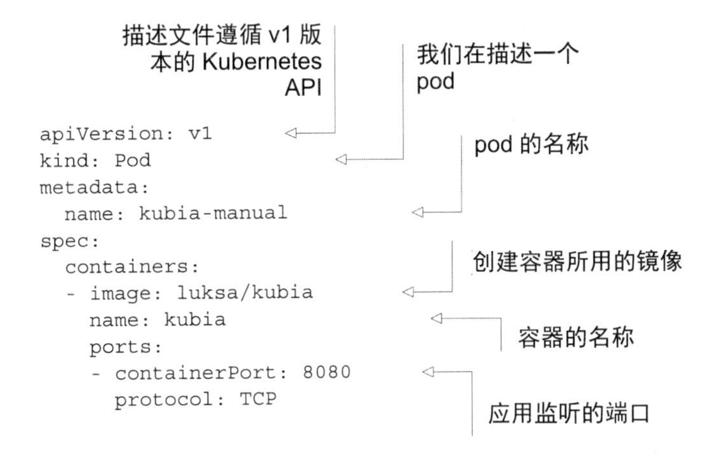


```
apiVersion: v1
kind: Pod
metadata:
  name: kubia-manual
spec:
  containers:
  - image: luksa/kubia
    name: kubia
    ports:
    - containerPort: 8080
      protocol: TCP
```

很明显，我们能够感受到该代码清单比代码清单 3.1 中的定义要简单得多。接下来我们就对整个描述文件进行深入探讨，该文件遵循 Kubernetes API 的 `v1` 版本。我们描述的资源类型是 `pod`，名称为 `kubia-manual`；该 pod 由基于 `luksa/kubia` 镜像的单个容器组成。此外我们还给该容器命名，并表示它正在监听 `8080` 端口。

指定容器端口

在 pod 定义中指定端口纯粹是展示性的 (informational)。忽略它们对于客户端是否可以通过端口连接到 pod 不会带来任何影响。如果容器通过绑定到地址 0.0.0.0 的端口接收连接，那么即使端口未明确列出在pod spec中，其他pod也依旧能够连接到该端口。但明确定义端口仍是有意义的，在端口定义下，每个使用集群的人都可以快速查看每个pod对外暴露的端口。此外，我们将在本书的后续内容中看到，明确定义端口还允许你为每个端口指定一个名称，这样一来更加方便我们使用。

使用 kubectl explain 来发现可能的 API 对象字段

在准备manifest时，可以转到http://kubernetes.io/docs/api上的Kubernetes参考文档查看每个API对象支持哪些属性，也可以使用`kubectl explain`命令。

例如，当从头创建一个pod manifest时，可以从请求`kubectl`来解释pod开始：

```
$ kubectl explain pods
DESCRIPTION:
Pod is a collection of containers that can run on a host. This resource
            is created by clients and scheduled onto hosts.

FIELDS:
   kind       <string>
     Kind is a string value representing the REST resource this object
     represents...

   metadata   <Object>
     Standard object's metadata...

   spec       <Object>
     Specification of the desired behavior of the pod...

   status     <Object>
     Most recently observed status of the pod. This data may not be up to
     date...
```

Kubectl打印出对象的解释并列出对象可以包含的属性，接下来就可以深入了解各个属性的更多信息。例如，可以这样查看`spec`属性：

```
$ kubectl explain pod.spec
RESOURCE: spec <Object>

DESCRIPTION:
    Specification of the desired behavior of the pod...
    podSpec is a description of a pod.

FIELDS:
   hostPID    <boolean>
     Use the host's pid namespace. Optional: Default to false.

   ...

   volumes    <[]Object>
     List of volumes that can be mounted by containers belonging to the
     pod.
```

```
Containers  <[]Object> -required-
  List of containers belonging to the pod. Containers cannot currently
  Be added or removed. There must be at least one container in a pod.
  Cannot be updated. More info:
  http://releases.k8s.io/release-1.4/docs/user-guide/containers.md
```

3.2.3 使用 kubectl create 来创建 pod

我们使用 kubectl create 命令从 YAML 文件创建 pod：

```
$ kubectl create -f kubia-manual.yaml
pod "kubia-manual" created
```

kubectl create -f 命令用于从 YAML 或 JSON 文件创建任何资源（不只是 pod）。

得到运行中 pod 的完整定义

pod 创建完成后，可以请求 Kubernetes 来获得完整的 YAML，可以看到它与我们之前看到的 YAML 文件非常相似。在下一节中我们将了解返回定义中出现的其他字段，接下来就直接使用以下命令来查看该 pod 的完整描述文件：

```
$ kubectl get po kubia-manual -o yaml
```

也可以让 kubectl 返回 JSON 格式而不是 YAML 格式（显然，即使你使用 YAML 创建 pod，同样也可以获取 JSON 格式的描述文件）：

```
$ kubectl get po kubia-manual -o json
```

在 pod 列表中查看新创建的 pod

创建好 pod 之后，如何知道它是否正在运行？此时可以列出 pod 来查看它们的状态：

```
$ kubectl get pods
NAME            READY   STATUS    RESTARTS   AGE
kubia-manual    1/1     Running   0          32s
kubia-zxzij     1/1     Running   0          1d
```

这里可以看到 kubia-manual 这个 pod，状态显示它正在运行。有可能你像笔者一样想要通过与 pod 的实际通信来确认其正在运行，但该方法将在之后进行讨论。现在我们先查看应用的日志来检查是否存在错误。

3.2.4 查看应用程序日志

小型 Node.js 应用将日志记录到进程的标准输出。容器化的应用程序通常会将日志记录到标准输出和标准错误流，而不是将其写入文件，这就允许用户可以通过简单、标准的方式查看不同应用程序的日志。

容器运行时（在我们的例子中为 Docker）将这些流重定向到文件，并允许我们运行以下命令来获取容器的日志：

```
$ docker logs <container id>
```

使用 `ssh` 命令登录到 pod 正在运行的节点，并使用 `docker logs` 命令查看其日志，但 Kubernetes 提供了一种更为简单的方法。

使用 kubectl logs 命令获取 pod 日志

为了查看 pod 的日志（更准确地说是容器的日志），只需要在本地机器上运行以下命令（不需要 `ssh` 到任何地方）：

```
$ kubectl logs kubia-manual
Kubia server starting...
```

在我们向 Node.js 应用程序发送任何 Web 请求之前，日志只显示一条关于服务器启动的语句。正如我们所见，如果该 pod 只包含一个容器，那么查看这种在 Kubernetes 中运行的应用程序的日志则非常简单。

注意 每天或者每次日志文件达到 10MB 大小时，容器日志都会自动轮替。`kubectl logs` 命令仅显示最后一次轮替后的日志条目。

获取多容器 pod 的日志时指定容器名称

如果我们的 pod 包含多个容器，在运行 `kubectl logs` 命令时则必须通过包含 `-c` <容器名称>选项来显式指定容器名称。在 `kubia-manual` pod 中，我们将容器的名称设置为 `kubia`，所以如果该 pod 中有其他容器，可以通过如下命令获取其日志：

```
$ kubectl logs kubia-manual -c kubia
Kubia server starting...
```

这里需要注意的是，我们只能获取仍然存在的 pod 的日志。当一个 pod 被删除时，它的日志也会被删除。如果希望在 pod 删除之后仍然可以获取其日志，我们需要设置中心化的、集群范围的日志系统，将所有日志存储到中心存储中。在第 17 章中我们将会解释如何设置集中的日志系统。

3.2.5 向 pod 发送请求

kubectl get 命令和我们的应用日志显示该 pod 正在运行，但我们如何在实际操作中看到该状态呢？在前一章中，我们使用 kubectl expose 命令创建了一个 service，以便在外部访问该 pod。由于有一整章专门介绍 service，因此本章并不打算使用该方法。此外，还有其他连接到 pod 以进行测试和调试的方法，其中之一便是通过*端口转发*。

将本地网络端口转发到 pod 中的端口

如果想要在不通过 service 的情况下与某个特定的 pod 进行通信（出于调试或其他原因），Kubernetes 将允许我们配置端口转发到该 pod。可以通过 kubectl port-forward 命令完成上述操作。例如以下命令会将机器的本地端口 8888 转发到我们的 kubia-manual pod 的端口 8080：

```
$ kubectl port-forward kubia-manual 8888:8080
... Forwarding from 127.0.0.1:8888 -> 8080
... Forwarding from [::1]:8888 -> 8080
```

此时端口转发正在运行，可以通过本地端口连接到我们的 pod。

通过端口转发连接到 pod

在另一个终端中，通过运行在 localhost:8888 上的 kubectl port-forward 代理，可以使用 curl 命令向 pod 发送一个 HTTP 请求：

```
$ curl localhost:8888
You've hit kubia-manual
```

图 3.5 展示了发送请求时的简化视图。实际上，kubectl 进程和 pod 之间还有一些额外的组件，但现在暂时不关注它们。

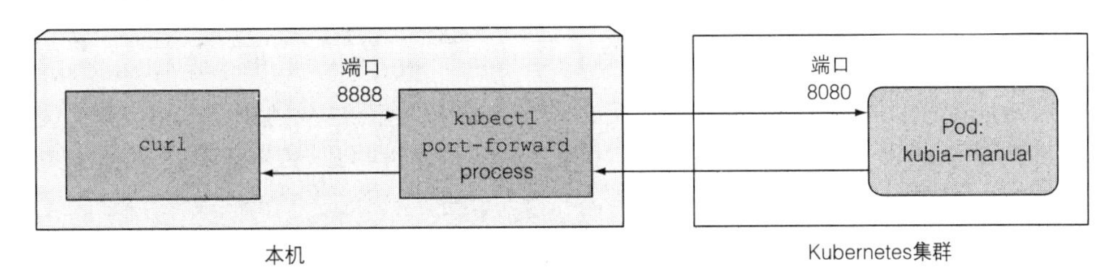

图 3.5 描述使用 kubectl port-forward 和 curl 时的简单视图

像这样使用端口转发是一种测试特定 pod 的有效方法，而我们也将在这本书中学习其他类似的方法。

3.3 使用标签组织pod

此时我们的集群中只有两个正在运行的 pod。但部署实际应用程序时，大多数用户最终将运行更多的 pod。随着 pod 数量的增加，将它们分类到子集的需求也就变得越来越明显了。

例如，对于微服务架构，部署的微服务数量可以轻松超过 20 个甚至更多。这些组件可能是副本（部署同一组件的多个副本）和多个不同的发布版本（stable、beta、canary 等）同时运行。这样一来可能会导致我们在系统中拥有数百个 pod，如果没有可以有效组织这些组件的机制，将会导致产生巨大的混乱，如图 3.6 所示。该图展示了多个微服务的 pod，包括一些运行多副本集，以及其他运行于同一微服务中的不同版本。

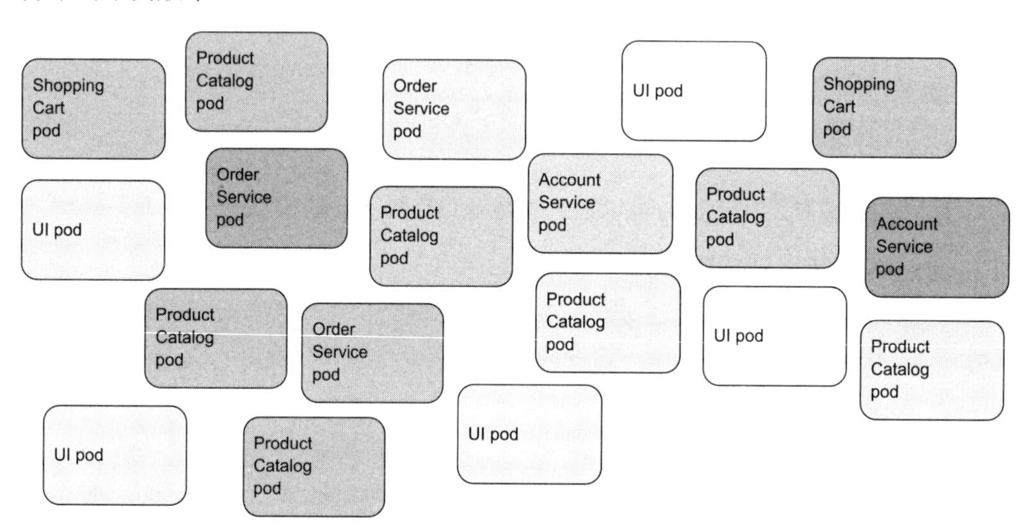

图 3.6 微服务架构中未分类的 pod

很明显，我们需要一种能够基于任意标准将上述 pod 组织成更小群体的方式，这样一来处理系统的每个开发人员和系统管理员都可以轻松地看到哪个 pod 是什么。此外，我们希望通过一次操作对属于某个组的所有 pod 进行操作，而不必单独为每个 pod 执行操作。

通过标签来组织 pod 和所有其他 Kubernetes 对象。

3.3.1 介绍标签

标签是一种简单却功能强大的 Kubernetes 特性，不仅可以组织 pod，也可以组织所有其他的 Kubernetes 资源。详细来讲，标签是可以附加到资源的任意键值对，用以选择具有该确切标签的资源（这是通过标签选择器完成的）。只要标签的 key 在资源内是唯一的，一个资源便可以拥有多个标签。通常在我们创建资源时就会将标签附加到资源上，但之后我们也可以再添加其他标签，或者修改现有标签的值，而无须重新创建资源。

接下来回到图 3.6 中的微服务示例。通过给这些 pod 添加标签，可以得到一个更组织化的系统，以便我们理解。此时每个 pod 都标有两个标签：

- `app`，它指定 pod 属于哪个应用、组件或微服务。
- `rel`，它显示在 pod 中运行的应用程序版本是 stable、beta 还是 canary。

定义 金丝雀发布是指在部署新版本时，先只让一小部分用户体验新版本以观察新版本的表现，然后再向所有用户进行推广，这样可以防止暴露有问题的版本给过多的用户。

如图 3.7 所示，通过添加这两个标签基本上可以将 pod 组织为两个维度（基于应用的横向维度和基于版本的纵向维度）。

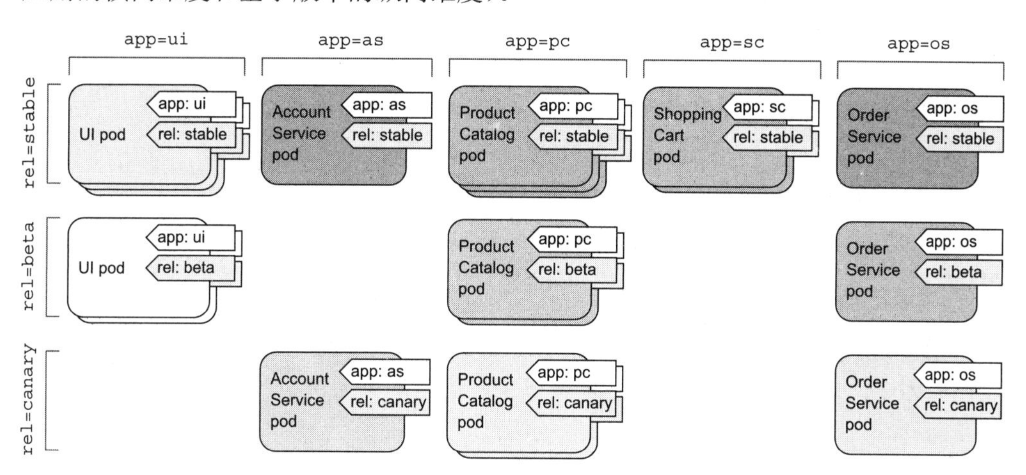

图 3.7　使用 pod 标签组织微服务架构中的 pod

每个可以访问集群的开发或运维人员都可以通过查看 pod 标签轻松看到系统的结构，以及每个 pod 的角色。

3.3.2　创建 pod 时指定标签

现在，可以通过创建一个带有两个标签的新 pod 来查看标签的实际应用。使用以下代码清单中的内容创建一个名为 kubia-manual-with-labels.yaml 的新文件。

代码清单 3.3　带标签的 pod: kubia-manual-with-labels.yaml

```
apiVersion: v1
kind: Pod
metadata:
  name: kubia-manual-v2
  labels:
    creation_method: manual      两个标签被附加到
    env: prod                    pod 上
spec:
  containers:
  - image: luksa/kubia
    name: kubia
    ports:
    - containerPort: 8080
      protocol: TCP
```

metadata.labels 部分已经包含了 creation_method=manual 和 env=prod 标签。现在来创建该 pod：

```
$ kubectl create -f kubia-manual-with-labels.yaml
pod "kubia-manual-v2" created
```

kubectl get pods 命令默认不会列出任何标签，但我们可以使用 --show-labels 选项来查看：

```
$ kubectl get po --show-labels
NAME            READY  STATUS   RESTARTS  AGE LABELS
kubia-manual    1/1    Running  0         16m <none>
kubia-manual-v2 1/1    Running  0         2m  creat_method=manual,env=prod
kubia-zxzij     1/1    Running  0         1d  run=kubia
```

如果你只对某些标签感兴趣，可以使用 -L 选项指定它们并将它们分别显示在自己的列中，而不是列出所有标签。接下来我们再次列出所有 pod，并将附加到 pod kubia-manual-v2 上的两个标签的列展示如下：

```
$ kubectl get po -L creation_method,env
NAME            READY   STATUS    RESTARTS   AGE   CREATION_METHOD   ENV
kubia-manual    1/1     Running   0          16m   <none>            <none>
kubia-manual-v2 1/1     Running   0          2m    manual            prod
kubia-zxzij     1/1     Running   0          1d    <none>            <none>
```

3.3.3　修改现有 pod 的标签

标签也可以在现有 pod 上进行添加和修改。由于 pod kubia-manual 也是手动创建的，所以为其添加 creation_method=manual 标签：

```
$ kubectl label po kubia-manual creation_method=manual
pod "kubia-manual" labeled
```

现在，将 kubia-manual-v2 pod 上的 env=prod 标签更改为 env=debug，以演示现有标签也可以被更改。

注意 在更改现有标签时，需要使用 --overwrite 选项。

```
$ kubectl label po kubia-manual-v2 env=debug --overwrite
pod "kubia-manual-v2" labeled
```

再次列出 pod 以查看更新后的标签：

```
$ kubectl get po -L creation_method,env
NAME              READY   STATUS    RESTARTS   AGE   CREATION_METHOD   ENV
kubia-manual      1/1     Running   0          16m   manual            <none>
kubia-manual-v2   1/1     Running   0          2m    manual            debug
kubia-zxzij       1/1     Running   0          1d    <none>            <none>
```

正如我们所看到，目前将标签附加到资源上看起来并没有什么价值，在现有资源上更改标签也是如此。但在下一章中我们将证实，这会是一项令人难以置信的强大功能。而首先我们需要看看这些标签除了在列出 pod 时用以简单显示外，还可以用来做什么。

3.4　通过标签选择器列出pod子集

在上一节中我们将标签附加到资源上，以便在列出资源时可以看到每个资源旁边的标签，这看起来并没有什么有趣的地方。但值得注意的是，标签要与标签选择器结合在一起。标签选择器允许我们选择标记有特定标签的 pod 子集，并对这些 pod 执行操作。可以说标签选择器是一种能够根据是否包含具有特定值的特定标签来过滤资源的准则。

标签选择器根据资源的以下条件来选择资源：

- 包含（或不包含）使用特定键的标签
- 包含具有特定键和值的标签
- 包含具有特定键的标签，但其值与我们指定的不同

3.4.1　使用标签选择器列出 pod

接下来我们使用标签选择器在之前创建的 pod 上进行操作，以观察我们手动创建的所有 pod（用 creation_method=manual 标记了它们），并执行以下操作：

```
$ kubectl get po -l creation_method=manual
NAME              READY   STATUS    RESTARTS   AGE
kubia-manual      1/1     Running   0          51m
kubia-manual-v2   1/1     Running   0          37m
```

列出包含 env 标签的所有 pod，无论其值如何：

```
$ kubectl get po -l env
NAME              READY     STATUS    RESTARTS   AGE
kubia-manual-v2   1/1       Running   0          37m
```

同样列出没有 env 标签的 pod：

```
$ kubectl get po -l '!env'
NAME           READY     STATUS    RESTARTS   AGE
kubia-manual   1/1       Running   0          51m
kubia-zxzij    1/1       Running   0          10d
```

注意 确保使用单引号来圈引 !env,这样 bash shell 才不会解释感叹号（译者注：感叹号在 bash 中有特殊含义，表示事件指示器）。

同理，我们也可以将 pod 与以下标签选择器进行匹配：

- creation_method!=manual 选择带有 creation_method 标签，并且值不等于 manual 的 pod
- env in (prod,devel) 选择带有 env 标签且值为 prod 或 devel 的 pod
- env notin (prod,devel) 选择带有 env 标签，但其值不是 prod 或 devel 的 pod

接下来回到我们面向微服务的架构示例中的 pod，可以使用标签选择器 app=pc（如图 3.8 所示）选择属于 product catalog 微服务的所有 pod。

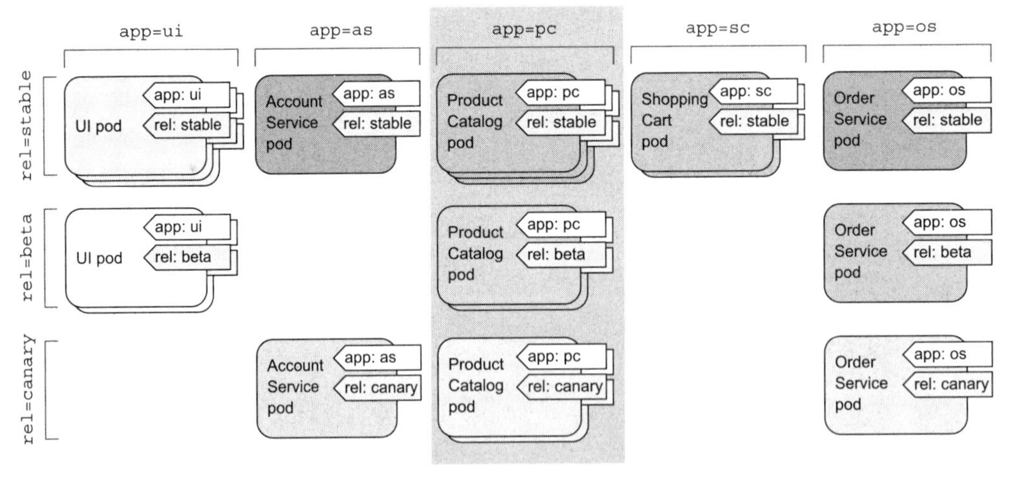

图 3.8　使用标签选择器“app=pc”选择 product catalog 微服务的 pod

3.4.2 在标签选择器中使用多个条件

在包含多个逗号分隔的情况下，可以在标签选择器中同时使用多个条件，此时资源需要全部匹配才算成功匹配了选择器。例如，如果我们只想选择 product catalog 微服务的 beta 版本 pod，可以使用以下选择器：`app=pc,rel=beta`（如图 3.9 所示）。

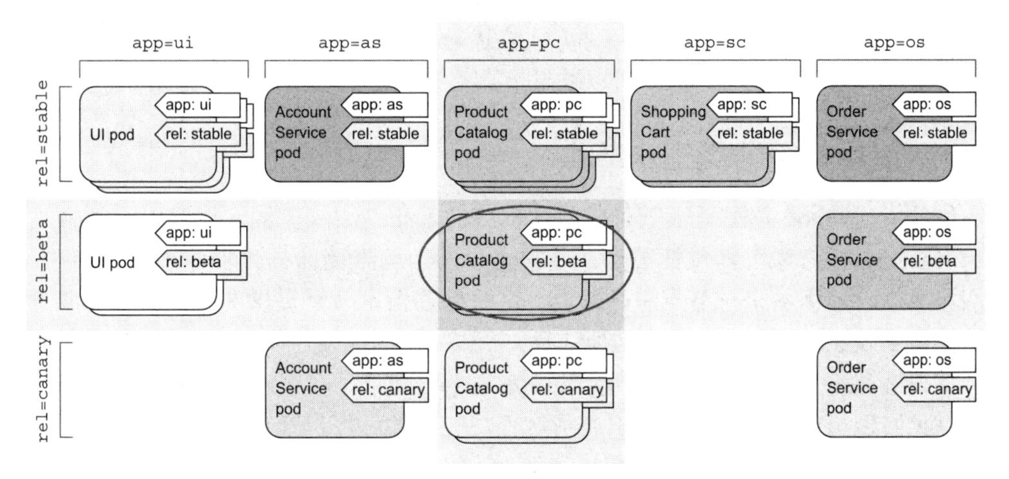

图 3.9 通过多个标签选择器选择 pod

标签选择器不仅帮助我们列出 pod，在对一个子集中的所有 pod 都执行操作时也具有重要意义。例如，在本章的后面我们将看到如何使用标签选择器来实现一次删除多个 pod。此外标签选择器不只是被 `kubectl` 使用，在后续内容中我们也将看到它们在内部也被使用过。

3.5 使用标签和选择器来约束pod调度

迄今为止，我们创建的所有 pod 都是近乎随机地调度到工作节点上的。正如前一章我们所提到的，这恰恰是在 Kubernetes 集群中工作的正确方式。由于 Kubernetes 将集群中的所有节点抽象为一个整体的大型部署平台，因此对于你的 pod 实际调度到哪个节点而言是无关紧要的。对于每个 pod 而言，它获得所请求的确切数量的计算资源（CPU、内存等）及其从其他 pod 的可访问性，完全不受该 pod 所调度到的节点的影响，所以通常来说没有任何需要指定 Kubernetes 把 pod 调度到哪里的需求。

当然，某些情况下，我们希望对将 pod 调度到何处持一定发言权，你的硬件基础设施并不是同质便是一个很好的例子。如果你的某些工作节点使用机械硬盘，而其他节点使用固态硬盘，那么你可能想将一些 pod 调度到一组节点，同时将其他

pod 调度到另一组节点。另外，当需要将执行 GPU 密集型运算的 pod 调度到实际提供 GPU 加速的节点上时，也需要 pod 调度。

我们不会特别说明 pod 应该调度到哪个节点上，因为这将会使应用程序与基础架构强耦合，从而违背了 Kubernetes 对运行在其上的应用程序隐藏实际的基础架构的整个构想。但如果你想对一个 pod 应该调度到哪里拥有发言权，那就不应该直接指定一个确切的节点，而应该用某种方式描述对节点的需求，使 Kubernetes 选择一个符合这些需求的节点。这恰恰可以通过节点标签和节点标签选择器完成。

3.5.1 使用标签分类工作节点

如前所述，pod 并不是唯一可以附加标签的 Kubernetes 资源。标签可以附加到任何 Kubernetes 对象上，包括节点。通常来说，当运维团队向集群添加新节点时，他们将通过附加标签来对节点进行分类，这些标签指定节点提供的硬件类型，或者任何在调度 pod 时能提供便利的其他信息。

假设我们集群中的一个节点刚添加完成，它包含一个用于通用 GPU 计算的 GPU。我们希望向节点添加标签来展示这个功能特性，可以通过将标签 `gpu=true` 添加到其中一个节点来实现（只需从 `kubectl get nodes` 返回的列表中选择一个）：

```
$ kubectl label node gke-kubia-85f6-node-0rrx gpu=true
node "gke-kubia-85f6-node-0rrx" labeled
```

现在我们可以在列出节点时使用标签选择器，就像之前操作 pod 一样，列出只包含标签 `gpu=true` 的节点：

```
$ kubectl get nodes -l gpu=true
NAME                      STATUS AGE
gke-kubia-85f6-node-0rrx  Ready  1d
```

与预期相符，此时只有一个节点具有此标签。当然我们还可以尝试列出所有节点，并告知 `kubectl` 展示一个显示每个节点的 `gpu` 标签值附加列（`kubectl get nodes -L gpu`）。

3.5.2 将 pod 调度到特定节点

现在，假设我们想部署一个需要 GPU 来执行其工作的新 pod。为了让调度器只在提供适当 GPU 的节点中进行选择，我们需要在 pod 的 YAML 文件中添加一个节点选择器。使用以下代码清单中的内容创建一个名为 kubia-gpu.yaml 的文件，然后使用 `kubectl create -f kubia-gpu.yaml` 命令创建该 pod。

代码清单 3.4 使用标签选择器将 pod 调度到特定节点：kubia-gpu.yaml

```
apiVersion: v1
kind: Pod
metadata:
  name: kubia-gpu
spec:
  nodeSelector:
    gpu: "true"
  containers:
  - image: luksa/kubia
    name: kubia
```

节点选择器要求 Kubernetes 只将 pod 部署到包含标签 gpu=true 的节点上

我们只是在 spec 部分添加了一个 nodeSelector 字段。当我们创建该 pod 时，调度器将只在包含标签 gpu=true 的节点中选择（在我们的例子中，只有一个这样的节点）。

3.5.3 调度到一个特定节点

同样地，我们也可以将 pod 调度到某个确定的节点，由于每个节点都有一个唯一标签，其中键为 kubernetes.io/hostname，值为该节点的实际主机名，因此我们也可以将 pod 调度到某个确定的节点。但如果节点处于离线状态，通过 hostname 标签将 nodeSelector 设置为特定节点可能会导致 pod 不可调度。我们绝不应该考虑单个节点，而是应该通过标签选择器考虑符合特定标准的逻辑节点组。

这是一个关于标签和标签选择器是如何工作，以及如何使用它们影响 Kubernetes 操作的快速演示。当我们在接下来的两章中讨论 Replication-Controllers 和 Service 时，标签选择器的重要性和实用性也将变得更加明显。

注意 *在第 16 章将介绍其他影响 pod 调度到哪个节点的方式。*

3.6 注解pod

除标签外，pod 和其他对象还可以包含注解。注解也是键值对，所以它们本质上与标签非常相似。但与标签不同，注解并不是为了保存标识信息而存在的，它们不能像标签一样用于对对象进行分组。当我们可以通过标签选择器选择对象时，就不存在注解选择器这样的东西。

另一方面，注解可以容纳更多的信息，并且主要用于工具使用。Kubernetes 也会将一些注解自动添加到对象，但其他的注解则需要由用户手动添加。

向 Kubernetes 引入新特性时，通常也会使用注解。一般来说，新功能的 alpha 和 beta 版本不会向 API 对象引入任何新字段，因此使用的是注解而不是字段，一旦所需的 API 更改变得清晰并得到所有相关人员的认可，就会引入新的字段并废弃相关注解。

大量使用注解可以为每个 pod 或其他 API 对象添加说明，以便每个使用该集群的人都可以快速查找有关每个单独对象的信息。例如，指定创建对象的人员姓名的注解可以使在集群中工作的人员之间的协作更加便利。

3.6.1 查找对象的注解

让我们看一个 Kubernetes 自动添加注解到我们在前一章中创建的 pod 的注解示例。为了查看注解，我们需要获取 pod 的完整 YAML 文件或使用 `kubectl describe` 命令。我们在下述代码清单中使用第一个方法。

代码清单 3.5 pod 的注解

```
$ kubectl get po kubia-zxzij -o yaml
apiVersion: v1
kind: Pod
metadata:
  annotations:
    kubernetes.io/created-by: |
      {"kind":"SerializedReference", "apiVersion":"v1",
      "reference":{"kind":"ReplicationController", "namespace":"default", ...
```

正如你所见，`kubernetes.io/created-by` 注解保存了创建该 pod 的对象的一些 JSON 数据，而没有涉及太多细节，因此注解并不会是我们想要放入标签的东西。相对而言，标签应该简短一些，而注解则可以包含相对更多的数据（总共不超过 256KB）。

注意 `kubernetes.io/created-by` 注解在版本 1.8 中已经废弃，将会在版本 1.9 中删除，所以在 YAML 文件中不会再看到该注解。

3.6.2 添加和修改注解

显然，和标签一样，注解可以在创建时就添加到 pod 中，也可以在之后再对现有的 pod 进行添加或修改。其中将注解添加到现有对象的最简单的方法是通过 `kubectl annotate` 命令。

我们现在可以尝试添加注解到 `kubia-manual` pod 中：

```
$ kubectl annotate pod kubia-manual mycompany.com/someannotation="foo bar"
pod "kubia-manual" annotated
```

我们已将注解 `mycompany.com/someannotation` 添加为值 `foo bar`。使

用这种格式的注解键来避免键冲突是一个好方法。当不同的工具或库向对象添加注解时，如果它们不像我们刚刚那样使用唯一的前缀，可能会意外地覆盖对方的注解。

使用 kubectl describe 命令查看刚刚添加的注解：

```
$ kubectl describe pod kubia-manual
...
Annotations:    mycompany.com/someannotation=foo bar
...
```

3.7 使用命名空间对资源进行分组

首先回到标签的概念，我们已经看到标签是如何将 pod 和其他对象组织成组的。由于每个对象都可以有多个标签，因此这些对象组可以重叠。另外，当在集群中工作（例如通过 kubectl）时，如果没有明确指定标签选择器，我们总能看到所有对象。

但是，当你想将对象分割成完全独立且不重叠的组时，又该如何呢？可能你每次只想在一个小组内进行操作，因此 Kubernetes 也能将对象分组到命名空间中。这和我们在第 2 章中讨论的用于相互隔离进程的 Linux 命名空间不一样，Kubernetes 命名空间简单地为对象名称提供了一个作用域。此时我们并不会将所有资源都放在同一个命名空间中，而是将它们组织到多个命名空间中，这样可以允许我们多次使用相同的资源名称（跨不同的命名空间）。

3.7.1 了解对命名空间的需求

在使用多个 namespace 的前提下，我们可以将包含大量组件的复杂系统拆分为更小的不同组，这些不同组也可以用于在多租户环境中分配资源，将资源分配为生产、开发和 QA 环境，或者以其他任何你需要的方式分配资源。资源名称只需在命名空间内保持唯一即可，因此两个不同的命名空间可以包含同名的资源。虽然大多数类型的资源都与命名空间相关，但仍有一些与它无关，其中之一便是全局且未被约束于单一命名空间的节点资源。在后续章节我们还将接触到其他一些集群级别的资源。

现在让我们看看如何使用命名空间。

3.7.2 发现其他命名空间及其 pod

首先，让我们列出集群中的所有命名空间：

```
$ kubectl get ns
NAME          LABELS    STATUS    AGE
default       <none>    Active    1h
kube-public   <none>    Active    1h
kube-system   <none>    Active    1h
```

到目前为止，我们只在 default 命名空间中进行操作。当使用 kubectl get 命令列出资源时，我们从未明确指定命名空间，因此 kubectl 总是默认为 default 命名空间，只显示该命名空间下的对象。但从列表中我们可以看到还存在 kube-public 和 kube-system 命名空间。接下来可以使用 kubectl 命令指定命名空间来列出只属于该命名空间的 pod，如下所示为属于 kube-system 命名空间的 pod：

```
$ kubectl get po --namespace kube-system
NAME                                 READY     STATUS    RESTARTS   AGE
fluentd-cloud-kubia-e8fe-node-txje   1/1       Running   0          1h
heapster-v11-fz1ge                   1/1       Running   0          1h
kube-dns-v9-p8a4t                    0/4       Pending   0          1h
kube-ui-v4-kdlai                     1/1       Running   0          1h
l7-lb-controller-v0.5.2-bue96        2/2       Running   92         1h
```

提示 也可以使用 -n 来代替 --namespace

我们将在本书后面继续了解这些 pod（如果此处显示的 pod 与你系统上的 pod 不匹配，请不用担心）。从命名空间的名称可以清楚地看到，这些资源与 Kubernetes 系统本身是密切相关的。通过将它们放在单独的命名空间中，可以保持一切组织良好。如果它们都在默认的命名空间中，同时与我们自己创建的资源混合在一起，那么我们很难区分这些资源属于哪里，并且也可能会无意中删除一些系统资源。

namespace 使我们能够将不属于一组的资源分到不重叠的组中。如果有多个用户或用户组正在使用同一个 Kubernetes 集群，并且它们都各自管理自己独特的资源集合，那么它们就应该分别使用各自的命名空间。这样一来，它们就不用特别担心无意中修改或删除其他用户的资源，也无须关心名称冲突。如前所述，命名空间为资源名称提供了一个作用域。

除了隔离资源，命名空间还可用于仅允许某些用户访问某些特定资源，甚至限制单个用户可用的计算资源数量。关于这些内容我们将在第 12 ～ 14 章进行具体介绍。

3.7.3 创建一个命名空间

命名空间是一种和其他资源一样的 Kubernetes 资源，因此可以通过将 YAML 文件提交到 Kubernetes API 服务器来创建该资源。现在就让我们具体实践操作一下吧。

从 YAML 文件创建命名空间

首先，创建一个包含以下代码清单内容的 custom-namespace.yaml 文件（可以在本书的代码归档中找到它）。

代码清单 3.6 namespace 的 YAML 定义：custom-namespace.yaml

```
apiVersion: v1
kind: Namespace          <- 这表示我们正在定义一个命名空间
metadata:
  name: custom-namespace <- 这是命名空间的名称
```

现在，使用 `kubectl` 将文件提交到 Kubernetes API 服务器：

```
$ kubectl create -f custom-namespace.yaml
namespace "custom-namespace" created
```

使用 kubectl create namespace 命令创建命名空间

虽然写出上面这样的文件并不困难，但这仍然是一件麻烦事。幸运的是，我们还可以使用专用的 `kubectl create namespace` 命令创建命名空间，这比编写 YAML 文件快得多。而我们之所以选择使用 YAML 文件，只是为了强化 Kubernetes 中的所有内容都是一个 API 对象这一概念。可以通过向 API 服务器提交 YAML manifest 来实现创建、读取、更新和删除。

可以像这样创建命名空间：

```
$ kubectl create namespace custom-namespace
namespace "custom-namespace" created
```

注意 尽管大多数对象的名称必须符合 RFC 1035（域名）中规定的命名规范，这意味着它们可能只包含字母、数字、横杠 (-) 和点号，但命名空间（和另外几个）不允许包含点号。

3.7.4 管理其他命名空间中的对象

如果想要在刚创建的命名空间中创建资源，可以选择在 `metadata` 字段中添加一个 `namespace: custom-namespace` 属性，也可以在使用 `kubectl create` 命令创建资源时指定命名空间：

```
$ kubectl create -f kubia-manual.yaml -n custom-namespace
pod "kubia-manual" created
```

此时我们有两个同名的pod（kubia-manual）。一个在default命名空间中，另一个在custom-namespace中。

在列出、描述、修改或删除其他命名空间中的对象时，需要给kubectl命令传递--namespace（或-n）选项。如果不指定命名空间，kubectl将在当前上下文中配置的默认命名空间中执行操作。而当前上下文的命名空间和当前上下文本身都可以通过kubectl config命令进行更改。要了解有关管理kubectl上下文的更多信息，请参阅附录A。

提示 *要想快速切换到不同的命名空间，可以设置以下别名：*alias kcd='kubectl config set-context $(kubectl config current-context) --namespace'*。然后，可以使用*kcd some-namespace*在命名空间之间进行切换。*

3.7.5 命名空间提供的隔离

在结束命名空间这一部分之前，我们需要解释一下命名空间不提供什么—— 至少不是开箱即用的。尽管命名空间将对象分隔到不同的组，只允许你对属于特定命名空间的对象进行操作，但实际上命名空间之间并不提供对正在运行的对象的任何隔离。

例如，你可能会认为当不同的用户在不同的命名空间中部署pod时，这些pod应该彼此隔离，并且无法通信，但事实却并非如此。命名空间之间是否提供网络隔离取决于Kubernetes所使用的网络解决方案。当该解决方案不提供命名空间间的网络隔离时，如果命名空间foo中的某个pod知道命名空间bar中pod的IP地址，那它就可以将流量（例如HTTP请求）发送到另一个pod。

3.8 停止和移除pod

到目前为止，我们已经创建了一些应该仍在运行的pod。其中有四个pod在default命名空间中运行，一个pod在custom-namespace中运行。由于我们已经不需要这些pod了，所以此时考虑停止它们。

3.8.1 按名称删除pod

首先，我们将按名称删除kubia-gpu pod：

```
$ kubectl delete po kubia-gpu
pod "kubia-gpu" deleted
```

在删除 pod 的过程中，实际上我们在指示 Kubernetes 终止该 pod 中的所有容器。Kubernetes 向进程发送一个 SIGTERM 信号并等待一定的秒数（默认为 30），使其正常关闭。如果它没有及时关闭，则通过 SIGKILL 终止该进程。因此，为了确保你的进程总是正常关闭，进程需要正确处理 SIGTERM 信号。

提示 还可以通过指定多个空格分隔的名称来删除多个 pod（例如：kubectl delete po pod1 pod2）。

3.8.2 使用标签选择器删除 pod

与根据名称指定 pod 进行删除不同，此时将使用我们了解的关于标签选择器的知识来停止 kubia-manual 和 kubia-manual-v2 pod 。这两个 pod 都包含标签 creation_method=manual，因此可以通过使用一个标签选择器来删除它们：

```
$ kubectl delete po -l creation_method=manual
pod "kubia-manual" deleted
pod "kubia-manual-v2" deleted
```

在之前的微服务示例中，我们有几十个（或可能有几百个）pod。例如，通过指定 rel=canary 标签选择器（如图 3.10 所示），可以一次删除所有金丝雀 pod：

```
$ kubectl delete po -l rel=canary
```

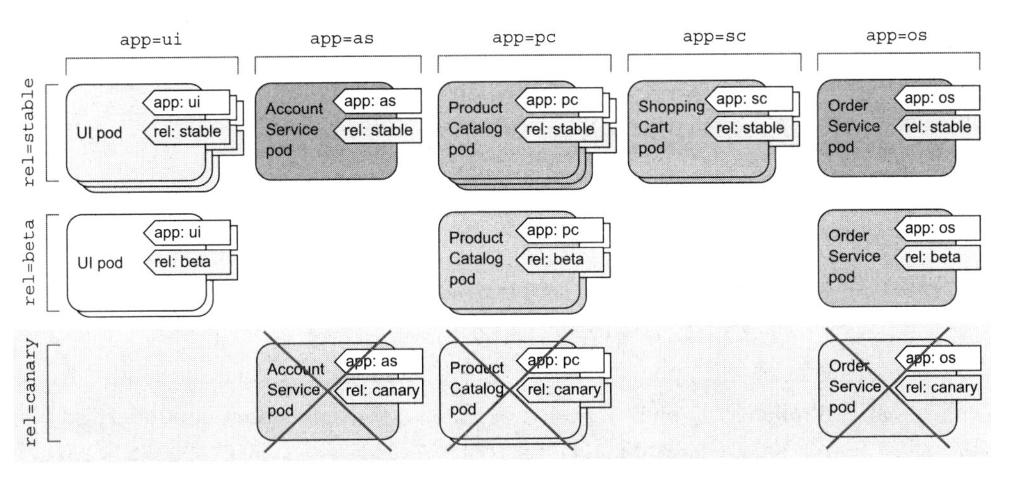

图 3.10 通过 rel=canary 标签选择器选择并删除所有金丝雀 pod

3.8.3 通过删除整个命名空间来删除 pod

再回过头看看 custom-namespace 中的 pod。此时不再需要该命名空间中的 pod，也不需要命名空间本身。这意味着，可以简单地删除整个命名空间（pod 将会伴随命名空间自动删除）。现在使用以下命令删除 custom-namespace：

```
$ kubectl delete ns custom-namespace
namespace "custom-namespace" deleted
```

3.8.4 删除命名空间中的所有 pod，但保留命名空间

此时我们已经清理了几乎所有的东西，但在第 2 章中用 kubectl run 命令创建的 pod 怎么样了呢？该 pod 目前仍然在运行：

```
$ kubectl get pods
NAME           READY   STATUS    RESTARTS   AGE
kubia-zxzij    1/1     Running   0          1d
```

这一次我们不再删除一个特定 pod，而是通过使用 --all 选项告诉 Kubernetes 删除当前命名空间中的所有 pod：

```
$ kubectl delete po --all
pod "kubia-zxzij" deleted
```

现在，让我们再次检查有没有遗留依然在运行的 pod：

```
$ kubectl get pods
NAME           READY   STATUS        RESTARTS   AGE
kubia-09as0    1/1     Running       0          1d
kubia-zxzij    1/1     Terminating   0          1d
```

什么？！我们看到，在 kubia-zxzij pod 正在终止时，却出现一个之前并没有出现过的叫作 kubia-09as0 的新 pod。无论我们进行了多少遍的全部删除 pod，都会冒出一个名为 *kubia-something* 的新 pod。

你可能还记得我们使用 kubectl run 命令创建了第一个 pod。在第 2 章中提过这不会直接创建 pod，而是创建一个 ReplicationCcontroller，然后再由 ReplicationCcontroller 创建 pod。因此只要删除由该 ReplicationCcontroller 创建的 pod，它便会立即创建一个新的 pod。如果想要删除该 pod，我们还需要删除这个 ReplicationCcontroller。

3.8.5 删除命名空间中的（几乎）所有资源

通过使用单个命令删除当前命名空间中的所有资源，可以删除 ReplicationCcontroller

和 pod，以及我们创建的所有 service：

```
$ kubectl delete all --all
pod "kubia-09as0" deleted
replicationcontroller "kubia" deleted
service "kubernetes" deleted
service "kubia-http" deleted
```

命令中的第一个 `all` 指定正在删除所有资源类型，而 `--all` 选项指定将删除所有资源实例，而不是按名称指定它们（我们在运行前一个删除命令时已经使用过此选项）。

注意 使用 `all` 关键字删除所有内容并不是真的完全删除所有内容。一些资源（比如我们将在第 7 章中介绍的 Secret）会被保留下来，并且需要被明确指定删除。

删除资源时，`kubectl` 将打印它删除的每个资源的名称。在列表中，可以看到在第 2 章中创建的名为 `kubia` 的 ReplicationController 和名为 `kubia-http` 的 Service。

注意 `kubectl delete all --all` 命令也会删除名为 `kubernetes` 的 Service，但它应该会在几分钟后自动重新创建。

3.9 本章小结

阅读本章之后，你应该对 Kubernetes 的核心模块有了系统的了解。在接下来的几章中学到的概念也都与 pod 有着直接关联。

在本章中，你应该已经掌握：

- 如何决定是否应将某些容器组合在一个 pod 中。
- pod 可以运行多个进程，这和非容器世界中的物理主机类似。
- 可以编写 YAML 或 JSON 描述文件用于创建 pod，然后查看 pod 的规格及其当前状态。
- 使用标签来组织 pod，并且一次在多个 pod 上执行操作。
- 可以使用节点标签将 pod 只调度到提供某些指定特性的节点上。
- 注解允许人们、工具或库将更大的数据块附加到 pod。
- 命名空间可用于允许不同团队使用同一集群，就像它们使用单独的 Kubernetes 集群一样。
- 使用 `kubectl explain` 命令快速查看任何 Kubernetes 资源的信息。

在下一章，你将会了解到 ReplicationController 和其他管理 pod 的资源。

4 副本机制和其他控制器：部署托管的pod

本章内容涵盖

- 保持 pod 的健康
- 运行同一个 pod 的多个实例
- 在节点异常之后自动重新调度 pod
- 水平缩放 pod
- 在集群节点上运行系统级的 pod
- 运行批量任务
- 调度任务定时执行或者在未来执行一次

正如你前面所学到的，pod 代表了 Kubernetes 中的基本部署单元，而且你已知道如何手动创建、监督和管理它们。但是在实际的用例里，你希望你的部署能自动保持运行，并且保持健康，无须任何手动干预。要做到这一点，你几乎不会直接创建 pod，而是创建 ReplicationController 或 Deployment 这样的资源，接着由它们来创建并管理实际的 pod。

当你创建未托管的 pod（就像你在前一章中创建的那些）时，会选择一个集群节点来运行 pod，然后在该节点上运行容器。在本章中你将了解到，Kubernetes 接下来会监控这些容器，并且在它们失败的时候自动重新启动它们。但是如果整个节点失败，那么节点上的 pod 会丢失，并且不会被新节点替换，除非这些 pod 由前面提到的 ReplicationController 或类似资源来管理。在本章中，你将了解 Kubernetes 如何检查容器是否仍然存在，如果不存在则重新启动容器。你还将学到如何运行托管的 pod —— 既可以无限期运行，也可以执行单个任务，然后终止运行。

4.1 保持pod健康

使用 Kubernetes 的一个主要好处是，可以给 Kubernetes 一个容器列表来由其保持容器在集群中的运行。可以通过让 Kubernetes 创建 pod 资源，为其选择一个工作节点并在该节点上运行该 pod 的容器来完成此操作。但是，如果其中一个容器终止，或一个 pod 的所有容器都终止，怎么办？

只要将 pod 调度到某个节点，该节点上的 Kubelet 就会运行 pod 的容器，从此只要该 pod 存在，就会保持运行。如果容器的主进程崩溃，Kubelet 将重启容器。如果应用程序中有一个导致它每隔一段时间就会崩溃的 bug，Kubernetes 会自动重启应用程序，所以即使应用程序本身没有做任何特殊的事，在 Kubernetes 中运行也能自动获得自我修复的能力。

即使进程没有崩溃，有时应用程序也会停止正常工作。例如，具有内存泄漏的 Java 应用程序将开始抛出 OutOfMemoryErrors，但 JVM 进程会一直运行。如果有一种方法，能让应用程序向 Kubernetes 发出信号，告诉 Kubernetes 它运行异常并让 Kubernetes 重新启动，那就很棒了。

我们已经说过，一个崩溃的容器会自动重启，所以也许你会想到，可以在应用中捕获这类错误，并在错误发生时退出该进程。当然可以这样做，但这仍然不能解决所有的问题。

例如，你的应用因为无限循环或死锁而停止响应。为确保应用程序在这种情况下可以重新启动，必须从外部检查应用程序的运行状况，而不是依赖于应用的内部检测。

4.1.1 介绍存活探针

Kubernetes 可以通过存活探针（liveness probe）检查容器是否还在运行。可以为 pod 中的每个容器单独指定存活探针。如果探测失败，Kubernetes 将定期执行探针并重新启动容器。

注意 我们将在下一章中学习到 Kubernetes 还支持就绪探针（readiness probe），一定不要混淆两者。它们适用于两种不同的场景。

Kubernetes 有以下三种探测容器的机制：

- *HTTP GET* 探针对容器的 IP 地址（你指定的端口和路径）执行 HTTP GET 请求。

如果探测器收到响应，并且响应状态码不代表错误（换句话说，如果HTTP响应状态码是2xx或3xx），则认为探测成功。如果服务器返回错误响应状态码或者根本没有响应，那么探测就被认为是失败的，容器将被重新启动。

- *TCP*套接字探针尝试与容器指定端口建立TCP连接。如果连接成功建立，则探测成功。否则，容器重新启动。
- `Exec`探针在容器内执行任意命令，并检查命令的退出状态码。如果状态码是0，则探测成功。所有其他状态码都被认为失败。

4.1.2 创建基于HTTP的存活探针

我们来看看如何为你的Node.js应用添加一个存活探针。因为它是一个Web应用程序，所以添加一个存活探针来检查其Web服务器是否提供请求是有意义的。但是因为这个Node.js应用程序太简单了，所以不得不人为地让它失败。

要正确演示存活探针，需要你稍微修改应用程序。在第五个请求之后，给每个请求返回HTTP状态码500（Internal Server Error）—— 你的应用程序将正确处理前五个客户端请求，之后每个请求都会返回错误。多亏了存活探针，应用在这个时候会重启，使其能够再次正确处理客户端请求。

可以在本书的代码档案中找到新应用程序的代码（在Chapter04/kubia-unhealthy文件夹中）。笔者已经将容器镜像推送到Docker Hub，因此你不需要自己构建它了。

你将创建一个包含HTTP GET存活探针的新pod，下面的代码清单显示了pod的yaml。

代码清单4.1 将存活探针添加到pod：kubia-liveness-probe.yaml

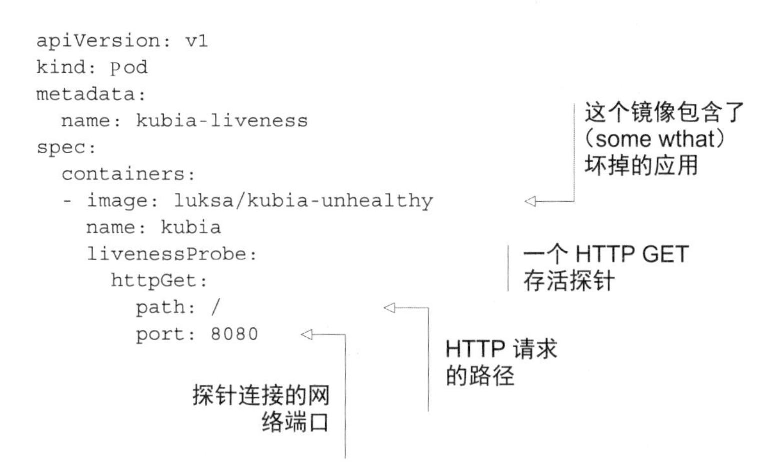


```
apiVersion: v1
kind: pod
metadata:
  name: kubia-liveness
spec:
  containers:
  - image: luksa/kubia-unhealthy
    name: kubia
    livenessProbe:
      httpGet:
        path: /
        port: 8080
```

该pod的描述文件定义了一个`httpGet`存活探针，该探针告诉Kubernetes定期在端口 8080 路径上执行 HTTP GET 请求，以确定该容器是否健康。这些请求在容器运行后立即开始。

经过五次这样的请求（或实际的客户端请求）后，你的应用程序开始返回 HTTP 状态码 500，Kubernetes 会认为探测失败并重启容器。

4.1.3 使用存活探针

要查看存活探针是如何工作的，请尝试立即创建该 pod。大约一分半钟后，容器将重启。可以通过运行 kubectl get 看到：

```
$ kubectl get po kubia-liveness
NAME             READY     STATUS    RESTARTS   AGE
kubia-liveness   1/1       Running   1          2m
```

RESTARTS 列显示 pod 的容器已被重启一次（如果你再等一分半钟，它会再次重启，然后无限循环下去）。

获取崩溃容器的应用日志

在前一章中，你学习了如何使用 kubectl logs 打印应用程序的日志。如果你的容器重启，kubectl logs 命令将显示当前容器的日志。当你想知道为什么前一个容器终止时，你想看到的是前一个容器的日志，而不是当前容器的。可以通过添加 --previous 选项来完成：

```
$ kubectl logs mypod --previous
```

可以通过查看 kubectl describe 的内容来了解为什么必须重启容器，如下面的代码清单所示。

代码清单 4.2 重启容器后的 pod 描述

```
$ kubectl describe po kubia-liveness
Name:           kubia-liveness
...
Containers:
  kubia:
    Container ID:       docker://480986f8
    Image:              luksa/kubia-unhealthy
    Image ID:           docker://sha256:2b208508
    Port:
    State:              Running                          容器正在运行。
      Started:          Sun, 14 May 2017 11:41:40 +0200
```

```
  Last State:         Terminated
    Reason:           Error
    Exit Code:        137
    Started:          Mon, 01 Jan 0001 00:00:00 +0000
    Finished:         Sun, 14 May 2017 11:41:38 +0200
  Ready:              True
  Restart Count:      1
  Liveness:           http-get http://:8080/ delay=0s timeout=1s
                      period=10s #success=1 #failure=3
  ...
Events:
... Killing container with id docker://95246981:pod "kubia-liveness ..."
    container "kubia" is unhealthy, it will be killed and re-created.
```

先前的容器由于发成错误被终止，返回码是 137

该容器已被重启一次

可以看到容器现在正在运行，但之前由于错误而终止。退出代码为 137，这有特殊的含义 —— 表示该进程由外部信号终止。数字 137 是两个数字的总和：128+x，其中 x 是终止进程的信号编号。在这个例子中，x 等于 9，这是 SIGKILL 的信号编号，意味着这个进程被强行终止。

在底部列出的事件显示了容器为什么终止——Kubernetes 发现容器不健康，所以终止并重新创建。

注意 当容器被强行终止时，会创建一个全新的容器——而不是重启原来的容器。

4.1.4 配置存活探针的附加属性

你可能已经注意到，kubectl describe 还显示关于存活探针的附加信息：

```
Liveness: http-get http://:8080/ delay=0s timeout=1s period=10s #success=1
          ➥ #failure=3
```

除了明确指定的存活探针选项，还可以看到其他属性，例如 delay（延迟）、timeout（超时）、period（周期）等。delay=0s 部分显示在容器启动后立即开始探测。timeout 仅设置为 1 秒，因此容器必须在 1 秒内进行响应，不然这次探测记作失败。每 10 秒探测一次容器（period=10s），并在探测连续三次失败（# failure=3）后重启容器。

定义探针时可以自定义这些附加参数。例如，要设置初始延迟，请将 initialDelaySeconds 属性添加到存活探针的配置中，如下面的代码清单所示。

代码清单 4.3 具有初始延迟的存活探针：kubia-liveness-probe-initial-delay.yaml

```
livenessProbe:
  httpGet:
    path: /
```

```
    port: 8080
  initialDelaySeconds: 15      <-- Kubernetes 会在第一次探测前等待 15 秒
```

如果没有设置初始延迟，探针将在启动时立即开始探测容器，这通常会导致探测失败，因为应用程序还没准备好开始接收请求。如果失败次数超过阈值，在应用程序能正确响应请求之前，容器就会重启。

提示 务必记得设置一个初始延迟来说明应用程序的启动时间。

很多场合都会看到这种情况，用户很困惑为什么他们的容器正在重启。但是如果使用 `kubectl describe`，他们会看到容器以退出码 137 或 143 结束，并告诉他们该 pod 是被迫终止的。此外，pod 事件的列表将显示容器因 liveness 探测失败而被终止。如果你在 pod 启动时看到这种情况，那是因为未能适当设置 `initialDelaySeconds`。

注意 退出代码 137 表示进程被外部信号终止，退出代码为 128+9（SIGKILL）。同样，退出代码 143 对应于 128+15（SIGTERM）。

4.1.5 创建有效的存活探针

对于在生产中运行的 pod，一定要定义一个存活探针。没有探针的话，Kubernetes 无法知道你的应用是否还活着。只要进程还在运行，Kubernetes 会认为容器是健康的。

存活探针应该检查什么

简易的存活探针仅仅检查了服务器是否响应。虽然这看起来可能过于简单，但即使是这样的存活探针也可以创造奇迹，因为如果容器内运行的 web 服务器停止响应 HTTP 请求，它将重启容器。与没有存活探针相比，这是一项重大改进，而且在大多数情况下可能已足够。

但为了更好地进行存活检查，需要将探针配置为请求特定的 URL 路径（例如 `/health`），并让应用从内部对内部运行的所有重要组件执行状态检查，以确保它们都没有终止或停止响应。

提示 请确保 `/health` HTTP 端点不需要认证，否则探测会一直失败，导致你的容器无限重启。

一定要检查应用程序的内部，而没有任何外部因素的影响。例如，当服务器无法连接到后端数据库时，前端 Web 服务器的存活探针不应该返回失败。如果问题的底层原因在数据库中，重启 Web 服务器容器不会解决问题。由于存活探测将再次失败，你将反复重启容器直到数据库恢复。

保持探针轻量

存活探针不应消耗太多的计算资源，并且运行不应该花太长时间。默认情况下，探测器执行的频率相对较高，必须在一秒之内执行完毕。一个过重的探针会大大减慢你的容器运行。在本书的后面，还将学习如何限制容器可用的 CPU 时间。探针的 CPU 时间计入容器的 CPU 时间配额，因此使用重量级的存活探针将减少主应用程序进程可用的 CPU 时间。

提示 如果你在容器中运行 Java 应用程序，请确保使用 HTTP GET 存活探针，而不是启动全新 JVM 以获取存活信息的 Exec 探针。任何基于 JVM 或类似的应用程序也是如此，它们的启动过程需要大量的计算资源。

无须在探针中实现重试循环

你已经看到，探针的失败阈值是可配置的，并且通常在容器被终止之前探针必须失败多次。但即使你将失败阈值设置为 1，Kubernetes 为了确认一次探测的失败，会尝试若干次。因此在探针中自己实现重试循环是浪费精力。

存活探针小结

你现在知道 Kubernetes 会在你的容器崩溃或其存活探针失败时，通过重启容器来保持运行。这项任务由承载 pod 的节点上的 Kubelet 执行 —— 在主服务器上运行的 Kubernetes Control Plane 组件不会参与此过程。

但如果节点本身崩溃，那么 Control Plane 必须为所有随节点停止运行的 pod 创建替代品。它不会为你直接创建的 pod 执行此操作。这些 pod 只被 Kubelet 管理，但由于 Kubelet 本身运行在节点上，所以如果节点异常终止，它将无法执行任何操作。

为了确保你的应用程序在另一个节点上重新启动，需要使用 `ReplicationController` 或类似机制管理 pod，我们将在本章其余部分讨论该机制。

4.2 了解ReplicationController

ReplicationController 是一种 Kubernetes 资源，可确保它的 pod 始终保持运行状态。如果 pod 因任何原因消失（例如节点从集群中消失或由于该 pod 已从节点中逐出），则 ReplicationController 会注意到缺少了 pod 并创建替代 pod。

图 4.1 显示了当一个节点下线且带有两个 pod 时会发生什么。pod A 是被直接创建的，因此是非托管的 pod，而 pod B 由 ReplicationController 管理。节点异常退出后，

ReplicationController 会创建一个新的 pod（pod B2）来替换缺少的 pod B，而 pod A 完全丢失 —— 没有东西负责重建它。

图中的 ReplicationController 只管理一个 pod，但一般而言，ReplicationController 旨在创建和管理一个 pod 的多个副本（replicas）。这就是 ReplicationController 名字的由来。

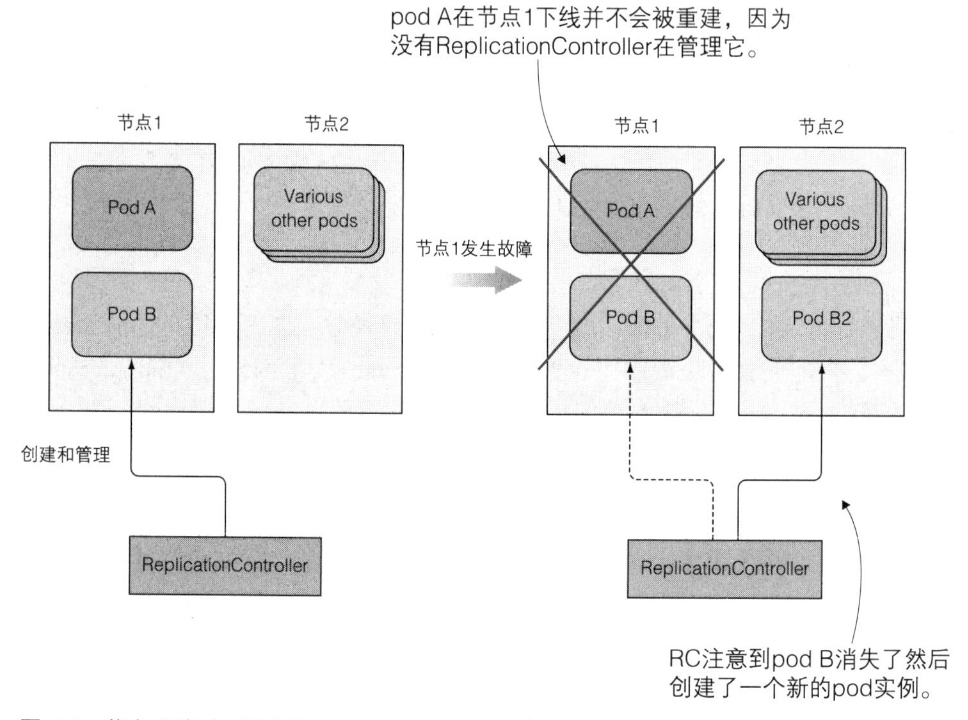

图 4.1 节点故障时，只有 ReplicationController 管理的 pod 被重新创建

4.2.1 ReplicationController 的操作

ReplicationController 会持续监控正在运行的 pod 列表，并保证相应“类型”的 pod 的数目与期望相符。如正在运行的 pod 太少，它会根据 pod 模板创建新的副本。如正在运行的 pod 太多，它将删除多余的副本。你可能会对有多余的副本感到奇怪。这可能有几个原因：

- 有人会手动创建相同类型的 pod。
- 有人更改现有的 pod 的“类型”。
- 有人减少了所需的 pod 的数量，等等。

笔者已经使用过几次pod“类型”这种说法，但这是不存在的。ReplicationController不是根据pod类型来执行操作的，而是根据pod是否匹配某个标签选择器（前一章中了解了它们）。

介绍控制器的协调流程

ReplicationController的工作是确保pod的数量始终与其标签选择器匹配。如果不匹配，则ReplicationController将根据所需，采取适当的操作来协调pod的数量。图4.2显示了ReplicationController的操作。

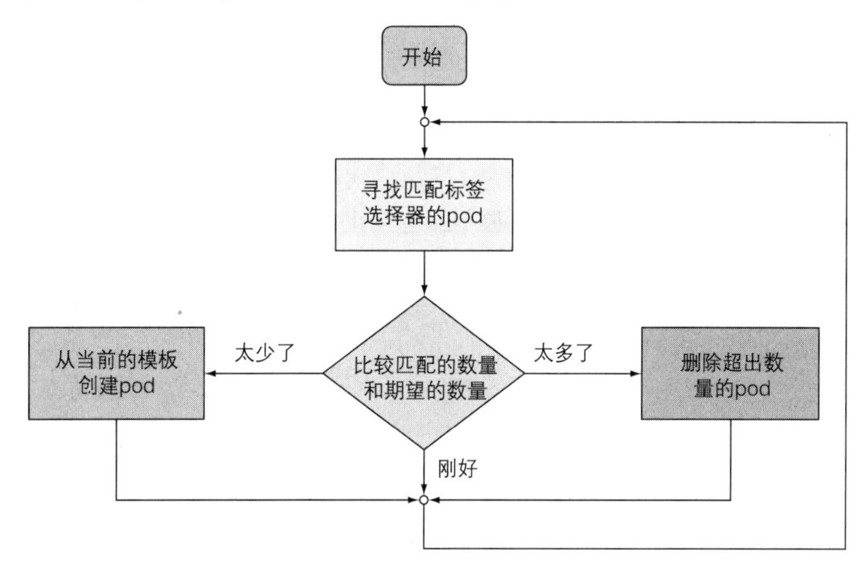

图4.2 一个ReplicationController的协调流程

了解ReplicationController的三部分

一个ReplicationController有三个主要部分（如图4.3所示）：

- *label selector*（标签选择器），用于确定ReplicationController作用域中有哪些pod
- *replica count*（副本个数），指定应运行的pod数量
- *pod template*（pod模板），用于创建新的pod副本

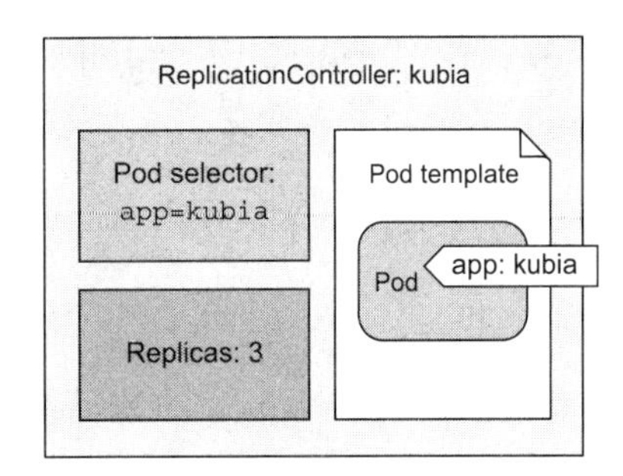

图 4.3 ReplicationController 的三个关键部分（pod 选择器、副本个数和 pod 模板）

ReplicationController 的副本个数、标签选择器，甚至是 pod 模板都可以随时修改，但只有副本数目的变更会影响现有的 pod。

更改控制器的标签选择器或 pod 模板的效果

更改标签选择器和 pod 模板对现有 pod 没有影响。更改标签选择器会使现有的 pod 脱离 ReplicationController 的范围，因此控制器会停止关注它们。在创建 pod 后，ReplicationController 也不关心其 pod 的实际"内容"（容器镜像、环境变量及其他）。因此，该模板仅影响由此 ReplicationController 创建的新 pod。可以将其视为创建新 pod 的曲奇切模（cookie cutter）。

使用 ReplicationController 的好处

像 Kubernetes 中的许多事物一样，ReplicationController 尽管是一个令人难以置信的简单概念，却提供或启用了以下强大功能：

- 确保一个 pod（或多个 pod 副本）持续运行，方法是在现有 pod 丢失时启动一个新 pod。
- 集群节点发生故障时，它将为故障节点上运行的所有 pod（即受 ReplicationController 控制的节点上的那些 pod）创建替代副本。
- 它能轻松实现 pod 的水平伸缩 —— 手动和自动都可以（参见第 15 章中的 pod 的水平自动伸缩）。

注意 pod 实例永远不会重新安置到另一个节点。相反，ReplicationController 会创建一个全新的 pod 实例，它与正在替换的实例无关。

4.2.2 创建一个 ReplicationController

让我们了解一下如何创建一个 ReplicationController，然后看看它如何让你的 pod 运行。就像 pod 和其他 Kubernetes 资源，可以通过上传 JSON 或 YAML 描述文件到 Kubernetes API 服务器来创建 ReplicationController。

你将为你的 ReplicationController 创建名为 kubia-rc.yaml 的 YAML 文件，如下面的代码清单所示。

代码清单 4.4 ReplicationController 的 YAML 定义：kubia-rc.yaml

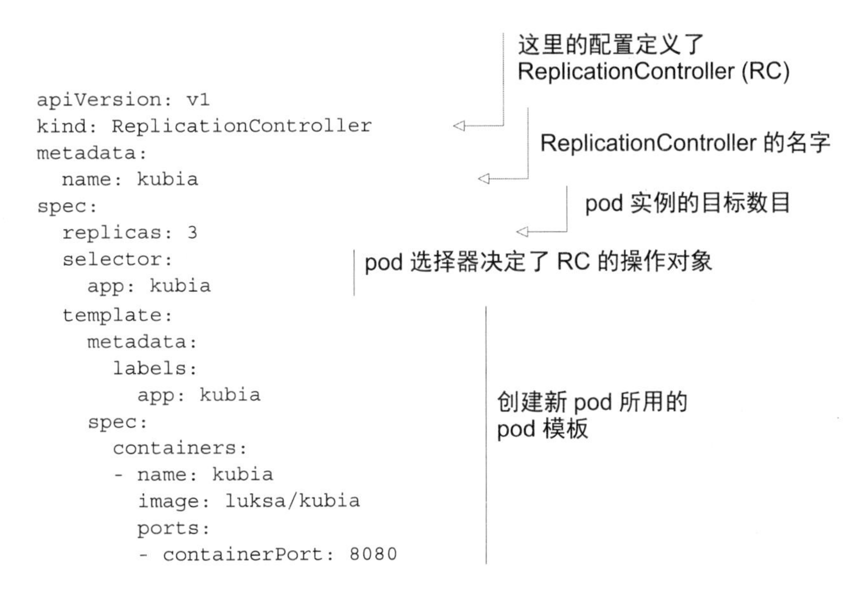

```yaml
apiVersion: v1
kind: ReplicationController
metadata:
  name: kubia
spec:
  replicas: 3
  selector:
    app: kubia
  template:
    metadata:
      labels:
        app: kubia
    spec:
      containers:
      - name: kubia
        image: luksa/kubia
        ports:
        - containerPort: 8080
```


上传文件到 API 服务器时，Kubernetes 会创建一个名为 kubia 的新 ReplicationController，它确保符合标签选择器 `app=kubia` 的 pod 实例始终是三个。当没有足够的 pod 时，根据提供的 pod 模板创建新的 pod。模板的内容与前一章中创建的 pod 定义几乎相同。

模板中的 pod 标签显然必须和 ReplicationController 的标签选择器匹配，否则控制器将无休止地创建新的容器。因为启动新 pod 不会使实际的副本数量接近期望的副本数量。为了防止出现这种情况，API 服务会校验 ReplicationController 的定义，不会接收错误配置。

根本不指定选择器也是一种选择。在这种情况下，它会自动根据 pod 模板中的标签自动配置。

提示 定义 ReplicationController 时不要指定 pod 选择器，让 Kubernetes 从 pod 模板中提取它。这样 YAML 更简短。

要创建 ReplicationController，请使用已知的 `kubectl create` 命令：

```
$ kubectl create -f kubia-rc.yaml
replicationcontroller "kubia" created
```

一旦创建了 ReplicationController，它就开始工作。让我们看看它都会做什么。

4.2.3　使用 ReplicationController

由于没有任何 pod 有 app=kubia 标签，ReplicationController 会根据 pod 模板启动三个新的 pod。列出 pod 以查看 ReplicationController 是否完成了它应该做的事情：

```
$ kubectl get pods
NAME          READY     STATUS              RESTARTS   AGE
kubia-53thy   0/1       ContainerCreating   0          2s
kubia-k0xz6   0/1       ContainerCreating   0          2s
kubia-q3vkg   0/1       ContainerCreating   0          2s
```

它确实创建了三个 pod。现在 ReplicationController 正在管理这三个 pod。接下来，你将通过稍稍破坏它们来观察 ReplicationController 如何响应。

查看 ReplicationController 对已删除的 pod 的响应

首先，你将手动删除其中一个 pod，以查看 ReplicationController 如何立即启动新容器，从而将匹配容器的数量恢复为三：

```
$ kubectl delete pod kubia-53thy
pod "kubia-53thy" deleted
```

重新列出 pod 会显示四个，因为你删除的 pod 已终止，并且已创建一个新的 pod：

```
$ kubectl get pods
NAME          READY     STATUS              RESTARTS   AGE
kubia-53thy   1/1       Terminating         0          3m
kubia-oini2   0/1       ContainerCreating   0          2s
kubia-k0xz6   1/1       Running             0          3m
kubia-q3vkg   1/1       Running             0          3m
```

ReplicationController 再次完成了它的工作。这是非常有用的。

获取有关 ReplicationController 的信息

通过 kubectl get 命令显示的关于 ReplicationController 的信息：

```
$ kubectl get rc
NAME    DESIRED   CURRENT   READY   AGE
kubia   3         3         2       3m
```

注意 使用 rc 作为 replicationcontroller 的简写。

你会看到三列显示了所需的pod数量，实际的pod数量，以及其中有多少pod已准备就绪（当我们在下一章谈论准备就绪探针时，你将了解这些含义）。可以通过 `kubectl describe` 命令看到ReplicationController的附加信息。

代码清单 4.5　显示使用 `kubectl describe` 的 ReplicationController 的详细信息

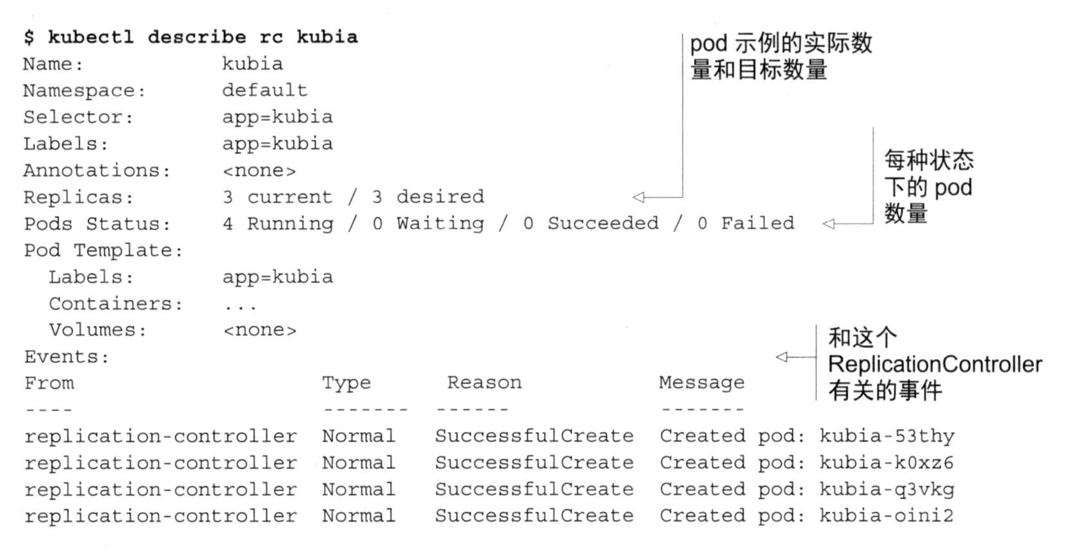

```
$ kubectl describe rc kubia
Name:           kubia
Namespace:      default
Selector:       app=kubia
Labels:         app=kubia
Annotations:    <none>
Replicas:       3 current / 3 desired
Pods Status:    4 Running / 0 Waiting / 0 Succeeded / 0 Failed
Pod Template:
  Labels:       app=kubia
  Containers:   ...
  Volumes:      <none>
Events:
From                      Type     Reason            Message
----                      -------  ------            -------
replication-controller   Normal   SuccessfulCreate  Created pod: kubia-53thy
replication-controller   Normal   SuccessfulCreate  Created pod: kubia-k0xz6
replication-controller   Normal   SuccessfulCreate  Created pod: kubia-q3vkg
replication-controller   Normal   SuccessfulCreate  Created pod: kubia-oini2
```


当前的副本数与所需的数量相符，因为控制器已经创建了一个新的pod。它显示了四个正在运行的pod，因为被终止的pod仍在运行中，尽管它并未计入当前的副本个数中。底部的事件列表显示了ReplicationController的行为 —— 它到目前为止创建了四个pod。

控制器如何创建新的 pod

控制器通过创建一个新的替代pod来响应pod的删除操作（见图4.4）。从技术上讲，它并没有对删除本身做出反应，而是针对由此产生的状态 —— pod数量不足。

虽然ReplicationController会立即收到删除pod的通知（API服务器允许客户端监听资源和资源列表的更改），但这不是它创建替代pod的原因。该通知会触发控制器检查实际的pod数量并采取适当的措施。

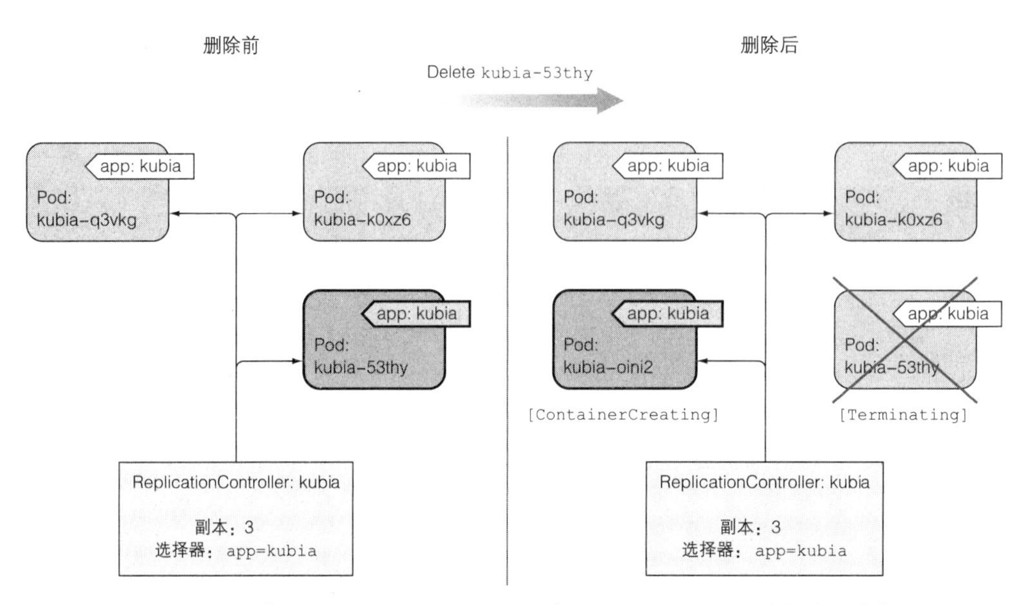

图 4.4　如果一个 pod 消失，ReplicationController 将发现 pod 数目更少并创建一个新的替代 pod

应对节点故障

看着 ReplicationController 对手动删除 pod 做出响应没什么意思，所以我们来看一个更好的示例。如果使用 Google Kubernetes Engine 来运行这些示例，那么已经有一个三节点 Kubernetes 集群。你将从网络中断开其中一个节点来模拟节点故障。

注意　如果使用 Minikube，则无法做这个练习，因为只有一个节点同时充当主节点和工作节点。

如果节点在没有 Kubernetes 的场景中发生故障，运维人员需要手动将节点上运行的应用程序迁移到其他机器。而现在，Kubernetes 会自动执行此操作。在 ReplicationController 检测到它的 pod 已关闭后不久，它将启动新的 pod 以替换它们。

让我们在实践中看看这个行为。需要使用 `gcloud compute ssh` 命令 ssh 进入其中一个节点，然后使用 `sudo ifconfig eth0 down` 关闭其网络接口，如下面的代码清单所示。

注意　通过使用 `-o wide` 选项列出 pod，选择至少运行一个 pod 的节点。

代码清单 4.6　通过关闭网络接口来模拟节点故障

```
$ gcloud compute ssh gke-kubia-default-pool-b46381f1-zwko
Enter passphrase for key '/home/luksa/.ssh/google_compute_engine':
```

```
Welcome to Kubernetes v1.6.4!
...
luksa@gke-kubia-default-pool-b46381f1-zwko ~ $ sudo ifconfig eth0 down
```

当你关闭网络接口时，ssh 会话将停止响应，所以需要打开另一个终端或强行退出 ssh 会话。在新终端中，可以列出节点以查看 Kubernetes 是否检测到节点下线。这需要一分钟左右的时间。然后，该节点的状态显示为 NotReady：

```
$ kubectl get node
NAME                                       STATUS     AGE
gke-kubia-default-pool-b46381f1-opc5       Ready      5h
gke-kubia-default-pool-b46381f1-s8gj       Ready      5h
gke-kubia-default-pool-b46381f1-zwko       NotReady   5h
```

节点没有就绪，因为它与网络断开

如果你现在列出 pod，那么你仍然会看到三个与之前相同的 pod，因为 Kubernetes 在重新调度 pod 之前会等待一段时间（如果节点因临时网络故障或 Kubelet 重新启动而无法访问）。如果节点在几分钟内无法访问，则调度到该节点的 pod 的状态将变为 Unknown。此时，ReplicationController 将立即启动一个新的 pod。可以通过再次列出 pod 来看到这一点：

```
$ kubectl get pods
NAME          READY   STATUS    RESTARTS   AGE
kubia-oini2   1/1     Running   0          10m
kubia-k0xz6   1/1     Running   0          10m
kubia-q3vkg   1/1     Unknown   0          10m
kubia-dmdck   1/1     Running   0          5s
```

此 pod 的状态未知，因为其节点无法访问

这个 pod 是五秒钟前创建的

注意 pod 的存活时间，你会发现 kubia-dmdck pod 是新的。你再次拥有三个运行的 pod 实例，这意味着 ReplicationController 再次开始它的工作，将系统的实际状态置于所需状态。

如果一个节点不可用（发生故障或无法访问），会发生同样的情况。立即进行人为干预就没有必要了。系统会自我修复。要恢复节点，需要使用以下命令重置它：

```
$ gcloud compute instances reset gke-kubia-default-pool-b46381f1-zwko
```

当节点再次启动时，其状态应该返回到 Ready，并且状态为 Unknown 的 pod 将被删除。

4.2.4 将 pod 移入或移出 ReplicationController 的作用域

由 ReplicationController 创建的 pod 并不是绑定到 ReplicationController。在任何时刻，ReplicationController 管理与标签选择器匹配的 pod。通过更改 pod 的标签，可以将它从 ReplicationController 的作用域中添加或删除。它甚至可以从一个

ReplicationController 移动到另一个。

提示 尽管一个 pod 没有绑定到一个 ReplicationController，但该 pod 在 `metadata.ownerReferences` 字段中引用它，可以轻松使用它来找到一个 pod 属于哪个 ReplicationController。

如果你更改了一个 pod 的标签，使它不再与 ReplicationController 的标签选择器相匹配，那么该 pod 就变得和其他手动创建的 pod 一样了。它不再被任何东西管理。如果运行该节点的 pod 异常终止，它显然不会被重新调度。但请记住，当你更改 pod 的标签时，ReplicationController 发现一个 pod 丢失了，并启动一个新的 pod 替换它。

让我们通过你的 pod 试试看。由于你的 ReplicationController 管理具有 `app=kubia` 标签的 pod，因此需要删除这个标签或修改其值以将该 pod 移出 ReplicationController 的管理范围。添加另一个标签并没有用，因为 ReplicationController 不关心该 pod 是否有任何附加标签，它只关心该 pod 是否具有标签选择器中引用的所有标签。

给 ReplicationController 管理的 pod 加标签

需要确认的是，如果你向 ReplicationController 管理的 pod 添加其他标签，它并不关心：

```
$ kubectl label pod kubia-dmdck type=special
pod "kubia-dmdck" labeled

$ kubectl get pods --show-labels
NAME          READY   STATUS    RESTARTS   AGE   LABELS
kubia-oini2   1/1     Running   0          11m   app=kubia
kubia-k0xz6   1/1     Running   0          11m   app=kubia
kubia-dmdck   1/1     Running   0          1m    app=kubia,type=special
```

给其中一个 pod 添加了 `type=special` 标签，再次列出所有 pod 会显示和以前一样的三个 pod。因为从 ReplicationController 角度而言，没发生任何更改。

更改已托管的 pod 的标签

现在，更改 `app=kubia` 标签。这将使该 pod 不再与 ReplicationController 的标签选择器相匹配，只剩下两个匹配的 pod。因此，ReplicationController 会启动一个新的 pod，将数目恢复为三：

```
$ kubectl label pod kubia-dmdck app=foo --overwrite
pod "kubia-dmdck" labeled
```

`--overwrite` 参数是必要的，否则 `kubectl` 将只打印出警告，并不会更改标签。这样是为了防止你想要添加新标签时无意中更改现有标签的值。再次列出所有 pod 时会显示四个 pod：

```
$ kubectl get pods -L app
NAME          READY   STATUS              RESTARTS   AGE   APP
kubia-2qneh   0/1     ContainerCreating   0          2s    kubia
kubia-oini2   1/1     Running             0          20m   kubia
kubia-k0xz6   1/1     Running             0          20m   kubia
kubia-dmdck   1/1     Running             0          10m   foo
```

新创建的 pod，用于替换你从 ReplicationController 范围中删除的 pod

不再由 ReplicationController 管理的 pod

注意 使用 -L app 选项在列中显示 app 标签。

你现在有四个 pod：一个不是由你的 ReplicationController 管理的，其他三个是。其中包括新建的 pod。

图 4.5 说明了当你更改 pod 的标签，使得它们不再与 ReplicationController 的 pod 选择器匹配时，发生的事情。可以看到三个 pod 和 ReplicationController。在将 pod 的标签从 app=kubia 更改为 app=foo 之后，ReplicationController 就不管这个 pod 了。由于控制器的副本个数设置为 3，并且只有两个 pod 与标签选择器匹配，所以 ReplicationController 启动 kubia-2qneh pod，使总数回到了三。kubia-dmdck pod 现在是完全独立的，并且会一直运行直到你手动删除它（现在可以这样做，因为你不再需要它）。

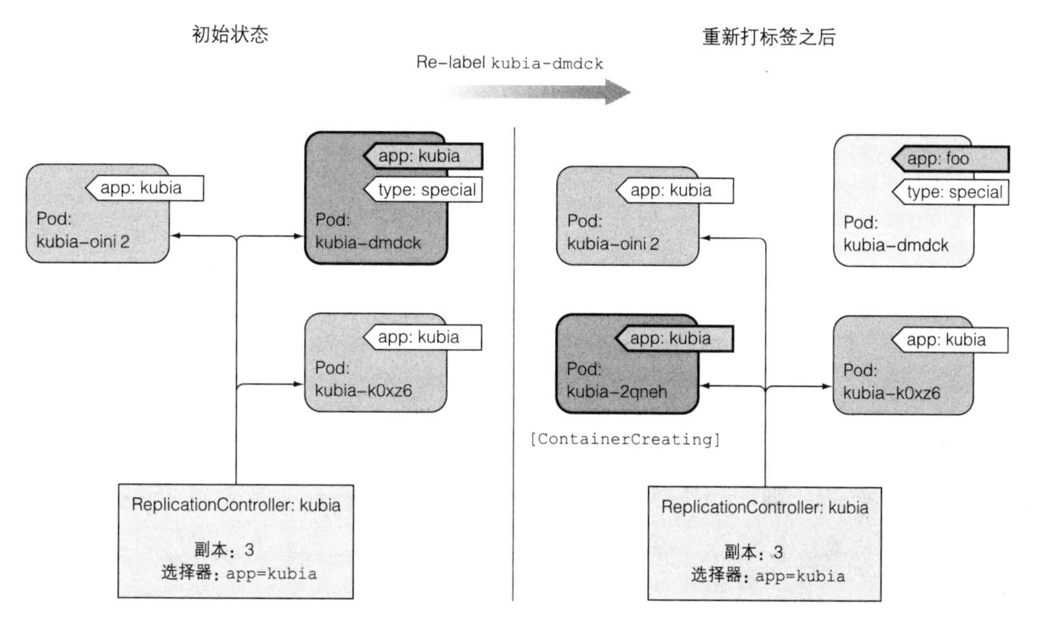

图 4.5 通过更改标签从 ReplicationController 的作用域中删除一个 pod

从控制器删除 pod

当你想操作特定的 pod 时，从 ReplicationController 管理范围中移除 pod 的操作很管用。例如，你可能有一个 bug 导致你的 pod 在特定时间或特定事件后开始出问题。如果你知道某个 pod 发生了故障，就可以将它从 Replication-Controller 的管理范围中移除，让控制器将它替换为新 pod，接着这个 pod 就任你处置了。完成后删除该 pod 即可。

更改 ReplicationController 的标签选择器

这里有个练习，看看你是否完全理解了 ReplicationController：如果不是更改某个 pod 的标签而是修改了 ReplicationController 的标签选择器，你认为会发生什么？

如果你的答案是“它会让所有的 pod 脱离 ReplicationController 的管理，导致它创建三个新的 pod”，那么恭喜你，答对了。这表明你了解了 ReplicationController 的工作方式。Kubernetes 确实允许你更改 ReplicationController 的标签选择器，但这不适用于本章后半部分中介绍的其他资源（也是用来管理 pod 的）。

你永远不会修改控制器的标签选择器，但你会时不时会更改它的 pod 模板。就让我们来了解一下吧。

4.2.5 修改 pod 模板

ReplicationController 的 pod 模板可以随时修改。更改 pod 模板就像用一个曲奇刀替换另一个。它只会影响你之后切出的曲奇，并且不会影响你已经剪切的曲奇（见图 4.6）。要修改旧的 pod，你需要删除它们，并让 ReplicationController 根据新模板将其替换为新的 pod。

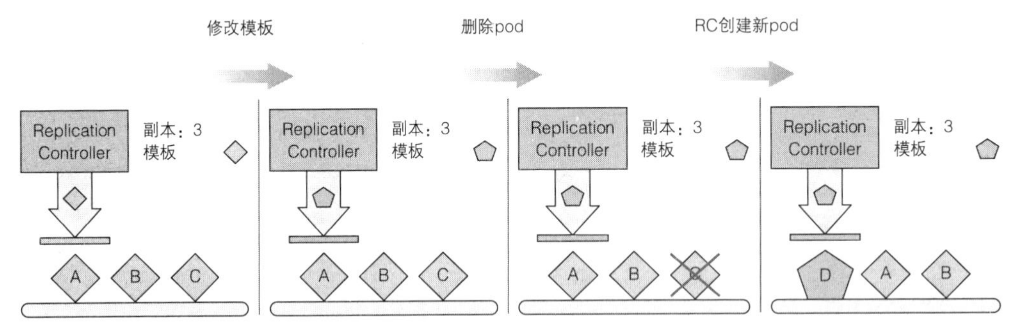

图 4.6 更改 ReplicationController 的 pod 模板只影响之后创建的 pod，并且不会影响现有的 pod

可以试着编辑 ReplicationController 并向 pod 模板添加标签。使用以下命令编辑 ReplicationController：

```
$ kubectl edit rc kubia
```

这将在你的默认文本编辑器中打开 ReplicationController 的 YAML 配置。找到 pod 模板部分并向元数据添加一个新的标签。保存更改并退出编辑器后，kubectl 将更新 ReplicationController 并打印以下消息：

```
replicationcontroller "kubia" edited
```

现在可以再次列出 pod 及其标签，并确认它们未发生变化。但是如果你删除了这个 pod 并等待其替代 pod 创建，你会看到新的标签。

像这样编辑一个 ReplicationController，来更改容器模板中的容器图像，删除现有的容器，并让它们替换为新模板中的新容器，可以用于升级 pod，但你将在第 9 章学到更好的方法。

配置 kubectl edit 使用不同的文本编辑器

可以通过设置 KUBE_EDITOR 环境变量来告诉 kubectl 使用你期望的文本编辑器。例如，如果你想使用 nano 编辑 Kubernetes 资源，请执行以下命令（或将其放入 ~/.bashrc 或等效文件中）：

```
export KUBE_EDITOR="/usr/bin/nano"
```

如果未设置 KUBE_EDITOR 环境变量，则 kubectl edit 会回退到使用默认编辑器（通常通过 EDITOR 环境变量进行配置）。

4.2.6 水平缩放 pod

你已经看到了 ReplicationController 如何确保持续运行的 pod 实例数量保持不变。因为改变副本的所需数量非常简单，所以这也意味着水平缩放 pod 很简单。

放大或者缩小 pod 的数量规模就和在 ReplicationController 资源中更改 Replicas 字段的值一样简单。更改之后，ReplicationController 将会看到存在太多的 pod 并删除其中的一部分（缩容时），或者看到它们数目太少并创建 pod（扩容时）。

ReplicationController 扩容

ReplicationController 一直保持三个 pod 实例在运行的状态。现在要把这个数字提高到 10。你可能还记得，已经在第 2 章中扩容了 ReplicationController。可以使用和之前相同的命令：

```
$ kubectl scale rc kubia --replicas=10
```

但这次你的做法会不一样。

通过编辑定义来缩放 ReplicationController

不使用 `kubectl scale` 命令，而是通过以声明的形式编辑 ReplicationController 的定义对其进行缩放：

```
$ kubectl edit rc kubia
```

当文本编辑器打开时，找到 `spec.replicas` 字段并将其值更改为 10，如下面的代码清单所示。

代码清单 4.7 运行 `kubectl edit` 在文本编辑器中编辑 RC

```
# 请编辑下面的对象。"#" 开头的行会被忽略，
# 空白文件会被视为放弃编辑。如果保存的时候发生了错误
# 这个文件会被重新打开并显示相关的错误。
apiVersion: v1
kind: ReplicationController
metadata:
  ...
spec:
  replicas: 3          <-- 将这行中的 3 改为 10
  selector:
    app: kubia
  ...
```

保存该文件并关闭编辑器，ReplicationController 会更新并立即将 pod 的数量增加到 10：

```
$ kubectl get rc
NAME     DESIRED   CURRENT   READY    AGE
kubia    10        10        4        21m
```

就是这样。如果 `kubectl scale` 命令看起来好像是你在告诉 Kubernetes 要做什么，现在就更清晰了，你是在声明对 ReplicationController 的目标状态的更改，而不是告诉 Kubernetes 它要做的事情。

用 kubectl scale 命令缩容

现在将副本数目减小到 3。可以使用 `kubectl scale` 命令：

```
$ kubectl scale rc kubia --replicas=3
```

所有这些命令都会修改 ReplicationController 定义的 `spec.replicas` 字段，就像通过 `kubectl edit` 进行更改一样。

伸缩集群的声明式方法

在 Kubernetes 中水平伸缩 pod 是陈述式的："我想要运行 *x* 个实例。" 你不是告诉 Kubernetes 做什么或如何去做，只是指定了期望的状态。

这种声明式的方法使得与 Kubernetes 集群的交互变得容易。设想一下，如果你必须手动确定当前运行的实例数量，然后明确告诉 Kubernetes 需要再多运行多少个实例的话，工作更多且更容易出错，改变一个简单的数字要容易得多。在第 15 章中，你会发现如果启用 pod 水平自动缩放，那么即使是 Kubernetes 本身也可以完成。

4.2.7 删除一个 ReplicationController

当你通过 `kubectl delete` 删除 ReplicationController 时，pod 也会被删除。但是由于由 ReplicationController 创建的 pod 不是 ReplicationController 的组成部分，只是由其进行管理，因此可以只删除 ReplicationController 并保持 pod 运行，如图 4.7 所示。

当你最初拥有一组由 ReplicationController 管理的 pod，然后决定用 ReplicaSet（你接下来会知道）替换 ReplicationController 时，这就很有用。可以在不影响 pod 的情况下执行此操作，并在替换管理它们的 ReplicationController 时保持 pod 不中断运行。

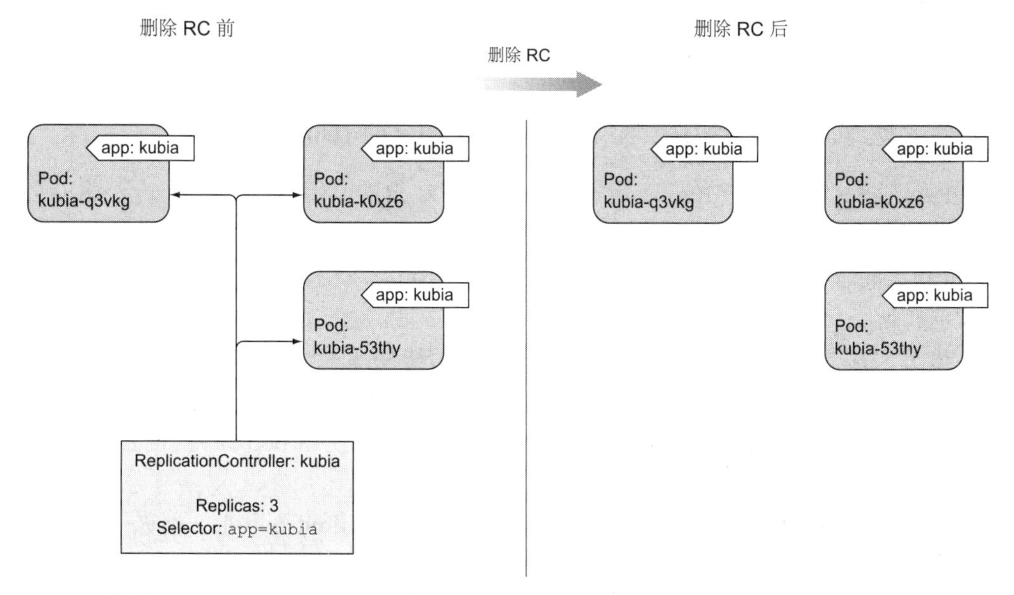

图 4.7 使用 `--cascade=false` 删除 ReplicationController 使托架不受管理

当使用 `kubectl delete` 删除 ReplicationController 时，可以通过给命令增加 `--cascade=false` 选项来保持 pod 的运行。马上试试看：

```
$ kubectl delete rc kubia --cascade=false
replicationcontroller "kubia" deleted
```

你已经删除了 ReplicationController，所以这些 pod 独立了，它们不再被管理。但是你始终可以使用适当的标签选择器创建新的 ReplicationController，并再次将它们管理起来。

4.3 使用ReplicaSet而不是ReplicationController

最初，ReplicationController 是用于复制和在异常时重新调度节点的唯一 Kubernetes 组件，后来又引入了一个名为 ReplicaSet 的类似资源。它是新一代的 ReplicationController，并且将其完全替换掉（ReplicationController 最终将被弃用）。

你本可以通过创建一个 ReplicaSet 而不是一个 ReplicationController 来开始本章，但是笔者觉得从 Kubernetes 最初提供的组件开始是个好主意。另外，你仍然可以看到使用中的 ReplicationController，所以你最好知道它们。也就是说从现在起，你应该始终创建 ReplicaSet 而不是 ReplicationController。它们几乎完全相同，所以你不会碰到任何麻烦。

你通常不会直接创建它们，而是在创建更高层级的 Deployment 资源时（在第 9 章中会学到）自动创建它们。无论如何，你应该了解 ReplicaSet，所以让我们看看它们与 ReplicationController 的区别。

4.3.1 比较 ReplicaSet 和 ReplicationController

ReplicaSet 的行为与 ReplicationController 完全相同，但 pod 选择器的表达能力更强。虽然 ReplicationController 的标签选择器只允许包含某个标签的匹配 pod，但 ReplicaSet 的选择器还允许匹配缺少某个标签的 pod，或包含特定标签名的 pod，不管其值如何。

另外，举个例子，单个 ReplicationController 无法将 pod 与标签 `env=production` 和 `env=devel` 同时匹配。它只能匹配带有 `env=production` 标签的 pod 或带有 `env=devel` 标签的 pod。但是一个 ReplicaSet 可以匹配两组 pod 并将它们视为一个大组。

同样，无论 ReplicationController 的值如何，ReplicationController 都无法仅基于标签名的存在来匹配 pod，而 ReplicaSet 则可以。例如，ReplicaSet 可匹配所有包含名为 `env` 的标签的 pod，无论 ReplicaSet 的实际值是什么（可以理解为 `env=*`）。

4.3.2 定义 ReplicaSet

现在要创建一个 ReplicaSet，并看看先前由 ReplicationController 创建稍后又被抛弃的无主 pod，现在如何被 ReplicaSet 管理。首先，创建一个名为 kubia-replicaset.yaml 的新文件将你的 ReplicationController 改写为 ReplicaSet，其中包含以下代码清单中的内容。

代码清单 4.8 ReplicaSet 的 YAML 定义：kubia-replicaset.yaml

```
apiVersion: apps/v1beta2
kind: ReplicaSet
metadata:
  name: kubia
spec:
  replicas: 3
  selector:
    matchLabels:
      app: kubia
  template:
    metadata:
      labels:
        app: kubia
    spec:
      containers:
      - name: kubia
        image: luksa/kubia
```

不是 v1 版本 API 的一部分，但属于 apps API 组的 v1beta2 版本

这里使用了更简单的 matchLabels 选择器，这非常类似于 ReplicationController 的选择器

该模板与 ReplicationController 中的相同

首先要注意的是 ReplicaSet 不是 v1 API 的一部分，因此你需要确保在创建资源时指定正确的 `apiVersion`。你正在创建一个类型为 ReplicaSet 的资源，它的内容与你之前创建的 ReplicationController 的内容大致相同。

唯一的区别在选择器中。不必在 `selector` 属性中直接列出 pod 需要的标签，而是在 `selector.matchLabels` 下指定它们。这是在 ReplicaSet 中定义标签选择器的更简单（也更不具表达力）的方式。之后，你会看到表达力更强的选项。

关于 API 版本的属性

这是你第一次有机会看到 `apiVersion` 属性指定的两件事情：

- API 组（在这种情况下是 `apps`）
- 实际的 API 版本（`v1beta2`）

你将在整本书中看到某些 Kubernetes 资源位于所谓的核心 API 组中，该组并不需要在 `apiVersion` 字段中指定（只需指定版本——例如，你已经在定义 pod 资源时使用过 `apiVersion:v1`）。在后续的 Kubernetes 版本中引入其他资源，被分为几个 API 组。

因为你仍然有三个pod匹配从最初运行的app=kubia选择器，所以创建此ReplicaSet不会触发创建任何新的pod。ReplicaSet将把它现有的三个pod归为自己的管辖范围。

4.3.3 创建和检查 ReplicaSet

使用kubectl create命令根据YAML文件创建ReplicaSet。之后，可以使用kubectl get和kubectl describe来检查ReplicaSet：

```
$ kubectl get rs
NAME     DESIRED    CURRENT    READY     AGE
kubia    3          3          3         3s
```

提示 rs是replicaset的简写。

```
$ kubectl describe rs
Name:           kubia
Namespace:      default
Selector:       app=kubia
Labels:         app=kubia
Annotations:    <none>
Replicas:       3 current / 3 desired
Pods Status:    3 Running / 0 Waiting / 0 Succeeded / 0 Failed
Pod Template:
  Labels:       app=kubia
  Containers:   ...
  Volumes:      <none>
Events:         <none>
```

如你所见，ReplicaSet与ReplicationController没有任何区别。显示有三个与选择器匹配的副本。如果列出所有pod，你会发现它们仍然是你以前的三个pod。ReplicaSet没有创建任何新的pod。

4.3.4 使用 ReplicaSet 的更富表达力的标签选择器

ReplicaSet相对于ReplicationController的主要改进是它更具表达力的标签选择器。之前我们故意在第一个ReplicaSet示例中，用较简单的matchLabels选择器来确认ReplicaSet与ReplicationController没有区别。现在，你将用更强大的matchExpressions属性来重写选择器，如下面的代码清单所示。

代码清单 4.9 一个 matchExpressions 选择器：kubia-replicaset-matchexpressions.yaml

```
selector:
  matchExpressions:
    - key: app
      operator: In
      values:
        - kubia
```

此选择器要求该 pod 包含名为“app”的标签

标签的值必须是“kubia”

注意 仅显示了选择器。你会在本书的代码档案中找到整个 ReplicaSet 定义。

可以给选择器添加额外的表达式。如示例，每个表达式都必须包含一个 key、一个 operator（运算符），并且可能还有一个 values 的列表（取决于运算符）。你会看到四个有效的运算符：

- In：Label 的值必须与其中一个指定的 values 匹配。
- NotIn：Label 的值与任何指定的 values 不匹配。
- Exists：pod 必须包含一个指定名称的标签（值不重要）。使用此运算符时，不应指定 values 字段。
- DoesNotExist：pod 不得包含有指定名称的标签。values 属性不得指定。

如果你指定了多个表达式，则所有这些表达式都必须为 true 才能使选择器与 pod 匹配。如果同时指定 matchLabels 和 matchExpressions，则所有标签都必须匹配，并且所有表达式必须计算为 true 以使该 pod 与选择器匹配。

4.3.5 ReplicaSet 小结

这是对 ReplicaSet 的快速介绍，将其作为 ReplicationController 的替代。请记住，始终使用它而不是 ReplicationController，但你仍可以在其他人的部署中找到 ReplicationController。

现在，删除 ReplicaSet 以清理你的集群。可以像删除 ReplicationController 一样删除 ReplicaSet：

```
$ kubectl delete rs kubia
replicaset "kubia" deleted
```

删除 ReplicaSet 会删除所有的 pod。这种情况下是需要列出 pod 来确认的。

4.4 使用DaemonSet在节点上运行pod

Replicationcontroller 和 ReplicaSet 都用于在 Kubernetes 集群上运行部署特定数量的 pod。但是，当你希望 pod 在集群中的每个节点上运行时 (并且每个节点都需要正好一个运行的 pod 实例，如图 4.8 所示)，就会出现某些情况。

这些情况包括 pod 执行系统级别的与基础结构相关的操作。例如，希望在每个节点上运行日志收集器和资源监控器。另一个典型的例子是 Kubernetes 自己的 kube-proxy 进程，它需要运行在所有节点上才能使服务工作。

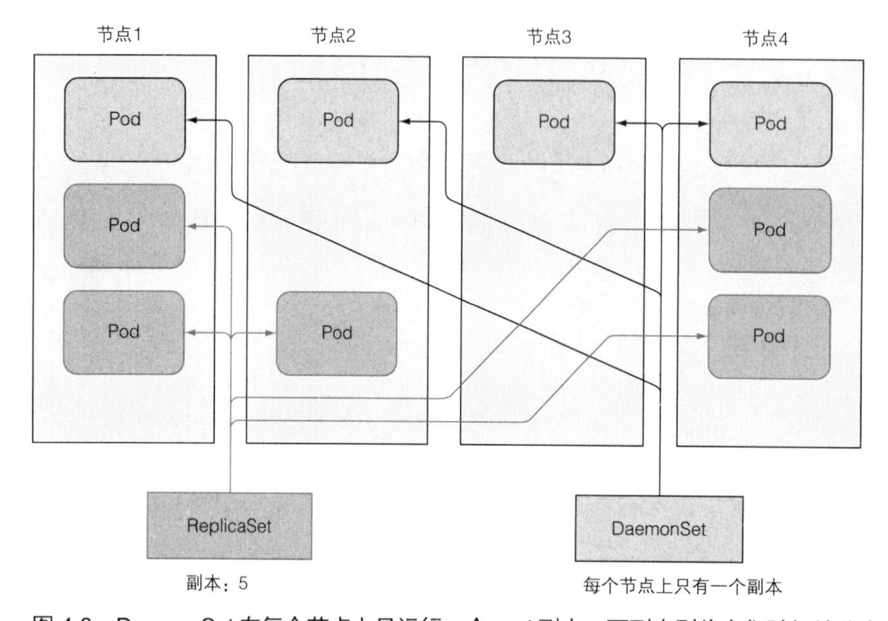

图 4.8　DaemonSet 在每个节点上只运行一个 pod 副本，而副本则将它们随机地分布在整个集群中

在 Kubernetes 之外，此类进程通常在节点启动期间通过系统初始化脚本或 systemd 守护进程启动。在 Kubernetes 节点上，仍然可以使用 systemd 运行系统进程，但这样就不能利用所有的 Kubernetes 特性了。

4.4.1　使用 DaemonSet 在每个节点上运行一个 pod

要在所有集群节点上运行一个 pod，需要创建一个 DaemonSet 对象，这很像一个 ReplicationController 或 ReplicaSet，除了由 DaemonSet 创建的 pod，已经有一个指定的目标节点并跳过 Kubernetes 调度程序。它们不是随机分布在集群上的。

DaemonSet 确保创建足够的 pod，并在自己的节点上部署每个 pod，如图 4.8 所示。

尽管 ReplicaSet（或 ReplicationController）确保集群中存在期望数量的 pod 副本，但 DaemonSet 并没有期望的副本数的概念。它不需要，因为它的工作是确保一个 pod 匹配它的选择器并在每个节点上运行。

如果节点下线，DaemonSet 不会在其他地方重新创建 pod。但是，当将一个新节点添加到集群中时，DaemonSet 会立刻部署一个新的 pod 实例。如果有人无意中删除了一个 pod，那么它也会重新创建一个新的 pod。与 ReplicaSet 一样，DaemonSet 从配置的 pod 模板创建 pod。

4.4.2　使用 DaemonSet 只在特定的节点上运行 pod

DaemonSet 将 pod 部署到集群中的所有节点上，除非指定这些 pod 只在部分节点上运行。这是通过 pod 模板中的 `nodeSelector` 属性指定的，这是 DaemonSet 定义的一部分（类似于 ReplicaSet 或 ReplicationController 中的 pod 模板）。

在第 3 章中，已经使用了节点选择器将 pod 部署到特定的节点上。DaemonSet 中的节点选择器与之相似——它定义了 DaemonSet 必须将其 pod 部署到的节点。

注意 在本书的后面，你将了解到节点可以被设置为不可调度的，防止 pod 被部署到节点上。DaemonSet 甚至会将 pod 部署到这些节点上，因为无法调度的属性只会被调度器使用，而 DaemonSet 管理的 pod 则完全绕过调度器。这是预期的，因为 DaemonSet 的目的是运行系统服务，即使是在不可调度的节点上，系统服务通常也需要运行。

用一个例子来解释 DaemonSet

让我们假设有一个名为 `ssd-monitor` 的守护进程，它需要在包含固态驱动器 (SSD) 的所有节点上运行。你将创建一个 DaemonSet，它在标记为具有 SSD 的所有节点上运行这个守护进程。集群管理员已经向所有此类节点添加了 `disk=ssd` 的标签，因此你将使用节点选择器创建 DaemonSet，该选择器只选择具有该标签的节点，如图 4.9 所示。

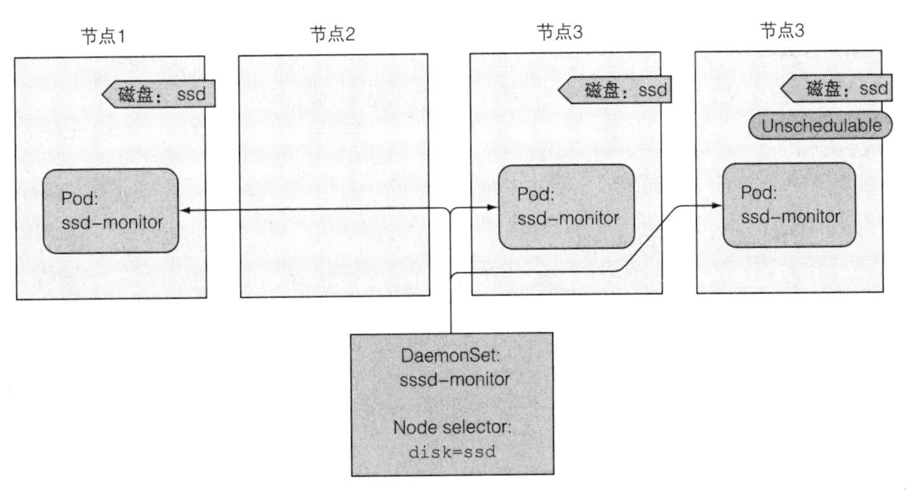

图 4.9　使用含有节点选择器的 DaemonSet 在特定的节点上部署 pod

创建一个 DaemonSet YAML 定义文件

你将创建一个运行模拟的 ssd-monitor 监控器进程的 DaemonSet，该进程每 5 秒会将“SSD OK”打印到标准输出。笔者已经准备了模拟容器镜像并将它推到 Docker Hub，因此无须构建而直接使用。为 DaemonSet 创建一个 YAML 文件，如下面的代码清单所示。

代码清单 4.10 一个 DaemonSet 的 YAML：ssd-monitor-daemonset.yaml

```
apiVersion: apps/v1beta2
kind: DaemonSet
metadata:
  name: ssd-monitor
spec:
  selector:
    matchLabels:
      app: ssd-monitor
  template:
    metadata:
      labels:
        app: ssd-monitor
    spec:
      nodeSelector:
        disk: ssd
      containers:
      - name: main
        image: luksa/ssd-monitor
```

DaemonSet 在 apps 的 API 组中，版本是 v1beta2

pod 模板包含一个节点选择器，会选择有 disk=ssd 标签的节点

你正在定义一个 DaemonSet，它将运行一个基于 luksa/ssd-monitor 容器镜像的单容器 pod。该 pod 的实例将在每个具有 disk=ssd 标签的节点上创建。

创建 DaemonSet

创建一个 DaemonSet 就像从 YAML 文件创建资源那样：

```
$ kubectl create -f ssd-monitor-daemonset.yaml
daemonset "ssd-monitor" created
```

我们来看一下创建的 DaemonSet：

```
$ kubectl get ds
NAME          DESIRED  CURRENT  READY  UP-TO-DATE  AVAILABLE  NODE-SELECTOR
ssd-monitor   0        0        0      0           0          disk=ssd
```

这些 0 看起来很奇怪。DaemonSet 不应该部署 pod 吗？现在列出 pod:

```
$ kubectl get po
No resources found.
```

pod 在哪里呢？知道发生了什么吗？是的，忘记给节点打上 disk=ssd 标签了。打上标签之后，DaemonSet 将检测到节点的标签已经更改，并将 pod 部署到有匹配标签的所有节点。让我们来看一下。

向节点上添加所需的标签

无论你使用的是 Minikube、GKE 或其他多节点集群，都需要首先列出节点，因为在标记时需要知道节点的名称：

```
$ kubectl get node
NAME       STATUS    AGE       VERSION
minikube   Ready     4d        v1.6.0
```

现在像这样给节点添加 disk=ssd 标签：

```
$ kubectl label node minikube disk=ssd
node "minikube" labeled
```

注意 如果你没有使用 Minikube，用你的节点名替换 minikube。

DaemonSet 现在应该已经创建 pod 了，让我们来看一下：

```
$ kubectl get po
NAME                READY     STATUS    RESTARTS   AGE
ssd-monitor-hgxwq   1/1       Running   0          35s
```

现在看起来一切正常。如果你有多个节点并且其他的节点也加上了同样的标签，将会看到 DaemonSet 在每个节点上都启动 pod。

从节点上删除所需的标签

现在假设你给其中一个节点打错了标签。它的硬盘是磁盘而不是 SSD。这时你修改了标签会发生什么呢？

```
$ kubectl label node minikube disk=hdd --overwrite
node "minikube" labeled
```

看一下更改是否影响了运行在节点上的 pod：

```
$ kubectl get po
NAME                READY     STATUS        RESTARTS   AGE
ssd-monitor-hgxwq   1/1       Terminating   0          4m
```

pod 如预期中正在被终止。这里对 DaemonSet 的探索就要结束了，因此可能想要删除 ssd-monitor DaemonSet。如果还有其他的 pod 在运行，删除 DaemonSet 也会一起删除这些 pod。

4.5 运行执行单个任务的pod

到目前为止，我们只谈论了需要持续运行的 pod。你会遇到只想运行完成工作后就终止任务的情况。ReplicationController、ReplicaSet 和 DaemonSet 会持续运行任务，永远达不到完成态。这些 pod 中的进程在退出时会重新启动。但是在一个可完成的任务中，其进程终止后，不应该再重新启动。

4.5.1 介绍 Job 资源

Kubernetes 通过 Job 资源提供了对此的支持，这与我们在本章中讨论的其他资源类似，但它允许你运行一种 pod，该 pod 在内部进程成功结束时，不重启容器。一旦任务完成，pod 就被认为处于完成状态。

在发生节点故障时，该节点上由 Job 管理的 pod 将按照 ReplicaSet 的 pod 的方式，重新安排到其他节点。如果进程本身异常退出（进程返回错误退出代码时），可以将 Job 配置为重新启动容器。

图 4.10 显示了如果一个 Job 所创建的 pod，在最初被调度节点上异常退出后，被重新安排到一个新节点上的情况。该图还显示了托管的 pod（未重新安排）和由 ReplicaSet 管理的 pod（被重新安排）。

例如，Job 对于临时任务很有用，关键是任务要以正确的方式结束。可以在未托管的 pod 中运行任务并等待它完成，但是如果发生节点异常或 pod 在执行任务时被从节点中逐出，则需要手动重新创建该任务。手动做这件事并不合理 —— 特别是如果任务需要几个小时才能完成。

这样的任务的一个例子是，如果有数据存储在某个地方，需要转换并将其导出到某个地方。你将通过运行构建在 `busybox` 镜像上的容器镜像来模拟此操作，该容器将调用 `sleep` 命令两分钟。笔者已经构建了镜像并将其推送到 Docker Hub，但你可以在本书的代码档案中查看它的 Dockerfile。

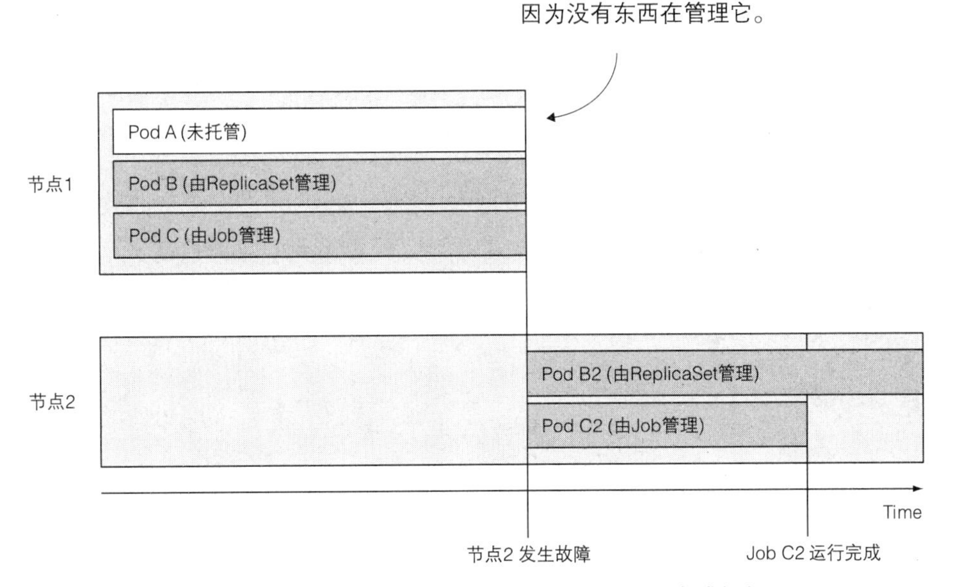

图 4.10 由 Job 管理的 pod 会一直被重新安排，直到它们成功完成任务

4.5.2 定义 Job 资源

按照下面的代码清单创建 Job manifest。

代码清单 4.11 Job 的 YAML 定义：exporter.yaml

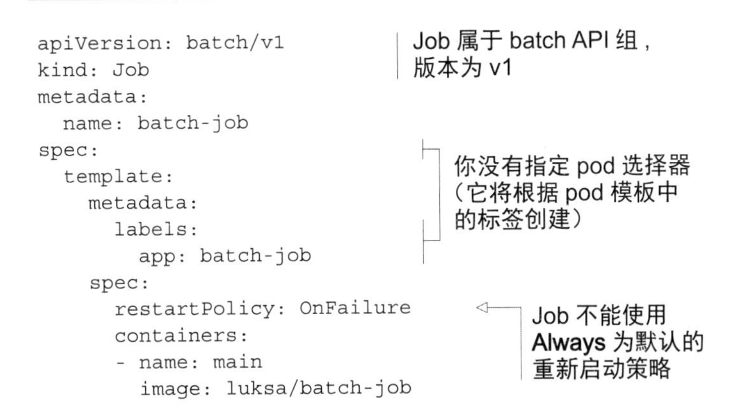

```
apiVersion: batch/v1
kind: Job
metadata:
  name: batch-job
spec:
  template:
    metadata:
      labels:
        app: batch-job
    spec:
      restartPolicy: OnFailure
      containers:
      - name: main
        image: luksa/batch-job
```


Job是`batch` API组`v1` API版本的一部分。YAML定义了一个Job类型的资源，它将运行`luksa/batch-job`镜像，该镜像调用一个运行120秒的进程，然后退出。

在一个pod的定义中，可以指定在容器中运行的进程结束时，Kubernetes会做什么。这是通过 pod 配置的属性 restartPolicy 完成的，默认为 Always。Job pod 不能使用默认策略，因为它们不是要无限期地运行。因此，需要明确地将重启策略设置为 OnFailure 或 Never。此设置防止容器在完成任务时重新启动（pod 被 Job 管理时并不是这样的）。

4.5.3 看 Job 运行一个 pod

在使用 kubectl create 命令创建此作业后，应该看到它立即启动一个 pod：

```
$ kubectl get jobs
NAME        DESIRED    SUCCESSFUL    AGE
batch-job   1          0             2s

$ kubectl get po
NAME              READY     STATUS     RESTARTS    AGE
batch-job-28qf4   1/1       Running    0           4s
```

两分钟过后，pod 将不再出现在 pod 列表中，工作将被标记为已完成。默认情况下，除非使用 --show-all（或 -a）开关，否则在列出 pod 时不显示已完成的 pod：

```
$ kubectl get po -a
NAME              READY     STATUS       RESTARTS    AGE
batch-job-28qf4   0/1       Completed    0           2m
```

完成后 pod 未被删除的原因是允许你查阅其日志。例如：

```
$ kubectl logs batch-job-28qf4
Fri Apr 29 09:58:22 UTC 2016 Batch job starting
Fri Apr 29 10:00:22 UTC 2016 Finished succesfully
```

pod 可以被直接删除，或者在删除创建它的 Job 时被删除。在你删除它之前，让我们再看一下 Job 资源：

```
$ kubectl get job
NAME        DESIRED    SUCCESSFUL    AGE
batch-job   1          1             9m
```

作业显示已成功完成。但为什么这样的信息显示为一个数字而不是 yes 或 true？ DESIRED 列表示什么意思？

4.5.4 在 Job 中运行多个 pod 实例

作业可以配置为创建多个 pod 实例，并以并行或串行方式运行它们。这是通过在 Job 配置中设置 completions 和 parallelism 属性来完成的。

顺序运行 Job pod

如果你需要一个 Job 运行多次，则可以将 completions 设为你希望作业的 pod 运行多少次。下面的代码清单显示了一个例子。

代码清单 4.12　需要多次完成的 Job：multi-completion-batch-job.yaml

```
apiVersion: batch/v1
kind: Job
metadata:
  name: multi-completion-batch-job
spec:
  completions: 5          <-- 将 completions 设置为 5，将使此作业顺序运行五个 pod
  template:
    <模板与代码清单 4.11 相同>
```

Job 将一个接一个地运行五个 pod。它最初创建一个 pod，当 pod 的容器运行完成时，它创建第二个 pod，以此类推，直到五个 pod 成功完成。如果其中一个 pod 发生故障，工作会创建一个新的 pod，所以 Job 总共可以创建五个以上的 pod。

并行运行 Job pod

不必一个接一个地运行单个 Job pod，也可以让该 Job 并行运行多个 pod。可以通过 parallelism Job 配置属性，指定允许多少个 pod 并行执行，如下面的代码清单所示。

代码清单 4.13　并行运行 Job pod：multi-completion-parallel-batch-job.yaml

```
apiVersion: batch/v1
kind: Job
metadata:
  name: multi-completion-batch-job
spec:
  completions: 5          <-- 这项任务必须确保五个 pod 成功完成
  parallelism: 2          <-- 最多两个 pod 可以并行运行
  template:
    <与代码清单 4.11 相同>
```

通过将 parallelism 设置为 2，Job 创建两个 pod 并行运行它们：

```
$ kubectl get po
NAME                               READY   STATUS    RESTARTS   AGE
multi-completion-batch-job-lmmnk   1/1     Running   0          21s
multi-completion-batch-job-qx4nq   1/1     Running   0          21s
```

只要其中一个 pod 完成任务，工作将运行下一个 pod，直到五个 pod 都成功完成任务。

Job 的缩放

你甚至可以在 Job 运行时更改 Job 的 `parallelism` 属性。这与缩放 ReplicaSet 或 ReplicationController 类似，可以使用 `kubectl scale` 命令完成：

```
$ kubectl scale job multi-completion-batch-job --replicas 3
job "multi-completion-batch-job" scaled
```

由于你将 `parallelism` 从 2 增加到 3，另一个 pod 立即启动，因此现在有三个 pod 在运行。

4.5.5 限制 Job pod 完成任务的时间

关于 Job 我们需要讨论最后一件事。Job 要等待一个 pod 多久来完成任务？如果 pod 卡住并且根本无法完成（或者无法足够快完成），该怎么办？

通过在 pod 配置中设置 `activeDeadlineSeconds` 属性，可以限制 pod 的时间。如果 pod 运行时间超过此时间，系统将尝试终止 pod，并将 Job 标记为失败。

注意 通过指定 Job manifest 中的 `spec.backoffLimit` 字段，可以配置 Job 在被标记为失败之前可以重试的次数。如果你没有明确指定它，则默认为 6。

4.6 安排Job定期运行或在将来运行一次

Job 资源在创建时会立即运行 pod。但是许多批处理任务需要在特定的时间运行，或者在指定的时间间隔内重复运行。在 Linux 和类 UNIX 操作系统中，这些任务通常被称为 cron 任务。Kubernetes 也支持这种任务。

Kubernetes 中的 cron 任务通过创建 CronJob 资源进行配置。运行任务的时间表以知名的 cron 格式指定，所以如果你熟悉常规 cron 任务，你将在几秒钟内了解 Kubernetes 的 CronJob。

在配置的时间，Kubernetes 将根据在 CronJob 对象中配置的 Job 模板创建 Job 资源。创建 Job 资源时，将根据任务的 pod 模板创建并启动一个或多个 pod 副本，如你在前一部分中所了解的那样。

让我们来看看如何创建 CronJob。

4.6.1 创建一个 CronJob

想象一下，你需要每 15 分钟运行一次前一个示例中的批处理任务。为此，请使用以下规范创建一个 CronJob 资源。

代码清单 4.14 CronJob 资源的 YAML：cronjob.yaml

```
apiVersion: batch/v1beta1              ◁─ API 组是 batch，版本
kind: CronJob                             是 v1beta1
metadata:
  name: batch-job-every-fifteen-minutes
spec:                                     这项工作应该每天在每
  schedule: "0,15,30,45 * * * *"     ◁─  小时 0、15、30 和 45 分
  jobTemplate:                            钟运行。
    spec:
      template:
        metadata:
          labels:
            app: periodic-batch-job      此 CronJob 创建 Job 资
        spec:                            源会用到的模板
          restartPolicy: OnFailure
          containers:
          - name: main
            image: luksa/batch-job
```

正如你所看到的，它不是太复杂。你已经指定了创建 Job 对象的时间表和模板。

配置时间表安排

如果你不熟悉 cron 时间表格式，你会在网上找到很棒的教程和解释，但作为一个快速介绍，时间表从左到右包含以下五个条目：

- 分钟
- 小时
- 每月中的第几天
- 月
- 星期几

在该示例中，你希望每 15 分钟运行一次任务因此 schedule 字段的值应该是 `"0,15,30,45****"` 这意味着每小时的 0、15、30 和 45 分钟（第一个星号），每月的每一天（第二个星号），每月（第三个星号）和每周的每一天（第四个星号）。

相反，如果你希望每隔 30 分钟运行一次，但仅在每月的第一天运行，则应将计划设置为 `"0,30 * 1 * *"`，并且如果你希望它每个星期天的 3AM 运行，将它设置为 `"0 3 * * 0"`（最后一个零代表星期天）。

配置 Job 模板

CronJob 通过 CronJob 规范中配置的 `jobTemplate` 属性创建任务资源，更多有关如何配置它的信息，请参阅 4.5 节。

4.6.2 了解计划任务的运行方式

在计划的时间内，CronJob 资源会创建 Job 资源，然后 Job 创建 pod。

可能发生 Job 或 pod 创建并运行得相对较晚的情况。你可能对这项工作有很高的要求，任务开始不能落后于预定的时间过多。在这种情况下，可以通过指定 CronJob 规范中的 `startingDeadlineSeconds` 字段来指定截止日期，如下面的代码清单所示。

代码清单 4.15 为 CronJob 指定一个 `startingDeadlineSeconds`

```
apiVersion: batch/v1beta1
kind: CronJob
spec:
  schedule: "0,15,30,45 * * * *"
  startingDeadlineSeconds: 15
  ...
```

pod 最迟必须在预定时间后 15 秒开始运行

在代码清单 4.15 的例子中，工作运行的时间应该是 10:30:00。如果因为任何原因 10:30:15 不启动，任务将不会运行，并将显示为 Failed。

在正常情况下，CronJob 总是为计划中配置的每个执行创建一个 Job，但可能会同时创建两个 Job，或者根本没有创建。为了解决第一个问题，你的任务应该是幂等的（多次而不是一次运行不会得到不希望的结果）。对于第二个问题，请确保下一个任务运行完成本应该由上一次的（错过的）运行完成的任何工作。

4.7 本章小结

你现在已经学会了如何让 pod 保持运行，并在发生节点故障时重新安排它们。你现在应该知道：

- 使用存活探针，让 Kubernetes 在容器不再健康的情况下立即重启它（应用程序定义了健康的条件）。
- 不应该直接创建 pod，因为如果它们被错误地删除，它们正在运行的节点异常，或者它们从节点中被逐出时，它们将不会被重新创建。
- ReplicationController 始终保持所需数量的 pod 副本正在运行。
- 水平缩放 pod 与在 ReplicationController 上更改所需的副本个数一样简单。
- pod 不属于 ReplicationController，如有必要可以在它们之间移动。
- ReplicationController 将从 pod 模板创建新的 pod。更改模板对现有的 pod 没有影响。
- ReplicationController 应该替换为 ReplicaSet 和 Deployment，它们提供相同的

能力，但具有额外的强大功能。

- ReplicationController 和 ReplicaSet 将 pod 安排到随机集群节点，而 DaemonSet 确保每个节点都运行一个 DaemonSet 中定义的 pod 实例。
- 执行批处理任务的 pod 应通过 Kubernetes Job 资源创建，而不是直接或通过 ReplicationController 或类似对象创建。
- 需要在未来某个时候运行的 Job 可以通过 CronJob 资源创建。

5 服务：让客户端发现pod并与之通信

本章内容涵盖

- 创建服务资源，利用单个地址访问一组 pod
- 发现集群中的服务
- 将服务公开给外部客户端
- 从集群内部连接外部服务
- 控制 pod 是与服务关联
- 排除服务故障

现在已经学习过了 pod，以及如何通过 ReplicaSet 和类似资源部署运行。尽管特定的 pod 可以独立地应对外部刺激，现在大多数应用都需要根据外部请求做出响应。例如，就微服务而言，pod 通常需要对来自集群内部其他 pod，以及来自集群外部的客户端的 HTTP 请求做出响应。

pod 需要一种寻找其他 pod 的方法来使用其他 pod 提供的服务，不像在没有 Kubernetes 的世界，系统管理员要在用户端配置文件中明确指出服务的精确的 IP 地址或者主机名来配置每个客户端应用，但是同样的方式在 Kubernetes 中并不适用，因为

- *pod 是短暂的*——它们随时会启动或者关闭，无论是为了给其他 pod 提供空间而从节点中被移除，或者是减少了 pod 的数量，又或者是因为集群中存在

节点异常。

- *Kubernetes* 在 *pod* 启动前会给已经调度到节点上的 *pod* 分配 *IP* 地址——因此客户端不能提前知道提供服务的 pod 的 IP 地址。
- 水平伸缩意味着多个 *pod* 可能会提供相同的服务——每个 pod 都有自己的 IP 地址，客户端无须关心后端提供服务 pod 的数量，以及各自对应的 IP 地址。它们无须记录每个 pod 的 IP 地址。相反，所有的 pod 可以通过一个单一的 IP 地址进行访问。

为了解决上述问题，Kubernetes 提供了一种资源类型——服务（service），在本章中将对其进行介绍。

5.1 介绍服务

Kubernetes 服务是一种为一组功能相同的 pod 提供单一不变的接入点的资源。当服务存在时，它的 IP 地址和端口不会改变。客户端通过 IP 地址和端口号建立连接，这些连接会被路由到提供该服务的任意一个 pod 上。通过这种方式，客户端不需要知道每个单独的提供服务的 pod 的地址，这样这些 pod 就可以在集群中随时被创建或移除。

结合实例解释服务

回顾一下有前端 web 服务器和后端数据库服务器的例子。有很多 pod 提供前端服务，而只有一个 pod 提供后台数据库服务。需要解决两个问题才能使系统发挥作用。

- 外部客户端无须关心服务器数量而连接到前端 pod 上。
- 前端的 pod 需要连接后端的数据库。由于数据库运行在 pod 中，它可能会在集群中移来移去，导致 IP 地址变化。当后台数据库被移动时，无须对前端 pod 重新配置。

通过为前端 pod 创建服务，并且将其配置成可以在集群外部访问，可以暴露一个单一不变的 IP 地址让外部的客户端连接 pod。同理，可以为后台数据库 pod 创建服务，并为其分配一个固定的 IP 地址。尽管 pod 的 IP 地址会改变，但是服务的 IP 地址固定不变。另外，通过创建服务，能够让前端的 pod 通过环境变量或 DNS 以及服务名来访问后端服务。系统中所有的元素都在图 5.1 中展示出来（两种服务、支持这些服务的两套 pod，以及它们之间的相互依赖关系）。

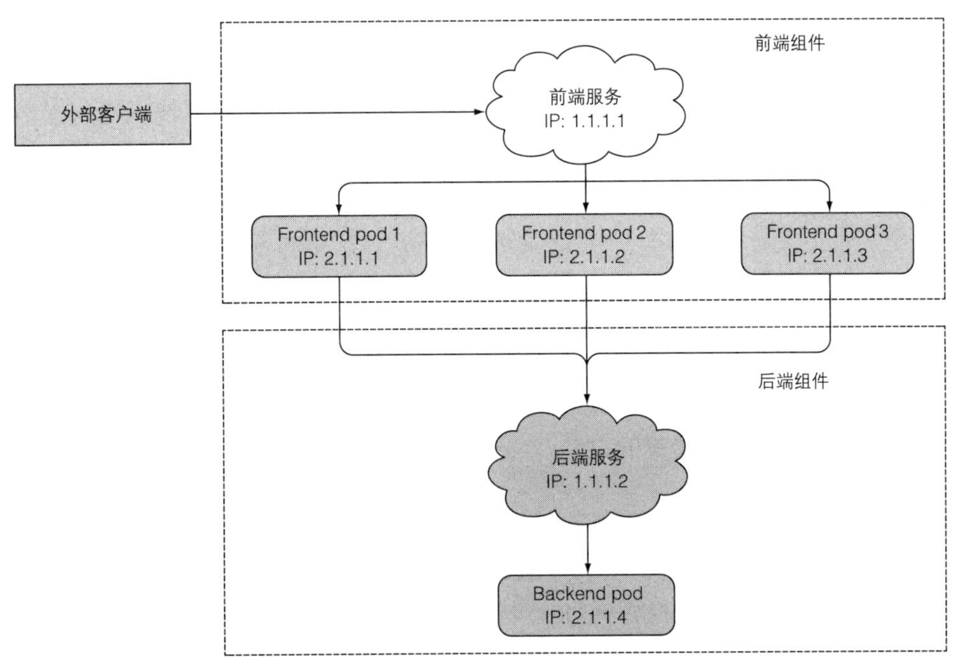

图 5.1 内部和外部客户端通常通过服务连接到 pod

到目前为止了解了服务背后的基本理念。那么现在，去深入研究如何创建它们。

5.1.1 创建服务

服务的后端可以有不止一个 pod。服务的连接对所有的后端 pod 是负载均衡的。但是要如何准确地定义哪些 pod 属于服务哪些不属于呢？

或许还记得在 ReplicationController 和其他的 pod 控制器中使用标签选择器来指定哪些 pod 属于同一组。服务使用相同的机制，可以参考图 5.2。

在前面的章节中，通过创建 ReplicationController 运行了三个包含 Node.js 应用的 pod。再次创建 ReplicationController 并且确认 pod 启动运行，在这之后将会为这三个 pod 创建一个服务。

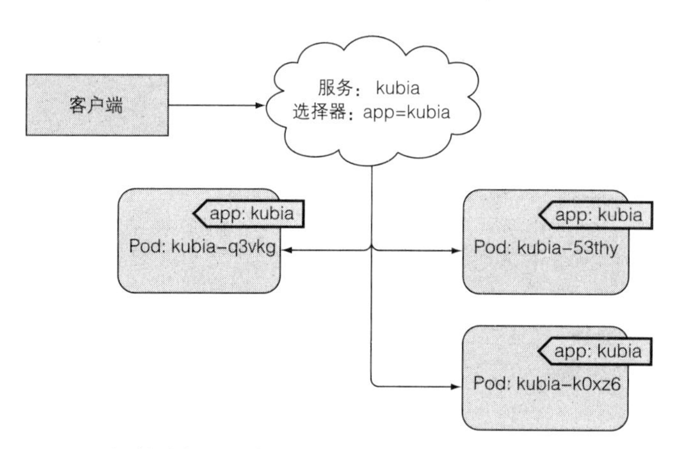

图 5.2　标签选择器决定哪些 pod 属于服务

通过 kubectl expose 创建服务

创建服务的最简单的方法是通过 `kubectl expose`，在第 2 章中曾使用这种方法来暴露创建的 ReplicationController。像创建 ReplicationController 时使用的 pod 选择器那样，利用 `expose` 命令和 pod 选择器来创建服务资源，从而通过单个的 IP 和端口来访问所有的 pod。

现在，除了使用 `expose` 命令，可以通过将配置的 YAML 文件传递到 Kubernetes API 服务器来手动创建服务。

通过 YAML 描述文件来创建服务

使用以下代码清单中的内容创建一个名为 kubia-svc.yaml 的文件。

代码清单 5.1　服务的定义：kubia-svc.yaml

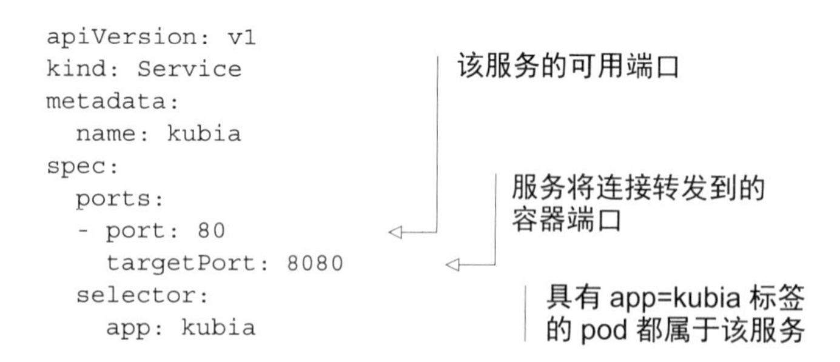

```
apiVersion: v1
kind: Service
metadata:
  name: kubia
spec:
  ports:
  - port: 80
    targetPort: 8080
  selector:
    app: kubia
```


创建了一个名叫 `kubia` 的服务，它将在端口 80 接收请求并将连接路由到具有标签选择器是 `app=kubia` 的 pod 的 8080 端口上。

接下来通过使用 `kubectl create` 发布文件来创建服务。

检测新的服务

在发布完 YAML 文件后，可以在命名空间下列出来所有的服务资源，并可以发现新的服务已经被分配了一个内部集群 IP。

```
$ kubectl get svc
NAME         CLUSTER-IP       EXTERNAL-IP   PORT(S)   AGE
kubernetes   10.111.240.1     <none>        443/TCP   30d
kubia        10.111.249.153   <none>        80/TCP    6m      <-- 这个是刚刚创建的服务
```

列表显示分配给服务的 IP 地址是 10.111.249.153。因为只是集群的 IP 地址，只能在集群内部可以被访问。服务的主要目标就是使集群内部的其他 pod 可以访问当前这组 pod，但通常也希望对外暴露服务。如何实现将在之后讲解。现在，从集群内部使用创建好的服务并了解服务的功能。

从内部集群测试服务

可以通过以下几种方法向服务发送请求：

- 显而易见的方法是创建一个 pod，它将请求发送到服务的集群 IP 并记录响应。可以通过查看 pod 日志检查服务的响应。
- 使用 ssh 远程登录到其中一个 Kubernetes 节点上，然后使用 curl 命令。
- 可以通过 kubectl exec 命令在一个已经存在的 pod 中执行 curl 命令。

我们来学习最后一种方法——如何在已有的 pod 中运行命令。

在运行的容器中远程执行命令

可以使用 kubectl exec 命令远程地在一个已经存在的 pod 容器上执行任何命令。这样就可以很方便地了解 pod 的内容、状态及环境。用 kubectl get pod 命令列出所有的 pod，并且选择其中一个作为 exec 命令的执行目标（在下述例子中，选择 kubia-7nog1 pod 作为目标）。也可以获得服务的集群 IP（比如使用 kubectl get svc 命令），当执行下述命令时，请确保替换对应 pod 的名称及服务 IP 地址。

```
$ kubectl exec kubia-7nog1 -- curl -s http://10.111.249.153
You've hit kubia-gzwli
```

如果之前使用过 ssh 命令登录到一个远程系统，会发现 kubectl exec 没有特别大的不同之处。

为什么是双横杠？

双横杠（--）代表着 kubectl 命令项的结束。在两个横杠之后的内容是指在 pod 内部需要执行的命令。如果需要执行的命令并没有以横杠开始的参数，横杠也不是必需的。如下情况，如果这里不使用横杠号，-s 选项会被解析成 kubectl exec 选项，会导致结果异常和歧义错误。

```
$ kubectl exec kubia-7nog1 curl -s http://10.111.249.153
The connection to the server 10.111.249.153 was refused - did you
    specify the right host or port?
```

服务除拒绝连接外什么都不做。这是因为 kubectl 并不能连接到位于 10.111.249.153 的 API 服务器（-s 选项用来告诉 kubectl 需要连接一个不同的 API 服务器而不是默认的）。

回顾一下在运行命令时发生了什么。图 5.3 展示了事件发生的顺序。在一个 pod 容器上，利用 Kubernetes 去执行 curl 命令。curl 命令向一个后端有三个 pod 服务的 IP 发送了 HTTP 请求，Kubernetes 服务代理截取的该连接，在三个 pod 中任意选择了一个 pod，然后将请求转发给它。Node.js 在 pod 中运行处理请求，并返回带有 pod 名称的 HTTP 响应。接着，curl 命令向标准输出打印返回值，该返回值被 kubectl 截取并打印到宿主机的标准输出。

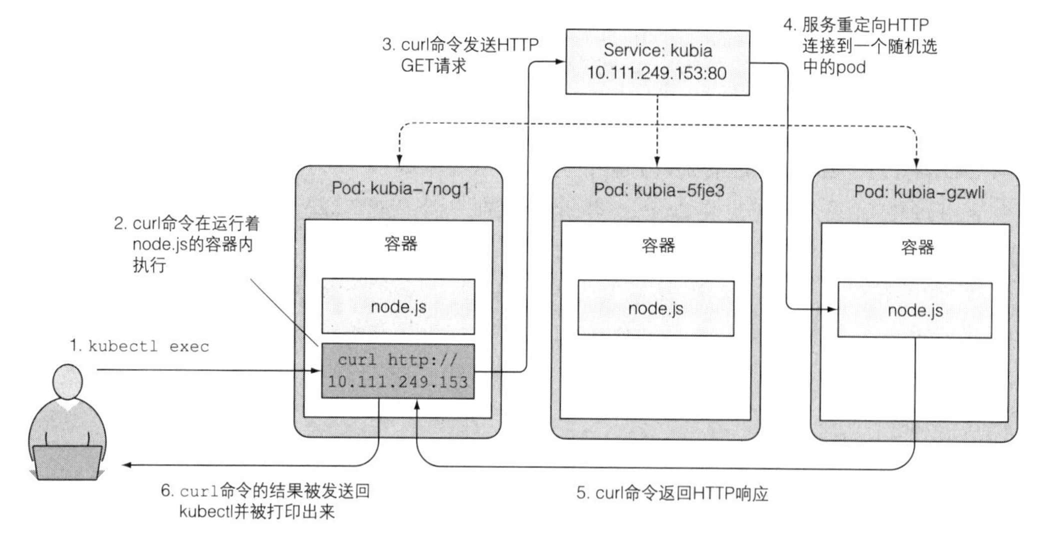

图 5.3 使用 kubectl exec 通过在一个 pod 中运行 curl 命令来测试服务是否连通

在之前的例子中，在 pod 主容器中以独立进程的方式执行了 curl 命令。这与容器真正的主进程和服务通信并没有什么区别。

配置服务上的会话亲和性

如果多次执行同样的命令，每次调用执行应该在不同的 pod 上。因为服务代理通常将每个连接随机指向选中的后端 pod 中的一个，即使连接来自于同一个客户端。

另一方面，如果希望特定客户端产生的所有请求每次都指向同一个 pod，可以设置服务的 sessionAffinity 属性为 ClientIP（而不是 None，None 是默认值），如下面的代码清单所示。

代码清单 5.2　会话亲和性被设置成 ClientIP 的服务的例子

```
apiVersion: v1
kind: Service
spec:
  sessionAffinity: ClientIP
  ...
```

这种方式将会使服务代理将来自同一个 client IP 的所有请求转发至同一个 pod 上。作为练习，创建额外的服务并将会话亲和性设置为 ClientIP，并尝试向其发送请求。

Kubernetes 仅仅支持两种形式的会话亲和性服务：None 和 ClientIP。你或许惊讶竟然不支持基于 cookie 的会话亲和性的选项，但是你要了解 Kubernetes 服务不是在 HTTP 层面上工作。服务处理 TCP 和 UDP 包，并不关心其中的载荷内容。因为 cookie 是 HTTP 协议中的一部分，服务并不知道它们，这就解释了为什么会话亲和性不能基于 cookie。

同一个服务暴露多个端口

创建的服务可以暴露一个端口，也可以暴露多个端口。比如，你的 pod 监听两个端口，比如 HTTP 监听 8080 端口、HTTPS 监听 8443 端口，可以使用一个服务从端口 80 和 443 转发至 pod 端口 8080 和 8443。在这种情况下，无须创建两个不同的服务。通过一个集群 IP，使用一个服务就可以将多个端口全部暴露出来。

注意　在创建一个有多个端口的服务的时候，必须给每个端口指定名字。

以下代码清单中展示了多端口服务的规格。

代码清单 5.3　在服务定义中指定多端口

```
apiVersion: v1
kind: Service
metadata:
  name: kubia
spec:
  ports:
  - name: http
    port: 80              # pod 的 8080 端口
    targetPort: 8080      # 映射成 80 端口
```

```
  - name: https
    port: 443
    targetPort: 8443
  selector:
    app: kubia
```

pod 的 8443 端口映射成 443 端口

标签选择器适用于整个服务

注意 标签选择器应用于整个服务，不能对每个端口做单独的配置。如果不同的 pod 有不同的端口映射关系，需要创建两个服务。

之前创建的 kubia pod 不在多个端口上侦听，因此可以练习创建一个多端口服务和一个多端口 pod。

使用命名的端口

在这些例子中，通过数字来指定端口，但是在服务 spec 中也可以给不同的端口号命名，通过名称来指定。这样对于一些不是众所周知的端口号，使得服务 spec 更加清晰。

举个例子，假设你的 pod 端口定义命名如下面的代码清单所示。

代码清单 5.4 在 pod 的定义中指定 port 名称

```
kind: Pod
spec:
  containers:
  - name: kubia
    ports:
    - name: http
      containerPort: 8080
    - name: https
      containerPort: 8443
```

端口 8080 被命名为 http

端口 8443 被命名为 https

可以在服务 spec 中按名称引用这些端口，如下面的代码清单所示。

代码清单 5.5 在服务中引用命名 pod

```
apiVersion: v1
kind: Service
spec:
  ports:
  - name: http
    port: 80
    targetPort: http
  - name: https
    port: 443
    targetPort: https
```

将端口 80 映射到容器中被称为 http 的端口

将端口 443 映射到容器中被称为 https 的端口

为什么要采用命名端口的方式？最大的好处就是即使更换端口号也无须更改服务 spec。你的 pod 现在对 http 服务用的是 8080，但是假设过段时间你决定将端口更换为 80 呢？

如果你采用了命名的端口，仅仅需要做的就是改变 spec pod 中的端口号（当然你的端口号的名称没有改变）。在你的 pod 向新端口更新时，根据 pod 收到的连接 (8080 端口在旧的 pod 上、80 端口在新的 pod 上)，用户连接将会转发到对应的端口号上。

5.1.2 服务发现

通过创建服务，现在就可以通过一个单一稳定的 IP 地址访问到 pod。在服务整个生命周期内这个地址保持不变。在服务后面的 pod 可能删除重建，它们的 IP 地址可能改变，数量也会增减，但是始终可以通过服务的单一不变的 IP 地址访问到这些 pod。

但客户端 pod 如何知道服务的 IP 和端口？是否需要先创建服务，然后手动查找其 IP 地址并将 IP 传递给客户端 pod 的配置选项？当然不是。Kubernetes 还为客户端提供了发现服务的 IP 和端口的方式。

通过环境变量发现服务

在 pod 开始运行的时候，Kubernetes 会初始化一系列的环境变量指向现在存在的服务。如果你创建的服务早于客户端 pod 的创建，pod 上的进程可以根据环境变量获得服务的 IP 地址和端口号。

在一个运行 pod 上检查环境，去了解这些环境变量。现在已经了解了通过 `kubectl exec` 命令在 pod 上运行一个命令，但是由于服务的创建晚于 pod 的创建，那么关于这个服务的环境变量并没有设置，这个问题也需要解决。

在查看服务的环境变量之前，首先需要删除所有的 pod 使得 ReplicationController 创建全新的 pod。在无须知道 pod 的名字的情况下就能删除所有的 pod，就像这样：

```
$ kubectl delete po --all
pod "kubia-7nog1" deleted
pod "kubia-bf50t" deleted
pod "kubia-gzwli" deleted
```

现在列出所有新的 pod，然后选择一个作为 `kubectl exec` 命令的执行目标。一旦选择了目标 pod，通过在容器中运行 `env` 来列出所有的环境变量，如下面的代码清单所示。

代码清单 5.6 容器中和服务相关的环境变量

```
$ kubectl exec kubia-3inly env
PATH=/usr/local/sbin:/usr/local/bin:/usr/sbin:/usr/bin:/sbin:/bin
HOSTNAME=kubia-3inly
KUBERNETES_SERVICE_HOST=10.111.240.1
KUBERNETES_SERVICE_PORT=443
...
KUBIA_SERVICE_HOST=10.111.249.153      <-- 这是服务的集群 IP
KUBIA_SERVICE_PORT=80                  <-- 这是服务所在的端口
```

在集群中定义了两个服务：kubernetes 和 kubia（之前在用 kubectl get svc 命令的时候应该见过）；所以，列表中显示了和这两个服务相关的环境变量。在本章开始部分，创建了 kubia 服务，在和其有关的环境变量中有 KUBIA_SERVICE_HOST 和 KUBIA_SERVICE_PORT，分别代表了 kubia 服务的 IP 地址和端口号。

回顾本章开始部分的前后端的例子，当前端 pod 需要后端数据库服务 pod 时，可以通过名为 backend-database 的服务将后端 pod 暴露出来，然后前端 pod 通过环境变量 BACKEND_DATABASE_SERVICE_HOST 和 BACKEND_DATABASE_SERVICE_PORT 去获得 IP 地址和端口信息。

注意 服务名称中的横杠被转换为下画线，并且当服务名称用作环境变量名称中的前缀时，所有的字母都是大写的。

环境变量是获得服务 IP 地址和端口号的一种方式，为什么不用 DNS 域名？为什么 Kubernetes 中没有 DNS 服务器，并且允许通过 DNS 来获得所有服务的 IP 地址？事实证明，它的确如此！

通过 DNS 发现服务

还记得第 3 章中在 kube-system 命名空间下列出的所有 pod 的名称吗？其中一个 pod 被称作 kube-dns，当前的 kube-system 的命名空间中也包含了一个具有相同名字的响应服务。

就像名字的暗示，这个 pod 运行 DNS 服务，在集群中的其他 pod 都被配置成使用其作为 dns（Kubernetes 通过修改每个容器的 /etc/resolv.conf 文件实现）。运行在 pod 上的进程 DNS 查询都会被 Kubernetes 自身的 DNS 服务器响应，该服务器知道系统中运行的所有服务。

注意 pod 是否使用内部的 DNS 服务器是根据 pod 中 spec 的 dnsPolicy 属性来决定的。

每个服务从内部 DNS 服务器中获得一个 DNS 条目，客户端的 pod 在知道服务名称的情况下可以通过全限定域名（FQDN）来访问，而不是诉诸于环境变量。

通过 FQDN 连接服务

再次回顾前端 - 后端的例子，前端 pod 可以通过打开以下 FQDN 的连接来访问后端数据库服务：

```
backend-database.default.svc.cluster.local
```

`backend-database` 对应于服务名称，`default` 表示服务在其中定义的名称空间，而 `svc.cluster.local` 是在所有集群本地服务名称中使用的可配置集群域后缀。

注意 客户端仍然必须知道服务的端口号。如果服务使用标准端口号（例如，HTTP 的 80 端口或 Postgres 的 5432 端口），这样是没问题的。如果并不是标准端口，客户端可以从环境变量中获取端口号。

连接一个服务可能比这更简单。如果前端 pod 和数据库 pod 在同一个命名空间下，可以省略 `svc.cluster.local` 后缀，甚至命名空间。因此可以使用 `backend-database` 来指代服务。这简单到不可思议，不是吗？

尝试一下。尝试使用 FQDN 来代替 IP 去访问 `kubia` 服务。另外，必须在一个存在的 pod 上才能这样做。已经知道如何通过 `kubectl exec` 在一个 pod 的容器上去执行一个简单的命令，但是这一次不是直接运行 `curl` 命令，而是运行 `bash` shell，这样可以在容器上运行多条命令。在第 2 章中，当想进入容器启动 Docker 时，调用 `docker exec -it bash` 命令，这与此很相似。

在 pod 容器中运行 shell

可以通过 `kubectl exec` 命令在一个 pod 容器上运行 `bash`（或者其他形式的 shell）。通过这种方式，可以随意浏览容器，而无须为每个要运行的命令执行 `kubectl exec`。

注意 shell 的二进制可执行文件必须在容器镜像中可用才能使用。

为了正常地使用 shell，`kubectl exec` 命令需要添加 `-it` 选项：

```
$ kubectl exec -it kubia-3inly bash
root@kubia-3inly:/#
```

现在进入容器内部，根据下述的任何一种方式使用 `curl` 命令来访问 `kubia` 服务：

```
root@kubia-3inly:/# curl http://kubia.default.svc.cluster.local
You've hit kubia-5asi2
```

```
root@kubia-3inly:/# curl http://kubia.default
You've hit kubia-3inly

root@kubia-3inly:/# curl http://kubia
You've hit kubia-8awf3
```

在请求的URL中，可以将服务的名称作为主机名来访问服务。因为根据每个pod容器DNS解析器配置的方式，可以将命名空间和 `svc.cluster.local` 后缀省略掉。查看一下容器中的 `/etc/resilv.conf` 文件就明白了。

```
root@kubia-3inly:/# cat /etc/resolv.conf
search default.svc.cluster.local svc.cluster.local cluster.local ...
```

无法ping通服务IP的原因

在继续之前还有最后一问题。了解了如何创建服务，很快地去自己创建一个。但是，不知道什么原因，无法访问创建的服务。

大家可能会尝试通过进入现有的pod，并尝试像上一个示例那样访问该服务来找出问题所在。然后，如果仍然无法使用简单的 `curl` 命令访问服务，也许会尝试ping服务IP以查看服务是否已启动。现在来尝试一下：

```
root@kubia-3inly:/# ping kubia
PING kubia.default.svc.cluster.local (10.111.249.153): 56 data bytes
^C--- kubia.default.svc.cluster.local ping statistics ---
54 packets transmitted, 0 packets received, 100% packet loss
```

嗯，`curl` 这个服务是工作的，但是却ping不通。这是因为服务的集群IP是一个虚拟IP，并且只有在与服务端口结合时才有意义。将在第11章中解释这意味着什么，以及服务是如何工作的。在这里提到这个问题，因为这是用户在尝试调试异常服务时会做的第一件事（ping服务的IP），而服务的IP无法ping通会让大多数人措手不及。

5.2　连接集群外部的服务

到现在为止，我们已经讨论了后端是集群中运行的一个或多个pod的服务。但也存在希望通过Kubernetes服务特性暴露外部服务的情况。不要让服务将连接重定向到集群中的pod，而是让它重定向到外部IP和端口。

这样做可以让你充分利用服务负载平衡和服务发现。在集群中运行的客户端pod可以像连接到内部服务一样连接到外部服务。

5.2.1 介绍服务 endpoint

在进入如何做到这一点之前，先阐述一下服务。服务并不是和 pod 直接相连的。相反，有一种资源介于两者之间——它就是 Endpoint 资源。如果之前在服务上运行过 `kubectl describe`，可能已经注意到了 endpoint，如下面的代码清单所示。

代码清单 5.7 用 `kubectl describe` 展示服务的全部细节

```
$ kubectl describe svc kubia
Name:               kubia
Namespace:          default
Labels:             <none>
Selector:           app=kubia                  ◁ 用于创建 endpoint 列表的服务 pod 选择器
Type:               ClusterIP
IP:                 10.111.249.153
Port:               <unset> 80/TCP
Endpoints:          10.108.1.4:8080,10.108.2.5:8080,10.108.2.6:8080   ◁ 代表服务 endpoint 的 pod 的 IP 和端口列表
Session Affinity:   None
No events.
```

Endpoint 资源就是暴露一个服务的 IP 地址和端口的列表，Endpoint 资源和其他 Kubernetes 资源一样，所以可以使用 `kubectl info` 来获取它的基本信息。

```
$ kubectl get endpoints kubia
NAME    ENDPOINTS                                         AGE
kubia   10.108.1.4:8080,10.108.2.5:8080,10.108.2.6:8080   1h
```

尽管在 spec 服务中定义了 pod 选择器，但在重定向传入连接时不会直接使用它。相反，选择器用于构建 IP 和端口列表，然后存储在 Endpoint 资源中。当客户端连接到服务时，服务代理选择这些 IP 和端口对中的一个，并将传入连接重定向到在该位置监听的服务器。

5.2.2 手动配置服务 endpoint

或许已经意识到这一点，服务的 endpoint 与服务解耦后，可以分别手动配置和更新它们。

如果创建了不包含 pod 选择器的服务，Kubernetes 将不会创建 Endpoint 资源（毕竟，缺少选择器，将不会知道服务中包含哪些 pod）。这样就需要创建 Endpoint 资源来指定该服务的 endpoint 列表。

要使用手动配置 endpoint 的方式创建服务，需要创建服务和 Endpoint 资源。

创建没有选择器的服务

首先为服务创建一个 YAML 文件，如下面的代码清单所示。

代码清单 5.8 不含 pod 选择器的服务：external-service.yaml

```
apiVersion: v1
kind: Service
metadata:
  name: external-service     <- 服务的名字必须和Endpoint 对象的名字相匹配
spec:                        <- 服务中没有定义选择器
  ports:
  - port: 80
```

定义一个名为 external-service 的服务，它将接收端口 80 上的传入连接。并没有为服务定义一个 pod 选择器。

为没有选择器的服务创建 Endpoint 资源

Endpoint 是一个单独的资源并不是服务的一个属性。由于创建的资源中并不包含选择器，相关的 Endpoint 资源并没有自动创建，所以必须手动创建。如下所示的代码清单中列出了 YAML manifest。

代码清单 5.9 手动创建 Endpoint 资源：external-service-endpoints.yaml

```
apiVersion: v1
kind: Endpoints
metadata:
  name: external-service     <- Endpoint 的名称必须和服务的名称相匹配（见之前的代码清单）
subsets:
  - addresses:
    - ip: 11.11.11.11        | 服务将连接重定向到 endpoint
    - ip: 22.22.22.22        | 的 IP 地址
    ports:
    - port: 80               <- endpoint 的目标端口
```

Endpoint 对象需要与服务具有相同的名称，并包含该服务的目标 IP 地址和端口列表。服务和 Endpoint 资源都发布到服务器后，这样服务就可以像具有 pod 选择器那样的服务正常使用。在服务创建后创建的容器将包含服务的环境变量，并且与其 IP：port 对的所有连接都将在服务端点之间进行负载均衡。

图 5.4 显示了三个 pod 连接到具有外部 endpoint 的服务。

如果稍后决定将外部服务迁移到 Kubernetes 中运行的 pod，可以为服务添加选择器，从而对 Endpoint 进行自动管理。反过来也是一样的——将选择器从服务中移除，Kubernetes 将停止更新 Endpoint。这意味着服务的 IP 地址可以保持不变，同时服务的实际实现却发生了改变。

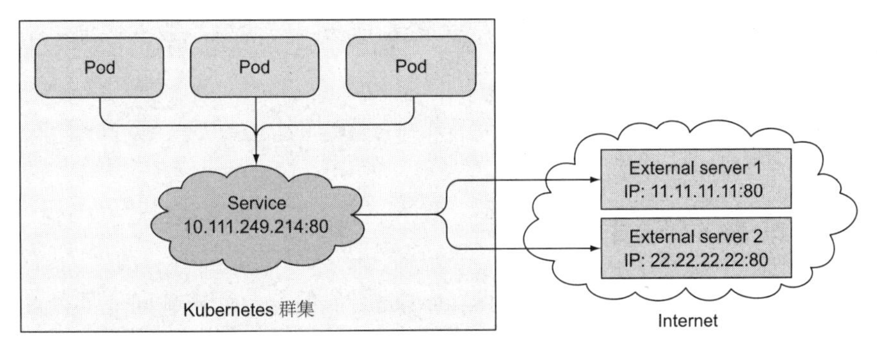

图 5.4 pod 关联到具有两个外部 endpoint 的服务上

5.2.3 为外部服务创建别名

除了手动配置服务的 Endpoint 来代替公开外部服务方法，有一种更简单的方法，就是通过其完全限定域名（FQDN）访问外部服务

创建 ExternalName 类型的服务

要创建一个具有别名的外部服务的服务时，要将创建服务资源的一个 `type` 字段设置为 `ExternalName`。例如，设想一下在 api.somecompany.com 上有公共可用的 API，可以定义一个指向它的服务，如下面的代码清单所示。

代码清单 5.10 `ExternalName` 类型的服务：external-service-externalname.yaml

```
apiVersion: v1
kind: Service
metadata:
  name: external-service
spec:
  type: ExternalName                          <- 代码的 type 被设置成 ExternalName
  externalName: someapi.somecompany.com       <- 实际服务的完全限定域名
  ports:
  - port: 80
```

服务创建完成后，pod 可以通过 `external-service.default.svc.cluster.local` 域名（甚至是 `external-service`）连接到外部服务，而不是使用服务的实际 FQDN。这隐藏了实际的服务名称及其使用该服务的 pod 的位置，允许修改服务定义，并且在以后如果将其指向不同的服务，只需简单地修改 `externalName` 属性，或者将类型重新变回 `ClusterIP` 并为服务创建 Endpoint——无论是手动创建，还是对服务上指定标签选择器使其自动创建。

`ExternalName` 服务仅在 DNS 级别实施——为服务创建了简单的 `CNAME` DNS

记录。因此，连接到服务的客户端将直接连接到外部服务，完全绕过服务代理。出于这个原因，这些类型的服务甚至不会获得集群 IP。

注意 CNAME 记录指向完全限定的域名而不是数字 IP 地址。

5.3 将服务暴露给外部客户端

到目前为止，只讨论了集群内服务如何被 pod 使用；但是，还需要向外部公开某些服务。例如前端 web 服务器，以便外部客户端可以访问它们，就像图 5.5 描述的那样。

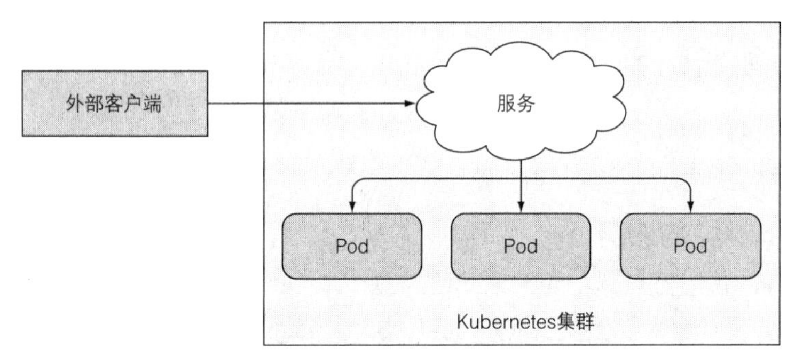

图 5.5 将服务暴露给外部客户端

有几种方式可以在外部访问服务：

- 将服务的类型设置成 *NodePort*——每个集群节点都会在节点上打开一个端口，对于 NodePort 服务，每个集群节点在节点本身（因此得名叫 NodePort）上打开一个端口，并将在该端口上接收到的流量重定向到基础服务。该服务仅在内部集群 IP 和端口上才可访问，但也可通过所有节点上的专用端口访问。
- 将服务的类型设置成 *LoadBalance*，*NodePort* 类型的一种扩展——这使得服务可以通过一个专用的负载均衡器来访问，这是由 Kubernetes 中正在运行的云基础设施提供的。负载均衡器将流量重定向到跨所有节点的节点端口。客户端通过负载均衡器的 IP 连接到服务。
- 创建一个 *Ingress* 资源，这是一个完全不同的机制，通过一个 *IP* 地址公开多个服务——它运行在 HTTP 层（网络协议第 7 层）上，因此可以提供比工作在第 4 层的服务更多的功能。我们将在 5.4 节介绍 Ingress 资源。

5.3.1 使用 NodePort 类型的服务

将一组 pod 公开给外部客户端的第一种方法是创建一个服务并将其类型设置为 NodePort。通过创建 NodePort 服务，可以让 Kubernetes 在其所有节点上保留一个端口(所有节点上都使用相同的端口号)，并将传入的连接转发给作为服务部分的 pod。

这与常规服务类似（它们的实际类型是 ClusterIP)，但是不仅可以通过服务的内部集群 IP 访问 NodePort 服务，还可以通过任何节点的 IP 和预留节点端口访问 NodePort 服务。

当尝试与 NodePort 服务交互时，意义更加重大。

创建 NodePort 类型的服务

现在将创建一个 NodePort 服务，以查看如何使用它。下面的代码清单显示了服务的 YAML。

代码清单 5.11 NodePort 服务定义：kubia-svc-nodeport.yaml

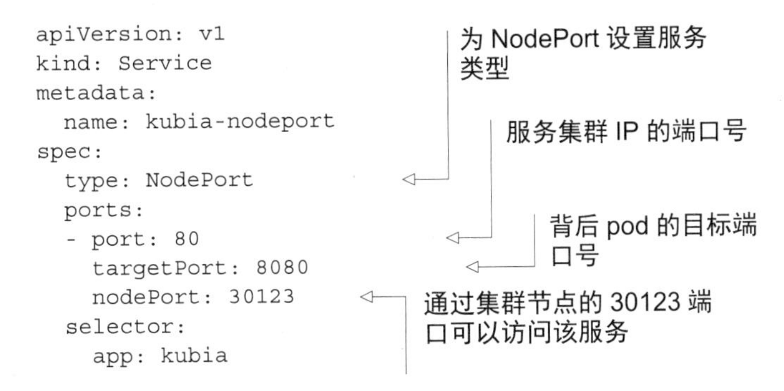

```
apiVersion: v1
kind: Service
metadata:
  name: kubia-nodeport
spec:
  type: NodePort
  ports:
  - port: 80
    targetPort: 8080
    nodePort: 30123
  selector:
    app: kubia
```


将类型设置为 NodePort 并指定该服务应该绑定到的所有集群节点的节点端口。指定端口不是强制性的。如果忽略它，Kubernetes 将选择一个随机端口。

注意 当在 GKE 中创建服务时，kubectl 打印出一个关于必须配置防火墙规则的警告。接下来的章节将讲述如何处理。

查看 NodePort 类型的服务

查看该服务的基础信息：

```
$ kubectl get svc kubia-nodeport
NAME             CLUSTER-IP       EXTERNAL-IP   PORT(S)        AGE
kubia-nodeport   10.111.254.223   <nodes>       80:30123/TCP   2m
```

看看 EXTERNAL-IP 列。它显示 nodes，表明服务可通过任何集群节点的 IP 地址访问。PORT（S）列显示集群 IP（80）的内部端口和节点端口（30123），可以通过以下地址访问该服务：

- 10.11.254.223:80
- <1stnode'sIP>:30123
- <2ndnode'sIP>:30123，等等

图 5.6 显示了服务暴露在两个集群节点的端口 30123 上（这适用于在 GKE 上运行的情况；Minikube 只有一个节点，但原理相同）。到达任何一个端口的传入连接将被重定向到一个随机选择的 pod，该 pod 是否位于接收到连接的节点上是不确定的。

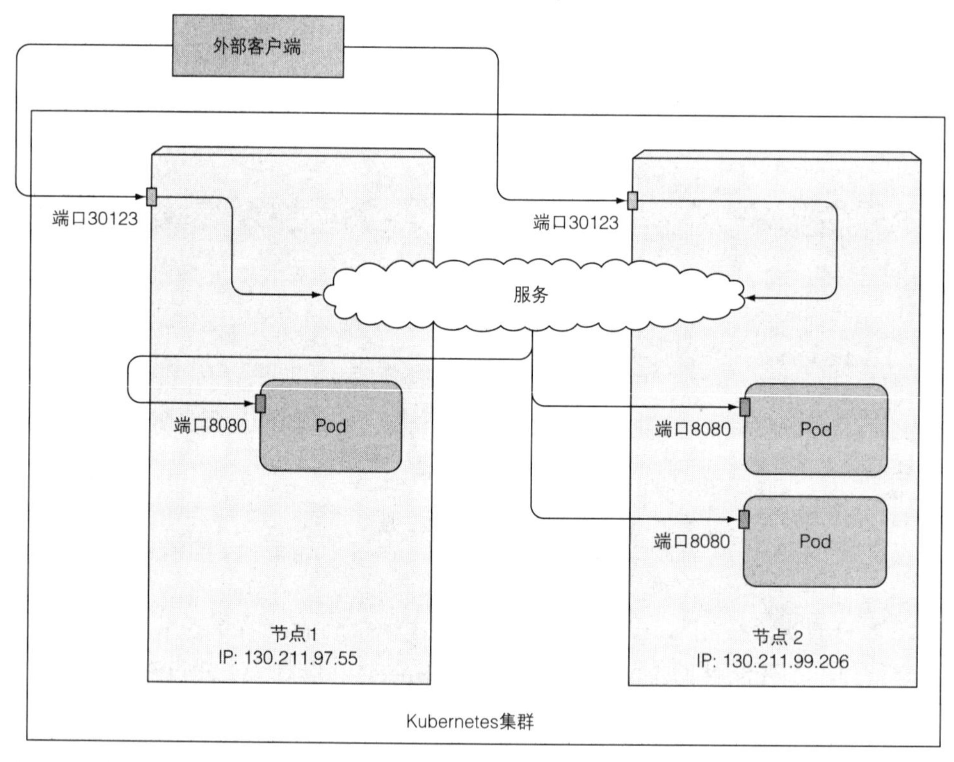

图 5.6　外部客户端通过节点 1 或者节点 2 连接到 NodePort 服务

在第一个节点的端口 30123 收到的连接，可以被重定向到第一节点个上运行的 pod，也可能是第二个节点上运行的 pod。

更改防火墙规则，让外部客户端访问我们的 NodePort 服务

如前所述，在通过节点端口访问服务之前，需要配置谷歌云平台的防火墙，以允许外部连接到该端口上的节点，如下所示。

```
$ gcloud compute firewall-rules create kubia-svc-rule --allow=tcp:30123
Created [https://www.googleapis.com/compute/v1/projects/kubia-
     1295/global/firewalls/kubia-svc-rule].
NAME            NETWORK  SRC_RANGES  RULES      SRC_TAGS  TARGET_TAGS
kubia-svc-rule  default  0.0.0.0/0   tcp:30123
```

可以通过其中一个节点的 IP 的端口 30123 访问服务，但是需要首先找出节点的 IP。请参阅补充内容了解如何做到这一点。

使用 JSONPath 获取所有节点的 IP

可以在节点的 JSON 或 YAML 描述符中找到 IP。但并不是在很大的 JSON 中筛选，而是可以利用 kubectl 只打印出节点 IP 而不是整个服务的定义。

```
$ kubectl get nodes -o jsonpath='{.items[*].status.
➥ addresses[?(@.type=="ExternalIP")].address}'
130.211.97.55 130.211.99.206
```

通过指定 kubectl 的 JSONPath，使得其只输出需要的信息。你可能已经熟悉 XPath，并且知道如何使用 XML，JSONPath 基本上是 JSON 的 XPath。上例中的 JSONPath 指示 kubectl 执行以下操作：

- 浏览 item 属性中的所有元素。
- 对于每个元素，输入 status 属性。
- 过滤 address 属性的元素，仅包含那些具有将 type 属性设置为 ExternalIP 的元素。
- 最后，打印过滤元素的 address 属性。

要了解有关 kubectl 使用 JSONPath 的更多信息，请参阅 http://kubernetes.io/docs/user-guide/jsonpath 上的文档。

一旦知道了节点的 IP，就可以尝试通过以下方式访问服务：

```
$ curl http://130.211.97.55:30123
You've hit kubia-ym8or
$ curl http://130.211.99.206:30123
You've hit kubia-xueq1
```

提示 使用 Minikube 时，可以运行 minikube sevrvice <service-name> [-n <namespace>] 命令，通过浏览器轻松访问 NodePort 服务。

正如所看到的，现在整个互联网可以通过任何节点上的 30123 端口访问到你的 pod。客户端发送请求的节点并不重要。但是，如果只将客户端指向第一个节点，那么当该节点发生故障时，客户端无法再访问该服务。这就是为什么将负载均衡器放在节点前面以确保发送的请求传播到所有健康节点，并且从不将它们发送到当时处于脱机状态的节点的原因。

如果 Kubernetes 集群支持它（当 Kubernetes 部署在云基础设施上时，大多数情况都是如此），那么可以通过创建一个 Load Badancer 而不是 NodePort 服务自动生成负载均衡器。接下来介绍此部分。

5.3.2 通过负载均衡器将服务暴露出来

在云提供商上运行的 Kubernetes 集群通常支持从云基础架构自动提供负载平衡器。所有需要做的就是设置服务的类型为 Load Badancer 而不是 NodePort。负载均衡器拥有自己独一无二的可公开访问的 IP 地址，并将所有连接重定向到服务。可以通过负载均衡器的 IP 地址访问服务。

如果 Kubernetes 在不支持 Load Badancer 服务的环境中运行，则不会调配负载平衡器，但该服务仍将表现得像一个 NodePort 服务。这是因为 Load Badancer 服务是 NodePort 服务的扩展。可以在支持 Load Badancer 服务的 Google Kubernetes Engine 上运行此示例。Minikube 没有，至少在写作本书的时候。

创建 LoadBalance 服务

要使用服务前面的负载均衡器，请按照以下 YAML manifest 创建服务，代码清单如下所示。

代码清单 5.12 Load Badancer 类型的服务：kubia-svc-loadbalancer.yaml

```
apiVersion: v1
kind: Service
metadata:
  name: kubia-loadbalancer
spec:
  type: LoadBalancer          <-- 该服务从 Kubernetes 集群的基础架构获取负载平衡器
  ports:
  - port: 80
    targetPort: 8080
  selector:
    app: kubia
```

服务类型设置为 LoadBalancer 而不是 NodePort。如果没有指定特定的节点端口，Kubernetes 将会选择一个端口。

通过负载均衡器连接服务

创建服务后，云基础架构需要一段时间才能创建负载均衡器并将其 IP 地址写入服务对象。一旦这样做了，IP 地址将被列为服务的外部 IP 地址：

```
$ kubectl get svc kubia-loadbalancer
NAME                 CLUSTER-IP       EXTERNAL-IP      PORT(S)         AGE
kubia-loadbalancer   10.111.241.153   130.211.53.173   80:32143/TCP    1m
```

在这种情况下，负载均衡器的 IP 地址为 130.211.53.173，因此现在可以通过该 IP 地址访问该服务：

```
$ curl http://130.211.53.173
You've hit kubia-xueq1
```

成功了！可能像你已经注意到的那样，这次不需要像以前使用 NodePort 服务那样来关闭防火墙。

会话亲和性和 Web 浏览器

由于服务现在已暴露在外，因此可以尝试使用网络浏览器访问它。但是会看到一些可能觉得奇怪的东西——每次浏览器都会碰到同一个 pod。此时服务的会话亲和性是否发生变化？使用 kubectl explain，可以再次检查服务的会话亲缘性是否仍然设置为 None，那么为什么不同的浏览器请求不会碰到不同的 pod，就像使用 curl 时那样？

现在阐述为什么会这样。浏览器使用 keep-alive 连接，并通过单个连接发送所有请求，而 curl 每次都会打开一个新连接。服务在连接级别工作，所以当首次打开与服务的连接时，会选择一个随机集群，然后将属于该连接的所有网络数据包全部发送到单个集群。即使会话亲和性设置为 None，用户也会始终使用相同的 pod（直到连接关闭）。

请参阅图 5.7，了解 HTTP 请求如何传递到该 pod。外部客户端（可以使用 curl）连接到负载均衡器的 80 端口，并路由到其中一个节点上的隐式分配节点端口。之后该连接被转发到一个 pod 实例。

如前所述，LoadBalancer 类型的服务是一个具有额外的基础设施提供的负载平衡器 NodePort 服务。如果使用 kubectl describe 来显示有关该服务的其他信息，则会看到为该服务选择了一个节点端口。如果要为此端口打开防火墙，就像在上一节中对 NodePort 服务所做的那样，也可以通过节点 IP 访问服务。

提示 如果使用的是 Minikube，尽管负载平衡器不会被分配，仍然可以通过节点端口（位于 Minikube VM 的 IP 地址）访问该服务。

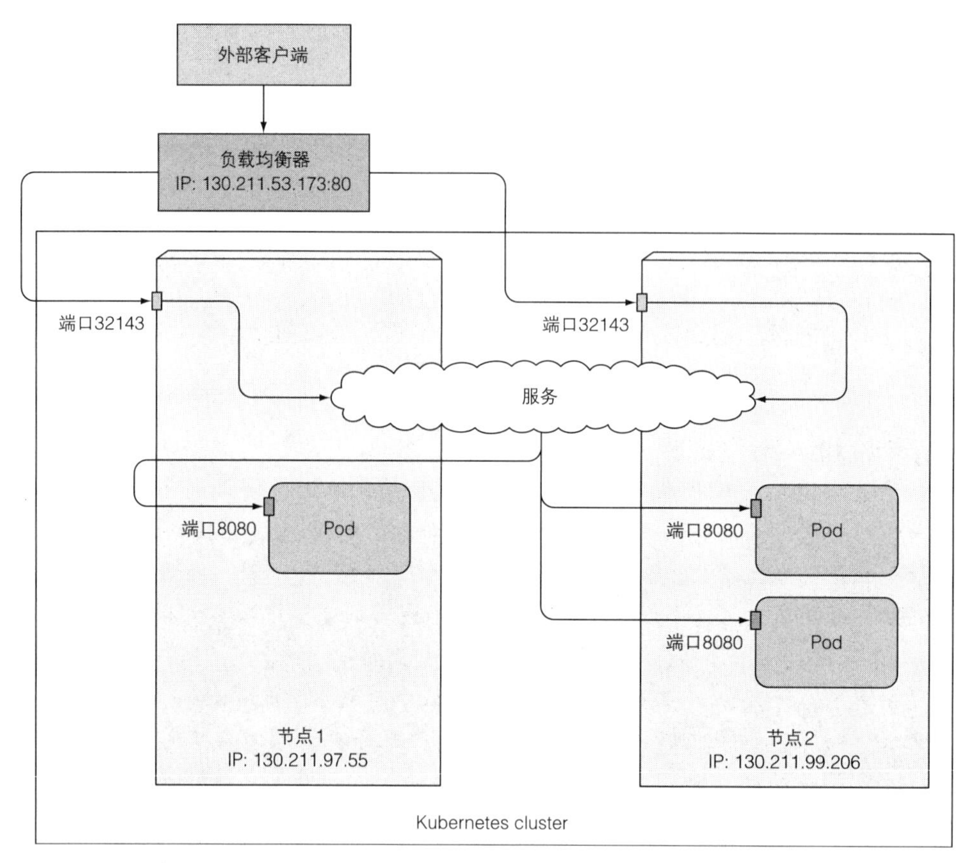

图 5.7　外部客户端连接一个 `LoadBalancer` 服务

5.3.3　了解外部连接的特性

你必须了解与服务的外部发起的连接有关的几件事情。

了解并防止不必要的网络跳数

当外部客户端通过节点端口连接到服务时（这也包括先通过负载均衡器时的情况），随机选择的 pod 并不一定在接收连接的同一节点上运行。可能需要额外的网络跳转才能到达 pod，但这种行为并不符合期望。

可以通过将服务配置为仅将外部通信重定向到接收连接的节点上运行的 pod 来阻止此额外跳数。这是通过在服务的 `spec` 部分中设置 `externalTrafficPolicy` 字段来完成的：

```
spec:
  externalTrafficPolicy: Local
  ...
```

如果服务定义包含此设置，并且通过服务的节点端口打开外部连接，则服务代理将选择本地运行的 pod。如果没有本地 pod 存在，则连接将挂起（它不会像不使用注解那样，将其转发到随机的全局 pod）。因此，需要确保负载平衡器将连接转发给至少具有一个 pod 的节点。

使用这个注解还有其他缺点。通常情况下，连接均匀分布在所有的 pod 上，但使用此注解时，情况就不再一样了。

想象一下两个节点有三个 pod。假设节点 A 运行一个 pod，节点 B 运行另外两个 pod。如果负载平衡器在两个节点间均匀分布连接，则节点 A 上的 pod 将接收所有连接的 50%，但节点 B 上的两个 pod 每个只能接收 25%，如图 5.8 所示。

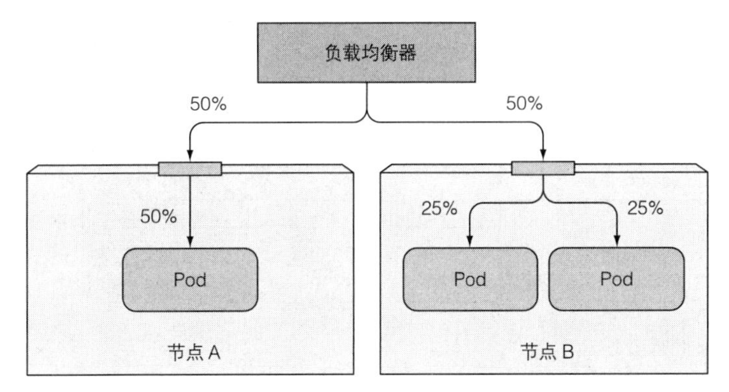

图 5.8 使用 local 外部流量策略的服务可能会导致跨 pod 的负载分布不均衡

记住客户端 IP 是不记录的

通常，当集群内的客户端连接到服务时，支持服务的 pod 可以获取客户端的 IP 地址。但是，当通过节点端口接收到连接时，由于对数据包执行了源网络地址转换（SNAT），因此数据包的源 IP 将发生更改。

后端的 pod 无法看到实际的客户端 IP，这对于某些需要了解客户端 IP 的应用程序来说可能是个问题。例如，对于 Web 服务器，这意味着访问日志无法显示浏览器的 IP。

上一节中描述的 local 外部流量策略会影响客户端 IP 的保留，因为在接收连接的节点和托管目标 pod 的节点之间没有额外的跳跃（不执行 SNAT）。

5.4 通过Ingress暴露服务

现在已经介绍了向集群外部的客户端公开服务的两种方法，还有另一种方法——创建 Ingress 资源。

定义　*Ingress*（名词）——进入或进入的行为；进入的权利；进入的手段或地点；入口。

接下来解释为什么需要另一种方式从外部访问 Kubernetes 服务。

为什么需要 Ingress

一个重要的原因是每个 `LoadBalancer` 服务都需要自己的负载均衡器，以及独有的公有 IP 地址，而 Ingress 只需要一个公网 IP 就能为许多服务提供访问。当客户端向 Ingress 发送 HTTP 请求时，Ingress 会根据请求的主机名和路径决定请求转发到的服务，如图 5.9 所示。

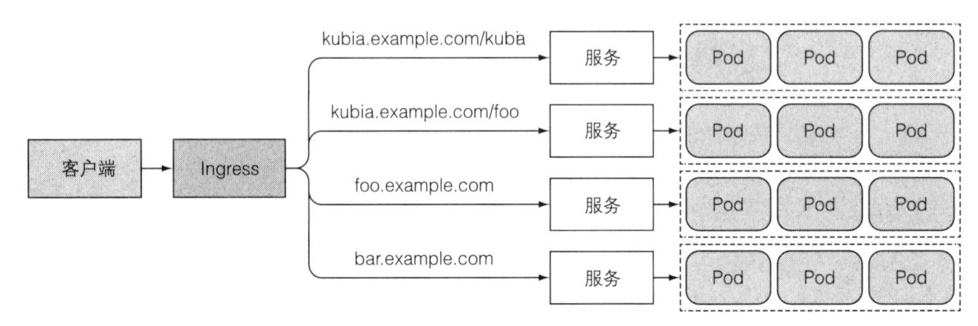

图 5.9　通过一个 Ingress 暴露多个服务

Ingress 在网络栈（HTTP）的应用层操作，并且可以提供一些服务不能实现的功能，诸如基于 cookie 的会话亲和性（session affinity）等功能。

Ingress 控制器是必不可少的

在介绍 Ingress 对象提供的功能之前，必须强调只有 Ingress 控制器在集群中运行，Ingress 资源才能正常工作。不同的 Kubernetes 环境使用不同的控制器实现，但有些并不提供默认控制器。

例如，Google Kubernetes Engine 使用 Google Cloud Platform 带有的 HTTP 负载平衡模块来提供 Ingress 功能。最初，Minikube 没有提供可以立即使用的控制器，但它现在包含一个可以启用的附加组件，可以试用 Ingress 功能。请根据下面的补充信息里的说明确保 Ingress 功能已启用。

在 minikube 上启动 Ingress 的扩展功能

如果使用 Minikube 运行本书中的示例，则需要确保已启用 Ingress 附加组件。可以通过列出所有附件来检查 Ingress 是否已启动：

```
$ minikube addons list
- default-storageclass: enabled
```

```
- kube-dns: enabled
- heapster: disabled
- ingress: disabled            <-- Ingress 组件没有启动
- registry-creds: disabled
- addon-manager: enabled
- dashboard: enabled
```

通过本书可以了解这些附加组件，但应该对 dashboard 和 kube-dns 附件的用途十分清楚。启用 Ingress 附加组件，并查看正在运行的 Ingress：

```
$ minikube addons enable ingress
ingress was successfully enabled
```

这应该会在另一个 pod 上运行一个 Ingress 控制器。控制器 pod 很可能位于 kube-system 命名空间中，但也不一定是这样，所以使用 --all-namespaces 选项列出所有命名空间中正在运行的 pod：

```
$ kubectl get po --all-namespaces
NAMESPACE     NAME                              READY  STATUS    RESTARTS AGE
default       kubia-rsv5m                       1/1    Running   0        13h
default       kubia-fe4ad                       1/1    Running   0        13h
default       kubia-ke823                       1/1    Running   0        13h
kube-system   default-http-backend-5wb0h        1/1    Running   0        18m
kube-system   kube-addon-manager-minikube       1/1    Running   3        6d
kube-system   kube-dns-v20-101vq                3/3    Running   9        6d
kube-system   kubernetes-dashboard-jxd9l        1/1    Running   3        6d
kube-system   nginx-ingress-controller-gdts0    1/1    Running   0        18m
```

在输出的底部，会看到 Ingress 控制器 pod。该名称暗示 Nginx（一种开源 HTTP 服务器并可以做反向代理）用于提供 Ingress 功能。

提示 当不知道 pod（或其他类型的资源）所在的命名空间，或者是否希望跨所有命名空间列出资源时，利用补充说明中提到的 --all-namespaces 选项非常方便。

5.4.1 创建 Ingress 资源

已经确认集群中正在运行 Ingress 控制器，因此现在可以创建一个 Ingress 资源。下面的代码清单显示了 Ingress 的示例 YAML：

代码清单 5.13 Ingress 资源的定义：kubia-ingress.yaml

```
apiVersion: extensions/v1beta1
kind: Ingress
metadata:
```

```
  name: kubia
spec:
  rules:
  - host: kubia.example.com
    http:
      paths:
      - path: /
        backend:
          serviceName: kubia-nodeport
          servicePort: 80
```

Ingress 将域名 kubia.example.com 映射到你的服务

将所有的请求发送到 kubia-nodeport 服务的 80 端口

定义了一个单一规则的 Ingress，确保 Ingress 控制器收到的所有请求主机 kubia.example.com 的 HTTP 请求，将被发送到端口 80 上的 kubia-nodeport 服务。

注意 云供应商的 Ingress 控制器（例如 GKE）要求 Ingress 指向一个 NodePort 服务。但 Kubernetes 并没有这样的要求。

5.4.2 通过 Ingress 访问服务

要通过 http://kubia.example.com 访问服务，需要确保域名解析为 Ingress 控制器的 IP。

获取 Ingress 的 IP 地址

要查找 IP，需要列出 Ingress：

```
$ kubectl get ingresses
NAME     HOSTS               ADDRESS          PORTS    AGE
kubia    kubia.example.com   192.168.99.100   80       29m
```

注意 在云提供商的环境上运行时，地址可能需要一段时间才能显示，因为 Ingress 控制器在幕后调配负载均衡器。

IP 在 ADDRESS 列中显示出来。

确保在 Ingress 中配置的 Host 指向 Ingress 的 IP 地址

一旦知道 IP 地址，通过配置 DNS 服务器将 kubia.example.com 解析为此 IP 地址，或者在 /ect/hosts 文件（Windows 系统为 C:\windows\system32\drivers\etc\hosts）中添加下面一行内容：

```
192.168.99.100    kubia.example.com
```

通过 Ingress 访问 pod

环境都已经建立完毕，可以通过 http://kubia.example.com 地址访问服务（使用浏览器或者 curl 命令）：

```
$ curl http://kubia.example.com
You've hit kubia-ke823
```

现在已经通过 Ingress 成功访问了该服务，接下来对其展开深层次的研究。

了解 Ingress 的工作原理

图 5.10 显示了客户端如何通过 Ingress 控制器连接到其中一个 pod。客户端首先对 kubia.example.com 执行 DNS 查找，DNS 服务器（或本地操作系统）返回了 Ingress 控制器的 IP。客户端然后向 Ingress 控制器发送 HTTP 请求，并在 Host 头中指定 kubia.example.com。控制器从该头部确定客户端尝试访问哪个服务，通过与该服务关联的 Endpoint 对象查看 pod IP，并将客户端的请求转发给其中一个 pod。

如你所见，Ingress 控制器不会将请求转发给该服务，只用它来选择一个 pod。大多数（即使不是全部）控制器都是这样工作的。

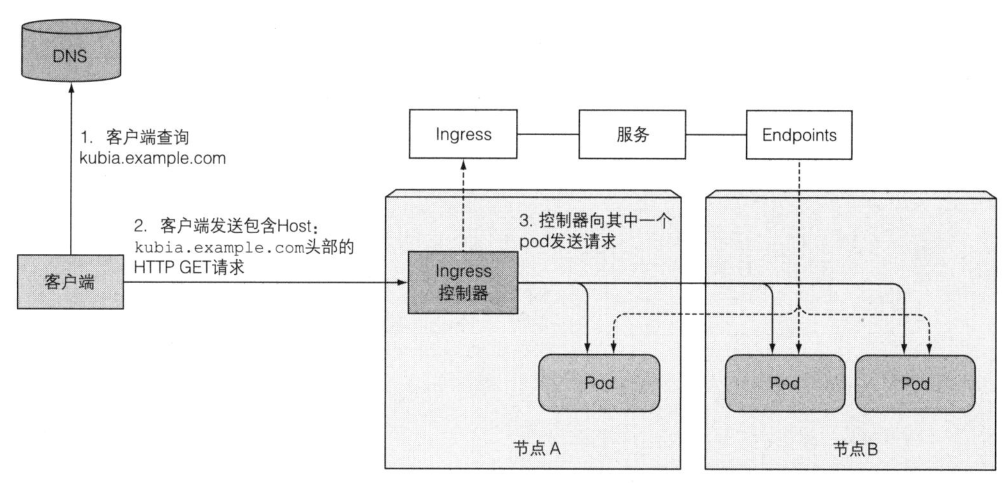

图 5.10 通过 Ingress 访问 pod

5.4.3 通过相同的 Ingress 暴露多个服务

如果仔细查看 Ingress 规范，则会看到 rules 和 paths 都是数组，因此它们可以包含多个条目。一个 Ingress 可以将多个主机和路径映射到多个服务，我们先来看看 paths 字段。

将不同的服务映射到相同主机的不同路径

将不同的服务映射到相同主机的不同 paths，以下面的代码清单为例。

代码清单 5.14 在同一个主机、不同的路径上，Ingress 暴露出多个服务

```
...
  - host: kubia.example.com
    http:
      paths:
      - path: /kubia
        backend:
          serviceName: kubia
          servicePort: 80
      - path: /foo
        backend:
          serviceName: bar
          servicePort: 80
```

对 kubia.example.com/kubia 的请求将会转发至 kubia 服务

对 kubia.example.com/bar 的请求将会转发至 bar 服务

在这种情况下，根据请求的 URL 中的路径，请求将发送到两个不同的服务。因此，客户端可以通过一个 IP 地址（Ingress 控制器的 IP 地址）访问两种不同的服务。

将不同的服务映射到不同的主机上

同样，可以使用 Ingress 根据 HTTP 请求中的主机而不是（仅）路径映射到不同的服务，如下面的代码清单所示。

代码清单 5.15 Ingress 根据不同的主机（host）暴露出多种服务

```
spec:
  rules:
  - host: foo.example.com
    http:
      paths:
      - path: /
        backend:
          serviceName: foo
          servicePort: 80
  - host: bar.example.com
    http:
      paths:
      - path: /
        backend:
          serviceName: bar
          servicePort: 80
```

对 foo.example.com 的请求将会转发至 foo 服务

对 bar.example.com 的请求将会转发至 bar 服务

根据请求中的 Host 头（虚拟主机在网络服务器中处理的方式），控制器收到的请求将被转发到 foo 服务或 bar 服务。DNS 需要将 foo.example.com 和 bar.example.com 域名都指向 Ingress 控制器的 IP 地址。

5.4.4 配置 Ingress 处理 TLS 传输

我们已经知道 Ingress 如何转发 HTTP 流量。但是 HTTPS 呢？接下来了解一下如何配置 Ingress 以支持 TLS。

为 Ingress 创建 TLS 认证

当客户端创建到 Ingress 控制器的 TLS 连接时，控制器将终止 TLS 连接。客户端和控制器之间的通信是加密的，而控制器和后端 pod 之间的通信则不是。运行在 pod 上的应用程序不需要支持 TLS。例如，如果 pod 运行 web 服务器，则它只能接收 HTTP 通信，并让 Ingress 控制器负责处理与 TLS 相关的所有内容。要使控制器能够这样做，需要将证书和私钥附加到 Ingress。这两个必需资源存储在称为 Secret 的 Kubernetes 资源中，然后在 Ingress manifest 中引用它。我们将在第 7 章中详细介绍 Secret。现在，只需创建 Secret，而不必太在意。

首先，需要创建私钥和证书：

```
$ openssl genrsa -out tls.key 2048
$ openssl req -new -x509 -key tls.key -out tls.cert -days 360 -subj
➥ /CN=kubia.example.com
```

像下述两个文件一样创建 Secret：

```
$ kubectl create secret tls tls-secret --cert=tls.cert --key=tls.key
secret "tls-secret" created
```

通过 CertificateSigningRequest 资源签署证书

可以不通过自己签署证书，而是通过创建 `CertificateSigningRequest`（CSR）资源来签署。用户或他们的应用程序可以创建一个常规证书请求，将其放入 CSR 中，然后由人工操作员或自动化程序批准请求，像这样：

```
$ kubectl certificate approve <name of the CSR>
```

然后可以从 CSR 的 `status.certificate` 字段中检索签名的证书。

请注意，证书签署者组件必须在集群中运行，否则创建 `CertificateSigningRequest` 以及批准或拒绝将不起作用。

私钥和证书现在存储在名为 `tls-secret` 的 Secret 中。现在，可以更新 Ingress 对象，以便它也接收 kubia.example.com 的 HTTPS 请求。Ingress 现在看起来应该像下面的代码清单。

代码清单 5.16　Ingress 处理 TLS 传输：kubia-ingress-tls.yaml

```
apiVersion: extensions/v1beta1
kind: Ingress
metadata:
  name: kubia
spec:
  tls:                              <- 在这个属性下包含了所有的 TLS 的配置
  - hosts:
    - kubia.example.com             将接收来自 kubia.example.com 主机的 TLS 连接
    secretName: tls-secret          <- 从 tls-secret 中获得之前创立的私钥和证书
  rules:
  - host: kubia.example.com
    http:
      paths:
      - path: /
        backend:
          serviceName: kubia-nodeport
          servicePort: 80
```

提示 可以调用 `kubectl apply -f kubia-ingress-tls.yaml` 使用文件中指定的内容来更新 Ingress 资源，而不是通过删除并从新文件重新创建的方式。

现在可以使用 HTTPS 通过 Ingress 访问服务：

```
$ curl -k -v https://kubia.example.com/kubia
* About to connect() to kubia.example.com port 443 (#0)
...
* Server certificate:
*   subject: CN=kubia.example.com
...
> GET /kubia HTTP/1.1
> ...
You've hit kubia-xueq1
```

该命令的输出显示应用程序的响应，以及配置的 Ingress 的证书服务器的响应。

注意 对 Ingress 功能的支持因不同的 Ingress 控制器实现而异，因此请检查特定实现的文档以确定支持的内容。

Ingress 是一个相对较新的 Kubernetes 功能，因此可以预期将来会看到许多改进和新功能。虽然目前仅支持 L7（网络第 7 层）（HTTP / HTTPS）负载平衡，但也计划支持 L4（网络第 4 层）负载平衡。

5.5　pod就绪后发出信号

还有一件关于 Service 和 Ingress 的事情需要考虑。已经了解到，如果 pod 的标签与服务的 pod 选择器相匹配，那么 pod 就将作为服务的后端。只要创建了具有适当标签的新 pod，它就成为服务的一部分，并且请求开始被重定向到 pod。但是，如果 pod 没有准备好，如何处理服务请求呢？

该 pod 可能需要时间来加载配置或数据，或者可能需要执行预热过程以防止第一个用户请求时间太长影响了用户体验。在这种情况下，不希望该 pod 立即开始接收请求，尤其是在运行的实例可以正确快速地处理请求的情况下。不要将请求转发到正在启动的 pod 中，直到完全准备就绪。

5.5.1 介绍就绪探针

在之前的章节中，了解了存活探针，以及它们如何通过确保异常容器自动重启来保持应用程序的正常运行。与存活探针类似，Kubernetes 还允许为容器定义准备就绪探针。

就绪探测器会定期调用，并确定特定的 pod 是否接收客户端请求。当容器的准备就绪探测返回成功时，表示容器已准备好接收请求。

这个准备就绪的概念显然是每个容器特有的东西。Kubernetes 只能检查在容器中运行的应用程序是否响应一个简单的 GET/ 请求，或者它可以响应特定的 URL 路径（该 URL 导致应用程序执行一系列检查以确定它是否准备就绪）。考虑到应用程序的具体情况，这种确切的准备就绪的判定是应用程序开发人员的责任。

就绪探针的类型

像存活探针一样，就绪探针有三种类型：

- *Exec* 探针，执行进程的地方。容器的状态由进程的退出状态代码确定。
- *HTTP GET* 探针，向容器发送 HTTP GET 请求，通过响应的 HTTP 状态代码判断容器是否准备好。
- *TCP socket* 探针，它打开一个 TCP 连接到容器的指定端口。如果连接已建立，则认为容器已准备就绪。

了解就绪探针的操作

启动容器时，可以为 Kubernetes 配置一个等待时间，经过等待时间后才可以执行第一次准备就绪检查。之后，它会周期性地调用探针，并根据就绪探针的结果采取行动。如果某个 pod 报告它尚未准备就绪，则会从该服务中删除该 pod。如果 pod 再次准备就绪，则重新添加 pod。

与存活探针不同，如果容器未通过准备检查，则不会被终止或重新启动。这是存活探针与就绪探针之间的重要区别。存活探针通过杀死异常的容器并用新的正常容器替代它们来保持 pod 正常工作，而就绪探针确保只有准备好处理请求的 pod 才可以接收它们（请求）。这在容器启动时最为必要，当然在容器运行一段时间后也是有用的。

如图 5.11 所示，如果一个容器的就绪探测失败，则将该容器从端点对象中移除。连接到该服务的客户端不会被重定向到 pod。这和 pod 与服务的标签选择器完全不匹配的效果相同。

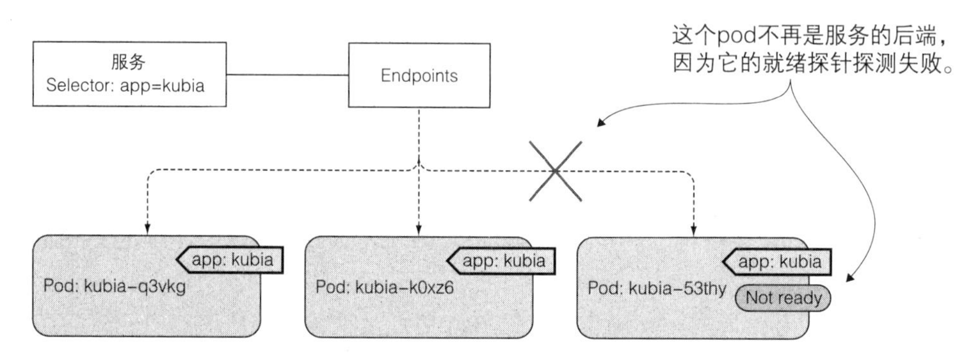

图 5.11　就绪探针失败的 pod 从服务的 endpoint 中移除

了解就绪探针的重要性

设想一组 pod（例如，运行应用程序服务器的 pod）取决于另一个 pod（例如，后端数据库）提供的服务。如果任何一个前端连接点出现连接问题并且无法再访问数据库，那么就绪探针可能会告知 Kubernetes 该 pod 没有准备好处理任何请求。如果其他 pod 实例没有遇到类似的连接问题，则它们可以正常处理请求。就绪探针确保客户端只与正常的 pod 交互，并且永远不会知道系统存在问题。

5.5.2　向 pod 添加就绪探针

接下来，将通过修改 Replication Controller 的 pod 模板来为现有的 pod 添加就绪探针。

向 pod template 添加就绪探针

可以通过 `kubectl edit` 命令来向已存在的 ReplicationController 中的 pod 模板添加探针。

```
$ kubectl edit rc kubia
```

当在文本编辑器中打开 ReplicationController 的 YAML 时，在 pod 模板中查找容器规格，并将以下就绪探针定义添加到 `spec.template.spec.containers` 下的第一个容器。YAML 看起来应该就像下面的代码清单。

代码清单 5.17 RC 创建带有就绪探针的 pod：kubia-rc-readinessprobe.yaml

```
apiVersion: v1
kind: ReplicationController
...
spec:
  ...
  template:
    ...
    spec:
      containers:
      - name: kubia
        image: luksa/kubia
        readinessProbe:
          exec:
            command:
            - ls
            - /var/ready
      ...
```

pod 中的每个容器都会有一个就绪探针

就绪探针将定期在容器内执行 `ls/var/ready` 命令。如果文件存在，则 `ls` 命令返回退出码 0，否则返回非零的退出码。如果文件存在，则就绪探针将成功；否则，它会失败。

定义这样一个奇怪的就绪探针的原因是，可以通过创建或删除有问题的文件来触发结果。该文件尚不存在，所以所有的 pod 现在应该报告没有准备好，是这样的吗？其实并不完全是，正如在前面章节中了解的那样，更改 ReplicationController 的 pod 模板对现有的 pod 没有影响。

换句话说，现有的所有 pod 仍没有定义准备就绪探针。可以通过使用 `kubectl get pods` 列出 pod 并查看 `READY` 列。需要删除 pod 并让它们通过 ReplicationController 重新创建。新的 pod 将进行就绪检查会一直失败，并且不会将其作为服务的端点，直到在每个 pod 中创建 `/var/ready` 文件。

观察并修改 pod 就绪状态

再次列出 pod 并检查它们是否准备好：

```
$ kubectl get po
NAME           READY     STATUS    RESTARTS   AGE
kubia-2r1qb    0/1       Running   0          1m
kubia-3rax1    0/1       Running   0          1m
kubia-3yw4s    0/1       Running   0          1m
```

`READY` 列显示出没有一个容器准备好。现在通过创建 `/var/ready` 文件使其中一个文件的就绪探针返回成功，该文件的存在可以模拟就绪探针成功：

```
$ kubectl exec kubia-2r1qb -- touch /var/ready
```

使用 kubectl exec 命令在 kubia-2r1qb 的 pod 容器内执行 touch 命令。如果文件尚不存在，touch 命令会创建该文件。就绪探针命令现在应该返回退出码 0，这意味着探测成功，并且现在应该显示 pod 已准备就绪。现在去查看其状态：

```
$ kubectl get po kubia-2r1qb
NAME          READY     STATUS     RESTARTS   AGE
kubia-2r1qb   0/1       Running    0          2m
```

该 pod 还没有准备好。有什么不对或者这是预期的结果吗？用 kubectl describe 来获得更详细的关于 pod 的信息。输出应该包含以下内容：

```
Readiness: exec [ls /var/ready] delay=0s timeout=1s period=10s #success=1
➥ #failure=3
```

准备就绪探针会定期检查——默认情况下每 10 秒检查一次。由于尚未调用就绪探针，因此容器未准备好。但是最晚 10 秒钟内，该 pod 应该已经准备就绪，其 IP 应该列为 service 的 endpoint（运行 kubectl get endpoint kubia-loadbalancer 来确认）。

服务打向单独的 pod

现在可以点击几次服务网址，查看每个请求都被重定向到这个 pod：

```
$ curl http://130.211.53.173
You've hit kubia-2r1qb
$ curl http://130.211.53.173
You've hit kubia-2r1qb
...
$ curl http://130.211.53.173
You've hit kubia-2r1qb
```

即使有三个 pod 正在运行，但只有一个 pod 报告已准备好，因此是唯一的 pod 接收请求。如果现在删除该文件，则将再次从该服务中删除该容器。

5.5.3　了解就绪探针的实际作用

此模拟就绪探针仅用于演示就绪探针的功能。在实际应用中，应用程序是否可以（并且希望）接收客户端请求，决定了就绪探测应该返回成功或失败。

应该通过删除 pod 或更改 pod 标签而不是手动更改探针来从服务中手动移除 pod。

提示　如果想要从某个服务中手动添加或删除 pod，请将 enabled=true 作为标签添加到 pod，以及服务的标签选择器中。当想要从服务中移除 pod 时，删除标签。

务必定义就绪探针

在总结本节之前，有两个关于就绪探针的要点，需要强调。首先，如果没有将就绪探针添加到pod中，它们几乎会立即成为服务端点。如果应用程序需要很长时间才能开始监听传入连接，则在服务启动但尚未准备好接收传入连接时，客户端请求将被转发到该pod。因此，客户端会看到“连接被拒绝”类型的错误。

提示 应该始终定义一个就绪探针，即使它只是向基准URL发送HTTP请求一样简单。

不要将停止pod的逻辑纳入就绪探针中

需要提及的另一件事情涉及pod生命周期结束（pod关闭），并且也与客户端出现连接错误相关。

当一个容器关闭时，运行在其中的应用程序通常会在收到终止信号后立即停止接收连接。因此，可能认为只要启动关机程序，就需要让就绪探针返回失败，以确保从所有服务中删除该pod。但这不是必需的，因为只要删除该容器，Kubernetes就会从所有服务中移除该容器。

5.6 使用headless服务来发现独立的pod

已经看到如何使用服务来提供稳定的IP地址，从而允许客户端连接到支持服务的每个pod（或其他端点）。到服务的每个连接都被转发到一个随机选择的pod上。但是如果客户端需要链接到所有的pod呢？如果后端的pod都需要连接到所有其他pod呢？通过服务连接显然不是这样的，那是怎样的呢？

要让客户端连接到所有pod，需要找出每个pod的IP。一种选择是让客户端调用Kubernetes API服务器并通过API调用获取pod及其IP地址列表，但由于应始终努力保持应用程序与Kubernetes无关，因此使用API服务器并不理想。

幸运的是，Kubernetes允许客户通过DNS查找发现pod IP。通常，当执行服务的DNS查找时，DNS服务器会返回单个IP——服务的集群IP。但是，如果告诉Kubernetes，不需要为服务提供集群IP（通过在服务spec中将`clusterIP`字段设置为`None`来完成此操作），则DNS服务器将返回pod IP而不是单个服务IP。

DNS服务器不会返回单个DNS `A`记录，而是会为该服务返回多个`A`记录，每个记录指向当时支持该服务的单个pod的IP。客户端因此可以做一个简单的DNS `A`记录查找并获取属于该服务一部分的所有pod的IP。客户端可以使用该信息连接到其中的一个、多个或全部。

5.6.1 创建 headless 服务

将服务 spec 中的 clusterIP 字段设置为 None 会使服务成为 headless 服务，因为 Kubernetes 不会为其分配集群 IP，客户端可通过该 IP 将其连接到支持它的 pod。

现在将创建一个名为 kubia-headless 的 headless 服务。以下代码清单显示了它的定义。

代码清单 5.18 一个 headless 服务：kubia-svc-headless.yaml

```
apiVersion: v1
kind: Service
metadata:
  name: kubia-headless
spec:
  clusterIP: None          <-- 这使得服务成为 headless 的
  ports:
  - port: 80
    targetPort: 8080
  selector:
    app: kubia
```

在使用 kubectl create 创建服务之后，可以通过 kubectl get 和 kubectl describe 来查看服务，你会发现它没有集群 IP，并且它的后端包含与 pod 选择器匹配的（部分）pod。“部分”是因为 pod 包含就绪探针，所以只有准备就绪的 pod 会被列出作为服务的后端文件来确保至少有两个 pod 报告已准备就绪，如上例所示：

```
$ kubectl exec <pod name> -- touch /var/ready
```

5.6.2 通过 DNS 发现 pod

准备好 pod 后，现在可以尝试执行 DNS 查找以查看是否获得了实际的 pod IP。需要从其中一个 pod 中执行查找。不幸的是，kubia 容器镜像不包含 nslookup（或 dig）二进制文件，因此无法使用它执行 DNS 查找。

所要做的就是在集群中运行的一个 pod 中执行 DNS 查询。为什么不寻找一个包含所需二进制文件的镜像来运行新的容器？要执行与 DNS 相关的操作，可以使用 Docker Hub 上提供的 tutum/dnsutils 容器镜像，它包含 nslookup 和 dig 二进制文件。要运行 pod，可以完成创建 YAML 清单并将其传给 kubectl create 的整个过程。但是太烦琐了，对吗？幸运的是，有一个更快的方法。

不通过 YAML 文件运行 pod

在第 1 章中，已经使用 kubectl run 命令在没有 YAML 清单的情况下创建了 pod。但是这次只想创建一个 pod，不需要创建一个 ReplicationController 来管理 pod。可以这样做：

```
$ kubectl run dnsutils --image=tutum/dnsutils --generator=run-pod/v1
➥ --command -- sleep infinity
pod "dnsutils" created
```

诀窍在 --generator=run-pod/v1 选项中，该选项让 kubectl 直接创建 pod，而不需要通过 ReplicationController 之类的资源来创建。

理解 headless 服务的 DNS A 记录解析

使用新创建的 pod 执行 DNS 查找：

```
$ kubectl exec dnsutils nslookup kubia-headless
...
Name:    kubia-headless.default.svc.cluster.local
Address: 10.108.1.4
Name:    kubia-headless.default.svc.cluster.local
Address: 10.108.2.5
```

DNS 服务器为 kubia-headless.default.svc.cluster.local FQDN 返回两个不同的 IP。这些是报告准备就绪的两个 pod 的 IP。可以通过使用 kubectl get pods -o wide 列出 pod 来确认此问题，该清单显示了 pod 的 IP。

这与常规（非 headless 服务）服务返回的 DNS 不同，比如 kubia 服务，返回的 IP 是服务的集群 IP：

```
$ kubectl exec dnsutils nslookup kubia
...
Name:    kubia.default.svc.cluster.local
Address: 10.111.249.153
```

尽管 headless 服务看起来可能与常规服务不同，但在客户的视角上它们并无不同。即使使用 headless 服务，客户也可以通过连接到服务的 DNS 名称来连接到 pod 上，就像使用常规服务一样。但是对于 headless 服务，由于 DNS 返回了 pod 的 IP，客户端直接连接到该 pod，而不是通过服务代理。

注意 headless 服务仍然提供跨 pod 的负载平衡，但是通过 DNS 轮询机制不是通过服务代理。

5.6.3 发现所有的 pod——包括未就绪的 pod

只有准备就绪的 pod 能够作为服务的后端。但有时希望即使 pod 没有准备就绪，服务发现机制也能够发现所有匹配服务标签选择器的 pod。

幸运的是，不必通过查询 Kubernetes API 服务器，可以使用 DNS 查找机制来查找那些未准备好的 pod。要告诉 Kubernetes 无论 pod 的准备状态如何，希望将所有 pod 添加到服务中。必须将以下注解添加到服务中：

```
kind: Service
metadata:
  annotations:
    service.alpha.kubernetes.io/tolerate-unready-endpoints: "true"
```

警告 就像说的那样，注解名称表明了这是一个 alpha 功能。Kubernetes Service API 已经支持一个名为 `publishNotReadyAddresses` 的新服务规范字段，它将替换 `tolerate-unready-endpoints` 注解。在 Kubernetes 1.9.0 版本中，这个字段还没有实现（这个注解决定了未准备好的 endpoints 是否在 DNS 的记录中）。检查文档以查看是否已更改。

5.7 排除服务故障

服务是 Kubernetes 的一个重要概念，也是让许多开发人员感到困扰的根源。许多开发人员为了弄清楚无法通过服务 IP 或 FQDN 连接到他们的 pod 的原因花费了大量时间。出于这个原因，了解一下如何排除服务故障是很有必要的：

如果无法通过服务访问 pod，应该根据下面的列表进行排查：

- 首先，确保从集群内连接到服务的集群 IP，而不是从外部。
- 不要通过 ping 服务 IP 来判断服务是否可访问（请记住，服务的集群 IP 是虚拟 IP，是无法 ping 通的）。
- 如果已经定义了就绪探针，请确保它返回成功；否则该 pod 不会成为服务的一部分。
- 要确认某个容器是服务的一部分，请使用 `kubectl get endpoints` 来检查相应的端点对象。
- 如果尝试通过 FQDN 或其中一部分来访问服务（例如，`myservice.mynamespace.svc.cluster.local` 或 `myservice.mynamespace`），但并不起作用，请查看是否可以使用其集群 IP 而不是 FQDN 来访问服务。
- 检查是否连接到服务公开的端口，而不是目标端口。
- 尝试直接连接到 pod IP 以确认 pod 正在接收正确端口上的连接。
- 如果甚至无法通过 pod 的 IP 访问应用，请确保应用不是仅绑定到本地主机。

这应该可以帮助解决大部分与服务相关的问题。将在第 11 章中了解更多有关服务如何工作的内容。通过了解它们的实现方式，应该可以更轻松地对它们进行故障排除。

5.8 本章小结

在本章中，已经学习了如何创建 Kubernetes 服务资源来暴露应用程序中可用的服务，无论每个服务后端有多少 pod 实例。你已经学会了 Kubernetes 关于服务的用法：

- 在一个固定的 IP 地址和端口下暴露匹配到某个标签选择器的多个 pod
- 服务在集群内默认是可访问的，通过将服务的类型设置为 `NodePort` 或 `LoadBalancer`，使得服务也可以从集群外部访问
- 让 pod 能够通过查找环境变量发现服务的 IP 地址和端口
- 允许通过创建服务资源而不指定选择器来发现驻留在集群外部的服务并与之通信，方法是创建关联的 Endpoint 资源
- 为具有 `ExternalName` 服务类型的外部服务提供 DNS `CNAME` 别名
- 通过单个 Ingress 公开多个 HTTP 服务（使用单个 IP）
- 使用 pod 容器的就绪探针来确定是否应该将 pod 包含在服务 endpoints 内
- 通过创建 headless 服务让 DNS 发现 pod IP

随着对服务的深入理解，也学习到了下面的内容：

- 故障排查
- 修改 Google Kubernetes/Compute Engine 中的防火墙规则
- 通过 `kubectl exec` 在 pod 容器中执行命令
- 在现有容器的容器中运行一个 `bash` shell
- 通过 `kubectl apply` 命令修改 Kubernetes 资源
- 使用 `kubectl run --generator=run-pod/v1` 运行临时的 pod

第6章 卷：将磁盘挂载到容器

本章内容包括

- 创建多容器 pod
- 创建一个可在容器间共享磁盘存储的卷
- 在 pod 中使用 git 仓库
- 将持久性存储（如 GCE 持久磁盘）挂载到 pod
- 使用预先配置的持久性存储
- 动态调配持久存储

在前面三个章节中，我们介绍了 pod 和与之交互的其他 Kubernetes 资源，即：ReplicationController(复制控制器)、ReplicaSet(副本服务器)、DaemonSet(守护进程集)、作业和服务。现在，我们回到 pod 中，来了解容器是如何访问外部磁盘存储的，以及如何在它们之间共享存储空间。

我们之前说过，pod 类似逻辑主机，在逻辑主机中运行的进程共享诸如 CPU、RAM、网络接口等资源。人们会期望进程也能共享磁盘，但事实并非如此。需要谨记一点，pod 中的每个容器都有自己独立的文件系统，因为文件系统来自容器镜像。

每个新容器都是通过在构建镜像时加入的详细配置文件来启动的。将此与 pod 中容器重新启动的现象结合起来(也许是因为进程崩溃，也许是存活探针向 Kubernetes 发送了容器状态异常的信号)，你就会意识到新容器并不会识别前一个容器写入文件系统内的任何内容，即使新启动的容器运行在同一个 pod 中。

在某些场景下，我们可能希望新的容器可以在之前容器结束的位置继续运行，比如在物理机上重启进程。可能不需要 (或者不想要) 整个文件系统被持久化，但又希望能保存实际数据的目录。

Kubernetes 通过定义存储卷来满足这个需求，它们不像 pod 这样的顶级资源，而是被定义为 pod 的一部分，并和 pod 共享相同的生命周期。这意味着在 pod 启动时创建卷，并在删除 pod 时销毁卷。因此，在容器重新启动期间，卷的内容将保持不变，在重新启动容器之后，新容器可以识别前一个容器写入卷的所有文件。另外，如果一个 pod 包含多个容器，那这个卷可以同时被所有的容器使用。

6.1 介绍卷

Kubernetes 的卷是 pod 的一个组成部分，因此像容器一样在 pod 的规范中就定义了。它们不是独立的 Kubernetes 对象，也不能单独创建或删除。pod 中的所有容器都可以使用卷，但必须先将它挂载在每个需要访问它的容器中。在每个容器中，都可以在其文件系统的任意位置挂载卷。

6.1.1 卷的应用示例

假设有一个带有三个容器的 pod(如图 6.1 所示)，一个容器运行了一个 web 服务器，该 web 服务器的 HTML 页面目录位于 /var/htdocs，并将站点访问日志存储到 /var/logs 目录中。第二个容器运行了一个代理来创建 HTML 文件，并将它们存放在 /var/html 中，第三个容器处理在 /var/logs 目录中找到的日志 (转换、压缩、分析它们或者做其他处理)。

每个容器都有一个很明确的用途，但是每个容器单独使用就没有多大用处了。在没有共享磁盘存储的情况下，用这三个容器创建一个 pod 没有任何意义。因为内容生成器 (content generator) 会在自己的容器中存放生成的 HTML 文件，而 web 服务器无法访问这些文件，因为它运行在一个隔离的独立容器内。正好相反，它会托管放置在容器镜像的 /var/htdocs 目录下的任意内容，或者是放置在容器镜像中 /var/htdocs 路径下的任意内容。同样，日志转换器（logrotator）也无事可做，因为它的 /var/logs 目录始终是空的，并没有日志写入。一个有这三个容器而没有挂载卷的 pod 基本上什么也做不了。

但是，如果将两个卷添加到 pod 中，并在三个容器的适当路径上挂载它们，如图 6.2 所示，就已经创建出一个比其各个部分之和更完善的系统。Linux 允许在文件树中的任意位置挂载文件系统，当这样做的时候，挂载的文件系统内容在目录中是可以访问的。通过将相同的卷挂载到两个容器中，它们可以对相同的文件进行操作。在这个例子中，只需要在三个容器中挂载两个卷，这样三个容器将可以一起工作，并发挥作用。下面解释一下：

首先，pod 有一个名为 publicHtml 的卷，这个卷被挂载在 WebServer 容器的 /var/htdocs 中，因为这是 web 服务器的服务目录。在 ContentAgent 容器中也挂载了相同的卷，但在 /var/html 中，因为代理将文件写入 /var/html 中。通过这种方式挂载这个卷，web 服务器现在将为 content agent 生成的内容提供服务。

同样，pod 还拥有一个名为 logVol 的卷，用于存放日志，此卷在 WebServer 和 LogRotator 容器中的 /var/log 中挂载，注意，它没有挂载在 ContentAgent 容器中，这个容器不能访问它的文件，即使容器和卷是同一个 pod 的一部分，在 pod 的规范中定义卷是不够的。如果我们希望容器能够访问它，还需要在容器的规范中定义一个 VolumeMount。

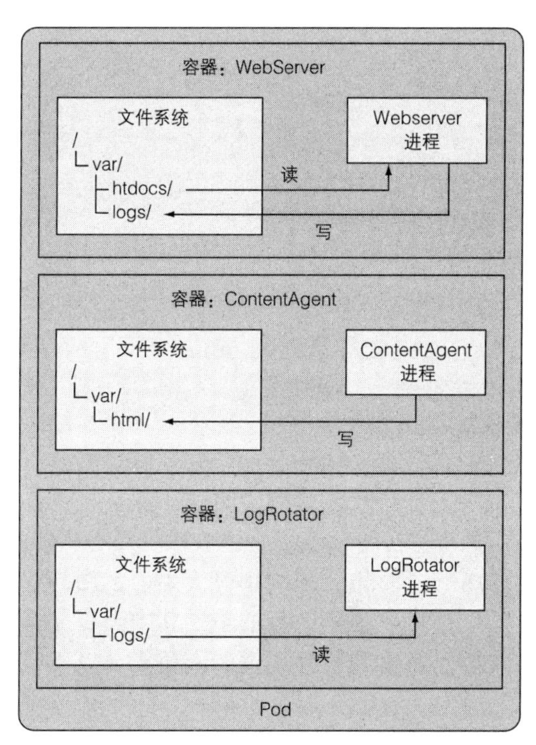

图 6.1 同一个 pod 的三个容器没有共享存储

在本例中，两个卷最初都是空的，因此可以使用一种名为 emptyDir 的卷。Kubernetes 还支持其他类型的卷，这些卷要么是在从外部源初始化卷时填充的，要么是在卷内挂载现有目录。这个填充或装入卷的过程是在 pod 内的容器启动之前执行的。

卷被绑定到pod的lifecycle(生命周期)中，只有在pod存在时才会存在，但取决于卷的类型，即使在pod和卷消失之后，卷的文件也可能保持原样，并可以挂载到新的卷中。让我们来看看卷有哪些类型。

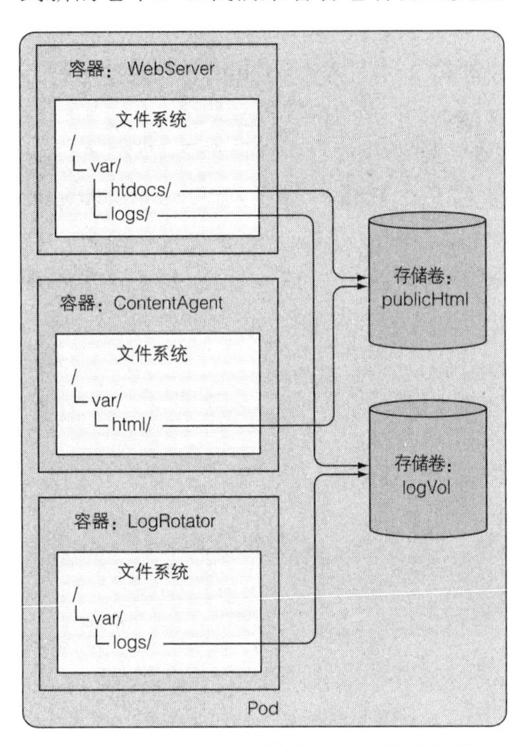

图6.2 三个容器共享挂载在不同安装路径的两个卷上

6.1.2 介绍可用的卷类型

有多种卷类型可供选择。其中一些是通用的，而另一些则相对于当前常用的存储技术有较大差别。如果从来没有听说过这些技术，也别太担心——其中至少一半笔者也没有听说过。你有可能只会用到那些自己熟悉和曾经用过的卷技术。以下是几种可用卷类型的列表：

- `emptyDir`——用于存储临时数据的简单空目录。
- `hostPath` ——用于将目录从工作节点的文件系统挂载到pod中。
- `gitRepo`——通过检出Git仓库的内容来初始化的卷。
- `nfs`——挂载到pod中的NFS共享卷。

- gcePersistentDisk（Google 高效能型存储磁盘卷）、awsElasticBlockStore（AmazonWeb 服务弹性块存储卷）、azureDisk（Microsoft Azure 磁盘卷）——用于挂载云服务商提供的特定存储类型。
- cinder、cephfs、iscsi、flocker、glusterfs、quobyte、rbd、flexVolume、vsphere-Volume、photonPersistentDisk、scaleIO 用于挂载其他类型的网络存储。
- configMap、secret、downwardAPI——用于将 Kubernetes 部分资源和集群信息公开给 pod 的特殊类型的卷。
- persistentVolumeClaim——一种使用预置或者动态配置的持久存储类型（我们将在本章的最后一节对此展开讨论）。

这些卷类型有各种用途。我们将在下面的部分中了解其中一些内容。特殊类型的卷（secret、downwardAPI、configMap）将在接下来的两章中讨论，因为它们不是用于存储数据，而是用于将 Kubernetes 元数据公开给运行在 pod 中的应用程序。

单个容器可以同时使用不同类型的多个卷，而且正如我们前面提到的，每个容器都可以装载或不装载卷。

6.2 通过卷在容器之间共享数据

尽管一个卷即使被单个容器使用也可能很有用，但是我们首先要关注它是如何用于在一个 pod 的多个容器之间共享数据的。

6.2.1 使用 emptyDir 卷

最简单的卷类型是 emptyDir 卷，所以作为第一个例子让我们看看如何在 pod 中定义卷。顾名思义，卷从一个空目录开始，运行在 pod 内的应用程序可以写入它需要的任何文件。因为卷的生存周期与 pod 的生存周期相关联，所以当删除 pod 时，卷的内容就会丢失。

一个 emptyDir 卷对于在同一个 pod 中运行的容器之间共享文件特别有用。但是它也可以被单个容器用于将数据临时写入磁盘，例如在大型数据集上执行排序操作时，没有那么多内存可供使用。数据也可以写入容器的文件系统本身 (还记得容器的顶层读写层吗？)，但是这两者之间存在着细微的差别。容器的文件系统甚至可能是不可写的 (我们将在书的末尾讨论这个问题)，所以写到挂载的卷可能是唯一的选择。

在 pod 中使用 emptyDir 卷

让我们重新回顾一下前面的例子，其中 web 服务器、内容代理和日志转换器共享两个卷，但让我们简化一下，现在将构建一个仅有 web 服务器容器内容代理和单独 HTML 的卷的 pod。

我们将使用 Nginx 作为 Web 服务器和 UNIX `fortune` 命令来生成 HTML 内容，`fortune` 命令每次运行时都会输出一个随机引用，可以创建一个脚本每 10 秒调用一次执行，并将其输出存储在 index.html 中，在 Docker Hub 上可以找到一个现成的 Nginx 镜像，但是需要自己创建 `fortune` 镜像，或者使用笔者已经构建并推送到 Docker Hub `luksa/Fortune` 下的镜像。如果你希望了解如何构建 Docker 镜像，请参考下面的注解（构建 fortune 容器镜像）。

构建 fortune 容器镜像

这里描述如何创建镜像，创建一个名为 fortune 的新目录，然后在其中创建一个具有以下内容的 `fortuneloop.sh` 的 shell 脚本：

```
#!/bin/bash
trap "exit" SIGINT
mkdir /var/htdocs
while :
do
  echo $(date) Writing fortune to /var/htdocs/index.html
  /usr/games/fortune > /var/htdocs/index.html
  sleep 10
done
```

然后，在同一个目录中，创建一个名为 Dockerfile 的文件，其中包含以下内容：

```
FROM ubuntu:latest
RUN apt-get update ; apt-get -y install fortune
ADD fortuneloop.sh /bin/fortuneloop.sh
ENTRYPOINT /bin/fortuneloop.sh
```

该镜像基于 `ubuntu:latest` 镜像，默认情况下不包括 `fortune` 二进制文件。这就是为什么在 Dockerfile 的第二行中，需要使用 `apt-get` 安装它的原因。之后，可以向镜像的 `/bin` 文件夹中添加 `fortuneloop.sh` 脚本。在 Dockerfile 的最后一行中，指定镜像启动时执行 `fortuneloop.sh` 脚本。

准备好这两个文件之后，使用以下两个命令（用自己的 Docker Hub 用户 ID 替换 `luksa`）构建镜像并上传到 Docker Hub：

```
$ docker build -t luksa/fortune .
$ docker push luksa/fortune
```

创建 pod

现在有两个镜像需要运行在 pod 上，是时候创建 pod 的 manifest 了，创建一个名为 fortune-pod.yaml 的文件，其内容包含在下面的代码清单中。

代码清单 6.1 一个 pod 中有两个共用同一个卷的容器：fortune-pod.yaml

```
apiVersion: v1
kind: Pod
metadata:
  name: fortune
spec:
  containers:
  - image: luksa/fortune
    name: html-generator
    volumeMounts:
    - name: html
      mountPath: /var/htdocs
  - image: nginx:alpine
    name: web-server
    volumeMounts:
    - name: html
      mountPath: /usr/share/nginx/html
      readOnly: true
    ports:
    - containerPort: 80
      protocol: TCP
  volumes:
  - name: html
    emptyDir: {}
```

第一个容器名为 html-generator，运行 luksa/fortune 镜像

名为 html 的卷挂载在容器的 /var/htdocs 中

第二个容器称为 web-server，运行 nginx:alpine 镜像

与上面相同的卷挂载在 /usr/share/nginx/html 上，设为只读

一个名为 html 的单独 emptyDir 卷，挂载在上面的两个容器中

pod 包含两个容器和一个挂载在两个容器中的共用的卷，但在不同的路径上。当 `html-generator` 容器启动时，它每 10 秒启动一次 `fortune` 命令输出到 /var/htdocs/index.html 文件。因为卷是在 /var/htdocs 上挂载的，所以 index.html 文件被写入卷中，而不是容器的顶层。一旦 `web-server` 容器启动，它就开始为 `/usr/share/nginx/html` 目录中的任意 HTML 文件提供服务（这是 Nginx 服务的默认服务文件目录）。因为我们将卷挂载在那个确切的位置，Nginx 将为运行 fortune 循环的容器输出的 index.html 文件提供服务。最终的效果是，一个客户端向 pod 上的 80 端口发送一个 HTTP 请求，将接收当前的 fortune 消息作为响应。

查看 pod 状态

为了查看 fortune 消息，需要启用对 pod 的访问，可以尝试将端口从本地机器转发到 pod 来实现：

```
$ kubectl port-forward fortune 8080:80
Forwarding from 127.0.0.1:8080 -> 80
Forwarding from [::1]:8080 -> 80
```

注意 作为练习，还可以通过服务来访问该 pod，而不是单纯使用端口转发。

现在可以通过本地计算机的 8080 端口来访问 Nginx 服务器。通过执行 `curl` 命令：

```
$ curl http://localhost:8080
Beware of a tall blond man with one black shoe.
```

如果等待几秒发送另一个请求，则应该会接收到另一条信息。通过组合两个容器，就创建了一个简单的应用，通过这个应用可以观察到卷是如何将两个容器组合在一起，并分别增强它们各自的功能的。

指定用于 EMPTYDIR 的介质

作为卷来使用的 `emptyDir`，是在承载 pod 的工作节点的实际磁盘上创建的，因此其性能取决于节点的磁盘类型。但我们可以通知 Kubernetes 在 tmfs 文件系统 (存在内存而非硬盘) 上创建 `emptyDir`。因此，将 `emptyDir` 的 `medium` 设置为 `Memory`:

```
volumes:
  - name: html
    emptyDir:
      medium: Memory
```

emptyDir 的文件将会存储在内存中

`emptyDir` 卷是最简单的卷类型，但是其他类型的卷都是在它的基础上构建的，在创建空目录后，它们会用数据填充它。有一种称作 `gitRepo` 的卷类型，我们将在下面进行介绍。

6.2.2 使用 Git 仓库作为存储卷

`gitRepo` 卷基本上也是一个 `emptyDir` 卷，它通过克隆 Git 仓库并在 pod 启动时 (但在创建容器之前) 检出特定版本来填充数据，如图 6.3 所示。

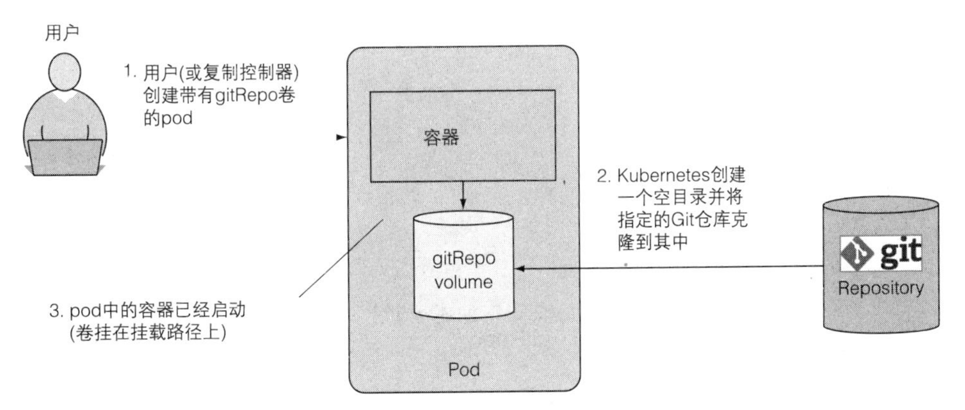

图 6.3 gitRepo 卷是一个 emptyDir 卷，最初填充了 Git 仓库的内容

注意 在创建 gitRepo 卷后，它并不能和对应 repo 保持同步。当向 Git 仓库推送新增的提交时，卷中的文件将不会被更新。然而，如果所用的 pod 是由 ReplicationController 管理的，删除这个 pod 将触发新建一个新的 pod，而这个新 pod 的卷中将包含最新的提交。

例如，我们可以使用 Git 仓库来存放网站的静态 HTML 文件，并创建一个包含 web 服务器容器和 gitRepo 卷的 pod。每当 pod 创建时，它会拉取网站的最新版本并开始托管网站。唯一的缺点是，每次将更改推送到 gitRepo 时，都需要删除 pod，才能托管新版本的网站。

让我们现在开始，这跟你以前做的很接近。

从一个克隆的 Git 仓库中运行 web 服务器 pod 的服务文件

在创建 pod 之前，需要有一个包含 HTML 文件并实际可用的 Git 仓库，笔者在 GitHub 创建了一个 repo，链接为：https://github.com/luksa/kubia-website-example.git。我们需要 fork 这个项目（在 github 上创建你自己的 repo 副本），这样就可以在后面对其进行变更修改。

当我们完成了 fork 操作，就可以继续创建 pod 了。这次，只需要一个 Nginx 容器和一个 gitRepo 卷（确保已将 gitRepo 卷指向 fork 来的 repo 副本），如下面的代码清单所示。

代码清单 6.2 使用 gitRepo 卷的 pod: gitrepo-volume-pod.yaml

```
apiVersion: v1
kind: Pod
metadata:
  name: gitrepo-volume-pod
```

```
spec:
  containers:
  - image: nginx:alpine
    name: web-server
    volumeMounts:
    - name: html
      mountPath: /usr/share/nginx/html
      readOnly: true
    ports:
    - containerPort: 80
      protocol: TCP
  volumes:
  - name: html
    gitRepo:                          ← 你正在创建一个 gitRepo 卷
      repository: https://github.com/luksa/kubia-website-example.git   ← 这个卷克隆至一个 Git 仓库
      revision: master                ← 检出主分支
      directory: .                    ← 将 repo 克隆到卷的根目录
```

在创建 pod 时，首先将卷初始化为一个空目录，然后将制定的 Git 仓库克隆到其中。如果没有将目录设置为 . (句点)，存储库将会被克隆到 kubia-website-example 示例目录中，这不是我们想要的结果。我们预期将 repo 克隆到卷的根目录中。在设置存储库时，我们还需要指明让 Kubernetes 切换到 master 分支所在的版本来创建存储卷修订变更。

在 pod 运行时，我们可以尝试通过端口转发、服务或在 pod(或集群中的任意其他 pod) 中运行 `curl` 命令来访问 pod。

确认文件未与 Git 仓库保持同步

现在，我们将对 Github 项目中的 index.html 文件进行更改。如果不在本地使用 Git，可以直接在 Github 上编辑文件——单击 Github 存储库中的文件以打开该文件，然后单击铅笔图标开始编辑它。更改文本，然后单击底部的按钮提交更改。

Git 仓库的主分支现在包含对 HTML 文件所做的更改。而这些更改在 Nginx web 服务器上不可见，因为 `gitrepo` 卷与 Git 仓库未能保持同步。可以通过再次访问 pod 来确认这一点。

要查看新版本的站点，需要删除 pod 并重建，每次进行更改时，没必要每次都删除 pod，可以运行一个附加进程来使卷与 Git 仓库保持同步。在这里不详细解释如何实现，相反，建议自己多做练习，这里可以给到一些指引。

介绍 sidecar 容器

Git 同步进程不应该运行在与 Nginx 站点服务器相同的容器中，而是在第二个容器：*sidecar container*。它是一种容器，增加了对 pod 主容器的操作。可以将一个 sidecar 添加到 pod 中，这样就可以使用现有的容器镜像，而不是将附加逻辑填入主应用程序的代码中，这会使它过于复杂和不可复用。

为了找到一个保持本地目录与 Git 仓库同步的现有容器镜像，转到 Docker Hub 并搜索“git syc”，可以看到很多可以实现的镜像。然后在示例中，从 pod 的一个新容器使用镜像，挂载 pod 现有的 `gitRepo` 卷到新容器中，并配置 Git 同步容器来保持文件与 Git repo 同步。如果正确设置了所有的内容，应该能看到 web 服务器正在加载的文件与 GitHub repo 同步。

注意 第 18 章中的一个例子包含了类似的 Git 同步容器，所以可以等读到第 18 章，再跟着分步说明做这个练习。

使用带有专用 Git 仓库的 gitRepo 卷

另外还有一个原因，使得我们必须依赖于 Git sync sidecar 容器。我们还没有讨论过是否可以使用对应私有 Git repo 的 `gitRepo` 卷，其实不可行。Kubernetes 开发人员的共识是保持 `gitRepo` 卷的简单性，而不添加任何通过 SSH 协议克隆私有存储库的支持，因为这需要向 `gitRepo` 卷添加额外的配置选项。

如果想要将私有的 Git repo 克隆到容器中，则应该使用 gitsync sidecar 或类似的方法，而不是使用 `gitRepo` 卷。

总结 gitRepo 存储卷

`gitRepo` 容器就像 `emptyDir` 卷一样，基本上是一个专用目录，专门用于包含卷的容器并单独使用。当 pod 被删除时，卷及其内容被删除。然而，其他类型的卷并不创建新目录，而是将现有的外部目录挂载到 pod 的容器文件系统中。该卷的内容可以保存多个 pod 实例化，接下来我们将了解这些类型的卷。

6.3 访问工作节点文件系统上的文件

大多数 pod 应该忽略它们的主机节点，因此它们不应该访问节点文件系统上的任何文件。但是某些系统级别的 pod(切记，这些通常由 DaemonSet 管理) 确实需要读取节点的文件或使用节点文件系统来访问节点设备。Kubernetes 通过 `hostPath` 卷实现了这一点。

6.3.1 介绍 hostPath 卷

`hostPath` 卷指向节点文件系统上的特定文件或目录（请参见图 6.4）。在同一个节点上运行并在其 `hostPath` 卷中使用相同路径的 pod 可以看到相同的文件。

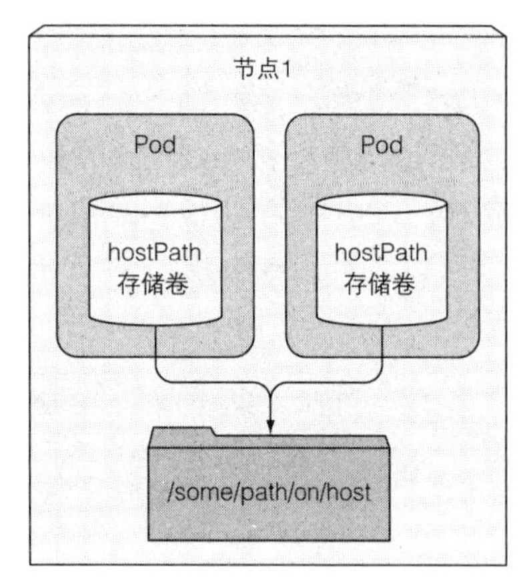

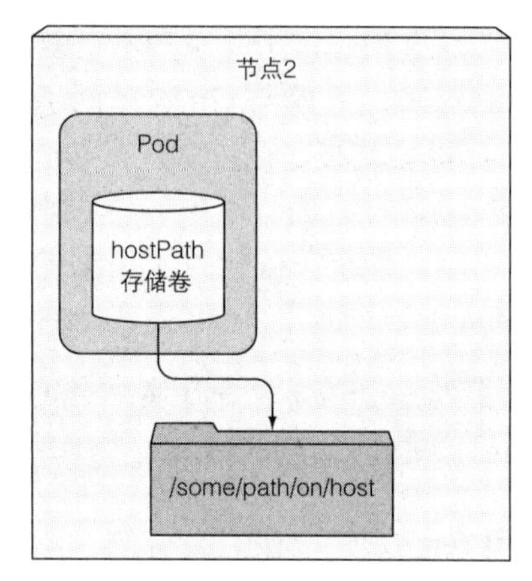

图 6.4 hostPath 卷将工作节点上的文件或目录挂载到容器的文件系统中

hostPath 卷是我们介绍的第一种类型的持久性存储，因为 gitRepo 和 emptyDir 卷的内容都会在 pod 被删除时被删除，而 hostPath 卷的内容则不会被删除。如果删除了一个 pod，并且下一个 pod 使用了指向主机上相同路径的 hostPath 卷，则新 pod 将会发现上一个 pod 留下的数据，但前提是必须将其调度到与第一个 pod 相同的节点上。

如果你正在考虑使用 hostPath 卷作为存储数据库数据的目录，请重新考虑。因为卷的内容存储在特定节点的文件系统中，所以当数据库 pod 被重新安排在另一个节点时，会找不到数据。这解释了为什么对常规 pod 使用 hostPath 卷不是一个好主意，因为这会使 pod 对预定规划的节点很敏感。

6.3.2 检查使用 hostPath 卷的系统 pod

让我们看看如何正确地使用 hostPath 卷。我们先看一下是否有系统层面的 pod 已经在使用这种类型的卷，而不是直接创建一个新 pod。你可能还记得前面一章中，有几个这样的 pod 正在 kube-system 命名空间中运行，再次列出它们：

```
$ kubectl get pod s --namespace kube-system
NAME                          READY     STATUS    RESTARTS   AGE
fluentd-kubia-4ebc2f1e-9a3e   1/1       Running   1          4d
fluentd-kubia-4ebc2f1e-e2vz   1/1       Running   1          31d
...
```

选择第一个并查看其使用的卷大小 (在下面的代码清单中显示)。

代码清单 6.3 使用 hostPath 卷访问节点日志的 pod

```
$ kubectl describe po fluentd-kubia-4ebc2f1e-9a3e --namespace kube-system
Name:           fluentd-cloud-logging-gke-kubia-default-pool-4ebc2f1e-9a3e
Namespace:      kube-system
...
Volumes:
  varlog:
    Type:       HostPath (bare host directory volume)
    Path:       /var/log
  varlibdockercontainers:
    Type:       HostPath (bare host directory volume)
    Path:       /var/lib/docker/containers
```

提示 如果你使用的是 Minikube，试试 kube-addon-manager-minikube pod。

pod 使用两个 hostPath 卷来访问节点的 /var/log 和 /var/lib/docker/containers 目录。也许你认为在第一次尝试时就找到一个在使用 hostPath 卷的 pod 很幸运，但实际上并不是这样 (至少在 GKE 不是)。检查其他文件，将能看到大多数情况下都使用这种类型的卷来访问节点的日志文件、kubeconfig（Kubernetes 配置文件）或 CA 证书。

如果检查其他 pod，则会看到其中没有一个使用 hostPath 卷来存储自己的数据，都是使用这种卷来访问节点的数据。但是，正如我们在本章后面将看到的，hostPath 卷通常用于尝试单节点集群中的持久化存储，譬如 Minikube 创建的集群。继续阅读，我们将了解即使在多节点集群中也应该使用哪些类型的卷来正确地存储持久化数据。

提示 请记住仅当需要在节点上读取或写入系统文件时才使用 hostPath，切勿使用它们来持久化跨 pod 的数据。

6.4 使用持久化存储

当运行在一个 pod 中的应用程序需要将数据保存到磁盘上，并且即使该 pod 重新调度到另一个节点时也要求具有相同的数据可用。这就不能使用到目前为止我们提到的任何卷类型，由于这些数据需要可以从任何集群节点访问，因此必须将其存储在某种类型的网络存储 (NAS) 中。

要了解允许保存数据的卷，我们将创建一个运行 MongoDB(文件类型 NoSQL 数据库) 的 pod。除了测试目的，运行没有卷或非持久卷的数据库 pod 没有任何意义，所以需要为该 pod 添加适当类型的卷并将其挂载在 MongoDB 容器中。

6.4.1　使用 GCE 持久磁盘作为 pod 存储卷

如果是在 Google Kubernetes Engine 中运行这些示例，那么由于集群节点是运行在 Google Compute Engine (GCE) 之上，则将使用 GCE 持久磁盘作为底层存储机制。

在早期版本中，Kubernetes 没有自动配置底层存储，必须手动执行此操作。自动配置现在已经可以实现，我们将在本章的后面部分进一步了解。首先，我们需要手动配置存储，这样可以让你有机会了解背后发生了什么。

创建 GCE 持久磁盘

首先创建 GCE 持久磁盘。我们需要在同一区域的 Kubernetes 集群中创建它，如果你不记得是在哪个区域创建了集群，可以通过使用 `gcloud` 命令来查看：

```
$ gcloud container clusters list
NAME   ZONE            MASTER_VERSION  MASTER_IP       ...
kubia  europe-west1-b  1.2.5           104.155.84.137  ...
```

以上输出说明已经在 `europe-west1-b` 区域中创建了集群，因此也需要在同一区域中创建 GCE 持久磁盘。可以像这样创建磁盘：

```
$ gcloud compute disks create --size=1GiB --zone=europe-west1-b mongodb
WARNING: You have selected a disk size of under [200GB]. This may result in
     poor I/O performance. For more information, see:
     https://developers.google.com/compute/docs/disks#pdperformance.
Created [https://www.googleapis.com/compute/v1/projects/rapid-pivot-
     136513/zones/europe-west1-b/disks/mongodb].
NAME     ZONE            SIZE_GB  TYPE         STATUS
mongodb  europe-west1-b  1        pd-standard  READY
```

这个命令创建了一个 1GiB 容量并命名为 `mongodb` 的 GCE 持久磁盘。可以忽略有关磁盘大小的告警，因为我们无须关心用于测试的磁盘性能。

创建一个使用 GCE 持久磁盘卷的 pod

现在我们已经正确设置了物理存储，可以在 MongoDB pod 的卷中使用它。着手为 pod 准备 YAML，如下面的代码清单所示。

代码清单 6.4 一个使用 `gce Persistent Disk` 卷的 pod: mongodb-pod-gcepd.yaml

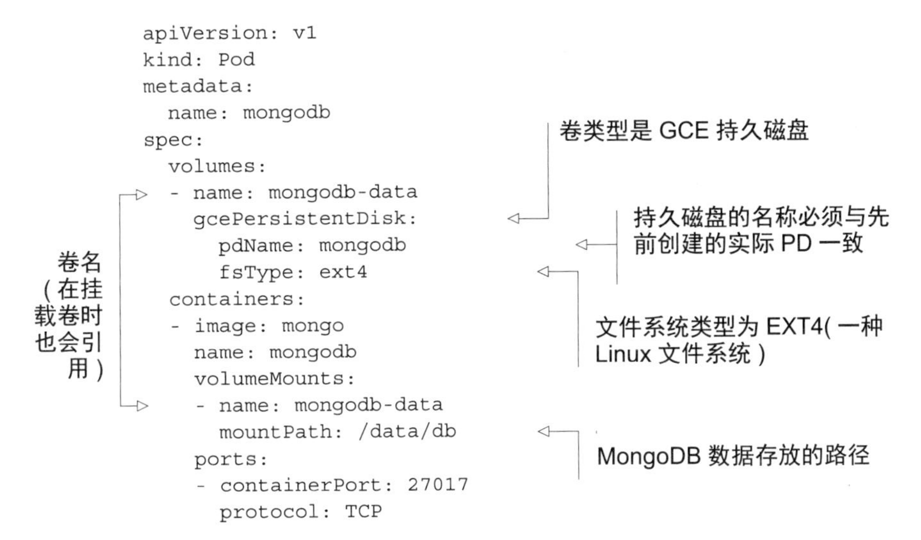

```
apiVersion: v1
kind: Pod
metadata:
  name: mongodb
spec:
  volumes:
  - name: mongodb-data
    gcePersistentDisk:
      pdName: mongodb
      fsType: ext4
  containers:
  - image: mongo
    name: mongodb
    volumeMounts:
    - name: mongodb-data
      mountPath: /data/db
    ports:
    - containerPort: 27017
      protocol: TCP
```


提示 如果要使用 Minikube，就不能使用 GCE 持久磁盘，但是可以部署 `mongodb-pod-hostpath.yaml`，这个使用的是 `hostpath` 卷而不是 GCE 持久磁盘。

pod 包含一个容器和一个卷，被之前创建的 GCE 持久磁盘支持（如图 6.5 所示）。因为 MongoDB 就是在 /data/db 上存储数据的，所以容器中的卷也要挂载在这个路径上。

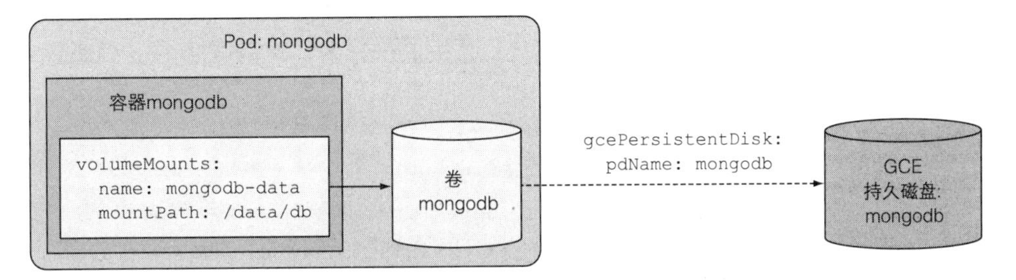

图 6.5 带有单个运行 Mongodb 的容器的 pod，该容器挂载引用外部的 GCE 持久磁盘

通过向 MongoDB 数据库添加文档来将数据写入持久化存储

现在已经创建了 pod 并且容器也已经启动，我们可以在容器中运行 MongoDB shell，从而向数据存储写入一些数据。

如下面的代码清单所示执行 shlle 命令。

代码清单 6.5 在 mongodb pod 中执行 MongoDB shell

```
$ kubectl exec -it mongodb mongo
MongoDB shell version: 3.2.8
connecting to: mongodb://127.0.0.1:27017
Welcome to the MongoDB shell.
For interactive help, type "help".
For more comprehensive documentation, see
    http://docs.mongodb.org/
Questions? Try the support group
    http://groups.google.com/group/mongodb-user
...
>
```

MongoDB 允许存储 JSON 文档，所以我们将存放一个文档，以查看其是否被持久化存储，并且可以在重新创建 pod 后检索到。使用以下命令插入一个新的 JSON 文档：

```
> use mystore
switched to db mystore
> db.foo.insert({name:'foo'})
WriteResult({ "nInserted" : 1 })
```

你已经插入了一个简单的 JSON 文档（name:'foo'），现在，可以通过 find() 命令来查看插入的文档：

```
> db.foo.find()
{ "_id" : ObjectId("57a61eb9de0cfd512374cc75"), "name" : "foo" }
```

文档现在已经被存储在 GCE Persistent Disk 中了。

重新创建 pod 并验证其可以读取由前一个 pod 保存的数据

现在可以退出 mongodb shell（输入 exit 并按 Enter 键），然后删除 pod 并重建：

```
$ kubectl delete pod mongodb
pod "mongodb" deleted
$ kubectl create -f mongodb-pod-gcepd.yaml
pod "mongodb" created
```

新的 pod 使用与前一个 pod 完全相同的 GCE Persistent Disk，所以运行在其中的 MongoDB 容器应该会看到完全相同的数据，即便将 pod 调度到不同的节点也是一样的。

提示 可以通过执行 kubectl get po-owide 来查看 pod 被调度到哪个节点上。

容器启动后，可以再次运行 MongoDB shell 来检查是否还可以检索之前存储的文档，如下面的代码清单所示。

代码清单 6.6 在新 pod 中检索 MongoDB 的持久化数据

```
$ kubectl exec -it mongodb mongo
MongoDB shell version: 3.2.8
connecting to: mongodb://127.0.0.1:27017
Welcome to the MongoDB shell.
...
> use mystore
switched to db mystore
> db.foo.find()
{ "_id" : ObjectId("57a61eb9de0cfd512374cc75"), "name" : "foo" }
```

符合预期，数据仍然存在，即便删除了 pod 并重建。这证实了可以使用 GCE 持久磁盘在多个 pod 实例中持久化数据。

我们完成了 MongoDB pod 的操作，所以继续清理这个 pod，但是不要删除底层的 GCE 持久磁盘，我们将在本章后面再次用到。

6.4.2 通过底层持久化存储使用其他类型的卷

因为你的 Kubernetes 集群运行在 Google Kubernetes 引擎上所以需要创建 GCE persistent disk。当在其他地方运行 Kubernetes 集群时，应该根据不同的基础设施使用其他类型的卷。

例如，如果你的 Kubernetes 集群运行在 Amazon 的 AWS EC2 上，就可以使用 `awsElasticBlockStore` 卷给你的 pod 提供持久化存储。如果集群在 Microsoft Azure 上运行，则可以使用 `azureFile` 或者 `azureDisk` 卷。我们无法在这里详细介绍如何去实现，实际上与前面的示例是一样的。首先，需要创建实际的底层存储，然后在卷定义中设置适当的属性。

使用 AWS 弹性块存储卷

例如，要使用 AWS 弹性块存储（Aws Elastic Block Store）而不是 GCE 持久磁盘，只需要更改卷定义。如下面的代码清单所示 (请参阅以粗体标注的行)。

代码清单 6.7 使用 `awsElastic Block Store` 卷的 pod: mongodb-pod-aws.yaml

```
apiVersion: v1
kind: Pod
metadata:
  name: mongodb
spec:
  volumes:
```

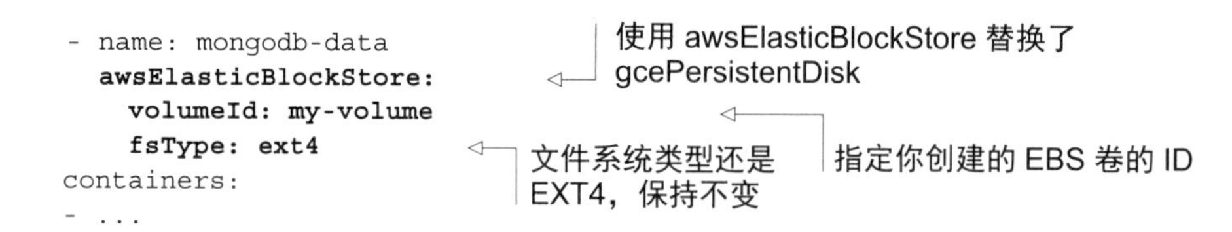
- name: mongodb-data
awsElasticBlockStore:
volumeId: my-volume
fsType: ext4
containers:
- ...
使用 awsElasticBlockStore 替换了 gcePersistentDisk
指定你创建的 EBS 卷的 ID
文件系统类型还是 EXT4，保持不变

使用NFS卷

如果集群是运行在自有的一组服务器上，那么就有大量其他可移植的选项用于在卷内挂载外部存储。例如，要挂载一个简单的 NFS 共享，只需指定 NFS 服务器和共享路径，如下面的代码清单所示。

代码清单 6.8　使用 NFS 的 pod: mongodb-pod-nfs.yaml

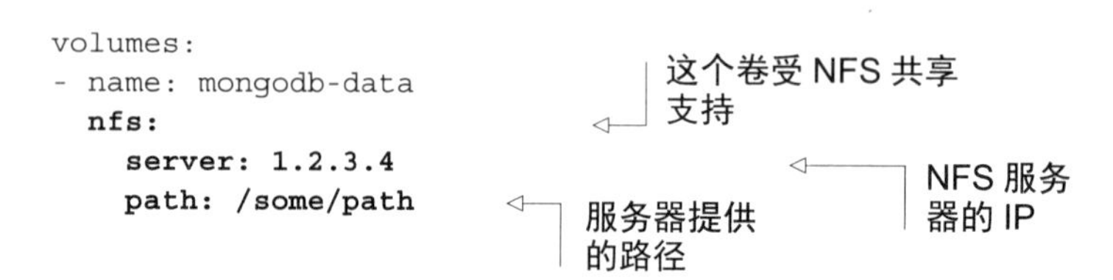
volumes:
- name: mongodb-data
nfs:
server: 1.2.3.4
path: /some/path
这个卷受 NFS 共享支持
NFS 服务器的 IP
服务器提供的路径

使用其他存储技术

其他的支持选项包括用于挂载 ISCSI 磁盘资源的 `iscsi`，用于挂载 GlusterFS 的 `glusterfs`，适用于 RADOS 块设备的 rbd，还有 `flexVolume`、`cinder`、`cephfs`、`flocker`、`fc`(光纤通道)等。`rbd` 如果你不会使用到它们，就不需要知道所有的信息。这里提到是为了展示 Kubernetes 支持广泛的存储技术，并且可以使用喜欢和习惯的任何存储技术。

要了解每个卷类型设置需要哪些属性的详细信息，可以转到 Kubernetes API 引用中的 Kubernetes API 定义，或者通过第三章展示的通过 `kubectl explain` 查找信息。如果你已经熟悉了一种特定的存储技术，那么使用 `explain` 命令可以让你轻松地了解如何挂载一个适当类型的卷，并在 pod 中使用它。

但是开发人员需要知道所有信息吗？开发人员在创建 pod 时，应该处理与基础设施相关的存储细节，还是应该留给集群管理员处理？

通过 pod 的卷来隐藏真实的底层基础设施，不就是 Kubernetes 存在的意义吗？举个例子，让研发人员来指定 NFS 服务器的主机名会是一件感觉很糟糕的事情。而这还不是最糟糕的。

将这种涉及基础设施类型的信息塞到一个 pod 设置中，意味着 pod 设置与特定的 Kubernetes 集群有很大耦合度。这就不能在另一个 pod 中使用相同的设置了。所以使用这样的卷并不是在 pod 中附加持久化存储的最佳实践。在下一节中，我们将学习如何改进这一点。

6.5　从底层存储技术解耦pod

到目前为止，我们探索过的所有持久卷类型都要求 pod 的开发人员了解集群中可用的真实网络存储的基础结构。例如，要创建支持 NFS 协议的卷，开发人员必须知道 NFS 节点所在的实际服务器。这违背了 Kubernetes 的基本理念，这个理念旨在向应用程序及其开发人员隐藏真实的基础设施，使他们不必担心基础设施的具体状态，并使应用程序可在大量云服务商和数据企业之间进行功能迁移。

理想的情况是，在 Kubernetes 上部署应用程序的开发人员不需要知道底层使用的是哪种存储技术，同理他们也不需要了解应该使用哪些类型的物理服务器来运行 pod，与基础设施相关的交互是集群管理员独有的控制领域。

当开发人员需要一定数量的持久化存储来进行应用时，可以向 Kubernetes 请求，就像在创建 pod 时可以请求 CPU、内存和其他资源一样。系统管理员可以对集群进行配置让其可以为应用程序提供所需的服务。

6.5.1　介绍持久卷和持久卷声明

在 Kubernetes 集群中为了使应用能够正常请求存储资源，同时避免处理基础设施细节，引入了两个新的资源，分别是持久卷和持久卷声明，这名字可能有点误导，因为正如在前面几节中看到的，甚至常规的 Kubernetes 卷也可以用来存储持久性数据。

在 pod 中使用 PersistentVolume（持久卷，简称 PV）要比使用常规的 pod 卷复杂一些，所以让我们通过图 6.6 来说明持久卷、持久卷声明和真实底层存储是如何相互关联的。

研发人员无须向他们的 pod 中添加特定技术的卷，而是由集群管理员设置底层存储，然后通过 Kubernetes API 服务器创建持久卷并注册。在创建持久卷时，管理员可以指定其大小和所支持的访问模式。

当集群用户需要在其 pod 中使用持久化存储时，他们首先创建持久卷声明（PersistentVolumeClaim，简称 PVC）清单，指定所需要的最低容量要求和访问模式，然后用户将持久卷声明清单提交给 Kubernetes API 服务器，Kubernetes 将找到可匹配的持久卷并将其绑定到持久卷声明。

持久卷声明可以当作 pod 中的一个卷来使用，其他用户不能使用相同的持久卷，除非先通过删除持久卷声明绑定来释放。

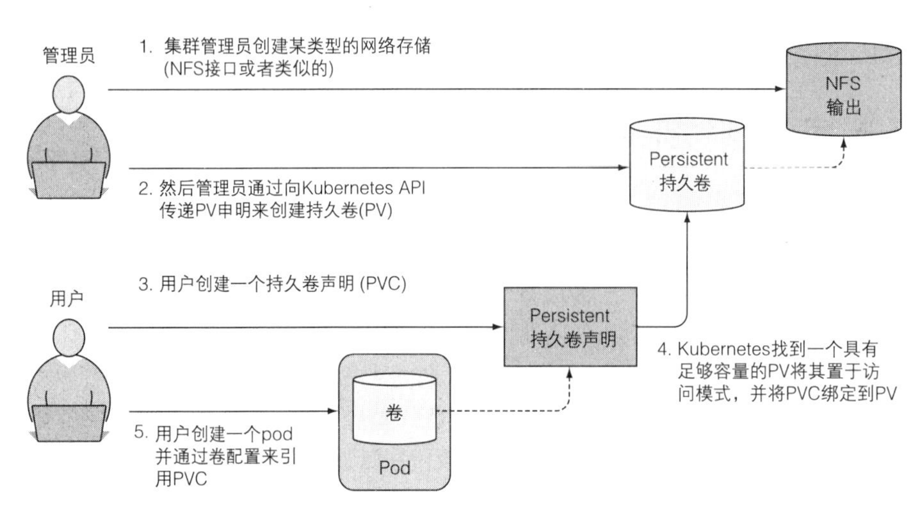

图 6.6 持久卷由集群管理员提供，并被 pod 通过持久卷声明来消费

6.5.2 创建持久卷

让我们重新讨论 MongoDB 示例，但与之前操作不同的是，这次不会直接引用在 pod 中的 GCE 持久磁盘。相反，你将首先承担集群管理员的角色，并创建一个支持 GCE 持久磁盘的 持久卷。然后，你将承担应用程序研发人员的角色，首先声明持久卷，然后在 pod 中使用。

在 6.4.1 节中，我们通过使用 GCE 持久磁盘来设置物理存储，这次不用再这么操作。你所需要做的就是在 Kubernetes 中创建持久卷，方法是准备如下所示的代码清单，并将其提交给 API 服务器。

代码清单 6.9 一个 gcePersistentDisk 持久卷：mongodb-pv-gcepd.yaml

```
apiVersion: v1
kind: PersistentVolume
metadata:
  name: mongodb-pv
spec:
  capacity:
    storage: 1Gi
  accessModes:
  - ReadWriteOnce
  - ReadOnlyMany
  persistentVolumeReclaimPolicy: Retain
  gcePersistentDisk:
    pdName: mongodb
    fsType: ext4
```

定义 PersistentVolume 的大小

可以被单个客户端挂载为读写模式或者被多个客户端挂载为只读模式

当声明被释放后，PersistentVolume 将会被保留（不清理和删除）

PersistentVolume 指定支持之前创建的 GCE 持久磁盘

注意 如果在用 Minikube，请用 mongodb-pv-hostpath.yaml 文件创建 PV。

在创建持久卷时，管理员需要告诉 Kubernetes 其对应的容量需求，以及它是否可以由单个节点或多个节点同时读取或写入。管理员还需要告诉 Kubernetes 如何处理 PersistentVolume(当持久卷声明的绑定被删除时)。最后，无疑也很重要的事情是，管理员需要指定持久卷支持的实际存储类型、位置和其他属性。如果仔细观察，当直接在 pod 卷中引用 GCE 持久磁盘时，最后一部分配置与前面完全相同(在下面的代码清单中再次显示)。

代码清单 6.10 在 pod 卷中引用 GCE PD

```
spec:
  volumes:
  - name: mongodb-data
    gcePersistentDisk:
      pdName: mongodb
      fsType: ext4
  ...
```

在使用 `kubectl create` 命令创建持久卷之后，应该可以声明它了。看看是否列出了所有的持久卷：

```
$ kubectl get pv
NAME          CAPACITY   RECLAIMPOLICY   ACCESSMODES   STATUS      CLAIM
mongodb-pv    1Gi        Retain          RWO,ROX       Available
```

注意 部分省略，同时 `pv` 也用作 `persistentvolume` 的简写。

正如预期的那样，持久卷显示为可用，因为你还没创建持久卷声明。

注意 持久卷不属于任何命名空间(见图 6.7)，它跟节点一样是集群层面的资源。

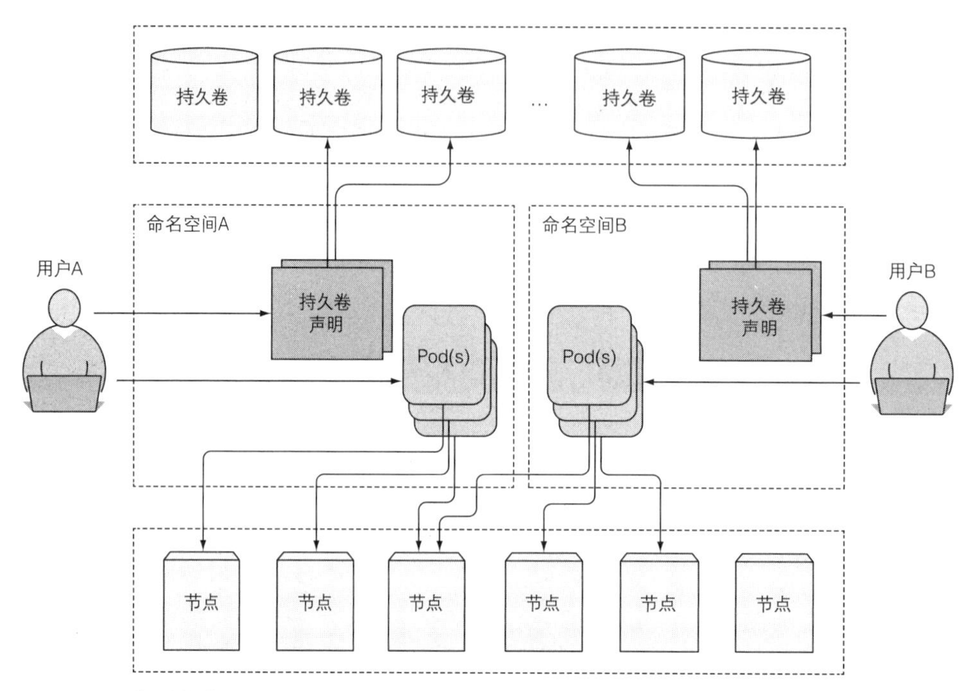

图 6.7 和集群节点一样，持久卷不属于任何命名空间，区别于 pod 和持久卷声明

6.5.3 通过创建持久卷声明来获取持久卷

假设现在需要部署一个需要持久化存储的 pod，将要用到之前创建的持久卷，但是不能直接在 pod 内使用，需要先声明一个。

声明一个持久卷和创建一个 pod 是相对独立的过程，因为即使 pod 被重新调度(切记，重新调度意味着先前的 pod 被删除并且创建了一个新的 pod)，我们也希望通过相同的持久卷声明来确保可用。

创建持久卷声明

现在开始创建一个声明。先参考下面的代码清单所示的内容来准备一个持久卷声明清单，并通过 `kubectl create` 将其发布到 Kubernetes API。

代码清单 6.11 `PersistentColumeClaim`: mongodb-pvc.yaml

```
apiVersion: v1
kind: PersistentVolumeClaim
metadata:
  name: mongodb-pvc
```

声明的名称——稍后将声明当作 pod 的卷使用时需要用到

```
spec:
  resources:
    requests:
      storage: 1Gi
  accessModes:
  - ReadWriteOnce
  storageClassName: ""
```

申请 1GiB 的存储空间

允许单个客户端访问（同时支持读取和写入操作）

将在关于动态配置的章节中了解到此处设置的用意

当创建好声明，Kubernetes 就会找到适当的持久卷并将其绑定到声明，持久卷的容量必须足够大以满足声明的需求，并且卷的访问模式必须包含声明中指定的访问模式。在该示例中，声明请求 1 GiB 的存储空间和 ReadWriteOnce 访问模式。之前创建的持久卷符合刚刚声明中的这两个条件，所以它被绑定到对应的声明中。我们可以通过检查声明来查看。

列举持久卷声明

列举出所有的持久卷声明来查看 PVC 的状态：

```
$ kubectl get pvc
NAME          STATUS    VOLUME       CAPACITY   ACCESSMODES   AGE
mongodb-pvc   Bound     mongodb-pv   1Gi        RWO,ROX       3s
```

注意 我们使用 pvc 来代称 persistentvolumeclaim。

PVC 状态显示已与持久卷的 mongodb-pv 绑定。请留意访问模式的简写：

- RWO——ReadWriteOnce——仅允许单个节点挂载读写。
- ROX——ReadOnlyMany——允许多个节点挂载只读 。
- RWX——ReadWriteMany——允许多个节点挂载读写这个卷。

注意 RWO、ROX、RWX 涉及可以同时使用卷的工作节点的数量而并非 pod 的数量。

列举持久卷

通过使用 kubectl get 命令，我们还可以看到持久卷现在已经 Bound，并且不再是 Available。

```
$ kubectl get pv
NAME         CAPACITY   ACCESSMODES   STATUS   CLAIM
mongodb-pv   1Gi        RWO,ROX       Bound    default/mongodb-pv
```

持久卷显示被绑定在 default/mongodb-pvc 的声明上，这个 default 部分是声明所在的命名空间（在默认命名空间中创建的声明），我们之前有提到过持久卷是集群范围的，因此不能在特定的命名空间中创建，但是持久卷声明又只能在特定的命名空间创建，所以持久卷和持久卷声明只能被同一命名空间内的pod创建使用。

6.5.4 在pod中使用持久卷声明

持久卷现在已经可用了，除非先释放掉卷，否则没有人可以申明相同的卷。要在pod中使用持久卷，需要在pod的卷中引用持久卷声明名称，如下面的代码清单所示。

代码清单6.12 使用PVC卷的pod: mongodb-pod-pvc.yaml

```
apiVersion: v1
kind: Pod
metadata:
  name: mongodb
spec:
  containers:
  - image: mongo
    name: mongodb
    volumeMounts:
    - name: mongodb-data
      mountPath: /data/db
    ports:
    - containerPort: 27017
      protocol: TCP
  volumes:
  - name: mongodb-data
    persistentVolumeClaim:          在pod卷中通过名称引用
      claimName: mongodb-pvc        持久卷声明
```

继续创建pod，现在检查这个pod是否确实在使用相同的持久卷和底层GCE PD。通过再次运行MongoDB shell，应该可以看到之前存储的数据，如下面的代码清单所示。

代码清单6.13 在已使用PVC和PV的pod中检索MongoDB的持久化数据

```
$ kubectl exec -it mongodb mongo
MongoDB shell version: 3.2.8
connecting to: mongodb://127.0.0.1:27017
Welcome to the MongoDB shell.
...
> use mystore
switched to db mystore
> db.foo.find()
{ "_id" : ObjectId("57a61eb9de0cfd512374cc75"), "name" : "foo" }
```

符合预期，可以检索之前存储到 MongoDB 的文档。

6.5.5 了解使用持久卷和持久卷声明的好处

通过图 6.8，展示了 pod 可以直接使用，或者通过持久卷和持久卷声明，这两种方式使用 GCE 持久磁盘。

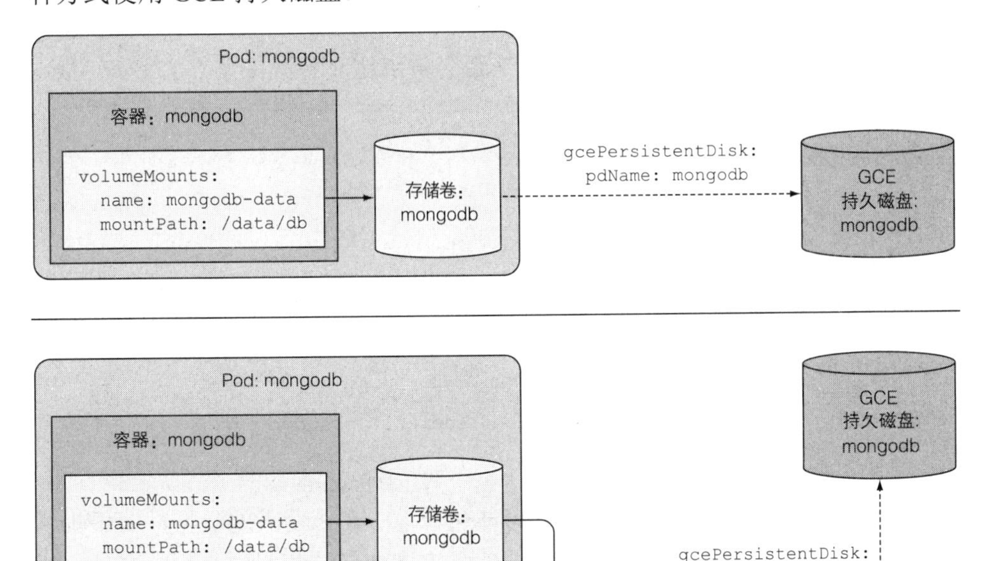

图 6.8 直接使用通过 PVC 和 PV 使用 GCE 持久磁盘

考虑如何使用这种间接方法从基础设施获取存储，对于应用程序开发人员（或者集群用户）来说更加简单。是的，这需要额外的步骤来创建持久卷和持久卷声明，但是研发人员不需要关心底层实际使用的存储技术。

此外，现在可以在许多不同的 Kubernetes 集群上使用相同的 pod 和持久卷声明清单，因为它们不涉及任何特定依赖于基础设施的内容。声明说：“我需要 *x* 存储量，并且我需要能够支持一个客户端同时读取和写入。”然后 pod 通过其中一个卷的名称来引用声明。

6.5.6 回收持久卷

在结束关于持久卷的本节前，让我们先做一个快速实验，删除pod和持久卷声明：

```
$ kubectl delete pod mongodb
pod "mongodb" deleted
$ kubectl delete pvc mongodb-pvc
persistentvolumeclaim "mongodb-pvc" deleted
```

如果再次创建持久卷声明会怎样？它是否会被绑定到持久卷？在创建声明后，kubectl get pvc 命令返回的结果是什么？

```
$ kubectl get pvc
NAME           STATUS    VOLUME       CAPACITY    ACCESSMODES    AGE
mongodb-pvc    Pending                                           13s
```

这个持久卷声明的状态显示为 Pending，有趣。之前创建声明的时候，它立即绑定到了持久卷，那么为什么现在不绑定呢？也许列出持久卷可以看得更清楚一些：

```
$ kubectl get pv
NAME         CAPACITY   ACCESSMODES   STATUS     CLAIM                    REASON AGE
mongodb-pv   1Gi        RWO,ROX       Released   default/mongodb-pvc             5m
```

STATUS 列显示持久卷的状态是 Released，不像之前那样是 Available。原因在于之前已经使用过这个卷，所以它可能包含前一个声明人的数据，如果集群管理员还没来得及清理，那么不应该将这个卷绑定到全新的声明中。除此之外，通过使用相同的持久卷，新的 pod 可以读取由前一个 pod 存放的数据，即使声明和 pod 是在不同的命名空间中创建的（因此有可能属于不同的集群租户）。

手动回收持久卷

通过将 persistentVolumeReclaimPolicy 设置为 Retain 从而通知到 Kubernetes，我们希望在创建持久卷后将其持久化，让 Kubernetes 可以在持久卷从持久卷声明中释放后仍然能保留它的卷和数据内容。据我所知，手动回收持久卷并使其恢复可用的唯一方法是删除和重新创建持久卷资源。当这样操作时，你将决定如何处理底层存储中的文件：可以删除这些文件，也可以闲置不用，以便在下一个 pod 中复用它们。

自动回收持久卷

存在两种其他可行的回收策略：Recycle 和 Delete。第一种删除卷的内容并使卷可用于再次声明，通过这种方式，持久卷可以被不同的持久卷声明和 pod 反复使用，如图 6.9 所示。

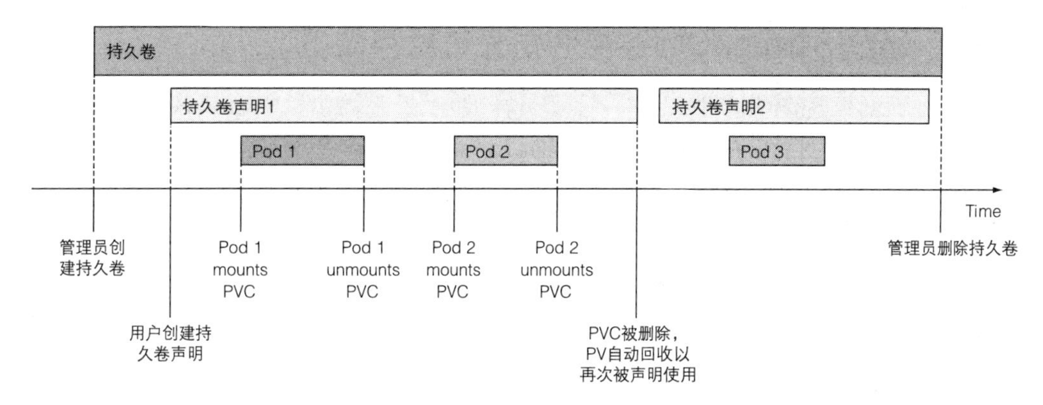

图 6.9 持久卷和持久卷声明的生命周期，以及在 pod 中的使用

而另一边，`Delete` 策略删除底层存储。需要注意当前 GCE 持久磁盘无法使用 `Recycle` 选项。这种类型的持久卷只支持 `Retain` 和 `Delete` 策略，其他类型的持久磁盘可能支持这些选项，也可能不支持这些选项。因此，在创建自己的持久卷之前，一定要检查卷中所用到的特定底层存储支持什么回收策略。

提示 可以在现有的持久卷上更改持久卷回收策略。比如，如果最初将其设置为 `Delete`，则可以轻松地将其更改为 `Retain`，以防止丢失有价值的数据。

6.6 持久卷的动态卷配置

如你所见，使用持久卷和持久卷声明可以轻松获得持久化存储资源，无须研发人员处理下面实际使用的存储技术，但这仍然需要一个集群管理员来支持实际的存储。幸运的是，Kubernetes 还可以通过动态配置持久卷来自动执行此任务。

集群管理员可以创建一个 持久卷配置，并定义一个或多个 StorageClass 对象，从而让用户选择他们想要的持久卷类型而不仅仅只是创建持久卷。用户可以在其持久卷声明中引用 StorageClass，而配置程序在配置持久存储时将采用这一点。

注意 与持久卷类似，StorageClass 资源并非命名空间。

Kubernetes 包括最流行的云服务提供商的置备程序 provisioner，所以管理员并不总是需要创建一个置备程序。 但是如果 Kubernetes 部署在本地，则需要配置定制的置备程序。

与管理员预先提供一组持久卷不同的是，它们需要定义一个或两个 (或多个) StorageClass，并允许系统在每次通过持久卷声明请求时创建一个新的持久卷。最重要的是，不可能耗尽持久卷 (很明显，你可以用完存储空间)。

6.6.1 通过 StorageClass 资源定义可用存储类型

在用户创建持久卷声明之前，管理员需要创建一个或多个 StorageClass 资源，然后才能创建新的持久卷。我们来看下面代码清单中的一个例子。

代码清单 6.14 一个 StorageClass 定义：storageclass-fast-gcepd.yaml

```
apiVersion: storage.k8s.io/v1
kind: StorageClass
metadata:
  name: fast
provisioner: kubernetes.io/gce-pd        <-- 用于配置持久卷的卷插件
parameters:
  type: pd-ssd                           | 传递给 parameters
  zone: europe-west1-b                   | 的参数
```

注意 如果使用 Minikube，请部署文件 storageclass-fast-hostpath.yaml。

StorageClass 资源指定当久卷声明请求此 StorageClass 时应使用哪个置备程序来提供持久卷。StorageClass 定义中定义的参数将传递给置备程序，并具体到每个供应器插件。StorageClass 使用 GCE 持久磁盘的预配置器，这意味着当 Kubernetes 在 GCE 中运行时可供使用。对于其他云提供商，需要使用其他的置备程序。

6.6.2 请求持久卷声明中的存储类

创建 StorageClass 资源后，用户可以在其持久卷声明中按名称引用存储类。

创建一个请求特定存储类的 PVC 定义

可以修改 mongodb-pvc 以使用动态配置。以下代码清单显示了 PVC 中更新后的 YAML 定义。

代码清单 6.15 一个采用动态配置的 PVC：mongodb-pvc-dp.yaml

```
apiVersion: v1
kind: PersistentVolumeClaim
metadata:
  name: mongodb-pvc
spec:
  storageClassName: fast                 <-- 该 PVC 请求自定义存储类
  resources:
    requests:
      storage: 100Mi
```

```
  accessModes:
    - ReadWriteOnce
```

除了指定大小和访问模式，持久卷声明现在还会指定要使用的存储类别。在创建声明时，持久卷由 fast StorageClass 资源中引用的 provisioner 创建。即使现有手动设置的持久卷与持久卷声明匹配，也可以使用 provisioner。

注意 如果在 PVC 中引用一个不存在的存储类，则 PV 的配置将失败（在 PVC 上使用 kubectl describe 时，将会看到 ProvisioningFailed 事件）。

检查所创建的 PVC 和动态配置的 PV

接着，创建 PVC，然后使用 kubectl get 进行查看：

```
$ kubectl get pvc mongodb-pvc
NAME          STATUS    VOLUME          CAPACITY   ACCESSMODES   STORAGECLASS
mongodb-pvc   Bound     pvc-1e6bc048    1Gi        RWO           fast
```

VOLUME 列显示了与此声明绑定的持久卷（实际名称比上面显示的长）。现在可以尝试列出持久卷，看看是否确实自动创建了一个新的 PV：

```
$ kubectl get pv
NAME           CAPACITY   ACCESSMODES   RECLAIMPOLICY   STATUS     STORAGECLASS
mongodb-pv     1Gi        RWO,ROX       Retain          Released
pvc-1e6bc048   1Gi        RWO           Delete          Bound      fast
```

注意 仅显示相关的列。

可以看到动态配置的持久卷其容量和访问模式是在 PVC 中所要求的。它的回收策略是 Delete，这意味着当 PVC 被删除时，持久卷也将被删除。 除了 PV，置备程序还提供了真实的存储空间，fast StorageClass 被配置为使用 kubernetes.io/gce-pd 从而提供了 GCE 持久磁盘。 可以使用以下命令查看磁盘：

```
$ gcloud compute disks list
NAME                          ZONE             SIZE_GB  TYPE         STATUS
gke-kubia-dyn-pvc-1e6bc048    europe-west1-d   1        pd-ssd       READY
gke-kubia-default-pool-71df   europe-west1-d   100      pd-standard  READY
gke-kubia-default-pool-79cd   europe-west1-d   100      pd-standard  READY
gke-kubia-default-pool-blc4   europe-west1-d   100      pd-standard  READY
mongodb                       europe-west1-d   1        pd-standard  READY
```

如你所见，第一个持久磁盘的名称表明它是动态配置的，同时它的类型显示为一个 SSD，正如在前面创建的存储类中所指定的那样。

了解存储类的使用

集群管理员可以创建具有不同性能或其他特性的多个存储类，然后研发人员再决定对应每一个声明最适合的存储类。

StorageClasses 的好处在于，声明是通过名称引用它们的。因此，只要 StorageClass 名称在所有这些名称中相同，PVC 定义便可跨不同集群移植。要自己查看这个可移植性，可以尝试在 Minikube 上运行相同的示例，假设你一直在使用 GKE。作为集群管理员，你必须创建一个不同的存储类（但名称相同）。storageclass-fast-hostpath.yaml 文件中定义的存储类是专用于 Minikube 的。然后，一旦部署了存储类，作为集群用户，就可以像以前一样部署完全相同的 PVC 清单和完全相同的 pod 清单。这展示了 pod 和 PVC 在不同集群间的移植性。

6.6.3 不指定存储类的动态配置

正如我们在本章中所做的那样，将持久性存储附加到 pod 上变得越来越简单。本章中的章节反映了存储配置是如何从早期的 Kubernetes 版本发展到现在的。在最后一节中，我们将看看将持久卷附加到 pod 的最新和最简单的方法。

列出存储类

当你创建名为 fast 的自定义存储类时，并未检查集群中是否已定义任何现有存储类。现在为什么不这样试试？以下是 GKE 中可用的存储类：

```
$ kubectl get sc
NAME                 TYPE
fast                 kubernetes.io/gce-pd
standard (default)   kubernetes.io/gce-pd
```

注意 我们使用 sc 作为 storageclass 的简写。

除了你自己创建的 fast 存储类，还存在 standard 存储类并标记为默认存储类。很快就会知道其含义了，让我们列举 Minikube 中可用的存储类，以便我们进行比较：

```
$ kubectl get sc
NAME                 TYPE
fast                 k8s.io/minikube-hostpath
standard (default)   k8s.io/minikube-hostpath
```

再来看看，fast 存储类是由你创建的，并且此处也存在默认的 standard 存储类，比较两个列表中的 TYPE 列，你会看到 GKE 正在使用 kubernetes.io/gce-pd 置备程序，而 Minikube 正在使用 k8s.io/minikube-hostpath。

检查默认存储类

使用 kubectl get 可查看有关 GKE 集群中标准存储类的更多信息，如下面的代码清单所示。

代码清单 6.16 GKE 上的标准存储类的定义

```
$ kubectl get sc standard -o yaml
apiVersion: storage.k8s.io/v1
kind: StorageClass
metadata:
  annotations:
    storageclass.beta.kubernetes.io/is-default-class: "true"
  creationTimestamp: 2017-05-16T15:24:11Z
  labels:
    addonmanager.kubernetes.io/mode: EnsureExists
    kubernetes.io/cluster-service: "true"
  name: standard
  resourceVersion: "180"
  selfLink: /apis/storage.k8s.io/v1/storageclassesstandard
  uid: b6498511-3a4b-11e7-ba2c-42010a840014
parameters:
  type: pd-standard
provisioner: kubernetes.io/gce-pd
```

此注释将存储类标记为默认

置备程序使用类型参数来明确要创建哪种类型的 GCE PD

GCE 持久磁盘配置器被用于配置此类的 PV

如果仔细观察清单的顶部，会看到存储类定义会包含一个注释，这会使其成为默认的存储类。 如果持久卷声明没有明确指出要使用哪个存储类，则默认存储类会用于动态提供持久卷的内容。

创建一个没有指定存储类别的持久卷声明

可以在不指定 storageClassName 属性的情况下创建 PVC，并且（在 Google Kubernetes 引擎上）将为你提供一个 pd-standard 类型的 GCE 持久磁盘。 试试通过下面的代码清单中的 YAML 来创建一个声明。

代码清单 6.17 不指定存储类别的 PVC: mongodb-pvc-dp-nostorageclass.yaml

```
apiVersion: v1
kind: PersistentVolumeClaim
metadata:
  name: mongodb-pvc2
spec:
  resources:
    requests:
      storage: 100Mi
  accessModes:
    - ReadWriteOnce
```

没有指定 storageClassName 属性（与前面的示例不同）

此 PVC 定义仅包含存储大小请求和所需访问模式，并不包含存储级别。在创建 PVC 时，将使用任何标记为默认的存储类。可以通过如下代码确认：

```
$ kubectl get pvc mongodb-pvc2
NAME          STATUS   VOLUME          CAPACITY   ACCESSMODES   STORAGECLASS
mongodb-pvc2  Bound    pvc-95a5ec12    1Gi        RWO           standard

$ kubectl get pv pvc-95a5ec12
NAME           CAPACITY  ACCESSMODES   RECLAIMPOLICY  STATUS    STORAGECLASS
pvc-95a5ec12   1Gi       RWO           Delete         Bound     standard

$ gcloud compute disks list
NAME                           ZONE             SIZE_GB  TYPE          STATUS
gke-kubia-dyn-pvc-95a5ec12     europe-west1-d   1        pd-standard   READY
...
```

强制将持久卷声明绑定到预配置的其中一个持久卷

这最后会告诉我们为什么要在代码清单 6.11 中将 storageClassName 设置为一个空字符串（当你想让 PVC 绑定到你手动配置的 PV 时）。在这里回顾一下这个 PVC 定义的相关行：

```
kind: PersistentVolumeClaim
spec:
  storageClassName: ""
```

将空字符串指定为存储类名可确保 PVC 绑定到预先配置的 PV，而不是动态配置新的 PV

如果尚未将 storageClassName 属性设置为空字符串，则尽管已存在适当的预配置持久卷，但动态卷置备程序仍将配置新的持久卷。此时，笔者想演示一个声明如何绑定到手动预先配置的持久卷，同时不希望置备程序干涉。

提示 如果希望 PVC 使用预先配置的 PV，请将 storageClassName 显式设置为 ""。

了解动态持久卷供应的全貌

这将我们带到本章的最后。总而言之，将持久化存储附加到一个容器的最佳方式是仅创建 PVC（如果需要，可以使用明确指定的 storgeClassName）和容器（其通过名称引用 PVC），其他所有内容都由动态持久卷置备程序处理。

要全面了解获取动态的持久卷所涉及的步骤，请查看图 6.10。

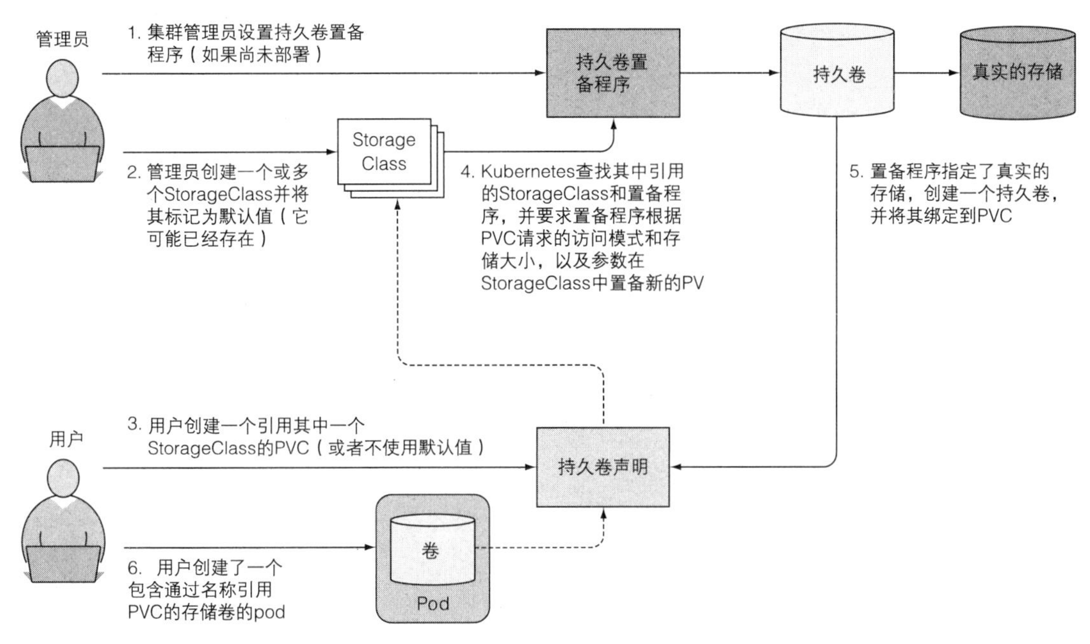

图 6.10 持久卷动态配置的完整图示

6.7 本章小结

本章向你展示了如何使用卷来为 pod 的容器提供临时或持久存储。你已经学会了如何：

- 创建一个多容器 pod，并通过为 pod 添加一个卷并将其挂载到每个容器中，来让 pod 中的容器操作相同的文件
- 使用 `emptyDir` 卷存储临时的非持久数据
- 使用 `gitRepo` 卷可以在 pod 启动时使用 Git 库的内容轻松填充目录
- 使用 `hostPath` 卷从主机节点访问文件
- 将外部存储装载到卷中，以便在 pod 重启之前保持 pod 数据读写
- 通过使用持久卷和持久卷声明解耦 pod 与存储基础架构
- 为每个持久卷声明动态设置所需（或缺省）存储类的持久卷
- 当需要将持久卷声明绑定到预配置的持久卷时，防止动态置备程序干扰

在下一章中，你将看到 Kubernetes 提供了什么机制来将配置数据、机密信息，以及有关 pod 和容器的元数据提供给在 pod 内运行的进程。这是通过本章中提到的特殊类型的卷完成的，但尚未探索。

7 ConfigMap和Secret：配置应用程序

本章内容涵盖

- 更改容器的主进程
- 将命令行选项传递给应用程序
- 设置暴露给应用程序的环境变量
- 通过 ConfigMap 配置应用程序
- 通过 Secret 传递敏感配置信息

到目前为止尚未传递过任何配置数据给本书示例中的应用。几乎所有的应用都需要配置信息（不同部署示例间的区分设置、访问外部系统的证书等），并且这些配置数据不应该被嵌入应用本身。让我们来看一下如何传递配置选项给运行在 Kubernetes 上的应用程序。

7.1 配置容器化应用程序

回顾如何传递配置数据给运行在 Kubernetes 中的应用程序之前，首先来看一下容器化应用通常是如何被配置的。

开发一款新应用程序的初期，除了将配置嵌入应用本身，通常会以命令行参数的形式配置应用。随着配置选项数量的逐渐增多，将配置文件化。

另一种通用的传递配置选项给容器化应用程序的方法是借助环境变量。应用程序主动查找某一特定环境变量的值，而非读取配置文件或者解析命令行参数。例如，MySQL 官方镜像内部通过环境变量 `MYSQL_ROOT_PASSWORD` 设置超级用户 root 的密码。

为何环境变量的方案会在容器环境下如此常见？通常直接在 Docker 容器中采用配置文件的方式是有些许困难的，往往需要将配置文件打入容器镜像，抑或是挂载包含该文件的卷。显然，前者类似于在应用程序源代码中硬编码配置，每次修改完配置之后需要重新构建镜像。除此之外，任何拥有镜像访问权限的人可以看到配置文件中包含的敏感信息，如证书和密钥。相比之下，挂载卷的方式更好，然而在容器启动之前需确保配置文件已写入响应的卷中。

如果你已经阅读过前面的章节，可能会想到采用 `gitRepo` 卷作为配置源。这并不是一个坏主意，通过它可以保持配置的版本化，并且能比较容易地按需回滚配置。然而有一种更加简便的方法能将配置数据置于 Kubernetes 的顶级资源对象中，并可与其他资源定义存入同一 Git 仓库或者基于文件的存储系统中。用以存储配置数据的 Kubernetes 资源称为 ConfigMap。我们将会在本章学习如何使用它。

无论你是否在使用 ConfigMap 存储配置数据，以下方法均可被用作配置你的应用程序：

- 向容器传递命令行参数
- 为每个容器设置自定义环境变量
- 通过特殊类型的卷将配置文件挂载到容器中

接下来的几节中将会介绍这些方法。开始介绍之前，首先从安全角度观察一下配置选项。尽管绝大多数配置选项并未包含敏感信息，少量配置依旧可能含有证书、私钥，以及其他需要保持安全的相似数据。该类型数据需要被特殊对待。这也是为何 Kubernetes 提供另一种称作 Secret 的一级对象的原因。我们将在本章节末尾学习到它。

7.2 向容器传递命令行参数

迄今为止所有示例中容器运行的命令都是镜像中默认定义的。Kubernetes 可在 pod 的容器中定义并覆盖命令以满足运行不同的可执行程序，或者是以不同的命令 Kubernetes 可在 pod 的容器中定义并覆盖命令来运行不同的可执行程序，或者是以不同的命令行参数集运行。现在我们来看一下应该如何操作。

7.2.1 在 Docker 中定义命令与参数

首先需要阐明的是，容器中运行的完整指令由两部分组成：命令与参数。

了解 ENTRYPOINT 与 CMD

Dockerfile 中的两种指令分别定义命令与参数这两个部分：

- ENTRYPOINT 定义容器启动时被调用的可执行程序。
- CMD 指定传递给 ENTRYPOINT 的参数。

尽管可以直接使用 CMD 指令指定镜像运行时想要执行的命令，正确的做法依旧是借助 ENTRYPOINT 指令，仅仅用 CMD 指定所需的默认参数。这样，镜像可以直接运行，无须添加任何参数：

```
$ docker run <image>
```

或者是添加一些参数，覆盖 Dockerile 中任何由 CMD 指定的默认参数值：

```
$ docker run <image> <arguments>
```

了解 shell 与 exec 形式的区别

上述两条指令均支持以下两种形式：

- shell 形式——如 ENTRYPOINT node app.js。
- exec 形式——如 ENTRYPOINT ["node","app.js"]。

两者的区别在于指定的命令是否是在 shell 中被调用。

对于第 2 章中创建的 kubia 镜像，如果使用 exec 形式的 ENTRYPOINT 指令：

```
ENTRYPOINT ["node", "app.js"]
```

可以从容器中的运行进程列表看出：这里是直接运行 node 进程，而并非在 shell 中执行。

```
$ docker exec 4675d ps x
  PID TTY      STAT   TIME COMMAND
    1 ?        Ssl    0:00 node app.js
   12 ?        Rs     0:00 ps x
```

如果采用 shell 形式（ENTRYPOINT node app.js），容器进程如下所示：

```
$ docker exec -it e4bad ps x
  PID TTY      STAT   TIME COMMAND
    1 ?        Ss     0:00 /bin/sh -c node app.js
    7 ?        Sl     0:00 node app.js
   13 ?        Rs+    0:00 ps x
```

可以看出，主进程（PID 1）是 shell 进程而非 node 进程，node 进程（PID 7）于 shell 中启动。shell 进程往往是多余的，因此通常可以直接采用 exec 形式的 ENTRYPOINT 指令。

可配置化 fortune 镜像中的间隔参数

让我们通过修改 fortune 脚本与镜像 Dockerfile 使循环的延迟间隔可配置。如下面这段代码所示，在 fortune 脚本中添加 VARIABLE 变量并用第一个命令行参数对其初始化。

代码清单 7.1　通过参数可配置化 fortune 脚本中的循环间隔：fortune-args/fortuneloop.sh

```
#!/bin/bash
trap "exit" SIGINT
INTERVAL=$1
echo Configured to generate new fortune every $INTERVAL seconds
mkdir -p /var/htdocs
while :
do
  echo $(date) Writing fortune to /var/htdocs/index.html
  /usr/games/fortune > /var/htdocs/index.html
  sleep $INTERVAL
done
```

你应该已经添加或修改了以粗体显示行。现在修改 Dockerfile，采用 exec 形式的 ENTRYPOINT 指令，以及利用 CMD 设置间隔的默认值为 10，如下面的代码清单所示。

代码清单 7.2　修改 fortune 镜像的 Dockerfile: fortune-args/Dockerfile

```
FROM ubuntu:latest
RUN apt-get update ; apt-get -y install fortune
ADD fortuneloop.sh /bin/fortuneloop.sh
ENTRYPOINT ["/bin/fortuneloop.sh"]     <-- exec 形式的 ENTRYPOIN 指令
CMD ["10"]                             <-- 可执行程序的默认参数
```

现在可以重新构建镜像并推送至 Docker Hub。这里将镜像的 tag 由 latest 修改为 args：

```
$ docker build -t docker.io/luksa/fortune:args .
$ docker push docker.io/luksa/fortune:args
```

可以用 Docker 在本地启动该镜像并进行测试：

```
$ docker run -it docker.io/luksa/fortune:args
Configured to generate new fortune every 10 seconds
Fri May 19 10:39:44 UTC 2017 Writing fortune to /var/htdocs/index.html
```

注意　可以通过 Ctrl+C 组合键来停止脚本。

也可以传递一个间隔参数覆盖默认睡眠间隔值：

```
$ docker run -it docker.io/luksa/fortune:args 15
Configured to generate new fortune every 15 seconds
```

现在可以确保镜像能够正确应用传递给它的参数。让我们来看一下在 pod 中如何使用它。

7.2.2 在 Kubernetes 中覆盖命令和参数

在 Kubernetes 中定义容器时，镜像的 ENTRYPOINT 和 CMD 均可以被覆盖，仅需在容器定义中设置属性 command 和 args 的值，如下面的代码清单所示。

代码清单 7.3 指定自定义命令与参数的 pod 定义

```
kind: Pod
spec:
  containers:
  - image: some/image
    command: ["/bin/command"]
    args: ["arg1", "arg2", "arg3"]
```

绝大多数情况下，只需要设置自定义参数。命令一般很少被覆盖，除非针对一些未定义 ENTRYPOINT 的通用镜像，例如 busybox。

注意 command 和 args 字段在 pod 创建后无法被修改。

上述的两条 Dockerfile 指令与等同的 pod 规格字段如表 7.1 所示。

表 7.1 在 Docker 与 Kubernetes 中指定可执行程序及其参数

Docker	Kubernetes	描述
ENTRYPOINT	command	容器中运行的可执行文件
CMD	args	传给可执行文件的参数

用自定义间隔值运行 fortune pod

为了能够用自定义的延迟间隔值运行 fortune pod，首先复制文件 fortune-pod.yaml 并重命名为 fortune-pod-args.yaml，然后修改它，如下面的代码清单所示。

代码清单 7.4 在 pod 定义中传递参数值：fortune-pod-args.yaml

```
apiVersion: v1
kind: Pod
metadata:
  name: fortune2s        <-- 修改 pod 名称
```

```
spec:
  containers:
  - image: luksa/fortune:args
    args: ["2"]
    name: html-generator
    volumeMounts:
    - name: html
      mountPath: /var/htdocs
...
```

fortune:latest 替换为 fortune:args

该参数值使得脚本每隔两秒生成一个新 fortune

现在你已经在容器定义中添加了 args 数组参数，可以尝试创建该 pod。数组值会在 pod 运行时作为命令行参数传递给容器。

少量参数值的设置可以使用上述的数组表示。多参数值情况下可以采用如下标记：

```
args:
- foo
- bar
- "15"
```

提示 字符串值无须用引号标记，数值需要。

通过命令行参数指定参数值是给容器传递配置选项的其中一种手段。接下来将学习如何通过环境变量完成配置。

7.3 为容器设置环境变量

如前所述，容器化应用通常会使用环境变量作为配置源。Kubernetes 允许为 pod 中的每一个容器都指定自定义的环境变量集合，如图 7.1 所示。尽管从 pod 层面定义环境变量同样有效，然而当前并未提供该选项。

注意 与容器的命令和参数设置相同，环境变量列表无法在 pod 创建后被修改。

图 7.1 每个容器都可设置环境变量

通过环境变量配置化 fortune 镜像中的间隔值

让我们再来看一下如何通过环境变量使 fortuneloop.sh 脚本中的睡眠间隔值可配置化，具体如下面的代码清单所示。

代码清单 7.5　通过环境变量配置化 fortune 脚本中的间隔值：fortune-env/fortuneloop.sh

```
#!/bin/bash
trap "exit" SIGINT
echo Configured to generate new fortune every $INTERVAL seconds
mkdir -p /var/htdocs
while :
do
  echo $(date) Writing fortune to /var/htdocs/index.html
  /usr/games/fortune > /var/htdocs/index.html
  sleep $INTERVAL
done
```

当前的应用仅是一个简单的 bash 脚本，只需要移除脚本中 `INTERVAL` 初始化所在的行即可。如果应用由 Java 编写，需要使用 `System.getenv("INTERVAL")`，同样地，对应到 Node.JS 与 Python 中分别是 `process.env.INTERVAL` 与 `os.environ['INTERVAL']`。

7.3.1　在容器定义中指定环境变量

构建完新镜像（镜像的 tag 变更为 `luksa/fortune:env`）并推送至 Docker Hub 之后，可以通过创建一个新 pod 来运行它。如下面的代码清单所示，在容器定义中写入环境变量以传递给脚本。

代码清单 7.6　在 pod 中指定环境变量：fortune-pod-env.yaml

```
kind: Pod
spec:
 containers:
 - image: luksa/fortune:env
   env:
   - name: INTERVAL
     value: "30"
   name: html-generator
...
```

在环境变量列表中添加一个新变量

正如前面提到的，环境变量被设置在 pod 的容器定义中，并非是 pod 级别。

注意　不要忘记在每个容器中，Kubernetes 会自动暴露相同命名空间下每个 service 对应的环境变量。这些环境变量基本上可以被看作自动注入的配置。

7.3.2　在环境变量值中引用其他环境变量

在前面的示例中，环境变量的值是固定的。可以采用 `$(VAR)` 语法在环境变量值中引用其他的环境变量。假设定义了两个环境变量，第二个变量定义中可包含第一个环境变量的值，如下面的代码清单所示。

代码清单 7.7 在环境变量值中引用另一个变量

```
env:
- name: FIRST_VAR
  value: "foo"
- name: SECOND_VAR
  value: "$(FIRST_VAR)bar"
```

SECOND_VAR 的值是 "foobar"。7.2 节中介绍的 command 和 args 属性值同样可以像这样引用环境变量，这将在 7.4.5 节中被使用到。

7.3.3 了解硬编码环境变量的不足之处

pod 定义硬编码意味着需要有效区分生产环境与开发过程中的 pod 定义。为了能在多个环境下复用 pod 的定义，需要将配置从 pod 定义描述中解耦出来。幸运的是，你可以通过一种叫作 ConfigMap 的资源对象完成解耦，用 valueFrom 字段替代 value 字段使 ConfigMap 成为环境变量值的来源。接下来将学习到这一用法。

7.4 利用ConfigMap解耦配置

应用配置的关键在于能够在多个环境中区分配置选项，将配置从应用程序源码中分离，可频繁变更配置值。如果将 pod 定义描述看作是应用程序源代码，显然需要将配置移出 pod 定义。微服务架构下正是如此，该架构定义了如何将多个个体组件组合成功能系统。

7.4.1 ConfigMap 介绍

Kubernetes 允许将配置选项分离到单独的资源对象 ConfigMap 中，本质上就是一个键 / 值对映射，值可以是短字面量，也可以是完整的配置文件。

应用无须直接读取 ConfigMap，甚至根本不需要知道其是否存在。映射的内容通过环境变量或者卷文件（如图 7.2 所示）的形式传递给容器，而并非直接传递给容器。命令行参数的定义中可以通过 $(ENV_VAR) 语法引用环境变量，因而可以达到将 ConfigMap 的条目当作命令行参数传递给进程的效果。

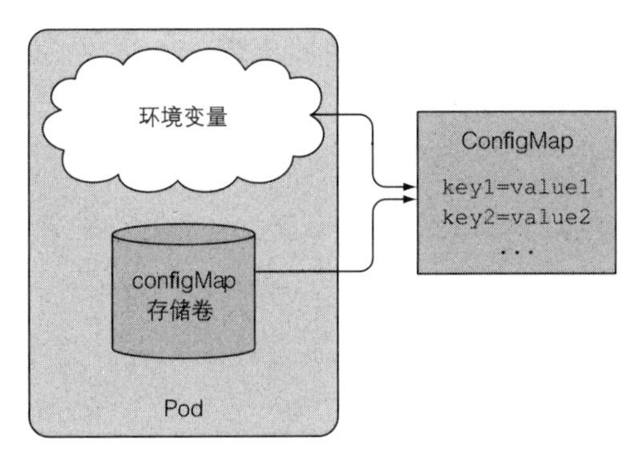

图 7.2 pod 通过环境变量与 ConfigMap 卷使用 ConfigMap

当然，应用程序同样可以通过 Kubernetes Rest API 按需直接读取 ConfigMap 的内容。不过除非是需求如此，应尽可能使你的应用保持对 Kubernetes 的无感知。

不管应用具体是如何使用 ConfigMap 的，将配置存放在独立的资源对象中有助于在不同环境（开发、测试、质量保障和生产等）下拥有多份同名配置清单。pod 是通过名称引用 ConfigMap 的，因此可以在多环境下使用相同的 pod 定义描述，同时保持不同的配置值以适应不同环境（如图 7.3 所示）。

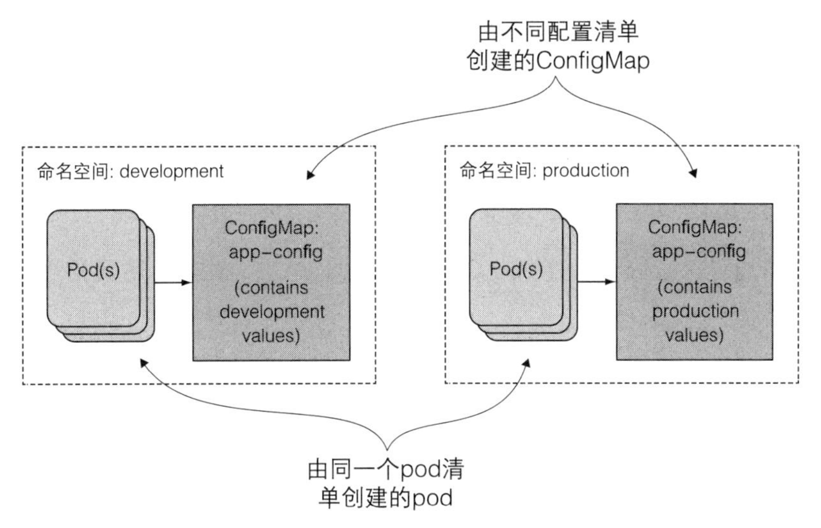

图 7.3 不同环境下的同名 ConfigMap

7.4.2 创建 ConfigMap

了解一下如何在 pod 中使用 ConfigMap。首先从最简单的例子开始，先创建一个仅包含单一键的映射，并用它填充之前示例中的环境变量 INTERVAL。这里将使

用指令 `kubectl create configmap` 创建 ConfigMap，而非通用指令 `kubectl create -f`。

使用指令 kubectl 创建 ConfigMap

利用 `kubectl` 创建 ConfigMap 的映射条目时可以指定字面量或者存储在磁盘上的文件。先创建一个简单的字面量条目：

```
$ kubectl create configmap fortune-config --from-literal=sleep-interval=25
configmap "fortune-config" created
```

注意 ConfigMap 中的键名必须是一个合法的 DNS 子域，仅包含数字字母、破折号、下画线以及圆点。首位的圆点符号是可选的。

通过这条命令创建了一个叫作 `fortune-config` 的 ConfigMap，仅包含单映射条目 `sleep-interval=25`（如图 7.4 所示）。

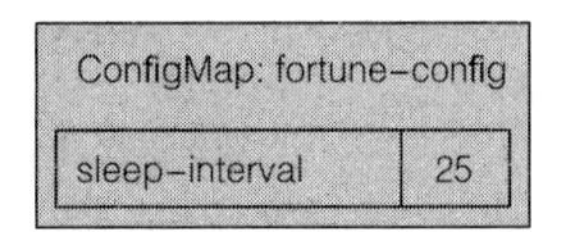

图 7.4　ConfigMap `fortune-config` 包含单映射条目

ConfigMap 一般包含多个映射条目。通过添加多个 `--from-literal` 参数可创建包含多条目的 ConfigMap：

```
$ kubectl create configmap myconfigmap
➥   --from-literal=foo=bar --from-literal=bar=baz --from-literal=one=two
```

让我们观察一下通过 `kubectl` 创建的 ConfigMap 的 YAML 格式的定义描述，如下所示。

代码清单 7.8　ConfigMap 定义

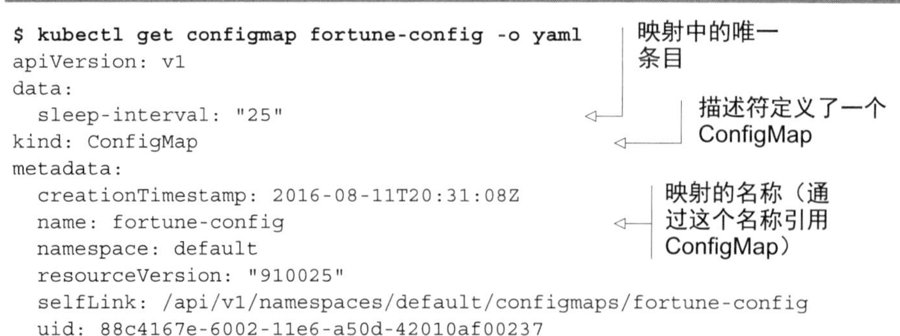

```
$ kubectl get configmap fortune-config -o yaml
apiVersion: v1
data:
  sleep-interval: "25"
kind: ConfigMap
metadata:
  creationTimestamp: 2016-08-11T20:31:08Z
  name: fortune-config
  namespace: default
  resourceVersion: "910025"
  selfLink: /api/v1/namespaces/default/configmaps/fortune-config
  uid: 88c4167e-6002-11e6-a50d-42010af00237
```

这没有什么特别的。编写这个 YAML 文件很容易，除了 metadata 中的名称无须指定其他字段，然后通过 Kubernetes API 创建对应的 ConfigMap：

```
$ kubectl create -f fortune-config.yaml
```

从文件内容创建 ConfigMap 条目

ConfigMap 同样可以存储粗粒度的配置数据，比如完整的配置文件。kubectl create configmap 命令支持从磁盘上读取文件，并将文件内容单独存储为 ConfigMap 中的条目：

```
$ kubectl create configmap my-config --from-file=config-file.conf
```

运行上述命令时，kubectl 会在当前目录下查找 config-file.conf 文件，并将文件内容存储在 ConfigMap 中以 config-file.conf 为键名的条目下。当然也可以手动指定键名：

```
$ kubectl create configmap my-config --from-file=customkey=config-file.conf
```

这条命令会将文件内容存在键名为 customkey 的条目下。与使用字面量时相同，多次使用 --from-file 参数可增加多个文件条目。

从文件夹创建 ConfigMap

除单独引入每个文件外，甚至可以引入某一文件夹中的所有文件：

```
$ kubectl create configmap my-config --from-file=/path/to/dir
```

这种情况下，kubectl 会为文件夹中的每个文件单独创建条目，仅限于那些文件名可作为合法 ConfigMap 键名的文件。

合并不同选项

创建 ConfigMap 时可以混合使用这里提到的所有选项（注意这里的文件并未包含在本书的代码归档中——如果想要尝试这条命令需自行创建）：

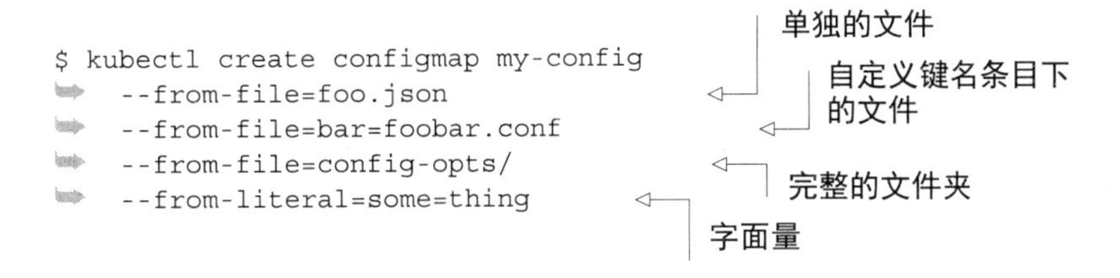

这里的 ConfigMap 创建自多种选项：完整文件夹、单独文件、自定义键名的条目下的文件（替代文件名作键名）以及字面量。图 7.5 显示了所有源选项以及最终

的 ConfigMap。

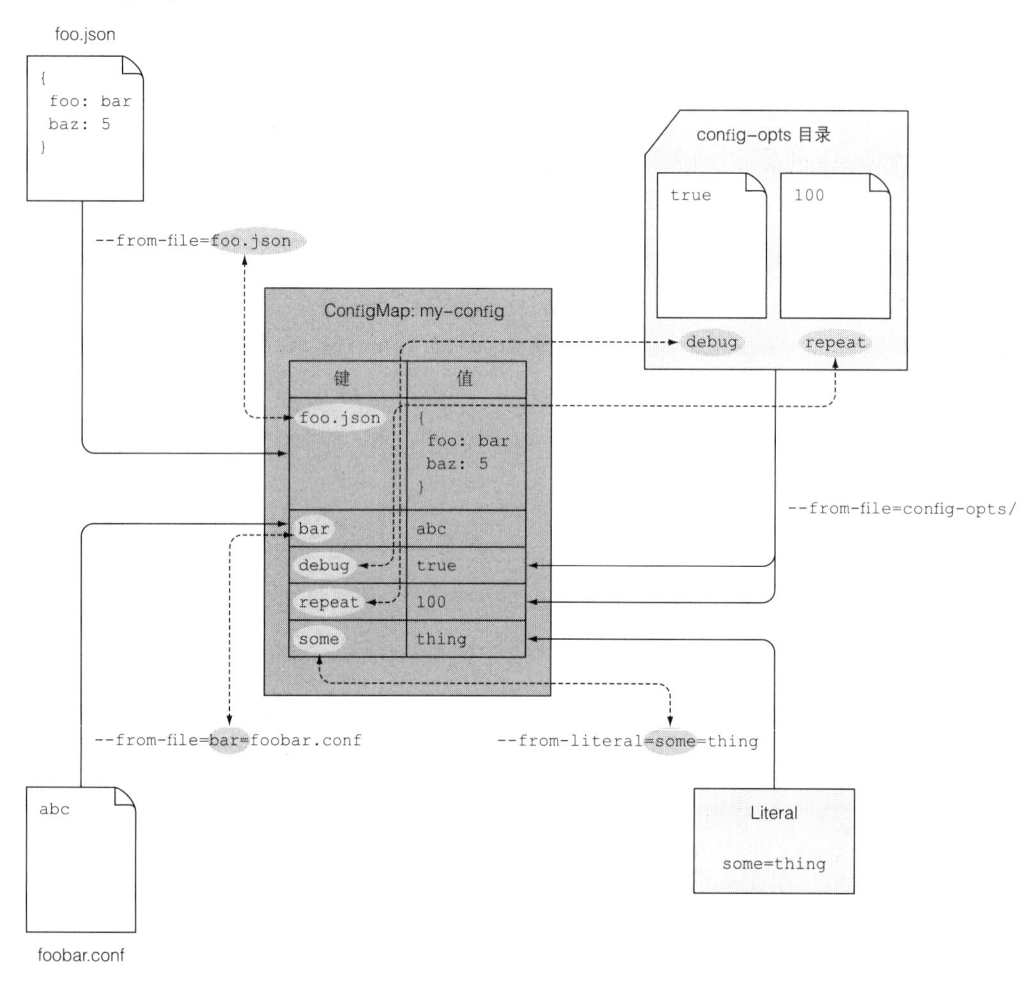

图 7.5 从文件、文件夹以及字面量创建 ConfigMap

7.4.3 给容器传递 ConfigMap 条目作为环境变量

如何将映射中的值传递给 pod 的容器？有三种方法。首先尝试最为简单的一种——设置环境变量，将会使用到 7.5.3 节中提到的 `valueFrom` 字段。pod 的定义描述如下面的代码清单所示。

代码清单 7.9 通过配置文件注入环境变量的 pod：fortune-pod-env-configmap.yaml

```
apiVersion: v1
kind: Pod
metadata:
  name: fortune-env-from-configmap
spec:
  containers:
  - image: luksa/fortune:env
    env:
    - name: INTERVAL
      valueFrom:
        configMapKeyRef:
          name: fortune-config
          key: sleep-interval
...
```


这里定义了一个环境变量 INTERVAL，并将其值设置为 fortune-config ConfigMap 中键名为 sleep-interval 对应的值。运行在 html-generator 容器中的进程读取到环境变量 INTERVAL 的值为 25（如图 7.6 所示）。

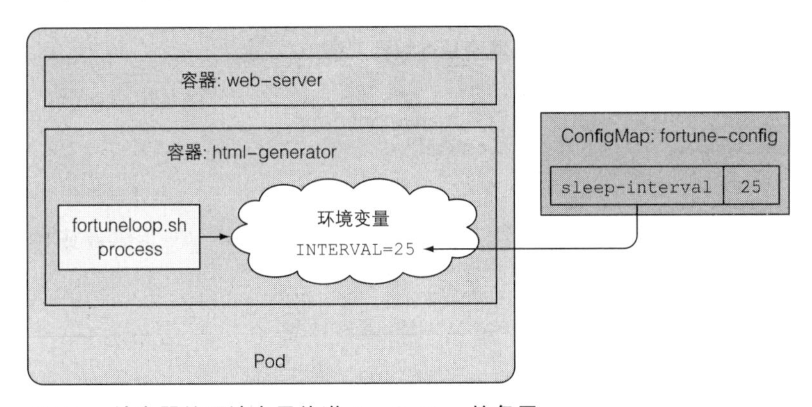

图 7.6 给容器的环境变量传递 ConfigMap 的条目

在 pod 中引用不存在的 ConfigMap

你可能会好奇如果创建 pod 时引用的 ConfigMap 不存在会发生什么？Kubernetes 会正常调度 pod 并尝试运行所有的容器。然而引用不存在的 ConfigMap 的容器会启动失败，其余容器能正常启动。如果之后创建了这个缺失的 ConfigMap，失败容器会自动启动，无须重新创建 pod。

注意 可以标记对ConfigMap的引用是可选的（设置`configMapKeyRef.optional: true`）。这样，即使ConfigMap不存在，容器也能正常启动。

这个例子展示了如何将配置从pod定义中分离。这样能使所有的配置项较为集中（甚至多个pod也是如此），而不是分散在各处（或者冗余复制于多个pod定义清单）。

7.4.4 一次性传递ConfigMap的所有条目作为环境变量

如果ConfigMap包含不少条目，为每个条目单独设置环境变量的过程是单调乏味且容易出错的。幸运的是，1.6版本的Kubernetes提供了暴露ConfigMap的所有条目作为环境变量的手段。

假设一个ConfigMap包含`FOO`、`BAR`和`FOO-BAR`三个键。可以通过`envFrom`属性字段将所有条目暴露作为环境变量，而非使用前面例子中的`env`字段。示例代码如下所示。

代码清单 7.10 pod包含来源于ConfigMap所有条目的环境变量

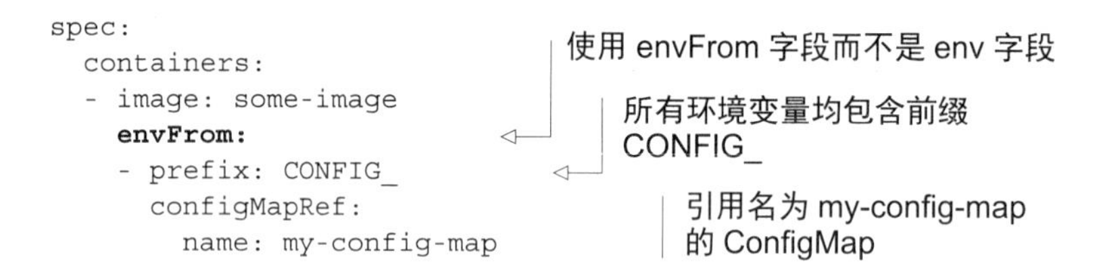
使用envFrom字段而不是env字段
所有环境变量均包含前缀CONFIG_
引用名为my-config-map的ConfigMap

```
spec:
  containers:
  - image: some-image
    envFrom:
    - prefix: CONFIG_
      configMapRef:
        name: my-config-map
...
```

如你所见，可以为所有的环境变量设置前缀，如本例中的`CONFIG_`，容器中两个环境变量的名称为：`CONFIG_FOO`与`CONFIG_BAR`。

注意 前缀设置是可选的，若不设置前缀值，环境变量的名称与ConfigMap中的键名相同。

是否注意到前面说的是两个环境变量，然而ConfigMap拥有三个条目（`FOO`、`BAR`和`FOO-BAR`）？为何没有对应`FOO-BAR`条目的环境变量呢？

原因在于`CONFIG_FOO-BAR`包含破折号，这并不是一个合法的环境变量名称。Kubernetes不会主动转换键名（例如不会将破折号转换为下画线）。如果ConfigMap的某键名格式不正确，创建环境变量时会忽略对应的条目（忽略时不会发出事件通知）。

7.4.5 传递 ConfigMap 条目作为命令行参数

现在让我们来看一下如何将 ConfigMap 中的值作为参数值传递给运行在容器中的主进程。在字段 pod.spec.containers.args 中无法直接引用 ConfigMap 的条目，但是可以利用 ConfigMap 条目初始化某个环境变量，然后再在参数字段中引用该环境变量，具体如图 7.7 所示。

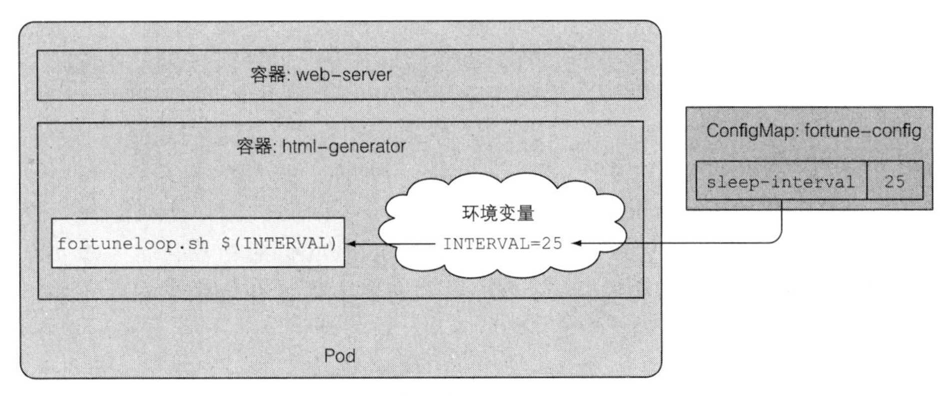

图 7.7 传递 ConfigMap 的条目作为命令行参数

代码清单 7.11 展示了如何在 YAML 文件中做到这一点。

代码清单 7.11 使用 ConfigMap 条目作为参数值：fortune-pod-args-configmap.yaml

```
apiVersion: v1
kind: Pod
metadata:
  name: fortune-args-from-configmap
spec:
  containers:
  - image: luksa/fortune:args
    env:
    - name: INTERVAL
      valueFrom:
        configMapKeyRef:
          name: fortune-config
          key: sleep-interval
    args: ["$(INTERVAL)"]
...
```

- 使用从第一个参数读取间隔值的镜像，而不是读取环境变量的镜像（image: luksa/fortune:args）
- 与之前环境变量的定义相同（env 部分）
- 在参数设置中引用环境变量（args）

环境变量的定义与之前相同，需通过 $(ENV_VARIABLE_NAME) 将环境变量的值注入参数值。

7.4.6 使用 configMap 卷将条目暴露为文件

环境变量或者命令行参数值作为配置值通常适用于变量值较短的场景。由于 ConfigMap 中可以包含完整的配置文件内容，当你想要将其暴露给容器时，可以借助前面章节提到过的一种称为 configMap 卷的特殊卷格式。

configMap 卷会将 ConfigMap 中的每个条目均暴露成一个文件。运行在容器中的进程可通过读取文件内容获得对应的条目值。

尽管这种方法主要适用于传递较大的配置文件给容器，同样可以用于传递较短的变量值。

创建 ConfigMap

这里不再修改脚本 fortuneloop.sh，将尝试另一个不同的示例，使用配置文件配置运行在 fortune pod 的 Web 服务器容器中的 Nginx web 服务器。如果想要让 Nginx 服务器压缩传递给客户端的响应，Nginx 的配置文件需开启压缩配置，如下面的代码清单所示。

代码清单 7.12 开启 gzip 压缩的 Nginx 配置文件：my-nginx-config.conf

```
server {
  listen              80;
  server_name         www.kubia-example.com;

  gzip on;
  gzip_types text/plain application/xml;

  location / {
    root   /usr/share/nginx/html;
    index  index.html index.htm;
  }
}
```

开启对文本文件与 XML 文件的 gzip 压缩

现在首先通过 kubectl delete configmap fortune-config 删除现有的 ConfigMap fortune-config，然后用存储在本地磁盘上的 Nginx 配置文件创建一个新的 ConfigMap。

创建一个新文件夹 configmap-files 并将上面的配置文件存储于 configmap-files/my-nginx-config.conf 中。另外在该文件夹中添加一个名为 sleep-interval 的文本文件，写入值为 25，使 ConfigMap 同样包含条目 sleep-interval，如图 7.8 所示。

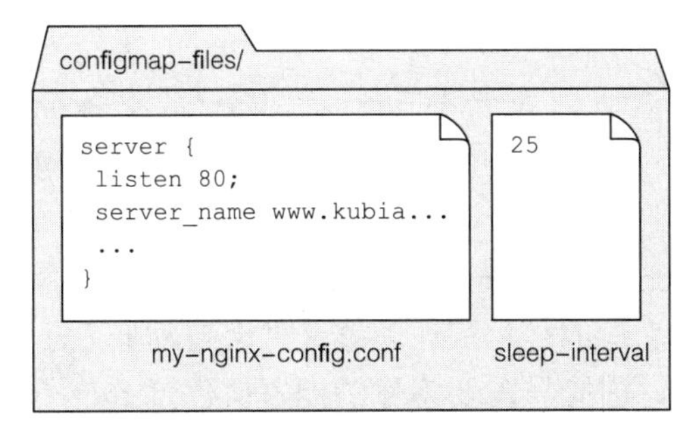

图 7.8 configmap-files 文件夹及文件的内容

从文件夹创建 ConfigMap：

```
$ kubectl create configmap fortune-config --from-file=configmap-files
configmap "fortune-config" created
```

下面的代码清单展示了 ConfigMap 的 YAML 格式内容。

代码清单 7.13 从文件创建的 ConfigMap 的 YAML 格式定义

```
$ kubectl get configmap fortune-config -o yaml
apiVersion: v1
data:
  my-nginx-config.conf: |
    server {
      listen              80;
      server_name         www.kubia-example.com;

      gzip on;
      gzip_types text/plain application/xml;

      location / {
        root   /usr/share/nginx/html;
        index  index.html index.htm;
      }
    }
  sleep-interval: |
    25
kind: ConfigMap
...
```

条目中包含了 Nginx 配置文件的内容

条目 sleep-interval

注意 所有条目第一行最后的管道符号表示后续的条目值是多行字面量。

ConfigMap 包含两个条目，条目的键名与文件名相同。接下来将在 pod 的容器中使用该 ConfigMap。

在卷内使用 ConfigMap 的条目

创建包含 ConfigMap 条目内容的卷只需要创建一个引用 ConfigMap 名称的卷并挂载到容器中。已经学会了如何创建及挂载卷，接下来要学习的仅是如何用 ConfigMap 的条目初始化卷。

Nginx 需读取配置文件 /etc/nginx/nginx.conf，而 Nginx 镜像内的这个文件包含默认配置，并不想完全覆盖这个配置文件。幸运的是，默认配置文件会自动嵌入子文件夹 /etc/nginx/conf.d/ 下的所有 .conf 文件，因此只需要将你的配置文件置于该子文件夹中即可。图 7.9 展示了如何做到这一点。

pod 的定义描述如代码清单 7.14 所示（省略无关部分，完整文件可以在代码归档中找到）。

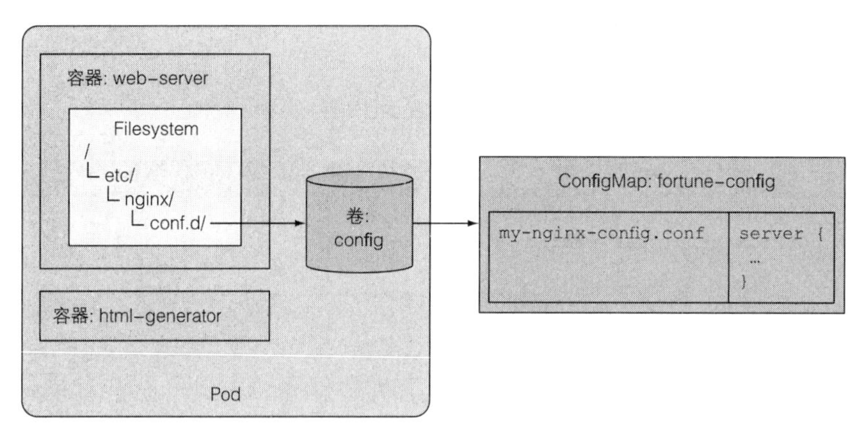

图 7.9　ConfigMap 条目作为容器卷中的文件

代码清单 7.14　pod 挂载 ConfigMap 条目作为文件 : fortune-pod-configmap-volume.yaml

```
apiVersion: v1
kind: Pod
metadata:
  name: fortune-configmap-volume
spec:
  containers:
  - image: nginx:alpine
    name: web-server
    volumeMounts:
    ...
    - name: config
      mountPath: /etc/nginx/conf.d      <-- 挂载 configMap 卷至这个位置
      readOnly: true
    ...
  volumes:
```

```
...
- name: config
  configMap:
    name: fortune-config
...
```

卷定义引用 fortune-config ConfigMap

pod 定义中包含了引用 `fortune-config` ConfigMap 的卷，需要被挂载到文件夹 /etc/nginx/conf.d 下让 Nginx 服务器使用它。

检查 Nginx 是否使用被挂载的配置文件

现在的 web 服务器应该已经被配置为会压缩响应，可以将 localhost:8080 转发到 pod 的 80 端口，利用 `curl` 检查服务器响应来验证配置是否生效，如下面的代码清单所示。

代码清单 7.15 观察 nginx 响应是否被压缩

```
$ kubectl port-forward fortune-configmap-volume 8080:80 &
Forwarding from 127.0.0.1:8080 -> 80
Forwarding from [::1]:8080 -> 80
$ curl -H "Accept-Encoding: gzip" -I localhost:8080
HTTP/1.1 200 OK
Server: nginx/1.11.1
Date: Thu, 18 Aug 2016 11:52:57 GMT
Content-Type: text/html
Last-Modified: Thu, 18 Aug 2016 11:52:55 GMT
Connection: keep-alive
ETag: W/"57b5a197-37"
Content-Encoding: gzip
```

这里说明响应被压缩

检查被挂载的 configMap 卷的内容

服务器响应说明配置成功生效。现在来看一下文件夹 /etc/nginx/conf.d 下的内容：

```
$ kubectl exec fortune-configmap-volume -c web-server ls /etc/nginx/conf.d
my-nginx-config.conf
sleep-interval
```

ConfigMap 的两个条目均作为文件置于这一文件夹下。条目 `sleep-interval` 对应的文件也被包含在内，然而它只会被 `fortuneloop` 容器所使用。可以创建两个不同的 ConfigMap，一个用以配置容器 `fortuneloop`，另一个用来配置 `web-server`，然而采用多个 ConfigMap 去分别配置同一 pod 中的不同容器的做法是不好的。毕竟同一 pod 中的容器是紧密联系的，需要被当作整体单元来配置。

卷内暴露指定的 ConfigMap 条目

幸运的是，可以创建仅包含 ConfigMap 中部分条目的 `configMap` 卷——本示例中的条目 my-nginx-config.conf。这样容器 fortuneloop 不会受到影响，条目 sleep-interval 会作为环境变量传递给容器而不是以卷的方式。

通过卷的 items 属性能够指定哪些条目会被暴露作为 configMap 卷中的文件，如下面的代码清单所示。

代码清单 7.16 ConfigMap 的指定条目挂载至 pod 的文件夹：fortune-pod-configmap-volume-with-itmes.yaml

```
volumes:
- name: config
  configMap:
    name: fortune-config
    items:
    - key: my-nginx-config.conf
      path: gzip.conf
```


指定单个条目时需同时设置条目的键名称以及对应的文件名。如果采用上面的配置文件创建 pod，/etc/nginx/conf.d 文件夹是比较干净的，仅包含所需的 gzip.conf 文件。

挂载某一文件夹会隐藏该文件夹中已存在的文件

这里有一件重要的事情需要讨论。在当前与此前的示例中，将卷挂载至某个文件夹，意味着容器镜像中 /etc/nginx/conf.d 文件夹下原本存在的任何文件都会被隐藏。

Linux 系统挂载文件系统至非空文件夹时通常表现如此。文件夹中只会包含被挂载文件系统中的文件，即便文件夹中原本的文件是不可访问的也是同样如此。

本示例中，这种现象并不会带来比较糟糕的副作用。不过假设挂载文件夹是 /etc，该文件夹通常包含不少重要文件。由于 /etc 下的所有文件不存在，容器极大可能会损坏。如果你希望添加文件至某个文件夹如 /etc，绝不能采用这种方法。

ConfigMap 独立条目作为文件被挂载且不隐藏文件夹中的其他文件

顺理成章，你会好奇如何能挂载 ConfigMap 对应文件至现有文件夹的同时不会隐藏现有文件。volumeMount 额外的 subPath 字段可以被用作挂载卷中的某个独立文件或者是文件夹，无须挂载完整卷。图 7.10 的形象化解释可能更加容易理解。

假设拥有一个包含文件 myconfig.conf 的 configMap 卷，希望能将其添加为 /etc 文件夹下的文件 someconfig.conf。通过属性 subPath 可以将该文件挂载的同时又不影响文件夹中的其他文件。pod 定义中的相关部分如下面的代码清单所示。

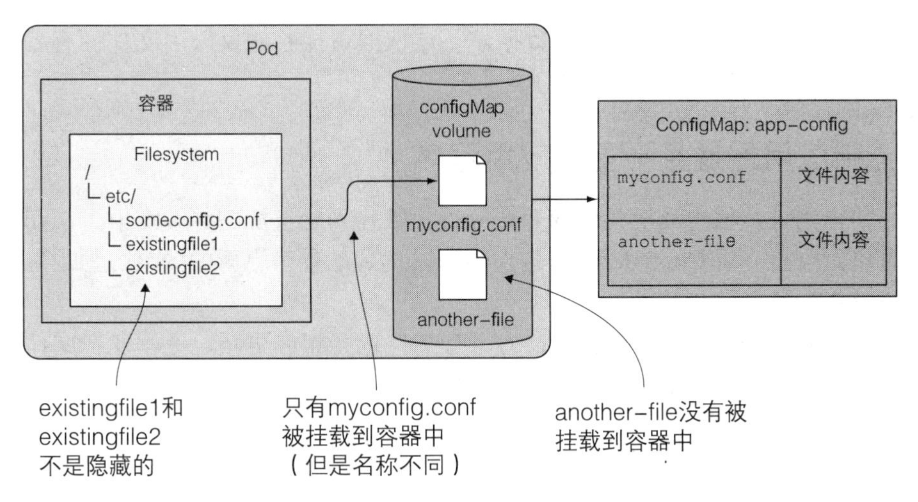

图 7.10　挂载卷中的单独文件

代码清单 7.17　pod 挂载 ConfigMap 的指定条目至特定文件

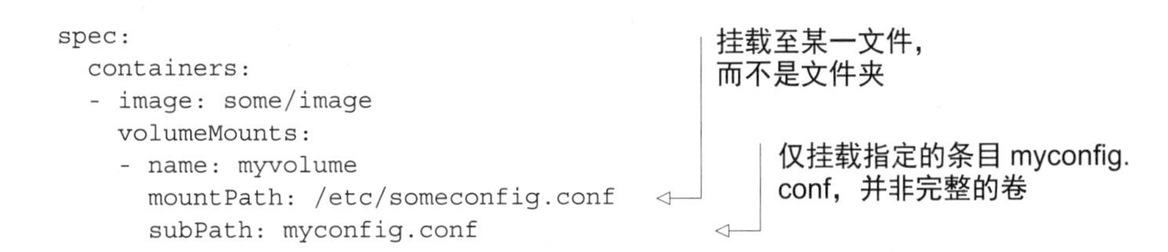

```
spec:
  containers:
  - image: some/image
    volumeMounts:
    - name: myvolume
      mountPath: /etc/someconfig.conf
      subPath: myconfig.conf
```


挂载任意一种卷时均可以使用 `subPath` 属性。可以选择挂载部分卷而不是挂载完整的卷。不过这种独立文件的挂载方式会带来文件更新上的缺陷，你会在接下来的小节中学习到更多的相关知识，在这里还是先要说一些文件权限问题对 `configMap` 卷的讨论进行收尾。

为 configMap 卷中的文件设置权限

`configMap` 卷中所有文件的权限默认被设置为 644（`-rw-r-r--`）。可以通过卷规格定义中的 `defaultMode` 属性改变默认权限，如下面的代码清单所示。

代码清单 7.18　设置权限：fortune-pod-configmap-volume-defaultMode.yaml

```
volumes:
- name: config
  configMap:
    name: fortune-config
    defaultMode: "6600"
```

设置所有文件的权限为 -rw-rw------

ConfigMap 通常被用作存储非敏感数据，不过依旧可能希望仅限于文件拥有者的用户和组可读写，正如上面的例子所示。

7.4.7 更新应用配置且不重启应用程序

在此之前提到过，使用环境变量或者命令行参数作为配置源的弊端在于无法在进程运行时更新配置。将 ConfigMap 暴露为卷可以达到配置热更新的效果，无须重新创建 pod 或者重启容器。

ConfigMap 被更新之后，卷中引用它的所有文件也会相应更新，进程发现文件被改变之后进行重载。Kubernetes 同样支持文件更新之后手动通知容器。

警告 请注意笔者在写这段的时候，更新 ConfigMap 之后对应文件的更新耗时会出人意料地长（往往需要数分钟）。

修改 ConfigMap

现在来瞧一瞧如何修改 ConfigMap，同时运行在 pod 中的进程会重载 `configMap` 卷中对应的文件。你需要修改前面示例中的 Nginx 配置文件，使得 Nginx 能够在不重启 pod 的前提下应用新配置。尝试用 `kubectl edit` 命令修改 ConfigMap `fortune-config` 来关闭 gzip 压缩：

```
$ kubectl edit configmap fortune-config
```

编辑器打开，行 `gzip on` 改为 `gzip off`，保存文件后关闭编辑器。ConfigMap 被更新不久之后会自动更新卷中的对应文件。用 `kubectl exec` 命令打印出该文件内容进行确认：

```
$ kubectl exec fortune-configmap-volume -c web-server
➥   cat /etc/nginx/conf.d/my-nginx-config.conf
```

若尚未看到文件内容被更新，可稍等一会儿后重试。文件更新过程需要一段时间。最终你会看到配置文件的变化，然而发现这对 Nginx 并没有什么影响，这是因为 Nginx 不会去监听文件的变化并自动重载。

通知 Nginx 重载配置

Nginx 会持续压缩响应直到你通过以下命令主动通知它：

```
$ kubectl exec fortune-configmap-volume -c web-server -- nginx -s reload
```

现在再次用 `curl` 命令访问服务器后会发现响应不再被压缩（响应头中未包含 `Content-Encoding: gzip`）。在无须重启容器或者重建 pod 的同时有效修改了应用配置。

了解文件被自动更新的过程

你可能会疑惑在 Kubernetes 更新完 configMap 卷中的所有文件之前，应用是否会监听到文件变化并主动进行重载。幸运的是，这不会发生，所有的文件会被自动一次性更新。Kubernetes 通过符号链接做到这一点。如果尝试列出 configMap 卷挂载位置的所有文件，会看到如下内容。

代码清单 7.19 被挂载的 configMap 卷中的文件

```
$ kubectl exec -it fortune-configmap-volume -c web-server -- ls -lA
➥   /etc/nginx/conf.d
total 4
drwxr-xr-x  ... 12:15 ..4984_09_04_12_15_06.865837643
lrwxrwxrwx  ... 12:15 ..data -> ..4984_09_04_12_15_06.865837643
lrwxrwxrwx  ... 12:15 my-nginx-config.conf -> ..data/my-nginx-config.conf
lrwxrwxrwx  ... 12:15 sleep-interval -> ..data/sleep-interval
```

可以看到，被挂载的 configMap 卷中的文件是 ..data 文件夹中文件的符号链接，而 ..data 文件夹同样是 ..4984_09_04_something 的符号链接。每当 ConfigMap 被更新后，Kubernetes 会创建一个这样的文件夹，写入所有文件并重新将符号 ..data 链接至新文件夹，通过这种方式可以一次性修改所有文件。

挂载至已存在文件夹的文件不会被更新

涉及到更新 configMap 卷需要提出一个警告：如果挂载的是容器中的单个文件而不是完整的卷，ConfigMap 更新之后对应的文件不会被更新！至少在写本章节的时候表现如此。

如果现在你需要挂载单个文件并且在修改源 ConfigMap 的同时会自动修改这个文件，一种方案是挂载完整卷至不同的文件夹并创建指向所需文件的符号链接。符号链接可以原生创建在容器镜像中，也可以在容器启动时创建。

了解更新 ConfigMap 的影响

容器的一个比较重要的特性是其不变性，从同一镜像启动的多个容器之间不存在任何差异。那么通过修改被运行容器所使用的 ConfigMap 来打破这种不变性的行为是否是错误的？

关键点在于应用是否支持重载配置。ConfigMap 更新之后创建的 pod 会使用新配置，而之前的 pod 依旧使用旧配置，这会导致运行中的不同实例的配置不同。这也不仅限于新 pod，如果 pod 中的容器因为某种原因重启了，新进程同样会使用新配置。因此，如果应用不支持主动重载配置，那么修改某些运行 pod 所使用的 ConfigMap 并不是一个好主意。

如果应用支持主动重载配置，那么修改 ConfigMap 的行为就算不了什么。不过有一点仍需注意，由于 `configMap` 卷中文件的更新行为对于所有运行中示例而言不是同步的，因此不同 pod 中的文件可能会在长达一分钟的时间内出现不一致的情况。

7.5 使用Secret给容器传递敏感数据

到目前为止传递给容器的所有信息都是比较常规的非敏感数据。然而正如本章开头提到的，配置通常会包含一些敏感数据，如证书和私钥，需要确保其安全性。

7.5.1 介绍 Secret

为了存储与分发此类信息，Kubernetes 提供了一种称为 Secret 的单独资源对象。Secret 结构与 ConfigMap 类似，均是键 / 值对的映射。Secret 的使用方法也与 ConfigMap 相同，可以

- 将 Secret 条目作为环境变量传递给容器
- 将 Secret 条目暴露为卷中的文件

Kubernetes 通过仅仅将 Secret 分发到需要访问 Secret 的 pod 所在的机器节点来保障其安全性。另外，Secret 只会存储在节点的内存中，永不写入物理存储，这样从节点上删除 Secret 时就不需要擦除磁盘了。

对于主节点本身（尤其是 etcd），Secret 通常以非加密形式存储，这就需要保障主节点的安全从而确保存储在 Secret 中的敏感数据的安全性。这种保障不仅仅是对 etcd 存储的安全性保障，同样包括防止未授权用户对 API 服务器的访问，这是因为任何人都能通过创建 pod 并将 Secret 挂载来获得此类敏感数据。从 Kubernetes 1.7 开始，etcd 会以加密形式存储 Secret，某种程度提高了系统的安全性。正因为如此，从 Secret 与 ConfigMap 中做出正确选择是势在必行的，选择依据相对简单：

- 采用 ConfigMap 存储非敏感的文本配置数据。
- 采用 Secret 存储天生敏感的数据，通过键来引用。如果一个配置文件同时包含敏感与非敏感数据，该文件应该被存储在 Secret 中。

第 5 章中已经使用过 Secret 以存储 Ingress 资源的 TLS 证书。接下来将更深入地探讨 Secret 的细节。

7.5.2 默认令牌 Secret 介绍

首先来分析一种默认被挂载至所有容器的 Secret，对任意一个 pod 使用命令 `kubectl describe pod`，输出往往包含如下信息：

```
Volumes:
  default-token-cfee9:
    Type:       Secret (a volume populated by a Secret)
    SecretName: default-token-cfee9
```

每个 pod 都会被自动挂载上一个 secret 卷，这个卷引用的是前面 kubectl describe 输出中的一个叫作 default-token-cfee9 的 Secret。由于 Secret 也是资源对象，因此可以通过 kubectl get secrets 命令从 Secret 列表中找到这个 default-token Secret：

```
$ kubectl get secrets
NAME                  TYPE                                  DATA      AGE
default-token-cfee9   kubernetes.io/service-account-token   3         39d
```

同样可以使用 kubectl describe 多了解一下这个 Secret，如下面的代码清单所示。

代码清单 7.20 描述一个 Secret

```
$ kubectl describe secrets
Name:         default-token-cfee9
Namespace:    default
Labels:       <none>
Annotations:  kubernetes.io/service-account.name=default
              kubernetes.io/service-account.uid=cc04bb39-b53f-42010af00237
Type:         kubernetes.io/service-account-token

Data
====
ca.crt:       1139 bytes                                  包含三个
namespace:    7 bytes                                     条目
token:        eyJhbGciOiJSUzI1NiIsInR5cCI6IkpXVCJ9...
```

可以看出这个 Secret 包含三个条目——ca.crt、namespace 与 token，包含了从 pod 内部安全访问 Kubernetes API 服务器所需的全部信息。尽管你希望做到应用程序对 Kubernetes 的完全无感知，然而在除了直连 Kubernetes 别无他法的情况下，你将会使用到 secret 卷提供的文件。

kubectl describe pod 命令会显示 secret 卷被挂载的位置：

```
Mounts:
  /var/run/secrets/kubernetes.io/serviceaccount from default-token-cfee9
```

注意 default-token Secret 默认会被挂载至每个容器。可以通过设置 pod 定义中的 automountServiceAccountToken 字段为 false，或者设置 pod 使用的服务账户中的相同字段为 false 来关闭这种默认行为（本书后面会对服务账户进行讲解）。

图 7.11 能够帮助你更形象地理解默认令牌 Secret 的挂载行为。

我们已经说过 Secret 类似于 ConfigMap，由于该 Secret 包含三个条目，可通过 kubectl exec 观察到被 secret 卷挂载的文件夹下包含三个文件：

```
$ kubectl exec mypod ls /var/run/secrets/kubernetes.io/serviceaccount/
ca.crt
namespace
token
```

下一章中将会看到应用程序是如何使用这些文件来访问 API 服务器的。

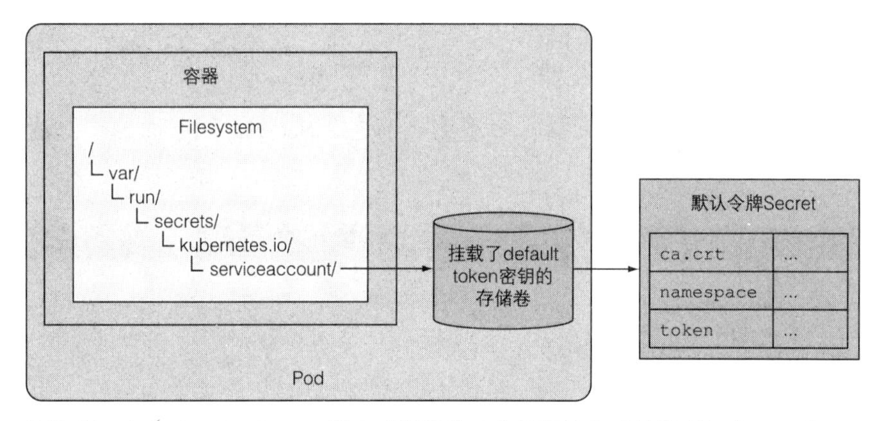

图 7.11 default-tokenSecret 被自动创建且对应的卷被自动挂载到每个 pod 上

7.5.3 创建 Secret

现在你将创建自己地小型 Secret。改进 fortune-serving 的 Nginx 容器的配置，使其能够服务于 HTTPS 流量。你需要创建私钥和证书，由于需要确保私钥的安全性，可将其与证书同时存入 Secret。

首先在本地机器上生成证书与私钥文件，当然也可以直接使用本书代码归档中的相应文件（fortune-https 文件夹下的证书与密钥文件）：

```
$ openssl genrsa -out https.key 2048
$ openssl req -new -x509 -key https.key -out https.cert -days 3650 -subj
    /CN=www.kubia-example.com
```

现在为了帮助你更好地理解 Secret，额外创建一个内容为字符串 bar 的虚拟文件 foo。过会儿你就会理解为何要这样做：

```
$ echo bar > foo
```

现在使用 kubectl create secret 命令由这三个文件创建 Secret：

```
$ kubectl create secret generic fortune-https --from-file=https.key
➥   --from-file=https.cert --from-file=foo
secret "fortune-https" created
```

与创建 ConfigMap 的过程类似，这里创建了一个名为 fortune-https 的 generic Secret，它包含有两个条目：https.key 和 https.cert，分别对应于两个同名文件的内容。如前所述，同样可以用 --from-file=fortune-https 囊括整个文件夹中的所有文件，替代单独指定每个文件的创建方式。

注意　这里创建了一个 generic Secret，在此之前你可能在第 5 章通过 kubectl create secret tls 创建过一个 tls Secret。两种方式创建的 Secret 的条目名称不同。

7.5.4　对比 ConfigMap 与 Secret

Secret 与 ConfigMap 仍有比较大的差别，这也是为何 Kubernetes 开发者们在支持了 Secret 一段时间之后仍会选择创建 ConfigMap。创建的 Secret 的 YAML 格式定义如下面的代码清单所示。

代码清单 7.21　Secret 的 YAML 格式定义

```
$ kubectl get secret fortune-https -o yaml
apiVersion: v1
data:
  foo: YmFyCg==
  https.cert: LS0tLS1CRUdJTiBDRVJUSUZJQ0FURS0tLS0tCk1JSURCekNDQ...
  https.key: LS0tLS1CRUdJTiBSU0EgUFJJVkFURSBLRVktLS0tLQpNSUlFcE...
kind: Secret
...
```

将其与之前创建的 ConfigMap 的 YAML 格式定义做对比：

代码清单 7.22　Config 的 YAML 格式定义

```
$ kubectl get configmap fortune-config -o yaml
apiVersion: v1
data:
  my-nginx-config.conf: |
    server {
      ...
    }
  sleep-interval: |
    25
kind: ConfigMap
...
```

注意到两者的区别了吗？Secret 条目的内容会被以 Base64 格式编码，而 ConfigMap 直接以纯文本展示。这种区别导致在处理 YAML 和 JSON 格式的 Secret 时会稍许有些麻烦，需要在设置和读取相关条目时对内容进行编解码。

为二进制数据创建 Secret

采用 Base64 编码的原因很简单。Secret 的条目可以涵盖二进制数据，而不仅仅是纯文本。Base64 编码可以将二进制数据转换为纯文本，以 YAML 或 JSON 格式展示。

提示 Secret 甚至可以被用来存储非敏感二进制数据。不过值得注意的是，Secret 的大小限于 1MB。

stringData 字段介绍

由于并非所有的敏感数据都是二进制形式，Kubernetes 允许通过 Secret 的 `stringData` 字段设置条目的纯文本值，如下面的代码清单所示。

代码清单 7.23 通过 `stringData` 字段向 `Secret` 添加纯文本条目值

```
kind: Secret
apiVersion: v1
stringData:                  <-- stringData 可被用来设置非二进制数据
  foo: plain text            <-- 可以看出值未被 Base64 编码
data:
  https.cert: LS0tLS1CRUdJTiBDRVJUSUZJQ0FURS0tLS0tCk1JSURCekNDQ...
  https.key: LS0tLS1CRUdJTiBSU0EgUFJJVkFURSBLRVktLS0tLQpNSUlFcE...
```

`stringData` 字段是只写的（注意：是只写，非只读），可以被用来设置条目值。通过 `kubectl get -o yaml` 获取 Secret 的 YAML 格式定义时，不会显示 `stringData` 字段。相反，`stringData` 字段中的所有条目（如上面示例中的 `foo` 条目）会被 Base64 编码之后展示在 `data` 字段下。

在 pod 中读取 Secret 条目

通过 `secret` 卷将 Secret 暴露给容器之后，Secret 条目的值会被解码并以真实形式（纯文本或二进制）写入对应的文件。通过环境变量暴露 Secret 条目亦是如此。在这两种情况下，应用程序均无须主动解码，可直接读取文件内容或者查找环境变量。

7.5.5 在 pod 中使用 Secret

fortune-https Secret 已经包含了证书与密钥文件，接下来需要做的是配置 Nginx 服务器去使用它们。

修改 fortune-config ConfigMap 以开启 HTTPS

为了开启 HTTPS，需要再次修改这个 ConfigMap 对应的配置条目：

```
$ kubectl edit configmap fortune-config
```

文本编辑器打开后，修改条目 my-nginx-config.con 的内容，如下面的代码清单所示。

代码清单 7.24 修改 fortune-config ConfigMap 的数据

```
...
data:
  my-nginx-config.conf: |
    server {
      listen              80;
      listen              443 ssl;
      server_name         www.kubia-example.com;
      ssl_certificate     certs/https.cert;
      ssl_certificate_key certs/https.key;
      ssl_protocols       TLSv1 TLSv1.1 TLSv1.2;
      ssl_ciphers         HIGH:!aNULL:!MD5;

      location / {
        root   /usr/share/nginx/html;
        index  index.html index.htm;
      }
    }
  sleep-interval: |
...
```

/etc/nginx 的相对位置

上面配置了服务器从 /etc/nginx/certs 中读取证书与密钥文件，因此之后需要将 secret 卷挂载于此。

挂载 fortune-secret 至 pod

接下来需要创建一个新的 fortune-https pod，将含有证书与密钥的 secret 卷挂载至 pod 中的 web-server 容器，如下面的代码清单所示。

代码清单 7.25 fortune-https pod 的 YAML 格式定义：fortune-pod-https.yaml

```
apiVersion: v1
kind: Pod
metadata:
  name: fortune-https
spec:
  containers:
  - image: luksa/fortune:env
    name: html-generator
    env:
    - name: INTERVAL
      valueFrom:
        configMapKeyRef:
```

```
          name: fortune-config
          key: sleep-interval
    volumeMounts:
    - name: html
      mountPath: /var/htdocs
  - image: nginx:alpine
    name: web-server
    volumeMounts:
    - name: html
      mountPath: /usr/share/nginx/html
      readOnly: true
    - name: config
      mountPath: /etc/nginx/conf.d
      readOnly: true
    - name: certs
      mountPath: /etc/nginx/certs/
      readOnly: true
    ports:
    - containerPort: 80
    - containerPort: 443
  volumes:
  - name: html
    emptyDir: {}
  - name: config
    configMap:
      name: fortune-config
      items:
      - key: my-nginx-config.conf
        path: https.conf
  - name: certs
    secret:
      secretName: fortune-https
```

配置 Nginx 从 /etc/nginx/certs 中读取证书和密钥文件，需将 secret 卷挂载于此

这里引用 fortune-https Secret 来定义 secret 卷

图 7.12 形象化地展示了上述 YAML 格式定义中的各组件及其相互关系。Secret default-token 以及卷、卷挂载并不包含在这一定义中，因为这些组件被自动加入 pod 定义，图中不予展示。

注意 与 configMap 卷相同，secret 卷同样支持通过 defaultModes 属性指定卷中文件的默认权限。

测试 Nginx 是否正使用 Secret 中的证书与密钥

pod 运行之后，开启端口转发隧道将 HTTPS 流量转发至 pod 的 443 端口，并用 curl 向服务器发送请求：

```
$ kubectl port-forward fortune-https 8443:443 &
Forwarding from 127.0.0.1:8443 -> 443
Forwarding from [::1]:8443 -> 443
$ curl https://localhost:8443 -k
```

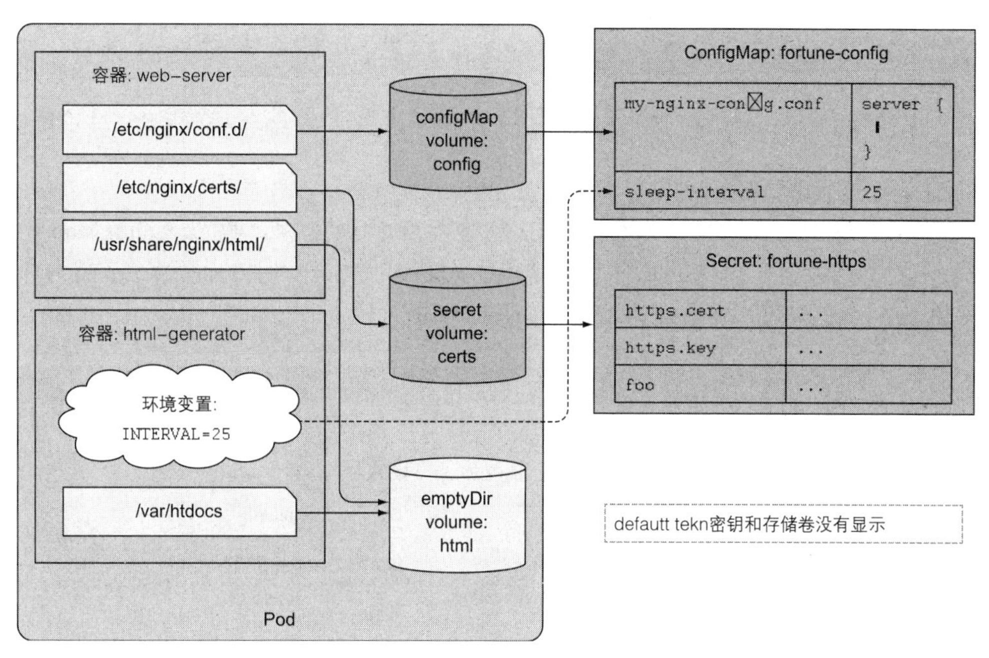

图 7.12　组合了 ConligMap 录密钥运行 tortune-heaps pod

若服务器配置正确，会得到一个响应，检查响应中服务器证书是否与之前生成的证书匹配。curl 命令添加选项 -v 开启详细日志，如下面的代码清单所示。

代码清单 7.26　显示 Nginx 发送的服务器证书

```
$ curl https://localhost:8443 -k -v
* About to connect() to localhost port 8443 (#0)
*   Trying ::1...
* Connected to localhost (::1) port 8443 (#0)
* Initializing NSS with certpath: sql:/etc/pki/nssdb
* skipping SSL peer certificate verification
* SSL connection using TLS_ECDHE_RSA_WITH_AES_256_GCM_SHA384
* Server certificate:
*   subject: CN=www.kubia-example.com
*   start date: aug 16 18:43:13 2016 GMT
*   expire date: aug 14 18:43:13 2026 GMT
*   common name: www.kubia-example.com
*   issuer: CN=www.kubia-example.com
```

证书与之前创建并存储于 Secret 中的证书匹配

Secret 卷存储于内存

通过挂载 secret 卷至文件夹 /etc/nginx/certs 将证书与私钥成功传递给容器。secret 卷采用内存文件系统列出容器的挂载点，如下面的代码清单所示。

```
$ kubectl exec fortune-https -c web-server -- mount | grep certs
tmpfs on /etc/nginx/certs type tmpfs (ro,relatime)
```

由于使用的是 tmpfs，存储在 Secret 中的数据不会写入磁盘，这样就无法被窃取。

通过环境变量暴露 Secret 条目

除卷之外，Secret 的独立条目可作为环境变量被暴露，就像 ConfigMap 中 sleep-interval 条目做的那样。举个例子，若想将 Secret 中的键 foo 暴露为环境变量 FOO_SECRET，需要在容器定义中添加如下片段。

代码清单 7.27 Secret 条目暴露为环境变量

```
env:
- name: FOO_SECRET
  valueFrom:
    secretKeyRef:
      name: fortune-https
      key: foo
```

上面片段与设置 INTERVAL 环境变量的基本一致，除了这里是使用 secretKeyRef 字段来引用 Secret，而非 configMapKeyRef，后者用以引用 ConfigMap。

Kubernetes 允许通过环境变量暴露 Secret，然而此特性的使用往往不是一个好主意。应用程序通常会在错误报告时转储环境变量，或者是启动时打印在应用日志中，无意中暴露了 Secret 信息。另外，子进程会继承父进程的所有环境变量，如果是通过第三方二进制程序启动应用，你并不知道它使用敏感数据做了什么。

提示 由于敏感数据可能在无意中被暴露，通过环境变量暴露 Secret 给容器之前请再三思考。为了确保安全性，请始终采用 secret 卷的方式暴露 Secret。

了解镜像拉取 Secret

你已经学会了如何传递 Secret 给应用程序并使用它们包含的数据。Kubernetes 自身在有些时候希望我们能够传递证书给它，比如从某个私有镜像仓库拉取镜像时。这一点同样需通过 Secret 来做到。

到目前为止所使用的容器镜像均存储在公共仓库，从上面拉取镜像时无须任何特殊的证书。不过大部分组织机构不希望它们的镜像开放给所有人，因此会使用私有镜像仓库。部署一个 pod 时，如果容器镜像位于私有仓库，Kubernetes 需拥有拉取镜像所需的证书。让我们看一下该怎么做。

在 Docker Hub 上使用私有镜像仓库

Docker Hub 除了是一个公共镜像仓库，还支持在上面创建私有仓库。通过浏览器登录 https://hub.docker.com，找到对应的镜像仓库，勾选指定的复选框，将仓库标记为私有。

运行一个镜像来源于私有仓库的 pod 时，需要做以下两件事：

- 创建包含 Docker 镜像仓库证书的 Secret。
- pod 定义中的 `imagePullSecrets` 字段引用该 Secret。

创建用于 Docker 镜像仓库鉴权的 Secret

创建一个包含 Docker 镜像仓库鉴权证书的 Secret 与 7.5.3 节中创建 generic Secret 并没有什么不同。同样使用 `kubectl create secret` 命令，仅仅是类型与参数选项的不同：

```
$ kubectl create secret docker-registry mydockerhubsecret \
  --docker-username=myusername --docker-password=mypassword \
  --docker-email=my.email@provider.com
```

这里创建了一个 `docker-registry` 类型的 `mydockerhubsecret` Secret，创建时需指定 Docker Hub 的用户名、密码以及邮箱。通过 `kubectl describe` 观察新建 Secret 的内容时会发现仅有一个条目 `.dockercfg`，相当于用户主目录下的 .dockercfg 文件。该文件通常在运行 `docker login` 命令时由 Docker 自动创建。

在 pod 定义中使用 docker-registry Secret

为了 Kubernetes 从私有镜像仓库拉取镜像时能够使用 Secret，需要在 pod 定义中指定 docker-registry Secret 的名称，如下面的代码清单所示。

代码清单 7.28　指定镜像拉取 Secret 的 pod 定义：pod-with-private-image.yaml

```
apiVersion: v1
kind: Pod
metadata:
  name: private-pod
spec:
  imagePullSecrets:                  能够从私有镜像仓库
  - name: mydockerhubsecret          中拉取镜像
  containers:
  - image: username/private:tag
    name: main
```

上述 pod 定义中，字段 `imagePullSecrets` 引用了 `mydockerhubsecret` Secret。建议你尝试一下这个特性，因为很可能在不久之后就会与私有镜像打交道。

不需要为每个 pod 指定镜像拉取 Secret

假设某系统中通常运行大量 pod，你可能会好奇是否需要为每个 pod 都添加相同的镜像拉取 Secret。幸运的是，情况并非如此。第 12 章中将会学习到如何通过添加 Secret 至 ServiceAccount 使所有 pod 都能自动添加上镜像拉取 Secret。

7.6 本章小结

本章向你展示了如何向容器传递配置数据。读完这一章，你应该知道如何：

- 在 pod 定义中覆盖容器镜像定义的默认命令
- 传递命令行参数给容器主进程
- 为容器设置环境变量
- 将配置从 pod 定义中分离并放入 ConfigMap
- 通过 Secret 存储敏感数据并安全分发至容器
- 创建 `docker-registry` Secret 用以从私有镜像仓库拉取镜像

下一章中你将会学习到如何传递 pod 和容器的元数据给运行于其中的应用程序，会了解到本章的默认令牌 Secret 是如何在 pod 中被用来访问 API 服务器的。

8 从应用访问pod元数据以及其他资源

本章内容涵盖

- 通过 Downward API 传递信息到容器
- 探索 Kubernetes REST API
- 把授权和服务器验证交给 `kubectl proxy`
- 从容器内部访问 API 服务器
- 理解 ambassador 容器模式
- 使用 Kubernetes 客户端库

应用往往需要获取所运行环境的一些信息，包括应用自身以及集群中其他组件的信息。我们已经了解到 Kubernetes 如何通过环境变量以及 DNS 进行服务发现，但其他信息如何处理呢？在本章，我们将了解特定的 pod 和容器元数据如何被传递到容器，了解在容器中运行的应用如何便捷地与 Kubernetes API 服务器进行交互，从而获取在集群中部署资源的信息，并且进一步了解如何创建和修改这些资源。

8.1 通过Downward API传递元数据

在之前的章节中，我们已经了解到如何通过环境变量或者 `configMap` 和 `secret` 卷向应用传递配置数据。这对于 pod 调度、运行前预设的数据是可行的。

但是对于那些不能预先知道的数据，比如 pod 的 IP、主机名或者是 pod 自身的名称（当名称被生成，比如当 pod 通过 ReplicaSet 或类似的控制器生成时）呢？此外，对于那些已经在别处定义的数据，比如 pod 的标签和注解呢？我们不想在多个地方重复保留同样的数据。

对于此类问题，可以通过使用 Kubernetes Downward API 解决。Downward API 允许我们通过环境变量或者文件（在 downwardAPI 卷中）的传递 pod 的元数据。不要对这个名称产生困惑，Downward API 的方式并不像 REST endpoint 那样需要通过访问的方式获取数据。这种方式主要是将在 pod 的定义和状态中取得的数据作为环境变量和文件的值，如图 8.1 所示。

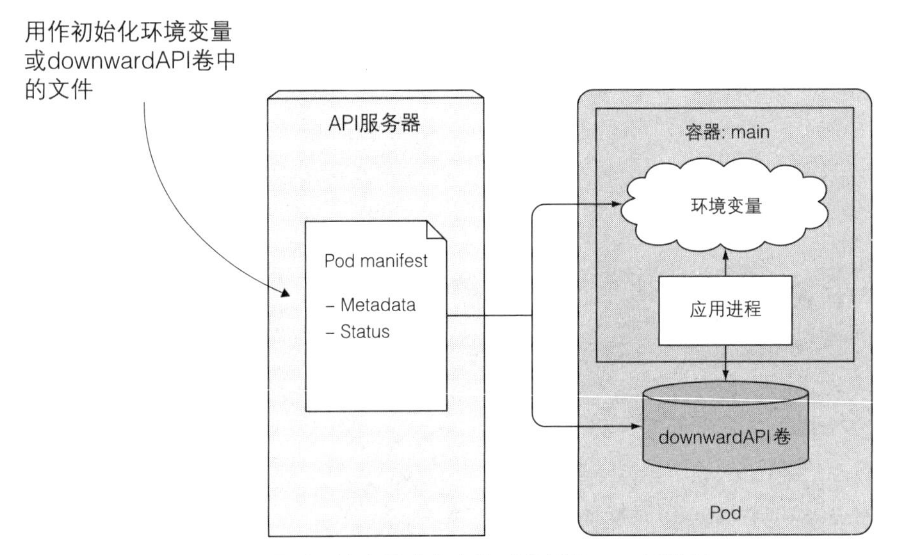

图 8.1 Downward API 通过环境变量或者文件对外暴露 pod 元数据

8.1.1 了解可用的元数据

Downward API 可以给在 pod 中运行的进程暴露 pod 的元数据。目前我们可以给容器传递以下数据：

- pod 的名称
- pod 的 IP
- pod 所在的命名空间
- pod 运行节点的名称
- pod 运行所归属的服务账户的名称
- 每个容器请求的 CPU 和内存的使用量

- 每个容器可以使用的 CPU 和内存的限制
- pod 的标签
- pod 的注解

这个清单中所列举的大部分项目，除了还没有讲到的服务账户、CPU 和内存的请求和限制概念，其他都无须进一步解释。我们将在第 12 章详细讲解服务账户。现在，你只需了解，服务账户是 pod 访问 API 服务器时用来进行身份验证的账户。CPU 和内存的请求和限制将在第 14 章进行说明，它们代表了分配给一个容器的 CPU 和内存的使用量，以及一个容器可以分配的上限。

列表中的大部分项目既可以通过环境变量也可以通过 `downwardAPI` 卷传递给容器，但是标签和注解只可以通过卷暴露。部分数据可以通过其他方式获取（例如，可以直接从操作系统获取），但是 Downward API 提供了一种更加便捷的方式。

让我们来看一个向容器化的进程传递元数据的例子。

8.1.2 通过环境变量暴露元数据

首先，我们来了解如何通过环境变量的方式将 pod 和容器的元数据传递到容器中。我们根据如下列出的 manifest 创建一个简单的单容器。

代码清单 8.1 在环境变量中使用 downward API: downward-api-env.yaml

```
apiVersion: v1
kind: Pod
metadata:
  name: downward
spec:
  containers:
  - name: main
    image: busybox
    command: ["sleep", "9999999"]
    resources:
      requests:
        cpu: 15m
        memory: 100Ki
      limits:
        cpu: 100m
        memory: 4Mi
    env:
    - name: POD_NAME
      valueFrom:
        fieldRef:
          fieldPath: metadata.name
    - name: POD_NAMESPACE
```

引用 pod manifest 中的元数据名称字段，而不是设定一个具体的值

```
      valueFrom:
        fieldRef:
          fieldPath: metadata.namespace
    - name: POD_IP
      valueFrom:
        fieldRef:
          fieldPath: status.podIP
    - name: NODE_NAME
      valueFrom:
        fieldRef:
          fieldPath: spec.nodeName
    - name: SERVICE_ACCOUNT
      valueFrom:
        fieldRef:
          fieldPath: spec.serviceAccountName
    - name: CONTAINER_CPU_REQUEST_MILLICORES
      valueFrom:
        resourceFieldRef:
          resource: requests.cpu
          divisor: 1m
    - name: CONTAINER_MEMORY_LIMIT_KIBIBYTES
      valueFrom:
        resourceFieldRef:
          resource: limits.memory
          divisor: 1Ki
```

容器请求的 CPU 和内存使用量是引用 resourceFieldRef 字段而不是 fieldRef 字段

对于资源相关的字段，我们定义一个基数单位，从而生成每一部分的值

当我们的进程在运行时，它可以获取所有我们在 pod 的定义文件中设定的环境变量。图 8-2 展示了所有的环境变量以及变量值的来源。pod 的名称、IP 和命名空间可以通过 `pod_NAME`、`pod_IP` 和 `pod_NAMESPACE` 这几个环境变量分别暴露。容器运行的节点的名称可以通过 `NODE_NAME` 变量暴露。同样，服务账户可以使用环境变量 `SERVICE_ACCOUNT`。我们也可以创建两个环境变量来保存容器请求使用的 CPU 的数量，以及容器被最大允许使用的内存数量。

对于暴露资源请求和使用限制的环境变量，我们会设定一个基数单位。实际的资源请求值和限制值除以这个基数单位，所得的结果通过环境变量暴露出去。在前面的例子中，我们设定 CPU 请求的基数为 `1m`(即 1 millicore, 也就是千分之一核 CPU)。当我们设置资源请求为 `15m` 时，环境变量 `CONTAINER_CPU_REQUEST_MILLICORES` 的值就是 `15`。同样，我们设定内存的使用限制为 `4Mi`(4 mebibytes) , 设定基数为 `1 Ki`(1 Kibibyte), 则环境变量 `CONTAINER_MEMORY_LIMIT_KIBIBYTES` 的值就是 `4096`。

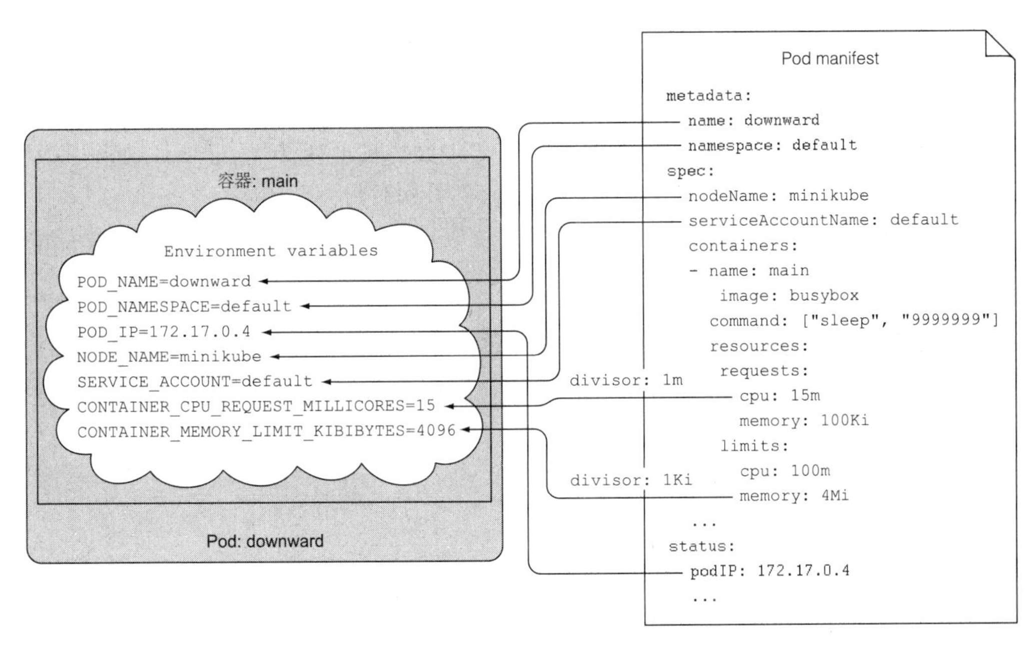

图 8.2 pod 元数据与属性通过环境变量暴露给 pod

对于 CPU 资源请求量和使用限制可以被设定为 1，也就意味着整颗 CPU 的计算能力，也可以设定为 1m, 即千分之一核的计算能力。对于内存的资源请求和使用限制可以设定为 1（字节），也可以是 1k(kilobute) 或 1Ki（kibibute)，同样也可以设为 1M（megavyte）或者 1Mi(mebibyte)，等等。

在完成创建 pod 后，我们可以使用 kubectl exec 命令来查看容器中的所有环境变量，如下面的代码清单所示。

代码清单 8.2 downward pod 中的环境变量

```
$ kubectl exec downward env
PATH=/usr/local/sbin:/usr/local/bin:/usr/sbin:/usr/bin:/sbin:/bin
HOSTNAME=downward
CONTAINER_MEMORY_LIMIT_KIBIBYTES=4096
POD_NAME=downward
POD_NAMESPACE=default
POD_IP=10.0.0.10
NODE_NAME=gke-kubia-default-pool-32a2cac8-sgl7
SERVICE_ACCOUNT=default
CONTAINER_CPU_REQUEST_MILLICORES=15
KUBERNETES_SERVICE_HOST=10.3.240.1
KUBERNETES_SERVICE_PORT=443
...
```

所有在这个容器中运行的进程都可以读取并使用它们需要的变量。

8.1.3 通过 downwardAPI 卷来传递元数据

如果更倾向于使用文件的方式而不是环境变量的方式暴露元数据，可以定义一个 downwardAPI 卷并挂载到容器中。由于不能通过环境变量暴露，所以必须使用 downwardAPI 卷来暴露 pod 标签或注解。我们将摘后将讨论原因。

与环境变量一样，需要显示地指定元器据字段来暴露份进程。下面我们将把前面的示例从使用环境变量修改为使用存储卷，如下面的代码清单所示。

代码清单 8.3 一个带有 dowanwardAPI 卷的 pod 示例 :dowanward-api-volume.yaml

```
apiVersion: v1
kind: Pod
metadata:
  name: downward
  labels:
    foo: bar
  annotations:
    key1: value1
    key2: |
      multi
      line
      value
spec:
  containers:
  - name: main
    image: busybox
    command: ["sleep", "9999999"]
    resources:
      requests:
        cpu: 15m
        memory: 100Ki
      limits:
        cpu: 100m
        memory: 4Mi
    volumeMounts:
    - name: downward
      mountPath: /etc/downward
  volumes:
  - name: downward
    downwardAPI:
      items:
      - path: "podName"
        fieldRef:
          fieldPath: metadata.name
      - path: "podNamespace"
        fieldRef:
          fieldPath: metadata.namespace
      - path: "labels"
        fieldRef:
          fieldPath: metadata.labels
```

通过 downwardAPI 卷来暴露这些标签和注解

在 /etc/downward 目录下挂载这个 dowanward 卷

通过将卷的名字设定为 downward 来定义一个 dowanwardAPI 卷

pod 的名称（来自 manifest 文件中的 metadate.name 字段）将被写入 podName 文件中

pod 的标签将被保存到 /etc/dowanward/labels 文件中

```
- path: "annotations"
  fieldRef:
    fieldPath: metadata.annotations
- path: "containerCpuRequestMilliCores"
  resourceFieldRef:
    containerName: main
    resource: requests.cpu
    divisor: 1m
- path: "containerMemoryLimitBytes"
  resourceFieldRef:
    containerName: main
    resource: limits.memory
    divisor: 1
```

pod 的注解将被保存到 /etc/dowanward/annotations 文件中

现在我们没有通过环境变量来传递元数据，而是定义了一个叫作 downward 的卷，并且通过 /etc/downward 目录挂载到我们的容器中。卷所包含的文件会通过卷定义中的 downwardAPI.items 属性来定义。

对于我们想要在文件中保存的每一个 pod 级的字段或者容器资源字段，都分别在 downwardAPI.items 中说明了元数据被保存和引用的 path(文件名)，如图 8.3 所示。

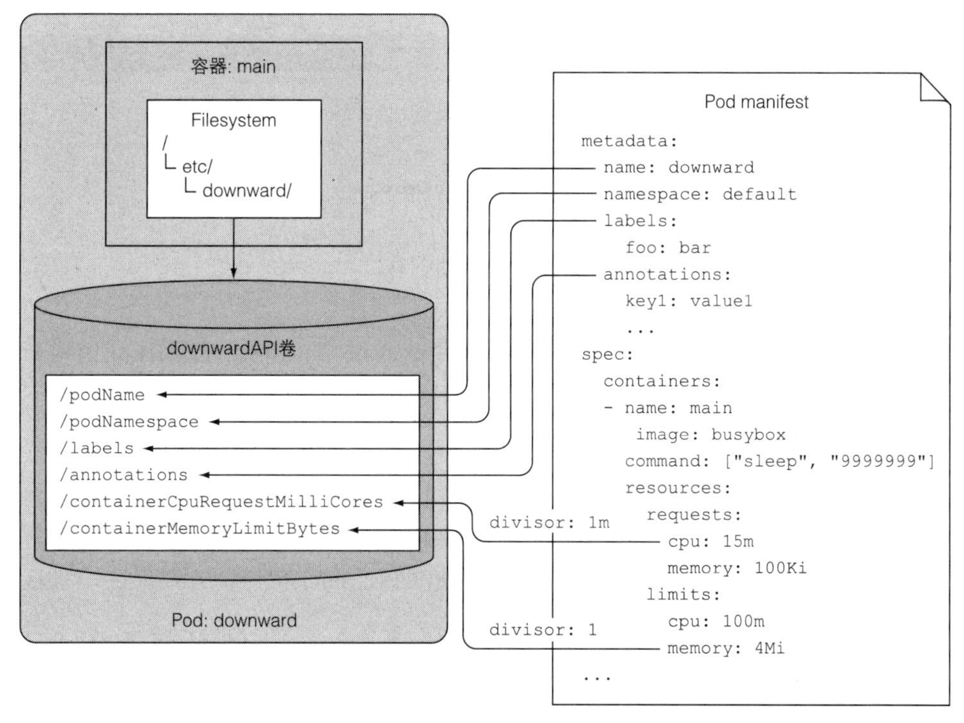

图 8.3 使用 dowanward API 卷来传递元数据

从之前列表的 manifest 中删除原来的 pod，并且新建一个 pod。然后查看已挂载到 downwardAPI 卷目录的内容，存储卷被挂载在 /etc/downward/ 目录下，列出目录中的文件，如下面的代码清单所示。

代码清单 8.4 downwordAPI 卷中的文件

```
$ kubectl exec downward ls -lL /etc/downward
-rw-r--r--   1 root   root   134 May 25 10:23 annotations
-rw-r--r--   1 root   root     2 May 25 10:23 containerCpuRequestMilliCores
-rw-r--r--   1 root   root     7 May 25 10:23 containerMemoryLimitBytes
-rw-r--r--   1 root   root     9 May 25 10:23 labels
-rw-r--r--   1 root   root     8 May 25 10:23 podName
-rw-r--r--   1 root   root     7 May 25 10:23 podNamespace
```

注意 与 configMAp 和 secret 卷一样，可以通过 pod 定义中 downwardAPI 卷的 defaultMode 属性来改变文件的访问权限设置。

每个文件都对应了卷定义中的一项。文件的内容与之前例子中的元数据字段和值，这里不再重复展示。不过由于不能通过环境变量的方式暴露 label 和 annotation，所以看一下我们暴露的这两个文件的代码清单。

代码清单 8.5 展示 downwardAPI 卷中的标签和注解

```
$ kubectl exec downward cat /etc/downward/labels
foo="bar"

$ kubectl exec downward cat /etc/downward/annotations
key1="value1"
key2="multi\nline\nvalue\n"
kubernetes.io/config.seen="2016-11-28T14:27:45.664924282Z"
kubernetes.io/config.source="api"
```

正如我们上面看到的，每一个标签和注解都以 key=value 的格式保存在单独的行中，如对应多个值，则写在同一行，并且用回车符 \n 连接。

修改标签和注解

可以在 pod 运行时修改标签和注解。如我们所愿，当标签和注解被修改后，Kubernetes 会更新存有相关信息的文件，从而使 pod 可以获取最新的数据。这也解释了为什么不能通过环境变量的方式暴露标签和注解，在环境变量方式下，一旦标签和注解被修改，新的值将无法暴露。

在卷的定义中引用容器级的元数据

在结束这一部分的内容之前，需要说明一点，当暴露容器级的元数据时，如容器可使用的资源限制或者资源请求（使用字段 resourceFieldRef），必须指定引用资源字段对应的容器名称，如下面的代码清单所示。

代码清单 8.6 在 downwardAPI 卷中引用容器级的元数据

```
spec:
  volumes:
  - name: downward
    downwardAPI:
      items:
      - path: "containerCpuRequestMilliCores"
        resourceFieldRef:
          containerName: main
          resource: requests.cpu
          divisor: 1m
```

必须指定容器名称

这样做的理由很明显，因为我们对于卷的定义是基于 pod 级的，而不是容器级的。当我们引用卷定义某一个容器的资源字段时，我们需要明确说明引用的容器的名称。这个规则对于只包含单容器的 pod 同样适用。

使用卷的方式来暴露容器的资源请求和使用限制比环境变量的方式稍显复杂，但好处是如果有必要，可以传递一个容器的资源字段到另一个容器（当然两个容器必须处于同一个 pod）。使用环境变量的方式，一个容器只能传递它自身资源申请求和限制的信息。

何时使用 Dowanward API 方式

正如我们看到的，Downward API 方式并不复杂，它使得应用独立于 Kubernetes。这一点在处理部分数据已在环境变量中的现有应用时特别有用。Downward API 方式使得我们不必通过修改应用，或者使用 shell 脚本获取数据再传递给环境变量的方式来暴露数据。

不过通过 Downward API 的方式获取的元数据是相当有限的，如果需要获取更多的元数据，需要使用直接访问 Kubernetes API 服务器的方式。我们将在接下来的部分了解这种方式。

8.2 与Kubernetes API服务器交互

我们已经知道，Downward API 提供了一种简单的方式，将 pod 和容器的元数据传递给在它们内部运行的进程。但这种方式其实仅仅可以暴露一个 pod 自身的元数据，而且只可以暴露部分元数据。某些情况下，我们的应用需要知道其他 pod 的信息，甚至是集群中其他资源的信息。这种情况下 Downward API 方式将无能为力。

正如书中提到的，可以通过服务相关的环境变量或者 DNS 来获取服务和 pod 的信息，但如果应用需要获取其他资源的信息或者获取最新的信息，就需要直接与 API 服务器进行交互（如图 8.4 所示）。

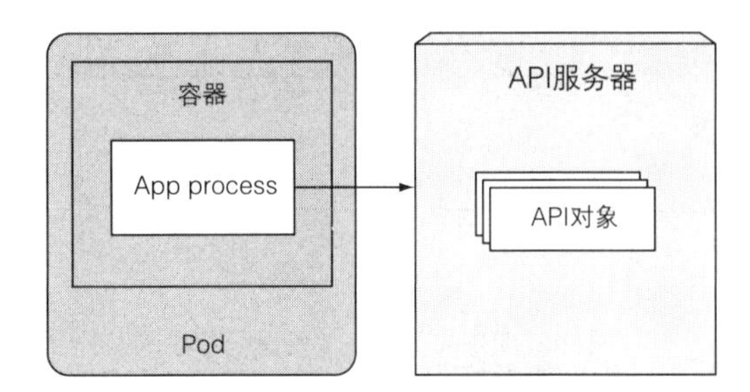

图 8.4 从 pod 内部与 API 服务器交互获取其他 API 对象的信息

在了解 pod 中的应用如何与 Kubernetes API 服务器交互之前，先在自己的本机上研究一下服务器的 REST endpoit，这样我们可以大致了解什么是 API 服务器。

8.2.1 探究 Kubernetes REST API

我们已经了解了 Kubernetes 不同的资源类型。但如果打算开发一个可以与 Kubernetes API 交互的应用，要首先了解 API。

先尝试直接访问 API 服务器，可以通过运行 `kubectl cluster-info` 命令来得到服务器的 URL。

```
$ kubectl cluster-info
Kubernetes master is running at https://192.168.99.100:8443
```

因为服务器使用 HTTPS 协议并且需要授权，所以与服务器交互并不是一件简单的事情，可以尝试通过 `curl` 来访问它，使用 `curl` 的 `--insecure`(或 `-k`) 选项来跳过服务器证书检查环节，但这也不能让我们走得更远。

```
$ curl https://192.168.99.100:8443 -k
Unauthorized
```

幸运的是，我们可以执行 `kubectl proxy` 命令，通过代理与服务器交互，而不是自行来处理验证过程。

通过 Kubectl proxy 访问 API 服务器

`kubectl proxy` 命令启动了一个代理服务来接收来自你本机的 HTTP 连接并转发至 API 服务器，同时处理身份认证，所以不需要每次请求都上传认证凭证。它也可以确保我们直接与真实的 API 服务器交互，而不是一个中间人（通过每次验证服务器证书的方式）。

运行代理很简单，所要做的就是运行以下命令：

```
$ kubectl proxy
Starting to serve on 127.0.0.1:8001
```

我们也无须传递其他任何参数，因为 kubectl 已经知晓所需的所有参数（API 服务器 URL、认证凭证等)。一旦启动，代理服务器就将在本地端口 8001 接收连接请求，让我们看一下它是如何工作的：

```
$ curl localhost:8001
{
  "paths": [
    "/api",
    "/api/v1",
    ...
```

看，我们发送请求给代理，代理接着发送请求给 API 服务器，然后代理将返回从服务器返回的所有信息，现在让我们开始研究。

通过 Kubectl proxy 研究 Kubernetes API

我们可以继续使用 curl，或者打开浏览器并且指向 http://localhost:8001，看一下当我们访问这个基础的 URL 时，API 服务器会返回什么。服务器的应答是一组路径的清单，如下所示。

代码清单 8.7　API 服务器的 REST endpoint 清单：http://localhost:8001

```
$ curl http://localhost:8001
{
  "paths": [
    "/api",
    "/api/v1",                        这里可以看到大部
    "/apis",                          分的资源类型
    "/apis/apps",
    "/apis/apps/v1beta1",
    ...
    "/apis/batch",
    "/apis/batch/v1",                 batch API 组以
    "/apis/batch/v2alpha1",           及它的两个版本
    ...
```

这些路径对应了我们创建 Pod、Service 这些资源时定义的 API 组和版本信息。

你或许已经发现在 /apis/batch/v1 路径下的 batch/V1 就是在第 4 章了解的 Job 资源 API 组和版本信息。同样，/api/V1 对应 apiVersion: 这里所说的 V1 指的是我们创建的基础资源（Pod、Service、ReplicationController 等）。在 Kubernetes 最早期版本中提到的最基础的资源并不属于任何指定的组，原因是 Kubernetes 初期并没有使用 API 组的概念，这个概念是后期引入的。

注意　这些没有列入 API 组的初始资源类型现在一般被认为归属于核心的 API 组。

研究批量 API 组的 REST endpoint

让我们来研究 Job 资源 API，从路径 /apis/batch 下的内容开始（暂时忽略版本），如下面的代码清单所示。

代码清单 8.8　在 /apis/batch 目录下的 endpoint 清单：http://localhost:8001/apis/batch

```
$ curl http://localhost:8001/apis/batch
{
  "kind": "APIGroup",
  "apiVersion": "v1",
  "name": "batch",
  "versions": [
    {
      "groupVersion": "batch/v1",
      "version": "v1"
    },
    {
      "groupVersion": "batch/v2alpha1",
      "version": "v2alpha1"
    }
  ],
  "preferredVersion": {
    "groupVersion": "batch/v1",
    "version": "v1"
  },
  "serverAddressByClientCIDRs": null
}
```

批量 API 组包含两个版本

客户应该使用 V1 版本而不是 V2alpha1 版本

这个响应消息展示了包括可用版本、客户推荐使用版本在内的批量 API 组信息。让我们接着看一下 /apis/batch/V1 路径下的内容，如下面的代码清单所示。

代码清单 8.9　在 batch/V1 中的资源类型：http://localhost:8001/apis/batch/v1

```
$ curl http://localhost:8001/apis/batch/v1
{
  "kind": "APIResourceList",
  "apiVersion": "v1",
  "groupVersion": "batch/v1",
  "resources": [
    {
      "name": "jobs",
      "namespaced": true,
      "kind": "Job",
```

这里是在 batch/V1API 组中的 API 资源清单

这个数据包含了这个组中所有的资源类型

这里描述了已经被指定了命名空间的 Job 资源

```
      "verbs": [
        "create",
        "delete",
        "deletecollection",
        "get",
        "list",
        "patch",
        "update",
        "watch"
      ]
    },
    {
      "name": "jobs/status",
      "namespaced": true,
      "kind": "Job",
      "verbs": [
        "get",
        "patch",
        "update"
      ]
    }
  ]
}
```

这里给出了资源对应可以使用的动词（可以创建 Job、可以删除单独的一个 Job 或者其中的一个集合，也可以恢复、监听或者修改它们）

资源也有一个专门的 REST endpoint 来修改它们的状态

状态可以被恢复、打补丁或者修改

像我们看到的一样，API 服务器返回了在 batch/V1 目录下 API 组中的资源类型以及 REST endpoint 清单。除了资源的名称和相关的类型，API 服务器也包含了一些其他信息，比如资源是否被指定了命名空间、名称简写（如果有的话，对于 Job 来说没有）、资源对应可以使用的动词列表等。

返回的列表描述了在 API 服务器中暴露的 REST 资源。"name":"jobs" 行的信息告诉我们 API 包含了 /apis/batch/V1/jobs 的 endpoint，"verbs" 数组告诉我们可以通过 endpoint 恢复、修改以及删除 Job 资源。对于某些特定的资源，API 服务器暴露了额外的 API endpoint（例如，通过 jobs/status 路径可以修改 Job 的状态）。

列举集群中所有的 Job 实例

通过在 /apis/batch/v1/jobs 路径运行一个 GET 请求，可以获取集群中所有 Job 的清单，如下面的代码清单所示。

代码清单 8.10 Job 清单：http://localhost:8001/apis/batch/v1/jobs

```
$ curl http://localhost:8001/apis/batch/v1/jobs
{
  "kind": "JobList",
  "apiVersion": "batch/v1",
  "metadata": {
    "selfLink": "/apis/batch/v1/jobs",
    "resourceVersion": "225162"
  },
```

```
  "items": [
    {
      "metadata": {
        "name": "my-job",
        "namespace": "default",
        ...
```

如果在集群中没有部署 Job 资源，那么 items 数组将是空的。可以尝试在 Chapter08/my-job.yaml 中部署 Job，然后再次访问 RESR endpoint 从而得到与代码清单 8.10 中相同的输出信息。

通过名称恢复一个指定的 Job 实例

前面的 endpoint 返回了跨命名空间的所有 Job 的清单，如果想要返回指定的一个 Job，需要在 URL 中指定它的名称和所在的命名空间。为了恢复在之前清单中的一个 Job（`name:my-job;namespace:dfault`），需要访问路径：`/apis/batch/v1/namespaces/default/jobs/my-job`，如下面的代码清单所示。

代码清单 8.11 通过名称恢复一个指定命名空间下的资源

```
$ curl http://localhost:8001/apis/batch/v1/namespaces/default/jobs/my-job
{
  "kind": "Job",
  "apiVersion": "batch/v1",
  "metadata": {
    "name": "my-job",
    "namespace": "default",
    ...
```

可以看到，我们得到了 `my-job` 这个 Job 资源的完整的 JSON 定义信息，和运行 `$ kubetcl get job my-job -o json` 命令得到的信息完全一致。

```
$ kubectl get job my-job -o json
```

虽然不使用任何特定的工具，我们也可以访问 Kubernetes REST API 服务器，但如果要全面地研究 REST API 并与之交互，在本章最后会介绍更好的方式。暂时来看，像这样使用 `curl` 进行研究，对我们理解一个应用如何在 pod 中运行并与 Kubernetes 交互已经足够。

8.2.2 从 pod 内部与 API 服务器进行交互

我们已经知道如何从本机通过使用 `kubectl proxy` 与 API 服务器进行交互。现在我们来研究从一个 pod 内部访问它，这种情况下通常没有 `kubectl` 可用。因此，想要从 pod 内部与 API 服务器进行交互，需要关注以下三件事情：

- 确定 API 服务器的位置
- 确保是与 API 服务器进行交互，而不是一个冒名者
- 通过服务器的认证，否则将不能查看任何内容以及进行任何操作

接下来我们看一下交互如何实现。

运行一个 pod 来尝试与 API 服务器进行通信

首先需要一个 pod 以便从它内部发起与 API 服务器的交互。运行一个什么也不做的 pod(在它仅有的容器内部运行一个 `sleep` 命令)，然后通过 `kubectl exec` 在容器内部运行一个脚本，接下来在脚本中使用 `curl` 尝试访问 API 服务器。

因此，需要使用一个包含 `curl` 二进制的容器镜像。如果在 Docker Hub 中搜索，就会发现 `tutum/curl` 镜像，可以使用这个镜像（也可以使用任何包含 `curl` 二进制的已有镜像或者自己打包的镜像）。pod 的定义如下面的代码清单所示。

代码清单 8.12 用来尝试与 API 服务器通信的 pod：curl.yaml

```
apiVersion: v1
kind: Pod
metadata:
  name: curl
spec:
  containers:
  - name: main
    image: tutum/curl
    command: ["sleep", "9999999"]
```

由于需要在容器中可用的 curl, 使用 tutum/curl 镜像

运行一个长时间延迟的 sleep 命令来保持容器处于运行状态

在完成 pod 的创建后，在容器中运行 `kubectl exec` 来启动一个 bash shell：

```
$ kubectl exec -it curl bash
root@curl:/#
```

我们现在已经做好了与 API 服务器交互的准备。

发现 API 服务器地址

首先，需要找到 Kubernetes API 服务器的 IP 地址和端口。这一点比较容易做到，因为一个名为 `kubernetes` 的服务在默认的命名空间被自动暴露，并被配置为指向 API 服务器。也许你应该记得，每次使用 `kubectl get svc` 命令显示所有服务清单时，都会看到这个服务。

```
$ kubectl get svc
NAME         CLUSTER-IP   EXTERNAL-IP   PORT(S)   AGE
kubernetes   10.0.0.1     <none>        443/TCP   46d
```

在第 5 章中说过每个服务都被配置了对应的环境变量，在容器内通过查询 KUBERNETES_SERVICE_HOST 和 KUBERNETES_SERVICE_PORT 这两个环境变量就可以获取 API 服务器的 IP 地址和端口。

```
root@curl:/# env | grep KUBERNETES_SERVICE
KUBERNETES_SERVICE_PORT=443
KUBERNETES_SERVICE_HOST=10.0.0.1
KUBERNETES_SERVICE_PORT_HTTPS=443
```

同样，我们应该记得每个服务都可以获得一个 DNS 入口，所以甚至没有必要去查询环境变量，而只是简单地将 curl 指向 https://kubernetes。公平地讲，如果我们不知道服务在哪个端口是可用的，既可以查询环境变量，也可以查看 DNS SRV 记录来得到实际的端口号。

之前展示的环境变量说明 API 服务器监听 HTTPS 协议默认的 443 端口，所以尝试通过 HTTPS 协议来访问服务器。

```
root@curl:/# curl https://kubernetes
curl: (60) SSL certificate problem: unable to get local issuer certificate
...
If you'd like to turn off curl's verification of the certificate, use
  the -k (or --insecure) option.
```

虽然最简单的绕开这一步骤的方式是使用推荐的 -k 选项（这也是我们在手工操作 API 服务器时通常会使用的方式），但还是来看一下更长（也是正确）的途径。我们应该通过使用 curl 检查证书的方式验证 API 服务器的身份，而不是盲目地相信连接的服务是可信的。

提示 在真实的应用中，永远不要跳过检查服务器证书的环节。这样做会导致你的应用验证凭证暴露给采用中间人攻击方式的攻击者。

验证服务器身份

在之前的章节中，在讨论 Secret 时，我们看到一个名为 defalut-token-xyz 的 Secret 被自动创建，并挂载到每个容器的 /var/run/secrets/kubernetes.io/serviceaccount 目录下。让我们查看目录下的文件，再次看一下 Secret 的内容。

```
root@curl:/#ls/var/run/secrets/kubernetes.io/serviceaccount/
ca.crt    namespace    token
```

Secret 有三个入口（因此在 Secret 卷中有三个文件）。现在，我们关注一下 ca.crt 文件。该文件中包含了 CA 的证书，用来对 Kubernetes API 服务器证书进行签名。为了验证正在交互的API服务器,我们需要检查服务器的证书是否是由CA签发。curl 允许使用 -cacert 选项来指定 CA 证书，我们来尝试重新访问 API 服务器：

```
root@curl:/# curl --cacert /var/run/secrets/kubernetes.io/serviceaccount
               ➥ /ca.crt https://kubernetes
Unauthorized
```

注意 我们可能看到一个比“Unauthorized”更长的错误描述。

到目前为止，我们已经取得进展，服务使用了我们信任的 CA 签名的证书，所以 curl 验证通过了服务器的身份，但 Unauthorized 这个响应提醒我们需要关注授权的问题。同时,看一下如何通过设置 CURL_CA_BUNDLE 环境变量来简化操作,从而不必在每次运行 curl 时都指定 --cacert 选项：

```
root@curl:/# export CURL_CA_BUNDLE=/var/run/secrets/kubernetes.io/
               ➥ serviceaccount/ca.crt
```

现在，我们可以不使用 --cacert 来访问 API 服务器：

```
root@curl:/# curl https://kubernetes
Unauthorized
```

这样操作相对便捷，我们的客户端（curl）现在信任 API 服务器，但 API 服务器并不确认访问者的身份，所以没有授权允许访问。

获得 API 服务器授权

我们需要获得 API 服务器的授权，以便可以读取并进一步修改或删除部署在集群中的 API 对象。为了获得授权，我们需要认证的凭证，幸运的是，凭证可以使用之前提到的 default-token Secret 来产生，同时凭证可以被存放在 secret 卷的 token 文件中。Secret 这个名字就说明了它主要的作用。

可以使用凭证来访问 API 服务器，第一步，将凭证挂载到环境变量中：

```
root@curl:/# TOKEN=$(cat /var/run/secrets/kubernetes.io/
               ➥ serviceaccount/token)
```

此时，凭证已经被存放在 TOKEN 环境变量中，如下面的代码清单所示，可以在向 API 服务器发送请求时使用它。

代码清单 8.13 获得 API 服务器的正确响应

```
root@curl:/# curl -H "Authorization: Bearer $TOKEN" https://kubernetes
{
  "paths": [
    "/api",
    "/api/v1",
    "/apis",
    "/apis/apps",
    "/apis/apps/v1beta1",
    "/apis/authorization.k8s.io",
    ...
    "/ui/",
    "/version"
  ]
}
```

关闭基于角色的访问控制（RBAC）

如果我们正在使用一个带有 RBAC 机制的 Kubernetes 集群，服务账户可能不会被授权访问 API 服务器（或只有部分授权）。我们将在第 12 章详细了解服务账户和 RBAC 机制。目前最简单的方式就是运行下面的命令查询 API 服务器，从而绕过 RBAC 方式。

```
$ kubectl create clusterrolebinding permissive-binding \
  --clusterrole=cluster-admin \
  --group=system:serviceaccounts
```

这个命令赋予了所有服务账户（也可以说所有的 pod）的集群管理员权限，允许它们执行任何需要的操作，很明显这是一个危险的操作，永远都不应该在生产的集群中执行，对于测试来说是没有问题的。

我们通过发送请求的 HTTP 头中的 `Authorization` 字段向 API 服务器传递了凭证，API 服务器识别确认凭证并返回正确的响应，正如前面几个章节我们所做的，现在可以探索集群中所有的资源。

例如，可以列出集群中所有的 pod，但前提是我们知道运行 `curl` 的 pod 属于哪个命名空间。

获取当前运行 pod 所在的命名空间

在本章的第一部分，我们了解了如何使用 `Downward API` 的方式将命名空间的属性传递到 pod。如果你注意观察的话，或许注意到 `secret` 卷中也包含了一个叫作命名空间的文件。这个文件包含了当前运行 pod 所在的命名空间，所以我们可以读取这个文件来获得命名空间信息，而不是通过环境变量明确地传递信息到 pod。文件内容挂载到 NS 环境变量中，然后列出所有的 pod, 如下面的代码清单所示。

代码清单 8.14 获取当前 pod 所在命名空间中的所有 pod 清单

```
root@curl:/# NS=$(cat /var/run/secrets/kubernetes.io/
            ➥ serviceaccount/namespace)
root@curl:/# curl -H "Authorization: Bearer $TOKEN"
            ➥ https://kubernetes/api/v1/namespaces/$NS/pods
{
  "kind": "PodList",
  "apiVersion": "v1",
  ...
```

这就对了，通过使用挂载在 secret 卷目录下的三个文件，可以罗列出与当前 pod 运行在同一个命名空间下的所有 pod 的清单。使用同样的方式不仅可以使用 GET 请求，还可以使用 PUT 或者 PATCH 来检索和修改其他 API 对象。

简要说明 pod 如何与 Kubernetes 交互

我们来简单说明一下在 pod 中运行的应用如何正确访问 Kubernetes 的 API：

- 应用应该验证 API 服务器的证书是否是证书机构所签发，这个证书是在 ca.crt 文件中。
- 应用应该将它在 token 文件中持有的凭证通过 Authorization 标头来获得 API 服务器的授权。
- 当对 pod 所在命名空间的 API 对象进行 CRUD 操作时，应该使用 namespace 文件来传递命名空间信息到 API 服务器。

定义 CRUD 代表创建、读取、修改和删除操作，与之对应的 HTTP 方法分别是 POST、GET、PATCH/PUT 以及 DELETE。

与 API 服务器通信相关的 pod 的三个方面如图 8.5 所示。

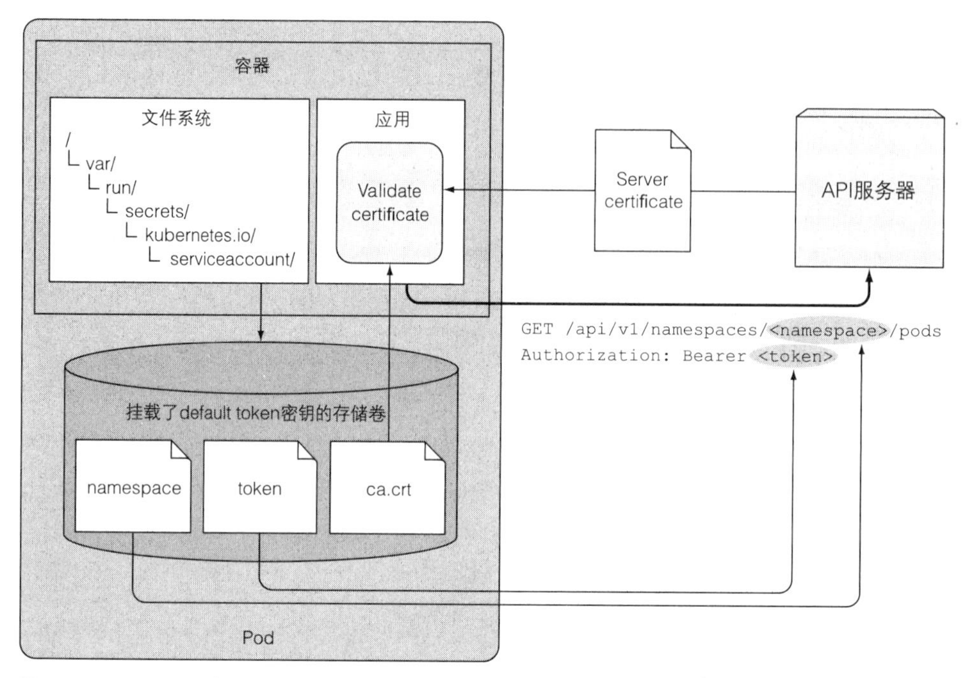

图 8.5 通过 default-token Secret 中的文件与 API 服务器进行交互

8.2.3 通过 ambassador 容器简化与 API 服务器的交互

使用 HTTPS、证书和授权凭证，对于开发者来说看上去有点复杂。碰到过开发者在许多场景下关闭了对服务器证书验证的功能（当然笔者有时候也会这么做）。幸运的是，我们在保证安全性的前提下有办法简化通信的方式。

还记得在 8.2.1 中提到过的 `kubectl proxy` 命令吗？在本机上运行这个命令，从而可以更加方便地访问 API 服务器。向代理而不是直接向 API 服务器发送请求，通过代理来处理授权、加密和服务器验证。同样，也可以在 pod 中这么操作。

ambassador 容器模式介绍

想象一下，如果一个应用需要查询 API 服务器 (此外还有其他原因)。除了像之前章节讲到的直接与 API 服务器交互，可以在主容器运行的同时，启动一个 ambassador 容器 , 并在其中运行 `kubecctl proxy` 命令，通过它来实现与 API 服务器的交互。

在这种模式下，运行在主容器中的应用不是直接与 API 服务器进行交互，而是通过 HTTP 协议（不是 HTTPS 协议）与 ambassador 连接，并且由 ambassador 通过 HTTPS 协议来连接 API 服务器，对应用透明地来处理安全问题（见图 8.6)。这种方式同样使用了默认凭证 `Secret` 卷中的文件。

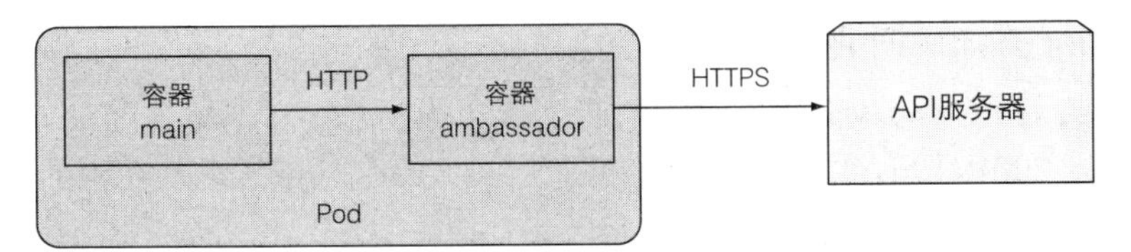

图 8.6　使用 ambassador 连接 API 服务器

因为在同一个 pod 中的所有连接共享同样的回送网络接口，所以我们的应用可以使用本地的端口来访问代理。

运行带有附加 ambassador 容器的 CURL pod

为了通过操作来理解 ambassador 容器模式，我们像之前创建 `curl` pod 一样创建一个新的 pod, 但这次不是仅仅在 pod 中运行单个容器，而是基于一个多用途的 `kubectl-proxy` 容器镜像来运行一个额外的 ambassador 容器，这个镜像是之前创建的并已提交到 Docker Hub。如果你想自己来编译它，可以在代码存档中找到 Dockerfile 镜像（在 /Chapter08/kubectl-proxy/ 目录下）。

pod 的 manifest 文件如以下代码清单所示。

代码清单 8.15　带有 ambassador 容器的 pod：curl-with-ambassador. yaml

```
apiVersion: v1
kind: Pod
metadata:
  name: curl-with-ambassador
spec:
  containers:
  - name: main
    image: tutum/curl
    command: ["sleep", "9999999"]
  - name: ambassador                          # ambassador 容器，运行 kubectl-
    image: luksa/kubectl-proxy:1.6.2          # proxy 镜像
```

pod 的 spec 与之前非常类似，但 pod 名称是不同的，同时增加了一个额外的容器。运行这个 pod, 并且通过以下命令进入主容器：

```
$ kubectl exec -it curl-with-ambassador -c main bash
root@curl-with-ambassador:/#
```

现在 pod 包含两个容器，我们希望在 `main` 容器中运行 `bash`, 所以使用 `-c main` 选项。如果想在 pod 的第一个容器中运行该命令，也无须明确地指定容器。但如果想在任何其他的容器中运行这个命令，就需要使用 `-c` 选项来说明容器的名称。

通过 ambassador 来与 API 服务器进行交互

接下来我们尝试通过 ambassador 容器来连接 API 服务器。默认情况下，kubectl proxy 绑定 8001 端口，由于 pod 中的两个容器共享包括回送地址在内的相同的网络接口，可以如下面的代码清单所示，将 curl 指向 localhost:8001。

代码清单 8.16 通过 ambassador 容器访问 API 服务器

```
root@curl-with-ambassador:/# curl localhost:8001
{
  "paths": [
    "/api",
    ...
  ]
}
```

成功了！curl 的输出打印结果与我们之前看到的响应相同，但这次，并不需要处理授权的凭证和服务器证书。

想要清楚地了解处理的细节，请参考图 8.7。curl 向在 ambassador 容器内运行的代理发送普通的 HTTP 请求（不包含任何授权相关的标头），然后代理向 API 服务器发送 HTTPS 请求，通过发送凭证来对客户端授权，同时通过验证证书来识别服务器的身份。

这是一个很好的例子，它说明了如何使用一个 ambassador 容器来屏蔽连接外部服务的复杂性，从而简化在主容器中运行的应用。ambassador 容器可以跨多个应用复用，而且与主应用使用的开发语言无关。负面因素是需要运行额外的进程，并且消耗资源。

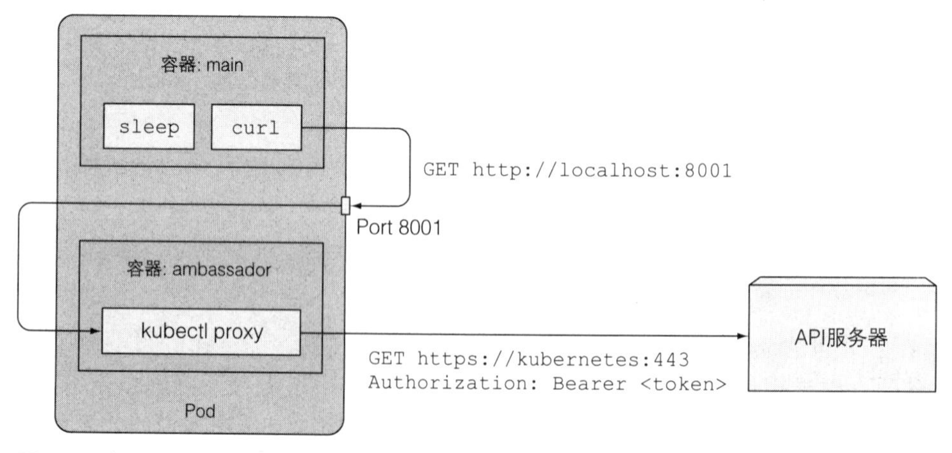

图 8.7 将加密、授权、服务器验证工作交给 ambassador 容器中的 kubectl proxy

8.2.4 使用客户端库与 API 服务器交互

在之前的例子中，我们已经体验到了使用 ambassador 容器 `kubectl-proxy` 的好处，如果我们的应用仅仅需要在 API 服务器执行一些简单的操作，往往可以使用一个标准的客户端库来执行简单的 HTTP 请求。但对于执行更复杂的 API 请求来说，使用某个已有的 Kubernetes API 客户端库会更好一点。

使用已有的客户端库

目前，存在由 API Machinery special interest group(SIG) 支持的两个版本的 Kuberbetes API 客户端库。

- *Golang client*—https://github.com/kubernetes/client-go
- *Python*—https://github.com/kubernetes-incubator/client-python

注意 Kubernetes 社区有大量的兴趣组和工作组，这些小组分别关注着 Kubernetes 生态系统中的某个特定部分。可以在 https://github.com/kubernetes/community/blob/master/sig-list.md 下看到它们的清单。

除了官方支持的两个库，这里列出了一些由用户贡献的针对不同语言的客户端库：

- *Fabric8 维护的 Java 客户端*—https://github.com/fabric8io/kubernetes-client
- *Amdatu 维护的 Java 客户端*—https://bitbucket.org/amdatulabs/amdatu-kubernetes
- *tenxcloud 维护的 Node.js 客户端*—https://github.com/tenxcloud/node-kubernetes-client
- *GoDaddy 维护的 Node.js 客户端*—https://github.com/godaddy/kubernetes-client
- *PHP*—https://github.com/devstub/kubernetes-api-php-client
- *另一个 PHP 客户端*—https://github.com/maclof/kubernetes-client
- *Ruby*—https://github.com/Ch00k/kubr
- *另一个 Ruby 客户端*—https://github.com/abonas/kubeclient
- *Clojure*—https://github.com/yanatan16/clj-kubernetes-api
- *Scala*—https://github.com/doriordan/skuber
- *Perl*—https://metacpan.org/pod/Net::Kubernetes

这些库通常支持 HTTPS 协议，并且可以处理授权操作，所以我们不需要使用 ambassador 容器。

一个使用 Fabric8 Java 库与 Kubernetes 进行交互的例子

为了说明如何通过客户端库与 API 服务器进行交互，以下的代码清单给出了一个例子说明如何使用 Fabric8 Kubernetes 客户端列出一个 Java 应用中的服务。

代码清单 8.17 使用 Fabric8 java 客户端列出、创建、更新和删除 pod

```
import java.util.Arrays;
import io.fabric8.kubernetes.api.model.Pod;
import io.fabric8.kubernetes.api.model.PodList;
import io.fabric8.kubernetes.client.DefaultKubernetesClient;
import io.fabric8.kubernetes.client.KubernetesClient;

public class Test {
  public static void main(String[] args) throws Exception {
    KubernetesClient client = new DefaultKubernetesClient();

    // list pods in the default namespace
    PodList pods = client.pods().inNamespace("default").list();
    pods.getItems().stream()
      .forEach(s -> System.out.println("Found pod: " +
               s.getMetadata().getName()));

    // create a pod
    System.out.println("Creating a pod");
    Pod pod = client.pods().inNamespace("default")
      .createNew()
      .withNewMetadata()
        .withName("programmatically-created-pod")
      .endMetadata()
      .withNewSpec()
        .addNewContainer()
          .withName("main")
          .withImage("busybox")
          .withCommand(Arrays.asList("sleep", "99999"))
        .endContainer()
      .endSpec()
      .done();
    System.out.println("Created pod: " + pod);

    // edit the pod (add a label to it)
    client.pods().inNamespace("default")
      .withName("programmatically-created-pod")
      .edit()
      .editMetadata()
        .addToLabels("foo", "bar")
      .endMetadata()
      .done();
    System.out.println("Added label foo=bar to pod");

    System.out.println("Waiting 1 minute before deleting pod...");
    Thread.sleep(60000);

    // delete the pod
    client.pods().inNamespace("default")
      .withName("programmatically-created-pod")
      .delete();
    System.out.println("Deleted the pod");
  }
}
```

由于 Fabric8 客户端暴露了一种友好的流畅（fluent）的 Domain-Specific-Language（DSL）API，所以以上代码浅显易懂。

使用 Swagger 和 OpenAPI 打造你自己的库

如果我们选择的开发语言没有可用的客户端，可以使用 Swagger API 框架生成客户端库和文档。Kubernetes API 服务器在 /swaggerapi 下暴露 Swagger API 定义，在 /swagger.json 下暴露 OpenAPI 定义。

想要了解更多关于 Swagger 框架的内容，请访问网站 http://swagger.io。

使用 Swagger UI 研究 API

在本章开头，已经提到了一种更好的研究 Rest API 的方式，而不是使用 `curl` 直接访问 REST endpoint。正如在前面部分所提到的，Swagger 不仅是描述 API 的工具，如果暴露了 Swagger API 定义，还能够提供一个用于查看 REST API 的 web UI。

Kubernetes 不仅暴露了 Swagger API, 同时也有与 API 服务器集成的 Swagger UI。Swagger UI 默认状态没有激活，可以通过使用 `--enable-swagger-ui=true` 选项运行 API 服务器对其进行激活。

提示 如果使用 Minikube，可以在启动集群时，使用 `minikube start --extra-config=apiserver.Features.Enable-SwaggerUI=true` 选项来激活 Swagger UI。

在激活 UI 后，可以通过以下地址在浏览器中打开它：

```
http(s)://<api server>:<port>/swagger-ui
```

强烈建议尝试使用 Swagger UI，通过它不仅可以浏览 Kubernetes API, 也可以使用它来进行交互（例如，可以 `POST` JSON 资源 manifest、`PATCH` 资源或者 `DELETE` 它们）。

8.3 本章小结

在完成本章的学习后，我们知道了在一个 pod 中运行的应用，如何获取它自身的数据，或者部署在集群中的其他 pod、其他组件的数据。我们也了解了以下内容：

- 如何通过环境变量或者 `downwardAPI` 卷中的文件，将 pod 的名称、所在的命名空间信息以及其他元数据暴露给进程
- 如何将 CPU 和内存的资源请求和使用限额以任何应用指定的单位传递给应用
- pod 如何使用 `downwardAPI` 卷来获取最新的元数据，而这些元数据可能在

pod（如标签和注解）的生命周期内发生变化

- 如何使用 `kubectl proxy` 浏览 Kubernetes REST API
- pod 如何使用环境变量或者 DNS 来找到 API 服务器的定位，与此类似的还有 Kubernetes 中定义的服务
- 在 pod 中运行的应用如何验证与之交互的服务器的身份，以及如何获得授权
- 如何通过使用 ambassador 容器使得其中运行的应用与 API 服务器的交互更加简单
- 如何在短时间内使用客户端库与 Kubernetes 交互

在本章，我们了解了如何与 API 服务器进行交互，接下来的环节将了解更多的工作原理，我们将在第 11 章进行学习。在深入了解这方面的细节之前，仍然需要了解另外两种 Kubernetes 资源——Deployment 和 StatefulSet，我们将在接下来的两章展开这方面的内容。

9 Deployment：声明式地升级应用

本章内容涵盖

- 使用新版本替换 pod
- 升级已有的 pod
- 使用 Deployment 资源升级 pod
- 执行滚动升级
- 出错时自动停止滚动升级 pod
- 控制滚动升级比例
- 回滚 pod 到上个版本

现在你已经知道如何将应用程序组件打包进容器，将它们分组到pod中，并为它们提供临时存储或持续化存储，将密钥或配置文件注入，并可以使pod之间相互通信。这正是微服务化：如何将一个大规模系统拆分成各个独立运行的组件。除此之外，还有什么呢？

之后，你将会需要升级你的应用程序。这一章讲述了如何升级在Kubernetes集群中运行的应用程序，以及Kubernetes如何帮助你实现真正的零停机升级过程。升级操作可以通过使用ReplicationController或者ReplicaSet实现，但Kubernetes提供了另一种基于ReplicaSet的资源Deployment，并支持声明式地更新应用程序。如果还不完全理解这里的意思，请继续阅读，并没有想象中那么复杂。

9.1 更新运行在pod内的应用程序

让我们从一个简单的例子开始。有一组 pod 实例为其他 pod 或外部客户端提供服务。在本书中其他章节已经介绍过，这些 pod 是由 ReplicationController 或 ReplicaSet 来创建和管理的。客户端（运行在其他 pod 或外部的客户端程序）通过该 Service 访问 pod。这就是 Kubernetes 中一个典型应用程序的运行方式（如图 9.1 所示）。

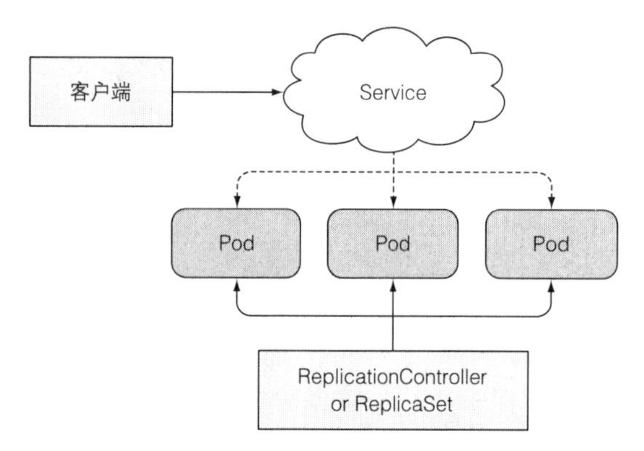

图 9.1 应用在 Kubernetes 中的基本架构

假设 pod 一开始使用 v1 版本的镜像运行第一个版本的应用。然后开发了一个新版本的应用打包成镜像，并将其推送到镜像仓库，标记为 v2，接下来想用这个新版本替换所有的 pod。由于 pod 在创建之后，不允许直接修改镜像，只能通过删除原有 pod 并使用新的镜像创建新的 pod 替换。

有以下两种方法可以更新所有 pod：

- 直接删除所有现有的 pod，然后创建新的 pod。
- 也可以先创建新的 pod，并等待它们成功运行之后，再删除旧的 pod。可以先创建所有新的 pod，然后一次性删除所有旧的 pod，或者按顺序创建新的 pod，然后逐渐删除旧的 pod。

这两种方法各有优缺点。第一种方法将会导致应用程序在一定的时间内不可用。使用第二种方法，你的应用程序需要支持两个版本同时对外提供服务。如果你的应用程序使用数据库存储数据，那么新版本不应该对原有的数据格式或者数据本身进行修改，从而导致之前的版本运行异常。

如何在 Kubernetes 中使用上述的两种更新方法呢？首先，让我们来看看如何进行手动操作；一旦了解了手动流程中涉及的要点之后，将继续学习如何让 Kubernetes 自动执行更新操作。

9.1.1 删除旧版本 pod，使用新版本 pod 替换

你已经知道如何使用 ReplicationController 将原有 pod 实例替换成新版本的 pod。并且 ReplicationController 内的 pod 模板一旦发生了更新之后，ReplicationController 会使用更新后的 pod 模板来创建新的实例。

如果你有一个 ReplicationController 来管理一组 v1 版本的 pod，可以直接通过将 pod 模板修改为 v2 版本的镜像，然后删除旧的 pod 实例。ReplicationController 会检测到当前没有 pod 匹配它的标签选择器，便会创建新的实例。整个过程如图 9.2 所示。

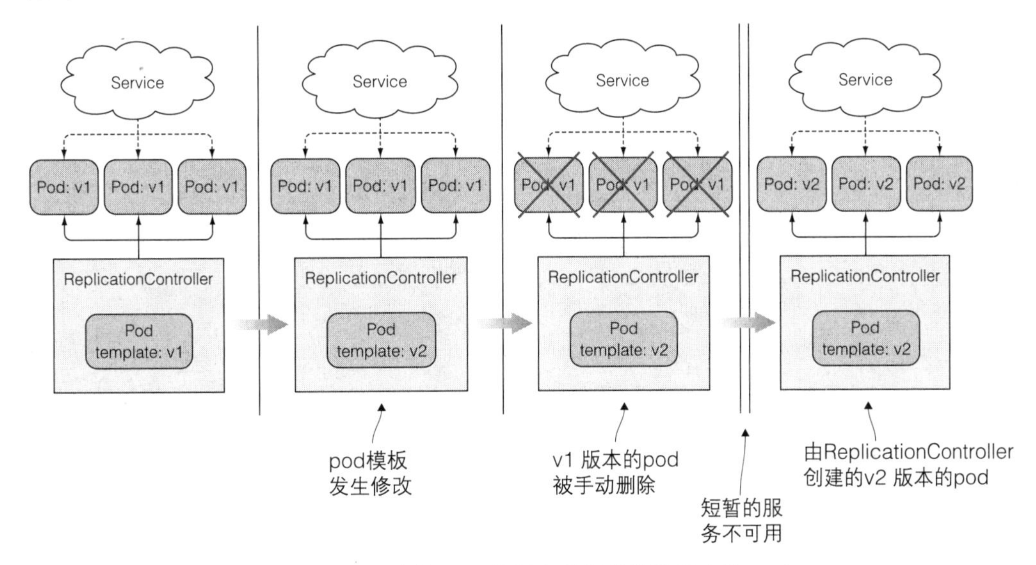

图 9.2 修改 ReplicationController 中的 pod 模板来升级并删除原有的 pod

如果你可以接受从删除旧的 pod 到启动新 pod 之间短暂的服务不可用，那这将是更新一组 pod 的最简单方式。

9.1.2 先创建新版本 pod 再删除旧版本 pod

如果短暂的服务不可用完全不能接受，并且你的应用程序支持多个版本同时对外服务，那么可以先创建新的 pod 再删除原有的 pod。这会需要更多的硬件资源，因为你将在短时间内同时运行两倍数量的 pod。

与前面的方法相比较，这个方法稍微复杂一点，可以结合之前已经介绍过的 ReplicationController 和 Service 的概念进行使用。

从旧版本立即切换到新版本

pod 通常通过 Service 来暴露。在运行新版本的 pod 之前，Service 只将流量切换到初始版本的 pod。一旦新版本的 pod 被创建并且正常运行之后，就可以修改服务的标签选择器并将 Service 的流量切换到新的 pod。整个过程如图 9.3 所示，这就是所谓的蓝绿部署。在切换之后，一旦确定了新版本的功能运行正常，就可以通过删除旧的 ReplicationController 来删除旧版本的 pod。

注意 可以使用 `kubectl set selector` 命令来修改 Service 的 pod 选择器。

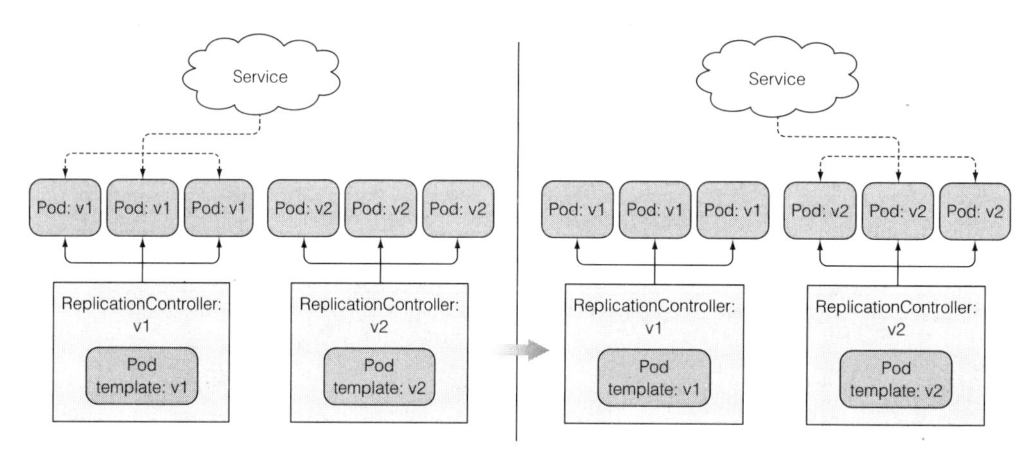

图 9.3　将 Service 流量从旧的 pod 切换到新的 pod

执行滚动升级操作

还可以执行滚动升级操作来逐步替代原有的 pod，而不是同时创建所有新的 pod 并一并删除所有旧的 pod。可以通过逐步对旧版本的 ReplicationController 进行缩容并对新版本的进行扩容，来实现上述操作。 在这个过程中，你希望服务的 pod 选择器同时包含新旧两个版本的 pod，因此它将请求切换到这两组 pod，如图 9.4 所示。

手动执行滚动升级操作非常烦琐，而且容易出错。根据副本数量的不同，需要以正确的顺序运行十几条甚至更多的命令来执行整个升级过程。但是实际上 Kubernetes 可以实现仅仅通过一个命令来执行滚动升级。在下一节会介绍如何执行这个操作。

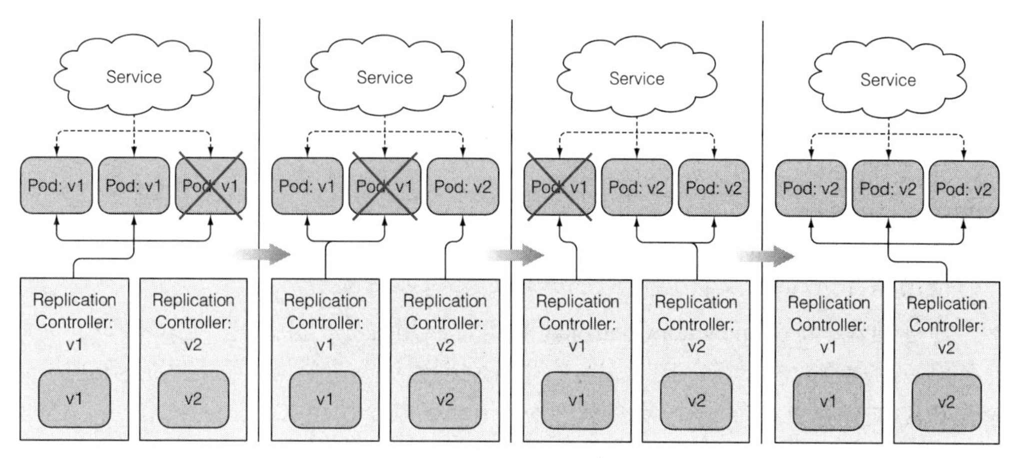

图 9.4 使用两个 ReplicationController 做滚动升级

9.2 使用ReplicationController实现自动的滚动升级

不用手动地创建 Replicationcontroller 来执行滚动升级，可以直接使用 `kubectl` 来执行。使用 `kubectl` 执行升级会使整个升级过程更容易。虽然这是一种相对过时的升级方式，但是我们会先介绍一下，因为它是第一种实现自动滚动升级的方式，并且允许在不引入太多额外概念的情况下了解整个过程。

9.2.1 运行第一个版本的应用

在更新一个应用之前，需要先部署好一个应用。将使用第 2 章中创建的 kubia NodeJS 应用作为基础，并稍微修改版本作为应用的初始版本。它就是一个简单的 web 应用程序，在 HTTP 响应中返回 pod 的主机名。

创建 v1 版本的应用

你将修改这个应用，让它在响应中返回版本号，以便区分应用构建的不同版本。笔者已经构建并将应用镜像推送到 Docker Hub 的 `luksa/kubia:v1` 中。下面的代码清单就是应用的源代码。

代码清单 9.1 `v1` 版本的应用：v1/app.js

```
const http = require('http');
const os = require('os');

console.log("Kubia server starting...");
```

```
var handler = function(request, response) {
  console.log("Received request from " + request.connection.remoteAddress);
  response.writeHead(200);
  response.end("This is v1 running in pod " + os.hostname() + "\n");
};

var www = http.createServer(handler);
www.listen(8080);
```

使用单个 YAML 文件运行应用并通过 Service 暴露

通过创建一个 ReplicationController 来运行应用程序，并创建 `LoadBalancer` 服务将应用程序对外暴露。接下来，不是分别创建这两个资源，而是为它们创建一个 YAML 文件，并使用一个 `kubectl create` 命令调用 Kubernetes API。YAML manifest 可以使用包含三个横杠 (---) 的行来分隔多个对象，如下面的代码清单所示。

代码清单 9.2 单个 YAML 文件同时包含一个 RC 和 一个 Service: kubia-rc-and-service-v1.yaml

```
apiVersion: v1
kind: ReplicationController
metadata:
  name: kubia-v1
spec:
  replicas: 3
  template:
    metadata:
      name: kubia
      labels:
        app: kubia
    spec:
      containers:
      - image: luksa/kubia:v1      <- 使用 ReplicationController
        name: nodejs                  来创建 pod 并运行镜像
---                                <- YAML 文件可以包含多种资源定义，并通过三个横杠 (---) 来分行
apiVersion: v1
kind: Service
metadata:
  name: kubia
spec:
  type: LoadBalancer
  selector:
    app: kubia                     Service 指向所有由 ReplicationController 创建的 pod
  ports:
  - port: 80
    targetPort: 8080
```

这个 YAML 定义了一个名为 `kubia-v1` 的 ReplicationController 和一个名为 `kubia` 的 Service。将此 YAML 发布到 Kubernetes 之后，三个 `v1` pod 和负载均衡器

都会开始工作。如下面的代码清单所示，可以通过查找服务的外部 IP 并使用 curl 命令来访问服务。

代码清单 9.3 查找到 Service IP 并使用 curl 循环调用服务接口

```
$ kubectl get svc kubia
NAME      CLUSTER-IP     EXTERNAL-IP       PORT(S)         AGE
kubia     10.3.246.195   130.211.109.222   80:32143/TCP    5m
$ while true; do curl http://130.211.109.222; done
This is v1 running in pod kubia-v1-qr192
This is v1 running in pod kubia-v1-kbtsk
This is v1 running in pod kubia-v1-qr192
This is v1 running in pod kubia-v1-2321o
...
```

注意 如果使用 Minikube 或者其他不支持 LoadBalancer 的 Kubernetes 集群，需要使用 Service 的节点端口方式来访问你的应用。在第 5 章中有提到这一点。

9.2.2 使用 kubectl 来执行滚动升级

接下来创建 v2 版本的应用，修改之前的应用程序，使得其请求返回“This is v2”：

```
response.end("This is v2 running in pod " + os.hostname() + "\n");
```

这个新的镜像已经推到了 Docker Hub 的 luksa/kubia:v2 中，所以不需要自己从头构建这个镜像。

使用同样的 Tag 推送更新过后的镜像

虽然在开发过程中经常推送修改后的应用到同一个镜像 tag，但是这种做法并不可取。如果修改了 latest 的 tag 的话是可行的，但如果使用一个不同的 tag 名（比如是 v1 而不是 lastest），等计算节点拉取过镜像之后，便会将镜像存储在节点上。如果使用该镜像启动新的 pod，便不会重新拉取镜像（至少这是默认的拉取镜像策略）。

这也意味着，如果将对更改过后的镜像推到相同的 tag，会导致镜像不被重新拉取。如果一个新的 pod 被调度到同一个节点上，Kubelet 直接使用旧的镜像版本来启动 pod。另一方面，没有运行过旧版本的节点将拉取并运行新镜像，因此最后可能有两个不同版本的 pod 同时运行。为了确保这种情况不会发生，需要将容器的 imagePullPolicy 属性设置为 Always。

> 另外默认的 imagePullPolicy 策略也依赖于镜像的 tag。如果容器使用 latest 的 tag（显式指定或者不指定），则 imagePullPolicy 默认为 Always，但是如果容器指定了其他标记，则策略默认为 IfNotPresent。
>
> 当使用非 latest 的 tag 时，如果对镜像进行更改而不更改 tag，则需要正确设置 imagePullPolicy。当然最好使用一个新的 tag 来更新镜像。

保持 curl 循环运行的状态下打开另一个终端，开始启动滚动升级。你将运行 kubectl rolling-update 命令来执行升级操作。指定需要替换的 ReplicationController，以及为新的 ReplicationController 指定一个名称，并指定你想要替换的新镜像。下面的代码清单显示了滚动升级的完整命令。

代码清单 9.4　使用 kubectl 开始 ReplicationController 的滚动升级

```
$ kubectl rolling-update kubia-v1 kubia-v2 --image=luksa/kubia:v2
Created kubia-v2
Scaling up kubia-v2 from 0 to 3, scaling down kubia-v1 from 3 to 0 (keep 3
     pods available, don't exceed 4 pods)
...
```

使用 kubia v2 版本应用来替换运行着 kubia-v1 的 ReplicationController，将新的复制控制器命名为 kubia-v2，并使用 luksa/kubia:v2 作为容器镜像。

当你运行该命令时，一个名为 kubia-v2 的新 ReplicationController 会立即被创建。此时系统的状态如图 9.5 所示。

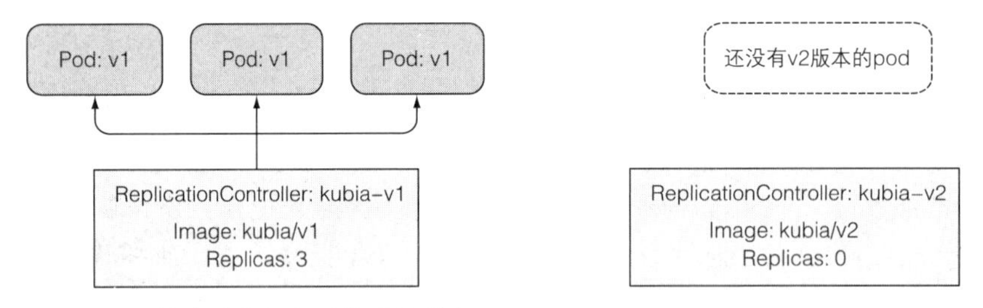

图 9.5　开始滚动升级之后的系统状态

新的 ReplicationController 的 pod 模板引用了 luksa/kubia:v2 镜像，并且其初始期望的副本数被设置为 0，如下面的代码清单所示。

代码清单 9.5　滚动升级过程中创建的新的 ReplicationController 描述

```
$ kubectl describe rc kubia-v2
Name:          kubia-v2
Namespace:     default
Image(s):      luksa/kubia:v2
```

新的 ReplicationController 指向 v2 版本的镜像

```
Selector:    app=kubia,deployment=757d16a0f02f6a5c387f2b5edb62b155
Labels:      app=kubia
Replicas:    0 current / 0 desired
...
```

期望副本数一开始被设置成 0

了解滚动升级前 kubectl 所执行的操作

kubectl 通过复制 kubia-v1 的 ReplicationController 并在其 pod 模板中改变镜像版本。如果仔细观察控制器的标签选择器，会发现它也被做了修改。它不仅包含一个简单的 app=kubia 标签，而且还包含一个额外的 deployment 标签，为了由这个 ReplicationController 管理，pod 必须具备这个标签。

你可能已经知道，需要尽可能避免使用新的和旧的 ReplicationController 来管理同一组 pod。但是即使新创建的 pod 添加了除额外的 deployment 标签以外，还有 app=kubia 标签，这是否也意味着它们会被第一个 ReplicationController 的选择器选中？因为它的标签内也含有 app=kubia。

其实在滚动升级过程中，第一个 ReplicationController 的选择器也会被修改：

```
$ kubectl describe rc kubia-v1
Name:          kubia-v1
Namespace:     default
Image(s):      luksa/kubia:v1
Selector:      app=kubia,deployment=3ddd307978b502a5b975ed4045ae4964-orig
```

但这是不是意味着第一个控制器现在选择不到 pod 呢？因为之前由它创建的三个 pod 只包含 app=kubia 标签。事实并不是这样，因为在修改 ReplicationController 的选择器之前，kubectl 修改了当前 pod 的标签：

```
$ kubectl get po --show-labels
NAME             READY   STATUS    RESTARTS   AGE   LABELS
kubia-v1-m33mv   1/1     Running   0          2m    app=kubia,deployment=3ddd...
kubia-v1-nmzw9   1/1     Running   0          2m    app=kubia,deployment=3ddd...
kubia-v1-cdtey   1/1     Running   0          2m    app=kubia,deployment=3ddd...
```

如果觉得上述内容描述得太过复杂，请看图 9.6，其中显示了 pod、标签、两个 Replicationcontroller，以及它们的 pod 标签选择器。

kubectl 在开始伸缩服务前，都会这么做。设想手动执行滚动升级，并且在升级过程中出现了问题，这可能使 ReplicationController 删除所有正在为生产级别的用户提供服务的 pod！

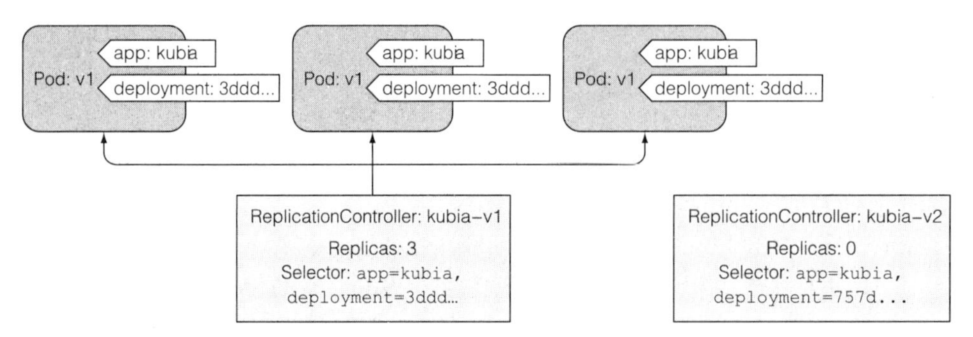

图 9.6 滚动升级后新旧 ReplicationController 以及 pod 的详细状态

通过伸缩两个 ReplicationController 将旧 pod 替换成新的 pod

设置完所有这些之后，kubectl 开始替换 pod。首先将新的 Controller 扩展为 1，新的 Controller 因此创建第一个 v2 pod，然后 kubectl 将旧的 ReplicationController 缩小 1。以下两行代码是 kubectl 输出的：

```
Scaling kubia-v2 up to 1
Scaling kubia-v1 down to 2
```

由于 Service 针对的只是所有带有 app=kubia 标签的 pod，所以应该可以看到——每进行几次循环访问，就将 curl 请求的流量切换到新的 v2 pod:

```
This is v2 running in pod kubia-v2-nmzw9
This is v1 running in pod kubia-v1-kbtsk
This is v1 running in pod kubia-v1-2321o
This is v2 running in pod kubia-v2-nmzw9
...
```

请求被切换到新版本的 pod

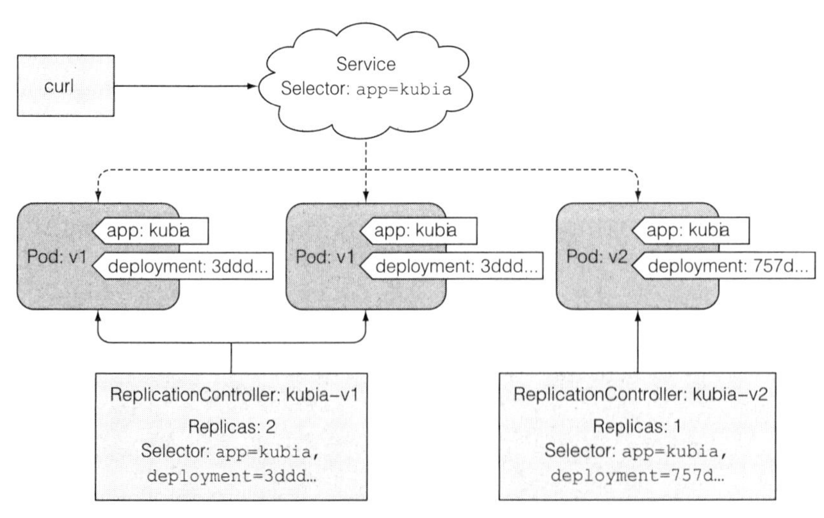

图 9.7 在升级过程中 Service 将请求同时切换到新旧版本的 pod

随着 kubectl 继续滚动升级，开始看到越来越多的请求被切换到 v2 pod。因为在升级过程中，v1 pod 不断被删除，并被替换为运行新镜像的 pod。最终，最初的 ReplicationController 被伸缩到 0，导致最后一个 v1 pod 被删除，也意味着服务现在只通过 v2 pod 提供。此时，kubectl 将删除原始的 ReplicationController 完成升级过程，如下面的代码清单所示。

代码清单 9.6 kubectl 执行滚动升级的最终步骤

```
...
Scaling kubia-v2 up to 2
Scaling kubia-v1 down to 1
Scaling kubia-v2 up to 3
Scaling kubia-v1 down to 0
Update succeeded. Deleting kubia-v1
replicationcontroller "kubia-v1" rolling updated to "kubia-v2"
```

现在只剩下 kubia-v2 的 ReplicationController 和三个 v2 pod。在整个升级过程中，每次发出的请求都有相应的响应，通过一次滚动升级，服务一直保持可用状态。

9.2.3 为什么 kubectl rolling-update 已经过时

在本节的开头，提到了一种比通过 kubectl rolling-update 更好的方式进行升级。那这个过程有什么不合理的地方呢？

首先，这个过程会直接修改创建的对象。直接更新 pod 和 ReplicationController 的标签并不符合之前创建时的预期。还有更重要的一点是，kubectl 只是执行滚动升级过程中所有这些步骤的客户端。

当触发滚动更新时，可以使用 --v 选项打开详细的日志并能看到这一点：

```
$ kubectl rolling-update kubia-v1 kubia-v2 --image=luksa/kubia:v2 --v 6
```

提示 使用 --v 6 选项会提高日志级别使得所有 kubectl 发起的到 API 服务器的请求都会被输出。

使用这个选项，kubectl 会输出所有发送至 Kubernetes API 服务器的 HTTP 请求。你会看到一个 PUT 请求：

```
/api/v1/namespaces/default/replicationcontrollers/kubia-v1
```

它是表示 kubia-v1 ReplicationController 资源的 RESTful URL。这些请求减少了 ReplicationController 的副本数，这表明伸缩的请求是由 kubectl 客户端执行的，而不是由 Kubernetes master 执行的。

提示 使用详细日志模式运行其他 kubectl 命令，将会看到 kubectl 和 API 服务器之前的更多通信细节。

但是为什么由客户端执行升级过程，而不是服务端执行是不好的呢？在上述的例子中，升级过程看起来很顺利，但是如果在 kubectl 执行升级时失去了网络连接，升级进程将会中断。pod 和 ReplicationController 最终会处于中间状态。

这样的升级不符合预期的原因还有一个。在本书中一直强调 Kubernetes 是如何通过不断地收敛达到期望的系统状态的。这就是 pod 的部署方式，以及 pod 的伸缩方式。直接使用期望副本数来伸缩 pod 而不是通过手动地删除一个 pod 或者增加一个 pod。

同样，只需要在 pod 定义中更改所期望的镜像 tag，并让 Kubernetes 用运行新镜像的 pod 替换旧的 pod。正是这一点推动了一种称为 Deployment 的新资源的引入，这种资源正是现在 Kubernetes 中部署应用程序的首选方式。

9.3 使用Deployment声明式地升级应用

Deployment 是一种更高阶资源，用于部署应用程序并以声明的方式升级应用，而不是通过 ReplicationController 或 ReplicaSet 进行部署，它们都被认为是更底层的概念。

当创建一个 Deployment 时，ReplicaSet 资源也会随之创建（最终会有更多的资源被创建）。在第 4 章中，ReplicaSet 是新一代的 ReplicationController，并推荐使用它替代 ReplicationController 来复制和管理 pod。在使用 Deployment 时，实际的 pod 是由 Deployment 的 Replicaset 创建和管理的，而不是由 Deployment 直接创建和管理的 (如图 9.8 所示)。

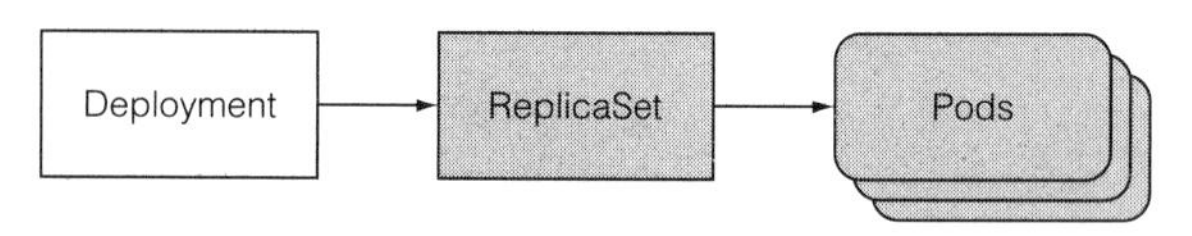

图 9.8 Deployment 由 ReplicaSet 组成，并由它接管 Deployment 的 pod

你可能想知道为什么要在 ReplicationController 或 ReplicaSet 上引入另一个对象来使整个过程变得更复杂，因为它们已经足够保证一组 pod 的实例正常运行了。如 9.2 节中的滚动升级示例所示，在升级应用程序时，需要引入一个额外的 ReplicationController，并协调两个 Controller，使它们再根据彼此不断修改，而不会造成干扰。所以需要另一个资源用来协调。Deployment 资源就是用来负责处理这个问题的 (不是 Deployment 资源本身，而是在 Kubernetes 控制层上运行的控制器进程。我们会在第 11 章中再做介绍）。

使用 Deployment 可以更容易地更新应用程序，因为可以直接定义单个 Deployment 资源所需达到的状态，并让 Kubernetes 处理中间的状态，接下来将会介绍整个过程。

9.3.1 创建一个 Deployment

创建 Deployment 与创建 ReplicationController 并没有任何区别。Deployment 也是由标签选择器、期望副数和 pod 模板组成的。此外，它还包含另一个字段，指定一个部署策略，该策略定义在修改 Deployment 资源时应该如何执行更新。

创建一个 Deployment Manifest

让我们看一下如何使用本章前面的 `kubia-v1` ReplicationController 示例，并对其稍作修改，使其描述一个 Deployment，而不是一个 ReplicationController。这只需要三个简单的更改，下面的代码清单显示了修改后的 YAML。

代码清单 9.7 Deployment 定义：kubia-deployment-v1.yaml

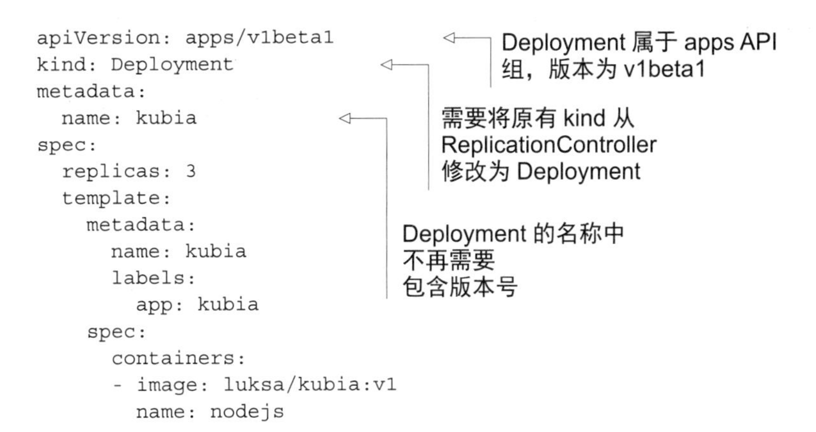

```
apiVersion: apps/v1beta1
kind: Deployment
metadata:
  name: kubia
spec:
  replicas: 3
  template:
    metadata:
      name: kubia
      labels:
        app: kubia
    spec:
      containers:
      - image: luksa/kubia:v1
        name: nodejs
```

Deployment 属于 apps API 组，版本为 v1beta1
需要将原有 kind 从 ReplicationController 修改为 Deployment
Deployment 的名称中不再需要包含版本号

注意 你将在 `extensions/v1beta1` 中找到 Deployment 资源的旧版本，在 `apps/v1beta2` 中找到新版本，它们有不同的必需字段和不同的默认值。请注意，`kubectl explain` 显示了旧版本。

因为之前的 ReplicationController 只维护和管理了一个特定版本的 pod，并需要命名为 `kubia-v1`。另一方面，一个 Deployment 资源高于版本本身。Deployment 可以同时管理多个版本的 pod，所以在命名时不需要指定应用的版本号。

创建 Deployment 资源

在创建这个 Deployment 之前，请确保删除仍在运行的任何 ReplicationController

和 pod，但是暂时保留 kubia Service。可以使用 --all 选项来删除所有的 ReplicationController：

```
$ kubectl delete rc --all
```

此时已经可以创建一个 Deployment 了：

```
$ kubectl create -f kubia-deployment-v1.yaml --record
deployment "kubia" created
```

注意 确保在创建时使用了 --record 选项。这个选项会记录历史版本号，在之后的操作中非常有用。

展示 Deployment 滚动过程中的状态

可以直接使用 kubectl get deployment 和 kubectl describe deployment 命令来查看 Deployment 的详细信息，但是还有另外一个命令，专门用于查看部署状态：

```
$ kubectl rollout status deployment kubia
deployment kubia successfully rolled out
```

通过上述命令查看到，Deployment 已经完成了滚动升级，可以看到三个 pod 副本已经正常创建和运行了：

```
$ kubectl get po
NAME                     READY     STATUS    RESTARTS   AGE
kubia-1506449474-otnnh   1/1       Running   0          14s
kubia-1506449474-vmn7s   1/1       Running   0          14s
kubia-1506449474-xis6m   1/1       Running   0          14s
```

了解 Deployment 如何创建 Replicaset 以及 pod

注意这些 pod 的命名，之前当使用 ReplicationController 创建 pod 时，它们的名称是由 Controller 的名称加上一个运行时生成的随机字符串 (例如 kubia-v1-m33mv) 组成的。现在由 Deployment 创建的三个 pod 名称中均包含一个额外的数字。那是什么呢？

这个数字实际上对应 Deployment 和 ReplicaSet 中的 pod 模板的哈希值。如前所述，Deployment 不能直接管理 pod。相反，它创建了 ReplicaSet 来管理 pod。所以让我们看看 Deployment 创建的 ReplicaSet 是什么样子的。

```
$ kubectl get replicasets
NAME               DESIRED   CURRENT   AGE
kubia-1506449474   3         3         10s
```

ReplicaSet 的名称中也包含了其 pod 模板的哈希值。之后的篇幅也会介绍，Deployment 会创建多个 ReplicaSet，用来对应和管理一个版本的 pod 模板。像这样使用 pod 模板的哈希值，可以让 Deployment 始终对给定版本的 pod 模板创建相同的（或使用已有的）ReplicaSet。

通过 Service 访问 pod

ReplicaSet 创建了三个副本并成功运行以后，因为新的 pod 的标签和 Service 的标签选择器相匹配，因此可以直接通过之前创建的 Service 来访问它们。

至此可能还没有从根本上解释，为什么更推荐使用 Deployment 而不是直接使用 ReplicationController。另一方面看，创建一个 Deployment 的难度和成本也并没有比 ReplicationController 更高。后面将针对这个 Deployment 做一些操作，并从根本上了解 Deployment 的优点和强大之处。接下来会介绍如何通过 Deployment 资源升级应用，并对比通过 ReplicationController 升级应用的区别，你就会明白这一点。

9.3.2 升级 Deployment

前面提到，当使用 ReplicationController 部署应用时，必须通过运行 `kubectl rolling-update` 显式地告诉 Kubernetes 来执行更新，甚至必须为新的 ReplicationController 指定名称来替换旧的资源。Kubernetes 会将所有原来的 pod 替换为新的 pod，并在结束后删除原有的 ReplicationController。在整个过程中必须保持终端处于打开状态，让 `kubectl` 完成滚动升级。

接下来更新 Deployment 的方式和上述的流程相比，只需修改 Deployment 资源中定义的 pod 模板，Kubernetes 会自动将实际的系统状态收敛为资源中定义的状态。类似于将 ReplicationController 或 ReplicaSet 扩容或者缩容，升级需要做的就是在部署的 pod 模板中修改镜像的 tag，Kubernetes 会收敛系统，匹配期望的状态。

不同的 Deployment 升级策略

实际上，如何达到新的系统状态的过程是由 Deployment 的升级策略决定的，默认策略是执行滚动更新（策略名为 `RollingUpdate`）。另一种策略为 `Recreate`，它会一次性删除所有旧版本的 pod，然后创建新的 pod，整个行为类似于修改 ReplicationController 的 pod 模板，然后删除所有的 pod（在 9.1.1 节中已讨论过）。

`Recreate` 策略在删除旧的 pod 之后才开始创建新的 pod。如果你的应用程序不支持多个版本同时对外提供服务，需要在启动新版本之前完全停用旧版本，那么需要使用这种策略。但是使用这种策略的话，会导致应用程序出现短暂的不可用。

`RollingUpdate` 策略会渐进地删除旧的 pod，与此同时创建新的 pod，使应用程序在整个升级过程中都处于可用状态，并确保其处理请求的能力没有因为升级而有所影响。这就是 Deployment 默认使用的升级策略。升级过程中 pod 数量可以在期望副本数的一定区间内浮动，并且其上限和下限是可配置的。如果应用能够支持多个版本同时对外提供服务，则推荐使用这个策略来升级应用。

演示如何减慢滚动升级速度

在接下来的练习中，将使用 RollingUpdate 策略，但是需要略微减慢滚动升级的速度，以便观察升级过程确实是以滚动的方式执行的。可以通过在 Deployment 上设置 minReadySeconds 属性来实现。我们将在本章末尾解释这个属性的作用。现在，使用 kubectl patch 命令将其设置为 10 秒。

```
$ kubectl patch deployment kubia -p '{"spec": {"minReadySeconds": 10}}'
"kubia" patched
```

提示 kubectl patch 对于修改单个或者少量资源属性非常有用，不需要再通过编辑器编辑。

使用 patch 命令更改 Deployment 的自有属性，并不会导致 pod 的任何更新，因为 pod 模板并没有被修改。更改其他 Deployment 的属性，比如所需的副本数或部署策略，也不会触发滚动升级，现有运行中的 pod 也不会受其影响。

触发滚动升级

如果想要跟踪更新过程中应用的运行状况，需要先在另一个终端中再次运行 curl 循环，以查看请求的返回情况 (需要将 IP 替换为 Service 实际暴露 IP):

```
$ while true; do curl http://130.211.109.222; done
```

要触发滚动升级，需要将 pod 镜像修改为 luksa/kubia:v2。和直接编辑 Deployment 资源的 YAML 文件或使用 patch 命令更改镜像有所不同，将使用 kubectl set image 命令来更改任何包含容器资源的镜像（ReplicationController、ReplicaSet、Deployment 等）。将使用这个命令来修改 Deployment:

```
$ kubectl set image deployment kubia nodejs=luksa/kubia:v2
deployment "kubia" image updated
```

当执行完这个命令，kubia Deployment 的 pod 模板内的镜像会被更改为 luksa/kubia:v2(从 :v1 更改而来)，如图 9.9 所示。

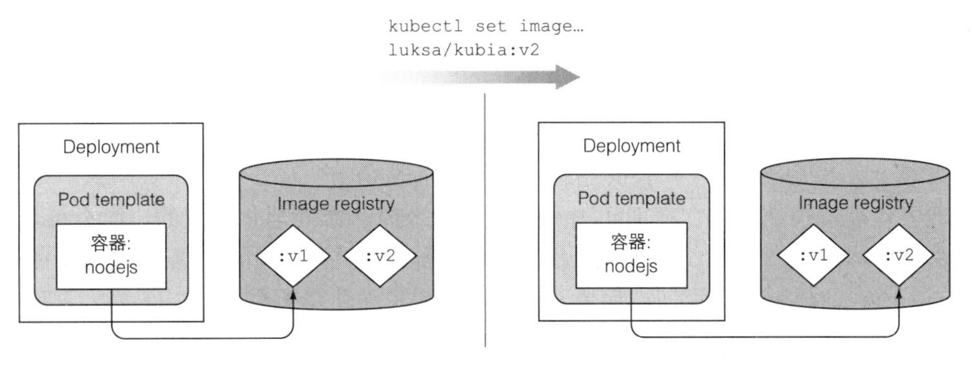

图 9.9　为 Deployment 内的 pod 模板指定新的镜像

修改 Deployment 或其他资源的不同方式

在本书中已经了解了几种不同的修改对象方式，现在把它们列在一起来重新回顾一下。

表 9.1　在 Kubernetes 中修改资源

方法	作用
kubectl edit	使用默认编辑器打开资源配置。修改保存并退出编辑器，资源对象会被更新 例子：kubectl edit deployment kubia
kubectl patch	修改单个资源属性 例子：kubectl patch deployment kubia -p'{"spec": {"template": {"spec": {"containers": [{"name": "nodejs", "image": "luksa/kubia:v2"}]}}}}'
kubectl apply	通过一个完整的 YAML 或 JSON 文件，应用其中新的值来修改对象。如果 YAML/JSON 中指定的对象不存在，则会被创建。该文件需要包含资源的完整定义（不能像 kubectl patch 那样只包含想要更新的字段） 例子：kubectl apply -f kubia-deployment-v2.yaml
kubectl replace	将原有对象替换为YAML/JSON文件中定义的新对象。与 apply 命令相反，运行这个命令前要求对象必须存在，否则会打印错误 例子：kubectl replace -f kubia-deployment-v2.yaml。
kubectl setimage	修改 Pod、ReplicationController、Deployment、DemonSet、Job 或 ReplicaSet 内的镜像 例子：kubectl set image deployment kubia nodejs=luksa/kubia:v2

这些方式在操作 Deployment 资源时效果都是一样的。它们无非就是修改 Deployment 的规格定义，修改后会触发滚动升级过程。

如果循环执行了 curl 命令，将看到一开始请求只是切换到 v1 pod；然后越来越多的请求切换到 v2 pod 中，最后所有的 v1 pod 都被删除，请求全部切换到 v2.

pod。这和 kubectl 的滚动更新过程非常相似。

Deployment 的优点

回顾一下刚才的过程，通过更改 Deployment 资源中的 pod 模板，应用程序已经被升级为一个更新的版本——仅仅通过更改一个字段而已！

这个升级过程是由运行在 Kubernetes 上的一个控制器处理和完成的，而不再是运行 kubectl rolling-update 命令，它的升级是由 kubectl 客户端执行的。让 Kubernetes 的控制器接管使得整个升级过程变得更加简单可靠。

注意 如果 Deployment 中的 pod 模板引用了一个 ConfigMap（或 Secret），那么更改 ConfigMap 资源本身将不会触发升级操作。如果真的需要修改应用程序的配置并想触发更新的话，可以通过创建一个新的 ConfigMap 并修改 pod 模板引用新的 ConfigMap。

Deployment 背后完成的整个升级过程和执行 kubectl rolling-update 命令非常相似。一个新的 ReplicaSet 会被创建然后慢慢扩容，同时之前版本的 Replicaset 会慢慢缩容至 0（初始状态和最终状态如图 9.10 所示）。

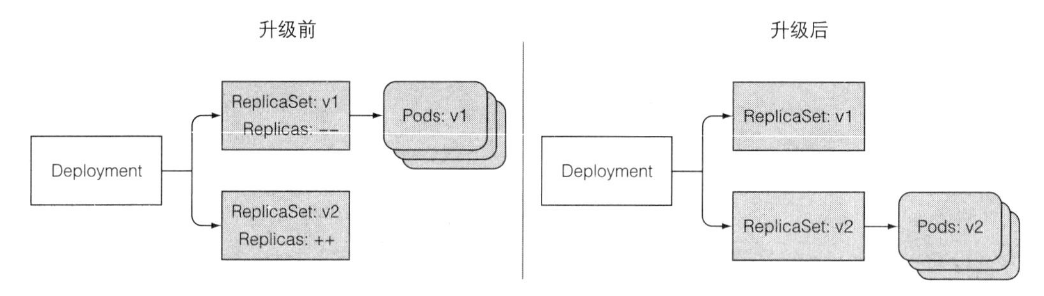

图 9.10 滚动升级开始和结束时 Deployment 状态

可以通过下面的命令列出所有新旧 ReplicaSet：

```
$ kubectl get rs
NAME               DESIRED   CURRENT   AGE
kubia-1506449474   0         0         24m
kubia-1581357123   3         3         23m
```

与 ReplicationController 类似，所有新的 pod 现在都由新的 ReplicaSet 管理。与以前不同的是，旧的 ReplicaSet 仍然会被保留，而旧的 ReplicationController 会在滚动升级过程结束后被删除。之后马上会介绍这个被保留的旧 ReplicaSet 的用处。

因为并没有直接创建 ReplicaSet，所以这里的 ReplicaSet 本身并不需要用户去关心和维护。所有操作都是在 Deployment 资源上完成的，底层的 ReplicaSet 只是实现的细节。和处理与维护多个 ReplicationController 相比，管理单个 Deployment 对象要容易得多。

尽管这种差异在滚动升级中可能不太明显，但是如果在滚动升级过程中出错或遇到问题，就可以明显看出两种方案的差异。下面来模拟一个错误。

9.3.3 回滚 Deployment

现阶段，应用使用 v2 版本的镜像运行，接下来会先准备 v3 版本的镜像。

创建 v3 版本的应用程序

在 v3 版本中，将引入一个 bug，使你的应用程序只能正确地处理前四个请求。第五个请求之后的所有请求将返回一个内部服务器错误（HTTP 状态代码 500）。你将通过在处理程序函数的开头添加 if 语句来模拟这个 bug。下面的代码清单显示了修改后的代码，所有需要更改的地方都用粗体显示。

代码清单 9.8 v3 版本的应用（运行出错版本）：v3/app.js

```
const http = require('http');
const os = require('os');

var requestCount = 0;

console.log("Kubia server starting...");

var handler = function(request, response) {
  console.log("Received request from " + request.connection.remoteAddress);
  if (++requestCount >= 5) {
    response.writeHead(500);
    response.end("Some internal error has occurred! This is pod " +
     os.hostname() + "\n");
    return;
  }
  response.writeHead(200);
  response.end("This is v3 running in pod " + os.hostname() + "\n");
};

var www = http.createServer(handler);
www.listen(8080);
```

如你所见，在第 5 个请求和所有后续请求中，返回一个状态码为 500 的错误，错误消息“Some internal error has occurred…”。

部署 v3 版本

笔者已经将 v3 版本的镜像推送至 luksa/kubia:v3。可以直接修改 Deployment 中镜像的字段来部署新的版本：

```
$ kubectl set image deployment kubia nodejs=luksa/kubia:v3
deployment "kubia" image updated
```

可以通过运行 kubectl rollout status 来观察整个升级过程：

```
$ kubectl rollout status deployment kubia
Waiting for rollout to finish: 1 out of 3 new replicas have been updated...
Waiting for rollout to finish: 2 out of 3 new replicas have been updated...
Waiting for rollout to finish: 1 old replicas are pending termination...
deployment "kubia" successfully rolled out
```

新的版本已经开始运行。接下来的代码清单会显示，在发送几个请求之后，客户端开始收到服务端返回的错误。

代码清单 9.9 访问出错的 v3 版本

```
$ while true; do curl http://130.211.109.222; done
This is v3 running in pod kubia-1914148340-lalmx
This is v3 running in pod kubia-1914148340-bz35w
This is v3 running in pod kubia-1914148340-w0voh
...
This is v3 running in pod kubia-1914148340-w0voh
Some internal error has occurred! This is pod kubia-1914148340-bz35w
This is v3 running in pod kubia-1914148340-w0voh
Some internal error has occurred! This is pod kubia-1914148340-lalmx
This is v3 running in pod kubia-1914148340-w0voh
Some internal error has occurred! This is pod kubia-1914148340-lalmx
Some internal error has occurred! This is pod kubia-1914148340-bz35w
Some internal error has occurred! This is pod kubia-1914148340-w0voh
```

回滚升级

不能让你的用户感知到升级导致的内部服务器错误，因此需要快速处理。在 9.3.6 节中，你将看到如何自动停止出错版本的滚动升级，但是现在先看一下如何手动停止。比较好的是，Deployment 可以非常容易地回滚到先前部署的版本，它可以让 Kubernetes 取消最后一次部署的 Deployment:

```
$ kubectl rollout undo deployment kubia
deployment "kubia" rolled back
```

Deployment 会被回滚到上一个版本。

提示 *undo 命令也可以在滚动升级过程中运行，并直接停止滚动升级。在升级过程中已创建的 pod 会被删除并被老版本的 pod 替代。*

显示 Deployment 的滚动升级历史

回滚升级之所以可以这么快地完成，是因为 Deployment 始终保持着升级的版本历史记录。之后也会看到，历史版本号会被保存在 ReplicaSet 中。滚动升级成功后，老版本的 ReplicaSet 也不会被删掉，这也使得回滚操作可以回滚到任何一个历史版本，而不仅仅是上一个版本。可以使用 kubectl rollout history 来显示升级的版本：

```
$ kubectl rollout history deployment kubia
deployments "kubia":
REVISION    CHANGE-CAUSE
2           kubectl set image deployment kubia nodejs=luksa/kubia:v2
3           kubectl set image deployment kubia nodejs=luksa/kubia:v3
```

还记得创建 Deployment 时的 --record 参数吗？如果不给定这个参数，版本历史中的 CHANGE-CAUSE 这一栏会为空。这也会使用户很难辨别每次的版本做了哪些修改。

回滚到一个特定的 Deployment 版本

通过在 undo 命令中指定一个特定的版本号，便可以回滚到那个特定的版本。例如，如果想回滚到第一个版本，可以执行下述命令：

```
$ kubectl rollout undo deployment kubia --to-revision=1
```

还记得第一次修改 Deployment 时留下的 ReplicaSet 吗？这个 ReplicaSet 便表示 Deployment 的第一次修改版本。由 Deployment 创建的所有 ReplicaSet 表示完整的修改版本历史，如图 9.11 所示。每个 ReplicaSet 都用特定的版本号来保存 Deployment 的完整信息，所以不应该手动删除 ReplicaSet。如果这么做便会丢失 Deployment 的历史版本记录而导致无法回滚。

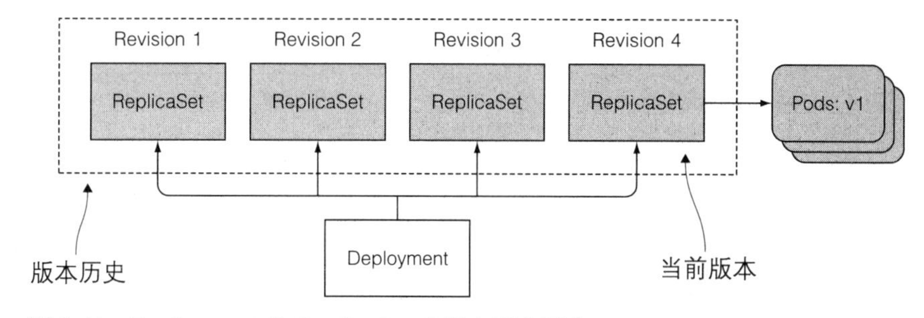

图 9.11 Deployment 的 ReplicaSet 也保存版本历史

旧版本的 ReplicaSet 过多会导致 ReplicaSet 列表过于混乱，可以通过指定 Deployment 的 revisionHistoryLimit 属性来限制历史版本数量。默认值是 2，所以正常情况下在版本列表里只有当前版本和上一个版本（以及只保留了当前和上一个 ReplicaSet），所有再早之前的 ReplicaSet 都会被删除。

注意 extensions/v1beta1 版本的 Deployment 的 revisionHistoryLimit 没有值，在 apps/v1beta2 版本中，这个默认值是 10。

9.3.4　控制滚动升级速率

当执行 kubectl rollout status 命令来观察升级到 v3 的过程时，会看到第一个 pod 被新创建，等到它运行时，一个旧的 pod 会被删除，然后又一个新的 pod 被创建，直到再没有新的 pod 可以更新。创建新 pod 和删除旧 pod 的方式可以通过配置滚动更新策略内的两个属性。

介绍滚动升级策略的 maxSurge 和 maxUnavailable 属性

在 Deployment 的滚动升级期间，有两个属性会决定一次替换多少个 pod：maxSurge 和 maxUnavailable。可以通过 Deployment 的 strategy 字段下 rollingUpdate 的子属性来配置，如下面的代码清单所示。

代码清单 9.10　为 rollingUpdate 策略指定参数

```
spec:
  strategy:
    rollingUpdate:
      maxSurge: 1
      maxUnavailable: 0
    type: RollingUpdate
```

这些参数的含义会在表 9.2 中详细解释。

表 9.2　控制滚动升级速率的属性

属　性	含　义
maxSurge	决定了 Deployment 配置中期望的副本数之外，最多允许超出的 pod 实例的数量。默认值为 25%，所以 pod 实例最多可以比期望数量多 25%。如果期望副本数被设置为 4，那么在滚动升级期间，不会运行超过 5 个 pod 实例。当把百分数转换成绝对值时，会将数字四舍五入。这个值也可以不是百分数而是绝对值（例如，可以允许最多多出一个或两个 pod）。
maxUnavailable	决定了在滚动升级期间，相对于期望副本数能够允许有多少 pod 实例处于不可用状态。默认值也是 25%，所以可用 pod 实例的数量不能低于期望副本数的 75%。百分数转换成绝对值时这个数字也会四舍五入。如果期望副本数设置为 4，并且百分比为 25%，那么只能有一个 pod 处于不可用状态。在整个发布过程中，总是保持至少有三个 pod 实例处于可用状态来提供服务。与 maxSurge 一样，也可以指定绝对值而不是百分比。

由于在之前场景中，设置的期望副本数为 3，上述的两个属性都设置为 25%，maxSurge 允许最多 pod 数量达到 4，同时 maxUnavailable 不允许出现任何不

可用的 pod（也就是说三个 pod 必须一直处于可运行状态），如图 9.12 所示。

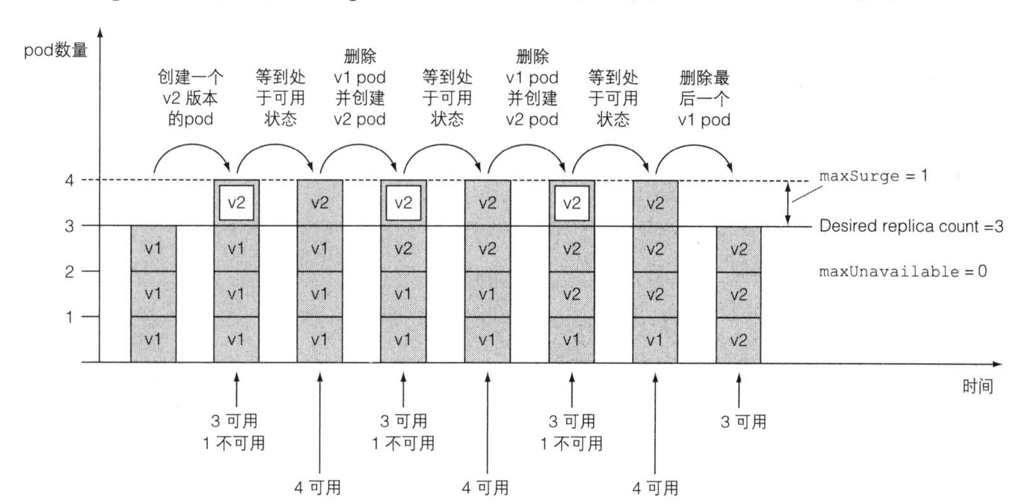

图 9.12 Deployment 滚动升级时的三个副本数和默认 maxSurge、maxUnavailable 配置

了解 maxUnavailable 属性

extensions/v1beta1 版本的 Deployment 使用不一样的默认值，maxSurge 和 maxUnavailable 会被设置为 1，而不是 25%。对于三个副本的情况，maxSurge 还是和之前一样，但是 maxUnavailable 是不一样的（是 1 而不是 0），这使得滚动升级的过程稍有不同，如图 9.13 所示。

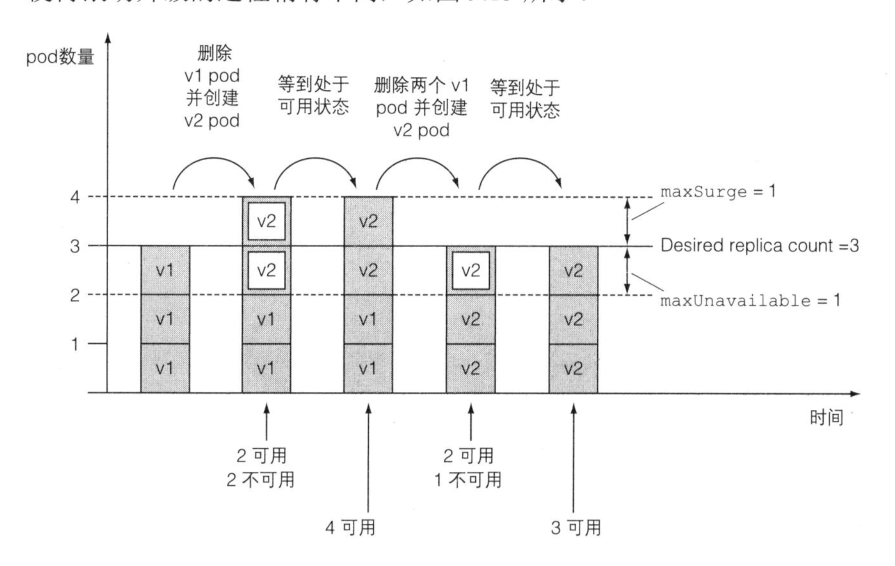

图 9.13 Deployment 滚动升级时 maxSurge=1 且 maxUnavailable=1

在这种情况下，一个副本处于不可用状态，如果期望副本数为3，则只需要两个副本处于可用状态。这就是为什么上述滚动升级过程中会立即删除一个pod并创建两个新的pod。这确保了两个pod是可用的并且不超过pod允许的最大数量（在这种情况下，最大数量是4，三个加上maxSurges的一个。一旦两个新的pod处于可用状态，剩下的两个旧的pod就会被删除了。

这里相对有点难以理解，主要是 maxUnavailable 这个属性，它表示最大不可用pod数量。但是如果仔细查看前一个图的第二列，即使 maxUnavailable 被设置为1，可以看到两个pod处于不可用的状态。

重要的是要知道 maxUnavailable 是相对于期望副本数而言的。如果replica的数量设置为3，maxUnavailable 设置为1，则更新过程中必须保持至少两个（3-1）pod始终处于可用状态，而不可用pod数量可以超过一个。

9.3.5 暂停滚动升级

在经历了v3版本应用的糟糕体验之后，假设你现在已经修复了这个错误，并推送了第四个版本的镜像。但是你还是有点担心像之前那样将其滚动升级到所有的pod上。你需要的是在现有的 v2 pod之外运行一个 v4 pod，并查看一小部分用户请求的处理情况。如果一旦确定符合预期，就可以用新的pod替换所有旧的pod。

可以通过直接运行一个额外的pod或通过一个额外的Deployment、ReplicationController或ReplicaSet来实现上述的需求。但是通过Deployment自身的一个选项，便可以让部署过程暂停，方便用户在继续完成滚动升级之前来验证新的版本的行为是否都符合预期。

暂停滚动升级

笔者已经事先准备好了 v4 的镜像，所以可以直接将镜像修改为 luksa/kubia:v4 并触发滚动更新，然后立马（在几秒之内）暂停滚动更新：

```
$ kubectl set image deployment kubia nodejs=luksa/kubia:v4
deployment "kubia" image updated

$ kubectl rollout pause deployment kubia
deployment "kubia" paused
```

一个新的pod会被创建，与此同时所有旧的pod还在运行。一旦新的pod成功运行，服务的一部分请求将被切换到新的pod。这样相当于运行了一个金丝雀版本。金丝雀发布是一种可以将应用程序的出错版本和其影响到的用户的风险化为最小的技术。与其直接向每个用户发布新版本，不如用新版本替换一个或一小部分的pod。通过这种方式，在升级的初期只有少数用户会访问新版本。验证新版本是否正常工作之后，可以将剩余的pod继续升级或者回滚到上一个的版本。

恢复滚动升级

在上述例子中，通过暂停滚动升级过程，只有一小部分客户端请求会切换到 v4 pod，而大多数请求依然仍只会切换到 v3 pod。一旦确认新版本能够正常工作，就可以恢复滚动升级，用新版本 pod 替换所有旧版本的 pod：

```
$ kubectl rollout resume deployment kubia
deployment "kubia" resumed
```

在滚动升级过程中，想要在一个确切的位置暂停滚动升级目前还无法做到，以后可能会有一种新的升级策略来自动完成上面的需求。但目前想要进行金丝雀发布的正确方式是，使用两个不同的 Deployment 并同时调整它们对应的 pod 数量。

使用暂停功能来停止滚动升级

暂停部署还可以用于阻止更新 Deployment 而自动触发的滚动升级过程，用户可以对 Deployment 进行多次更改，并在完成所有更改后才恢复滚动升级。一旦更改完毕，则恢复并启动滚动更新过程。

注意 如果部署被暂停，那么在恢复部署之前，撤销命令不会撤销它。

9.3.6 阻止出错版本的滚动升级

在结束本章之前，我们还会讨论 Deployment 资源的另一个属性。还记得在 9.3.2 节开始时在 Deployment 中设置的 minReadySeconds 属性吗？使用它来减慢滚动升级速率，使用这个参数之后确实执行了滚动更新，并且没有一次性替换所有的 pod。minReadySeconds 的主要功能是避免部署出错版本的应用，而不只是单纯地减慢部署的速度。

了解 minReadySeconds 的用处

minReadySeconds 属性指定新创建的 pod 至少要成功运行多久之后，才能将其视为可用。在 pod 可用之前，滚动升级的过程不会继续（还记得 maxUnavailable 属性吗？）。当所有容器的就绪探针返回成功时，pod 就被标记为就绪状态。如果一个新的 pod 运行出错，就绪探针返回失败，如果一个新的 pod 运行出错，并且在 minReadySeconds 时间内它的就绪探针出现了失败，那么新版本的滚动升级将被阻止。

使用这个属性可以通过让 Kubernetes 在 pod 就绪之后继续等待 10 秒，然后继续执行滚动升级，来减缓滚动升级的过程。通常情况下需要将 minReadySeconds 设置为更高的值，以确保 pod 在它们真正开始接收实际流量之后可以持续保持就绪状态。

当然在将 pod 部署到生产环境之前，需要在测试和预发布环境中对 pod 进行测试。但使用 minReadySeconds 就像一个安全气囊，保证了即使不小心将 bug 发布到生产环境的情况下，也不会导致更大规模的问题。

使用正确配置的就绪探针和适当的 minReadySeconds 值，Kubernetes 将预先阻止我们发布部署带有 bug 的 v3 版本。下面会展示如何实现。

配置就绪探针来阻止全部 v3 版本的滚动部署

再一次部署 v3 版本，但这一次会为 pod 配置正确的就绪探针。由于当前部署的是 v4 版本，所以在开始之前再次回滚到 v2 版本，来模拟假设是第一次升级到 v3。当然也可以直接从 v4 升级到 v3，但是后续我们假设都是先回滚到了 v2 版本。

与之前只更新 pod 模板中的镜像不同的是，还将同时为容器添加就绪探针。之前因为就绪探针一直未被定义，所以容器和 pod 都处于就绪状态，即使应用程序本身并没有真正就绪甚至是正在返回错误。Kubernetes 是无法知道应用本身是否出现了故障，也不会将未就绪信息暴露给客户端。

同时更改镜像并添加就绪探针，则可以使用 kubectl apply 命令。使用下面的 YAML 来更新 Deployment（将它另存为 kubian-deployment-v3-with-readinesscheck.yaml），如下面的代码清单所示。

代码清单 9.11 Deployment 包含一个就绪探针：kubia-deployment-v3-with- readinesscheck.yaml

```
apiVersion: apps/v1beta1
kind: Deployment
metadata:
  name: kubia
spec:
  replicas: 3
  minReadySeconds: 10        <-- 设置 minReadySeconds 的值为 10
  strategy:
    rollingUpdate:
      maxSurge: 1
      maxUnavailable: 0      <-- 设置 maxUnavailable 的值为 0 来确保升级过程中 pod 被挨个替换
    type: RollingUpdate
  template:
    metadata:
      name: kubia
      labels:
        app: kubia
    spec:
      containers:
      - image: luksa/kubia:v3
```

```
name: nodejs
readinessProbe:
  periodSeconds: 1
  httpGet:
    path: /
    port: 8080
```

定义一个就绪探针并每隔一秒钟执行一次

就绪探针会执行发送 HTTP GET 请求到容器

使用 kubectl apply 升级 Deployment

可以使用如下方式直接使用 `kubectl apply` 来升级 Deployment：

```
$ kubectl apply -f kubia-deployment-v3-with-readinesscheck.yaml
deployment "kubia" configured
```

`apply` 命令可以用 YAML 文件中声明的字段来更新 Deployment。不仅更新镜像，而且还添加了就绪探针，以及在 YAML 中添加或修改的其他声明。如果新的 YAML 也包含 `replicas` 字段，当它与现有 Deployment 中的数量不一致时，那么 apply 操作也会对 Deployment 进行扩容。

提示 使用 `kubectl apply` 更新 Deployment 时如果不期望副本数被更改，则不用在 YAML 文件中添加 `replicas` 这个字段。

运行 `apply` 命令会自动开始滚动升级过程，可以再一次运行 `rollout status` 命令来查看升级过程：

```
$ kubectl rollout status deployment kubia
Waiting for rollout to finish: 1 out of 3 new replicas have been updated...
```

因为升级状态显示一个新的 pod 已经创建，一小部分流量应该也会切换到这个 pod。可以通过下面的命令看到：

```
$ while true; do curl http://130.211.109.222; done
This is v2 running in pod kubia-1765119474-jvslk
This is v2 running in pod kubia-1765119474-jvslk
This is v2 running in pod kubia-1765119474-xk5g3
This is v2 running in pod kubia-1765119474-pmb26
This is v2 running in pod kubia-1765119474-pmb26
This is v2 running in pod kubia-1765119474-xk5g3
...
```

结果显示并没有请求被切换到 `v3` pod，为什么呢？让我们先列出所有 pod：

```
$ kubectl get po
NAME                     READY     STATUS    RESTARTS
kubia-1163142519-7ws0i   0/1       Running   0
kubia-1765119474-jvslk   1/1       Running   0
kubia-1765119474-pmb26   1/1       Running   0
kubia-1765119474-xk5g3   1/1       Running   0
```

可以看到，有一个 pod 并没有处于就绪状态，这是为什么呢？

就绪探针如何阻止出错版本的滚动升级

当新的 pod 启动时，就绪探针会每隔一秒发起请求（在 pod spec 中，就绪探针的间隔被设置为 1 秒）。在就绪探针发起第五个请求的时候会出现失败，因为应用从第五个请求开始一直返回 HTTP 状态码 500。

因此，pod 会从 Service 的 endpoint 中移除（参见图 9.14）。当执行 `curl` 循环请求服务时，pod 已经被标记为未就绪。这就解释了为什么 `curl` 发出的请求不会切换到新的 pod。这正是符合预期的，因为你不希望客户端流量会切换到一个无法正常工作的 pod。

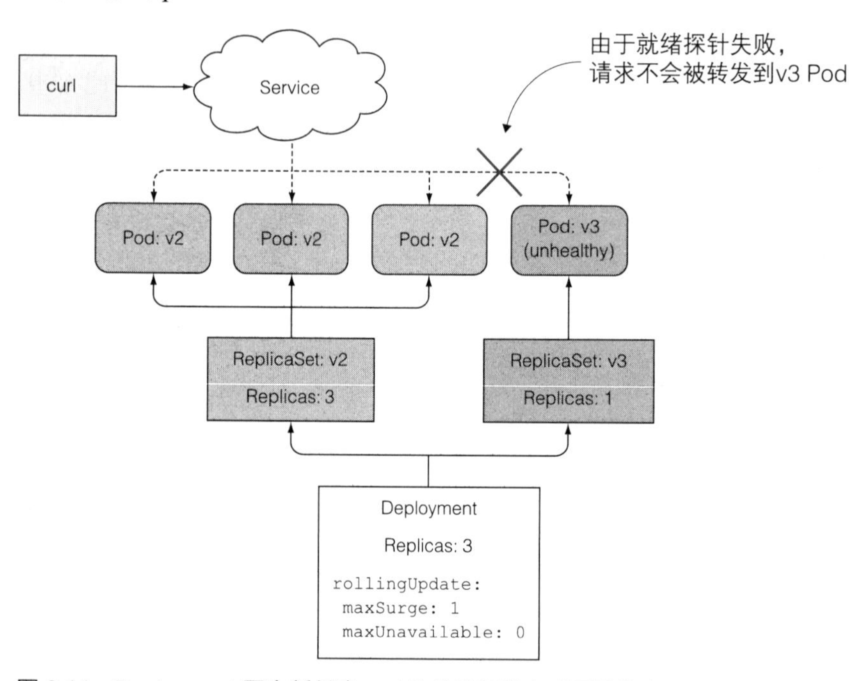

图 9.14 Deployment 因为新创建 pod 的就绪探针失败而被阻止

`rollout status` 命令显示只有一个新副本启动，之后滚动升级过程没有再继续下去，因为新的 pod 一直处于不可用状态。即使变为就绪状态之后，也至少需要保持 10 秒，才是真正可用的。在这之前滚动升级过程将不再创建任何新的 pod，因为当前 `maxUnavailable` 属性设置为 0，所以也不会删除任何原始的 pod。

实际上部署过程自动被阻止是一件好事。如果继续用新的 pod 替换旧的 pod，那么最终服务将处于完全不能工作的状态，就和当时没有使用就绪探针的情况下滚动升级 v3 版本时出现的结果一样。但是添加了就绪探针之后，升级出错程序而对用户造成的影响面不会过大，对比之前替换所有pod的方式，只有一小部分用户受到了影响。

提示 如果只定义就绪探针没有正确设置 minReadySeconds ，一旦有一次就绪探针调用成功，便会认为新的pod已经处于可用状态。因此最好适当地设置 minReadySeconds 的值。

为滚动升级配置 deadline

默认情况下，在10分钟内不能完成滚动升级的话，将被视为失败。如果运行 kubectl describe deployment 命令，将会显示一条 ProgressDeadline-Exceeded 的记录，如下面的代码清单所示。

代码清单 9.12 使用 kubectl describe 查看 Deployment 的详细情况

```
$ kubectl describe deploy kubia
Name:                   kubia
...
Conditions:
  Type          Status  Reason
  ----          ------  ------
  Available     True    MinimumReplicasAvailable
  Progressing   False   ProgressDeadlineExceeded
```

Deployment 完成滚动升级的时间过久

判定 Deployment 滚动升级失败的超时时间，可以通过设定 Deployment spec 中的 progressDeadlineSeconds 来指定。

注意 extensions/v1beta1 版本不会设置默认的 deadline。

取消出错版本的滚动升级

因为滚动升级过程不再继续，所以只能通过 rollout undo 命令来取消滚动升级：

```
$ kubectl rollout undo deployment kubia
deployment "kubia" rolled back
```

注意 在后续的版本中，如果达到了 progressDeadlineSeconds 指定的时间，则滚动升级过程会自动取消。

9.4 本章小结

本章展示了如何通过声明的方式在 Kubernetes 中部署和更新应用。阅读了这一章之后，你应该知道如何：

- 使用 ReplicationController 管理 pod 并执行滚动升级
- 创建 Deployment，而不是底层的 ReplicationController 和 ReplicaSet
- 通过更新 Deployment 定义的 pod 模板来更新 pod
- 回滚 Deployment 到上个版本或历史版本列表中的任意一个历史版本
- 中止 Deployment 滚动升级
- 滚动升级时，在所有 pod 被替换之前，暂停 Deployment 滚动升级查看单个新版本的实例状况
- 通过 `maxSurge` 和 `maxUnavailable` 属性控制滚动升级的速率
- 使用 `minReadySeconds` 和就绪探针自动避免错误版本的升级

除了这些 Deployment 相关的知识点，还学习了如何：

- 在一个单一的 YAML 文件内使用三个横杠 (---) 作为分隔符定义多个资源
- 打开 `kubectl` 的详细日志模式，查看背后运行的详细日志

现在你已经知道如何部署和管理从相同的 pod 模板创建的一组 pod，共享同一个持久性存储。甚至了解如何以声明的方式升级它们。但是如果是运行一组 pod 并且每个实例都需要使用自己的持久存储该怎么办。这就是接下来这一章的主题。

StatefulSet：部署有状态的多副本应用

10

本章内容涵盖

- 部署有状态集群应用
- 为每个副本 pod 实例提供独立存储
- 保证 pod 副本有固定的名字和主机名
- 按预期顺序启停 pod 副本
- 通过 DNS SRV 记录查询伙伴节点

现在你知道了如何运行一个单实例 pod 和无状态的多副本 pod，还有如何通过持久化存储运行一个有状态 pod。可以运行几个多副本的 web-server pod 实例，运行一个提供持久化存储的单数据库 pod 实例，这个持久化存储可以是简单的 pod 卷，也可以是一个绑定到持久卷上的持久卷声明。但是是否可以通过 ReplicaSet 来复制数据库 pod 呢？

10.1 复制有状态pod

ReplicaSet 通过一个 pod 模板创建多个 pod 副本。这些副本除了它们的名字和 IP 地址不同外，没有别的差异。如果 pod 模板里描述了一个关联到特定持久卷声明的数据卷，那么 ReplicaSet 的所有副本都将共享这个持久卷声明，也就是绑定到同持久卷声明，也就是绑到同一个声明的持久卷（如下图 10.1 所示）。

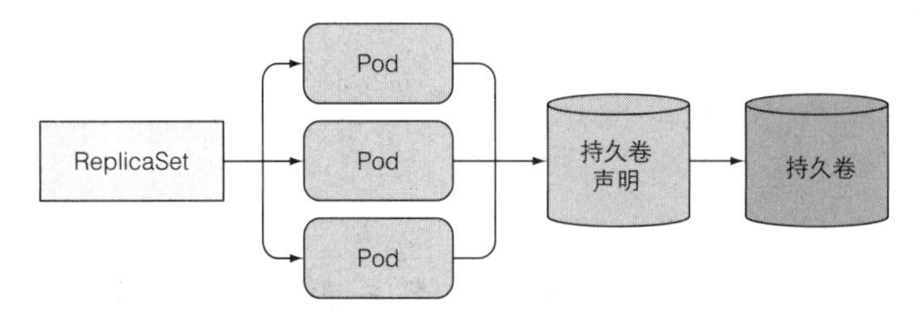

图 10.1　ReplicaSet 里的所有 pod 共享相同的持久卷声明和持久卷

因为是在 pod 模板里关联声明的，又会依据 pod 模板创建多个 pod 副本，则不能对每个副本都指定独立的持久卷声明。所以也不能通过一个 ReplicaSet 来运行一个每个实例都需要独立存储的分布式数据存储服务，至少通过单个 ReplicaSet 是做不到的。老实说，之前你学习到的所有 API 对象都不能提供这样的数据存储服务，还需要其他的对象。

10.1.1　运行每个实例都有单独存储的多副本

那如何运行一个 pod 的多个副本，让每个 pod 都有独立的存储卷呢？ ReplicaSet 会依据一个 pod 创建一致的副本，所以不能通过它们来达到目的，那你可以使用什么呢？

手动创建 pod

可以手动创建多个 pod，每个 pod 使用一个独立的持久卷声明，但是因为没有一个 ReplicaSet 在后面对应它们，所以需要手动管理它们。当有的 pod 消失后（比如节点故障），需要手动创建它们。因此这不是一个好的选择。

一个 pod 实例对应一个 ReplicaSet

与直接创建不同，可以创建多个 ReplicaSet，每个 ReplicaSet 的副本数设为 1，做到 pod 和 ReplicaSet 的一一对应，为每个 ReplicaSet 的 pod 模板关联一个专属的持久卷声明（如图 10.2 所示）。

尽管这种方法能保证在节点故障或者 pod 误删时能自动重新调度创建，但是与单个 ReplicaSet 相比，它还是显得比较笨重的。例如，在这种情况下要如何伸缩 pod? 扩容的话，必须重新创建新的 ReplicaSet。

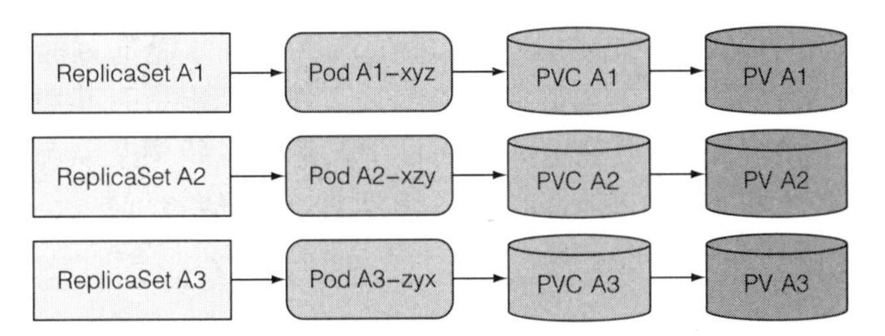

图 10.2 每个 pod 实例对应一个 ReplicaSet

所以说使用多个 ReplicaSet 也不是最好的方案。那是否可以创建一个 ReplicaSet，即使在共享一个存储卷的情况下，让每个 pod 实例都独立保持自己的持久化状态呢？

使用同一数据卷中的不同目录

一个比较取巧的做法是：所有 pod 共享同一数据卷，但是每个 pod 在数据卷中使用不同的数据目录（如图 10.3 所示）。

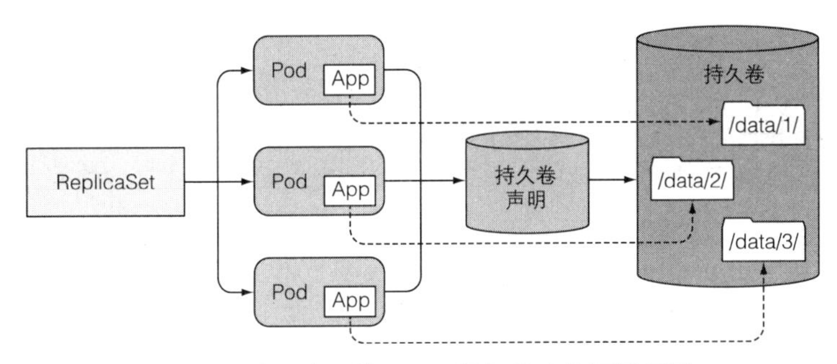

图 10.3 每个 pod 中的应用使用同一数据卷中的不同目录

因为不能在一个 pod 模板中差异化配置 pod 副本，所以不能指定一个实例使用哪个特定目录！但是可以让每个实例自动选择（或创建）一个别的实例还没有使用的数据目录。这种方案要求实例之间相互协作，其正确性很难保证，同时共享存储也会成为整个应用的性能瓶颈。

10.1.2 每个 pod 都提供稳定的标识

除了上面说的存储需求，集群应用也会要求每一个实例拥有生命周期内唯一标识。pod 可以随时被删掉，然后被新的 pod 替代。当一个 ReplicaSet 中的 pod 被替换时，尽管新的 pod 也可能使用被删掉 pod 数据卷中的数据，但它却是拥有全新主机名和 IP 的崭新 pod。在一些应用中，当启动的实例拥有完全新的网络标识，但还使用旧实例的数据时，很可能引起问题。

为什么一些应用需要维护一个稳定的网络标识呢？这个需求在有状态的分布式应用中很普遍。这类应用要求管理者在每个集群成员的配置文件中列出所有其他集群成员和它们的IP地址（或主机名）。但是在Kubernetes中，每次重新调度一个pod，这个新的pod就有一个新的主机名和IP地址，这样就要求当集群中任何一个成员被重新调度后，整个应用集群都需要重新配置。

每个pod实例配置单独的Service

一个比较取巧的做法是：针对集群中的每个成员实例，都创建一个独立的Kubernetes Service来提供稳定的网络地址。因为服务IP是固定的，可以在配置文件中指定集群成员对应的服务IP（而不是pod IP）。

这种做法跟之前提到的一种方法类似：为每个成员创建一个ReplicaSet，并配置独立存储。把这两种方法结合起来就构成如图10.4所示的结构（额外添加一个访问集群所有成员的服务，因为需要它来服务集群中的客户端）。

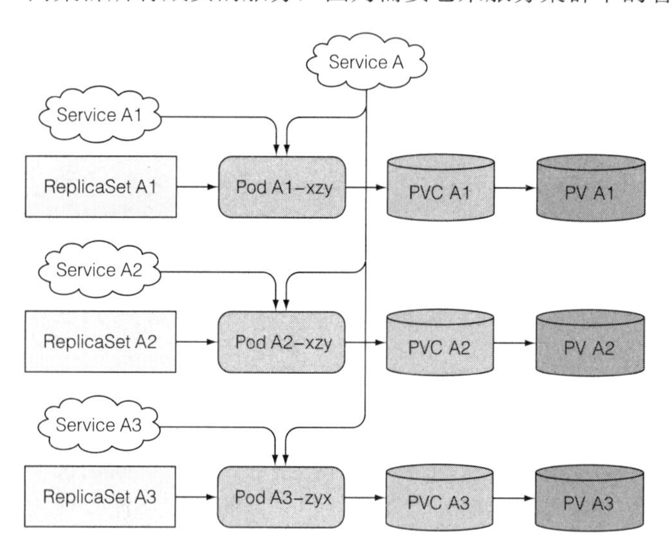

图10.4 每个pod对应一个Service和ReplicaSet提供稳定的网络地址，每个pod配置一个独立的数据卷

这种解决方案不仅令人厌恶，而且它也不是一个完美的解决办法。每个单独的pod没法知道它对应的Service（所以也无法知道对应的稳定IP），所以它们不能在别的pod里通过服务IP自行注册。

幸运的是，Kubernetes为我们提供了这类需求的完美解决方案。在Kubernetes中运行这类特定需求应用的最简单的办法就是通过StatefulSet。

10.2 了解StatefulSet

可以创建一个 StatefulSet 资源替代 ReplicaSet 来运行这类 pod。它是专门定制的一类应用，这类应用中每一个实例都是不可替代的个体，都拥有稳定的名字和状态。

10.2.1 对比 StatefulSet 和 ReplicaSet

要很好地理解 StatefulSet 的用途，最好先与 ReplicaSet 或 ReplicationControllers 对比一下。首先拿一个通用的类比来解释它们。

通过宠物与牛的类比来理解有状态

你可能已经听说过宠物与牛的类比。如果没有，先简单介绍一下。可以把我们的应用看作宠物或牛。

注意 *StatefulSet 最初被称为 PetSet，这个名字来源于宠物与牛的类比。*

我们倾向于把应用看作宠物，给每个实例起一个名字，细心照顾每个实例。但是也许把它们看成牛更为合适，并不需要对单独的实例有太多关心。这样就可以非常方便地替换掉不健康的实例，就跟农场主替换掉一头生病的牛一样。

对于无状态的应用实例来说，行为非常像农场里的牛。一个实例挂掉后并没什么影响，可以创建一个新实例，而让用户完全无感知。

另一方面，有状态的应用的一个实例更像一个宠物。若一只宠物死掉，不能买到一只完全一样的，而不让用户感知到。若要替换掉这只宠物，需要找到一只行为举止与之完全一致的宠物。对应用来说，意味着新的实例需要拥有跟旧的案例完全一致的状态和标识。

StatefulSet 与 ReplicaSet 或 ReplicationController 的对比

RelicaSet 或 ReplicationController 管理的 pod 副本比较像牛，这是因为它们都是无状态的，任何时候它们都可以被一个全新的 pod 替换。然而有状态的 pod 需要不同的方法，当一个有状态的 pod 挂掉后（或者它所在的节点故障），这个 pod 实例需要在别的节点上重建，但是新的实例必须与被替换的实例拥有相同的名称、网络标识和状态。这就是 StatefulSet 如何管理 pod 的。

StatefulSet 保证了 pod 在重新调度后保留它们的标识和状态。它让你方便地扩容、缩容。与 ReplicaSet 类似，StatefulSet 也会指定期望的副本个数，它决定了在同一时间内运行的宠物的数量。与 ReplicaSet 类似，pod 也是依据 StatefulSet 的 pod 模板创建的（想象一下曲奇饼干模板）。与 ReplicaSet 不同的是，StatefulSet 创建的 pod 副本并不是完全一样的。每个 pod 都可以拥有一组独立的数据卷（持久化状态）而有所区别。另外“宠物”pod 的名字都是规律的（固定的），而不是每个新 pod 都随机获取一个名字。

10.2.2 提供稳定的网络标识

一个 StatefulSet 创建的每个 pod 都有一个从零开始的顺序索引，这个会体现在 pod 的名称和主机名上，同样还会体现在 pod 对应的固定存储上。这些 pod 的名称则是可预知的，因为它是由 StatefulSet 的名称加该实例的顺序索引值组成的。不同于 pod 随机生成一个名称，这样有规则的 pod 名称是很方便管理的，如图 10.5 所示。

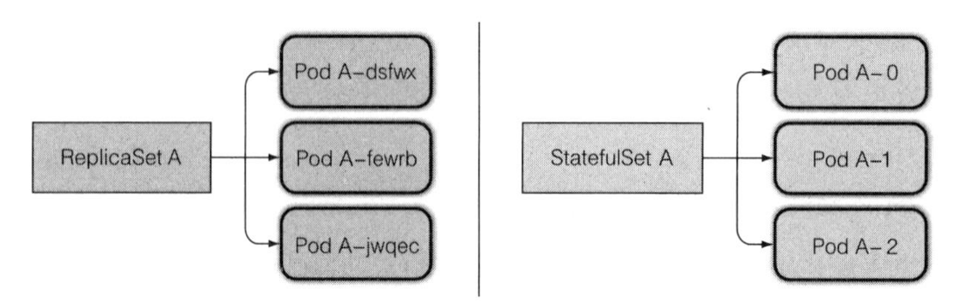

图 10.5 与 ReplicaSet 不同，由 StatefulSet 创建的 pod 拥有规则的名称（和主机名）

控制服务介绍

让 pod 拥有可预知的名称和主机名并不是全部，与普通的 pod 不一样的是，有状态的 pod 有时候需要通过其主机名来定位，而无状态的 pod 则不需要，因为每个无状态的 pod 都是一样的，在需要的时候随便选择一个即可。但对于有状态的 pod 来说，因为它们都是彼此不同的（比如拥有不同的状态），通常希望操作的是其中特定的一个。

基于以上原因，一个 StatefulSet 通常要求你创建一个用来记录每个 pod 网络标记的 headless Service。通过这个 Service，每个 pod 将拥有独立的 DNS 记录，这样集群里它的伙伴或者客户端可以通过主机名方便地找到它。比如说，一个属于 `default` 命名空间，名为 `foo` 的控制服务，它的一个 pod 名称为 `A-0`，那么可以通过下面的完整域名来访问它：`a-0.foo.default.svc.cluster.local`。而在 ReplicaSet 中这样是行不通的。

另外，也可以通过 DNS 服务，查找域名 `foo.default.svc.cluster.local` 对应的所有 SRV 记录，获取一个 StatefulSet 中所有 pod 的名称。我们将在 10.4 节中介绍 SRV 记录，解释如何通过它来发现一个 StatefulSet 中的所有成员。

替换消失的宠物

当一个 StatefulSet 管理的一个 pod 实例消失后（pod 所在节点发生故障，或有人手动删除 pod)，StatefulSet 会保证重启一个新的 pod 实例替换它，这与 ReplicaSet 类似。但与 ReplicaSet 不同的是，新的 pod 会拥有与之前 pod 完全一致的名称和主机名（ReplicaSet 和 StatefulSet 的差异如图 10.6 所示）。

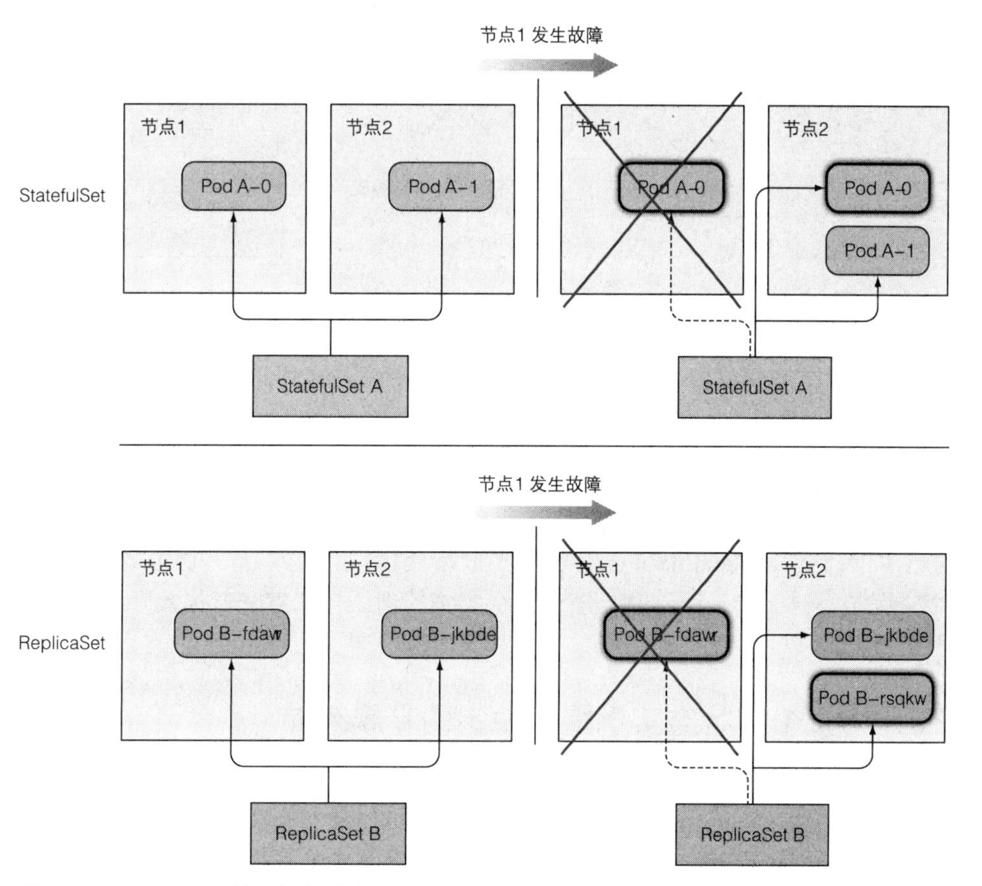

图 10.6 StatefulSet 使用标识完全一致的新的 pod 替换，ReplicaSet 则是使用一个不相干的新的 pod 替换

如你之前了解的那样，pod 运行在哪个节点上并不重要，新的 pod 并不一定会调度到相同的节点上。对于有状态的 pod 来说也是这样，即使新的 pod 被调度到一个不同的节点，也同样可以通过主机名来访问。

扩缩容 StatefulSet

扩容一个 StatefulSet 会使用下一个还没用到的顺序索引值创建一个新的 pod 实例。比如，要把一个 StatefulSet 从两个实例扩容到三个实例，那么新实例的索引值就会是 2（现有实例使用的索引值为 0 和 1）。

当缩容一个 StatefulSet 时，比较好的是很明确哪个 pod 将要被删除。作为对比，ReplicaSet 的缩容操作则不同，不知道哪个实例会被删除，也不能指定先删除哪个实例（也许这个功能会在将来实现）。缩容一个 StatefulSet 将会最先删除最高索引值的实例（如图 10.7 所示），所以缩容的结果是可预知的。

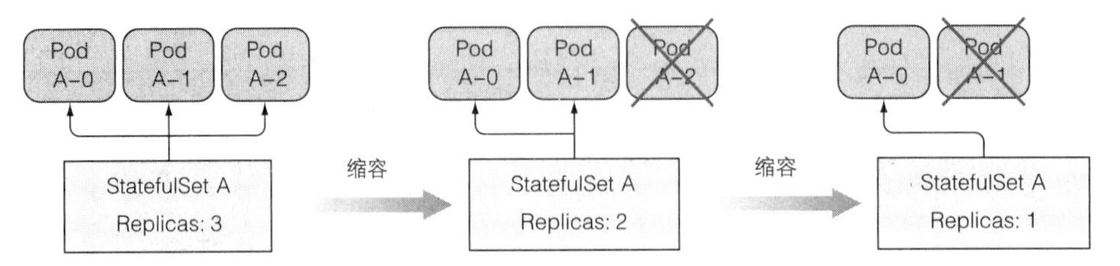

图 10.7 缩容一个 StatefulSet 将会最先删除最高索引值的实例

因为 StatefulSet 缩容任何时候只会操作一个 pod 实例，所以有状态应用的缩容不会很迅速。举例来说，一个分布式存储应用若同时下线多个节点，则可能导致其数据丢失。比如说一个数据项副本数设置为 2 的数据存储应用，若同时有两个节点下线，一份数据记录就会丢失，如果它正好保存在这两个节点上。若缩容是线性的，则分布式存储应用就有时间把丢失的副本复制到其他节点，保证数据不会丢失。

基于以上原因，StatefulSet 在有实例不健康的情况下是不允许做缩容操作的。若一个实例是不健康的，而这时再缩容一个实例的话，也就意味着你实际上同时失去了两个集群成员。

10.2.3 为每个有状态实例提供稳定的专属存储

你已经知道了 StatefulSet 如何保证一个有状态的 pod 拥有稳定的标识，那存储呢？一个有状态的 pod 需要拥有自己的存储，即使该有状态的 pod 被重新调度（新的 pod 与之前 pod 的标识完全一致），新的实例也必须挂载着相同的存储。那 StatefulSet 是如何做到这一点的呢？

很明显，有状态的 pod 的存储必须是持久的，并且与 pod 解耦。在第 6 章中学习了持久卷和持久卷声明，通过在 pod 中关联一个持久卷声明的名称，就可以为 pod 提供持久化存储。因为持久卷声明与持久卷是一对一的关系，所以每个 StatefulSet 的 pod 都需要关联到不同的持久卷声明，与独自的持久卷相对应。因为所有的 pod 实例都是依据一个相同的 pod 模板创建的，那它们是如何关联到不同的持久卷是的呢？并且由谁来创建这些持久卷是呢？当然你肯定不想手在动创建 StatefulSet 之前，依据 pod 的个数创建相同数量的持久卷量。当然不用这么做！

在 pod 模板中添加卷声明模板

像 StatefulSet 创建 pod 一样，StatefulSet 也需要创建持久卷声明。所以一个 StatefulSet 可以拥有一个或多个卷声明模板，这些持久卷声明会在创建 pod 前创建出来，绑定到一个 pod 实例上（如图 10.8 所示）。

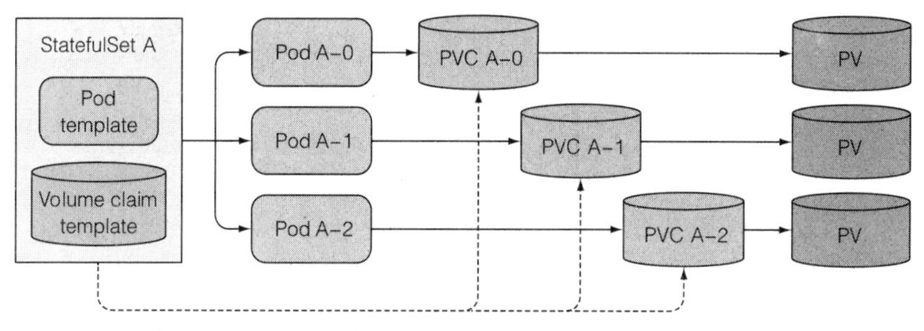

图 10.8 一个 StatefulSet 创建 pod 和持久卷声明

声明的持久卷既可以通过administrator用户预先创建出来，也可以如第6章所述，由持久卷的动态供应机制实时创建出来。

持久卷的创建和删除

扩容 StatefulSet 增加一个副本数时，会创建两个或更多的 API 对象（一个 pod 和与之关联的一个或多个持久卷声明）。但是对缩容来说，则只会删除一个 pod，而遗留下之前创建的声明。当你知道一个声明被删除会发生什么的话，你就明白为什么这么做了。当一个声明被删除后，与之绑定的持久卷就会被回收或删除，则其上面的数据就会丢失。

因为有状态的 pod 是用来运行有状态应用的，所以其在数据卷上存储的数据非常重要，在 StatefulSet 缩容时删除这个声明将是灾难性的，特别是对于 StatefulSet 来说，缩容就像减少其 `replicas` 数值一样简单。基于这个原因，当你需要释放特定的持久卷时，需要手动删除对应的持久卷声明。

重新挂载持久卷声明到相同 pod 的新实例上

因为缩容 StatefulSet 时会保留持久卷声明，所以在随后的扩容操作中，新的 pod 实例会使用绑定在持久卷上的相同声明和其上的数据（如图 10.9 所示）。当你因为误操作而缩容一个 StatefulSet 后，可以做一次扩容来弥补自己的过失，新的 pod 实例会运行到与之前完全一致的状态（名字也是一样的）。

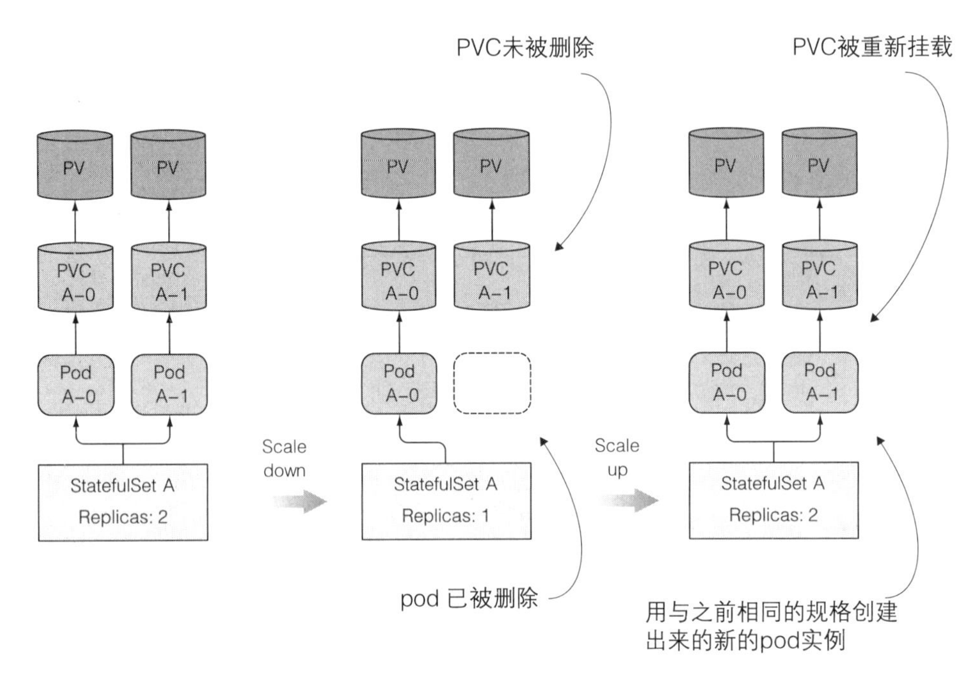

图 10.9 StatefulSet 缩容时不删除持久卷声明，扩容时会重新挂载上

10.2.4 StatefulSet 的保障

如之前描述的，StatefulSet 的行为与 ReplicaSet 或 ReplicationController 是不一样的。StatefulSet 不仅拥有稳定的标记和独立的存储，它的 pod 还有其他的一些保障。

稳定标识和独立存储的影响

通常来说，无状态的 pod 是可以替代的，而有状态的 pod 则不行。我们之前已经描述了一个有状态的 pod 总是会被一个完全一致的 pod 替换（两者有相同的名称、主机名和存储等）。这个替换发生在 Kubernetes 发现旧的 pod 不存在时（例如手动删除这个 pod）。

那么当 Kubernetes 不能确定一个 pod 的状态时呢？如果它创建一个完全一致的 pod，那系统中就会有两个完全一致的 pod 在同时运行。这两个 pod 会绑定到相同的存储，所以这两个相同标记的进程会同时写相同的文件。对于 ReplicaSet 的 pod 来说，这不是问题，因为应用本来就是设计为在相同的文件上工作的。并且我们知道 ReplicaSet 会以一个随机的标识来创建 pod，所以不可能存在两个相同标识的进程同时运行。

介绍 StatefulSet 的 at-most-one 的语义

Kubernetes 必须保证两个拥有相同标记和绑定相同持久卷声明的有状态的 pod 实例不会同时运行。一个 StatefulSet 必须保证有状态的 pod 实例的 *at-most-one* 语义。

也就是说一个 StatefulSet 必须在准确确认一个 pod 不再运行后，才会去创建它的替换 pod。这对如何处理节点故障有很大的影响，我们会在本章后面详细介绍。在我们做这些之前，需要先创建一个 StatefulSet，看看它是如何工作的。在这个过程中，你会学到更多的知识。

10.3 使用StatefulSet

为了恰当地展示 StatefulSet 的行为，将会创建一个小的集群数据存储。没有太多功能，就像石器时代的一个数据存储。

10.3.1 创建应用和容器镜像

你将使用书中一直使用的 kubia 应用作为你的基础来扩展它，达到它的每个 pod 实例都能用来存储和接收一个数据项。

下面列举了你的数据存储的关键代码。

代码清单 10.1 一个简单的有状态应用：kubia-pet-image/app.js

```
...
const dataFile = "/var/data/kubia.txt";
...
var handler = function(request, response) {
  if (request.method == 'POST') {
    var file = fs.createWriteStream(dataFile);
    file.on('open', function (fd) {
      request.pipe(file);
      console.log("New data has been received and stored.");
      response.writeHead(200);
      response.end("Data stored on pod " + os.hostname() + "\n");
    });
  } else {
    var data = fileExists(dataFile)
      ? fs.readFileSync(dataFile, 'utf8')
      : "No data posted yet";
    response.writeHead(200);
    response.write("You've hit " + os.hostname() + "\n");
    response.end("Data stored on this pod: " + data + "\n");
  }
};
```

在 POST 请求中，把请求的 body 存储到一个数据文件

在 GET（和其他类型）请求中，返回主机名和数据文件的内容

```
var www = http.createServer(handler);
www.listen(8080);
```

当应用接收到一个 POST 请求时，它把请求中的 body 数据内容写入 /var/data/kubia.txt 文件中。而在收到 GET 请求时，它返回主机名和存储数据（文件中的内容）。是不是很简单呢？这是你的应用的第一版本。它还不是一个集群应用，但它足够让你可以开始工作。在本章的后面，你会来扩展这个应用。

用来构建这个容器镜像的 Dockerfile 文件与之前的一样，如下面的代码清单所示。

代码清单 10.2 有状态应用的 Dockerfile：kubia-pet-image/Dockerfile

```
FROM node:7
ADD app.js /app.js
ENTRYPOINT ["node", "app.js"]
```

现在来构建容器镜像，或者使用笔者上传的镜像：docker.io/luksa/kubia-pet。

10.3.2 通过 StatefulSet 部署应用

为了部署你的应用，需要创建两个（或三个）不同类型的对象：

- 存储你数据文件的持久卷（当集群不支持持久卷的动态供应时，需要手动创建）
- StatefulSet 必需的一个控制 Service
- StatefulSet 本身

对于每一个 pod 实例，StatefulSet 都会创建一个绑定到一个持久卷上的持久卷声明。如果你的集群支持动态供应，就不需要手动创建持久卷（可跳过下一节）。如果不支持的话，可以按照下一节所述创建它们。

创建持久化存储卷

因为你会调度 StatefulSet 创建三个副本，所以这里需要三个持久卷。如果你计划调度创建更多副本，那么需要创建更多持久卷。

如果你使用 Minikube，请参考本书代码附件中的 `Chapter06/persistent-volumes-hostpath.yaml` 来部署持久卷。

如果你在使用谷歌的 Kubernetes 引擎，需要首先创建实际的 GCE 持久磁盘：

```
$ gcloud compute disks create --size=1GiB --zone=europe-west1-b pv-a
$ gcloud compute disks create --size=1GiB --zone=europe-west1-b pv-b
$ gcloud compute disks create --size=1GiB --zone=europe-west1-b pv-c
```

注意 保证创建的持久磁盘和运行的节点在同一区域。

然后通过 persistent-volumes-gcepd.yaml 文件创建需要的持久卷，如下面的代码清单所示。

代码清单 10.3 三个持久卷：persistent-volumes-gcepd.yaml

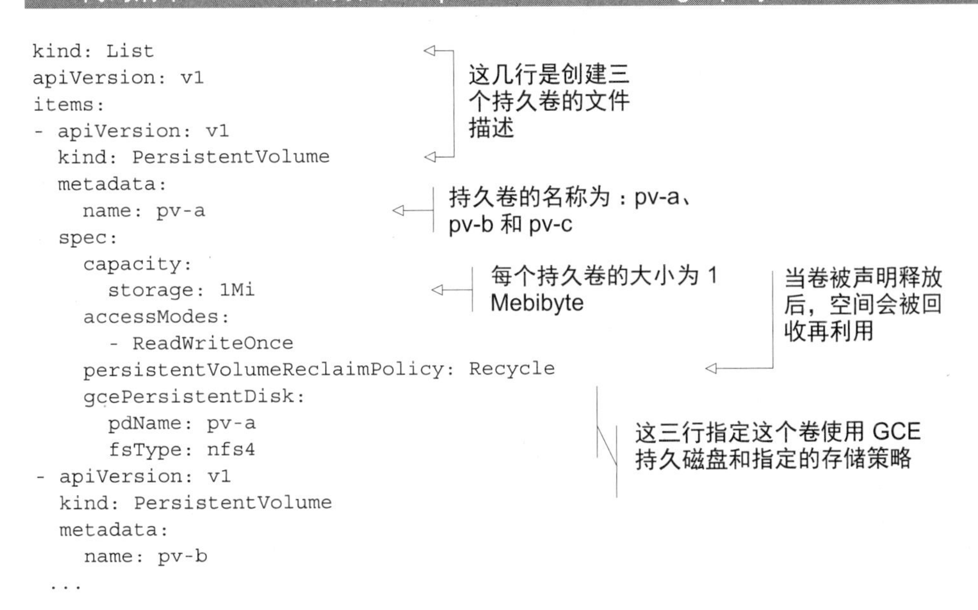

```
kind: List
apiVersion: v1
items:
- apiVersion: v1
  kind: PersistentVolume
  metadata:
    name: pv-a
  spec:
    capacity:
      storage: 1Mi
    accessModes:
      - ReadWriteOnce
    persistentVolumeReclaimPolicy: Recycle
    gcePersistentDisk:
      pdName: pv-a
      fsType: nfs4
- apiVersion: v1
  kind: PersistentVolume
  metadata:
    name: pv-b
 ...
```

这几行是创建三个持久卷的文件描述
持久卷的名称为：pv-a、pv-b 和 pv-c
每个持久卷的大小为 1 Mebibyte
当卷被声明释放后，空间会被回收再利用
这三行指定这个卷使用 GCE 持久磁盘和指定的存储策略

注意 在上一节通过在同一 YAML 文件中添加三个横杠 (---) 来区分定义多个资源，这里使用另外一种方法，定义一个 `List` 对象，然后把各个资源作为 `List` 对象的各个项目。上述两种方法的效果是一样的。

通过上诉文件创建了 `pv-a`、`pv-b` 和 `pv-c` 三个持久卷。它们使用 GCE 持久磁盘和指定的存储策略，所以它们并不适合没有运行在谷歌 Kubernetes 引擎（Google Kubernetes Engine）或谷歌计算引擎（Google Compute Engine）上的集群。如果你的集群运行在其他地方，必须修改持久卷的定义，使用正确的卷类型，比如 NFS（网络文件系统）或其他类似的类型。

创建控制 Service

如我们之前所述，在部署一个 StatefulSet 之前，需要创建一个用于在有状态的 pod 之间提供网络标识的 headless Service。下面的代码显示了 Service 的详细信息。

代码清单 10.4　在 StatefulSet 中使用的 headless service：kubia-service-headless.yaml

```
apiVersion: v1
kind: Service
metadata:
  name: kubia          # Service 的名称
spec:
  clusterIP: None      # Statefulset 的控制 Service 必须是 headless 模式
  selector:
    app: kubia         # 所有标签为 app=kubia 的 pod 都属于这个 Service
  ports:
  - name: http
    port: 80
```

上面指定了 `clusterIP` 为 `None`，这就标记了它是一个 headless Service。它使得你的 pod 之间可以彼此发现（后续会用到这个功能）。创建完这个 Service 之后，就可以继续往下创建实际的 StatefulSet 了。

创建 StatefulSet 详单

最后可以创建 StatefulSet 了，下面的代码清单显示了其详细信息。

代码清单 10.5　StatefulSet 详单：kubia-StatefulSet.yaml

```
apiVersion: apps/v1beta1
kind: StatefulSet
metadata:
  name: kubia
spec:
  serviceName: kubia
  replicas: 2
  template:
    metadata:
      labels:
        app: kubia          # Statefulset 创建的 pod 都带有 app=kubia 标签
    spec:
      containers:
      - name: kubia
        image: luksa/kubia-pet
        ports:
        - name: http
          containerPort: 8080
        volumeMounts:
        - name: data
          mountPath: /var/data     # pod 中的容器会把 pvc 数据卷嵌入指定目录
  volumeClaimTemplates:
```

```
  - metadata:
      name: data
    spec:
      resources:
        requests:
          storage: 1Mi
      accessModes:
      - ReadWriteOnce
```

创建持久卷声明的模板

这个 StatefulSet 详单与之前创建的 ReplicaSet 和 Deployment 的详单没太多区别，这里使用的新组件是 volumeClaimTemplates 列表。其中仅仅定义了一个名为 data 的卷声明，会依据这个模板为每个 pod 都创建一个持久卷声明。如之前在第 6 章中介绍的，pod 通过在其详单中包含一个 PersistentVolumeClaim 卷来关联一个声明。但在上面的 pod 模板中并没有这样的卷，这是因为在 StatefulSet 创建指定 pod 时，会自动将 PersistentVolumeClaim 卷添加到 pod 详述中，然后将这个卷关联到一个声明上。

创建 StatefulSet

现在就要创建 StatefulSet 了：

```
$ kubectl create -f kubia-statefulset.yaml
statefulset "kubia" created
```

现在列出你的 pod：

```
$ kubectl get po
NAME      READY     STATUS              RESTARTS   AGE
kubia-0   0/1       ContainerCreating   0          1s
```

有没有发现不同之处？是否记得一个 ReplicationController 或 ReplicaSet 会同时创建所有的 pod 实例？你的 StatefulSet 配置去创建两个副本，但是它仅仅创建了单个 pod。

不要担心，这里没有出错。第二个 pod 会在第一个 pod 运行并且处于就绪状态后创建。StatefulSet 这样的行为是因为：状态明确的集群应用对同时有两个集群成员启动引起的竞争情况是非常敏感的。所以依次启动每个成员是比较安全可靠的。特定的有状态应用集群在两个或多个集群成员同时启动时引起的竞态条件是非常敏感的，所以在每个成员完全启动后再启动剩下的会更加安全。

再次列出 pod 并查看 pod 的创建过程：

```
$ kubectl get po
NAME      READY     STATUS              RESTARTS   AGE
kubia-0   1/1       Running             0          8s
kubia-1   0/1       ContainerCreating   0          2s
```

可以看到，第一个启动的 pod 状态是 running，第二个 pod 已经创建并在启动过程中。

检查生成的有状态 pod

现在让我们看一下第一个 pod 的详细参数，看一下 StatefulSet 如何从 pod 模板和持久卷声明模板来构建 pod，如下面的代码清单所示。

代码清单 10.6　StatefulSet 创建的有状态 pod

```
$ kubectl get po kubia-0 -o yaml
apiVersion: v1
kind: Pod
metadata:
  ...
spec:
  containers:
  - image: luksa/kubia-pet
    ...
  volumeMounts:
  - mountPath: /var/data
    name: data
  - mountPath: /var/run/secrets/kubernetes.io/serviceaccount
    name: default-token-r2m41
    readOnly: true
...
volumes:
- name: data
  persistentVolumeClaim:
    claimName: data-kubia-0
- name: default-token-r2m41
  secret:
    secretName: default-token-r2m41
```

在 manifest 里指定的存储卷挂载点

Statefulset 创建的数据卷

与数据卷相关的声明

通过持久卷声明模板来创建持久卷声明和 pod 中使用的与持久卷声明相关的数据卷。

检查生成的持久卷声明

现在列出生成的持久卷声明来确定它们被创建了：

```
$ kubectl get pvc
NAME           STATUS    VOLUME    CAPACITY   ACCESSMODES   AGE
data-kubia-0   Bound     pv-c      0                        37s
data-kubia-1   Bound     pv-a      0                        37s
```

生成的持久卷声明的名称由在 `volumeClaimTemplate` 字段中定义的名称和每个 pod 的名称组成。可以检查声明的 YAML 文件来确认它们符合模板的定义。

10.3.3 使用你的 pod

现在你的数据存储集群的节点都已经运行，可以开始使用它们了。因为之前创建的 Service 处于 headless 模式，所以不能通过它来访问你的 pod。需要直接连接每个单独的 pod 来访问（或者创建一个普通的 Service，但是这样还是不允许你访问指定的 pod）。

前面已经介绍过如何直接访问 pod：借助另一个 pod，然后在里面运行 `curl` 命令或者使用端口转发。这次来介绍另外一种方法，通过 API 服务器作为代理。

通过 API 服务器与 pod 通信

API 服务器的一个很有用的功能就是通过代理直接连接到指定的 pod。如果想请求当前的 `kubia-0` pod，可以通过如下 URL：

```
<apiServerHost>:<port>/api/v1/namespaces/default/pods/kubia-0/proxy/<path>
```

因为 API 服务器是有安全保障的，所以通过 API 服务器发送请求到 pod 是烦琐的（需要额外在每次请求中添加授权令牌）。幸运的是，在第 8 章中已经学习了如何使用 `kubectl proxy` 来与 API 服务器通信，而不必使用麻烦的授权和 SSL 证书。再次运行代理如下：

```
$ kubectl proxy
Starting to serve on 127.0.0.1:8001
```

现在，因为要通过 `kubectl` 代理来与 API 服务器通信，将使用 localhost:8001 来代替实际的 API 服务器主机地址和端口。你将发送一个如下所示的请求到 `kubia-0` pod：

```
$ curl localhost:8001/api/v1/namespaces/default/pods/kubia-0/proxy/
You've hit kubia-0
Data stored on this pod: No data posted yet
```

返回的消息表明你的请求被正确收到，并在 `kubia-0` pod 的应用中被正确处理。

注意 如果你收到一个空的回应，请确保在 URL 的最后没有忘记输入 / 符号（或者用 `curl` 的 `-L` 选项来允许重定向）

因为你正在使用代理的方式，通过 API 服务器与 pod 通信，每个请求都会经过两个代理（第一个是 `kubectl` 代理，第二个是把请求代理到 pod 的 API 服务器）。详细的描述如图 10.10 所示。

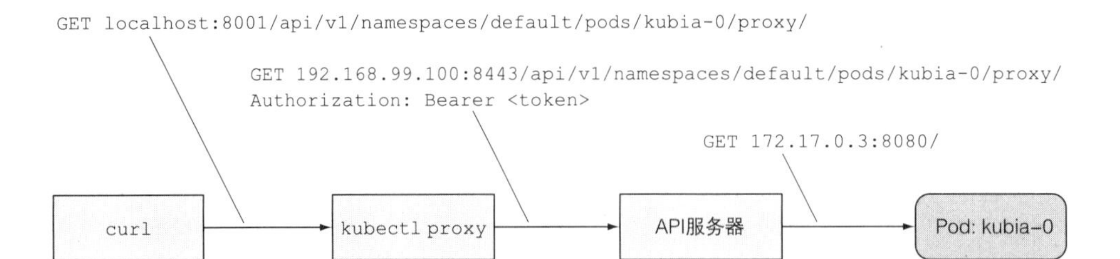

图 10.10　通过 kubectl 代理和 API 服务器代理来与一个 pod 通信

上面介绍的是发送一个 GET 请求到 pod，也可以通过 API 服务器发送 POST 请求。发送 POST 请求使用的代理 URL 与发送 GET 请求一致。

当你的应用收到一个 POST 请求时，它把请求的主体内容保存到本地一个文件中。发送一个 POST 请求到 kubia-0 pod 的示例：

```
$ curl -X POST -d "Hey there! This greeting was submitted to kubia-0."
➥ localhost:8001/api/v1/namespaces/default/pods/kubia-0/proxy/
Data stored on pod kubia-0
```

你发送的数据现在已经保存到 pod 中，那让我们检查一下当你再次发送一个 GET 请求时，它是否返回存储的数据：

```
$ curl localhost:8001/api/v1/namespaces/default/pods/kubia-0/proxy/
You've hit kubia-0
Data stored on this pod: Hey there! This greeting was submitted to kubia-0.
```

挺好的，到目前为止都工作正常。现在让我们看看集群其他节点（kubia-1 pod）：

```
$ curl localhost:8001/api/v1/namespaces/default/pods/kubia-1/proxy/
You've hit kubia-1
Data stored on this pod: No data posted yet
```

与期望的一致，每个节点拥有独自的状态。那这些状态是否是持久的呢？让我们进一步验证。

删除一个有状态 pod 来检查重新调度的 pod 是否关联了相同的存储

你将会删除 kubia-0 pod，等待它被重新调度，然后就可以检查它是否会返回与之前一致的数据：

```
$ kubectl delete po kubia-0
pod "kubia-0" deleted
```

如果你列出当前 pod，可以看到该 pod 正在终止运行：

```
$ kubectl get po
NAME      READY     STATUS        RESTARTS   AGE
kubia-0   1/1       Terminating   0          3m
kubia-1   1/1       Running       0          3m
```

当它一旦成功终止，StatefulSet 会重新创建一个具有相同名称的新的 pod：

```
$ kubectl get po
NAME      READY     STATUS              RESTARTS   AGE
kubia-0   0/1       ContainerCreating   0          6s
kubia-1   1/1       Running             0          4m
$ kubectl get po
NAME      READY     STATUS    RESTARTS   AGE
kubia-0   1/1       Running   0          9s
kubia-1   1/1       Running   0          4m
```

请记住，新的 pod 可能会被调度到集群中的任何一个节点，并不一定保持与旧的 pod 所在的节点一致。旧的 pod 的全部标记（名称、主机名和存储）实际上都会转移到新的 pod 上（如图 10.11 所示）。如果你在使用 Minikube，你将看不到这些，因为它仅仅运行在单个节点上，但是对于多个节点的集群来说，可以看到新的 pod 会被调度到与之前 pod 不一样的节点上。

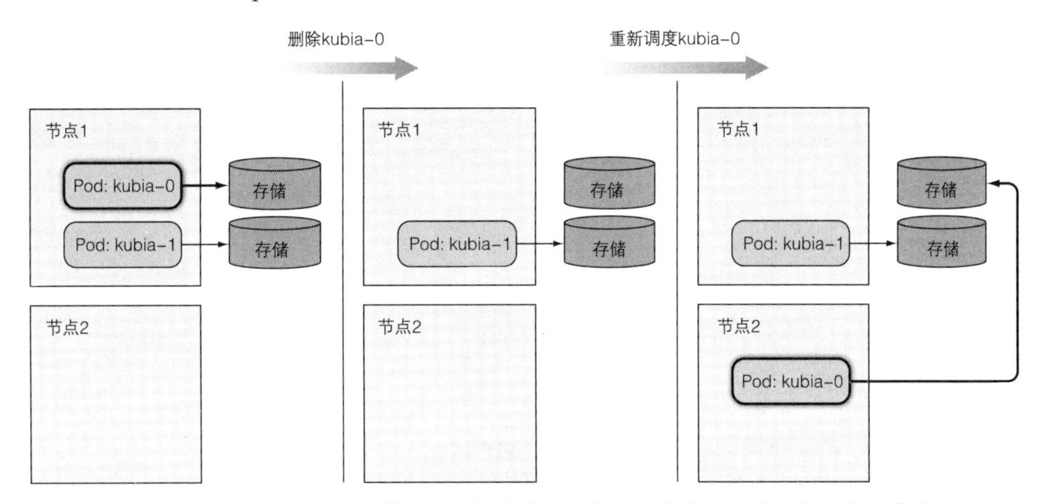

图 10.11　一个有状态 pod 会被重新调度到新的节点，但会保留它的名称、主机名和存储

现在新的 pod 已经运行了，那让我们检查一下它是否拥有与之前的 pod 一样的标记。pod 的名称是一样的，那它的主机名和持久化数据呢？可以通过访问 pod 来确认：

```
$ curl localhost:8001/api/v1/namespaces/default/pods/kubia-0/proxy/
You've hit kubia-0
Data stored on this pod: Hey there! This greeting was submitted to kubia-0.
```

从 pod 返回的信息表明它的主机名和持久化数据与之前 pod 是完全一致的，所以可以确认 StatefulSet 会使用一个完全一致的 pod 来替换被删除的 pod。

扩缩容 StatefulSet

缩容一个 StatefulSet，然后在完成后再扩容它，与删除一个 pod 后让 StatefulSet 立马重新创建它的表现是没有区别的。需要记住的是，缩容一个 StatefulSet 只会删除对应的 pod，留下卸载后的持久卷声明。可以尝试缩容一个 StatefulSet，来进行确认。

需要明确的关键点是，缩容 / 扩容都是逐步进行的，与 StatefulSet 最初被创建时会创建各自的 pod 一样。当缩容超过一个实例的时候，会首先删除拥有最高索引值的 pod。只有当这个 pod 被完全终止后，才会开始删除拥有次高索引值的 pod。

通过一个普通的非 headless 的 Service 暴露 StatefulSet 的 pod

在阅读这一章的最后一部分之前，需要为你的 pod 添加一个适当的非 headless Service，这是因为客户端通常不会直接连接 pod，而是通过一个服务。

你应该知道了如何创建 Service，如果不知道的话，请看下面的代码清单。

代码清单 10.7　一个用来访问有状态 pod 的常规 Service：kubia-service-public.yaml

```
apiVersion: v1
kind: Service
metadata:
  name: kubia-public
spec:
  selector:
    app: kubia
  ports:
  - port: 80
    targetPort: 8080
```

因为它不是外部暴露的 Service（它是一个常规的 `ClusterIP` Service，不是一个 `NodePort` 或 `LoadBalancer-type` Service），只能在你的集群内部访问它。那是否需要一个 pod 来访问它呢？答案是不需要。

通过 API 服务器访问集群内部的服务

不通过额外的 pod 来访问集群内部的服务的话，与之前使用访问单独 pod 的方法一样，可以使用 API 服务器提供的相同代理属性来访问。

代理请求到 Service 的 URL 路径格式如下：

```
/api/v1/namespaces/<namespace>/services/<service name>/proxy/<path>
```

因此可以在本地机器上运行 `curl` 命令，通过 `kubectl` 代理来访问服务（之前启动过 kubectl proxy，现在它应该还在运行着）：

```
$ curl localhost:8001/api/v1/namespaces/default/services/kubia-
➥ public/proxy/
You've hit kubia-1
Data stored on this pod: No data posted yet
```

客户端（集群内部）同样可以通过 kubia-public 服务来存储或者读取你的集群中的数据。当然，每个请求会随机分配到一个集群节点上，所以每次都会随机获取一个节点上的数据。后面我们会改进它。

10.4 在StatefulSet中发现伙伴节点

我们仍然需要弄清楚一件很重要的事情。集群应用中很重要的一个需求是伙伴节点彼此能发现——这样才可以找到集群中的其他成员。一个 StatefulSet 中的成员需要很容易地找到其他的所有成员。当然它可以通过与 API 服务器通信来获取，但是 Kubernetes 的一个目标是设计功能来帮助应用完全感觉不到 Kubernetes 的存在。因此让应用与 API 服务器通信的设计是不允许的。

那如何使得一个 pod 可以不通过 API 与其他伙伴通信呢？是否有已知的广泛存在的技术来帮助你达到目的呢？那使用域名系统（DNS）如何？这依赖于你对 DNS 系统有多熟悉，你可能理解什么是 A、CNAME 或 MX 记录的用处是什么。DNS 记录里还有其他一些不是那么知名的类型，SRV 记录就是其中的一个。

介绍 SRV 记录

SRV 记录用来指向提供指定服务的服务器的主机名和端口号。Kubernetes 通过一个 headless service 创建 SRV 记录来指向 pod 的主机名。

可以在一个临时 pod 里运行 DNS 查询工具——dig 命令，列出你的有状态 pod 的 SRV 记录。示例命令如下：

```
$ kubectl run -it srvlookup --image=tutum/dnsutils --rm
➥ --restart=Never -- dig SRV kubia.default.svc.cluster.local
```

上面的命令运行一个名为 srvlookup 的一次性 pod（--restart=Never），它会关联控制台（-it）并且在终止后立即删除（--rm）。这个 pod 依据 tutum/dnsutils 镜像启动单独的容器，然后运行下面的命令：

```
dig SRV kubia.default.svc.cluster.local
```

下面的代码清单显示了这个命令的输出结果。

代码清单 10.8 列出你的 headless Service 的 DNS SRV 记录

```
...
;; ANSWER SECTION:
k.d.s.c.l. 30 IN  SRV     10 33 0 kubia-0.kubia.default.svc.cluster.local.
k.d.s.c.l. 30 IN  SRV     10 33 0 kubia-1.kubia.default.svc.cluster.local.

;; ADDITIONAL SECTION:
kubia-0.kubia.default.svc.cluster.local. 30 IN A 172.17.0.4
kubia-1.kubia.default.svc.cluster.local. 30 IN A 172.17.0.6
...
```

注意 为了让记录可以在一行里显示，对真实名称做了缩减，对应 `kubia.d.s.c.l.` 的全称是 `kubia.default.svc.cluster.local`。

上面的 `ANSWER SECTION` 显示了两条指向后台 headless service 的 `SRV` 记录。同时如 `ADDITIONAL SECTION` 所示，每个 pod 都拥有独自的一条记录。

当一个 pod 要获取一个 StatefulSet 里的其他 pod 列表时，你需要做的就是触发一次 SRV DNS 查询。例如，在 Node.js 中查询命令为：

```
dns.resolveSrv("kubia.default.svc.cluster.local", callBackFunction);
```

可以在你的应用中使用上述命令让每个 pod 发现它的伙伴 pod。

注意 返回的 SRV 记录顺序是随机的，因为它们拥有相同的优先级。所以不要期望总是看到 `kubia-0` 会排在 `kubia-1` 前面。

10.4.1 通过 DNS 实现伙伴间彼此发现

原始的数据存储服务还不是集群级别的，每个数据存储节点都是完全独立于其他节点的——它们彼此之间没有通信。下一步你要做的就是让它们彼此通信。

客户端通过 `kubia-public` Service 连接你的数据存储服务，并且会到达集群里随机的一个节点。集群可以存储多条数据项，但是客户端当前却不能看到所有的数据项。因为服务把请求随机地送达一个 pod，所以若客户端想获取所有 pod 的数据，必须发送很多次请求，一直到它的请求发送到所有的 pod 为止。

可以通过让节点返回所有集群节点数据的方式来改进这个行为。为了达到目的，节点需要能找到它所有的伙伴节点。可以使用之前学习到的 StatefulSet 和 SRV 记录来实现这个功能。

可以如下面的代码清单所示修改你的应用源码（完整的代码在本书的代码附件中，这里仅展示其中重要的一段）。

代码清单 10.9 在简单应用中发现伙伴节点：kubia-pet-peers-image/app.js

```
...
const dns = require('dns');

const dataFile = "/var/data/kubia.txt";
const serviceName = "kubia.default.svc.cluster.local";
const port = 8080;
...

var handler = function(request, response) {
  if (request.method == 'POST') {
    ...
  } else {
    response.writeHead(200);
    if (request.url == '/data') {
      var data = fileExists(dataFile)
        ? fs.readFileSync(dataFile, 'utf8')
        : "No data posted yet";
      response.end(data);
    } else {
      response.write("You've hit " + os.hostname() + "\n");
      response.write("Data stored in the cluster:\n");
      dns.resolveSrv(serviceName, function (err, addresses) {     <-- 通过 DNS 查询获取 SRV 记录
        if (err) {
          response.end("Could not look up DNS SRV records: " + err);
          return;
        }
        var numResponses = 0;
        if (addresses.length == 0) {
          response.end("No peers discovered.");
        } else {
          addresses.forEach(function (item) {                     <-- 与 SRV 记录对应的每个 pod 通信获取其数据
            var requestOptions = {
              host: item.name,
              port: port,
              path: '/data'
            };
            httpGet(requestOptions, function (returnedData) {
              numResponses++;
              response.write("- " + item.name + ": " + returnedData);
              response.write("\n");
              if (numResponses == addresses.length) {
                response.end();
              }
            });
          });
        }
      });
    }
  }
};
...
```

图 10.12 展示了一个 GET 请求到达你的应用后的处理过程。首先收到请求的服务器会触发一次 headless kubia 服务的 SRV 记录查询，然后发送 GET 请求到服务背后的每一个 pod（也会发送给自己，虽说没有必要，这里只是为了保证代码简单易懂），然后返回所有节点和它们的数据信息的列表。

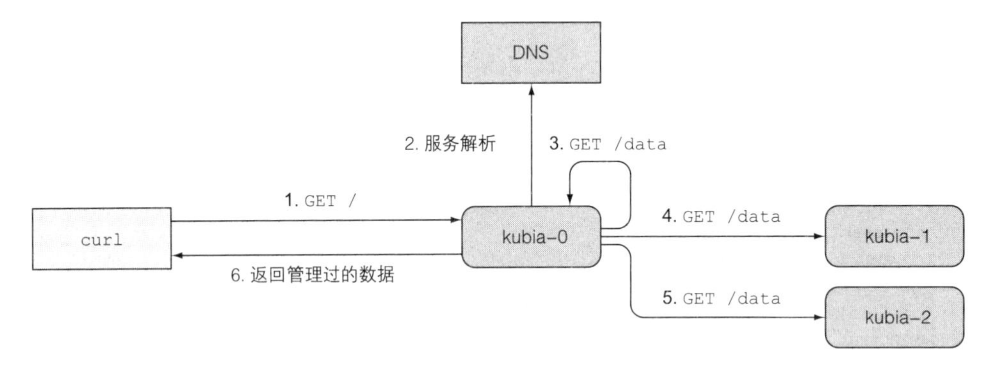

图 10.12 简单的分布式数据存储服务的操作流程

包含最新版本内容的应用对应的容器镜像链接为：docker.io/ luksa/kubia-pet-peers。

10.4.2 更新 StatefulSet

现在你的 StatefulSet 已经运行起来，那让我们看一下如何更新它的 pod 模板，让它使用新的镜像。同时你也会修改副本数为 3。通常会使用 `kubectl edit` 命令来更新 StatefulSet（另一个选择是 `patch` 命令）。

```
$ kubectl edit statefulset kubia
```

上面的命令会使用默认的编辑器打开 StatefulSet 的定义。在定义中，修改 `spec.replicas` 为 3，修改 `spec.template.spec.containers.image` 属性指向新的镜像（使用 `luksa/kubia-pet-peers` 替换 `luksa/kubia- pet`）。然后保存文件并退出，StatefulSet 就会更新。之前 StatefulSet 有两个副本，现在应该可以看到一个新的名叫 `kubia-2` 的副本启动了。通过下面的代码列出 pod 来确认：

```
$ kubectl get po
NAME      READY     STATUS              RESTARTS   AGE
kubia-0   1/1       Running             0          25m
kubia-1   1/1       Running             0          26m
kubia-2   0/1       ContainerCreating   0          4s
```

新的 pod 实例会使用新的镜像运行，那已经存在的两个副本呢？通过它们的寿命可以看出它们并没有更新。这是符合预期的。因为，首先 StatefulSet 更像

ReplicaSet，而不是 Deployment，所以在模板被修改后，它们不会重启更新。需要手动删除这些副本，然后 StatefulSet 会依据新的模板重新调度启动它们。

```
$ kubectl delete po kubia-0 kubia-1
pod "kubia-0" deleted
pod "kubia-1" deleted
```

注意　从 Kubernetes 1.7 版本开始，StatefulSet 支持与 Deployment 和 DaemonSet 一样的滚动升级。通过 `kubectl explain` 获取 StatefulSet 的 `spec.updateStrategy` 相关文档来获取更多信息。

10.4.3 尝试集群数据存储

当两个 pod 都启动后，即可测试你的崭新的新石器时代的数据存储是否按预期一样工作了。如下面的代码清单所示，发送一些请求到集群。

代码清单 10.10 通过 service 往集群数据存储中写入数据

```
$ curl -X POST -d "The sun is shining" \
➥ localhost:8001/api/v1/namespaces/default/services/kubia-public/proxy/
Data stored on pod kubia-1

$ curl -X POST -d "The weather is sweet" \
➥ localhost:8001/api/v1/namespaces/default/services/kubia-public/proxy/
Data stored on pod kubia-0
```

现在，读取存储的数据，如下面的代码清单所示。

代码清单 10.11 从数据存储中读取数据

```
$ curl localhost:8001/api/v1/namespaces/default/services
➥ /kubia-public/proxy/
You've hit kubia-2
Data stored on each cluster node:
- kubia-0.kubia.default.svc.cluster.local: The weather is sweet
- kubia-1.kubia.default.svc.cluster.local: The sun is shining
- kubia-2.kubia.default.svc.cluster.local: No data posted yet
```

非常棒！当一个客户端请求到达集群中任意一个节点后，它会发现它的所有伙伴节点，然后通过它们收集数据，然后把收集到的所有数据返回给客户端。即使你扩容或缩容 StatefulSet，服务于客户端请求的 pod 都会找到所有的伙伴节点。

这个应用本身也许没太多用处，但笔者希望你觉得这是一种有趣的方式，一个多副本 StatefulSet 应用的实例如何发现它的伙伴，并且随需求做到横向扩展。

10.5　了解StatefulSet如何处理节点失效

在 10.2.4 节中，我们阐述了 Kubernetes 必须完全保证：一个有状态 pod 在创建它的代替者之前已经不再运行，当一个节点突然失效，Kubernetes 并不知道节点或者它上面的 pod 的状态。它并不知道这些 pod 是否还在运行，或者它们是否还存在，甚至是否还能被客户端访问到，或者仅仅是 Kubelet 停止向主节点上报本节点状态。

因为一个 StatefulSet 要保证不会有两个拥有相同标记和存储的 pod 同时运行，当一个节点似乎失效时，StatefulSet 在明确知道一个 pod 不再运行之前，它不能或者不应该创建一个替换 pod。

只有当集群的管理者告诉它这些信息的时候，它才能明确知道。为了做到这一点，管理者需要删除这个 pod，或者删除整个节点（这么做会删除所有调度到该节点上的 pod）。

作为这一章中的最后一个练习，你会看到当一个集群节点网络断开后，StatefulSet 和节点上的 pod 都会发生些什么。

10.5.1　模拟一个节点的网络断开

与第 4 章中一致，可以通过关闭节点的 eth0 网络接口来模拟节点的网络断开。因为这个例子需要多个节点，所以不能在 Minikube 上运行，可以使用谷歌的 Kubernetes 引擎来运行。

关闭节点的网络适配器

为了关闭一个节点的网络接口，需要通过 ssh 登录一个节点：

```
$ gcloud compute ssh gke-kubia-default-pool-32a2cac8-m0g1
```

然后在节点内部运行如下命令：

```
$ sudo ifconfig eth0 down
```

之后你的 ssh 链接就会中断，所以需要开启一个新的终端来继续执行。

通过 Kubernetes 管理节点检查节点的状态

当这个节点的网络接口关闭以后，运行在这个节点上的 Kubelet 服务就无法与 Kubernetes API 服务器通信，无法汇报本节点和上面的 pod 都在正常运行。

过了一段时间后，控制台就会标记该节点状态为 NotReady。如下面的代码清单所示，当列出节点时可以看到这些。

代码清单 10.12 观察到一个失效的节点状态变为 NotReady

```
$ kubectl get node
NAME                                  STATUS     AGE    VERSION
gke-kubia-default-pool-32a2cac8-596v  Ready      16m    v1.6.2
gke-kubia-default-pool-32a2cac8-m0g1  NotReady   16m    v1.6.2
gke-kubia-default-pool-32a2cac8-sgl7  Ready      16m    v1.6.2
```

因为控制台不会再收到该节点发送的状态更新，该节点上面的所有 pod 状态都会变为 Unknown。如下面的代码清单所示，列举 pod 信息就可以看到。

代码清单 10.13 观察到节点变为 NotReady 后，其上的 pod 状态就会改变

```
$ kubectl get po
NAME      READY   STATUS    RESTARTS   AGE
kubia-0   1/1     Unknown   0          15m
kubia-1   1/1     Running   0          14m
kubia-2   1/1     Running   0          13m
```

正如你看到的这样，kubia-0 pod 的状态不再已知，这是因为你关闭了这个 pod 之前运行（也许正在运行）的节点的网络接口。

当一个 pod 状态为 Unknow 时会发生什么

若该节点过段时间正常连通，并且重新汇报它上面的 pod 状态，那这个 pod 就会重新被标记为 Runing。但如果这个 pod 的未知状态持续几分钟后（这个时间是可以配置的），这个 pod 就会自动从节点上驱逐。这是由主节点（Kubernetes 的控制组件）处理的。它通过删除 pod 的资源来把它从节点上驱逐。

当 Kubelet 发现这个 pod 被标记为删除状态后，它开始终止运行该 pod。在上面的示例中，Kubelet 已不能与主节点通信（因为你断开了这个节点的网络），这也就意味着这个 pod 会一直运行着。

让我们解释一下当前的状况。通过 kubectl describe 命令查看 kubia-0 pod 的详细信息，如下面的代码清单所示。

代码清单 10.14 显示未知状态的 pod 的详情

```
$ kubectl describe po kubia-0
Name:        kubia-0
Namespace:   default
Node:        gke-kubia-default-pool-32a2cac8-m0g1/10.132.0.2
...
Status:      Terminating (expires Tue, 23 May 2017 15:06:09 +0200)
Reason:      NodeLost
Message:     Node gke-kubia-default-pool-32a2cac8-m0g1 which was
             running pod kubia-0 is unresponsive
```

可以看到这个pod的状态为Terminating，原因是NodeLost。在信息中说明的是节点不回应导致的不可达。

注意 这里展示的是控制组件看到的信息。实际上这个pod对应的容器并被没有被终止，还在正常运行。

10.5.2 手动删除pod

你已经明确这个节点不会再回来，但是所有处理客户端请求的三个pod都必须是正常运行的。所以需要把kubia-0 pod重新调度到一个健康的节点上。如之前提到的那样，需要手动删除整个节点或者这个pod。

正常删除pod

使用你一直使用的方式删除该pod：

```
$ kubectl delete po kubia-0
pod "kubia-0" deleted
```

是不是所有的都做完了？删除pod后，StatefulSet应该会立刻创建一个替换的pod，这个pod会被调度到剩下可用的节点上。再次列举pod信息来确认：

```
$ kubectl get po
NAME      READY    STATUS    RESTARTS   AGE
kubia-0   1/1      Unknown   0          15m
kubia-1   1/1      Running   0          14m
kubia-2   1/1      Running   0          13m
```

非常奇怪，你刚刚删除了这个pod，kubectl也返回说它已经被删除。那为什么这个pod还在呢？

注意 列表中的kubia-0 pod不是一个有相同名字的新pod，在从它的AGE列中就可以看出。如果它是一个新pod，它的“年龄”只会是几秒钟。

为什么pod没有被删除

在删除pod之前，这个pod已经被标记为删除。这是因为控制组件已经删除了它（把它从节点驱逐）。

如果再次检查一下代码清单10.14，可以看出这个pod的状态是Terminating。这个pod之前已经被标记为删除，只要它所在节点上的Kubelet通知API服务器说这个pod的容器已经终止，那么它就会被清除掉。但是因为这个节点上的网络断开了，所以上述情况永远不会发生。

强制删除 pod

现在你唯一可以做的是告诉 API 服务器不用等待 kubelet 来确认这个 pod 已经不再运行，而是直接删除它。可以按照下面所述执行：

```
$ kubectl delete po kubia-0 --force --grace-period 0
warning: Immediate deletion does not wait for confirmation that the running
     resource has been terminated. The resource may continue to run on the
     cluster indefinitely.
pod "kubia-0" deleted
```

你需要同时使用 --force 和 --grace-period 0 两个选项。然后 kubectl 会对你做的事情发出警告信息。如果你再次列举 pod，就可以看到一个新的 kubia-0 pod 被创建出来：

```
$ kubectl get po
NAME       READY     STATUS              RESTARTS   AGE
kubia-0    0/1       ContainerCreating   0          8s
kubia-1    1/1       Running             0          20m
kubia-2    1/1       Running             0          19m
```

警告 除非你确认节点不再运行或者不会再可以访问（永远不会再可以访问），否则不要强制删除有状态的 pod。

在继续操作之前，你可能希望把之前断掉连接的节点恢复正常。可以通过 GCE web 控制台或在一个终端上执行下面的命令来重启该节点：

```
$ gcloud compute instances reset <node name>
```

10.6 本章小结

本章描述了如何使用 StatefulSet 来部署有状态应用，具体有如下几点：

- 给副本 pod 配置单独的存储
- 给一个 pod 提供稳定的标识
- 创建一个 StatefulSet，并且配置一个相关的 headless 控制服务
- 扩缩容、更新一个 StatefulSet
- 通过 DNS 发现 StatefulSet 的其他成员
- 通过其他成员的主机名与之建立连接
- 强制删除有状态 pod

现在你已经知道了如何使用主要构件来运行 Kubernetes 和管理你的应用，后续我们会更深入地了解它是如何工作的。在下一章，你会学习如何使用独立的组件来控制 Kubernetes 集群，并保证你的应用正常运行。

11 了解Kubernetes机理

本章内容涵盖

- Kubernetes 集群包含哪些组件
- 每个组件的作用以及它们是如何工作的
- 运行的 pod 是如何创建一个部署对象的
- 运行的 pod 是什么
- pod 之间的网络如何工作
- Kubernetes 服务如何工作
- 如何保证高可用性

本书读至此处，读者应该已经熟悉 Kubernetes 能提供什么以及做了什么。不过到目前为止，笔者有意没有花太多时间具体去阐述它是如何达成这些功能的，在笔者看来，在对系统能做什么有较好的理解之前，钻系统实现细节没有意义。这就是为什么还没有讨论过 pod 是如何调度的，以及控制器管理器中的各种控制器如何让部署的资源运行起来。知道了大多数可以部署到 Kubernetes 的资源，现在是时候了解下它们是怎么被实现的了。

11.1 了解架构

在研究 Kubernetes 如何实现其功能之前，先具体了解下 Kubernetes 集群有哪些组件。在第一章中，可以看到，Kubernetes 集群分为两部分：

- Kubernetes 控制平面
- （工作）节点

让我们具体看下这两个部分做了什么，以及内部运行的内容。

控制平面的组件

控制平面负责控制并使得整个集群正常运转。回顾一下，控制平面包含如下组件：

- etcd 分布式持久化存储
- API 服务器
- 调度器
- 控制器管理器

这些组件用来存储、管理集群状态，但它们不是运行应用的容器。

工作节点上运行的组件

运行容器的任务依赖于每个工作节点上运行的组件：

- Kubelet
- Kubelet 服务代理（kube-proxy）
- 容器运行时（Docker、rkt 或者其他）

附加组件

除了控制平面（和运行在节点上的组件，还要有几个附加组件，这样才能提供所有之前讨论的功能。包含：

- Kubernetes DNS 服务器
- 仪表板
- Ingress 控制器
- Heapster（容器集群监控），将在第 14 章讨论
- 容器网络接口插件（本章后面会做讨论）

11.1.1 Kubernetes 组件的分布式特性

之前提到的组件都是作为单独进程运行的。图 11.1 描述了各个组件及它们之间的依赖关系。

若要启用 Kubernetes 提供的所有特性，需要运行所有的这些组件。但是有几个组件无须其他组件，单独运行也能提供非常有用的工作。接下来会详细查看每一个组件。

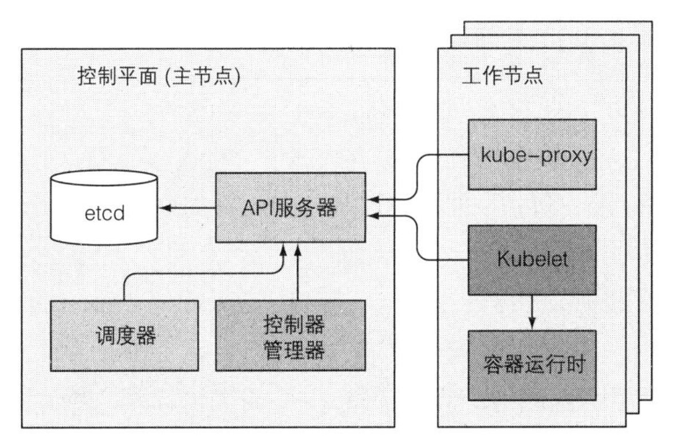

图 11.1 Kubernetes 控制平面以及工作节点的组件

检查控制平面组件的状态

API 服务器对外暴露了一个名为 ComponentStatus 的 API 资源，用来显示每个控制平面组件的健康状态。可以通过 `kubectl` 列出各个组件以及它们的状态：

```
$ kubectl get componentstatuses
NAME                 STATUS    MESSAGE              ERROR
scheduler            Healthy   ok
controller-manager   Healthy   ok
etcd-0               Healthy   {"health": "true"}
```

组件间如何通信

Kubernetes 系统组件间只能通过 API 服务器通信，它们之间不会直接通信。API 服务器是和 etcd 通信的唯一组件。其他组件不会直接和 etcd 通信，而是通过 API 服务器来修改集群状态。

API 服务器和其他组件的连接基本都是由组件发起的，如图 11.1 所示。但是，当你使用 `kubectl` 获取日志、使用 `kubectl attach` 连接到一个运行中的容器或运行 `kubectl port-forward` 命令时，API 服务器会向 Kubelet 发起连接。

注意 `kubectl attach` 命令和 `kubectl exec` 命令类似，区别是：前者会附属到容器中运行着的主进程上，而后者是重新运行一个进程。

单组件运行多实例

尽管工作节点上的组件都需要运行在同一个节点上，控制平面的组件可以被简单地分割在多台服务器上。为了保证高可用性，控制平面的每个组件可以有多个实例。etcd 和 API 服务器的多个实例可以同时并行工作，但是，调度器和控制器管理器在给定时间内只能有一个实例起作用，其他实例处于待命模式。

组件是如何运行的

控制平面的组件以及kube-proxy可以直接部署在系统上或者作为pod来运行（如图11.1所示）。听到这个你可能比较惊讶，不过后面我们讨论Kubelet时就都说得通了。

Kubelet是唯一一直作为常规系统组件来运行的组件，它把其他组件作为pod来运行。为了将控制平面作为pod来运行，Kubelet被部署在master上。下面的代码清单展示了通过 kubeadm（在附录B中阐述）创建的集群里的 kube-system 命名空间里的pod。

代码清单 11.1 作为 pod 运行的 Kubernetes 组件

```
$ kubectl get po -o custom-columns=POD:metadata.name,NODE:spec.nodeName
➥ --sort-by spec.nodeName -n kube-system
POD                              NODE
kube-controller-manager-master   master
kube-dns-2334855451-37d9k        master
etcd-master                      master
kube-apiserver-master            master
kube-scheduler-master            master
kube-flannel-ds-tgj9k            node1
kube-proxy-ny3xm                 node1
kube-flannel-ds-0eek8            node2
kube-proxy-sp362                 node2
kube-flannel-ds-r5yf4            node3
kube-proxy-og9ac                 node3
```

etcd、API服务器、调度器、控制器管理器和DNS服务运行在master上

三个节点均运行一个Kube Proxy pod和一个Flannel网络pod

如代码清单所示，所有的控制平面组件在主节点上作为pod运行。这里有三个工作节点，每一个节点运行kube-proxy和一个Flannel pod，用来为pod提供重叠网络（后面我们会再讨论Flannel）。

提示 如代码清单所示，可以通过 -o custom-columns 选项自定义展示的列以及 --sort -by 对资源列表进行排序。

现在，让我们对每一个组件进行研究，从控制平面的底层组件——持久化存储组件开始。

11.1.2 Kubernetes如何使用etcd

本书让你创建的所有对象——pod、ReplicationController、服务和私密凭据等，需要以持久化方式存储到某个地方，这样它们的manifest在API服务器重启和失败的时候才不会丢失。为此，Kubernetes使用了etcd。etcd是一个响应快、分布式、

一致的 key-value 存储。因为它是分布式的，故可以运行多个 etcd 实例来获取高可用性和更好的性能。

唯一能直接和 etcd 通信的是 Kubernetes 的 API 服务器。所有其他组件通过 API 服务器间接地读取、写入数据到 etcd。这带来一些好处，其中之一就是增强乐观锁系统、验证系统的健壮性；并且，通过把实际存储机制从其他组件抽离，未来替换起来也更容易。值得强调的是，etcd 是 Kubernetes 存储集群状态和元数据的唯一的地方。

关于乐观并发控制

乐观并发控制（有时候指乐观锁）是指一段数据包含一个版本数字，而不是锁住该段数据并阻止读写操作。每当更新数据，版本数就会增加。当更新数据时，就会检查版本值是否在客户端读取数据时间和提交时间之间被增加过。如果增加过，那么更新会被拒绝，客户端必须重新读取新数据，重新尝试更新。

两个客户端尝试更新同一个数据条目，只有第一个会成功。

所有的 Kubernetes 包含一个 `metadata.resourceVersion` 字段，当更新对象时，客户端需要返回该值到 API 服务器。如果版本值与 etcd 中存储的不匹配，API 服务器会拒绝该更新。

资源如何存储在 etcd 中

当笔者撰写此书时，Kubernetes 既可以用 etcd 版本 2 也可以用版本 3，但目前更推荐版本 3，它的性能更好。etcd v2 把 key 存储在一个层级键空间中，这使得键值对类似文件系统的文件。etcd 中每个 key 要么是一个目录，包含其他 key，要么是一个常规 key，对应一个值。etcd v3 不支持目录，但是由于 key 格式保持不变（键可以包含斜杠），仍然可以认为它们可以被组织为目录。Kubernetes 存储所有数据到 etcd 的 /registry 下。下面的代码清单显示 /registry 下存储的一系列 key。

代码清单 11.2　etcd 中存储的 Kubernetes 的顶层条目

```
$ etcdctl ls /registry
/registry/configmaps
/registry/daemonsets
/registry/deployments
/registry/events
/registry/namespaces
/registry/pods
...
```

你可能会发现，这些 key 和之前几章中学习到的资源类型对应。

注意 如果使用 etcd v3 的 API，就无法使用 `ls` 命令来查看目录的内容。但是，可以通过 `etcdctl get /registry --prefix=true` 列出所有以给定前缀开始的 key。

下面的代码清单显示了/registry/pods目录的内容。

代码清单 11.3　/registry/pods 目录下的 key

```
$ etcdctl ls /registry/pods
/registry/pods/default
/registry/pods/kube-system
```

从名称可以看出，这两个条目对应 `default` 和 `kube-system` 命名空间，意味着 pod 按命名空间存储。下面的代码清单显示 /registry/pods/default 目录下的条目。

代码清单 11.4　`default` 命名空间中 pod 的 etcd 条目

```
$ etcdctl ls /registry/pods/default
/registry/pods/default/kubia-159041347-xk0vc
/registry/pods/default/kubia-159041347-wt6ga
/registry/pods/default/kubia-159041347-hp2o5
```

每个条目对应一个单独的 pod。这些不是目录，而是键值对。下面的代码清单展示了其中一条存储的内容。

代码清单 11.5　一个 etcd 条目代表一个 pod

```
$ etcdctl get /registry/pods/default/kubia-159041347-wt6ga
{"kind":"Pod","apiVersion":"v1","metadata":{"name":"kubia-159041347-wt6ga",
"generateName":"kubia-159041347-","namespace":"default","selfLink":...
```

你可能发现了，这就是一个 JSON 格式的 pod 定义。API 服务器将资源的完整 JSON 形式存储到 etcd 中。由于 etcd 的层级键空间，可以想象成把资源以 JSON 文件格式存储到文件系统中。简单易懂，对吧？

警告　Kubernetes 1.7 之前的版本，密钥凭据的 JSON 内容也像上面一样存储（没有加密）。如果有人有权限直接访问 etcd，那么可以获取所有的密钥凭据。从 1.7 版本开始，密钥凭据会被加密，这样存储起来更加安全。

确保存储对象的一致性和可验证性

还记得第 1 章中提到的 Kubernetes 所依赖的谷歌的 Borg 和 Omega 系统吗？和 Kubernetes 类似，Omega 使用一个集中存储模块保存集群状态。不同之处是，多个控制平面组件可以直接访问存储模块。所有这些组件需要确保它们都遵循同一个乐观锁机制，来保证能正确处理冲突。只要有一个组件没有完全遵循该机制就可能导致数据不一致。

Kubernetes 对此做了改进，要求所有控制平面组件只能通过 API 服务器操作存储模块。使用这种方式更新集群状态总是一致的，因为 API 服务器实现了乐观锁机制，如果有错误的话，也会更少。API 服务器同时确保写入存储的数据总是有效的，只有授权的客户端才能更改数据。

确保 etcd 集群一致性

为保证高可用性，常常会运行多个 etcd 实例。多个 etcd 实例需要保持一致。这种分布式系统需要对系统的实际状态达成一致。etcd 使用 RAFT 一致性算法来保证这一点，确保在任何时间点，每个节点的状态要么是大部分节点的当前状态，要么是之前确认过的状态。

连接到 etcd 集群不同节点的客户端，得到的要么是当前的实际状态，要么是之前的状态（在 Kubernetes 中，etcd 的唯一客户端是 API 服务器，但有可能有多个实例）。

一致性算法要求集群大部分（法定数量）节点参与才能进行到下一个状态。结果就是，如果集群分裂为两个不互联的节点组，两个组的状态不可能不一致，因为要从之前状态变化到新状态，需要有过半的节点参与状态变更。如果一个组包含了大部分节点，那么另外一组只有少量节点成员。第一个组就可以更改集群状态，后者则不可以。当两个组重新恢复连接，第二个组的节点会更新为第一个组的节点的状态。

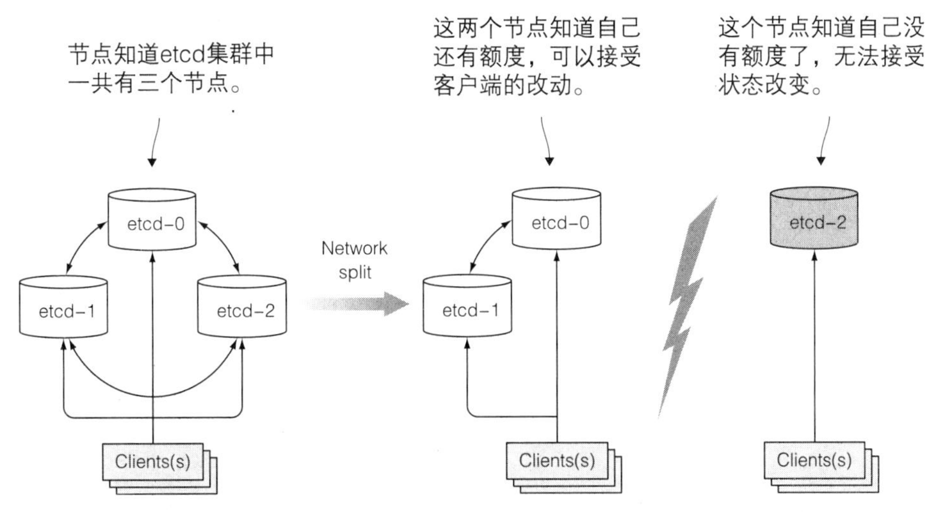

图 11.2 在脑裂场景中，只有拥有大部分（法定数量）节点的组会接受状态变更

为什么 etcd 实例数量应该是奇数

etcd 通常部署奇数个实例。你一定想知道为什么。让我们比较有一个实例和有两个实例的情况时。有两个实例时，要求另一个实例必须在线，这样才能符合超过半数的数量要求。如果有一个宕机，那么 etcd 集群就不能转换到新状态，因为没有超过半数。两个实例的情况比一个实例的情况更糟。对比单节点宕机，在有两个实例的情况下，整个集群挂掉的概率增加了 100%。

比较 3 节点和 4 节点也是同样的情况。3 节点情况下，一个实例宕机，但超过半数（2 个）的节点仍然运行着。对于 4 节点情况，需要 3 个节点才能超过半数（2 个不够）。对于 3 节点和 4 节点，假设只有一个实例会宕机。当以 4 节点运行时，一个节点失败后，剩余节点宕机的可能性会更大（对比 3 节点集群，一个节点宕机还剩两个节点的情况）。

通常，对于大集群，etcd 集群有 5 个或 7 个节点就足够了。可以允许 2 ~ 3 个节点宕机，这对于大多数场景来说足够了。

11.1.3 API 服务器做了什么

Kubernetes API 服务器作为中心组件，其他组件或者客户端（如 kubectl）都会去调用它。以 RESTful API 的形式提供了可以查询、修改集群状态的 CRUD（Create、Read、Update、Delete）接口。它将状态存储到 etcd 中。

API 服务器除了提供一种一致的方式将对象存储到 etcd，也对这些对象做校验，这样客户端就无法存入非法的对象了（直接写入存储的话是有可能的）。除了校验，还会处理乐观锁，这样对于并发更新的情况，对对象做更改就不会被其他客户端覆盖。

API 服务器的客户端之一就是本书一开始就介绍使用的命令行工具 kubectl。举个例子，当以 JSON 文件创建一个资源，kubectl 通过一个 HTTP POST 请求将文件内容发布到 API 服务器。图 11.3 显示了接收到请求后 API 服务器内部发生了什么，后面会做更详细的介绍。

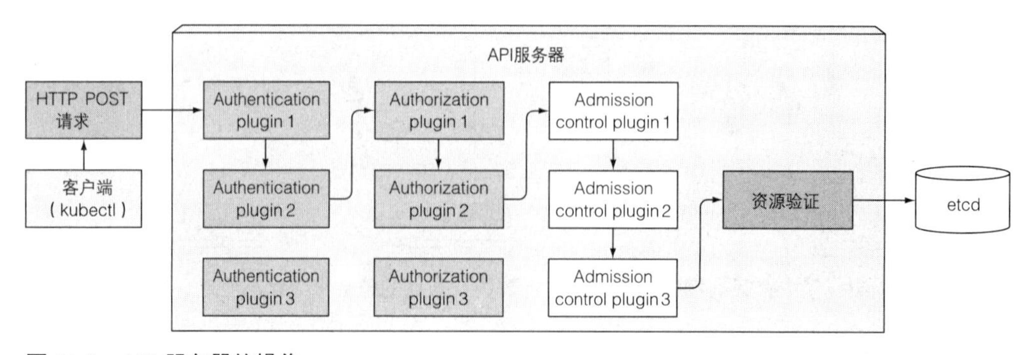

图 11.3 API 服务器的操作

通过认证插件认证客户端

首先，API 服务器需要认证发送请求的客户端。这是通过配置在 API 服务器上的一个或多个认证插件来实现的。API 服务器会轮流调用这些插件，直到有一个能确认是谁发送了该请求。这是通过检查 HTTP 请求实现的。

根据认证方式，用户信息可以从客户端证书或者第 8 章使用的 HTTP 标头（例如 `Authorization`）获取。插件抽取客户端的用户名、用户 ID 和归属组。这些数据在下一阶段，认证的时候会用到。

通过授权插件授权客户端

除了认证插件，API 服务器还可以配置使用一个或多个授权插件。它们的作用是决定认证的用户是否可以对请求资源执行请求操作。例如，当创建 pod 时，API 服务器会轮询所有的授权插件，来确认该用户是否可以在请求命名空间创建 pod。一旦插件确认了用户可以执行该操作，API 服务器会继续下一步操作。

通过准入控制插件验证 AND/OR 修改资源请求

如果请求尝试创建、修改或者删除一个资源，请求需要经过准入控制插件的验证。同理，服务器会配置多个准入控制插件。这些插件会因为各种原因修改资源，可能会初始化资源定义中漏配的字段为默认值甚至重写它们。插件甚至会去修改并不在请求中的相关资源，同时也会因为某些原因拒绝一个请求。资源需要经过所有准入控制插件的验证。

注意 如果请求只是尝试读取数据，则不会做准入控制的验证。

准入控制插件包括

- `AlwaysPullImages`——重写 pod 的 `imagePullPolicy` 为 `Always`，强制每次部署 pod 时拉取镜像。
- `ServiceAccount`——未明确定义服务账户的使用默认账户。
- `NamespaceLifecycle`——防止在命名空间中创建正在被删除的 pod，或在不存在的命名空间中创建 pod。
- `ResourceQuota`——保证特定命名空间中的 pod 只能使用该命名空间分配数量的资源，如 CPU 和内存。我们将会在第 14 章做深入了解。

更多的准入控制插件可以在 https://kubernetes.io/docs/admin/admission-controllers/ 中查看 Kubernetes 文档。

验证资源以及持久化存储

请求通过了所有的准入控制插件后，API 服务器会验证存储到 etcd 的对象，然后返回一个响应给客户端。

11.1.4 API 服务器如何通知客户端资源变更

除了前面讨论的，API 服务器没有做其他额外的工作。例如，当你创建一个 ReplicaSet 资源时，它不会去创建 pod，同时它不会去管理服务的端点。那是控制器管理器的工作。

API 服务器甚至也没有告诉这些控制器去做什么。它做的就是，启动这些控制器，以及其他一些组件来监控已部署资源的变更。控制平面可以请求订阅资源被创建、修改或删除的通知。这使得组件可以在集群元数据变化时候执行任何需要做的任务。

客户端通过创建到 API 服务器的 HTTP 连接来监听变更。通过此连接，客户端会接收到监听对象的一系列变更通知。每当更新对象，服务器把新版本对象发送至所有监听该对象的客户端。图 11.4 显示客户端如何监听 pod 的变更，以及如何将 pod 的变更存储到 etcd，然后通知所有监听该 pod 的客户端。

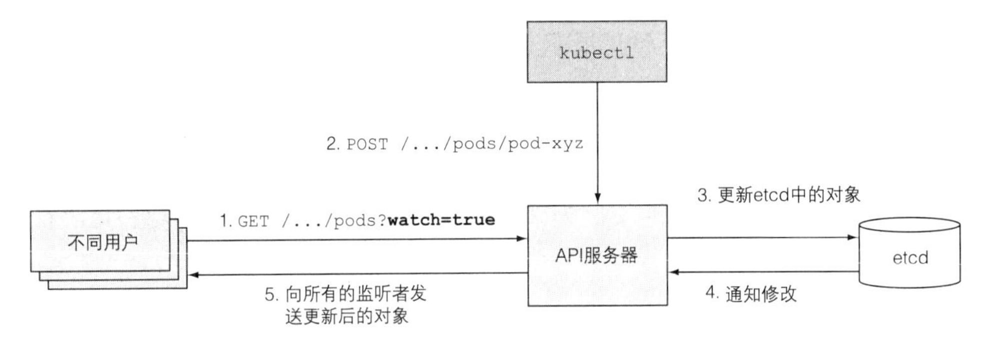

图 11.4 更新对象时，API 服务器给所有监听者发送更新过的对象

`kubectl` 工具作为 API 服务器的客户端之一，也支持监听资源。例如，当部署 pod 时，不需要重复执行 `kubectl get pods` 来定期查询 pod 列表。可以使用 `--watch` 标志，每当创建、修改、删除 pod 时就会通知你，如下面的代码清单所示。

代码清单 11.6 监听创建删除 pod 事件

```
$ kubectl get pods --watch
NAME                      READY    STATUS              RESTARTS   AGE
kubia-159041347-14j3i     0/1      Pending             0          0s
kubia-159041347-14j3i     0/1      Pending             0          0s
kubia-159041347-14j3i     0/1      ContainerCreating   0          1s
kubia-159041347-14j3i     0/1      Running             0          3s
kubia-159041347-14j3i     1/1      Running             0          5s
kubia-159041347-14j3i     1/1      Terminating         0          9s
kubia-159041347-14j3i     0/1      Terminating         0          17s
kubia-159041347-14j3i     0/1      Terminating         0          17s
kubia-159041347-14j3i     0/1      Terminating         0          17s
```

甚至可以让 kubectl 打印出整个监听事件的 YAML 文件，如下：

```
$ kubectl get pods -o yaml --watch
```

监听机制同样也可以用于调度器。调度器是下一个要着重讲解的控制平面组件。

11.1.5　了解调度器

前面已经学习过，我们通常不会去指定 pod 应该运行在哪个集群节点上，这项工作交给调度器。宏观来看，调度器的操作比较简单。就是利用 API 服务器的监听机制等待新创建的 pod，然后给每个新的、没有节点集的 pod 分配节点。

调度器不会命令选中的节点（或者节点上运行的 Kubelet）去运行 pod。调度器做的就是通过 API 服务器更新 pod 的定义。然后 API 服务器再去通知 Kubelet（同样，通过之前描述的监听机制）该 pod 已经被调度过。当目标节点上的 Kubelet 发现该 pod 被调度到本节点，它就会创建并且运行 pod 的容器。

尽管宏观上调度的过程看起来比较简单，但实际上为 pod 选择最佳节点的任务并不简单。当然，最简单的调度方式是不关心节点上已经运行的 pod，随机选择一个节点。另一方面，调度器可以利用高级技术，例如机器学习，来预测接下来几分钟或几小时哪种类型的 pod 将会被调度，然后以最大的硬件利用率、无须重新调度已运行 pod 的方式来调度。Kubernetes 的默认调度器实现方式处于最简单和最复杂程度之间。

默认的调度算法

选择节点操作可以分解为两部分，如图 11.5 所示：

- 过滤所有节点，找出能分配给 pod 的可用节点列表。
- 对可用节点按优先级排序，找出最优节点。如果多个节点都有最高的优先级分数，那么则循环分配，确保平均分配给 pod。

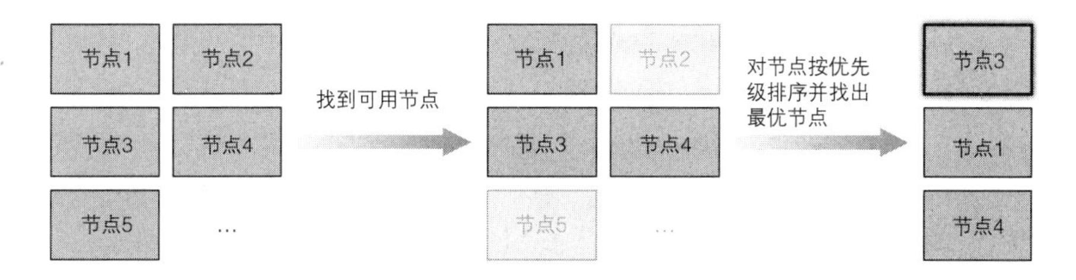

图 11.5　调度器为 pod 找到可用节点，然后选择最优节点

查找可用节点

为了决定哪些节点对 pod 可用，调度器会给每个节点下发一组配置好的预测函

数。这些函数检查

- 节点是否能满足 pod 对硬件资源的请求。第 14 章会学习如何定义它们。
- 节点是否耗尽资源（是否报告过内存 / 硬盘压力参数）？
- pod 是否要求被调度到指定节点（通过名字），是否是当前节点？
- 节点是否有和 pod 规格定义里的节点选择器一致的标签（如果定义了的话）？
- 如果 pod 要求绑定指定的主机端口（第 13 章中讨论）那么这个节点上的这个端口是否已经被占用？
- 如果 pod 要求有特定类型的卷，该节点是否能为此 pod 加载此卷，或者说该节点上是否已经有 pod 在使用该卷了？
- pod 是否能够容忍节点的污点。污点以及容忍度在第 16 章讲解。
- pod 是否定义了节点、pod 的亲缘性以及非亲缘性规则？如果是，那么调度节点给该 pod 是否会违反规则？这个也会在第 16 章介绍。

所有这些测试都必须通过，节点才有资格调度给 pod。在对每个节点做过这些检查后，调度器得到节点集的一个子集。任何这些节点都可以运行 pod，因为它们都有足够的可用资源，也确认过满足 pod 定义的所有要求。

为 pod 选择最佳节点

尽管所有这些节点都能运行 pod，其中的一些可能还是优于另外一些。假设有一个 2 节点集群，两个节点都可用，但是其中一个运行 10 个 pod，而另一个，不知道什么原因，当前没有运行任何 pod。本例中，明显调度器应该选第二个节点。

或者说，如果两个节点是由云平台提供的服务，那么更好的方式是，pod 调度给第一个节点，将第二个节点释放回云服务商以节省资金。

pod 高级调度

考虑另外一个例子。假设一个 pod 有多个副本。理想情况下，你会期望副本能够分散在尽可能多的节点上，而不是全部分配到单独一个节点上。该节点的宕机会导致 pod 支持的服务不可用。但是如果 pod 分散在不同的节点上，单个节点宕机，并不会对服务造成什么影响。

默认情况下，归属同一服务和 ReplicaSet 的 pod 会分散在多个节点上。但不保证每次都是这样。不过可以通过定义 pod 的亲缘性、非亲缘规则强制 pod 分散在集群内或者集中在一起，相关内容会在第 16 章中介绍。

仅通过这两个简单的例子就说明了调度有多复杂，因为它依赖于大量的因子。因此，调度器既可以配置成满足特定的需要或者基础设施特性，也可以整体替换为一个定制的实现。可以抛开调度器运行一个 Kubernetes，不过那样的话，就需要手动实现调度了。

使用多个调度器

可以在集群中运行多个调度器而非单个。然后，对每一个pod，可以通过在pod特性中设置 `schedulerName` 属性指定调度器来调度特定的pod。

未设置该属性的pod由默认调度器调度，因此其 `schedulerName` 被设置为 `default-scheduler`。其他设置了该属性的pod会被默认调度器忽略掉，它们要么是手动调用，要么被监听这类pod的调度器调用。

可以实现自己的调度器，部署到集群，或者可以部署有不同配置项的额外Kubernetes调度器实例。

11.1.6 介绍控制器管理器中运行的控制器

如前面提到的，API服务器只做了存储资源到etcd和通知客户端有变更的工作。调度器则只是给pod分配节点，所以需要有活跃的组件确保系统真实状态朝API服务器定义的期望的状态收敛。这个工作由控制器管理器里的控制器来实现。

单个控制器、管理器进程当前组合了多个执行不同非冲突任务的控制器。这些控制器最终会被分解到不同的进程，如果需要的话，我们能够用自定义实现替换它们每一个。控制器包括

- Replication管理器（ReplicationController资源的管理器）
- ReplicaSet、DaemonSet以及Job控制器
- Deployment控制器
- StatefulSet控制器
- Node控制器
- Service控制器
- Endpoints控制器
- Namespace控制器
- PersistentVolume控制器
- 其他

每个控制器做什么通过名字显而易见。通过上述列表，几乎可以知道创建每个资源对应的控制器是什么。资源描述了集群中应该运行什么，而控制器就是活跃的Kubernetes组件，去做具体工作部署资源。

了解控制器做了什么以及如何做的

控制器做了许多不同的事情，但是它们都通过API服务器监听资源（部署、服务等）变更，并且不论是创建新对象还是更新、删除已有对象，都对变更执行相应操作。大多数情况下，这些操作涵盖了新建其他资源或者更新监听的资源本身(例如，更新对象的 `status`)。

总的来说，控制器执行一个“调和”循环，将实际状态调整为期望状态（在资源 spec 部分定义），然后将新的实际状态写入资源的 status 部分。控制器利用监听机制来订阅变更，但是由于使用监听机制并不保证控制器不会漏掉时间，所以仍然需要定期执行重列举操作来确保不会丢掉什么。

控制器之间不会直接通信，它们甚至不知道其他控制器的存在。每个控制器都连接到 API 服务器，通过 11.1.3 节描述的监听机制，请求订阅该控制器负责的一系列资源的变更。

我们概括地了解了每个控制器做了什么，但是如果你想深入了解它们做了什么，建议直接看源代码。边栏阐述了如何上手看源代码。

浏览控制器源代码的几个要点

如果你对控制器如何运作感兴趣，强烈推荐看一遍源代码。为了更容易上手，下面有几个小建议：

控制器的源代码可以从 https://github.com/kubernetes/ kubernetes/blob/master/pkg/controller 获取。

每个控制器一般有一个构造器，内部会创建一个 Informer，其实是个监听器，每次 API 对象有更新就会被调用。通常，Informer 会监听特定类型的资源变更事件。查看构造器可以了解控制器监听的是哪个资源。

接下来，去看 worker() 方法。其中定义了每次控制器需要工作的时候都会调用 worker() 方法。实际的函数通常保存在一个叫 syncHandler 或类似的字段里。该字段也在构造器里初始化，可以在那里找到被调用函数名。该函数是所有魔法发生的地方。

Replication 管理器

启动 ReplicationController 资源的控制器叫作 Replication 管理器。第 4 章我们介绍过 ReplicationController 是如何工作的，其实不是 ReplicationController 做了实际的工作，而是 Replication 管理器。让我们快速回顾下该控制器做了什么，这有助于你理解其他控制器。

在第 4 章中，我们说过，ReplicationController 的操作可以理解为一个无限循环，每次循环，控制器都会查找符合其 pod 选择器定义的 pod 的数量，并且将该数值和期望的复制集（replica）数量做比较。

既然你知道了 API 服务器可以通过监听机制通知客户端，那么明显地，控制器不会每次循环去轮询 pod，而是通过监听机制订阅可能影响期望的复制集（replica）数量或者符合条件 pod 数量的变更事件（见图 11.6）。任何该类型的变化，将触发控制器重新检查期望的以及实际的复制集数量，然后做出相应操作。

你已经知道，当运行的 pod 实例太少时，ReplicationController 会运行额外的实例，但它自己实际上不会去运行 pod。它会创建新的 pod 清单，发布到 API 服务器，让调度器以及 Kubelet 来做调度工作并运行 pod。

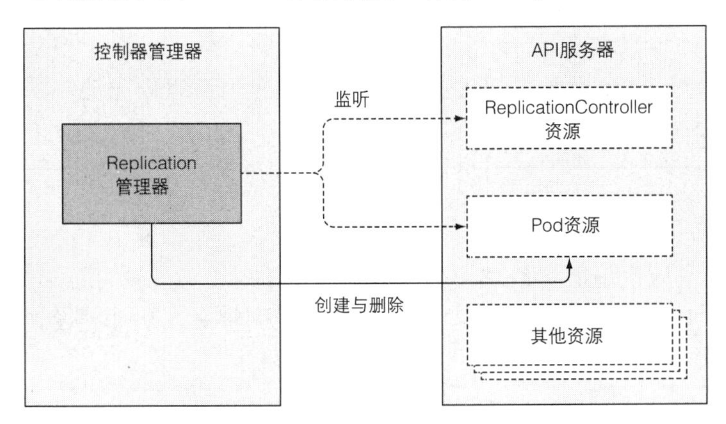

图 11.6 Replication 管理器监听 API 对象变更

Replication 管理器通过 API 服务器操纵 pod API 对象来完成其工作。所有控制器就是这样运作的。

RerlicaSet、DaemonSet 以及 Job 控制器

ReplicaSet 控制器基本上做了和前面描述的 Replication 管理器一样的事情，所以这里不再赘述。DaemonSet 以及 Job 控制器比较相似，从它们各自资源集中定义的 pod 模板创建 pod 资源。与 Replication 管理器类似，这些控制器不会运行 pod，而是将 pod 定义到发布 API 服务器，让 Kubelet 创建容器并运行。

Deployment 控制器

Deployment 控制器负责使 deployment 的实际状态与对应 Deployment API 对象的期望状态同步。

每次 Deployment 对象修改后（如果修改会影响到部署的 pod），Deployment 控制器都会滚动升级到新的版本。通过创建一个 ReplicaSet，然后按照 Deployment 中定义的策略同时伸缩新、旧 RelicaSet，直到旧 pod 被新的代替。并不会直接创建任何 pod。

StatefulSet 控制器

StatefulSet 控制器，类似于 ReplicaSet 控制器以及其他相关控制器，根据 StatefulSet 资源定义创建、管理、删除 pod。其他的控制器只管理 pod，而

StatefulSet 控制器会初始化并管理每个 pod 实例的持久卷声明字段。

Node 控制器

Node 控制器管理 Node 资源，描述了集群工作节点。其中，Node 控制器使节点对象列表与集群中实际运行的机器列表保持同步。同时监控每个节点的健康状态，删除不可达节点的 pod。

Node 控制器不是唯一对 Node 对象做更改的组件。Kubelet 也可以做更改，那么显然可以由用户通过 REST API 调用做更改。

Service 控制器

在第 5 章，当我们讨论服务时，你已经了解了存在不同服务类型。其中一个是 `LoadBalancer` 服务，从基础设施服务请求一个负载均衡器使得服务外部可以用。Service 控制器就是用来在 `LoadBalancer` 类型服务被创建或删除时，从基础设施服务请求、释放负载均衡器的。

Endpoint 控制器

你会想起来，Service 不会直接连接到 pod，而是包含一个端点列表（IP 和端口），列表要么是手动，要么是根据 Service 定义的 pod 选择器自动创建、更新。Endpoint 控制器作为活动的组件，定期根据匹配标签选择器的 pod 的 IP、端口更新端点列表。

如图 11.7 所示，控制器同时监听了 Service 和 pod。当 Service 被添加、修改，或者 pod 被添加、修改或删除时，控制器会选中匹配 Service 的 pod 选择器的 pod，将其 IP 和端口添加到 Endpoint 资源中。请记住，Endpoint 对象是个独立的对象，所以当需要的时候控制器会创建它。同样地，当删除 Service 时，Endpoint 对象也会被删除。

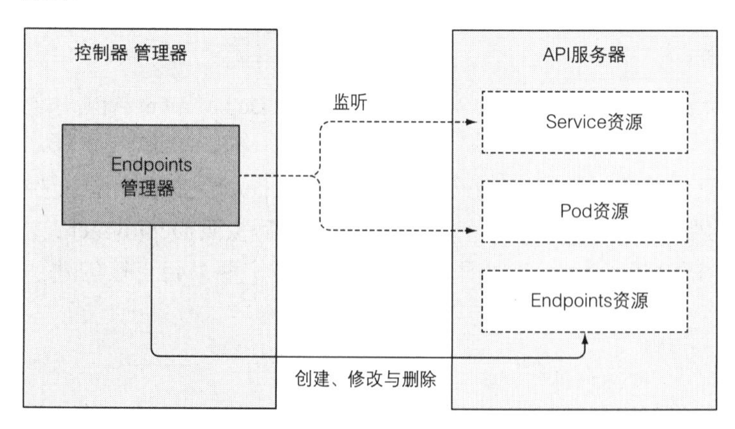

图 11.7 Endpoint 控制器监听 Service 和 pod 资源并管理 Endpoint

Namespace 控制器

想起命名空间了吗（第 3 章里讨论过）？大部分资源归属于某个特定命名空间。当删除一个 Namespace 资源时，该命名空间里的所有资源都会被删除。这就是 Namespace 控制器做的事情。当收到删除 Namespace 对象的通知时，控制器通过 API 服务器删除所有归属该命名空间的资源。

PersistentVolume 控制器

第 6 章学习过持久卷以及持久卷声明。一旦用户创建了一个持久卷声明，Kubernetes 必须找到一个合适的持久卷同时将其和声明绑定。这些由持久卷控制器实现。

对于一个持久卷声明，控制器为声明查找最佳匹配项，通过选择匹配声明中的访问模式，并且声明的容量大于需求的容量的最小持久卷。实现方式是保存一份有序的持久卷列表，对于每种访问模式按照容量升序排列，返回列表的第一个卷。

当用户删除持久卷声明时，会解绑卷，然后根据卷的回收策略进行回收（原样保留、删除或清空）。

唤醒控制器

现在，总体来说你应该对每个控制器做了什么，以及是如何工作的有个比较好的感觉了。再一次强调，所有这些控制器是通过 API 服务器来操作 API 对象的。它们不会直接和 Kubelet 通信或者发送任何类型的指令。实际上，它们不知道 Kubelet 的存在。控制器更新 API 服务器的一个资源后，Kubelet 和 Kubernetes Service Proxy（也不知道控制器的存在）会做它们的工作，例如启动 pod 容器、加载网络存储，或者就服务而言，创建跨 pod 的负载均衡。

控制平面处理了整个系统的一部分操作，为了完全理解 Kubernetes 集群的内部运作方式，还需要理解 Kubelet 和 Kubernetes Service Proxy 做了什么。下面将学习这些内容。

11.1.7 Kubelet 做了什么

所有 Kubernetes 控制平面的控制器都运行在主节点上，而 Kubelet 以及 Service Proxy 都运行在工作节点（实际 pod 容器运行的地方）上。Kubelet 究竟做了什么事情？

了解 Kubelet 的工作内容

简单地说，Kubelet 就是负责所有运行在工作节点上内容的组件。它第一个任务就是在 API 服务器中创建一个 Node 资源来注册该节点。然后需要持续监控 API 服务器是否把该节点分配给 pod，然后启动 pod 容器。具体实现方式是告知配置好的容器运行时（Docker、CoreOS 的 Rkt，或者其他一些东西）来从特定容器镜像运行容器。Kubelet 随后持续监控运行的容器，向 API 服务器报告它们的状态、事件和资源消耗。

Kubelet 也是运行容器存活探针的组件，当探针报错时它会重启容器。最后一点，当 pod 从 API 服务器删除时，Kubelet 终止容器，并通知服务器 pod 已经被终止了。

抛开 API 服务器运行静态 pod

尽管 Kubelet 一般会和 API 服务器通信并从中获取 pod 清单，它也可以基于本地指定目录下的 pod 清单来运行 pod，如图 11.8 所示。如本章开头所示，该特性用于将容器化版本的控制平面组件以 pod 形式运行。

不但可以按照原有的方式运行 Kubernetes 系统组件，也可以将 pod 清单放到 Kubelet 的清单目录中，让 Kubelet 运行和管理它们。

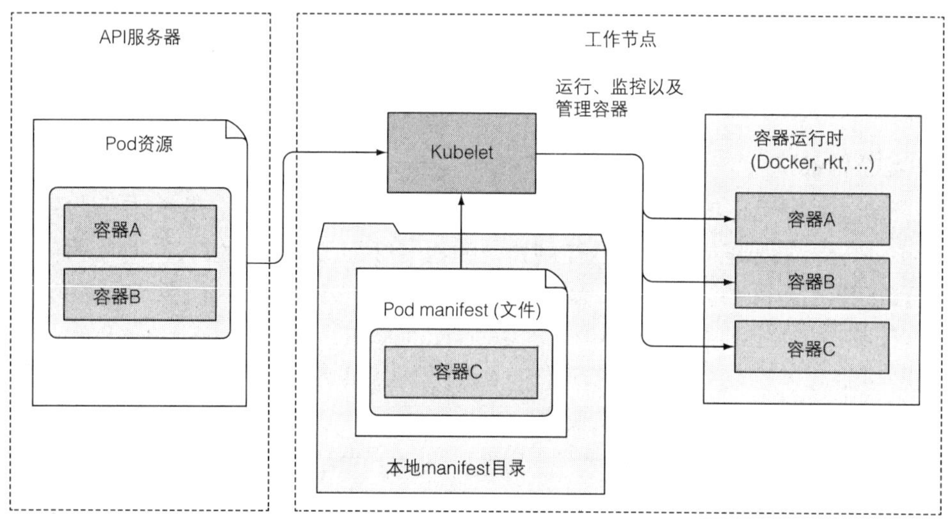

图 11.8 Kubelet 基于 API 服务器 / 本地文件目录中的 pod 定义运行 pod

也可以同样的方式运行自定义的系统容器，不过推荐用 DaemonSet 来做这项工作。

11.1.8 Kubernetes Service Proxy 的作用

除了 Kubelet，每个工作节点还会运行 kube-proxy，用于确保客户端可以通过 Kubernetes API 连接到你定义的服务。kube-proxy 确保对服务 IP 和端口的连接最终能到达支持服务（或者其他，非 pod 服务终端）的某个 pod 处。如果有多个 pod 支撑一个服务，那么代理会发挥对 pod 的负载均衡作用。

为什么被叫作代理

kube-proxy 最初实现为 userspace 代理。利用实际的服务器集成接收连接，同时代理给 pod。为了拦截发往服务 IP 的连接，代理配置了 iptables 规则（iptables 是一个管理 Linux 内核数据包过滤功能的工具），重定向连接到代理服务器。userspace 代理模式大致如图 11.9 所示。

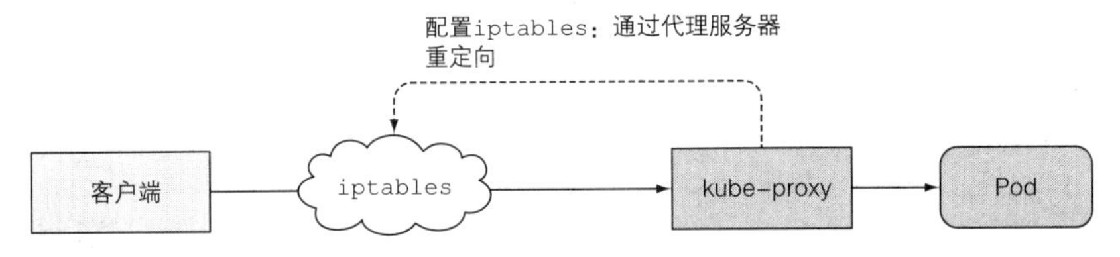

图 11.9 userspace 代理模式

kube-proxy 之所以叫这个名字是因为它确实就是一个代理器，不过当前性能更好的实现方式仅仅通过 iptables 规则重定向数据包到一个随机选择的后端 pod，而不会传递到一个实际的代理服务器。这个模式称为 iptables 代理模式，如图 11.10 所示。

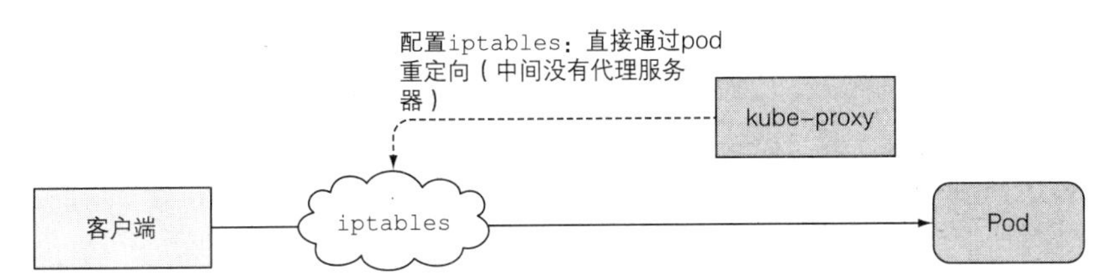

图 11.10 iptables 代理模式

两种模式的主要区别是：数据包是否会传递给 kube-proxy，是否必须在用户空间处理，或者数据包只会在内核处理（内核空间）。这对性能有巨大的影响。

另外一个小的区别是：userspace 代理模式以轮询模式对连接做负载均衡，而 iptables 代理模式不会，它随机选择 pod。当只有少数客户端使用一个服务时，可能不会平均分布在 pod 中。例如，如果一个服务有两个 pod 支持，但有 5 个左右的客户端，如果你看到 4 个连接到 pod A，而只有一个连接到 pod B，不必惊讶。对于客户端数量更多的 pod，这个问题就不会特别明显。

在 11.5 节你会学习 iptables 代理模式具体是如何工作的。

11.1.9 介绍 Kubernetes 插件

我们已经讨论了 Kubernetes 集群正常工作所需要的一些核心组件。但在开头的几章中，我们也罗列了一些插件，它们不是必需的；这些插件用于启用 Kubernetes

服务的 DNS 查询，通过单个外部 IP 地址暴露多个 HTTP 服务、Kubernetes web 仪表板等特性。

如何部署插件

通过提交 YAML 清单文件到 API 服务器（本书的通用做法），这些组件会成为插件并作为 pod 部署。有些组件是通过 Deployment 资源或者 ReplicationController 资源部署的，有些是通过 DaemonSet。

例如，写作本书时，在 Minikube 中，Ingress 控制器和仪表板插件按照 ReplicationController 部署，如下面的代码清单所示。

代码清单 11.7 插件在 Minikube 中 作为 ReplicationController 部署

```
$ kubectl get rc -n kube-system
NAME                         DESIRED   CURRENT   READY   AGE
default-http-backend         1         1         1       6d
kubernetes-dashboard         1         1         1       6d
nginx-ingress-controller     1         1         1       6d
```

DNS 插件作为 Deployment 部署，如下面的代码清单所示。

代码清单 11.8 kube-dns Deployment

```
$ kubectl get deploy -n kube-system
NAME       DESIRED   CURRENT   UP-TO-DATE   AVAILABLE   AGE
kube-dns   1         1         1            1           6d
```

让我们看看 DNS 和 Ingress 控制器是如何工作的。

DNS 服务器如何工作

集群中的所有 pod 默认配置使用集群内部 DNS 服务器。这使得 pod 能够轻松地通过名称查询到服务，甚至是无头服务 pod 的 IP 地址。

DNS 服务 pod 通过 kube-dns 服务对外暴露，使得该 pod 能够像其他 pod 一样在集群中移动。服务的 IP 地址在集群每个容器的 /etc/reslv.conf 文件的 nameserver 中定义。kube-dns pod 利用 API 服务器的监控机制来订阅 Service 和 Endpoint 的变动，以及 DNS 记录的变更，使得其客户端（相对地）总是能够获取到最新的 DNS 信息。客观地说，在 Service 和 Endpoint 资源发生变化到 DNS pod 收到订阅通知时间点之间，DNS 记录可能会无效。

Ingress 控制器如何工作

和 DNS 插件相比，Ingress 控制器的实现有点不同，但它们大部分的工作方式相同。Ingress 控制器运行一个反向代理服务器（例如，类似 Nginx），根据集群中定义的 Ingress、Service 以及 Endpoint 资源来配置该控制器。所以需要订阅这些资源（通过监听机制），然后每次其中一个发生变化则更新代理服务器的配置。

尽管 Ingress 资源的定义指向一个 Service，Ingress 控制器会直接将流量转到服务的 pod 而不经过服务 IP。当外部客户端通过 Ingress 控制器连接时，会对客户端 IP 进行保存，这使得在某些用例中，控制器比 Service 更受欢迎。

使用其他插件

你已经了解了 DNS 服务器和 Ingress 控制器插件同控制器管理器中运行的控制器比较相似，除了它们不会仅通过 API 服务器监听、修改资源，也会接收客户端的连接。

其他插件也类似。它们都需要监听集群状态，当有变更时执行相应动作。我们会在剩余的章节中介绍一些其他的插件。

11.1.10 总结概览

你已经了解了整个 Kubernetes 系统由相对小的、完善功能划分的松耦合组件构成。API 服务器、调度器、控制器管理器中运行的控制器、Kubelet 以及 kube-proxy 一起合作来保证实际的状态和你定义的期望状态一致。

例如，向 API 服务器提交一个 pod 配置会触发 Kubernetes 组件间的协作，这会导致 pod 的容器运行。这里的细节将会在接下来的部分详细说明。

11.2 控制器如何协作

现在你了解了 Kubernetes 集群包含哪些组件。为了强化对 Kubernetes 工作方式的理解，让我们看一下当一个 pod 资源被创建时会发生什么。因为一般不会直接创建 pod，所以创建 Deployment 资源作为替代，然后观察启动 pod 的容器会发生什么。

11.2.1 了解涉及哪些组件

在你启动整个流程之前，控制器、调度器、Kubelet 就已经通过 API 服务器监听它们各自资源类型的变化了。如图 11.11 所示。图中描画的每个组件在即将触发的流程中都起到一定的作用。图表中不包含 etcd，因为它被隐藏在 API 服务器之后，可以想象成 API 服务器就是对象存储的地方。

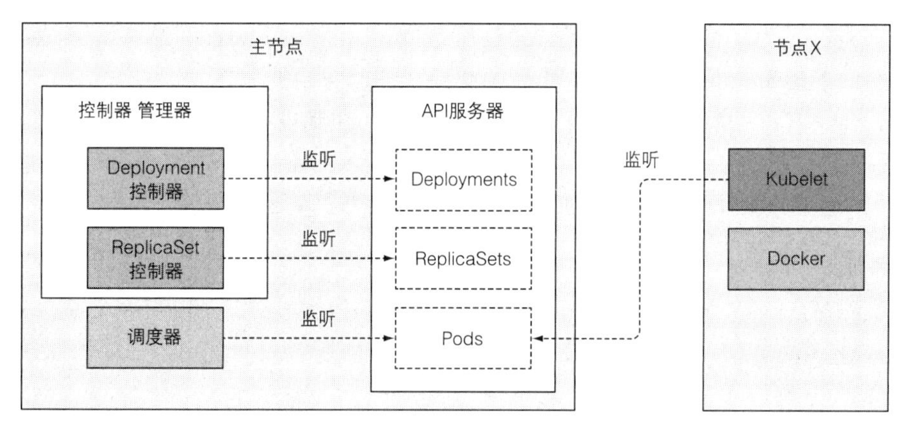

图 11.11 Kubernetes 组件通过 API 服务器监听 API 对象

11.2.2 事件链

准备包含 Deployment 清单的 YAML 文件，通过 kubetctl 提交到 Kubernetes。kubectl 通过 HTTP POST 请求发送清单到 Kubernetes API 服务器。API 服务器检查 Deployment 定义，存储到 etcd，返回响应给 kubectl。现在事件链开始被揭示出来，如图 11.12 所示。

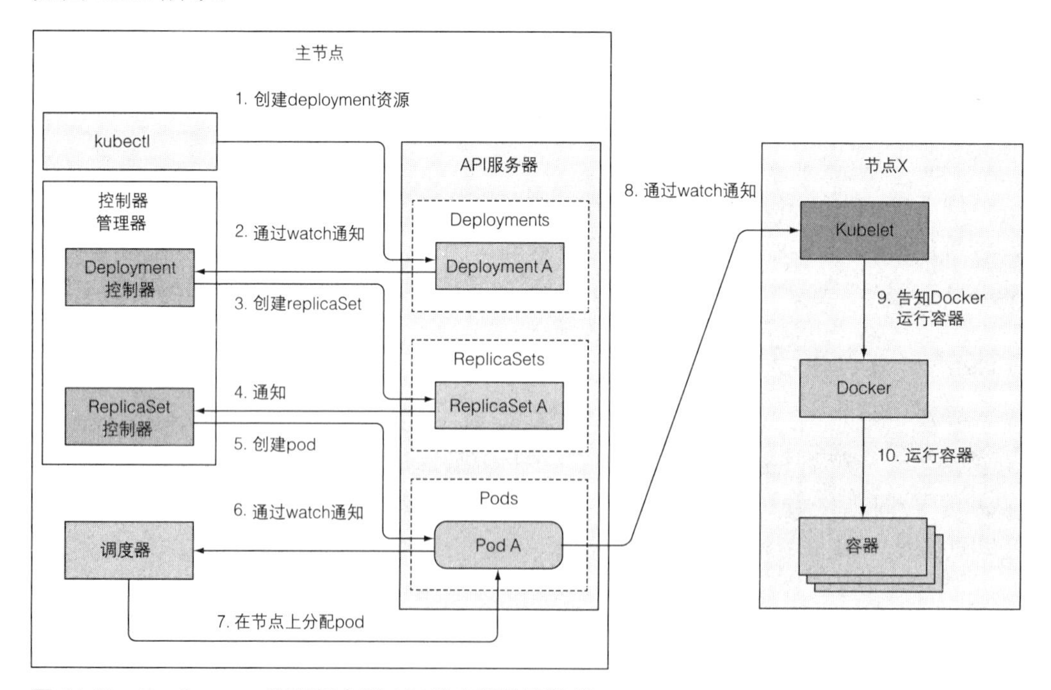

图 11.12 Deployment 资源提交到 API 服务器的事件链

Deployment 控制器生成 ReplicaSet

当新创建 Deployment 资源时，所有通过 API 服务器监听机制监听 Deployment 列表的客户端马上会收到通知。其中有个客户端叫 Deployment 控制器，之前讨论过，该控制器是一个负责处理部署事务的活动组件。

回忆一下第 9 章的内容，一个 Deployment 由一个或多个 Replicaset 支持，ReplicaSet 后面会创建实际的 pod。当 Deployment 控制器检查到有一个新的 Deployment 对象时，会按照 Deploymnet 当前定义创建 ReplicaSet。这包括通过 Kubernetes API 创建一个新的 ReplicaSet 资源。Deployment 控制器完全不会去处理单个 pod。

ReplicaSet 控制器创建 pod 资源

新创建的 ReplicaSet 由 ReplicaSet 控制器（通过 API 服务器创建、修改、删除 ReplicaSet 资源）接收。控制器会考虑 replica 数量、ReplicaSet 中定义的 pod 选择器，然后检查是否有足够的满足选择器的 pod。

然后控制器会基于 ReplicatSet 的 pod 模板创建 pod 资源（当 Deployment 控制器创建 ReplicaSet 时，会从 Deployment 复制 pod 模板）。

调度器分配节点给新创建的 pod

新创建的 pod 目前保存在 etcd 中，但是它们每个都缺少一个重要的东西——它们还没有任何关联节点。它们的 `nodeName` 属性还未被设置。调度器会监控像这样的 pod，发现一个，就会为 pod 选择最佳节点，并将节点分配给 pod。pod 的定义现在就会包含它应该运行在哪个节点。

目前，所有的一切都发生在 Kubernetes 控制平面中。参与这个全过程的控制器没有做其他具体的事情，除了通过 API 服务器更新资源。

Kubelet 运行 pod 容器

目前，工作节点还没做任何事情，pod 容器还没有被启动起来，pod 容器的图片还没有下载。

随着 pod 目前分配给了特定的节点，节点上的 Kubelet 终于可以工作了。Kubelet 通过 API 服务器监听 pod 变更，发现有新的 pod 分配到本节点后，会去检查 pod 定义，然后命令 Docker 或者任何使用的容器运行时来启动 pod 容器，容器运行时就会去运行容器。

11.2.3 观察集群事件

控制平面组件和 Kubelet 执行动作时，都会发送事件给 API 服务器。发送事件是通过创建事件资源来实现的，事件资源和其他的 Kubernetes 资源类似。每次使用 kubectl describe 来检查资源的时候，就能看到资源相关的事件，也可以直接用 kubectl get events 获取事件。

可能是个人的感受，使用 kubectl get 检查事件比较痛苦，因为不是以合适的时间顺序显示的。当一个事件发生了多次，该事件只会被显示一次，显示首次出现时间、最后一次出现时间以及发生次数。幸运的是，利用 --watch 选项监听事件肉眼看起来更简单，对于观察集群发生了什么也更有用。

下面的代码清单展示了前述过程中发出的事件（由于页面空间有限，有些列被删掉了，输出也做了改动）。

代码清单 11.9　观察控制器发出的事件

```
$ kubectl get events --watch
    NAME              KIND        REASON              SOURCE
... kubia             Deployment  ScalingReplicaSet   deployment-controller
                      ➥ Scaled up replica set kubia-193 to 3
... kubia-193         ReplicaSet  SuccessfulCreate    replicaset-controller
                      ➥ Created pod: kubia-193-w7ll2
... kubia-193-tpg6j   Pod         Scheduled           default-scheduler
                      ➥ Successfully assigned kubia-193-tpg6j to node1
... kubia-193         ReplicaSet  SuccessfulCreate    replicaset-controller
                      ➥ Created pod: kubia-193-39590
... kubia-193         ReplicaSet  SuccessfulCreate    replicaset-controller
                      ➥ Created pod: kubia-193-tpg6j
... kubia-193-39590   Pod         Scheduled           default-scheduler
                      ➥ Successfully assigned kubia-193-39590 to node2
... kubia-193-w7ll2   Pod         Scheduled           default-scheduler
                      ➥ Successfully assigned kubia-193-w7ll2 to node2
... kubia-193-tpg6j   Pod         Pulled              kubelet, node1
                      ➥ Container image already present on machine
... kubia-193-tpg6j   Pod         Created             kubelet, node1
                      ➥ Created container with id 13da752
... kubia-193-39590   Pod         Pulled              kubelet, node2
                      ➥ Container image already present on machine
... kubia-193-tpg6j   Pod         Started             kubelet, node1
                      ➥ Started container with id 13da752
... kubia-193-w7ll2   Pod         Pulled              kubelet, node2
                      ➥ Container image already present on machine
... kubia-193-39590   Pod         Created             kubelet, node2
                      ➥ Created container with id 8850184
...
```

如你所见，SOURCE 列显示执行动作的控制器，NAME 和 KIND 列显示控制器作用的资源。REASON 列以及 MESSAGE 列（显示在每一项的第二行）提供控制器所做的更详细的信息。

11.3 了解运行中的pod是什么

当pod运行时，让我们仔细看一下，运行的pod到底是什么。如果pod包含单个容器，你认为Kubelet会只运行单个容器，还是更多？

读本书的过程中，你已经运行过多个pod了。如果你是个喜欢深究的人，那么你可能已经看过，当你创建一个pod时实际运行的Docker。如果没有，让笔者为你解释。

想象你运行单个容器的pod，假设创建了一个Nginx pod：

```
$ kubectl run nginx --image=nginx
deployment "nginx" created
```

此时，可以ssh到运行pod的工作节点，检查一系列运行的Docker容器。笔者用的是Minikube，所以使用minikube ssh来ssh到单个节点。如果你用GKE，可以通过gcloud compute ssh <node name>来ssh到一个节点。

一旦进入节点内部，可以通过docker ps命令列出所有运行的容器，如下面的代码清单所示。

代码清单 11.10 列出运行的Docker容器

```
docker@minikubeVM:~$ docker ps
CONTAINER ID   IMAGE                  COMMAND                  CREATED
c917a6f3c3f7   nginx                  "nginx -g 'daemon off"   4 seconds ago
98b8bf797174   gcr.io/.../pause:3.0   "/pause"                 7 seconds ago
...
```

注意 笔者已经把不相关的信息（包含列和行）从前面的代码清单中删除了，也删除了所有其他运行的容器。如果你自己尝试该命令，注意几秒前创建的两个容器。

如你所望，你看到了Nginx容器，以及一个附加容器。从COMMAND列判断，附加容器没有做任何事情（容器命令是"pause"）。如果仔细观察，你会发现容器是在Nginx容器前几秒创建的。它的作用是什么？

被暂停的容器将一个pod所有的容器收纳到一起。还记得一个pod的所有容器是如何共享同一个网络和Linux命名空间的吗？暂停的容器是一个基础容器，它的唯一目的就是保存所有的命名空间。所有pod的其他用户定义容器使用pod的该基础容器的命名空间（见图11.13）。

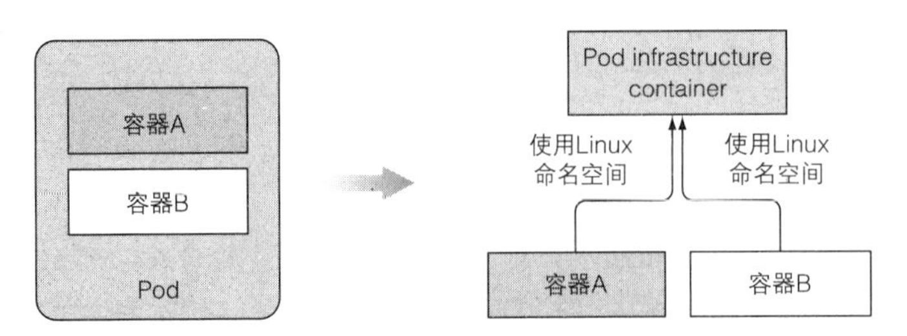

图 11.13 一个双容器 pod 有 3 个运行的容器，共享同一个 Linux 命名空间

实际的应用容器可能会挂掉并重启。当容器重启，容器需要处于与之前相同的 Linux 命名空间中。基础容器使这成为可能，因为它的生命周期和 pod 绑定，基础容器 pod 被调度直到被删除一直会运行。如果基础 pod 在这期间被关闭，Kubelet 会重新创建它，以及 pod 的所有容器。

11.4 跨pod网络

现在，你知道每个 pod 有自己唯一的 IP 地址，可以通过一个扁平的、非 NAT 网络和其他 pod 通信。Kubernetes 是如何做到这一点的？简单来说，Kubernetes 不负责这块。网络是由系统管理员或者 Container Network Interface（CNI）插件建立的，而非 Kubernetes 本身。

11.4.1 网络应该是什么样的

Kubernetes 并不会要求你使用特定的网络技术，但是授权 pod（或者更准确地说，其容器）不论是否运行在同一个工作节点上，可以互相通信。pod 用于通信的网络必须是：pod 自己认为的 IP 地址一定和所有其他节点认为该 pod 拥有的 IP 地址一致。

查看图 11.14。当 pod A 连接（发送网络包）到 pod B 时，pod B 获取到的源 IP 地址必须和 pod A 自己认为的 IP 地址一致。其间应该没有网络地址转换（NAT）操作——pod A 发送到 pod B 的包必须保持源和目的地址不变。

这很重要，保证运行在 pod 内部的应用网络的简洁性，就像运行在同一个网关机上一样。pod 没有 NAT 使得运行在其中的应用可以自己注册在其他 pod 中。

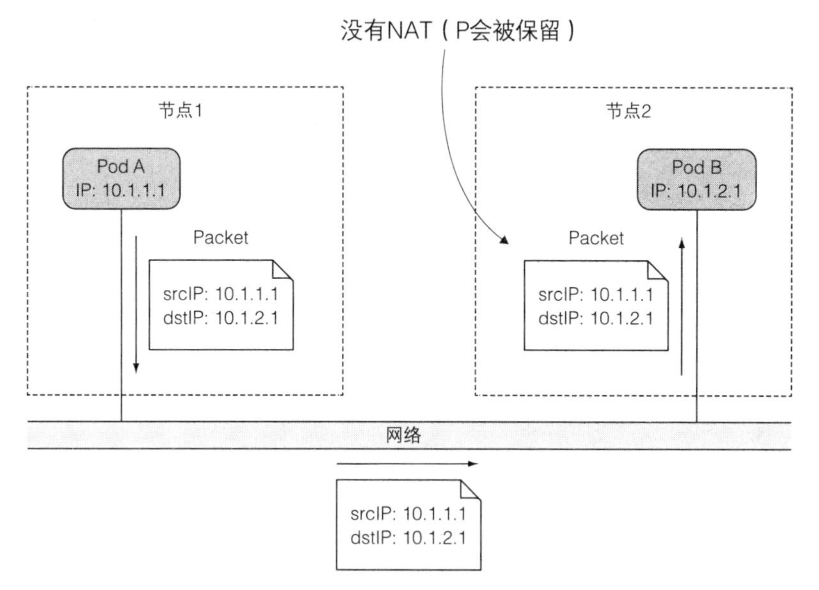

图 11.14 Kubernetes 规定 pod 必须通过非 NAT 网络进行连接

例如，有客户端 pod X 和 pod Y，为所有通过它们注册的 pod 提供通知服务。pod X 连接到 pod Y 并且告诉 pod Y，“你好，我是 pod X，IP 地址为 1.2.3.4，请把更新发送到这个 IP 地址”。提供服务的 pod 可以通过收到的 IP 地址连接第一个 pod。

pod 到节点及节点到 pod 通信也应用了无 NAT 通信。但是当 pod 和 internet 上的服务通信时，pod 发送包的源 IP 不需要改变，因为 pod 的 IP 是私有的。向外发送包的源 IP 地址会被改成主机工作节点的 IP 地址。

构建一个像样的 Kubernetes 集群包含按照这些要求建立网络。有不同的方法和技术来建立，在给定场景中它们都有其优点和缺点。因此，我们不会深入探究特定的技术，会阐述跨 pod 网络通用的工作原理。

11.4.2 深入了解网络工作原理

在 11.3 节，我们看到创建了 pod 的 IP 地址以及网络命名空间，由基础设施容器（暂停容器）来保存这些信息，然后 pod 容器就可以使用网络命名空间了。pod 网络接口就是生成在基础设施容器的一些东西。让我们看一下接口是如何被创建的，以及如何连接到其他 pod 的接口，如图 11.15 所示。

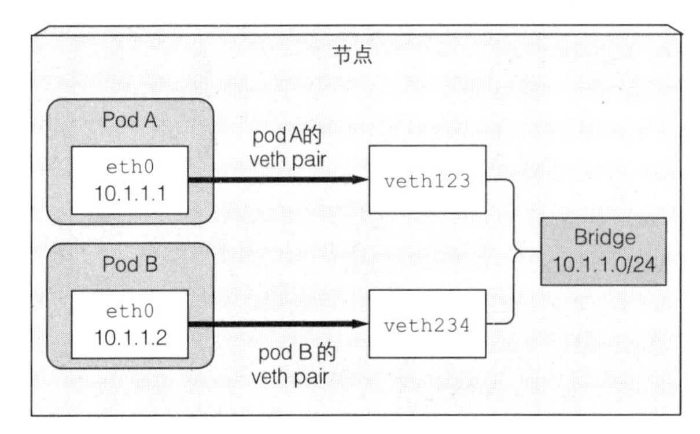

图 11.15　同一节点上 pod 通过虚拟 Ethernet 接口对连接到同一个桥接

同节点 pod 通信

基础设施容器启动之前，会为容器创建一个虚拟 Ethernet 接口对（一个 veth pair），其中一个对的接口保留在主机的命名空间中（在节点上运行 `ifconfig` 命令时可以看到 `vethXXX` 的条目），而其他的对被移入容器网络命名空间，并重命名为 `eth0`。两个虚拟接口就像管道的两端（或者说像 Ethernet 电缆连接的两个网络设备）——从一端进入，另一端出来，等等。

主机网络命名空间的接口会绑定到容器运行时配置使用的网络桥接上。从网桥的地址段中取 IP 地址赋值给容器内的 eth0 接口。应用的任何运行在容器内部的程序都会发送数据到 eth0 网络接口（在容器命名空间中的那一个），数据从主机命名空间的另一个 veth 接口出来，然后发送给网桥。这意味着任何连接到网桥的网络接口都可以接收该数据。

如果 pod A 发送网络包到 pod B，报文首先会经过 pod A 的 veth 对到网桥然后经过 pod B 的 veth 对。所有节点上的容器都会连接到同一个网桥，意味着它们都能够互相通信。但是要让运行在不同节点上的容器之间能够通信，这些节点的网桥需要以某种方式连接起来。

不同节点上的 pod 通信

有多种连接不同节点上的网桥的方式。可以通过 overlay 或 underlay 网络，或者常规的三层路由，我们会在后面看到。

跨整个集群的 pod 的 IP 地址必须是唯一的，所以跨节点的网桥必须使用非重叠地址段，防止不同节点上的 pod 拿到同一个 IP。如图 11.16 所示的例子，节点 A 上的网桥使用 10.1.1.0/24 IP 段，节点 B 上的网桥使用 10.1.2.0/24 IP 段，确保没有 IP 地址冲突的可能性。

图 11.16 显示了通过三层网络支持跨两个节点 pod 通信，节点的物理网络接口

也需要连接到网桥。节点 A 的路由表需要被配置成图中所示，这样所有目的地为 10.1.2.0/24 的报文会被路由到节点 B，同时节点 B 的路由表需要被配置成图中所示，这样发送到 10.1.1.0/24 的包会被发送到节点 A。

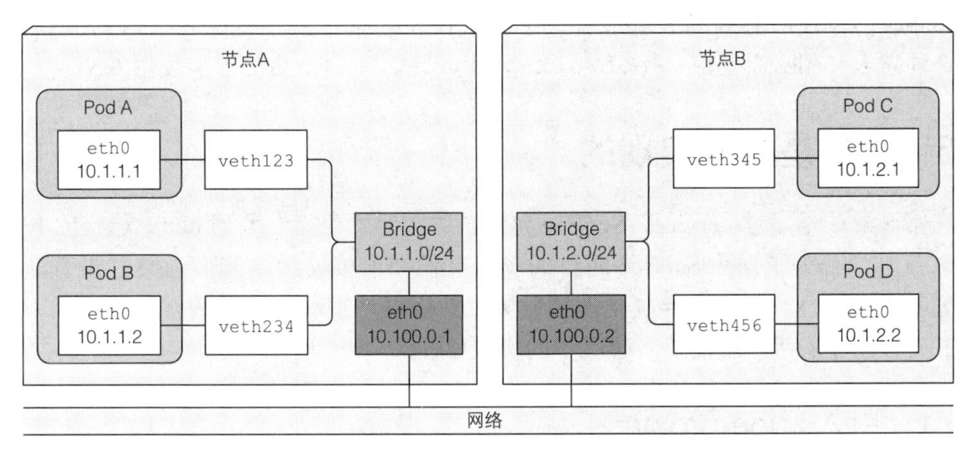

图 11.16 为了让不同节点上的 pod 能够通信，网桥需要以某种方式连接

按照该配置，当报文从一个节点上容器发送到其他节点上的容器，报文先通过 veth pair，通过网桥到节点物理适配器，然后通过网线传到其他节点的物理适配器，再通过其他节点的网桥，最终经过 veth pair 到达目标容器。

仅当节点连接到相同网关、之间没有任何路由时上述方案有效。否则，路由器会扔包因为它们所涉及的 pod IP 是私有的。当然，也可以配置路由使其在节点间能够路由报文，但是随着节点数量增加，配置会变得更困难，也更容易出错。因此，使用 SDN（软件定义网络）技术可以简化问题，SDN 可以让节点忽略底层网络拓扑，无论多复杂，结果就像连接到同一个网关上。从 pod 发出的报文会被封装，通过网络发送给运行其他 pod 的网络，然后被解封装、以原始格式传递给 pod。

11.4.3 引入容器网络接口

为了让连接容器到网络更加方便，启动一个项目容器网络接口（CNI）。CNI 允许 Kubernetes 可配置使用任何 CNI 插件。这些插件包含

- Calico
- Flannel
- Romana
- Weave Net
- 其他

我们不会去深入探究这些插件的细节，如果想要了解更多，可以参考 https://

kubernetes.io/docs/concepts/cluster-administration/addons/。

安装一个网络插件并不难，只需要部署一个包含 DaemonSet 以及其他支持资源的 YAML。每个插件项目首页都会提供这样一个 YAML 文件。如你所想，DaemonSet 用于往所有集群节点部署一个网络代理，然后会绑定 CNI 接口到节点。但是，注意 Kubetlet 需要用 `--network-plugin=cni` 命令启动才能使用 CNI。

11.5 服务是如何实现的

在第 5 章中学习过 Service，Service 允许长时间对外暴露一系列 pod、稳定的 IP 地址以及端口。为了聚焦 Service 的目的以及它们如何被使用，我们当时并没有深入探究其工作原理。但是，要真正理解服务，并更好地了解当事情的行为与预期不一致时应该从哪着手，就需要了解服务的实现原理。

11.5.1 引入 kube-proxy

和 Service 相关的任何事情都由每个节点上运行的 kube-proxy 进程处理。开始的时候，kube-proxy 确实是一个 proxy，等待连接，对每个进来的连接，连接到一个 pod。这称为 `userspace`（用户空间）代理模式。后来，性能更好的 `iptables` 代理模式取代了它。`iptables` 代理模式目前是默认的模式，如果你有需要也仍然可以配置 Kubernetes 使用旧模式。

在我们继续之前，先快速回顾一下 Service 的几个知识点，对理解下面几段有帮助。

我们之前了解过，每个 Service 有其自己稳定的 IP 地址和端口。客户端（通常为 pod）通过连接该 IP 和端口使用服务。IP 地址是虚拟的，没有被分配给任何网络接口，当数据包离开节点时也不会列为数据包的源或目的 IP 地址。Service 的一个关键细节是，它们包含一个 IP、端口对（或者针对多端口 Service 有多个 IP、端口对），所以服务 IP 本身并不代表任何东西。这就是为什么你不能够 ping 它们。

11.5.2 kube-proxy 如何使用 iptables

当在 API 服务器中创建一个服务时，虚拟 IP 地址立刻就会分配给它。之后很短时间内，API 服务器会通知所有运行在工作节点上的 kube-proxy 客户端有一个新服务已经被创建了。然后，每个 kube-proxy 都会让该服务在自己的运行节点上可寻址。原理是通过建立一些 `iptables` 规则，确保每个目的地为服务的 IP/ 端口对的数据包被解析，目的地址被修改，这样数据包就会被重定向到支持服务的一个 pod。

除了监控 API 对 Service 的更改，kube-proxy 也监控对 Endpoint 对象的更改。

我们在第 5 章讨论过，下面回顾一下，因为你基本上不会去手动创建它们，所以比较容易忘记它们的存在。Endpoint 对象保存所有支持服务的 pod 的 IP/ 端口对（一个 IP/ 端口对也可以指向除 pod 之外的其他对象）。这就是为什么 kube-proxy 必须监听所有 Endpoint 对象。毕竟 Endpoint 对象在每次新创建或删除支持 pod 时都会发生变更，当 pod 的就绪状态发生变化或者 pod 的标签发生变化，就会落入或超出服务的范畴。

现在让我们了解一下 kube-proxy 如何让客户端能够通过 Service 连接到这些 pod，如图 11.17 所示。

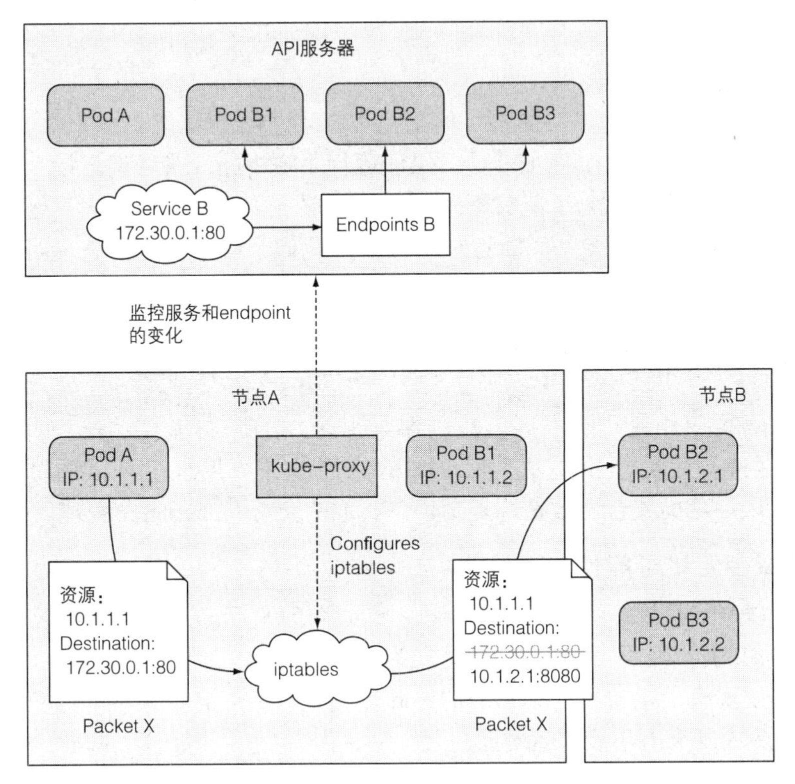

图 11.17 发送到服务虚拟 IP/ 端口对的网络包会被修改、重定向到一个随机选择的后端 pod

图中描述 kube-proxy 做了什么，以及数据包如何通过客户端 pod 发送到支持服务的一个 pod 上。让我们检查一下当通过客户端 pod（图中的 pod A）发送数据包时发生了什么。

包目的地初始设置为服务的 IP 和端口（在本例中，Service 是在 172.30.0.1:80）。发送到网络之前，节点 A 的内核会根据配置在该节点上的 `iptables` 规则处理数据包。

内核会检查数据包是否匹配任何这些 iptables 规则。其中有个规则规定如果有任何数据包的目的地 IP 等于 172.30.0.1、目的地端口等于 80，那么数据包的目的地 IP 和端口应该被替换为随机选中的 pod 的 IP 和端口。

本例中的数据包满足规则，故而它的 IP/ 端口被改变了。在本例中，pod B2 被随机选中了，所有数据包的目的地 IP 变更为 10.1.2.1（pod B2 的 IP），端口改为 8080（Service 中定义的目标端口）。就好像是，客户端 pod 直接发送数据包给 pod B 而不是通过 Service。

实际上可能比描述的要更复杂一点儿，但是上述内容是你需要理解的最重要的内容。

11.6 运行高可用集群

在 Kubernetes 上运行应用的一个理由就是，保证运行不被中断，或者说尽量少地人工介入基础设施导致的宕机。为了能够不中断地运行服务，不仅应用要一直运行，Kubernetes 控制平面的组件也要不间断运行。接下来我们了解一下达到高可用性需要做到什么。

11.6.1 让你的应用变得高可用

当在 Kubernetes 运行应用时，有不同的控制器来保证你的应用平滑运行，即使节点宕机也能够保持特定的规模。为了保证你的应用的高可用性，只需通过 Deployment 资源运行应用，配置合适数量的复制集，其他的交给 Kubernetes 处理。

运行多实例来减少宕机可能性

需要你的应用可以水平扩展，不过即使不可以，仍然可以使用 Deployment，将复制集数量设为 1。如果复制集不可用，会快速替换为一个新的，尽管不会同时发生。让所有相关控制器都发现有节点宕机、创建新的 pod 复制集、启动 pod 容器可能需要一些时间。不可避免中间会有小段宕机时间。

对不能水平扩展的应用使用领导选举机制

为了避免宕机，需要在运行一个活跃的应用的同时再运行一个附加的非活跃复制集，通过一个快速起效租约或者领导选举机制来确保只有一个是有效的。以防你不熟悉领导者选举算法，提一下，它是一种分布式环境中多应用实例对谁是领导者达成一致的方式。例如，领导者要么是唯一执行任务的那个，其他所有节点都在等待该领导者宕机，然后自己变成领导者；或者是都是活跃的，但是领导者是唯一能够执行写操作的，而其他的只能读数据。这样能保证两个实例不会做同一个任务，否则会因为竞争条件导致不可预测的系统行为。

该机制自身不需要集成到应用中，可以使用一个 sidecar 容器来执行所有的领导选举操作，通知主容器什么时候它应该活跃起来。一个 Kubernetes 中领导选举的例子：https://github.com/kubernetes/contrib/tree/master/election。

保证应用高可用相对简单，因为 Kubernetes 几乎替你完成所有事情。但是假如 Kubernetes 自身宕机了呢？如果是运行 Kubernetes 控制平面组件的服务器挂了呢？这些组件是如何做到高可用的呢？

11.6.2 让 Kubernetes 控制平面变得高可用

本章一开始，学习了 Kubernetes 控制平面的一些组件。为了使得 Kubernetes 高可用，需要运行多个主节点，即运行下述组件的多个实例：

- etcd 分布式数据存储，所有 API 对象存于此处
- API 服务器
- 控制器管理器，所有控制器运行的进程
- 调度器

不需要深入了解如何安装和运行这些组件的细节。让我们看一下如何让这些组件高可用。图 11.18 显示了一个高可用集群的概览。

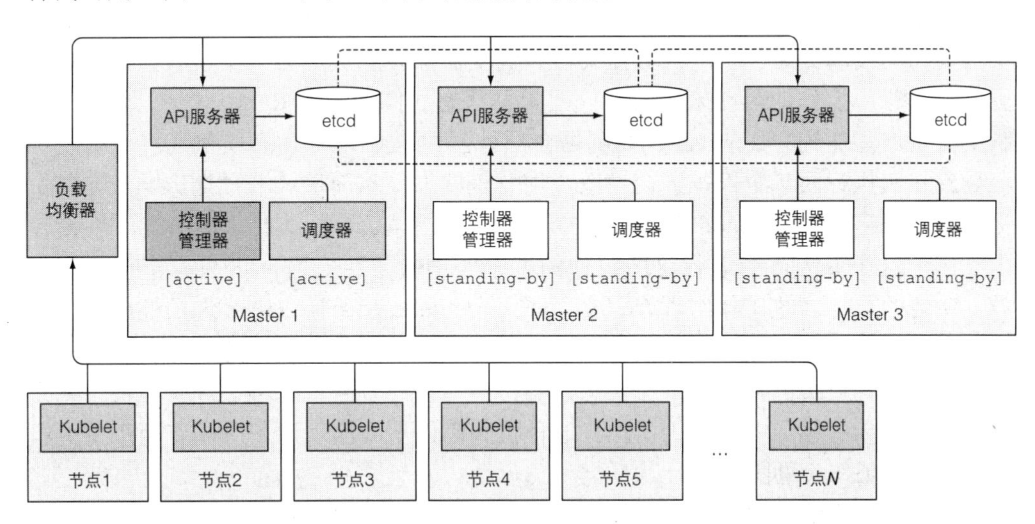

图 11.18 三节点高可用集群

运行 etcd 集群

因为 etcd 被设计为一个分布式系统，其核心特性之一就是可以运行多个 etcd 实例，所以它做到高可用并非难事。你要做的就是将其运行在合适数量的机器上（3 个、

5 个或者 7 个，如章节刚开始所述），使得它们能够互相感知。实现方式通过在每个实例的配置中包含其他实例的列表。例如，当启动一个实例时，指定其他 etcd 实例可达的 IP 和端口。

etcd 会跨实例复制数据，所以三节点中其中一个宕机并不会影响处理读写操作。为了增加错误容忍度不仅仅支持一台机器宕机，需要运行 5 个或者 7 个 etcd 节点，这样集群可以分别容忍 2 个或者 3 个节点宕机。拥有超过 7 个实例基本上没有必要，并且会影响性能。

运行多实例 API 服务器

保证 API 服务器高可用甚至更简单，因为 API 服务器是（几乎全部）无状态的（所有数据存储在 etcd 中，API 服务器不做缓存），你需要多少就能运行多少 API 服务器，它们直接不需要感知对方存在。通常，一个 API 服务器会和每个 etcd 实例搭配。这样做，etcd 实例之前就不需要任何负载均衡器，因为每个 API 服务器只和本地 etcd 实例通信。

而 API 服务器确实需要一个负载均衡器，这样客户端（`kubectl`，也有可能是控制器管理器、调度器以及所有 Kubelet）总是只连接到健康的 API 服务器实例。

确保控制器和调度器的高可用性

对比 API 服务器可以同时运行多个复制集，运行控制器管理器或者调度器的多实例情况就没那么简单了。因为控制器和调度器都会积极地监听集群状态，发生变更时做出相应操作，可能未来还会修改集群状态（例如，当 ReplicaSet 上期望的复制集数量增加 1 时，ReplicaSet 控制器会额外创建一个 pod），多实例运行这些组件会导致它们执行同一个操作，会导致产生竞争状态，从而造成非预期影响（如前例提到的，创建了两个新 pod 而非一个）。

由于这个原因，当运行这些组件的多个实例时，给定时间内只有一个实例有效。幸运的是，这些工作组件自己都做了（由 `--leader-elect` 选项控制，默认为 true）。只有当成为选定的领导者时，组件才可能有效。只有领导者才会执行实际的工作，而其他实例都处于待命状态，等待当前领导者宕机。当领导者宕机，剩余实例会选举新的领导者，接管工作。这种机制确保不会出现同一时间有两个有效组件做同样的工作（见图 11.19）。

控制器管理器和调度器可以和 API 服务器、etcd 搭配运行，或者也可以运行在不同的机器上。当搭配运行时，可以直接跟本地 API 服务器通信；否则就是通过负载均衡器连接到 API 服务器。

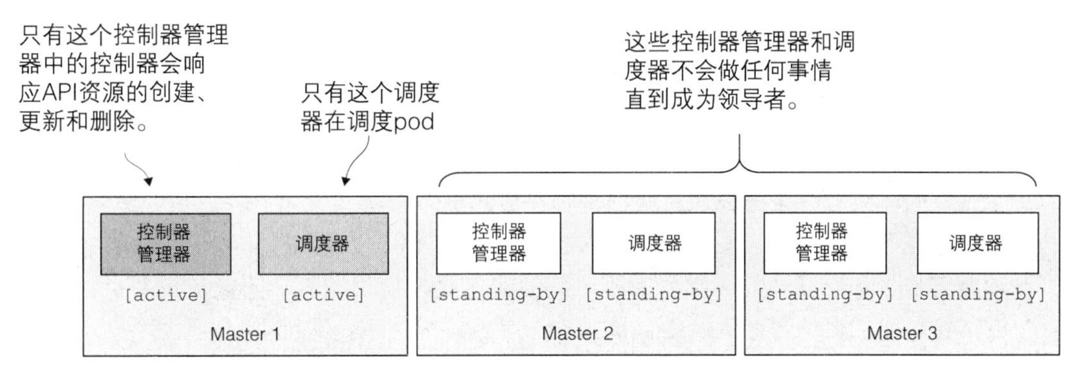

图 11.19　只有一个控制器管理器和一个调度器有效；其他的待机

控制平面组件使用的领导选举机制

我发现最有趣的是：选举领导时这些组件不需要互相通信。领导选举机制的实现方式是在 API 服务器中创建一个资源，而且甚至不是什么特殊种类的资源——Endpoint 资源就可以拿来用于达到目的（滥用更贴切一点）。

使用 Endpoint 对象来完成该工作没有什么特别之处。使用 Endpoint 对象的原因是只要没有同名 Service 存在，就没有副作用。也可以使用任何其他资源（事实上，领导选举机制不就会使用 ConfigMap 来替代 Endpoint）。

你一定对资源如何被应用于该目的感兴趣。让我们以调度器为例。所有调度器实例都会尝试创建（之后更新）一个 Endpoint 资源，称为 kube-scheduler。可以在 kube-system 命名空间中找到它，如下面的代码清单所示。

代码清单 11.11　用于领导选举的 kube-scheduler Endpoint 资源

```
$ kubectl get endpoints kube-scheduler -n kube-system -o yaml
apiVersion: v1
kind: Endpoints
metadata:
  annotations:
    control-plane.alpha.kubernetes.io/leader: '{"holderIdentity":
      "minikube","leaseDurationSeconds":15,"acquireTime":
      "2017-05-27T18:54:53Z","renewTime":"2017-05-28T13:07:49Z",
      "leaderTransitions":0}'
  creationTimestamp: 2017-05-27T18:54:53Z
  name: kube-scheduler
  namespace: kube-system
  resourceVersion: "654059"
  selfLink: /api/v1/namespaces/kube-system/endpoints/kube-scheduler
  uid: f847bd14-430d-11e7-9720-080027f8fa4e
subsets: []
```

control-plane.alpha.kubernetes.io/leader 注释是比较重要的部

分。如你所见，其中包含了一个叫作 holderIdentity 的字段，包含了当前领导者的名字。第一个成功将姓名填入该字段的实例成为领导者。实例之间会竞争，但是最终只有一个胜出。

还记得之前讨论过的乐观并发概念吗？乐观并发保证如果有多个实例尝试写名字到资源，只有一个会成功。根据是否写成功，每个实例就知道自己是否是领导者。

一旦成为领导者，必须顶起更新资源（默认每 2 秒），这样所有其他的实例就知道它是否还存活。当领导者宕机，其他实例会发现资源有一阵没被更新了，就会尝试将自己的名字写到资源中尝试成为领导者。简单吧，对吧？

11.7 本章小结

期望这么有趣的一章能够增加你对 Kubernetes 内部机制的理解。本章讲述了

- Kubernetes 由哪些组件构成，以及每个组件的责任是什么
- API 服务器、调度器、运行在控制器管理器中的各种控制器，以及 Kubelet 是如何协同工作让 pod 运行起来的
- 基础设施容器是如何将同一个 pod 的容器联系在一起的
- 相同节点上的 pod 如何通过网桥通信？不同节点上的网桥是如何连接的？运行在不同的节点上的 pod 是如何通信的？
- 如何通过配置各个节点上 iptables 规则，让 Kube-proxy 在同一服务中跨 pod 发挥负载均衡功能的。
- 控制平面每个组件的多个实例是如何运行来保证集群的高可用性的

接下来，让我们了解一下如何确保 API 服务器的安全性，乃至整个集群的安全性。

12 Kubernetes API服务器的安全防护

本章内容涵盖

- 了解认证机制
- ServiceAccounts 是什么及使用的原因
- 了解基于角色 (RBAC) 的权限控制插件
- 使用角色和角色绑定
- 使用集群角色和集群角色绑定
- 了解默认角色及其绑定

在第 8 章里学习了运行在 pod 中的应用如何与 API 服务器交互来查看和控制部署在集群中的资源状态。在上述过程中，使用挂载进 pod 中的 ServiceAccount token 和 API 服务器完成认证。在本章中，你会学习到 ServiceAccount 是什么，以及如何配置它们的权限和在集群中用到的其他产品的权限。

12.1 了解认证机制

在前面的章节中，我们讲到 API 服务器可以配置一到多个认证的插件（授权插件同样也可以）。API 服务器接收到的请求会经过一个认证插件的列表，列表中的每个插件都可以检查这个请求和尝试确定谁在发送这个请求。列表中的第一个插件可以提取请求中客户端的用户名、用户 ID 和组信息，并返回给 API 服务器。API 服务器会停止调用剩余的认证插件并继续进入授权阶段。

目前有几个认证插件是直接可用的。它们使用下列方法获取客户端的身份认证：

- 客户端证书
- 传入在 HTTP 头中的认证 token
- 基础的 HTTP 认证
- 其他

启动 API 服务器时，通过命令行选项可以开启认证插件。

12.1.1 用户和组

认证插件会返回已经认证过用户的用户名和组（多个组）。Kubernetes 不会在任何地方存储这些信息，这些信息被用来验证用户是否被授权执行某个操作。

了解用户

Kubernetes 区分了两种连接到 API 服务器的客户端。

- 真实的人（用户）
- pod（更准确地说是运行在 pod 中的应用）

这两种类型的客户端都使用了上述的认证插件进行认证。用户应该被管理在外部系统中，例如单点登录系统（SSO），但是 pod 使用一种称为 *service accounts* 的机制，该机制被创建和存储在集群中作为 ServiceAccount 资源。相反，没有资源代表用户账户，这也就意味着不能通过 API 服务器来创建、更新或删除用户。

我们不会详细讨论如何管理用户，但是会具体地探讨 ServiceAccount，因为它们对于运行中的 pod 很重要。关于如何配置集群来供用户身份认证的更多信息，集群管理员应该参考 http:// kubernetes.io/docs/admin 中的 Kubernetes 集群管理员指南。

了解组

正常用户和 ServiceAccount 都可以属于一个或多个组。我们已经讲过认证插件会连同用户名和用户 ID 返回组。组可以一次给多个用户赋予权限，而不是必须单独给用户赋予权限。

由插件返回的组仅仅是表示组名称的字符串，但是系统内置的组会有一些特殊的含义。

- `system:unauthenticated` 组用于所有认证插件都不会认证客户端身份的请求。
- `system:authenticated` 组会自动分配给一个成功通过认证的用户。
- `system:serviceaccounts` 组包含所有在系统中的 ServiceAccount。

- `system:serviceaccounts:<namespace>` 组包含了所有在特定命名空间中的 ServiceAccount。

12.1.2 ServiceAccount 介绍

接下来我们更详细地探讨 ServiceAccount。你已经了解 API 服务器要求客户端在服务器上执行操作之前对自己进行身份认证，并且你已经了解了 pod 是怎么通过发送 `/var/run/secrets/kubernetes.io/serviceaccount/token` 文件内容来进行身份认证的。这个文件通过加密卷挂载进每个容器的文件系统中。

但是那个文件具体表示了什么呢？每个 pod 都与一个 ServiceAccount 相关联，它代表了运行在 pod 中应用程序的身份证明。token 文件持有 ServiceAccount 的认证 token。应用程序使用这个 token 连接 API 服务器时，身份认证插件会对 ServiceAccount 进行身份认证，并将 ServiceAccount 的用户名传回 API 服务器内部。ServiceAccount 用户名的格式像下面这样：

```
system:serviceaccount:<namespace>:<service account name>
```

API 服务器将这个用户名传给已配置好的授权插件，这决定该应用程序所尝试执行的操作是否被 ServiceAccount 允许执行。

ServiceAccount 只不过是一种运行在 pod 中的应用程序和 API 服务器身份认证的一种方式。如前所述，应用程序通过在请求中传递 ServiceAccount token 来实现这一点。

了解 ServiceAccount 资源

ServiceAccount 就像 Pod、Secret、ConfigMap 等一样都是资源，它们作用在单独的命名空间，为每个命名空间自动创建一个默认的 ServiceAccount（你的 pod 会一直使用）。

可以像其他资源那样查看 ServiceAccount 列表：

```
$ kubectl get sa
NAME      SECRETS   AGE
default   1         1d
```

注意 `serviceaccount` 的缩写是 sa。

如你所见，当前命名空间只包含 `default` ServiceAccount，其他额外的 ServiceAccount 可以在需要时添加。每个 pod 都与一个 ServiceAccount 相关联，但是多个 pod 可以使用同一个 ServiceAccount。通过图 12.1 我们可以了解，pod 只能使用同一个命名空间中的 ServiceAccount。

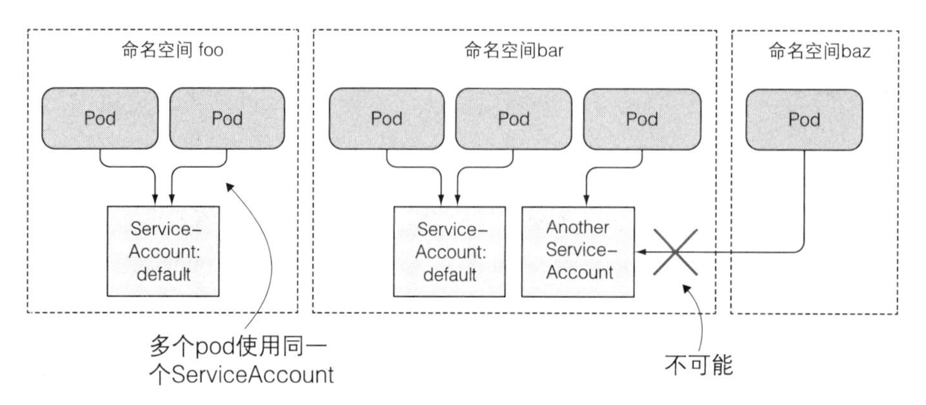

图 12.1 每个 pod 会分配一个在这个 pod 命名空间中的单一 ServiceAccount

ServiceAccount 如何和授权进行绑定

在 pod 的 manifest 文件中，可以用指定账户名称的方式将一个 ServiceAccount 赋值给一个 pod。如果不显式地指定 ServiceAccount 的账户名称，pod 会使用在这个命名空间中的默认 ServiceAccount。

可以通过将不同的 ServiceAccount 赋值给 pod 来控制每个 pod 可以访问的资源。当 API 服务器接收到一个带有认证 token 的请求时，服务器会用这个 token 来验证发送请求的客户端所关联的 ServiceAccount 是否允许执行请求的操作。API 服务器通过管理员配置好的系统级别认证插件来获取这些信息。其中一个现成的授权插件是基于角色控制的插件（RBAC），这个插件会在本章后续进行讨论。从 Kubernetes 1.6 版本开始，RBAC 插件是绝大多数集群应该使用的授权插件。

12.1.3 创建 ServiceAccount

我们已经讲过每个命名空间都拥有一个默认的 ServiceAccount，也可以在需要时创建额外的 ServiceAccount。但是为什么应该费力去创建新的 ServiceAccount 而不是对所有的 pod 都使用默认的 ServiceAccount？

显而易见的原因是集群安全性。不需要读取任何集群元数据的 pod 应该运行在一个受限制的账户下，这个账户不允许它们检索或修改部署在集群中的任何资源。需要检索资源元数据的 pod 应该运行在只允许读取这些对象元数据的 ServiceAccount 下。反之，需要修改这些对象的 pod 应该在它们自己的 ServiceAccount 下运行，这些 ServiceAccount 允许修改 API 对象。

下面让我们了解一下如何创建其他的 ServiceAccount，它们如何与密钥进行关联，以及如何将它们分配给 pod。

创建 ServiceAccount

得益于 `kubectl create serviceaccount` 命令，创建 ServiceAccount 非常容易。让我们新创建一个名为 `foo` 的 ServiceAccount：

```
$ kubectl create serviceaccount foo
serviceaccount "foo" created
```

然后如下面的代码清单所示的那样，可以使用 `describe` 命令来查看 ServiceAccount。

代码清单 12.1　使用 `kubectl describe` 命令查看 ServiceAccount

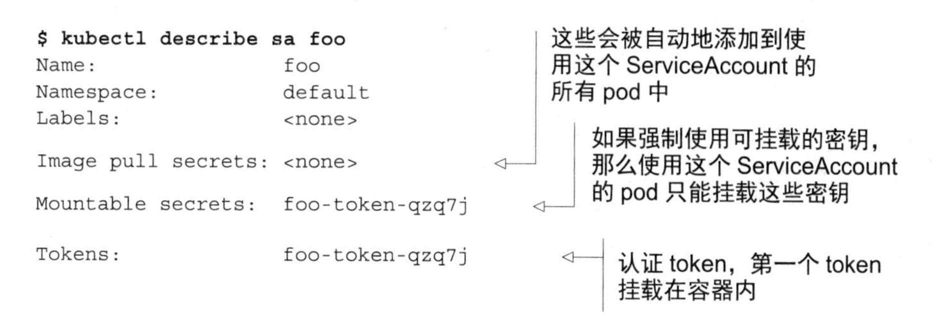
$ kubectl describe sa foo
Name: foo
Namespace: default
Labels: <none>
Image pull secrets: <none>
Mountable secrets: foo-token-qzq7j
Tokens: foo-token-qzq7j
这些会被自动地添加到使用这个 ServiceAccount 的所有 pod 中
如果强制使用可挂载的密钥，那么使用这个 ServiceAccount 的 pod 只能挂载这些密钥
认证 token，第一个 token 挂载在容器内

可以看到，我们已经创建了自定义的 token 密钥，并将它和 ServiceAccount 相关联。如果通过 `kubectl describe secret foo- token-qzq7j` 查看密钥里面的数据，如下面的代码清单所示，你会发现它包含了和默认的 ServiceAccount 相同的条目（CA 证书、命名空间和 token），当然这两个 token 本身显然是不相同的。

代码清单 12.2　查看自定义的 ServiceAccount 密钥

```
$ kubectl describe secret foo-token-qzq7j
...
ca.crt:         1066 bytes
namespace:      7 bytes
token:          eyJhbGciOiJSUzI1NiIsInR5cCI6IkpXVCJ9...
```

注意 你可能已经了解过 JSON Web Token (JWT)。ServiceAccount 中使用的身份认证 token 就是 JWT token。

了解 ServiceAccount 上的可挂载密钥

通过使用 `kubectl describe` 命令查看 ServiceAccount 时，token 会显示在可挂载密钥列表中。下面让我们来解释一下这个列表代表什么。在第 7 章中，你学会了如何创建密钥并且把它们挂载进一个 pod 里。在默认情况下，pod 可以挂载任何它需要的密钥。但是我们可以通过对 ServiceAccount 进行配置，让 pod 只允许挂载 ServiceAccount 中列出的可挂载密钥。为了开启这个功能，ServiceAccount 必须包含以下注解：`kubernetes.io/enforce-mountable-secrets="true"`。

如果 ServiceAccount 被加上了这个注解，任何使用这个 ServiceAccount 的 pod 只能挂载进 ServiceAccount 的可挂载密钥——这些 pod 不能使用其他的密钥。

了解 ServiceAccount 的镜像拉取密钥

ServiceAccount 也可以包含镜像拉取密钥的 list。这个 list 曾经在第 7 章中查看过；如果你已经不记得了，镜像拉取密钥持有从私有镜像仓库拉取容器镜像的凭证。

下面的代码清单中显示了 ServiceAccount 定义的一个例子，它包含了我们在第 7 章中创建的镜像拉取密钥。

代码清单 12.3 带有镜像拉取密钥的 ServiceAccount：sa-image-pull-secrets.yaml

```
apiVersion: v1
kind: ServiceAccount
metadata:
  name: my-service-account
imagePullSecrets:
- name: my-dockerhub-secret
```

ServiceAccount 的镜像拉取密钥和它的可挂载密钥表现有些轻微不同。和可挂载密钥不同的是，ServiceAccount 中的镜像拉取密钥不是用来确定一个 pod 可以使用哪些镜像拉取密钥的。添加到 ServiceAccount 中的镜像拉取密钥会自动添加到所有使用这个 ServiceAccount 的 pod 中。向 ServiceAccount 中添加镜像拉取密钥可以不必对每个 pod 都单独进行镜像拉取密钥的添加操作。

12.1.4 将 ServiceAccount 分配给 pod

在创建另外的 ServiceAccount 之后，需要将它们赋值给 pod。通过在 pod 定义文件中的 `spec.serviceAccountName` 字段上设置 ServiceAccount 的名称来进行分配。

注意 pod 的 ServiceAccount 必须在 pod 创建时进行设置，后续不能被修改。

创建使用自定义 ServiceAccount 的 pod

在第 8 章中部署了一个运行在基于 `tutum/curl` 镜像的容器上的 pad，并在其旁边放置了一个 ambassador 容器。我们使用它来查看 API 服务器的 REST 接口。这个 ambassador 容器会运行 `kubectl proxy` 进程，这个进程会使用 pod 的 ServiceAccount 的 token 和 API 服务器进行身份认证。

现在可以修改 pod，让 pod 使用我们几分钟前创建的 `foo` ServiceAccount。接下来的代码清单展示了这个 pod 的定义。

代码清单 12.4 使用一个非默认 ServiceAccount 的 pod：curl-custom-sa.yaml

```
apiVersion: v1
kind: Pod
metadata:
  name: curl-custom-sa
spec:
  serviceAccountName: foo          <-- 这个 pod 使用 foo ServiceAccount
  containers:                          而不是默认的 ServiceAccount
  - name: main
    image: tutum/curl
    command: ["sleep", "9999999"]
  - name: ambassador
    image: luksa/kubectl-proxy:1.6.2
```

为了确认自定义的 ServiceAccount token 已经挂载进这两个容器中，如下面的代码清单所示的那样，可以打印出这个 token 的内容。

代码清单 12.5 查看挂载进 pod 容器内的 token

```
$ kubectl exec -it curl-custom-sa -c main
➥  cat /var/run/secrets/kubernetes.io/serviceaccount/token
eyJhbGciOiJSUzI1NiIsInR5cCI6IkpXVCJ9...
```

通过对比代码清单 12.5 和 12.2 中 token 的字符串，你会发现这个 token 来自 `foo` ServiceAccount 的 token。

使用自定义的 ServiceAccount token 和 API 服务器进行通信

让我们看看是否可以使用这个 token 和 API 服务器进行通信。前面提到过，ambassador 容器在使用这个 token 和服务器进行通信，因此可以通过 ambassador 来测试这个 token，这个 ambassador 监听在 `localhost:8001` 上，如下面的代码清单所示。

代码清单 12.6 使用自定义的 ServiceAccount 和 API 服务器进行通信

```
$ kubectl exec -it curl-custom-sa -c main curl localhost:8001/api/v1/pods
{
```

```
  "kind": "PodList",
  "apiVersion": "v1",
  "metadata": {
    "selfLink": "/api/v1/pods",
    "resourceVersion": "433895"
  },
  "items": [
  ...
```

好的，我们从服务器得到了正确的响应，也就意味着自定义的 ServiceAccount 可以允许列出 pod。这可能是因为集群没有使用 RBAC 授权插件，或者按照第 8 章所讲的那样，你给了所有的 ServiceAccount 全部的权限。

如果集群没有使用合适的授权，创建和使用额外的 ServiceAccount 并没有多大意义，因为即使默认的 ServiceAccount 也允许执行任何操作。在这种情况下，使用 ServiceAccount 的唯一原因就是前面讲过的加强可挂载密钥，或者通过 ServiceAccount 提供镜像拉取密钥。

如果使用 RBAC 授权插件，创建额外的 ServiceAccount 实际上是必要的，我们会在后面讨论 RBAC 授权插件的使用。

12.2　通过基于角色的权限控制加强集群安全

从 Kubernetes 1.6.0 版本开始，集群安全性显著提高。在早期版本中，如果你设法从集群中的一个 pod 获得了身份认证 token，就可以使用这个 token 在集群中执行任何你想要的操作。如果在谷歌上搜索，可以找到演示如何使用 *path traversa*l （或者 *directory traversal*）攻击的例子 (客户端可以检索位于 Web 服务器的 Web 根目录之外的文件)。通过这种方式可以获取 token，并用这个 token 在不安全的 Kubernetes 集群中运行恶意的 pod。

但是在 Kubernetes 1.8.0 版本中，RBAC 授权插件升级为 GA (通用可用性)，并且在很多集群上默认开启 (例如，通过 kubadm 部署的集群，如附录 B 所述)。RBAC 会阻止未授权的用户查看和修改集群状态。除非你授予默认的 ServiceAccount 额外的特权，否则默认的 ServiceAccount 不允许查看集群状态，更不用说以任何方式去修改集群状态。要编写和 Kubernetes API 服务器通信的 APP (如第 8 章所讲的那样)，需要了解如何通过 RBAC 具体的资源管理授权。

注意　除了 RBAC 插件 , Kubernetes 也包含其他的授权插件，比如基于属性的访问控制插件 (ABAC)、WebHook 插件和自定义插件实现。但是，RBAC 插件是标准的。

12.2.1 介绍 RBAC 授权插件

Kubernetes API 服务器可以配置使用一个授权插件来检查是否允许用户请求的动作执行。因为 API 服务器对外暴露了 REST 接口，用户可以通过向服务器发送 HTTP 请求来执行动作，通过在请求中包含认证凭证来进行认证（认证 token、用户名和密码或者客户端证书）。

了解动作

但是有什么动作？如你所了解的，REST 客户端发送 GET、POST、PUT、DELETE 和其他类型的 HTTP 请求到特定的 URL 路径上，这些路径表示特定的 REST 资源。在 Kubernetes 中，这些资源是 Pod、Service、Secret，等等。以下是 Kubernetes 请求动作的一些例子：

- 获取 pod
- 创建服务
- 更新密钥

这些示例中的动词 (get、create、update) 映射到客户端请求的 HTTP 方法 (GET、POST、PUT) 上 (完整的映射如表 12.1 所示)。名词 (Pod、Service、Secret) 显然是映射到 Kubernetes 上的资源。

例如 RBAC 这样的授权插件运行在 API 服务器中，它会决定一个客户端是否允许在请求的资源上执行请求的动词。

表 12.1 认证动词和 HTTP 方法之间的映射关系

HTTP 方法	单一资源的动词	集合的动词
GET、HEAD	get (以及 watch 用于监听)	list (以及 watch)
POST	create	n/a
PUT	update	n/a
PATCH	patch	n/a
DELETE	delete	deletecollection

注意 额外的动词 use 用于 PodSecurityPolicy 资源，我们会在下一章进行解释。

除了可以对全部资源类型应用安全权限，RBAC 规则还可以应用于特定的资源实例 (例如，一个名为 myservice 的服务)，并且后面你会看到权限也可以应用于 non-resource（非资源）URL 路径，因为并不是 API 服务器对外暴露的每个路径都映射到一个资源 (例如 /api 路径本身或服务器健康信息在的路径 /healthz)。

了解 RBAC 插件

顾名思义，RBAC 授权插件将用户角色作为决定用户能否执行操作的关键因素。主体 (可以是一个人、一个 ServiceAccount，或者一组用户或 ServiceAccount) 和一个或多个角色相关联，每个角色被允许在特定的资源上执行特定的动词。

如果一个用户有多个角色，他们可以做任何他们的角色允许他们做的事情。如果用户的角色都没有包含对应的权限，例如，更新密钥，API 服务器会阻止用户 3 个“他的”对密钥执行 `PUT` 或 `PATCH` 请求。

通过 RBAC 插件管理授权是简单的，这一切都是通过创建四种 RBAC 特定的 Kubernetes 资源来完成的，我们会在下面学习这个过程。

12.2.2 介绍 RBAC 资源

RBAC 授权规则是通过四种资源来进行配置的，它们可以分为两个组：

- Role(角色) 和 ClusterRole（集群角色），它们指定了在资源上可以执行哪些动词。
- RoleBinding（角色绑定）和 ClusterRoleBinding（集群角色绑定），它们将上述角色绑定到特定的用户、组或 ServiceAccounts 上。

角色定义了可以做什么操作，而绑定定义了谁可以做这些操作 (如图 12.2 所示)。

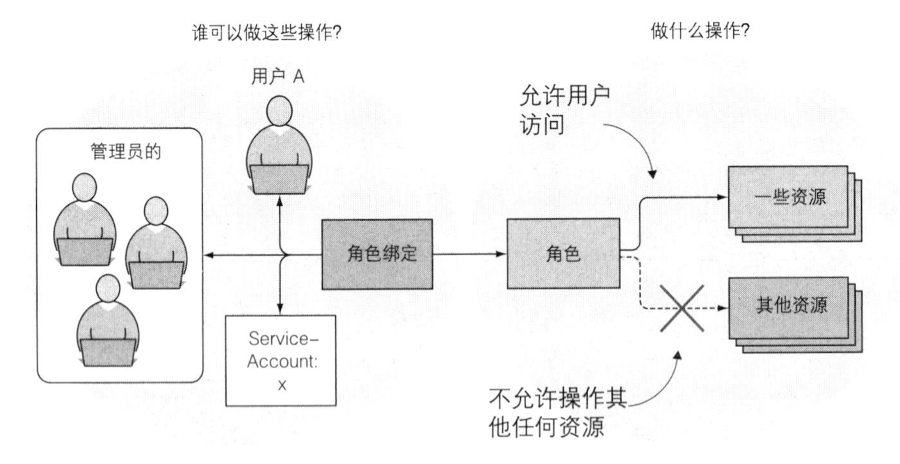

图 12.2 Role 授予权限，同时 RoleBinding 将 Role 绑定到主体上

角色和集群角色，或者角色绑定和集群角色绑定之间的区别在于角色和角色绑定是命名空间的资源，而集群角色和集群角色绑定是集群级别的资源 (不是命名空间的)，如图 12.3 所示。

从图中可以看到，多个角色绑定可以存在于单个命名空间中 (对于角色也是如此）。同样地，可以创建多个集群绑定和集群角色。图中显示的另外一件事情是，尽管角色绑定是在命名空间下的，但它们也可以引用不在命名空间下的集群角色。

学习这四种资源及其影响的最好方法就是在实践中尝试。可以现在就开始尝试。

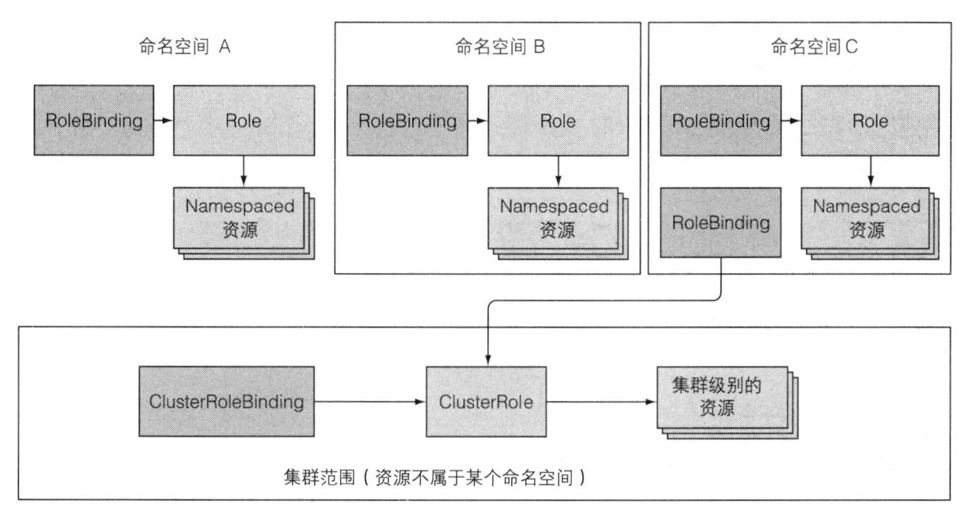

图 12.3　Role 和 RoleBinding 都在命名空间中，ClusterRole 和 ClusterRoleBinding 不在命名空间中

开始练习

在研究 RBAC 资源是怎样通过 API 服务器影响你可以执行什么操作之前，需要确定 RABC 在集群中已经开启。首先，确保使用的 Kubernetes 在 1.6 版本以上，并且 RBAC 插件是唯一的配置生效的授权插件。可以同时并行启用多个插件，如果其中一个插件允许执行某个操作，那么这个操作就会被允许。

注意 如果正在使用 GKE 1.6 或 1.7，需要在创建集群时使用 `--no-enable-legacy-authorization` 选项来显式地禁用老版本遗留的授权。如果正在使用 Minikube，可能还需要在启动 Minikube 时使用 `--extra-config=apiserver.Authorization.Mode=RBAC` 选项来启用 RBAC。

如果按照第 8 章中讲述的如何禁用 RBAC 的指令进行操作，现在通过运行下面的命令可以重新启用 RBAC:

```
$ kubectl delete clusterrolebinding permissive-binding
```

为了尝试 RBAC，就像第 8 章中所做的那样，可以运行一个 pod，通过它尝试和 API 服务器进行通信。但是这次，要在不同的命名空间运行两个 pod，用来观察每个命名空间表现出来的安全性。

在第 8 章的示例中，运行了两个容器演示一个容器中的应用如何使用另一个容器来和 API 进行服务器通信。这次要运行一个容器 (基于 kubectl-proxy 的镜像)，并且直接在容器中使用 kubectl exec 运行 curl 命令。代理会负责验证和 HTTPS，因此可以关注 API 服务器的安全性授权。

创建命名空间和运行 pod

创建一个在命名空间 foo 中的 pod 和另一个在命名空间 bar 中的 pod，如下面的代码清单所示。

代码清单 12.7 在不同的命名空间中运行测试 pod

```
$ kubectl create ns foo
namespace "foo" created
$ kubectl run test --image=luksa/kubectl-proxy -n foo
deployment "test" created
$ kubectl create ns bar
namespace "bar" created
$ kubectl run test --image=luksa/kubectl-proxy -n bar
deployment "test" created
```

集群范围（资源不属于某个命名空间）

现在打开两个命令行终端，并使用 kubectl exec 在两个 pod 中分别 (每个终端对应一个 pod 的 shell) 运行一个 shell。例如，要在命名空间 foo 中运行 pod 中的 shell，首先要获得 pod 的名称 :

```
$ kubectl get po -n foo
NAME                    READY     STATUS    RESTARTS   AGE
test-145485760-ttq36    1/1       Running   0          1m
```

然后在 kubectl exec 命令中使用这个名称 :

```
$ kubectl exec -it test-145485760-ttq36 -n foo sh
/ #
```

对于在 bar 命名空间中的 pod，在另外一个命令行终端执行同样的操作。

列出 pod 中的服务

为了验证 RBAC 是否已经开启并且阻止 pod 读取集群状态，可以使用 curl 命令来列出 foo 命名空间中的服务 :

```
/ # curl localhost:8001/api/v1/namespaces/foo/services
User "system:serviceaccount:foo:default" cannot list services in the
    namespace "foo".
```

你正在连接到 localhost:8001，这是 kubectl proxy 进程监听的地址 (如第 8 章所述)。这个进程接收到请求并将其发送到 API 服务器，同时以 foo 命名空间中默认的 ServiceAccount 进行身份认证 (从 API 服务器的响应中可以明显看出这一点)。

API 服务器响应表明 ServiceAccount 不允许列出 foo 命名空间中的服务，即使 pod 就运行在同一个命名空间中。可以看到 RBAC 插件已经起作用了。ServiceAccount 的默认权限不允许它列出或修改任何资源。下面，让我们学习如何让 ServiceAccount 做到这一点。首先，需要创建一个 Role 资源。

12.2.3 使用 Role 和 RoleBinding

Role 资源定义了哪些操作可以在哪些资源上执行 (或者如前面讲过的，哪种类型的 HTTP 请求可以在哪些 RESTful 资源上执行)。下面的代码清单定义了一个 Role，它允许用户获取并列出 foo 命名空间中的服务。

代码清单 12.8 一个 Role 的定义文件：service-reader.yaml

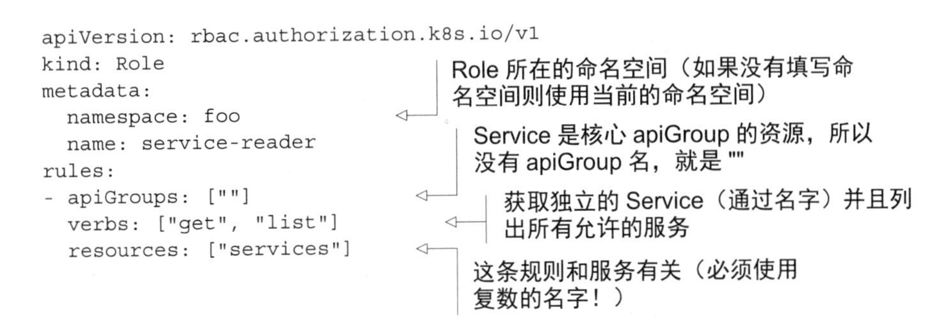

```
apiVersion: rbac.authorization.k8s.io/v1
kind: Role
metadata:
  namespace: foo
  name: service-reader
rules:
- apiGroups: [""]
  verbs: ["get", "list"]
  resources: ["services"]
```

Role 所在的命名空间（如果没有填写命名空间则使用当前的命名空间）
Service 是核心 apiGroup 的资源，所以没有 apiGroup 名，就是 ""
获取独立的 Service（通过名字）并且列出所有允许的服务
这条规则和服务有关（必须使用复数的名字！）

警告 在指定资源时必须使用复数的形式。

这个 Role 资源会在 foo 命名空间中创建出来。在第 8 章中，你了解到每个资源类型属于一个 API 组，在资源清单（manifest）的 apiVersion 字段中指定 API 组 (以及版本)。在角色定义中，需要为定义包含的每个规则涉及的资源指定 apiGroup。如果你允许访问属于不同 API 组的资源，可以使用多种规则。

注意 在本例中，你允许访问所有服务资源，但是也可以通过额外的 resourceNames 字段指定服务实例的名称来限制对服务实例的访问。

图 12.4 中显示了角色，以及它的动词和资源，还有它的命名空间。

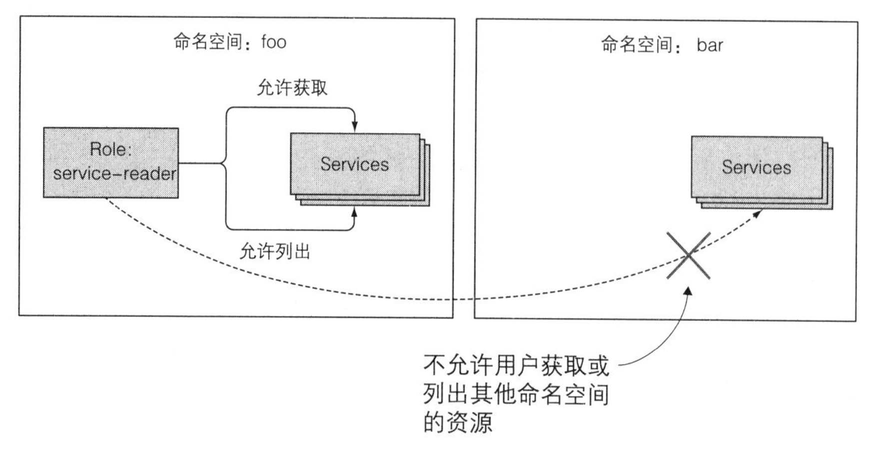

图 12.4　service-reader Role 允许获取和列出在 foo 命名空间中的服务

创建角色

现在在 foo 命名空间中创建先前讲的角色：

```
$ kubectl create -f service-reader.yaml -n foo
role "service-reader" created
```

注意　-n 选项是 --namespace 的缩写。

注意如果你正在使用 GKE，先前的命令可能因为你没有集群管理员权限而发生错误。运行下面的命令来获取这些权限：

```
$ kubectl create clusterrolebinding cluster-admin-binding
➥ --clusterrole=cluster-admin --user=your.email@address.com
```

可以使用特殊的 kubectl create role 命令创建 service-reader 角色，而不是通过 YAML 文件来创建。让我们使用这个方法来创建 bar 命名空间中的角色：

```
$ kubectl create role service-reader --verb=get --verb=list
➥ --resource=services -n bar
role "service-reader" created
```

这两个角色会允许你在两个 pod(分别在 foo 和 bar 命名空间中运行) 中列出 foo 和 bar 命名空间中的服务。但是创建了两个角色还不够 (可以执行 curl 命令来再次检查)，你需要将每个角色绑定到各自命名空间中的 ServiceAccount 上。

绑定角色到 ServiceAccount

角色定义了哪些操作可以执行，但没有指定谁可以执行这些操作。要做到这一点，必须将角色绑定一个到主体，它可以是一个 user（用户）、一个 ServiceAccount

或一个组（用户或 ServiceAccount 的组）。

通过创建一个 RoleBinding 资源来实现将角色绑定到主体。运行以下命令，可以将角色绑定到 `default` ServiceAccount:

```
$ kubectl create rolebinding test --role=service-reader
➥ --serviceaccount=foo:default -n foo
rolebinding "test" created
```

命令应该是不言自明的。你会创建一个 RoleBinding 资源，它将 `service-reader` 角色绑定到命名空间 `foo` 中的 `default` ServiceAccount 上。这个 RoleBinding 资源会被创建在命名空间 `foo` 中。RoleBinding 资源和 ServiceAccount 和角色的引用如图 12.5 所示。

注意 如果要绑定一个角色到一个 user（用户）而不是 ServiceAccount 上，使用 `--user` 作为参数来指定用户名。如果要绑定角色到组，可以使用 `--group` 参数。

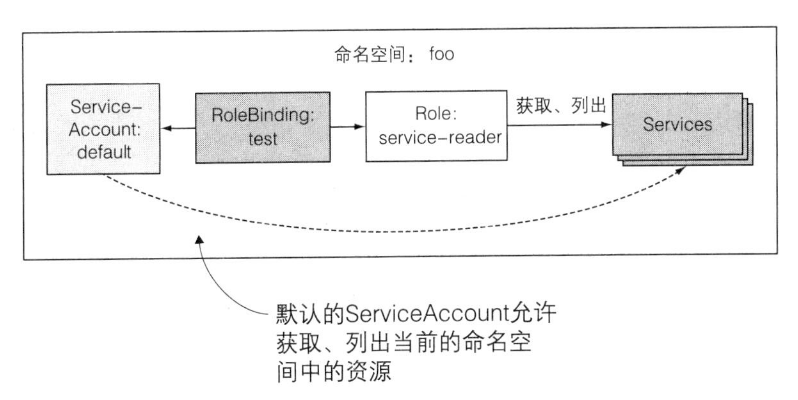

图 12.5 `test` RoleBinding 将 `default` ServiceAccount 和 `service-reader` Role 绑定

下面的代码清单显示了你创建的 RoleBinding 的 YAML 格式。

代码清单 12.9 一个 RoleBinding 引用一个 Role

```
$ kubectl get rolebinding test -n foo -o yaml
apiVersion: rbac.authorization.k8s.io/v1
kind: RoleBinding
metadata:
  name: test
  namespace: foo
  ...
roleRef:
  apiGroup: rbac.authorization.k8s.io
  kind: Role                    # 这个 RoleBinding 引用了
  name: service-reader          # service-reader Role
subjects:
```

```
- kind: ServiceAccount
  name: default
  namespace: foo
```

并且将它绑定到 foo 命名空间中的 default ServiceAccount 上

如你所见，RoleBinding 始终引用单个角色（从 roleRef 属性中可以看出），但是可以将角色绑定到多个主体（例如，一个或多个 ServiceAccount 和任意数量的用户或组）上。因为这个 RoleBinding 将角色绑定到一个 ServiceAccount 上，这个 ServiceAccount 运行在 foo 命名空间中的 pod 上，所以现在可以列出来自 pod 中的服务。

代码清单 12.10　从 API 服务器中获取服务

```
/ # curl localhost:8001/api/v1/namespaces/foo/services
{
  "kind": "ServiceList",
  "apiVersion": "v1",
  "metadata": {
    "selfLink": "/api/v1/namespaces/foo/services",
    "resourceVersion": "24906"
  },
  "items": []
}
```

item 的列表是空的，因为没有服务存在

在角色绑定中使用其他命名空间的 ServiceAccount

bar 命名空间中的 pod 不能列出自己命名空间中的服务，显然也不能列出 foo 命名空间中的服务。但是可以修改在 foo 命名空间中的 RoleBinding 并添加另一个 pod 的 ServiceAccount，即使这个 ServiceAccount 在另一个不同的命名空间中。运行下面的命令：

```
$ kubectl edit rolebinding test -n foo
```

然后对于列出的 subjects 增加下面几行，如下面的代码清单所示。

代码清单 12.11　从另一个命名空间中引用 ServiceAccount

```
subjects:
- kind: ServiceAccount
  name: default
  namespace: bar
```

引用来自 bar 命名空间中的 default ServiceAccount

现在，就可以从运行在 bar 命名空间里的 pod 中列出 foo 命名空间中的服务。运行和代码清单 12.10 中相同的命令，但是在另一个终端执行，这个终端运行另一

个 pod 的 shell。

在探讨 ClusterRole 和 ClusterRoleBinding 之前，让我们总结当前拥有的 RBAC 资源。在 foo 命名空间中有一个 RoleBinding，它引用 service-reader 角色（也在 foo 命名空间中），并且绑定 foo 和 bar 命名空间中的 default ServiceAccount，如图 12.6 所示。

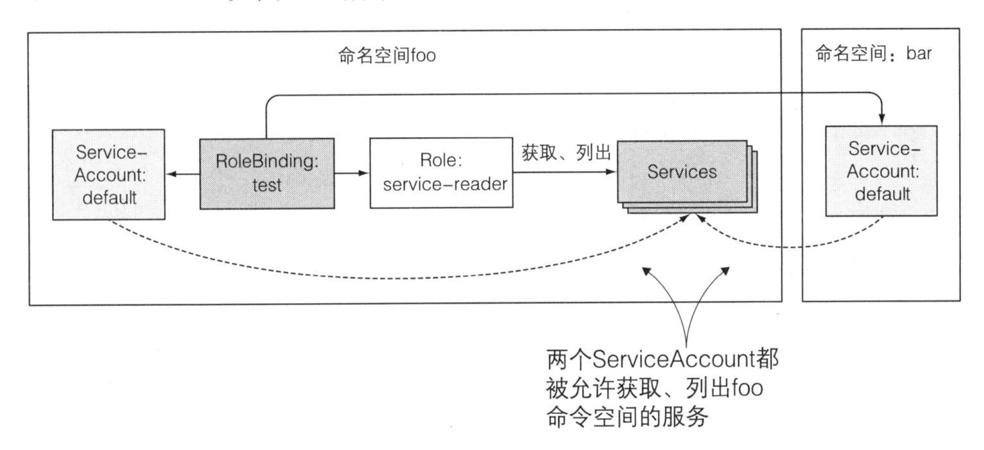

图 12.6 RoleBinding 将来自不同命名空间中的 ServiceAccount 绑定到同一个 Role

12.2.4 使用 ClusterRole 和 ClusterRoleBinding

Role 和 RoleBinding 都是命名空间的资源，这意味着它们属于和应用在一个单一的命名空间资源上。但是，如我们所见，RoleBinding 可以引用来自其他命名空间中的 ServiceAccount。

除了这些命名空间里的资源，还存在两个集群级别的 RBAC 资源：ClusterRole 和 ClusterRoleBinding，它们不在命名空间里。让我们看看为什么需要它们。

一个常规的角色只允许访问和角色在同一命名空间中的资源。如果你希望允许跨不同命名空间访问资源，就必须要在每个命名空间中创建一个 Role 和 RoleBinding。如果你想将这种行为扩展到所有的命名空间（集群管理员可能需要），需要在每个命名空间中创建相同的 Role 和 RoleBinding。当创建一个新的命名空间时，必须记住也要在新的命名空间中创建这两个资源。

正如你在整本书中了解到的，一些特定的资源完全不在命名空间中（包括 Node、PersistentVolume、Namespace，等等）。我们也提到过 API 服务器对外暴露了一些不表示资源的 URL 路径（例如 /healthz）。常规角色不能对这些资源或非资源型的 URL 进行授权，但是 ClusterRole 可以。

ClusterRole 是一种集群级资源，它允许访问没有命名空间的资源和非资源型的

URL，或者作为单个命名空间内部绑定的公共角色，从而避免必须在每个命名空间中重新定义相同的角色。

允许访问集群级别的资源

已经提到过，可以使用 ClusterRole 来允许集群级别的资源访问。让我们来了解一下如何允许 pod 列出集群中的 PersistentVolume。首先，你会创建一个叫作 `pv-reader` 的 ClusterRole:

```
$ kubectl create clusterrole pv-reader --verb=get,list
➥  --resource=persistentvolumes
clusterrole "pv-reader" created
```

这个 ClusterRole 的 YAML 格式内容展示在下面的代码清单中。

代码清单 12.12 一个 ClusterRole 的定义

```
$ kubectl get clusterrole pv-reader -o yaml
apiVersion: rbac.authorization.k8s.io/v1
kind: ClusterRole
metadata:
  name: pv-reader
  resourceVersion: "39932"
  selfLink: ...
  uid: e9ac1099-30e2-11e7-955c-080027e6b159
rules:
- apiGroups:
  - ""
  resources:
  - persistentvolumes
  verbs:
  - get
  - list
```

ClusterRole 不在命名空间内，所以没有命名空间字段

在这个例子中，这些规则完全和正常的 Role 一样

在你将这个 ClusterRole 绑定到 pod 的 ServiceAccount 之前，请验证 pod 是否可以列出 PersistentVolume。在第一个命令行终端上运行下面的命令，这个终端正在运行一个 shell，这个 shell 在 `foo` 命名空间下的 pod 内：

```
/ # curl localhost:8001/api/v1/persistentvolumes
User "system:serviceaccount:foo:default" cannot list persistentvolumes at the
     cluster scope.
```

注意 这个 URL 没有包含命名空间，因为 PersistentVolume 不在命名空间里。

和预期的一样，默认 ServiceAccount 不能列出 PersistentVolume，需要将 ClusterRole 绑定到 ServiceAccount 来允许它这样做。ClusterRole 可以通过常规的 RoleBinding（角色绑定）来和主体绑定，因此你要创建一个 RoleBinding:

```
$ kubectl create rolebinding pv-test --clusterrole=pv-reader
➥ --serviceaccount=foo:default -n foo
rolebinding "pv-test" created
```

现在你能列出 PersistentVolume 了吗？

```
/ # curl localhost:8001/api/v1/persistentvolumes
User "system:serviceaccount:foo:default" cannot list persistentvolumes at the
    cluster scope.
```

呃，这就奇怪了。让我们在下面的代码清单中检查 RoleBinding 的 YAML 内容。你能说出它有什么问题吗？

代码清单 12.13 一个 RoleBinding 引用一个 ClusterRole

```
$ kubectl get rolebindings pv-test -o yaml
apiVersion: rbac.authorization.k8s.io/v1
kind: RoleBinding
metadata:
  name: pv-test
  namespace: foo
  ...
roleRef:
  apiGroup: rbac.authorization.k8s.io
  kind: ClusterRole          这个绑定引用了 pv-reader
  name: pv-reader            ClusterRole
subjects:
- kind: ServiceAccount       这个绑定的主体是在
  name: default              foo 命名空间中的默认
  namespace: foo             ServiceAccount
```

这个 YAML 内容看起来相当正确。它正在引用正确的 ClusterRole 和正确的 ServiceAccount，如图 12.7 所示。那么有什么问题呢？

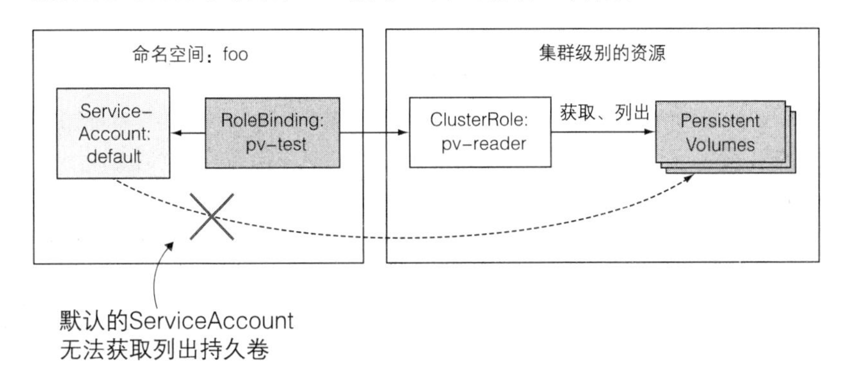

图 12.7 RoleBinding 引用了一个 ClusterRole，不会授予集群级别的资源的权限

尽管你可以创建一个 RoleBinding 并在你想开启命名空间资源的访问时引用一

个 ClusterRole，但是不能对集群级别（没有命名空间的）资源使用相同的方法。必须始终使用 ClusterRoleBinding 来对集群级别的资源进行授权访问。

幸运的是，创建一个 ClusterRoleBinding 和创建一个 RoleBinding 并没有什么太大区别，但是首先你要清理和删除 RoleBinding：

```
$ kubectl delete rolebinding pv-test
rolebinding "pv-test" deleted
```

接下来创建 ClusterRoleBinding：

```
$ kubectl create clusterrolebinding pv-test --clusterrole=pv-reader
➥ --serviceaccount=foo:default
clusterrolebinding "pv-test" created
```

如你所见，在命令中使用 `clusterrolebinding` 替换了 `rolebinding`，并且不（需要）指定命名空间。图 12.8 显示了你现在有的资源。

让我们来看一下，现在是否可以列出 PersistentVolume：

```
/ # curl localhost:8001/api/v1/persistentvolumes
{
  "kind": "PersistentVolumeList",
  "apiVersion": "v1",
...
```

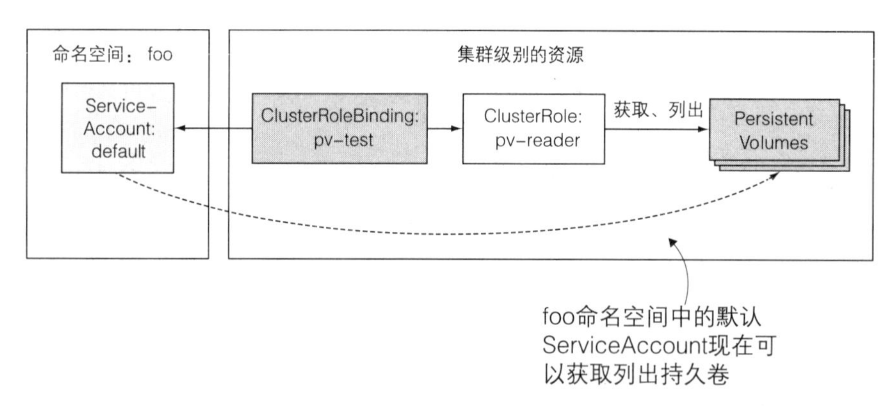

图 12.8 ClusterRoleBinding 和 ClusterRole 必须一起使用授予集群级别的资源的权限

可以了！这表明在授予集群级别的资源访问权限时，必须使用一个 ClusterRole 和一个 ClusterRoleBinding。

提示 记住一个 RoleBinding 不能授予集群级别的资源访问权限，即使它引用了一个 ClusterRoleBinding。

允许访问非资源型的 URL

我们已经提过，API 服务器也会对外暴露非资源型的 URL。访问这些 URL 也必须要显式地授予权限；否则，API 服务器会拒绝客户端的请求。通常，这个会通过 `system:discovery` ClusterRole 和相同命名的 ClusterRoleBinding 帮你自动完成，它出现在其他预定义的 ClusterRoles 和 ClusterRoleBindings 中 (我们将在 12.2.5 节讨论它们)。

让我们查看一下下面的代码清单中的 `system:discovery` ClusterRole。

代码清单 12.14 默认 `system:discovery` ClusterRole

```
$ kubectl get clusterrole system:discovery -o yaml
apiVersion: rbac.authorization.k8s.io/v1
kind: ClusterRole
metadata:
  name: system:discovery
  ...
rules:
- nonResourceURLs:
  - /api
  - /api/*
  - /apis
  - /apis/*
  - /healthz
  - /swaggerapi
  - /swaggerapi/*
  - /version
 verbs:
 - get
```

这条规则指向了非资源型的 URL 而不是资源

对于这些 URL 只有 HTTP GET 方法是被允许的

可以发现，ClusterRole 引用的是 URL 路径而不是资源 (使用的是非资源 URL 字段而不是资源字段)。`verbs` 字段只允许在这些 URL 上使用 `GET` HTTP 方法。

注意 对于非资源型 URL，使用普通的 HTTP 动词，如 `post`、`put` 和 `patch`，而不是 `create` 或 `update`。动词需要使用小写的形式指定。

和集群级别的资源一样，非资源型的 URL ClusterRole 必须与 ClusterRoleBinding 结合使用。把它们和 RoleBinding 绑定不会有任何效果。`system:discovery` ClusterRole 有一个与之对应的 system:discovery ClusterRoleBinding，所以让我们通过下面的代码清单来看看它们里面有什么。

代码清单 12.15 默认的 `system:discovery` ClusterRoleBinding

```
$ kubectl get clusterrolebinding system:discovery -o yaml
apiVersion: rbac.authorization.k8s.io/v1
kind: ClusterRoleBinding
```

```
metadata:
  name: system:discovery
  ...
roleRef:
  apiGroup: rbac.authorization.k8s.io
  kind: ClusterRole
  name: system:discovery
subjects:
- apiGroup: rbac.authorization.k8s.io
  kind: Group
  name: system:authenticated
- apiGroup: rbac.authorization.k8s.io
  kind: Group
  name: system:unauthenticated
```

ClusterRoleBinding 引用了 system:discovery ClusterRole

它将 ClusterRole 绑定到所有认证过和没有认证过的用户上

YAML 内容显示 ClusterRoleBinding 正如预期的那样指向 `system:discovery` ClusterRole。它绑定到了两个组，分别是 `system:authenticated` 和 `system:unauthenticated`，这使得它和所有用户绑定在一起。这意味着每个人都绝对可以访问列在 ClusterRole 中的 URL。

注意 组位于身份认证插件的域中。API 服务器接收到一个请求时，它会调用身份认证插件来获取用户所属组的列表，之后授权中会使用这些组的信息。

可以通过在一个 pod 内和本地机器访问 `/api` URL 路径来进行确认（通过 `kubectl proxy`，意味着你会使用 pod 的 ServiceAccount 来进行身份认证），访问 URL 时不要指定任何认证的 token（这会让你成为一个未认证的用户）。

```
$ curl https://$(minikube ip):8443/api -k
{
  "kind": "APIVersions",
  "versions": [
  ...
```

现在我们已经使用 ClusterRole 和 ClusterRoleBinding 授权访问集群级别的资源和非资源型的 URL。让我们来了解一下 ClusterRole 怎么和命名空间中的 RoleBinding 一起来授权访问 RoleBinding 的命名空间中的资源。

使用 ClusterRole 来授权访问指定命名空间中的资源

ClusterRole 不是必须一直和集群级别的 ClusterRoleBinding 捆绑使用。它们也可以和常规的有命名空间的 RoleBinding 进行捆绑。我们已经研究过预先定义好的 ClusterRole，所以让我们了解另一个名为 `view` 的 ClusterRole，如下面的代码清单所示。

代码清单 12.16　默认的 view ClusterRole

```
$ kubectl get clusterrole view -o yaml
apiVersion: rbac.authorization.k8s.io/v1
kind: ClusterRole
metadata:
  name: view
  ...
rules:
- apiGroups:
  - ""
  resources:
  - configmaps
  - endpoints
  - persistentvolumeclaims
  - pods
  - replicationcontrollers
  - replicationcontrollers/scale
  - serviceaccounts
  - services
  verbs:
  - get
  - list
  - watch
...
```

这条规则应用于这些资源上（注意：它们都是命名空间的资源）

如 ClusterRole 名称表述的那样，它只允许读操作，不能对列出的资源进行写操作

这个 ClusterRole 有很多规则。只有第一条会展示在这个代码清单中。这个规则允许 get、list 和 watch 资源，这些资源就像 ConfigMap、Endpoint、PersistentVolumeClaim，等等。这些资源是有命名空间的，即使我们正在了解的是一个 ClusterRole (它不是一个常规的、有命名空间的角色)。这个 ClusterRole 到底做了什么？

这取决于它是和 ClusterRoleBinding 还是和 RoleBinding 绑定 (可以和其中的一个进行绑定)。如果你创建了一个 ClusterRoleBinding 并在它里面引用了 ClusterRole，在绑定中列出的主体可以在所有命名空间中查看指定的资源。相反，如果你创建的是一个 RoleBinding，那么在绑定中列出的主体只能查看在 RoleBinding 命名空间中的资源。现在可以尝试使用这两个选项。

可以看到这两种方式如何影响测试 pod 列出 pod 的能力。首先，让我们了解这些绑定生效之前会发生什么：

```
/ # curl localhost:8001/api/v1/pods
User "system:serviceaccount:foo:default" cannot list pods at the cluster
    scope./ #
/ # curl localhost:8001/api/v1/namespaces/foo/pods
User "system:serviceaccount:foo:default" cannot list pods in the namespace
    "foo".
```

通过使用第一个命令，可以试着列出所有命名空间的 pod。使用第二个命令，可以试着列出在 `foo` 命名空间中的 pod。服务器都不允许你执行这些操作。

现在，让我们了解创建一个 ClusterRoleBinding 并且把它绑定到 pod 的 ServiceAccount 上时发生了什么：

```
$ kubectl create clusterrolebinding view-test --clusterrole=view
➥  --serviceaccount=foo:default
clusterrolebinding "view-test" created
```

现在这个 pod 能列出在 `foo` 命名空间中的 pod 了吗？

```
/ # curl localhost:8001/api/v1/namespaces/foo/pods
{
  "kind": "PodList",
  "apiVersion": "v1",
  ...
```

可以了！因为你创建了一个 ClusterRoleBinding，并且它应用在所有的命名空间上。通过它命名空间 `foo` 中的 pod 也可以列出 `bar` 命名空间中的 pod:

```
/ # curl localhost:8001/api/v1/namespaces/bar/pods
{
  "kind": "PodList",
  "apiVersion": "v1",
  ...
```

这个 pod 现在允许列出一个不同的命名空间中的 pod。它也可以使用 /api/v1/pods URL 路径来检索所有命名空间中的 pod。

```
/ # curl localhost:8001/api/v1/pods
{
  "kind": "PodList",
  "apiVersion": "v1",
  ...
```

正如预期的那样，这个 pod 可以获取集群中所有 pod 的列表。总之，将 ClusterRoleBinding 和 ClusterRole 结合指向命名空间的资源，允许 pod 访问任何命名空间中的资源，如图 12.9 所示。

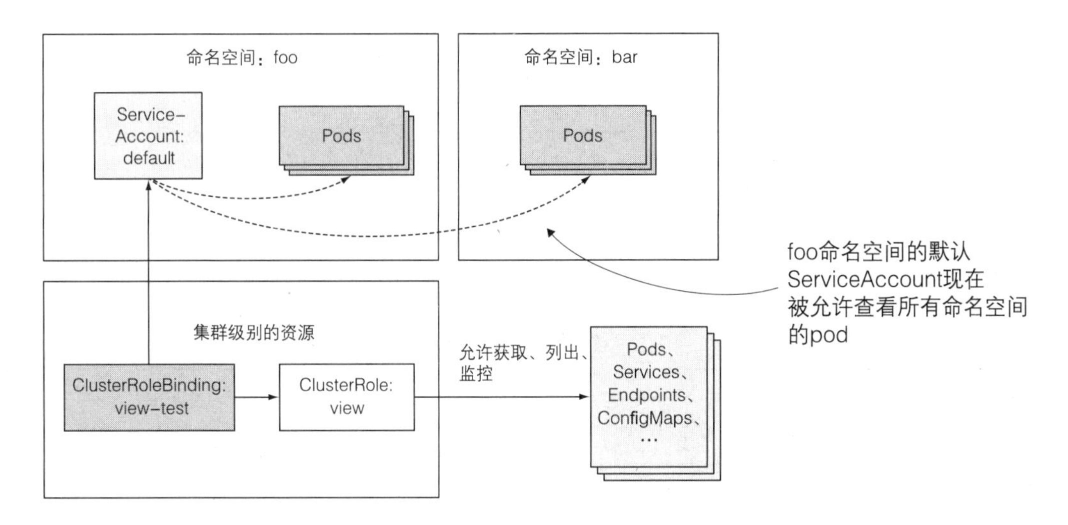

图 12.9 ClusterRoleBinding 和 ClusterRole 授予跨所有命名空间的资源权限

现在，让我们了解如果用一个 RoleBinding 替换 ClusterRoleBinding 会发生什么。首先，删除 ClusterRoleBinding:

```
$ kubectl delete clusterrolebinding view-test
clusterrolebinding "view-test" deleted
```

接下来创建一个 RoleBinding 作为替代。因为 RoleBinding 使用了命名空间，所以需要指定你希望 RoleBinding 创建在里面的命名空间。在 foo 命名空间中创建 RoleBinding:

```
$ kubectl create rolebinding view-test --clusterrole=view
➥ --serviceaccount=foo:default -n foo
rolebinding "view-test" created
```

现在在 foo 命名空间中有一个 RoleBinding，它将在同一个命名空间中的 default ServiceAccount 绑定到 view ClusterRole。现在你的 pod 可以访问什么资源？

```
/ # curl localhost:8001/api/v1/namespaces/foo/pods
{
  "kind": "PodList",
  "apiVersion": "v1",
  ...
/ # curl localhost:8001/api/v1/namespaces/bar/pods
User "system:serviceaccount:foo:default" cannot list pods in the namespace
     "bar".

/ # curl localhost:8001/api/v1/pods
User "system:serviceaccount:foo:default" cannot list pods at the cluster
     scope.
```

可以看到，这个 pod 可以列出 `foo` 命名空间中的 pod，但并不是其他特定的命名空间或者所有的命名空间都能做到，如图 12.10 所示。

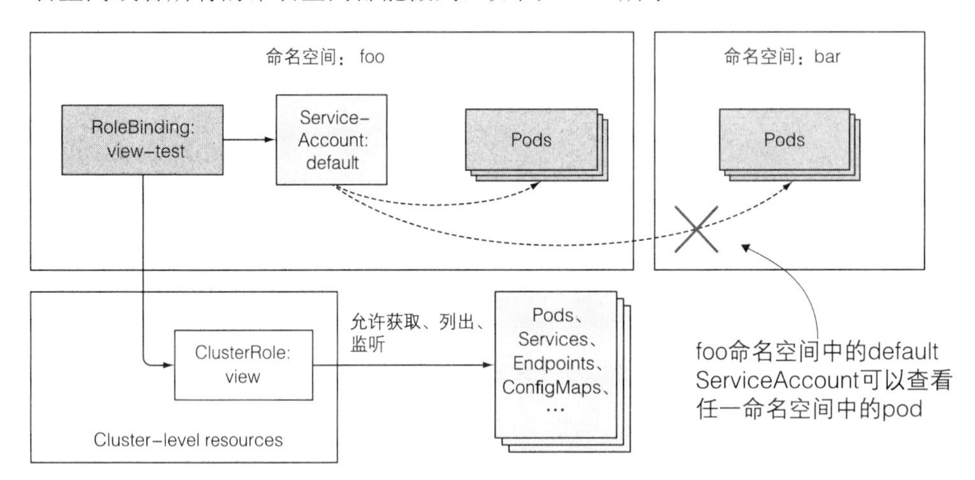

图 12.10 指向一个 ClusterRole 的 RoleBinding 只授权获取在 RoleBinding 命名空间中的资源

总结 Role、ClusterRole、Rolebinding 和 ClusterRoleBinding 的组合

我们已经介绍了许多不同的组合，可能很难记住何时去使用对应的每个组合。让我们来看看如果对所有组合按每个特定的用例进行分类会不会对记忆有帮助，参考表 12.2。

表 12.2 何时使用具体的 role 和 binding 的组合

访问的资源	使用的角色类型	使用的绑定类型
集群级别的资源 (Nodes、PersistentVolumes、……)	ClusterRole	ClusterRoleBinding
非资源型 URL (/api、/healthz、……)	ClusterRole	ClusterRoleBinding
在任何命名空间中的资源（和跨所有命名空间的资源）	ClusterRole	ClusterRoleBinding
在具体命名空间中的资源（在多个命名空间中重用这个相同的 ClusterRole）	ClusterRole	RoleBinding
在具体命名空间中的资源（Role 必须在每个命名空间中定义好）	Role	RoleBinding

希望现在这四个 RBAC 资源之间的关系更加清晰了。不要担心，如果你仍然觉得自己还没有掌握这些。在接下来的章节中，随着我们讨论预先配置好的 ClusterRole 和 ClusterRoleBinding，这些内容会变得更加清晰。

12.2.5 了解默认的 ClusterRole 和 ClusterRoleBinding

Kubernetes 提供了一组默认的 ClusterRole 和 ClusterRoleBinding，每次 API 服务

器启动时都会更新它们。这保证了在你错误地删除角色和绑定，或者 Kubernetes 的新版本使用了不同的集群角色和绑定配置时，所有的默认角色和绑定都会被重新创建。

可以在下面的代码清单中看到默认的集群角色和绑定。

代码清单 12.17 列出所有 ClusterRoleBinding 和 ClusterRole

```
$ kubectl get clusterrolebindings
NAME                                           AGE
cluster-admin                                  1d
system:basic-user                              1d
system:controller:attachdetach-controller      1d
...
system:controller:ttl-controller               1d
system:discovery                               1d
system:kube-controller-manager                 1d
system:kube-dns                                1d
system:kube-scheduler                          1d
system:node                                    1d
system:node-proxier                            1d

$ kubectl get clusterroles
NAME                                           AGE
admin                                          1d
cluster-admin                                  1d
edit                                           1d
system:auth-delegator                          1d
system:basic-user                              1d
system:controller:attachdetach-controller      1d
...
system:controller:ttl-controller               1d
system:discovery                               1d
system:heapster                                1d
system:kube-aggregator                         1d
system:kube-controller-manager                 1d
system:kube-dns                                1d
system:kube-scheduler                          1d
system:node                                    1d
system:node-bootstrapper                       1d
system:node-problem-detector                   1d
system:node-proxier                            1d
system:persistent-volume-provisioner           1d
view                                           1d
```

`view`、`edit`、`admin` 和 `cluster-admin` ClusterRole 是最重要的角色，它们应该绑定到用户定义 pod 中的 ServiceAccount 上。

用 view ClusterRole 允许对资源的只读访问

在前面的例子中，我们已经使用了默认的 `view` ClusterRole。它允许读取一个命名空间中的大多数资源，除了 Role、RoleBinding 和 Secret。你可能会想为什么 Secrets 不能被读取？因为 Secrets 中的某一个可能包含一个认证 token，它比定义在 `view` ClusterRole 中的资源有更大的权限，并且允许用户伪装成不同的用户来获取额外的权限（权限扩散）。

用 edit ClusterRole 允许对资源的修改

接下来是 `edit` ClusterRole，它允许你修改一个命名空间中的资源，同时允许读取和修改 Secret。但是，它也不允许查看或修改 Role 和 RoleBinding，这是为了防止权限扩散。

用 admin ClusterRole 赋予一个命名空间全部的控制权

一个命名空间中的资源的完全控制权是由 `admin` ClusterRole 赋予的。有这个 ClusterRole 的主体可以读取和修改命名空间中的任何资源，除了 ResourceQuota（我们会在第 14 章中了解它是什么）和命名空间资源本身。`edit` 和 `admin` ClusterRole 之间的主要区别是能否在命名空间中查看和修改 Role 和 RoleBinding。

注意 为了防止权限扩散，API 服务器只允许用户在已经拥有一个角色中列出的所有权限（以及相同范围内的所有权限）的情况下，创建和更新这个角色。

用 cluster-admin ClusterRole 得到完全的控制

通过将 `cluster-admin` ClusterRole 赋给主体，主体可以获得 Kubernetes 集群完全控制的权限。正如你前面了解的那样，`admin` ClusterRole 不允许用户修改命名空间的 ResourceQuota 对象或者命名空间资源本身。如果你想允许用户这样做，需要创建一个指向 `cluster-admin` ClusterRole 的 RoleBinding。这使得 RoleBinding 中包含的用户能够完全控制创建 RoleBinding 所在命名空间上的所有方面。

如果你留心观察，可能已经知道如何授予用户一个集群中所有命名空间的完全控制权。就是通过在 ClusterRoleBinding 而不是 RoleBinding 中引用 `cluster-admin` ClusterRole。

了解其他默认的 ClusterRole

默认的 ClusterRole 列表包含了大量其他的 ClusterRole，它们以 `system:` 为前缀。这些角色用于各种 Kubernetes 组件中。在它们之中，可以找到如 `system:kube-scheduler` 之类的角色，它明显是给调度器使用的，`system:node` 是给 Kubelets 组件使用的，等等。

虽然 Controller Manager 作为一个独立的 pod 来运行，但是在其中运行的每个控制器都可以使用单独的 ClusterRole 和 ClusterRoleBinding（它们以 `system:`

Controller: 为前缀)。

这些系统的每个ClusterRole都有一个匹配的ClusterRoleBinding，它会绑定到系统组件用来身份认证的用户上。例如，system:kube-scheduler ClusterRoleBinding将名称相同的ClusterRole分配给system:kube-scheduler用户，它是调度器作为身份认证的用户名。

12.2.6 理性地授予权限

在默认情况下，命名空间中的默认ServiceAccount除了未经身份验证的用户没有其他权限(你可能记得前面的示例之一，system:discovery ClusterRole和相关联的绑定允许任何人对一些非资源型的URL发送GET请求)。因此，在默认情况下，pod甚至不能查看集群状态。应该授予它们适当的权限来做这些操作。

显然，将所有的ServiceAccounts赋予cluster-admin ClusterRole是一个坏主意。和安全问题一样，我们最好只给每个人提供他们工作所需要的权限，一个单独权限也不能多(最小权限原则)。

为每个pod创建特定的ServiceAccount

一个好的想法是为每一个pod(或一组pod的副本)创建一个特定ServiceAccount，并且把它和一个定制的Role(或ClusterRole)通过RoleBinding联系起来(不是ClusterRoleBinding, 因为这样做会给其他命名空间的pod对资源的访问权限,这可能不是你想要的)。

如果你的一个pod(应用程序在它内部运行)只需要读取pod, 而其他的pod也需要修改它们,然后创建两个不同的ServiceAccount，并且让这些pod通过指定在pod spec中的serviceAccountName属性来进行使用,和你在本章的第一部分了解的那样。不要将这两个pod所需的所有必要权限添加到命名空间中的默认ServiceAccount上。

假设你的应用会被入侵

你的目标是减少入侵者获得集群控制的可能性。现在复杂的应用程序会包含很多的漏洞，你应该期望不必要的用户最终获得ServiceAccount的身份认证token。因此你应该始终限制ServiceAccount，以防止它们造成任何实际的伤害。

12.3 本章小结

本章介绍了如何对Kubernetes API服务器进行安全防护的基础知识。你已经了解了下面这几点：

- API 服务器的客户端有真实的用户和 pod 中运行的应用。
- pod 中的应用与一个 ServiceAccount 关联。
- 用户和 ServiceAccount 都与组进行关联。
- 在默认情况下，pod 运行在每个命名空间自动创建的默认 ServiceAccount 下。
- 额外的 ServiceAccount 可以手动创建，并且和一个 pod 关联。
- ServiceAccount 通过配置可以允许只挂载给定 pod 中受限的 Secret 列表。
- 一个 ServiceAccount 也可以用来给 pod 添加镜像拉取密钥，因此你就不需要在每个 pod 里指定密钥了。
- Role 和 ClusterRole 定义了可以在哪些资源上执行什么操作。
- RoleBinding 和 ClusterRoleBinding 将 Role 和 ClusterRole 绑定给用户、组和 ServiceAccount.
- 每个集群都有默认的 ClusterRole 和 ClusterRoleBinding。

在下一章中，你会学习如何保护集群节点不受 pod 影响，以及如何通过网络安全防护将 pod 隔离开。

第13章 保障集群内节点和网络安全

本章内容涵盖

- 在 pod 中使用宿主节点的默认 Linux 命名空间
- 以不同用户身份运行容器
- 运行特权容器
- 添加或禁用容器的内核功能
- 定义限制 pod 行为的安全策略
- 保障 pod 的网络安全

在第 12 章中，我们谈到了如何保障 API 服务器的安全。如果攻击者获得了访问 API 服务器的权限，他们可以通过在容器镜像中打包自己的代码并在 pod 中运行来做任何事。但是这样做真的能够造成损害吗？容器不是与同一宿主节点上的其他容器隔离开来的吗？

并不一定。本章将会介绍如何允许 pod 访问所在宿主节点的资源。本章还会介绍如何配置集群，使得用户不能通过 pod 在集群中为所欲为。本章的最后将会介绍如何保障 pod 间通信的网络的安全。

13.1 在pod中使用宿主节点的Linux命名空间

pod 中的容器通常在分开的 Linux 命名空间中运行。这些命名空间将容器中的进程与其他容器中，或者宿主机默认命名空间中的进程隔离开来。

例如，每一个 pod 有自己的 IP 和端口空间，这是因为它拥有自己的网络命名空间。类似地，每一个 pod 拥有自己的进程树，因为它有自己的 PID 命名空间。同样地，pod 拥有自己的 IPC 命名空间，仅允许同一 pod 内的进程通过进程间通信（Inter Process Communication, 简称 IPC）机制进行交流。

13.1.1 在 pod 中使用宿主节点的网络命名空间

部分 pod（特别是系统 pod）需要在宿主节点的默认命名空间中运行，以允许它们看到和操作节点级别的资源和设备。例如，某个 pod 可能需要使用宿主节点上的网络适配器，而不是自己的虚拟网络设备。这可以通过将 pod spec 中的 `hostNetwork` 设置为 `true` 实现。

如图 13.1 所示，在这种情况下，这个 pod 可以使用宿主节点的网络接口，而不是拥有自己独立的网络。这意味着这个 pod 没有自己的 IP 地址；如果这个 pod 中的某一进程绑定了某个端口，那么该进程将被绑定到宿主节点的端口上。

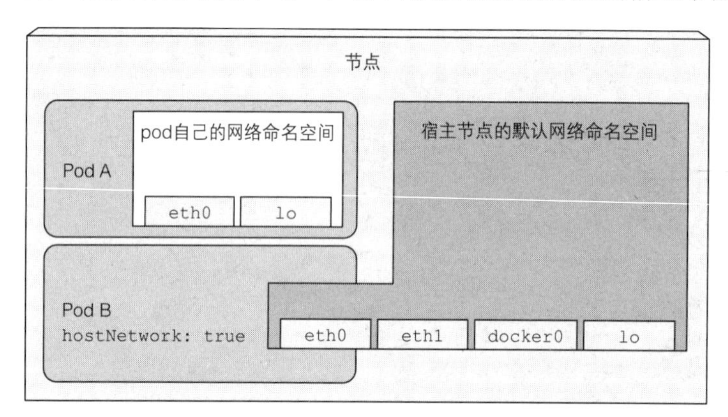

图 13.1 一个配置了 `hostNetwork:true` 的 pod 使用宿主节点的网络接口，而不是它自己的

可以尝试运行一个这样的 pod。以下的代码清单展示了此种 pod 的一个例子。

代码清单 13.1 一个使用宿主节点默认的网络命名空间的 pod：pod-with-host-network.yaml

```
apiVersion: v1
kind: Pod
metadata:
  name: pod-with-host-network
```

```
spec:
  hostNetwork: true          <-- 使用宿主节点的网络
  containers:                    命名空间
  - name: main
    image: alpine
    command: ["/bin/sleep", "999999"]
```

在运行了这个 pod 之后，可以用如下的命令来验证它确实使用了宿主节点的网络命名空间（例如，它可以看到宿主节点上所有的网络接口）。

代码清单 13.2 使用宿主机网络命名空间的 pod 网络

```
$ kubectl exec pod-with-host-network ifconfig
docker0   Link encap:Ethernet  HWaddr 02:42:14:08:23:47
          inet addr:172.17.0.1  Bcast:0.0.0.0  Mask:255.255.0.0
          ...

eth0      Link encap:Ethernet  HWaddr 08:00:27:F8:FA:4E
          inet addr:10.0.2.15  Bcast:10.0.2.255  Mask:255.255.255.0
          ...

lo        Link encap:Local Loopback
          inet addr:127.0.0.1  Mask:255.0.0.0
          ...

veth1178d4f Link encap:Ethernet  HWaddr 1E:03:8D:D6:E1:2C
          inet6 addr: fe80::1c03:8dff:fed6:e12c/64 Scope:Link
          UP BROADCAST RUNNING MULTICAST  MTU:1500  Metric:1
...
```

Kubernetes 控制平面组件通过 pod 部署时（例如，像附录 B 中那样使用 kubeadm 部署 Kubernetes 集群），这些 pod 都会使用 hostNetwork 选项，让它们的行为与不在 pod 中运行时相同。

13.1.2 绑定宿主节点上的端口而不使用宿主节点的网络命名空间

一个与此有关的功能可以让 pod 在拥有自己的网络命名空间的同时，将端口绑定到宿主节点的端口上。这可以通过配置 pod 的 spec.containers.ports 字段中某个容器某一端口的 hostPort 属性来实现。

不要混淆使用 hostPort 的 pod 和通过 NodePort 服务暴露的 pod。如图 13.2 所示，它们是不同的。

在图中首先注意到的是，对于一个使用 hostPort 的 pod，到达宿主节点的端口的连接会被直接转发到 pod 的对应端口上；然而在 NodePort 服务中，到达宿主节点的端口的连接将被转发到随机选取的 pod 上（这个 pod 可能在其他节点上）。另外一个区别是，对于使用 hostPort 的 pod，仅有运行了这类 pod 的节点会绑定对应的端口；而 NodePort 类型的服务会在所有的节点上绑定端口，即使这个节点上没有运行对应的 pod（如图中所示的节点 3）。

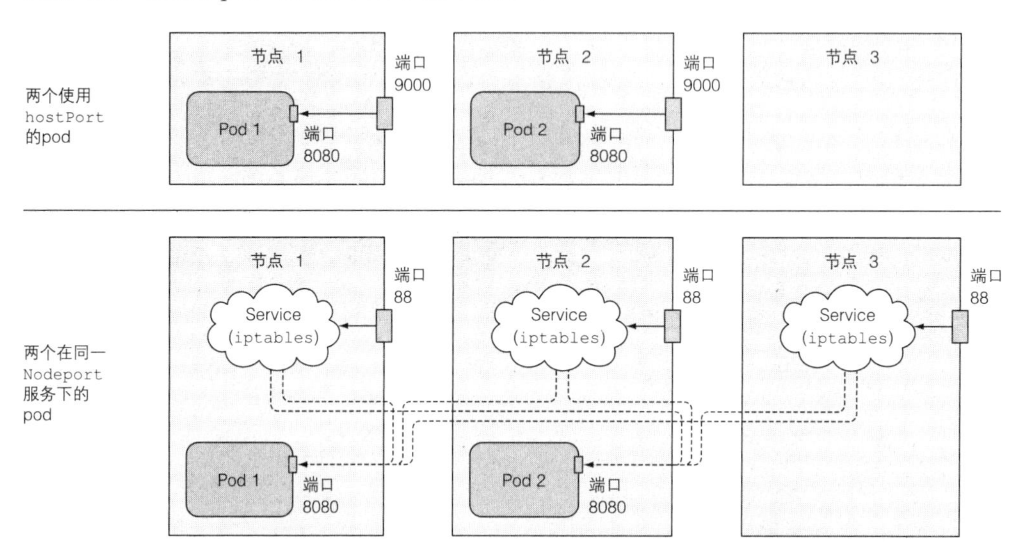

图 13.2 使用 hostPort 的 pod 和通过 NodePort 服务暴露的 pod 的区别

很重要的一点是，如果一个 pod 绑定了宿主节点上的一个特定端口，每个宿主节点只能调度一个这样的 pod 实例，因为两个进程不能绑定宿主机上的同一个端口。调度器在调度 pod 时会考虑这一点，所以它不会把两个这样的 pod 调度到同一个节点上，如图 13.3 所示。如果要在 3 个节点上部署 4 个这样的 pod 副本，只有 3 个副本能够成功部署（剩余 1 个 pod 保持 Pending 状态）。

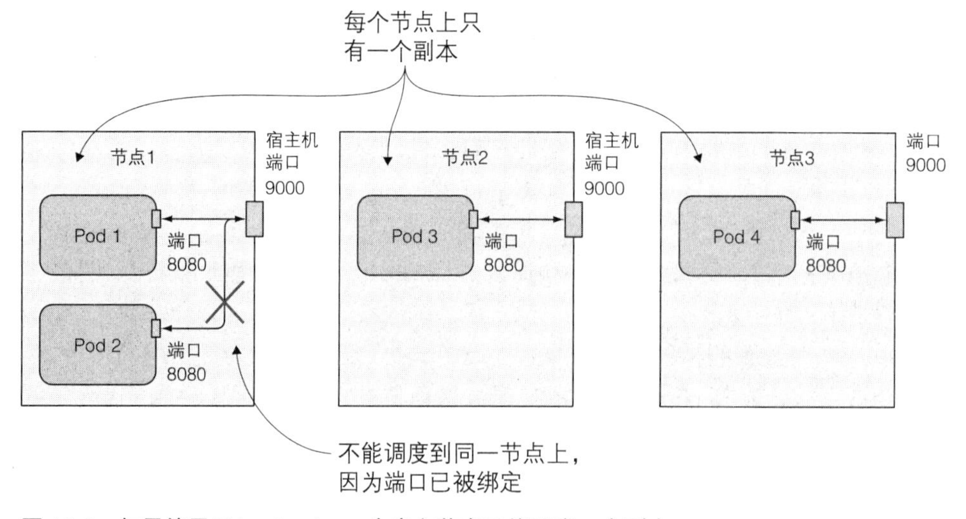

图 13.3 如果使用了 hostport，一个宿主节点只能调度一个副本

如何在 pod 的 YAML 定义文件中定义 hostPort 选项。以下代码清单展示了一个运行 kubia pod，并将该 pod 绑定到宿主机的 9000 端口的 YAML 描述文件。

代码清单 13.3 将 pod 中的一个端口绑定到宿主节点默认网络命名空间的端口：kubia-hostport.yaml

```
apiVersion: v1
kind: Pod
metadata:
  name: kubia-hostport
spec:
  containers:
  - image: luksa/kubia
    name: kubia
    ports:
    - containerPort: 8080    <-- 该容器可以通过 pod IP 的 8080 端口访问
      hostPort: 9000         <-- 它也可以通过所在节点的 9000 端口访问
      protocol: TCP
```

创建这个 pod 之后，可以通过它所在节点的 9000 端口访问这个 pod。有多个宿主节点时，并不能通过其他宿主节点的同一端口访问该 pod。

注意 在 GKE 中运行时，需要按照第 5 章描述的方法，正确使用 gcloud compute firewall-rules 配置防火墙。

hostPort 功能最初是用于暴露通过 DeamonSet 部署在每个节点上的系统服务的。最初，这个功能也用于保证一个 pod 的两个副本不被调度到同一节点上，但是现在有更好的方法来实现这一需求。这种方法将在第 16 章中介绍。

13.1.3 使用宿主节点的 PID 与 IPC 命名空间

pod spec 中的 hostPID 和 hostIPC 选项与 hostNetwork 相似。当它们被设置为 true 时，pod 中的容器会使用宿主节点的 PID 和 IPC 命名空间，分别允许它们看到宿主机上的全部进程，或通过 IPC 机制与它们通信。以下代码清单是一个使用 hostPID 和 hostIPC 的 pod 的例子。

代码清单 13.4 使用宿主节点的 PID 和 IPC 命名空间：pod-with-host-pid-and-ipc.yaml

```
apiVersion: v1
kind: Pod
metadata:
  name: pod-with-host-pid-and-ipc
spec:
  hostPID: true    <-- 你希望这个 pod 使用宿主节点的 PID 命名空间
```

```
hostIPC: true
containers:
- name: main
  image: alpine
  command: ["/bin/sleep", "999999"]
```

同样地，你希望 pod 使用宿主节点的 IPC 命名空间。

pod 中通常只能看到自己内部的进程，但在这个 pod 的容器中列出进程，可以看到宿主机上的所有进程，而不仅仅是容器内的进程，就如同以下的代码清单所示。

代码清单 13.5　配置 hostPID:true 的 pod 内可见的进程列表

```
$ kubectl exec pod-with-host-pid-and-ipc ps aux
PID   USER     TIME   COMMAND
    1 root       0:01 /usr/lib/systemd/systemd --switched-root --system ...
    2 root       0:00 [kthreadd]
    3 root       0:00 [ksoftirqd/0]
    5 root       0:00 [kworker/0:0H]
    6 root       0:00 [kworker/u2:0]
    7 root       0:00 [migration/0]
    8 root       0:00 [rcu_bh]
    9 root       0:00 [rcu_sched]
   10 root       0:00 [watchdog/0]
...
```

将 hostIPC 设置为 true，pod 中的进程就可以通过进程间通信机制与宿主机上的其他所有进程进行通信。

13.2　配置节点的安全上下文

除了让 pod 使用宿主节点的 Linux 命名空间，还可以在 pod 或其所属容器的描述中通过 security-Context 选项配置其他与安全性相关的特性。这个选项可以运用于整个 pod，或者每个 pod 中单独的容器。

了解安全上下文中可以配置的内容

配置安全上下文可以允许你做很多事：

- 指定容器中运行进程的用户（用户 ID）。
- 阻止容器使用 root 用户运行（容器的默认运行用户通常在其镜像中指定，所以可能需要阻止容器以 root 用户运行）。
- 使用特权模式运行容器，使其对宿主节点的内核具有完全的访问权限。
- 与以上相反，通过添加或禁用内核功能，配置细粒度的内核访问权限。
- 设置 SELinux（Security Enhaced Linux，安全增强型 Linux）选项，加强对容器的限制。

- 阻止进程写入容器的根文件系统。

以下内容将开始探索这些选项的细节。

运行 pod 而不配置安全上下文

首先，运行一个没有任何安全上下文配置的 pod（不指定任何安全上下文选项），与配置了安全上下文的 pod 形成对照：

```
$ kubectl run pod-with-defaults --image alpine --restart Never
➥   -- /bin/sleep 999999
pod "pod-with-defaults" created
```

来看一看这个容器中的用户 ID 和组 ID，以及它所属的用户组。这可以通过在容器中运行 id 命令查看。

```
$ kubectl exec pod-with-defaults id
uid=0(root) gid=0(root) groups=0(root), 1(bin), 2(daemon), 3(sys), 4(adm),
     6(disk), 10(wheel), 11(floppy), 20(dialout), 26(tape), 27(video)
```

这个容器在用户 ID（uid）为 0 的用户，即 root，用户组 ID（gid）为 0（同样是 root）的用户组下运行。它同样还属于一些其他的用户组。

注意 容器运行时使用的用户在镜像中指定。在 Dockerfile 中，这是通过使用 USER 命令实现的。如果该命令被省略，容器将使用 root 用户运行。

现在来运行一个使用特定用户运行容器的 pod。

13.2.1 使用指定用户运行容器

为了使用一个与镜像中不同的用户 ID 来运行 pod，需要设置该 pod 的 securityContext.runAsUser 选项。可以通过以下代码清单来运行一个使用 guest 用户运行的容器，该用户在 alpine 镜像中的用户 ID 为 405。

代码清单 13.6 使用特定用户运行容器：pod-as-user-guest.yaml

```
apiVersion: v1
kind: Pod
metadata:
  name: pod-as-user-guest
spec:
  containers:
  - name: main
    image: alpine
    command: ["/bin/sleep", "999999"]
    securityContext:
      runAsUser: 405      <-- 你需要指明一个用户 ID，而不是用户名（id 405 对应 guest 用户）
```

现在可以像之前一样在pod中运行 id 命令，查看 runAsUser 选项的效果：

```
$ kubectl exec pod-as-user-guest id
uid=405(guest) gid=100(users)
```

与要求的一样，该容器在 guest 用户下运行。

13.2.2 阻止容器以 root 用户运行

如果你不关心容器是哪个用户运行的，只是希望阻止以 root 用户运行呢？

假设有一个已经部署好的pod，它使用一个在Dockerfile中使用 USER daemon 命令制作的镜像，使其在daemon用户下运行。如果攻击者获取了访问镜像仓库的权限，并上传了一个标签完全相同，在root用户下运行的镜像，会发生什么？当Kubernetes的调度器运行该pod的新实例时，kubelet会下载攻击者的镜像，并运行该镜像中的任何代码。

虽然容器与宿主节点基本上是隔离的，使用root用户运行容器中的进程仍然是一种不好的实践。例如，当宿主节点上的一个目录被挂载到容器中时，如果这个容器中的进程使用了root用户运行，它就拥有该目录的完整访问权限；如果用非root用户运行，则没有完整权限。

为了防止以上的攻击场景发生，可以进行配置，使得pod中的容器以非root用户运行，如以下的代码清单所示。

代码清单 13.7 阻止容器使用 root 用户运行：pod-run-as-non-root.yaml

```
apiVersion: v1
kind: Pod
metadata:
  name: pod-run-as-non-root
spec:
  containers:
  - name: main
    image: alpine
    command: ["/bin/sleep", "999999"]
    securityContext:
      runAsNonRoot: true
```

这个容器只允许以非root用户运行

部署这个pod之后，它会被成功调度，但是不允许运行：

```
$ kubectl get po pod-run-as-non-root
NAME                 READY  STATUS
pod-run-as-non-root  0/1    container has runAsNonRoot and image will run
                            ➥ as root
```

现在，即使攻击者篡改了镜像，他们也无法做出进一步的破坏。

13.2.3　使用特权模式运行 pod

有时 pod 需要做它们的宿主节点上能够做的任何事，例如操作被保护的系统设备，或使用其他在通常容器中不能使用的内核功能。

这种 pod 的一个样例就是 kube-proxy pod，该 pod 需要像第 11 章中描述的那样，修改宿主机的 iptables 规则来让 Kubernetes 中的服务规则生效。当按照附录 B，使用 kubeadm 部署集群时，你会看到每个节点上都运行了 kube-proxy pod，并且可以查看 YAML 描述文件中所有使用到的特殊特性。

为获取宿主机内核的完整权限，该 pod 需要在特权模式下运行。这可以通过将容器的 securityContext 中的 privileged 设置为 true 实现。可以通过以下代码清单中的 YAML 文件创建一个特权模式的 pod。

代码清单 13.8　一个带有特权容器的 pod：pod-privileged.yaml

```
apiVersion: v1
kind: Pod
metadata:
  name: pod-privileged
spec:
  containers:
  - name: main
    image: alpine
    command: ["/bin/sleep", "999999"]
    securityContext:
      privileged: true        # 这个容器将在特权模式下运行
```

部署这个 pod，然后与之前部署的非特权模式的 pod 做对比。

熟悉 Linux 的读者会知道 Linux 中有一个叫作 /dev 的特殊目录，该目录包含系统中所有设备对应的设备文件。这些文件不是磁盘上的常规文件，而是用于与设备通信的特殊文件。通过列出 /dev 目录下文件的方式查看先前部署的非特权模式容器（名为 pod-with-defaults 的 pod）中的设备，如以下代码清单所示。

代码清单 13.9　非特权 pod 可用的设备列表

```
$ kubectl exec -it pod-with-defaults ls /dev
core              null              stderr            urandom
fd                ptmx              stdin             zero
full              pts               stdout
fuse              random            termination-log
mqueue            shm               tty
```

这个相当短的列表已经列出了全部的设备，将这个列表与下面的列表比较。下面的列表列出了在特权 pod 中能看到的特权设备。

代码清单 13.10 特权 pod 可用的设备列表

```
$ kubectl exec -it pod-privileged ls /dev
autofs              snd              tty46
bsg                 sr0              tty47
btrfs-control       stderr           tty48
core                stdin            tty49
cpu                 stdout           tty5
cpu_dma_latency     termination-log  tty50
fd                  tty              tty51
full                tty0             tty52
fuse                tty1             tty53
hpet                tty10            tty54
hwrng               tty11            tty55
...                 ...              ...
```

由于完整的设备列表过长，以上没有完整列出所有的设备，但这已经足以证明这个设备列表远远长于之前的列表。事实上，特权模式的 pod 可以看到宿主节点上的所有设备。这意味着它可以自由使用任何设备。

举个例子，如果要在树莓派上运行一个 pod，用这个 pod 来控制相连的 LED，那么必须使用特权模式运行这个 pod。

13.2.4 为容器单独添加内核功能

上一节中已经介绍了一种给予容器无限力量的方法。过去，传统的 UNIX 实现只区分特权和非特权进程，但是经过多年的发展，Linux 已经可以通过内核功能支持更细粒度的权限系统。

相比于让容器运行在特权模式下以给予其无限的权限，一个更加安全的做法是只给予它使用真正需要的内核功能的权限。Kubernetes 允许为特定的容器添加内核功能，或禁用部分内核功能，以允许对容器进行更加精细的权限控制，限制攻击者潜在侵入的影响。

例如，一个容器通常不允许修改系统时间（硬件时钟的时间）。可以通过在 `pod-with-defaults` pod 中修改设定时间来验证：

```
$ kubectl exec -it pod-with-defaults -- date +%T -s "12:00:00"
date: can't set date: Operation not permitted
```

如果需要允许容器修改系统时间，可以在容器的 `capbilities` 里 add 一项名为 `CAP_SYS_TIME` 的功能，如以下代码清单所示。

代码清单 13.11 添加 CAP_SYS_TIME 功能：pod-add-settime-capability.yaml

```
apiVersion: v1
kind: Pod
metadata:
  name: pod-add-settime-capability
spec:
  containers:
  - name: main
    image: alpine
  command: ["/bin/sleep", "999999"]
  securityContext:
    capabilities:
      add:
      - SYS_TIME
```

在 securityContext 中添加或禁用内核功能

在这里添加了 SYS_TIME 功能

注意 Linux 内核功能的名称通常以 CAP_ 开头。但在 pod spec 中指定内核功能时，必须省略 CAP_ 前缀。

在新的容器中运行同样的命令，可以成功修改系统时间：

```
$ kubectl exec -it pod-add-settime-capability -- date +%T -s "12:00:00"
12:00:00

$ kubectl exec -it pod-add-settime-capability -- date
Sun May  7 12:00:03 UTC 2017
```

警告 自行尝试时，请注意这样可能导致节点不可用。在 Minikube 中，尽管系统时间成功被网络时间协议（Network Time Protocol，NTP）重置，仍然不得不重启节点以调度新的 pod。

可以通过在运行该 pod 的节点上查看时间来确认系统时间已经被成功修改。笔者使用的是 Minikube，仅有一个节点，可以通过如下命令查看时间：

```
$ minikube ssh date
Sun May  7 12:00:07 UTC 2017
```

添加内核功能远比通过设置 privileged:true 更好，诚然这样需要使用者了解各种内核功能。

提示 可以在 Linux 手册中查阅 Linux 内核功能列表。

13.2.5 在容器中禁用内核功能

你已经了解到如何给容器添加内核功能，另一方面你也可以禁用容器中的内核功能。例如，默认情况下容器拥有 CAP_CHOWN 权限，允许进程修改文件系统中文件的所有者。

在以下示例中可以看到，可以在 pod-with-defaults 中将 /tmp 目录的所有者改为 guest 用户：

```
$ kubectl exec pod-with-defaults chown guest /tmp
$ kubectl exec pod-with-defaults -- ls -la / | grep tmp
drwxrwxrwt    2 guest    root             6 May 25 15:18 tmp
```

为了阻止容器的此种行为，需要如以下代码清单所示，在容器的 securityContext.capabilities.drop 列表中加入此项，以禁用这个修改文件所有者的内核功能。

代码清单 13.12 禁用容器中的内核功能：pod-drop-chown-capability.yaml

```
apiVersion: v1
kind: Pod
metadata:
  name: pod-drop-chown-capability
spec:
  containers:
  - name: main
    image: alpine
    command: ["/bin/sleep", "999999"]
    securityContext:
      capabilities:
        drop:                   在这里禁止了容器修改文件的
        - CHOWN                 所有者
```

禁用 CHOWN 内核功能后，不允许在这个 pod 中修改文件所有者：

```
$ kubectl exec pod-drop-chown-capability chown guest /tmp
chown: /tmp: Operation not permitted
```

这里已经对容器安全上下文的大部分选项研究完毕。下面再介绍一个选项。

13.2.6 阻止对容器根文件系统的写入

因为安全原因，你可能需要阻止容器中的进程对容器的根文件系统进行写入，仅允许它们写入挂载的存储卷。

假如你在运行一个有隐藏漏洞，可以允许攻击者写入文件系统的 PHP 应用。这些 PHP 文件在构建时放入容器的镜像中，并且在容器的根文件系统中提供服务。由于漏洞的存在，攻击者可以修改这些文件，在其中注入恶意代码。

这一类攻击可以通过阻止容器写入自己的根文件系统（应用的可执行代码的通常储存位置）来防止。可以如以下代码清单所示，将容器的 securityContext.readOnlyRootFilesystem 设置为 true 来实现。

代码清单 13.13　根文件系统只读的容器：pod-with-readonly-filesystem.yaml

```
apiVersion: v1
kind: Pod
metadata:
  name: pod-with-readonly-filesystem
spec:
  containers:
  - name: main
    image: alpine
    command: ["/bin/sleep", "999999"]
    securityContext:
      readOnlyRootFilesystem: true
    volumeMounts:
    - name: my-volume
      mountPath: /volume
      readOnly: false
  volumes:
  - name: my-volume
    emptyDir:
```

这个容器的根文件系统不允许写入

但是向 /volume 写入是允许的，因为这个目录挂载了一个存储卷

这个 pod 中的容器虽然以 root 用户运行，拥有 / 目录的写权限，但在该目录下写入一个文件会失败：

```
$ kubectl exec -it pod-with-readonly-filesystem touch /new-file
touch: /new-file: Read-only file system
```

另一方面，对挂载的卷的写入是允许的：

```
$ kubectl exec -it pod-with-readonly-filesystem touch /volume/newfile
$ kubectl exec -it pod-with-readonly-filesystem -- ls -la /volume/newfile
-rw-r--r--    1 root     root         0 May  7 19:11 /mountedVolume/newfile
```

如以上例子所示，如果容器的根文件系统是只读的，你很可能需要为应用会写入的每一个目录（如日志、磁盘缓存等）挂载存储卷。

提示　为了增强安全性，请将在生产环境运行的容器的 `readOnlyRootFilesystem` 选项设置为 `true`。

设置 pod 级别的安全上下文

以上的例子都是对单独的容器设置安全上下文。这些选项中的一部分也可以从 pod 级别设定（通过 `pod.spec.securityContext` 属性）。它们会作为 pod 中每一个容器的默认安全上下文，但是会被容器级别的安全上下文覆盖。下面将会介绍 pod 级别安全上下文独有的内容。

13.2.7　容器使用不同用户运行时共享存储卷

第 6 章中已经介绍了如何使用存储卷在 pod 的不同容器中共享数据。可以顺利地在一个容器中写入数据，在另一个容器中读出这些数据。

但这只是因为两个容器都以 root 用户运行，对存储卷中的所有文件拥有全部权限。现在假设使用前面介绍的 `runAsUser` 选项。你可能需要在一个 pod 中用两个不同的用户运行两个容器（可能是两个第三方的容器，都以它们自己的特定用户运行进程）。如果这样的两个容器通过存储卷共享文件，它们不一定能够读取或写入另一个容器的文件。

因此，Kubernetes 允许为 pod 中所有容器指定 supplemental 组，以允许它们无论以哪个用户 ID 运行都可以共享文件。这可以通过以下两个属性设置：

- `fsGroup`
- `supplementalGroups`

解释它们的效果的最好方法是使用例子说明，下面来看一下如何在 pod 中使用它们，以及它们效果。以下代码清单描述了一个拥有两个共享同一存储卷的容器的 pod。

代码清单 13.14　`fsGroup` 和 `supplementalGroups`: pod-with-shared-volume-fsgroup.yaml

```
apiVersion: v1
kind: Pod
metadata:
  name: pod-with-shared-volume-fsgroup
spec:
  securityContext:
    fsGroup: 555
    supplementalGroups: [666, 777]
  containers:
  - name: first
    image: alpine
    command: ["/bin/sleep", "999999"]
    securityContext:
      runAsUser: 1111
    volumeMounts:
    - name: shared-volume
      mountPath: /volume
      readOnly: false
  - name: second
    image: alpine
    command: ["/bin/sleep", "999999"]
    securityContext:
      runAsUser: 2222
```

fsGroup 和 supplementalGroups 在 pod 级别的安全上下文中定义

第一个容器使用的用户 ID 为 1111

两个容器使用同一存储卷

第二个容器使用的用户 ID 为 2222

```
  volumeMounts:
  - name: shared-volume
    mountPath: /volume
    readOnly: false
volumes:
- name: shared-volume
  emptyDir:
```

创建这个 pod 之后，进入第一个容器查看它的用户 ID 和组 ID：

```
$ kubectl exec -it pod-with-shared-volume-fsgroup -c first sh
/ $ id
uid=1111 gid=0(root) groups=555,666,777
```

id 命令显示，这个 pod 运行在 ID 为 1111 的用户下，它的用户组为 0（root），但用户组 555、666、777 也关联到了该用户下。

在 pod 的定义中，将 fsGroup 设置成了 555，因此，存储卷属于用户组 ID 为 555 的用户组：

```
/ $ ls -l / | grep volume
drwxrwsrwx    2 root     555             6 May 29 12:23 volume
```

该容器在这个存储卷所在目录中创建的文件，所属的用户 ID 为 1111（即该容器运行时使用的用户 ID），所属的用户组 ID 为 555：

```
/ $ echo foo > /volume/foo
/ $ ls -l /volume
total 4
-rw-r--r--    1 1111     555             4 May 29 12:25 foo
```

这个文件的所属用户情况与通常设置下的新建文件不同。在通常情况下，某一用户新创建文件所属的用户组 ID，与该用户的所属用户组 ID 相同，在这种情下是 0。在这个容器的根文件系统中创建一个文件，可以验证这一点：

```
/ $ echo foo > /tmp/foo
/ $ ls -l /tmp
total 4
-rw-r--r--    1 1111     root            4 May 29 12:41 foo
```

如你所见，安全上下文中的 fsGroup 属性当进程在存储卷中创建文件时起作用，而 supplementalGroups 属性定义了某个用户所关联的额外的用户组。

这一节对配置容器安全上下文的介绍到此结束。接下来我们看一下集群管理员对用户的限制。

13.3 限制pod使用安全相关的特性

以上章节中的例子已经介绍了如何在部署 pod 时在任一宿主节点上做任何想做的事。比如，部署一个特权模式的 pod。很明显，需要有一种机制阻止用户使用其中的部分功能。集群管理人员可以通过创建 PodSecurityPolicy 资源来限制对以上提到的安全相关的特性的使用。

13.3.1 PodSecurityPolicy 资源介绍

PodSecurityPolicy 是一种集群级别（无命名空间）的资源，它定义了用户能否在 pod 中使用各种安全相关的特性。维护 PodSecurityPolicy 资源中配置策略的工作由集成在 API 服务器中的 PodSecurityPolicy 准入控制插件完成（第 11 章中介绍了准入控制插件）。

注意 你的集群中不一定启用了 PodSecurityPolicy 准入控制插件。在运行以下样例时，请确保它已被启用。Minikube 的使用者请参考下面的注解。

当有人向 API 服务器发送 pod 资源时，PodSecurityPolicy 准入控制插件会将这个 pod 与已经配置的 PodSecurityPolicy 进行校验。如果这个 pod 符合集群中已有安全策略，它会被接收并存入 etcd；否则它会立即被拒绝。这个插件也会根据安全策略中配置的默认值对 pod 进行修改。

在 Minikube 中启用 RBAC 和 PodSecurityPolicy 准入控制

笔者使用 Minikube v0.19.0 来运行以下样例。这个版本没有启用 RBAC 和 PodSecurityPolicy 准入控制插件，这些在以下的部分练习中是必需的。其中一个练习需要以不同用户认证，因此你还需要开启 basic authenticate 插件，其中用户的信息在一个文件中定义。

为了在 Minikube 中启用这些插件，需要运行如下命令（或类似的命令，这取决于你使用的版本）：

```
$ minikube start --extra-config apiserver.Authentication.PasswordFile.
➥ BasicAuthFile=/etc/kubernetes/passwd --extra-config=apiserver.
➥ Authorization.Mode=RBAC --extra-config=apiserver.GenericServerRun
➥ Options.AdmissionControl=NamespaceLifecycle,LimitRanger,Service
➥ Account,PersistentVolumeLabel,DefaultStorageClass,ResourceQuota,
➥ DefaultTolerationSeconds,PodSecurityPolicy
```

这个 API 服务器需要创建在以上命令中制定的口令文件才能开始运行。以下命令可以创建这个文件：

```
$ cat <<EOF | minikube ssh sudo tee /etc/kubernetes/passwd
password,alice,1000,basic-user
password,bob,2000,privileged-user
EOF
```

可以在本书的代码存档的 Chapter13/minikube-with-rbac-and-psp-enabled.sh 中找到运行以上命令的 shell 脚本。

了解 PodSecurityPolicy 可以做的事

一个 PodSecurityPolicy 资源可以定义以下事项：

- 是否允许 pod 使用宿主节点的 PID、IPC、网络命名空间
- pod 允许绑定的宿主节点端口
- 容器运行时允许使用的用户 ID
- 是否允许拥有特权模式容器的 pod
- 允许添加哪些内核功能，默认添加哪些内核功能，总是禁用哪些内核功能
- 允许容器使用哪些 SELinux 选项
- 容器是否允许使用可写的根文件系统
- 允许容器在哪些文件系统组下运行
- 允许 pod 使用哪些类型的存储卷

如果你在阅读本章时读到了这里，应当已经熟悉了以上列表除最后一项外的内容。最后一项也应当比较清楚。

检视一个 PodSecurityPolicy 样例

以下代码清单展示了一个 PodSecurityPolicy 的样例。它阻止了 pod 使用宿主节点的 PID、IPC、网络命名空间，运行特权模式的容器，以及绑定大多数宿主节点的端口（除 11 000~11 000 和 13 000~14 000 范围内的端口）。它没有限制容器运行时使用的用户、用户组和 SELinux 选项。

代码清单 13.15　一个 PodSecurityPolicy 的样例：pod-security-policy.yaml

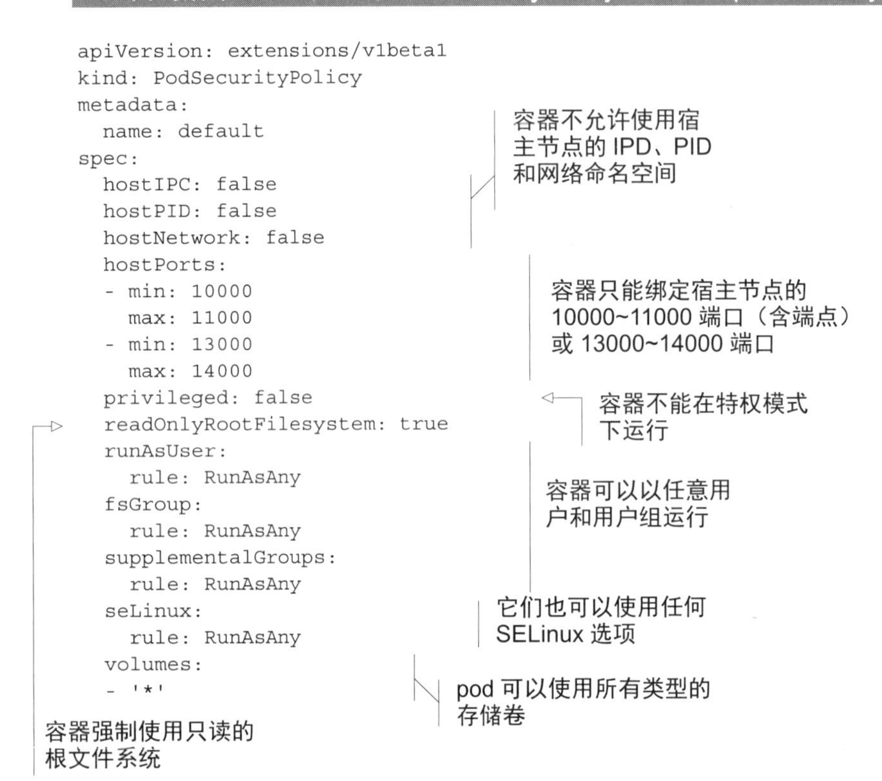

apiVersion: extensions/v1beta1
kind: PodSecurityPolicy
metadata:
  name: default
spec:
  hostIPC: false
  hostPID: false
  hostNetwork: false
  hostPorts:
  - min: 10000
    max: 11000
  - min: 13000
    max: 14000
  privileged: false
  readOnlyRootFilesystem: true
  runAsUser:
    rule: RunAsAny
  fsGroup:
    rule: RunAsAny
  supplementalGroups:
    rule: RunAsAny
  seLinux:
    rule: RunAsAny
  volumes:
  - '*'
容器不允许使用宿主节点的 IPD、PID 和网络命名空间
容器只能绑定宿主节点的 10000~11000 端口（含端点）或 13000~14000 端口
容器不能在特权模式下运行
容器可以以任意用户和用户组运行
它们也可以使用任何 SELinux 选项
pod 可以使用所有类型的存储卷
容器强制使用只读的根文件系统

以上样例的大部分选项是不言自明的，特别是当你已经阅读了本章前几节的内容时。这个 PodSecurityPolicy 在集群中创建成功之后，API 服务器将不再允许之前样例中的特权 pod。例如

```
$ kubectl create -f pod-privileged.yaml
Error from server (Forbidden): error when creating "pod-privileged.yaml"
pods "pod-privileged" is forbidden: unable to validate against any pod
security policy: [spec.containers[0].securityContext.privileged: Invalid
value: true: Privileged containers are not allowed]
```

类似地，集群中不能再部署使用宿主节点的 PID、IPC、网络命名空间的 pod 了。同样，因为以上策略中的 `readOnlyRootFilesystem` 选项已设置为 `true`，容器的根文件系统将变为只读（容器只能写入挂载的存储卷）。

13.3.2　了解 runAsUser、fsGroup 和 supplementalGroup 策略

前面的例子中的策略没有对容器运行时可以使用的用户和用户组施加任何限制，因为它们在 `runAsUser`、`fsGroup`、`supplementalGroups` 等字段中使用

了 runAsAny 规则。如果需要限制容器可以使用的用户和用户组 ID，可以将规则改为 MustRunAs，并指定允许使用的 ID 范围。

使用 MustRunAs 规则

来看以下的例子。为了只允许容器以用户 ID 2 的身份运行并限制默认的文件系统组和增补组 ID 在 2-10 或 20-30 的范围（包含临界值）内，需要在 PodSecurityPolicy 资源中加入如以下代码清单所示片段。

代码清单 13.16 指定容器运行时必须使用的用户和用户组 ID：psp-must-run-as.yaml

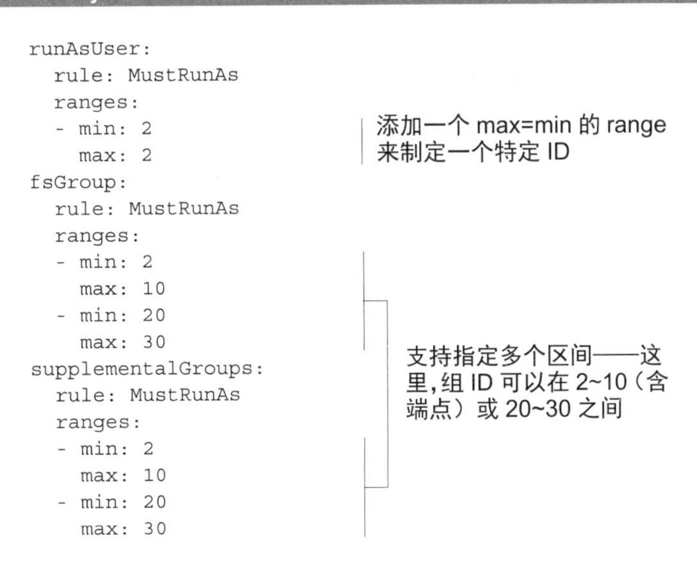

```
runAsUser:
  rule: MustRunAs
  ranges:
  - min: 2
    max: 2
fsGroup:
  rule: MustRunAs
  ranges:
  - min: 2
    max: 10
  - min: 20
    max: 30
supplementalGroups:
  rule: MustRunAs
  ranges:
  - min: 2
    max: 10
  - min: 20
    max: 30
```

添加一个 max=min 的 range
来制定一个特定 ID
支持指定多个区间——这
里,组 ID 可以在 2~10（含
端点）或 20~30 之间

如果 pod spec 试图将其中的任一字段设置为该范围之外的值，这个 pod 将不会被 API 服务器接收。可以通过删除之前的 PodSecurityContextPolicy，并通过 psp-must-run-as.yaml 文件创建一个新的来实践这一点。

注意 修改策略对已经存在的 pod 无效，因为 PodSecurityPolicy 资源仅在创建和升级 pod 时起作用。

部署 runAsUser 在指定范围之外的 pod

如果尝试使用之前的 pod-as-user-guest.yaml 文件部署一个 pod，其中指定了容器运行的用户 ID 为 405，API 服务器会拒绝这个 pod：

```
$ kubectl create -f pod-as-user-guest.yaml
Error from server (Forbidden): error when creating "pod-as-user-guest.yaml"
: pods "pod-as-user-guest" is forbidden: unable to validate against any pod
security policy: [securityContext.runAsUser: Invalid value: 405: UID on
container main does not match required range.  Found 405, allowed: [{2 2}]]
```

好，这个是显然的。但是如果部署 pod 时没有指定 `runAsUser` 属性，但用户 ID 被注入到镜像的情况下（在 Dockerfile 中使用 `USER` 命令），会发生什么？

部署镜像中用户 ID 在指定范围之外的 pod

笔者创建了一个不同版本的 Node.js 镜像，在全书的例子中使用。这个镜像被配置为使用用户 ID 为 5 的用户运行。该镜像使用的 Dockerfile 如以下代码清单所示。

代码清单 13.17　包含 USER 指令的 Dockerfile：kubia-run-as-user-5/Dockerfile

```
FROM node:7
ADD app.js /app.js
USER 5
ENTRYPOINT ["node", "app.js"]
```

使用这个镜像运行的容器会在 ID 为 5 的用户下运行。

笔者将这个镜像命名为 `uksa/kubia-run-as-user-5`，上传到 DockerHub。如果使用这个镜像创建 pod，API 服务器不会拒绝：

```
$ kubectl run run-as-5 --image luksa/kubia-run-as-user-5 --restart Never
pod "run-as-5" created
```

与之前不同，API 服务器接收了这个 pod，kubelet 也运行了这个容器。接下来查看这个容器使用的用户 ID 和用户组 ID：

```
$ kubectl exec run-as-5 -- id
uid=2(bin) gid=2(bin) groups=2(bin)
```

可以看到，这个容器运行时使用的用户 ID 为 2，就是在 PodSecurityPolicy 中指定的 ID。PodSecurityPolicy 可以将硬编码覆盖到镜像中的用户 ID。

在 runAsUser 字段中使用 mustRunAsNonRoot 规则

`runAsUser` 字段中还可以使用另一种规则：`mustRunAsNonRoot`。正如其名，它将阻止用户部署以 root 用户运行的容器。在此种情况下，spec 容器中必须指定 `runAsUser` 字段，并且不能为 0（0 为 root 用户的 ID），或者容器的镜像本身指定了用一个非 0 的用户 ID 运行。这种做法的好处已经在之前介绍过。

13.3.3 配置允许、默认添加、禁止使用的内核功能

如你所知，容器可以运行在特权模式下，也可以通过对每个容器添加或禁用

Linux 内核功能来定义更细粒度的权限配置。以下三个字段会影响容器可以使用的内核功能：

- allowedCapabilities
- defaultAddCapabilities
- requiredDropCapabilities

下面先来看一个例子，然后讨论这三个字段各自的行为。以下代码清单展示了一个定义了这三个字段的 PodSecurityPolicy 资源。

代码清单 13.18 在 PodSecurityPolicy 资源中指定内核功能：psp-capabilities.yaml

```
apiVersion: extensions/v1beta1
kind: PodSecurityPolicy
spec:
  allowedCapabilities:
  - SYS_TIME
  defaultAddCapabilities:
  - CHOWN
  requiredDropCapabilities:
  - SYS_ADMIN
  - SYS_MODULE
  ...
```

允许容器添加 SYS_TIME 功能

为每个容器自动添加 CHOWN 功能

要求容器禁用 SYS_ADMIN 和 SYS_MODULE 功能

注意 SYS_ADMIN 功能允许使用一系列的管理操作；SYS_MODULE 功能允许加载或卸载 Linux 内核模块。

指定容器中可以添加的内核功能

allowedCapabilities 字段用于指定 spec 容器的 securityContext.capabilities 中可以添加哪些内核功能。之前的一个例子中，容器内添加了 SYS_TIME 内核功能。如果启用了 PodSecurityPolicy 访问控制插件，pod 中不能添加以上内核功能，除非在 PodSecurityPolicy 中指明允许添加，如代码清单 13.18 所示。

为所有容器添加内核功能

defaultAddCapabilities 字段中列出的所有内核功能将被添加到每个已部署的 pod 的每个容器中。如果用户不希望某个容器拥有这些功能，必须在容器的 spec 中显式地禁用它们。

代码清单 13.18 中的例子自动在每个容器中添加 CAP_CHOWN 功能，因此容器中的进程允许修改容器中文件的所有者（例如，使用 chown 命令）。

禁用容器中的内核功能

这个例子中的最后一个字段是 requiredDropCapabilities。笔者承认，这个名字对我来说在最初看到时有点奇怪，但它并没有那么复杂。在这个字段中列出的内核功能会在所有容器中被禁用 (PodSecurityPolicy 访问控制插件会在所有容器的 securityContext.capabilities.drop 字段中加入这些功能)。

如果用户试图在创建的 pod 中显式加入 requiredDropCapabilities 字段中的内核功能，这个 pod 会被拒绝：

```
$ kubectl create -f pod-add-sysadmin-capability.yaml
Error from server (Forbidden): error when creating "pod-add-sysadmin-
capability.yaml": pods "pod-add-sysadmin-capability" is forbidden: unable
to validate against any pod security policy: [capabilities.add: Invalid
value: "SYS_ADMIN": capability may not be added]
```

13.3.4 限制 pod 可以使用的存储卷类型

最后一项 PodSecurityPolicy 资源可以做到的是定义用户可以在 pod 中使用哪些类型的存储卷。在最低限度上，一个 PodSecurityPolicy 需要允许 pod 使用以下类型的存储卷：emptyDir、configMap、secret、downwardAPI、persistentVolumeClaim。PodSecurityPolicy 资源中的相关部分如以下代码清单所示。

代码清单 13.19 仅允许特定类型存储卷的 PodSecurityPolicy 片段：psp-volumes.yaml

```
kind: PodSecurityPolicy
spec:
  volumes:
  - emptyDir
  - configMap
  - secret
  - downwardAPI
  - persistentVolumeClaim
```

如果有多个 PodSecurityPolicy 资源，pod 可以使用 PodSecurityPolicy 中允许使用的任何一个存储卷类型（实际生效的是所有 volume 列表的并集）。

13.3.5 对不同的用户与组分配不同的 PodSecurityPolicy

我们已经提到，PodSecurityPolicy 是集群级别的资源，这意味着它不能存储和应用在某一特定的命名空间上。这是否意味着它总是会应用在所有的命名空间上呢？不是的，因为这样会使得它们相当难以应用。毕竟，系统 pod 经常需要允许做一些常规 pod 不应当做的事情。

对不同用户分配不同 PodSecurityPolicy 是通过前一章中描述的 RBAC 机制实现的。这个方法是，创建你需要的 PodSecurityPolicy 资源，然后创建 ClusterRole 资源并通过名称将它们指向不同的策略，以此使 PodSecurityPolicy 资源中的策略对不同的用户或组生效。通过 ClusterRoleBinding 资源将特定的用户或组绑定到 ClusterRole 上，当 PodSecurityPolicy 访问控制插件需要决定是否接纳一个 pod 时，它只会考虑创建 pod 的用户可以访问到的 PodSecurityPolicy 中的策略。

可以在下面的练习中看到如何做到这些。首先，创建另一个 PodSecurityPolicy。

创建一个允许部署特权容器的 PodSecurityPolicy

首先，要创建一个特殊的 PodSecurityPolicy，允许用户创建拥有特权容器的 pod。以下代码清单展示了该 PodSecurityPolicy 的定义。

代码清单 13.20 特权用户使用的 PodSecurityPolicy: psp-privileged.yaml

```
apiVersion: extensions/v1beta1
kind: PodSecurityPolicy
metadata:
  name: privileged          <-- 它的名字为“privileged”
spec:
  privileged: true          <-- 它允许创建特权容器
  runAsUser:
    rule: RunAsAny
  fsGroup:
    rule: RunAsAny
  supplementalGroups:
    rule: RunAsAny
  seLinux:
    rule: RunAsAny
  volumes:
  - '*'
```

在向 API 服务器 post 这个 PodSecurityPolicy 之后，集群中有两个策略：

```
$ kubectl get psp
NAME         PRIV    CAPS   SELINUX    RUNASUSER  FSGROUP    ...
default      false   []     RunAsAny   RunAsAny   RunAsAny   ...
privileged   true    []     RunAsAny   RunAsAny   RunAsAny   ...
```

注意 psp 是 PodSecurityPolicy 的简写。

正如 PRIV 列中所示，default 策略禁止运行特权容器，然而 privileged 策略是允许的。因为现在是以 cluster-admin 身份登录的，所以可以看到所有的策略。部署 pod 时，如果任一策略允许使用 pod 中使用到的特性，API 服务器就会接收这个 pod。

现在考虑另外两个使用该集群的用户：Alice 和 Bob。你希望 Alice 只能部署受限制的（非特权）pod，允许 Bob 部署特权 pod。可以通过让 Alice 只能使用 `default` PodSecurityPolicy，而 Bob 可以使用以上两个 PodSecurityPolicy 来做到。

使用 RBAC 将不同的 PodSecurityPolicy 分配给不同用户

在上一章中，你已经使用了 RBAC 机制来给用户授予特定类型的资源的访问权限，但 RBAC 机制也可以通过使用引用其名字来授予对特定资源实例的访问权限。这就是你为了让不同用户使用不同 PodSecurityPolicy 的方法。

首先需要创建两个 ClusterRole，分别允许使用其中一个策略。将第一个 ClusterRole 命名为 `psp-default` 并允许其使用 `default` PodSecurityPolicy 资源。可以使用 `kubectl create clusterrole` 来操作：

```
$ kubectl create clusterrole psp-default --verb=use
➥   --resource=podsecuritypolicies --resource-name=default
clusterrole "psp-default" created
```

注意　你使用的动词是 `use`，而非 `get`、`list`、`watch` 或类似的动词。

如你所见，通过 `--resource-name` 选项引用了一个 PodSecurityPolicy 资源的特定实例。现在，创建另一个名为 `psp-Privileged` ClusterRole，指向 `privileged` 策略：

```
$ kubectl create clusterrole psp-privileged --verb=use
➥   --resource=podsecuritypolicies --resource-name=privileged
clusterrole "psp-privileged" created
```

现在，你需要把这两个策略绑定到用户上。在之前的章节提到过，为了绑定一个 ClusterRole 资源以授予对集群级别资源（PodSecurityPolicy 资源就是集群级别的资源）的访问权限，需要使用 ClusterRoleBinding 资源而非（有命名空间的）RoleBinding。

要将 `psp-default` ClusterRole 绑定到所有已认证用户上，而非只有 Alice。这是必需的，否则没有用户可以创建 pod，因为 PodSecurityPolicy 访问控制插件会因为没有找到任何策略而拒绝创建 pod。所有已认证用户都属于 `system:authenticated` 组，因此你需要将该 ClusterRole 绑定到这个组：

```
$ kubectl create clusterrolebinding psp-all-users
➥ --clusterrole=psp-default --group=system:authenticated
clusterrolebinding "psp-all-users" created
```

接着，你需要将 `psp-privileged` ClusterRole 绑定到用户 Bob：

```
$ kubectl create clusterrolebinding psp-bob
➥ --clusterrole=psp-privileged --user=bob
clusterrolebinding "psp-bob" created
```

作为一个已认证用户，Alice 现在拥有使用 `default` PodSecurityPolicy 的权限，然而 Bob 拥有使用 `default` 和 `privileged` PodSecurityPolicy 的权限。Alice 不能创建特权 pod，而 Bob 可以。接下来看看是否确实如此。

为 kubectl 创建不同用户

如何以 Alice 或 Bob 的身份通过认证，而非现在已经认证的用户？本书的附录 A 说明了如何在多个集群和多个上下文中使用 `kubectl`。上下文中包含用来与集群交互的用户凭据。若需要了解更多的相关知识，请查阅附录 A。这里只展示允许你以 Alice 或 Bob 的身份使用 `kubectl` 的命令。

首先，你需要使用如下命令，用 `kubectl` 的 config 子命令创建两个新用户：

```
$ kubectl config set-credentials alice --username=alice --password=password
User "alice" set.
$ kubectl config set-credentials bob --username=bob --password=password
User "bob" set.
```

这些命令的行为应当很明显。因为你使用了用户名和密码作为凭据，`kubectl` 将对这两个用户使用基础 HTTP 认证进行认证（其他的认证方法包括 token、客户端证书等）。

使用不同用户创建 pod

现在，可以尝试以 Alice 的身份认证，并创建一个特权 pod。可以通过 `--user` 选项向 `kubectl` 传达你使用的用户凭据：

```
$ kubectl --user alice create -f pod-privileged.yaml
Error from server (Forbidden): error when creating "pod-privileged.yaml":
     pods "pod-privileged" is forbidden: unable to validate against any pod
     security policy: [spec.containers[0].securityContext.privileged: Invalid
     value: true: Privileged containers are not allowed]
```

与预期相同，API 服务器不允许 Alice 创建特权 pod。现在我们来看一下 Bob 是否允许：

```
$ kubectl --user bob create -f pod-privileged.yaml
pod "pod-privileged" created
```

到这里就可以了。你成功地使用了 RBAC，让访问控制插件对不同用户使用不同的 PodSecurityPolicy 资源。

13.4 隔离pod的网络

到此为止，本章中已经检视了很多与安全相关的配置选项，作用在pod和pod中的容器上。在本章的剩余部分中，我们来看一下如何通过限制pod可以与其他哪些pod通信，来确保pod之间的网络安全。

是否可以进行这些配置取决于集群中使用的容器网络插件。如果网络插件支持，可以通过NetworkPolicy资源配置网络隔离。

一个NetworkPolicy会应用在匹配它的标签选择器的pod上，指明这些允许访问这些pod的源地址，或这些pod可以访问的目标地址。这些分别由入向（ingress）和出向（egress）规则指定。这两种规则都可以匹配由标签选择器选出的pod，或者一个namespace中的所有pod，或者通过无类别域间路由（Classless Inter-Domain Routing，CIDR）指定的IP地址段。

我们将介绍这两种规则及全部三种匹配选项。

注意 入向规则与第5章中的Ingress资源无关。

13.4.1 在一个命名空间中启用网络隔离

在默认情况下，某一命名空间中的pod可以被任意来源访问。首先，需要改变这个设定。需要创建一个`default-deny` NetworkPolicy，它会阻止任何客户端访问中的pod。这个NetworkPolicy的定义如以下代码清单所示。

代码清单13.21 `default-deny` NetworkPolicy定义：network-policy-default-deny.yaml

```
apiVersion: networking.k8s.io/v1
kind: NetworkPolicy
metadata:
  name: default-deny
spec:
  podSelector:          <-- 空的标签选择器匹配命名空间中的所有pod
```

在任何一个特定的命名空间中创建该NetworkPolicy之后，任何客户端都不能访问该命名空间中的pod。

注意 集群中的CNI插件或其他网络方案需要支持NetworkPolicy，否则NetworkPolicy将不会影响pod之间的可达性。

13.4.2 允许同一命名空间中的部分 pod 访问一个服务端 pod

为了允许同一命名空间中的客户端 pod 访问该命名空间的 pod，需要指明哪些 pod 可以访问。接下来，我们通过例子来探究如何做到这些。

假设在 foo namespace 中有一个 pod 运行 PostgreSQL 数据库，以及一个使用该数据库的网页服务器 pod，其他 pod 也在这个命名空间中运行，然而你不允许它们连接数据库。为了保障网络安全，需要在数据库 pod 所在的命名空间中创建一个如以下代码清单所示的 NetworkPolicy 资源。

代码清单 13.22 为 Postgres pod 使用的 NetworkPolicy：network-policy-postgres.yaml

```
apiVersion: networking.k8s.io/v1
kind: NetworkPolicy
metadata:
  name: postgres-netpolicy
spec:
  podSelector:
    matchLabels:
      app: database
  ingress:
  - from:
    - podSelector:
        matchLabels:
          app: webserver
    ports:
    - port: 5432
```

- 这个策略确保了对具有 app=database 标签的 pod 的访问安全性
- 它只允许来自具有 app=webserver 标签的 pod 的访问
- 允许对这个端口的访问

例子中的 NetworkPolicy 允许具有 app=webserver 标签的 pod 访问具有 app=database 的 pod 的访问，并且仅限访问 5432 端口，如图 13.4 所示。

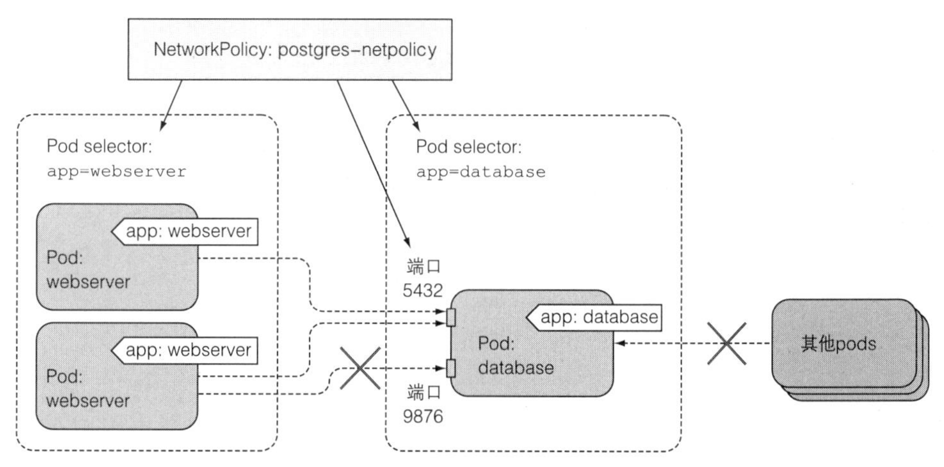

图 13.4 一个仅允许部分 pod 访问其他特定 pod 的特定端口的 NetworkPolicy

客户端 pod 通常通过 Service 而非直接访问 pod 来访问服务端 pod，但这对结果没有改变。NetworkPolicy 在通过 Service 访问时仍然会被执行。

13.4.3 在不同 Kubernetes 命名空间之间进行网络隔离

现在我们来看有另一个多个租户使用同一 Kubernetes 集群的例子。每个租户有多个命名空间，每个命名空间中有一个标签指明它们属于哪个租户。例如，有一个租户 Manning，它的所有命名空间中都有标签 `tenant:manning`。其中的一个命名空间中运行了一个微服务 Shopping Cart，它需要允许同一租户下所有命名空间的所有 pod 访问。显然，其他租户禁止访问这个微服务。

为了保障该微服务安全，可以创建如下的 NetworkPolicy 资源，如以下代码清单所示。

代码清单 13.23 为 shopping cart 微服务中的 pod 使用的 NetworkPolicy: network-policy-cart.yaml

```
apiVersion: networking.k8s.io/v1
kind: NetworkPolicy
metadata:
  name: shoppingcart-netpolicy
spec:
  podSelector:
    matchLabels:
      app: shopping-cart
  ingress:
  - from:
    - namespaceSelector:
        matchLabels:
          tenant: manning
    ports:
    - port: 80
```

该策略应用于具有 app=shopping=cart 标签的 pod

只有在具有 tenant=manning 标签的命名空间中运行的 pod 可以访问该微服务

以上 NetworkPolicy 保证了只有具有 `tenant=manning` 标签的命名空间中运行的 pod 可以访问 Shopping Cart 微服务，如图 13.5 所示。

如果 shopping cart 服务的提供者需要允许其他租户（可能是他们的合作公司）访问该服务，他们可以创建一个新的 NetworkPolicy 资源，或者在之前的 Networkpolicy 中添加一条入向规则。

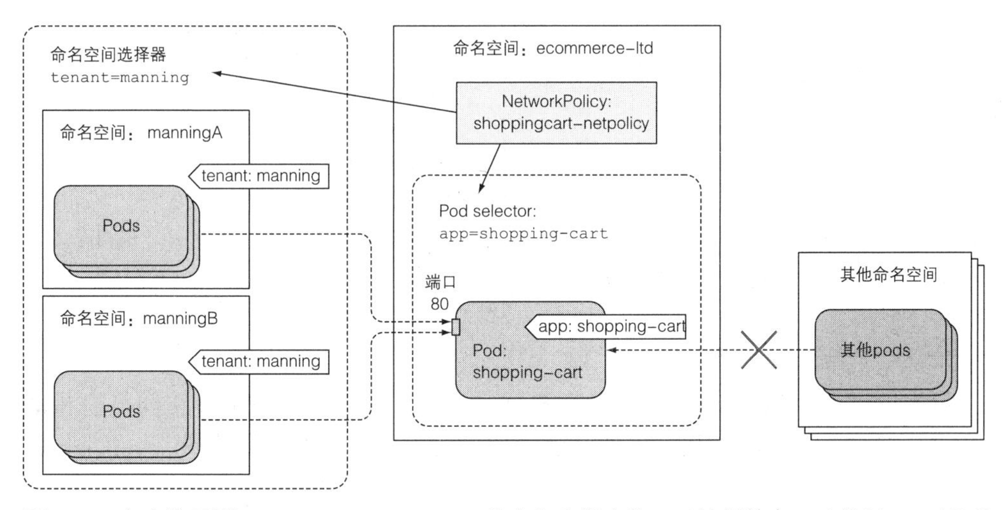

图 13.5 仅允许匹配 namespaceSelector 的命名空间中的 pod 访问特定 pod 的 NetworkPolicy

注意 在多租户的 Kubernetes 集群中，通常租户不能为他们的命名空间添加标签（或注释）。否则，他们可以规避基于 namespaceSelector 的入向规则。

13.4.4 使用 CIDR 隔离网络

除了通过在 pod 选择器或命名空间选择器定义哪些 pod 可以访问 NetworkPolicy 资源中指定的目标 pod，还可以通过 CIDR 表示法指定一个 IP 段。例如，为了允许 IP 在 192.168.1.1 到 192.168.1.255 范围内的客户端访问之前提到的 shopping-cart 的 pod，可以在入向规则中加入如以下代码清单所示的代码。

代码清单 13.24 在入向规则中指明 IP 段：network-policy-cidr.yaml

```
ingress:
- from:
  - ipBlock:
      cidr: 192.168.1.0/24
```

这条入向规则来自 192.168.1.0/24 IP 段的客户端的流量

13.4.5 限制 pod 的对外访问流量

在之前的所有例子中，已经通过入向规则限制了进入 pod 的访问流量。然而，也可以通过出向规则限制 pod 的对外访问流量。以下代码清单展示了一个例子。

代码清单 13.25 在 NetworkPolicy 中使用出向规则：network-policy-egress.yaml

```
spec:
  podSelector:
    matchLabels:
      app: webserver
  egress:
  - to:
    - podSelector:
        matchLabels:
          app: database
```

这个策略应用于包含 app=webserver 标签的 pod

限制 pod 的出网流量

webserver 的 pod 只能与有 app=webserver 标签的 pod 通信

以上的 NetworkPolicy 仅允许具有标签 `app=webserver` 的 pod 访问具有标签 `app=database` 的 pod，除此之外不能访问任何地址（不论是其他 pod，还是任何其他的 IP，无论在集群内部还是外部）。

13.5 本章小结

在本章中，你了解了如何保障集群中宿主节点和 pod 的安全，不被其他 pod 攻击。你学习了：

- pod 可以使用宿主节点的 Linux 命名空间，而不是它们自己的。
- 容器可以运行在与镜像中不同的用户或用户组下。
- 容器可以在特权模式下运行，允许它们访问通常情况下不对 pod 暴露的设备。
- 容器可以在只读模式下运行，阻止进程写入容器的根文件系统（只允许写入挂载的存储卷）。
- 集群级别的 PodSecurityPolicy 资源可以用来防止用户创建可能危及宿主节点的 pod。
- PodSecurityPolicy 资源可以通过 RBAC 中的 ClusterRole 和 ClusterRoleBinding 与特定用户关联。
- NetworkPolicy 资源可以限制 pod 的入向或出向网络流量。

在下一章中，你将会了解如何限制 pod 可以使用的计算资源，以及如何配置 pod 的服务质量控制（Quality of Service, QoS）。

14 计算资源管理

本章内容涵盖

- 为容器申请 CPU、内存以及其他计算资源
- 配置 CPU、内存的硬限制
- 理解 pod 的 QoS 机制
- 为命名空间中每个 pod 配置默认、最大、最小资源限制
- 为命名空间配置可用资源总数

到目前为止，我们在创建 pod 时并不关心它们使用 CPU 和内存资源的最大值。不过在本章你会了解到，为一个 pod 配置资源的预期使用量和最大使用量是 pod 定义中的重要组成部分。通过设置这两组参数，可以确保 pod 公平地使用 Kubernetes 集群资源，同时也影响着整个集群 pod 的调度方式。

14.1 为pod中的容器申请资源

我们创建一个 pod 时，可以指定容器对 CPU 和内存的资源请求量（即 *requests*），以及资源限制量（即 *limits*）。它们并不在 pod 里定义，而是针对每个容

器单独指定。pod 对资源的请求量和限制量是它所包含的所有容器的请求量和限制量之和。

14.1.1 创建包含资源 requests 的 pod

让我们看一个示例 pod 的定义，它只有一个容器，我们为其指定了 CPU 和内存的资源请求量，如下代码清单所示。

代码清单 14.1 定义了资源 requests 的 pod：requests-pod.yaml

```
apiVersion: v1
kind: Pod
metadata:
  name: requests-pod
spec:
  containers:
  - image: busybox
    command: ["dd", "if=/dev/zero", "of=/dev/null"]
    name: main
    resources:
      requests:
        cpu: 200m
        memory: 10Mi
```

我们为主容器指定了资源请求量

容器申请 200 毫核（即一个 CPU 核心时间的 1/5）

容器申请 10 MB 内存

在 pod manifest 中，我们声明了一个容器需要 1/5 核（200 毫核）的 CPU 才能正常运行。换句话说，五个同样的 pod（或容器）可以足够快地运行在一个 CPU 核上。

当我们不指定 CPU requests 时，表示我们并不关心系统为容器内的进程分配了多少 CPU 时间。在最坏情况下进程可能根本分不到 CPU 时间（当其他进程对 CPU 需求量很大时会发生）。这对一些时间不敏感、低优先级的 batch jobs 没有问题，但对于处理用户请求的容器这样配置显然不太合适。

在 pod spec 里，我们同时为容器申请了 10 MB 的内存，说明我们期望容器内的进程最大消耗 10 MB 的 RAM。它们可能实际占用较小，但在正常情况下我们并不希望它们占用超过这个值。在本章后面我们将看到如果超过会发生什么。

现在运行 pod。当 pod 启动时，可以通过在容器中运行 `top` 命令快速查看进程的 CPU 使用，如下面的代码清单所示。

代码清单 14.2 查看容器内 CPU 和内存的使用情况

```
$ kubectl exec -it requests-pod top
Mem: 1288116K used, 760368K free, 9196K shrd, 25748K buff, 814840K cached


CPU:  9.1% usr 42.1% sys  0.0% nic 48.4% idle  0.0% io  0.0% irq  0.2% sirq
Load average: 0.79 0.52 0.29 2/481 10
  PID  PPID USER     STAT   VSZ %VSZ CPU %CPU COMMAND
    1     0 root     R     1192  0.0   1 50.2 dd if /dev/zero of /dev/null
    7     0 root     R     1200  0.0   0  0.0 top
```

我们在容器内执行 dd 命令会消耗尽可能多的 CPU，但因为它是单线程运行所以最多只能跑满一个核，而 Minikube VM 拥有两个核，这就是为什么 top 命令显示进程只占用了 50% CPU 的原因。

对于两核来说，50% 显然就是指一个核，说明容器实际使用量超过了我们在 pod 定义中申请的 200 毫核。这是符合预期的，因为 requests 不会限制容器可以使用的 CPU 数量。我们需要指定 CPU 限制实现这一点，稍后会进行尝试，不过首先我们看看在 pod 中指定资源 requests 对 pod 调度的影响。

14.1.2 资源 requests 如何影响调度

通过设置资源 requests 我们指定了 pod 对资源需求的最小值。调度器在将 pod 调度到节点的过程中会用到该信息。每个节点可分配给 pod 的 CPU 和内存数量都是一定的。调度器在调度时只考虑那些未分配资源量满足 pod 需求量的节点。如果节点的未分配资源量小于 pod 需求量，这时节点没有能力提供 pod 对资源需求的最小量，因此 Kubernetes 不会将该 pod 调度到这个节点。

调度器如何判断一个 pod 是否适合调度到某个节点

这里比较重要而且会令人觉得意外的是，调度器在调度时并不关注各类资源在当前时刻的实际使用量，而只关心节点上部署的所有 pod 的资源申请量之和。尽管现有 pods 的资源实际使用量可能小于它的申请量，但如果使用基于实际资源消耗量的调度算法将打破系统为这些已部署成功的 pods 提供足够资源的保证。

从图 14.1 中可见，节点上部署了三个 pod。它们共申请了节点 80% 的 CPU 和 60% 的内存资源。图右下方的 pod D 将无法调度到这个节点上，因为它 25% 的 CPU requests 大于节点未分配的 20%CPU。而实际上，这与当前三个 pods 仅使用 70% 的 CPU 没有什么关系。

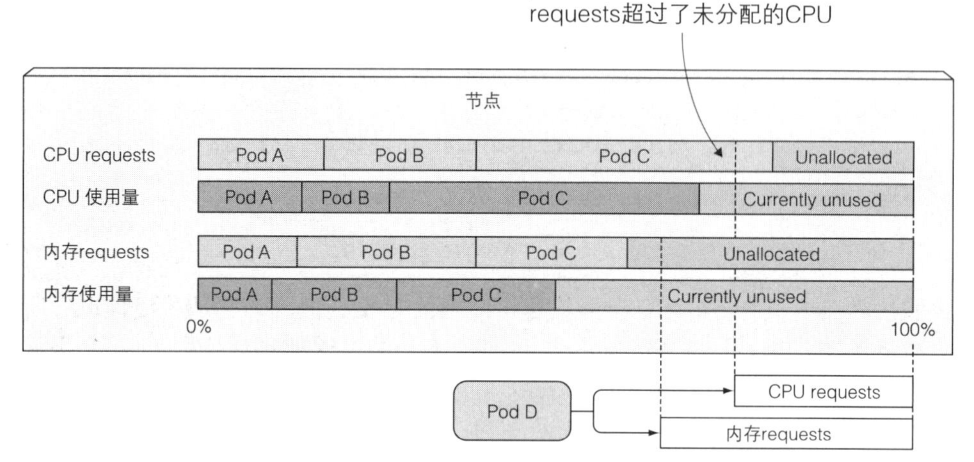

图 14.1 调度器只关注资源 requests，并不关注实际使用量

调度器如何利用 pod requests 为其选择最佳节点

你也许还记得，在第 11 章中调度器首先会对节点列表进行过滤，排除那些不满足需求的节点，然后根据预先配置的优先级函数对其余节点进行排序。其中有两个基于资源请求量的优先级排序函数：`LeastRequestedPriority` 和 `MostRequestedPriority`。前者优先将 pod 调度到请求量少的节点上（也就是拥有更多未分配资源的节点），而后者相反，优先调度到请求量多的节点（拥有更少未分配资源的节点）。但是，正如我们刚刚解释的，它们都只考虑资源请求量，而不关注实际使用资源量。

调度器只能配置一种优先级函数。你可能在想为什么有人会使用 `MostRequestedPriority` 函数。毕竟如果你有一组节点，通常会使其负载平均分布，但是在随时可以增加或删除节点的云基础设施上运行时并非如此。配置调度器使用 `MostRequestedPriority` 函数，可以在为每个 pod 提供足量 CPU / 内存资源的同时，确保 Kubernetes 使用尽可能少的节点。通过使 pod 紧凑地编排，一些节点可以保持空闲并可随时从集群中移除。由于通常会按照单个节点付费，这样便可以节省一笔开销。

查看节点资源总量

我们来看看调度器的行为。我们将部署另一个资源请求量是之前 4 倍的 pod。但在这之前，我们先看看什么是节点资源总量。因为调度器需要知道每个节点拥有多少 CPU 和 内存资源，Kubelet 会向 API 服务器报告相关数据，并通过节点资源对外提供访问，可以使用 `kubectl describe` 命令进行查看，如以下代码清单所示。

代码清单 14.3　节点的资源总量和可分配资源

```
$ kubectl describe nodes
Name:       minikube
...
Capacity:
  cpu:           2
  memory:        2048484Ki
  pods:          110
Allocatable:
  cpu:           2
  memory:        1946084Ki
  pods:          110
...
```

节点的资源总量

可分配给 pod 的资源量

命令的输出展示了节点可用资源相关的两组数量：节点资源总量和可分配资源量。资源总量代表节点所有的资源总和，包括那些可能对 pod 不可用的资源。有些资源会为 Kubernetes 或者系统组件预留。调度器的决策仅仅基于可分配资源量。

单节点的 minikube 集群运行于 2 核的 VM 之上，同时从上面的例子中可以看到节点没有预留资源，全部 CPU 都可以分配给 pod。因此，调度器再调度另一个申请了 800 毫核的 pod 是没有问题的。

让我们运行这个 pod。可以使用示例代码中的 YAML 文件，或者简单地执行以下命令：

```
$ kubectl run requests-pod-2 --image=busybox --restart Never
➥ --requests='cpu=800m,memory=20Mi' -- dd if=/dev/zero of=/dev/null
pod "requests-pod-2" created
```

我们来看看它是否被成功调度：

```
$ kubectl get po requests-pod-2
NAME             READY     STATUS    RESTARTS   AGE
requests-pod-2   1/1       Running   0          3m
```

没问题，这个 pod 已经被成功调度而且开始运行了。

创建一个不适合任何节点的 pod

我们现在部署了两个 pod，共申请了 1000 毫核 CPU。所以我们应该还剩下 1 核可供其他 pod 使用，是吧？ 因此我们再部署一个资源申请量为 1 核的 pod。使用与前面类似的命令：

```
$ kubectl run requests-pod-3 --image=busybox --restart Never
➥ --requests='cpu=1,memory=20Mi' -- dd if=/dev/zero of=/dev/null
pod "requests-pod-2" created
```

注意　这次我们指定 CPU 请求量为 1 核（cpu=1）而不是 1000 毫核（cpu=1000m）。

到目前为止一切顺利，pod 被 API 服务器接收（你一定记得前面章节提到当 pod 不合法时 API 服务器会拒绝该 pod 的创建请求）

```
$ kubectl get po requests-pod-3
NAME             READY     STATUS     RESTARTS    AGE
requests-pod-3   0/1       Pending    0           4m
```

尽管我们等了好一会，pod 依然卡在 Pending 状态，可以通过 describe 命令查看一下出现这种情况的详细原因，如以下代码清单所示。

代码清单 14.4 使用 kubectl describe pod 查看为什么 pod 卡在 Pending 状态

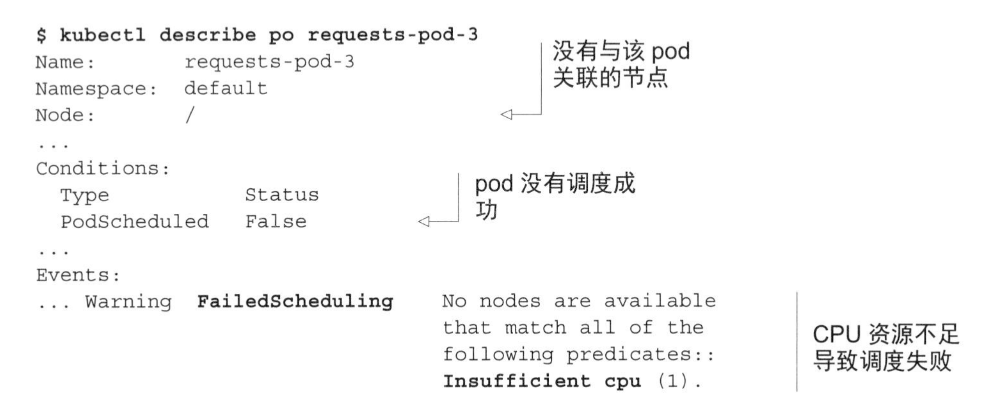


```
$ kubectl describe po requests-pod-3
Name:         requests-pod-3
Namespace:    default
Node:         /
...
Conditions:
  Type           Status
  PodScheduled   False
...
Events:
... Warning  FailedScheduling    No nodes are available
                                 that match all of the
                                 following predicates::
                                 Insufficient cpu (1).
```

从命令的输出可以看出我们的单节点集群没有足够的 CPU，pod 不适合任何节点因此没有被成功调度。但是为什么呢？我们三个 pod 的 CPU requests 总和是 2000 毫核也就是 2 核，我们的节点正好可以提供，是哪里出了问题呢？

查明 pod 没有被调度成功的原因

可以通过检查节点资源找出为什么 pod 没有成功调度。让我们再次执行 kubectl describe node 命令并仔细地检查输出。

代码清单 14.5 使用 kubectl describe node 检查节点已分配资源

```
$ kubectl describe node
Name:                   minikube
...
Non-terminated Pods:    (7 in total)
  Namespace    Name              CPU Requ.    CPU Lim.   Mem Req.    Mem Lim.
  ---------    ----              ----------   --------   ---------   --------
  default      requests-pod      200m (10%)   0 (0%)     10Mi (0%)   0 (0%)
  default      requests-pod-2    800m (40%)   0 (0%)     20Mi (1%)   0 (0%)
  kube-system  dflt-http-b...    10m (0%)     10m (0%)   20Mi (1%)   20Mi (1%)
  kube-system  kube-addon-...    5m (0%)      0 (0%)     50Mi (2%)   0 (0%)
```

```
  kube-system  kube-dns-26...  260m (13%)  0 (0%)     110Mi (5%)  170Mi (8%)
  kube-system  kubernetes-...  0 (0%)      0 (0%)     0 (0%)      0 (0%)
  kube-system  nginx-ingre...  0 (0%)      0 (0%)     0 (0%)      0 (0%)
Allocated resources:
  (Total limits may be over 100 percent, i.e., overcommitted.)
  CPU Requests  CPU Limits      Memory Requests Memory Limits
  ------------  ----------      --------------- -------------
  1275m (63%)   10m (0%)        210Mi (11%)     190Mi (9%)
```

在列表的左下角可以看到共有 1275 毫核已经被运行的 pod 申请，比我们先前部署的两个 pod 申请量多了 275 毫核。看来有些东西吃掉了额外的 CPU 资源。

我们可以在上面的列表中找到罪魁祸首。在 kube-system 命名空间内有三个 pod 明确申请了 CPU。 这些 pod 加上我们的两个 pod，只剩下 725 毫核可用。第三个 pod 需要 1000 毫核，调度器不会将其调度到这个节点上，因为这将导致节点超卖。

释放资源让 pod 正常调度

只有当节点资源释放后（比如删除之前两个 pod 中的一个）pod 才会调度上来。如果我们删除第二个 pod，调度器将获取到删除通知（通过第 11 章介绍的监控机制），并在第二个 pod 成功终止后立即调度第三个 pod。这在下面的代码清单中可以看到。

代码清单 14.6 删除另一个 pod 后看到 pod 已正常调度

```
$ kubectl delete po requests-pod-2
pod "requests-pod-2" deleted

$ kubectl get po
NAME             READY     STATUS        RESTARTS   AGE
requests-pod     1/1       Running       0          2h
requests-pod-2   1/1       Terminating   0          1h
requests-pod-3   0/1       Pending       0          1h

$ kubectl get po
NAME             READY     STATUS    RESTARTS   AGE
requests-pod     1/1       Running   0          2h
requests-pod-3   1/1       Running   0          1h
```

在以上所有例子中，我们也指定了内存申请量，不过它并没有对调度产生影响，因为我们的节点拥有足够多的内存来容纳所有 pod 的需求。调度器处理 CPU 和内存 requests 的方式没有什么不同，但与内存 requests 相反的是，pod 的 CPU requests 在其运行时也扮演着一个角色，我们将在下文中了解这一点。

14.1.3 CPU requests 如何影响 CPU 时间分配

现在有两个 pod 运行在集群中（我们暂且不理会那些系统 pod，因为它们大部分时间都是空闲的）。一个请求了 200 毫核，另一个是前者的 5 倍。在本章开始，我们说到 Kubernetes 会将 requests 资源和 limits 资源区别对待。我们还没有定义任何 limits，因此每个 pod 分别可以消耗多少 CPU 并没有做任何限制。那么假设每个 pod 内的进程都尽情消耗 CPU 时间，每个 pod 最终能分到多少 CPU 时间呢？

CPU requests 不仅仅在调度时起作用，它还决定着剩余（未使用）的 CPU 时间如何在 pod 之间分配。正如图 14.2 描绘的那样，因为第一个 pod 请求了 200 毫核，另一个请求了 1000 毫核，所以未使用的 CPU 将按照 1:5 的比例来划分给这两个 pod。如果两个 pod 都全力使用 CPU，第一个 pod 将获得 16.7% 的 CPU 时间，另一个将获得 83.3% 的 CPU 时间。

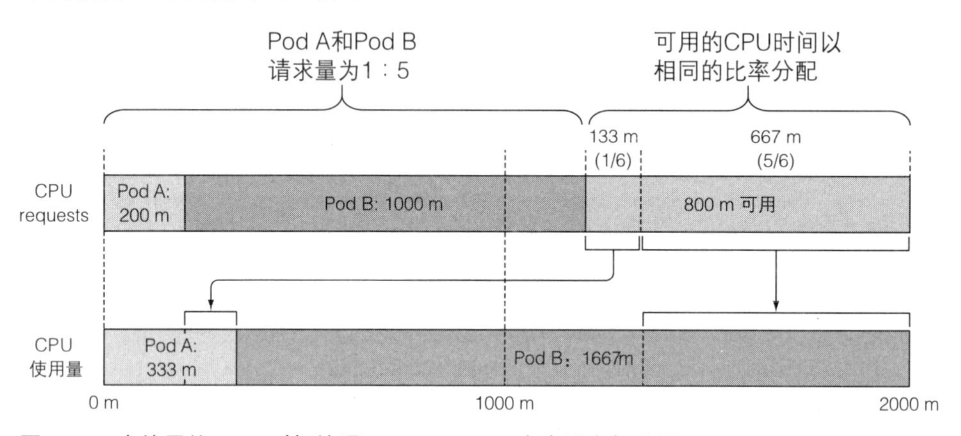

图 14.2 未使用的 CPU 时间按照 CPU requests 在容器之间分配

另一方面，如果一个容器能够跑满 CPU，而另一个容器在该时段处于空闲状态，那么前者将可以使用整个 CPU 时间（当然会减掉第二个容器消耗的少量时间）。毕竟当没有其他人使用时提高整个 CPU 的利用率也是有意义的，对吧？当然，第二个容器需要 CPU 时间的时候就会获取到，同时第一个容器会被限制回来。

14.1.4 定义和申请自定义资源

Kubernetes 允许用户为节点添加属于自己的自定义资源，同时支持在 pod 资源 requests 里申请这种资源。因为目前是一个 alpha 特性，所以不打算描述其细节，而只会简短地介绍一下。

首先，需要通过将自定义资源加入节点 API 对象的 `capacity` 属性让 Kubernetes 知道它的存在。这可以通过执行 HTTP 的 `PATCH` 请求来完成。资源名称可以是不以 kubernetes.io 域名开头的任意值，例如 example.org/my-resource，数量必须是整数（例如不能设为 100m，因为 0.1 不是整数；但是可以设置为 1000m、2000m，或者简单地设为 1 和 2）。这个值将自动从 capacity 字段复制到 allocatable 字段。

然后，创建 pod 时，只要简单地在容器 spec 的 resources.requests 字段下，或者像之前例子那样使用带 --requests 参数的 kubectl run 命令来指定自定义资源名称和申请量，调度器就可以确保这个 pod 只能部署到满足自定义资源申请量的节点，同时每个已部署的 pod 会减少节点的这类可分配资源数量。

一个自定义资源的例子就是节点上可用的 GPU 单元数量。如果 pod 需要使用 GPU，只要简单指定其 requests，调度器就会保证这个 pod 只能调度到至少拥有一个未分配 GPU 单元的节点上。

14.2 限制容器的可用资源

设置 pod 的容器资源申请量保证了每个容器能够获得它所需要资源的最小量。现在我们再看看硬币的另一面 —— 容器可以消耗资源的最大量。

14.2.1 设置容器可使用资源量的硬限制

我们之前看到当其他进程处于空闲状态时容器可以被允许使用所有 CPU 资源。但是你可能想防止一些容器使用超过指定数量的 CPU，而且经常会希望限制容器的可消耗内存数量。

CPU 是一种可压缩资源，意味着我们可以在不对容器内运行的进程产生不利影响的同时，对其使用量进行限制。而内存明显不同 —— 是一种不可压缩资源。一旦系统为进程分配了一块内存，这块内存在进程主动释放之前将无法被回收。这就是我们为什么需要限制容器的最大内存分配量的根本原因。

如果不对内存进行限制，工作节点上的容器（或者 pod）可能会吃掉所有可用内存，会对该节点上所有其他 pod 和任何新调度上来的 pod（记住新调度的 pod 是基于内存的申请量而不是实际使用量的）造成影响。单个故障 pod 或恶意 pod 几乎可以导致整个节点不可用。

创建一个带有资源 limits 的 pod

为了防止这种情况发生，Kubernetes 允许用户为每个容器指定资源 limits（与设置资源 requests 几乎相同）。以下代码清单展示了一个包含资源 limits 的 pod 描述文件示例。

代码清单 14.7　一个包含 CPU 和内存硬限制的 pod：limited-pod.yaml

```
apiVersion: v1
kind: Pod
metadata:
  name: limited-pod
spec:
  containers:
  - image: busybox
    command: ["dd", "if=/dev/zero", "of=/dev/null"]
    name: main
    resources:
      limits:
        cpu: 1
        memory: 20Mi
```

我们为容器指定资源 limits

这个容器允许最大使用 1 核 CPU

这个容器允许最大使用 20 MB 内存

这个 pod 的容器包含了 CPU 和内存资源 limits 配置。容器内的进程不允许消耗超过 1 核 CPU 和 20 MB 内存。

注意：因为没有指定资源 requests，它将被设置为与资源 limits 相同的值。

可超卖的 limits

与资源 requests 不同的是，资源 limits 不受节点可分配资源量的约束。所有 limits 的总和允许超过节点资源总量的 100%（见图 14.3）。换句话说，资源 limits 可以超卖。如果节点资源使用量超过 100%，一些容器将被杀掉，这是一个很重要的结果。

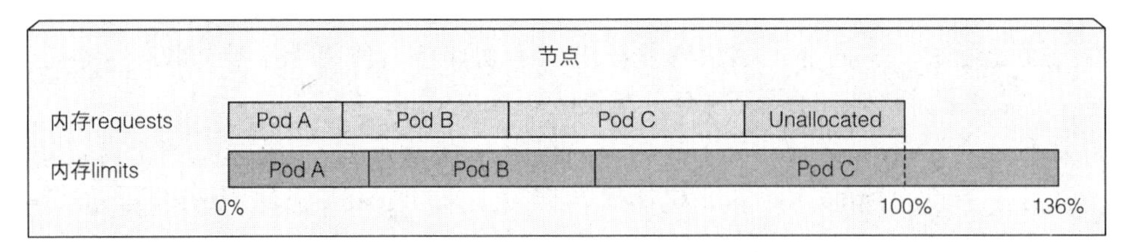

图 14.3　节点上所有 pod 的资源 limits 之和可以超过节点资源总量的 100%

在 14.3 节，我们将看到 Kubernetes 如何决定杀掉哪些容器，不过只要单个容器尝试使用比自己指定的 limits 更多的资源时也可能会被杀掉。接下来我们会了解更多。

14.2.2 超过 limits

当容器内运行的进程尝试使用比限额更多的资源时会发生什么呢?

我们已经了解了 CPU 是可压缩资源，当进程不等待 IO 操作时消耗所有的 CPU 时间是非常常见的。正如我们所知道的，对一个进程的 CPU 使用率可以进行限制，因此当为一个容器设置 CPU 限额时，该进程只会分不到比限额更多的 CPU 而已。

而内存却有所不同。当进程尝试申请分配比限额更多的内存时会被杀掉（我们会说这个容器被 OOMKilled 了，OOM 是 Out Of Memory 的缩写）。如果 pod 的重启策略为 Always 或 OnFailure，进程将会立即重启，因此用户可能根本察觉不到它被杀掉。但是如果它继续超限并被杀死，Kubernetes 会再次尝试重启，并开始增加下次重启的间隔时间。这种情况下用户会看到 pod 处于 CrashLoopBackOff 状态：

```
$ kubectl get po
NAME        READY     STATUS              RESTARTS    AGE
memoryhog   0/1       CrashLoopBackOff    3           1m
```

CrashLoopBackOff 状态表示 Kubelet 还没有放弃，它意味着在每次崩溃之后，Kubelet 就会增加下次重启之前的间隔时间。第一次崩溃之后，Kubelet 立即重启容器，如果容器再次崩溃，Kubelet 会等待 10 秒钟后再重启。随着不断崩溃，延迟时间也会按照 20、40、80、160 秒以几何倍数增长，最终收敛在 300 秒。一旦间隔时间达到 300 秒，Kubelet 将以 5 分钟为间隔时间对容器进行无限重启，直到容器正常运行或被删除。

要定位容器 crash 的原因，可以通过查看 pod 日志以及 kubectl describe pod 命令：

代码清单 14.8 通过 kubectl describe pod 查看容器终止的原因

```
$ kubectl describe pod
Name:       memoryhog
...
Containers:
  main:
    ...
    State:          Terminated
      Reason:       OOMKilled
      Exit Code:    137
      Started:      Tue, 27 Dec 2016 14:55:53 +0100
      Finished:     Tue, 27 Dec 2016 14:55:58 +0100
    Last State:     Terminated
      Reason:       OOMKilled
      Exit Code:    137
```

当前容器因为 OOM 被杀死

上一个容器同样因为 OOM 被杀死

```
      Started:      Tue, 27 Dec 2016 14:55:37 +0100
      Finished:     Tue, 27 Dec 2016 14:55:50 +0100
    Ready:          False
...
```

OOMKilled 状态告诉我们容器因为内存不足而被系统杀掉了。上例中，容器实际上已经超过了内存限额而被立即杀死。

让我们来讨论一下，当第一次开始为他们的容器指定限制时，大多数用户会被警惕。

因此，如果你不希望容器被杀掉，重要的一点就是不要将内存 limits 设置得很低。而容器有时即使没有超限也依然会被 OOMKilled。我们将在 14.3.2 节说明原因，而现在让我们讨论一下在大多数用户首次指定 limits 时需要警惕的地方。

14.2.3 容器中的应用如何看待 limits

如果你还没有部署代码清单 14.7 中的 pod，请先部署：

```
$ kubectl create -f limited-pod.yaml
pod "limited-pod" created
```

现在我们在容器内运行 top 命令，如本章开始时那样。命令的输出显示在下面的代码清单中。

代码清单 14.9 在有 CPU/ 内存限制的容器内运行 top 命令

```
$ kubectl exec -it limited-pod top
Mem: 1450980K used, 597504K free, 22012K shrd, 65876K buff, 857552K cached
CPU: 10.0% usr 40.0% sys  0.0% nic 50.0% idle  0.0% io  0.0% irq  0.0% sirq
Load average: 0.17 1.19 2.47 4/503 10
  PID  PPID USER     STAT   VSZ %VSZ CPU %CPU COMMAND
    1     0 root     R     1192  0.0   1 49.9 dd if /dev/zero of /dev/null
    5     0 root     R     1196  0.0   0  0.0 top
```

首先提醒一下，这个 pod 的 CPU 限额是 500 毫核，内存限额是 20 MiB。现在仔细审视一下 top 命令的输出。看看有什么奇怪之处吗？

查看 used 和 free 内存量，这些数值远超出我们为容器设置的 20 MiB 限额。同样地，我们设置了 CPU 限额为 1 核，即使我们使用的 dd 命令通常会消耗所有可用的 CPU 资源，但主进程似乎只用到了 50%。所以究竟发生了什么呢？

在容器内看到的始终是节点的内存，而不是容器本身的内存

即使你为容器设置了最大可用内存的限额，top 命令显示的是运行该容器的节点的内存数量，而容器无法感知到此限制。

这对任何通过查看系统剩余可用内存数量，并用这些信息来决定自己该使用多

少内存的应用来说具有非常不利的影响。

对于 Java 程序来说这是个很大的问题，尤其是不使用 `-Xmx` 选项指定虚拟机的最大堆大小时，JVM 会将其设置为主机总物理内存的百分值。在 Kubernetes 开发集群运行 Java 容器化应用（比如在笔记本电脑上运行）时，因为内存 limits 和笔记本电脑总内存差距不是很大，这个问题还不太明显。

但是如果 pod 部署在拥有更大物理内存的生产系统中，JVM 将迅速超过预先配置的内存限额，然后被 OOM 杀死。

也许你觉得可以简单地设置 `-Xmx` 选项就可以解决这个问题，那么你就错了，很遗憾。`-Xmx` 选项仅仅限制了堆大小，并不管其他 off-heap 内存。好在新版本的 Java 会考虑到容器 limits 以缓解这个问题。

容器内同样可以看到节点所有的 CPU 核

与内存完全一样，无论有没有配置 CPU limits，容器内也会看到节点所有的 CPU。将 CPU 限额配置为 1，并不会神奇地只为容器暴露一个核。CPU limits 做的只是限制容器使用的 CPU 时间。

因此如果一个拥有 1 核 CPU 限额的容器运行在 64 核 CPU 上，只能获得 1/64 的全部 CPU 时间。而且即使限额设置为 1 核，容器进程也不会只运行在一个核上，不同时刻，代码还是会在多个核上执行。

上面的描述没什么问题，对吧？虽然一般情况下如此，但在一些情况下却是灾难。

一些程序通过查询系统 CPU 核数来决定启动工作线程的数量。同样在开发环境的笔记本电脑上运行良好，但是部署在拥有更多数量 CPU 的节点上，程序将快速启动大量线程，所有线程都会争夺（可能极其）有限的 CPU 时间。同时每个线程通常都需要额外的内存资源，导致应用的内存用量急剧增加。

不要依赖应用程序从系统获取的 CPU 数量，你可能需要使用 Downward API 将 CPU 限额传递至容器并使用这个值。也可以通过 cgroup 系统直接获取配置的 CPU 限制，请查看下面的文件：

- /sys/fs/cgroup/cpu/cpu.cfs_quota_us
- /sys/fs/cgroup/cpu/cpu.cfs_period_us

14.3 了解pod QoS等级

前面已经提到资源 limits 可以超卖，换句话说，一个节点不一定能提供所有 pod 所指定的资源 limits 之和那么多的资源量。

假设有两个 pod，pod A 使用了节点内存的 90%，pod B 突然需要比之前更多的内存，这时节点无法提供足量内存，哪个容器将被杀掉呢？应该是 pod B 吗？因为节点无法满足它的内存请求。或者应该是 pod A 吗？这样释放的内存就可以提供给 pod B 了。

显然，这要分情况讨论。Kubernetes 无法自己做出正确决策，因此就需要一种方式，我们通过这种方式可以指定哪种 pod 在该场景中优先级更高。Kubernetes 将 pod 划分为 3 种 QoS 等级：

- `BestEffort`（优先级最低）
- `Burstable`
- `Guaranteed`（优先级最高）

14.3.1 定义 pod 的 QoS 等级

你也许希望这个等级会通过一个独立的字段分配，但并非如此。QoS 等级来源于 pod 所包含的容器的资源 requests 和 limits 的配置。下面介绍分配 QoS 等级的方法。

为 pod 分配 BestEffort 等级

最低优先级的 QoS 等级是 `BestEffort`。会分配给那些没有（为任何容器）设置任何 requests 和 limits 的 pod。前面章节创建的 pod 都是这个等级。在这个等级运行的容器没有任何资源保证。在最坏情况下，它们分不到任何 CPU 时间，同时在需要为其他 pod 释放内存时，这些容器会第一批被杀死。不过因为 `BestEffort` pod 没有配置内存 limits，当有充足的可用内存时，这些容器可以使用任意多的内存。

为 pod 分配 Guaranteed 等级

与 Burstable 相对的是 `Guaranteed` 等级，会分配给那些所有资源 request 和 limits 相等的 pod。对于一个 `Guaranteed` 级别的 pod，有以下几个条件：

- CPU 和内存都要设置 requests 和 limits
- 每个容器都需要设置资源量
- 它们必须相等（每个容器的每种资源的 requests 和 limits 必须相等）

因为如果容器的资源 requests 没有显式设置，默认与 limits 相同，所以只设置所有资源（pod 内每个容器的每种资源）的限制量就可以使 pod 的 QoS 等级为 `Guaranteed`。这些 pod 的容器可以使用它所申请的等额资源，但是无法消耗更多的资源（因为它们的 limits 和 requests 相等）。

为 pod 分配 Burstable 等级

`Burstable` QoS 等级介于 `BestEffort` 和 `Guaranteed` 之间。其他所有的 pod 都属于这个等级。包括 容器的 requests 和 limits 不相同的单容器 pod，至少有一个容器只定义了 requests 但没有定义 limits 的 pod，以及一个容器的 requests 和

limits 相等，但是另一个容器不指定 requests 或 limits 的 pod。Burstable pod 可以获得它们所申请的等额资源，并可以使用额外的资源（不超过 limits）。

requests 和 limits 之间的关系如何定义 QoS 等级

图 14.4 列举了 3 个 QoS 等级和它们与 requests 和 limits 之间的关系。

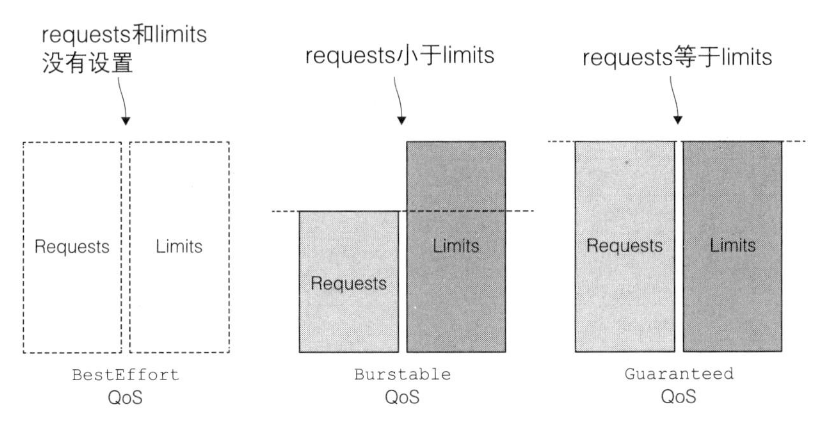

图 14.4 资源的 requests、limits 和 QoS 等级

考虑一个 pod 应该属于哪个 QoS 等级足以令人脑袋快速运转，因为它涉及多个容器、多种资源，以及 requests 和 limits 之间所有可能的关系。如果一开始从容器级别考虑 QoS（尽管它并不是容器的属性，而是 pod 的属性），然后从容器 QoS 推导出 pod QoS，这样可能更容易理解。

明白容器的 QOS 等级

表 14.1 显示了基于资源 requests 和 limits 如何为单个容器定义 QoS 等级。对于单容器 pod，容器的 QoS 等级也适用于 pod。

表 14.1 基于资源请求量和限制量的单容器 pod 的 QoS 等级

CPU requests vs. limits	内存的 requests vs. limits	容器的 QoS 等级
未设置	未设置	BestEffort
未设置	Requests < Limits	Burstable
未设置	Requests = Limits	Burstable
Requests < Limits	未设置	Burstable
Requests < Limits	Requests < Limits	Burstable
Requests < Limits	Requests = Limits	Burstable
Requests = Limits	Requests = Limits	Guaranteed

注意 如果设置了 requests 而没有设置 limits，参考表中 requests 小于 limits 那一行。如果设置了 limits，requests 默认与 limits 相等，因此参考 request 等于 limits 那

一行。

了解多容器 pod 的 QoS 等级

对于多容器 pod，如果所有的容器的 QoS 等级相同，那么这个等级就是 pod 的 QoS 等级。如果至少有一个容器的 QoS 等级与其他不同，无论这个容器是什么等级，这个 pod 的 QoS 等级都是 `Burstable` 等级。表 14.2 展示了 pod 的 QoS 等级与其中两个容器的 QoS 等级之间的对应关系。多容器 pod 可以对此进行简单扩展。

表 14.2 由容器的 QoS 等级推导出 pod 的 QoS 等级

容器 1 的 QoS 等级	容器 2 的 QoS 等级	pod 的 QoS 容器
BestEffort	BestEffort	`BestEffort`
BestEffort	Burstable	`Burstable`
BestEffort	Guaranteed	`Burstable`
Burstable	Burstable	`Burstable`
Burstable	Guaranteed	`Burstable`
Guaranteed	Guaranteed	`Guaranteed`

注意 运行 `kubectl describe pod` 以及通过 pod 的 YAML/JSON 描述的 `status.qosClass` 字段都可以查看 pod 的 QoS 等级。

我们解释了如何划分 QoS 等级，但是我们依然需要了解在一个超卖的系统中如何确定哪个容器先被杀掉。

14.3.2 内存不足时哪个进程会被杀死

在一个超卖的系统，QoS 等级决定着哪个容器第一个被杀掉，这样释放出的资源可以提供给高优先级的 pod 使用。`BestEffort` 等级的 pod 首先被杀掉，其次是 `Burstable` pod，最后是 `Guaranteed` pod。`Guaranteed` pod 只有在系统进程需要内存时才会被杀掉。

了解 QoS 等级的优先顺序

请看图 14.5 中的例子。假设两个单容器的 pod，第一个属于 `BestEffort` QoS 等级，第二个属于 `Burstable` 等级。当节点的全部内存已经用完，还有进程尝试申请更多的内存时，系统必须杀死其中一个进程（甚至包括尝试申请额外内存的进程）以兑现内存分配请求。这种情况下，`BestEffort` 等级运行的进程会在 `Burstable` 等级的进程之前被系统杀掉。

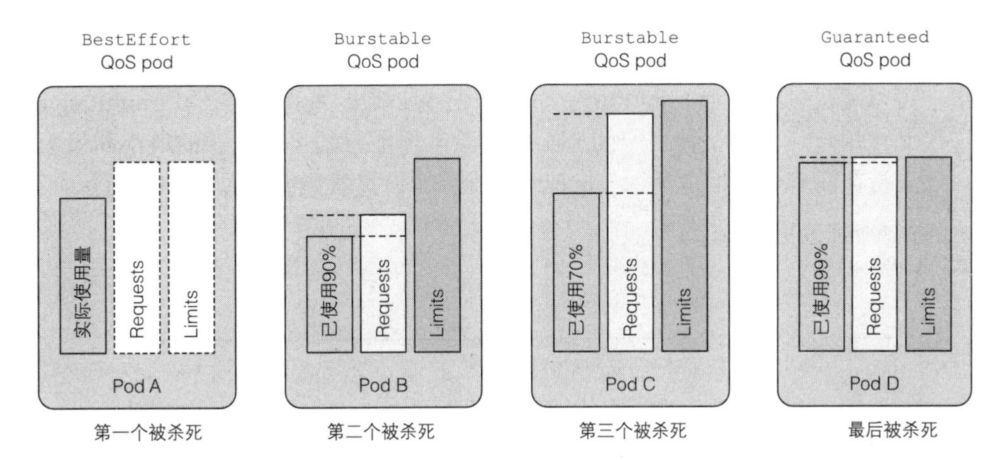

图 14.5　哪个 pod 会第一个被杀掉

显然，`BestEffort` pod 的进程会在 `Guaranteed` pod 的进程之前被杀掉。同样地，`Burstable` pod 的进程也先于 `Guaranteed` pod 的进程被杀掉。但如果只有两个 `Burstable` pod 会发生什么呢？很明显需要选择一个优先于另一个的进程。

如何处理相同 QoS 等级的容器

每个运行中的进程都有一个称为 OutOfMemory (OOM) 分数的值。系统通过比较所有运行进程的 OOM 分数来选择要杀掉的进程。当需要释放内存时，分数最高的进程将被杀死。

OOM 分数由两个参数计算得出：进程已消耗内存占可用内存的百分比，与一个基于 pod QoS 等级和容器内存申请量固定的 OOM 分数调节因子。对于两个属于 `Burstable` 等级的单容器的 pod，系统会杀掉内存实际使用量占内存申请量比例更高的 pod。这就是图 14.5 中使用了内存申请量 90% 的 pod B 在 pod C（只使用了 70%）之前被杀掉的原因，尽管 pod C 比 pod B 使用了更多兆字节的内存。

这说明我们不仅要注意 requets 和 limits 之间的关系，还要留心 requests 和预期实际消耗内存之间的关系。

14.4　为命名空间中的pod设置默认的requests和limits

我们已经了解到如何为单个容器设置资源 requests 和 limits。如果我们不做限制，这个容器将处于其他所有设置了 requests 和 limits 的容器的控制之下。换句话说，为每个容器设置 requests 和 limits 是一个很好的实践。

14.4.1 LimitRange 资源简介

用户可以通过创建一个 LimitRange 资源来避免必须配置每个容器。LimitRange 资源不仅允许用户（为每个命名空间）指定能给容器配置的每种资源的最小和最大限额，还支持在没有显式指定资源 requests 时为容器设置默认值，如图 14.6 所示。

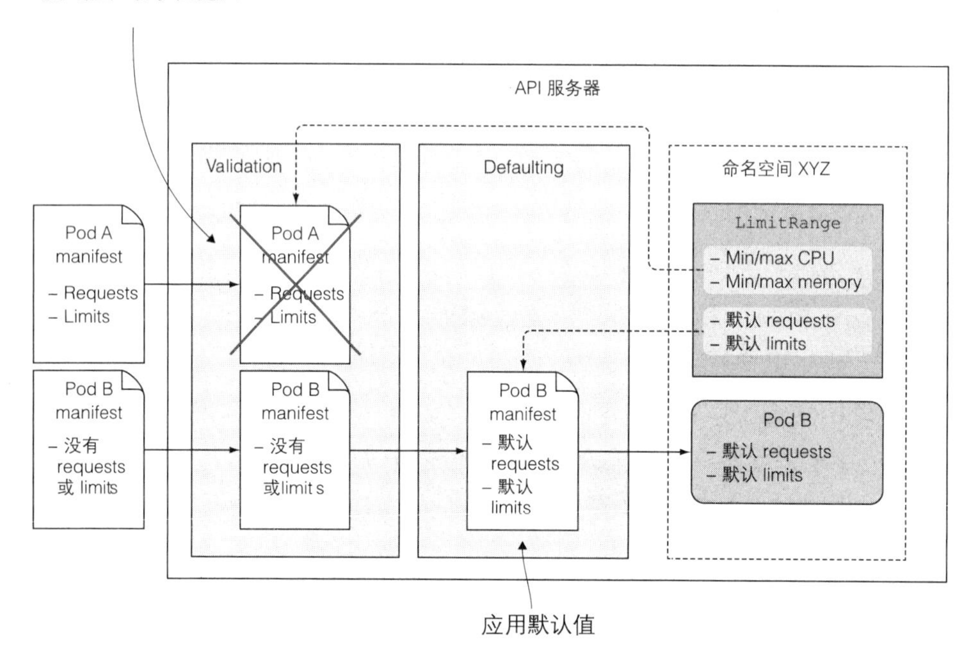

图 14.6 LimitRange 用于 pod 的资源校验和设置默认值

LimitRange 资源被 LimitRanger 准入控制插件（我们在第 11 章介绍过这种插件）。API 服务器接收到带有 pod 描述信息的 POST 请求时，LimitRanger 插件对 pod spec 进行校验。如果校验失败，将直接拒绝。因此，LimitRange 对象的一个广泛应用场景就是阻止用户创建大于单个节点资源量的 pod。如果没有 LimitRange，API 服务器将欣然接收 pod 创建请求，但永远无法调度成功。

LimitRange 资源中的 limits 应用于同一个命名空间中每个独立的 pod、容器，或者其他类型的对象。它并不会限制这个命名空间中所有 pod 可用资源的总量，总量是通过 ResourceQuota 对象指定的，这将在 14.5 节中进行说明。

14.4.2 LimitRange 对象的创建

我们看一下 LimitRange 的全貌，然后单独解释每个属性的作用。下面的代码清单展示了一个 LimitRange 资源的完整定义。

代码清单 14.10 LimitRange 资源：limits.yaml

```
apiVersion: v1
kind: LimitRange
metadata:
  name: example
spec:
  limits:
  - type: Pod
    min:
      cpu: 50m
      memory: 5Mi
    max:
      cpu: 1
      memory: 1Gi
  - type: Container
    defaultRequest:
      cpu: 100m
      memory: 10Mi
    default:
      cpu: 200m
      memory: 100Mi
    min:
      cpu: 50m
      memory: 5Mi
    max:
      cpu: 1
      memory: 1Gi
    maxLimitRequestRatio:
      cpu: 4
      memory: 10
  - type: PersistentVolumeClaim
    min:
      storage: 1Gi
    max:
      storage: 10Gi
```

指定整个 pod 的资源 limits

pod 中所有容器的 CPU 和内存的请求量之和的最小值

pod 中所有容器的 CPU 和内存的请求量之和的最大值

指定容器的资源限制

容器没有指定 CPU 或内存请求量时设置的默认值

没有指定如果 limits 时设置的默认值

容器的 CPU 和内存的资源 requests 和 limits 的最小值和最大值

每种资源 requests 与 limits 的最大比值

LimitRange 还可以指定请求 PVC 存储容量的最小值和最大值

正如在上面例子中看到的，整个 pod 资源限制的最小值和最大值是可以配置的。它应用于 pod 内所有容器的 requests 和 limits 之和。

在更低一层的容器级别，用户不仅可以设置最小值和最大值，还可以为没有显式指定的容器设置资源 requests (`defaultRequest`) 和 limits (`default`) 的默认值。

除了最小值、最大值和默认值，用户甚至可以设置 limits 和 requests 的最大比例。上面示例中设置了 `maxLimitRequestRatio` 为 4，表示容器的 CPU limits 不能超过 CPU requests 的 4 倍。因此，对于一个申请了 200 毫核的容器，如果它的 CPU 限额设置为 801 毫核或者更大就无法创建。而对于内存，这个比例设为了 10。

在第 6 章我们介绍了 PersistentVolumeClaim (PVC)，正如在 pod 中为容器声明

CPU 和内存一样，用户也可以声明指定大小的持久化存储。

这个例子只使用一个 LimitRange 对象，其中包含了对所有资源的限制，而如果你希望按照类型进行组织，也可以将其分割为多个对象（例如一个用于 pod 限制，一个用于容器限制，一个用于 PVC 限制）。多个 LimitRange 对象的限制会在校验 pod 或 PVC 合法性时进行合并。

由于 LimitRange 对象中配置的校验（和默认值）信息在 API 服务器接收到新的 pod 或 PVC 创建请求时执行，如果之后修改了限制，已经存在的 pod 和 PVC 将不会再次进行校验，新的限制只会应用于之后创建的 pod 和 PVC。

14.4.3 强制进行限制

在设置了限制的情况下，我们尝试创建一个 CPU 申请量大于 LimitRange 允许值的 pod。可以在代码库中找到 pod 的 YAML。下面的代码清单仅展示与本节讨论相关的部分。

代码清单 14.11 一个 CPU requests 超过限制的 pod：limits-pod-too-big.yaml

```
resources:
  requests:
    cpu: 2
```

这个 pod 的容器需要 2 核 CPU，大于之前 LimitRange 中设置的最大值。创建 pod 时会返回以下结果：

```
$ kubectl create -f limits-pod-too-big.yaml
Error from server (Forbidden): error when creating "limits-pod-too-big.yaml":
pods "too-big" is forbidden: [
  maximum cpu usage per Pod is 1, but request is 2.,
  maximum cpu usage per Container is 1, but request is 2.]
```

为了看起来更清晰，笔者对输出结果稍微做了修改。服务器返回错误信息的好处是它列出了这个 pod 被拒绝的所有原因，而不仅仅是第一个错误。正如我们从结果看到的，pod 被拒绝的原因有两个：我们为容器申请了 2 核的 CPU，但是容器的最大 CPU 请求量限制为 1 核，在 Pod 级别也是同样的原因，pod 整体可以请求 2 核的 CPU，但是允许申请的最大值是 1 核（如果这是一个多容器 pod，即使每个单独容器的请求量少于最大 CPU 请求量，所有容器请求量的总和仍然需要少于 2 核才能符合最大 CPU 请求量的限制）。

14.4.4 应用资源 requests 和 limits 的默认值

现在我们再看看如果不指定资源 requests 和 limits，Kubernetes 如何为其设置默认值，我们再次部署第 3 章中名叫 kubia-manual 的 pod：

```
$ kubectl create -f ../Chapter03/kubia-manual.yaml
pod "kubia-manual" created
```

在我们设置 LimitRange 对象之前，所有 pod 创建后都不包含资源 requests 或 limits，但现在我们通过 describe 确认一下刚刚创建的 kubia-manual pod：

代码清单 14.12 检查自动应用于 pod 的 limits

```
$ kubectl describe po kubia-manual
Name:           kubia-manual
...
Containers:
  kubia:
    Limits:
      cpu:      200m
      memory:   100Mi
    Requests:
      cpu:      100m
      memory:   10Mi
```

容器的 requests 和 limits 与我们在 LimitRange 对象中设置的一致。如果我们在另一个命名空间中指定不同的 LimitRange，那么这个命名空间中创建的 pod 就会拥有不同的 requests 和 limits。这样管理员就可以为每个命名空间的 pod 配置资源的默认值、最小值和最大值。如果使用命名空间来区分不同团队，或是区分开发、测试、交付准备，以及生产环境的 pod 都运行在相同的 Kubernetes 集群中，那么在每个命名空间中定义不同的 LimitRange 就可以确保只在特定的命名空间中可以创建资源需求大的 pod，而在另一些命名空间中只能创建资源需求小的 pod。

但需要记住的是，LimitRange 中配置的 limits 只能应用于单独的 pod 或容器。用户仍然可以创建大量的 pod 吃掉集群所有可用资源。LimitRange 并不能防止这个问题，而相反，我们将在下文了解的 ResourceQuota 对象可以做到这点。

14.5 限制命名空间中的可用资源总量

正如我们看到的，LimitRange 只应用于单独的 pod，而我们同时也需要一种手段可以限制命名空间中的可用资源总量。这通过创建一个 ResourceQuota 对象来实现。

14.5.1 ResourceQuota 资源介绍

在第 10 章中我们讨论了几种运行在 API 服务器中，可以判断一个 pod 是否允许创建的接纳控制插件。在上一节，我们讲到 LimitRanger 插件会强制执行

LimitRange 资源中配置的策略。类似地，ResourceQuota 的接纳控制插件会检查将要创建的 pod 是否会引起总资源量超出 ResourceQuota。如果那样，创建请求会被拒绝。因为资源配额在 pod 创建时进行检查，所以 ResourceQuota 对象仅仅作用于在其后创建的 pod—— 并不影响已经存在的 pod。

资源配额限制了一个命名空间中 pod 和 PVC 存储最多可以使用的资源总量。同时也可以限制用户允许在该命名空间中创建 pod、PVC，以及其他 API 对象的数量，因为到目前为止我们处理最多的资源是 CPU 和内存，下面就来看看如何为这两种资源指定配额。

为 CPU 和内存创建 ResourceQuota

限制命名空间中所有 pod 允许使用的 CPU 和内存总量可以通过创建 ResourceQuota 对象来实现，请看下面的代码清单。

代码清单 14.13 CPU 和内存的 ResourceQuota 资源：memory: quota-cpu-memory.yaml

```
apiVersion: v1
kind: ResourceQuota
metadata:
  name: cpu-and-mem
spec:
  hard:
    requests.cpu: 400m
    requests.memory: 200Mi
    limits.cpu: 600m
    limits.memory: 500Mi
```

我们为 CPU 和内存分别定义了 requests 和 limits 总量，而不是简单地为每种资源只定义一个总量。你可能会注意到与 LimitRange 对比，结构有一些不同。这里所有资源的 requests 和 limits 都定义在一个字段下。

这个 ResourceQuota 设置了命名空间中所有 pod 最多可申请的 CPU 数量为 400 毫核，limits 最大总量为 600 毫核。对于内存，设置所有 requests 最大总量为 200MiB，limits 为 500MiB。

与 LimitRange 一样，ResourceQuota 对象应用于它所创建的那个命名空间，但不同的是，后者可以限制所有 pod 资源 requests 和 limits 的总量，而不是每个单独的 pod 或者容器，如图 14.7 所示。

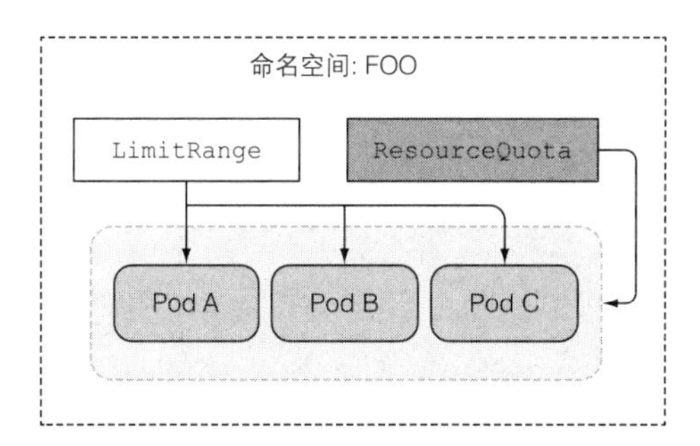

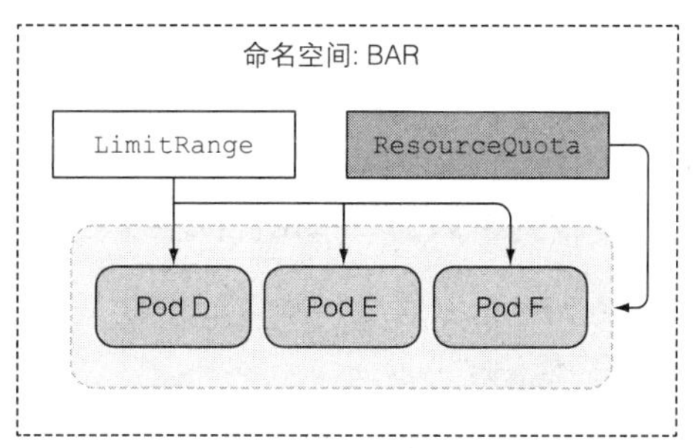

图 14.7 LimitRange 应用于单独的 pod；ResourceQuota 应用于命名空间中所有的 pod

查看配额和配额使用情况

将 ResourceQuota 对象提交至 API 服务器之后，可以执行 `kubectl describe` 命令查看当前配额已经使用了多少，如以下代码清单所示。

代码清单 14.14 使用 `kubectl describe quota` 查看配额

```
$ kubectl describe quota
Name:            cpu-and-mem
Namespace:       default
Resource         Used   Hard
--------         ----   ----
limits.cpu       200m   600m
limits.memory    100Mi  500Mi
requests.cpu     100m   400m
requests.memory  10Mi   200Mi
```

因为我们只运行了 `kubia-manual` pod，所以 `Used` 列与这个 pod 的 requests 和 limits 相等。如果我们再运行其他 pod，它们的 requests 和 limits 值会增加至已使用量中。

与 ResourceQuota 同时创建 LimitRange

需要注意的一点是，创建 ResourceQuota 时往往还需要随之创建一个 LimitRange 对象。在上一节我们已经配置了 LimitRange，但是假设我们没有配置，`kubia-manual` pod 将无法成功创建，因为它没有指定任何资源 requests 和 limits。我们看一下这种情况会发生什么：

```
$ kubectl create -f ../Chapter03/kubia-manual.yaml
Error from server (Forbidden): error when creating "../Chapter03/kubia-
     manual.yaml": pods "kubia-manual" is forbidden: failed quota: cpu-and-
     mem: must specify limits.cpu,limits.memory,requests.cpu,requests.memory
```

因此，当特定资源（CPU 或内存）配置了（requests 或 limits）配额，在 pod 中必须为这些资源（分别）指定 requests 或 limits，否则 API 服务器不会接收该 pod 的创建请求。

14.5.2 为持久化存储指定配额

ResourceQuota 对象同样可以限制某个命名空间中最多可以声明的持久化存储总量，如以下代码清单所示。

代码清单 14.15 为存储配置 ResourceQuota: quota-storage.yaml

```
apiVersion: v1
kind: ResourceQuota
metadata:
  name: storage
spec:
  hard:
    requests.storage: 500Gi
    ssd.storageclass.storage.k8s.io/requests.storage: 300Gi
    standard.storageclass.storage.k8s.io/requests.storage: 1Ti
```

在这个例子中，Namespace 中所有可申请的 PVC 总量被限制为 500GiB（通过配额对象中的 `requests.storage`）。如果你记得第 6 章，PVC 可以申请一个特定 StorageClass、动态提供的 PV (PersistentVolume)。这就是为什么 Kubernetes 同样允许单独为每个 StorageClass 提供定义存储配额的原因。上面的示例限制了可声明的 SSD 存储（以 ssd 命名的 StorageClass）的总量为 300GiB。低性能的 HDD 存储（StorageClass *standrad*）限制为 1TiB。

14.5.3 限制可创建对象的个数

资源配额同样可以限制单个命名空间中的 pod、ReplicationController、Service 以及其他对象的个数。集群管理员可以根据比如付费计划限制用户能够创建的对象个数，同时也可以用来限制公网 IP 或者 Service 可使用的节点端口个数。

下面的代码清单展示了一个限制对象个数的 ResourceQuota 定义：

代码清单 14.16 一个限制了资源最大个数的 ResourceQuota：quota-object-count.yaml

```
apiVersion: v1
kind: ResourceQuota
metadata:
```

```
  name: objects
spec:
  hard:
    pods: 10
    replicationcontrollers: 5
    secrets: 10
    configmaps: 10
    persistentvolumeclaims: 4
    services: 5
    services.loadbalancers: 1
    services.nodeports: 2
    ssd.storageclass.storage.k8s.io/persistentvolumeclaims: 2
```

这个命名空间最多创建 10 个 pod、5 个 Replication Controller、10 个 Secret、10 个 ConfigMap、4 个 PVC

最多创建 5 个 Service，其中最多 1 个 LoadBalancer 类型和 2 个 NodePort 类型

最多声明 2 个 StorageClass 为 ssd 的 PVC

上面的例子允许用户在一个命名空间中最多创建 10 个 pod，无论是手动创建还是通过 ReplicationController、ReplicaSet、DaemonSet 或者 Job 创建的。同时限制了 ReplicationController 最大个数为 5，Service 最大个数为 5，其中 LoadBalancer 类型最多 1 个，NotPort 类型最多 2 个。与通过指定每个 StorageClass 来限制存储资源的申请总量类似，PVC 的个数同样可以按照 StorageClass 来限制。

对象个数配额目前可以为以下对象配置：

- pod
- ReplicationController
- Secret
- ConfigMap
- Persistent Volume Claim
- Service（通用），以及两种特定类型的 Service，比如 `LoadBalancer` Service（`services.loadbalancers`）和 `NodePort` Service（`services.nodeports`）

最后，甚至可以为 ResourceQuota 对象本身设置对象个数配额。其他对象的个数，比如 ReplicaSet、Job、Deployment、Ingress 等暂时不能限制（不过在本书出版后可能有所改变，因此请参考最新文档获取更多信息）。

14.5.4 为特定的 pod 状态或者 QoS 等级指定配额

目前为止我们创建的 Quota 应用于所有的 pod，不管 pod 的当前状态和 QoS 等级如何。但是 Quota 可以被一组 *quota scopes* 限制。目前配额作用范围共有 4 种：`BestEffort`、`NotBestEffort`、`Termination` 和 `NotTerminating`。

`BestEffort` 和 `NotBestEffort` 范围决定配额是否应用于 `BestEffort` QoS 等级或者其他两种等级（`Burstable` 和 `Guaranteed`）的 pod。

其他两个范围（Terminating 和 NotTerminating）的名称或许有些误导作用，实际上并不应用于处在（或不处在）停止过程中的 pod。我们尚未讨论过这个问题，但你可以为每个 pod 指定被标记为 Failed，然后真正停止之前还可以运行多长时间。这是通过在 pod spec 中配置 activeDeadlineSeconds 来实现的。该属性定义了一个 pod 从开始尝试停止的时间到其被标记为 Failed 然后真正停止之前，允许其在节点上继续运行的秒数。Terminating 配额作用范围应用于这些配置了 activeDeadlineSeconds 的 pod，而 NotTerminating 应用于那些没有指定该配置的 pod。

创建 ResourceQuota 时，可以为其指定作用范围。目标 pod 必须与配额中配置的所有范围相匹配。另外，配额的范围也决定着配额可以限制的内容。BestEffort 范围只允许限制 pod 个数，而其他 3 种范围除了 pod 个数，还可以限制 CPU / 内存的 requests 和 limits。

例如，如果只想将配额应用于 BestEffort、NotTerminating 的 pod，可以创建如以下代码清单所示的 ResourceQuota 对象。

代码列表 14.17　为 BestEffort/NotTerminating pod 设置 ResourceQuota：quota-scoped.yaml

```
apiVersion: v1
kind: ResourceQuota
metadata:
  name: besteffort-notterminating-pods
spec:
  scopes:            # 这个 quota 只会应用于拥有 BestEffort
  - BestEffort       # QoS，以及没有设置有效期的 pod 上
  - NotTerminating
  hard:
    pods: 4          # 这样的 pod 只允许存在 4 个
```

这个配额允许最多创建 4 个属于 BestEffort QoS 等级，并没有设置 active deadline 的 pod。如果配额针对的是 NotBestEffort pod，我们便可以指定 requests.cpu, requests.memory, limits.cpu 和 limits.memory。

注意　在进入到下一个部分之前，请删除创建的所有的 ResourceQuota 和 LimitRange 资源。接下来不会用到这些资源，而且这些资源会干扰接下来的例子。

14.6　监控pod的资源使用量

设置合适的资源 requests 和 limits 对充分利用 Kubernetes 集群资源来说十分重

要。如果 requests 设置得太高，集群节点利用率就会比较低，这样就白白浪费了金钱。如果设置得太低，应用就会处于 CPU 饥饿状态，甚至很容易被 OOM Killer 杀死。所以如何才能找到 requests 和 limits 的最佳配置呢？

可以通过对容器在期望负载下的资源实际使用率进行监控来找到这个最佳配置。当然一旦应用暴露于公网，都应该保持监控并且在需要时对其资源的 requests 和 limits 进行调节。

14.6.1 收集、获取实际资源使用情况

那么如何监控一个在 Kubernetes 中运行的应用呢？幸运的是，Kubelet 自身就包含了一个名为 cAdvisor 的 agent，它会收集整个节点和节点上运行的所有单独容器的资源消耗情况。集中统计整个集群的监控信息需要运行一个叫作 Heapster 的附加组件。

Heapster 以 pod 的方式运行在某个节点上，它通过普通的 Kubernetes Service 暴露服务，使外部可以通过一个稳定的 IP 地址访问。它从集群中所有的 cAdvisor 收集数据，然后通过一个单独的地址暴露。图 14.8 展示了来源于 pod 的监控指标数据，经过 cAdvisor 最终到达 Heapster 的数据流。

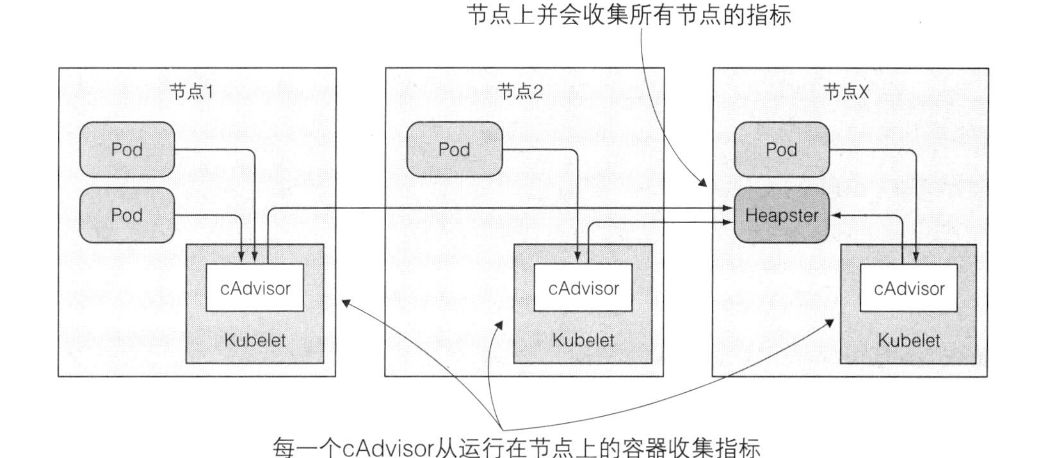

图 14.8 进入 Heapster 的监控指标数据流

图中的箭头表示监控数据流动的方向，它并不代表组件之间用来获取数据的连接关系。pod（或者 pod 中运行的容器）感知不到 cAdvisor 的存在，cAdvisor 也感知不到 Heapster 的存在。Heapster 主动请求所有的 cAdvisor，同时 cAdvisor 无须通过与 pod 容器内进程通信就可以收集到容器和节点的资源使用数据。

启用 Heapster

如果你的集群运行在 Google Container Engine 上，Heapster 默认已经启用。如果你使用的是 Minikube，它可以作为插件使用，通过以下命令开启：

```
$ minikube addons enable heapster
heapster was successfully enabled
```

如果要在其他类型的 Kubernetes 集群中手动运行 Heapster，可以参考 https://github.com/kubernetes/heapster 中的介绍。

启用了 Heapster 之后，可能需要等待几分钟时间收集足够的指标，才能看到集群资源的使用统计，因此耐心地等待一会儿吧。

显示集群节点的 CPU 和内存使用量

在集群中运行 Heapster 可以通过 kubectl top 命令获得节点和单个 pod 的资源用量。要看节点使用了多少 CPU 和内存，可以执行以下代码清单所示的命令。

代码清单 14.18 节点实际 CPU 和内存使用量

```
$ kubectl top node
NAME       CPU(cores)   CPU%     MEMORY(bytes)   MEMORY%
minikube   170m         8%       556Mi           27%
```

它显示了节点上运行的所有 pod 当前的 CPU 和内存的实际使用量，与 kubectl describe node 命令不同的是，后者仅仅显示节点 CPU 和内存的 requests 和 limits，而不是实际运行时的使用数据。

显示单独 pod 的 CPU 和内存使用量

要查看每个 pod 使用了多少资源，可以使用 kubectl top pod 命令，如以下代码清单所示。

代码清单 14.19 pod CPU 和内存的实际使用量

```
$ kubectl top pod --all-namespaces
NAMESPACE     NAME                             CPU(cores)   MEMORY(bytes)
kube-system   influxdb-grafana-2r2w9           1m           32Mi
kube-system   heapster-40j6d                   0m           18Mi
default       kubia-3773182134-63bmb           0m           9Mi
kube-system   kube-dns-v20-z0hq6               1m           11Mi
kube-system   kubernetes-dashboard-r53mc       0m           14Mi
kube-system   kube-addon-manager-minikube      7m           33Mi
```

这两个命令的输出都相当简单，因此也许不需要过多解释，然而有一点需要提醒的是，有时 top pod 命令会拒绝输出任何指标而输出以下错误：

```
$ kubectl top pod
W0312 22:12:58.021885   15126 top_pod.go:186] Metrics not available for
     default/kubia-3773182134-63bmb, age: 1h24m19.021873823s
error: Metrics not available for pod default/kubia-3773182134-63bmb, age
     1h24m19.021873823s
```

如果看到这个错误，先不要急于寻找出错的原因，放松一下，然后等待一会儿重新执行——可能需要好几分钟，不过最终会看到指标的。因为 kubectl top 命令从 Heapster 中获取指标，它将几分钟的数据汇总起来，所以通常不会立即暴露。

提示 要查看容器而不是 pod 的资源使用情况，可以使用 --container 选项。

14.6.2 保存并分析历史资源的使用统计信息

top 命令仅仅展示了当前的资源使用量 —— 它并不会显示比如从一小时、一天或者一周前到现在 pod 的 CPU 和内存使用了多少。事实上，cAdvisor 和 Heapster 都只保存一个很短时间窗的资源使用量数据。如果需要分析一段时间的 pod 的资源使用情况，必须使用额外的工具。如果使用 Google Container Engine，可以通过 Google Cloud Monitoring 来对集群进行监控，但是如果是本地 Kubernetes 集群（通过 Minikube 或其他方式创建），人们往往使用 InfluxDB 来存储统计数据，然后使用 Grafana 对数据进行可视化和分析。

InfluxDB 和 Grafana 介绍

InfluxDB 是一个用于存储应用指标，以及其他监控数据的开源的时序数据库。Grafana 是一个拥有着华丽的 web 控制台的数据分析和可视化套件，同样也是开源的，它允许用户对 InfluxDB 中存储的数据进行可视化，同时发现应用程序的资源使用行为是如何随时间变化的（图 14.9 展示了 3 个 Grafana 图表示例）。

在集群中运行 InfluxDB 和 Grafana

InfluxDB 和 Grafana 都可以以 pod 运行，部署简单方便。所有需要的部署文件可以在 Heapster Git 仓库中获取：http://github.com/kubernetes/heapster/tree/master/deploy/kube-config/influxdb。

如果使用 Minikube 就无须手动部署，因为启用 Heapster 插件时便会随之部署 Heapster。

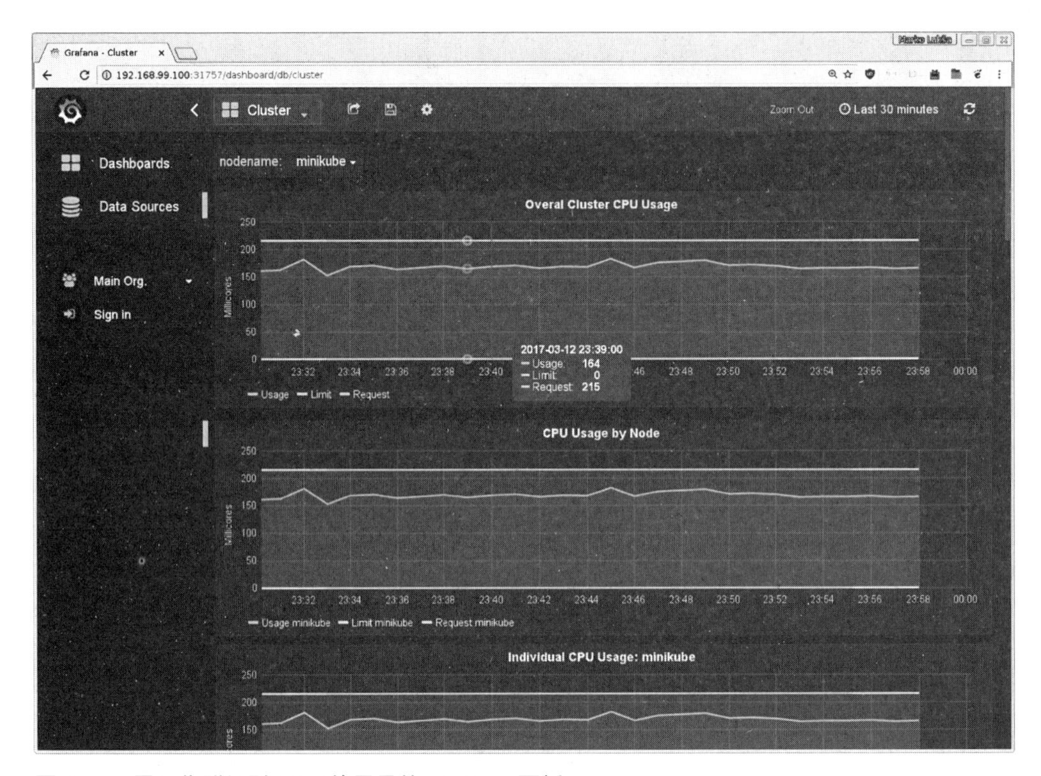

图 14.9　展示集群级别 CPU 使用量的 Grafana 面板

使用 Grafana 分析资源使用量

要发现 pod 对每种资源的需求是如何随时间变化的，打开 Grafana web 控制台，开始浏览一些预先定义的面板。通常可以通过 `kubectl cluster-info` 命令找到 Grafana web 控制台的 URL。

```
$ kubectl cluster-info
...
monitoring-grafana is running at
    https://192.168.99.100:8443/api/v1/proxy/namespaces/kube-
    system/services/monitoring-grafana
```

使用 minikube 时，Grafana 的 web 控制台通过 `NodePort` Service 暴露，因此我们使用以下命令在浏览器中将其打开：

```
$ minikube service monitoring-grafana -n kube-system
Opening kubernetes service kube-system/monitoring-grafana in default
    browser...
```

这将打开一个新的浏览器窗口或标签页，显示 Grafana 的主页面。在右边可以看到一个包含两个入口的面板列表：

- Cluster
- pod

打开 Cluster 面板，可以看到节点的资源使用统计。在这里你将看到一些展示着集群整体使用量、单节点使用量，以及 CPU、内存、网络和文件系统单独使用量的图表。这些图表不仅展示了资源的实际使用量，也展示了这些资源的 requests 和 limits。

接着如果你切换到 pod 面板，你将看到每个单独 pod 的资源使用情况，requests 和 limits 与实际使用量也在一起展示。图表默认展示最近 30 分钟的统计数据，不过你可以通过缩小以看到更长时间段 —— 比如几天、几个月甚至几年的数据。

利用图表中展示的信息

通过查看图表，你将快速看到是否需要提高之前为 pod 设置的资源 requests 或 limits 值，或者是否需要降低配置以允许更多的 pod 可以调度到节点上。我们来看一个示例，图 14.10 展示了一个 pod 的 CPU 和内存图表。

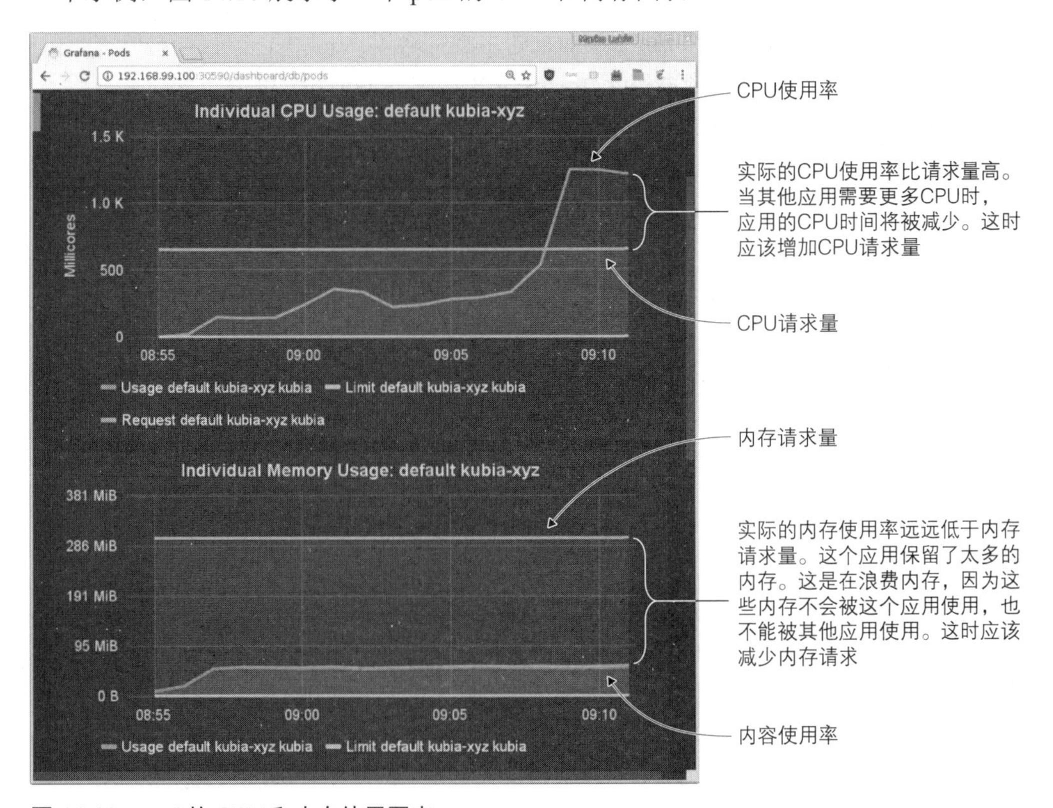

图 14.10 pod 的 CPU 和内存使用图表

在顶部图表的最右侧，可以看到pod实际CPU使用量要比pod定义中指定的申请量更多。尽管如果节点上只运行这一个pod时没有什么问题，但需要注意的是，pod只能保证获取到与其请求量相等的资源。这个pod也许现在运行良好，但是当其他pod部署在相同节点并开始大量使用CPU时，这个pod的CPU时间将被限制。因此，为了保证这个pod可以在任何时候都能使用足够的CPU，需要提升容器的CPU资源请求量。

图表的底部显示了pod的内存使用量和请求量。这个情况恰恰相反，pod使用的内存数量远远低于pod spec中的请求量。这部分内存会始终为这个pod保留而且对其他pod来说也不能使用。因此这些未使用的内存被浪费了。我们应该降低pod的内存请求量，使其他pod可以使用这个节点上空闲的内存。

14.7 本章小结

本章讲述了为了确保一切顺利运行，你需要考虑pod的资源使用情况，同时为pod同时配置资源requests和limits。本章的主要内容是

- 指定资源requests，帮助Kubernetes在集群内对pod进行调度
- 指定资源limits，防止一个pod抢占其他pod的资源
- 空闲的CPU时间根据容器的CPU requests来分配
- 如果容器使用过量的CPU，系统不会杀死这个容器，但如果使用过量的内存会被杀死
- 在一个overcommited的系统，容器同样可以被杀死以释放内存给更重要的pod，这基于pod的QoS等级和实际内存用量
- 可以通过LimtRange对象为单个pod的资源requests和limits定义最小值、最大值和默认值
- 可以通过ResourceQuota对象限制一个命名空间中所有pod的可用资源数量
- 要知道如何为pod设置合适的资源requests和limits，需要对一段足够长时间内pod资源的使用情况进行监控

在下一章，我们将了解Kubernetes如何使用这些指标对pod进行自动扩缩容。

15 pod与集群节点的自动伸缩

本章内容涵盖

- 基于 CPU 使用率配置 pod 的自动横向伸缩
- 基于自定义度量配置 pod 的自动横向伸缩
- 了解为何 pod 纵向伸缩暂时无法实现
- 了解集群节点的自动横向伸缩

我们可以通过调高 ReplicationController、ReplicaSet、Deployment 等可伸缩资源的 `replicas` 字段，来手动实现 pod 中应用的横向扩容。我们也可以通过增加 pod 容器的资源请求和限制来纵向扩容 pod（尽管目前该操作只能在 pod 创建时，而非运行时进行）。虽然如果你能预先知道负载何时会飙升，或者如果负载的变化是较长时间内逐渐发生的，手动扩容也是可以接受的，但指望靠人工干预来处理突发而不可预测的流量增长，仍然不够理想。

幸运的是，Kubernetes 可以监控你的 pod，并在检测到 CPU 使用率或其他度量增长时自动对它们扩容。如果 Kubernetes 运行在云端基础架构之上，它甚至能在现有节点无法承载更多 pod 之时自动新建更多节点。本章将会解释如何让 Kubernetes 进行 pod 与节点级别的自动伸缩。

Kubernetes 的自动伸缩特性在 1.6 与 1.7 版本之间经历了一次重写，因此注意网上关于此方面的内容有可能已经过时了。

15.1 pod的横向自动伸缩

横向 pod 自动伸缩是指由控制器管理的 pod 副本数量的自动伸缩。它由 Horizontal 控制器执行，我们通过创建一个 HorizontalpodAutoscaler（HPA）资源来启用和配置 Horizontal 控制器。该控制器周期性检查 pod 度量，计算满足 HPA 资源所配置的目标数值所需的副本数量，进而调整目标资源（如 Deployment、ReplicaSet、ReplicationController、StatefulSet 等）的 `replicas` 字段。

15.1.1 了解自动伸缩过程

自动伸缩的过程可以分为三个步骤：

- 获取被伸缩资源对象所管理的所有 pod 度量。
- 计算使度量数值到达（或接近）所指定目标数值所需的 pod 数量。
- 更新被伸缩资源的 `replicas` 字段。

下面我们就来看看这三个步骤。

获取 pod 度量

Autoscaler 本身并不负责采集 pod 度量数据，而是从另外的来源获取。正如上一章提到的，pod 与节点度量数据是由运行在每个节点的 kubelet 之上，名为 *cAdvisor* 的 agent 采集的；这些数据将由集群级的组件 Heapster 聚合。HPA 控制器向 Heapster 发起 REST 调用来获取所有 pod 度量数据。图 15.1 展示了度量数据的流动情况（注意所有连接都是按照箭头反方向发起的）。

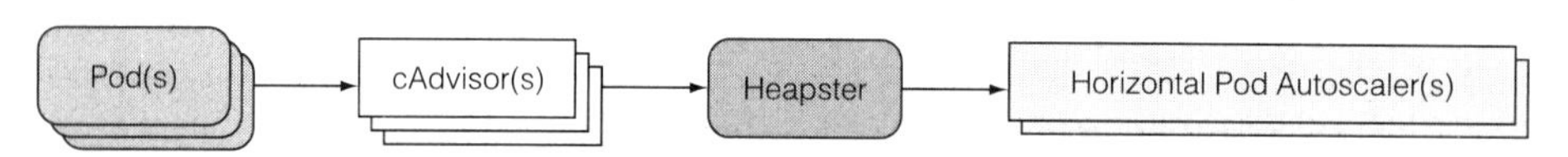

图 15.1 度量数据从 pod 到 HPA 的流动

这样的数据流意味着在集群中必须运行 Heapster 才能实现自动伸缩。如果你在使用 Minikube 并且在前面的章节中都跟着操作了，Heapster 应该已经在你的集群中启用了。如果没有的话，在尝试自动伸缩示例之前记得启用 Heapster 附加组件。

尽管你并不需要直接查询 Heapster，如果你感兴趣，可以在 `kube-system` 命名空间中找到 Heapster 的 pod 和 Service。

关于 Autoscaler 采集度量数据方式的改变

在 Kubernetes 1.6 版本之前，HPA 直接从 Heapster 采集度量。在 1.8 版本中，如果用 `--horizontal-pod-autoscaler-use-rest-clients=true` 参

数启动ControllerManager，Autoscaler就能通过聚合版的资源度量API拉取度量了。该行为从1.9版本开始将变为默认。

核心API服务器本身并不会向外界暴露度量数据。从1.7版本开始，Kubernetes允许注册多个API服务器并使它们对外呈现为单个API服务器。这允许Kubernetes通过这些底层API服务器之一来对外暴露度量数据。我们将在最后一章讲述API服务器聚合的内容。

集群管理员负责选择集群中使用何种度量采集器。我们通常需要一层简单的转换组件将度量数据以正确的格式暴露在正确的API路径下。

计算所需的pod数量

一旦Autoscaler获得了它所调整的资源（Deployment、ReplicaSet、ReplicationController或StatefulSet）所辖pod的全部度量，它便可以利用这些度量计算出所需的副本数量。它需要计算出一个合适的副本数量，以使所有副本上度量的平均值尽量接近配置的目标值。该计算的输入是一组pod度量（每个pod可能有多个），输出则是一个整数（pod副本数量）。

当Autoscaler配置为只考虑单个度量时，计算所需副本数很简单。只要将所有pod的度量求和后除以HPA资源上配置的目标值，再向上取整即可。实际的计算稍微复杂一些；Autoscaler还保证了度量数值不稳定、迅速抖动时不会导致系统抖动（thrash）。

基于多个pod度量的自动伸缩(例如：CPU使用率和每秒查询率[QPS])的计算也并不复杂。Autoscaler单独计算每个度量的副本数，然后取最大值(例如：如果需要4个pod达到目标CPU使用率，以及需要3个pod来达到目标QPS，那么Autoscaler将扩展到4个pod)。图15.2展示了这个示例。

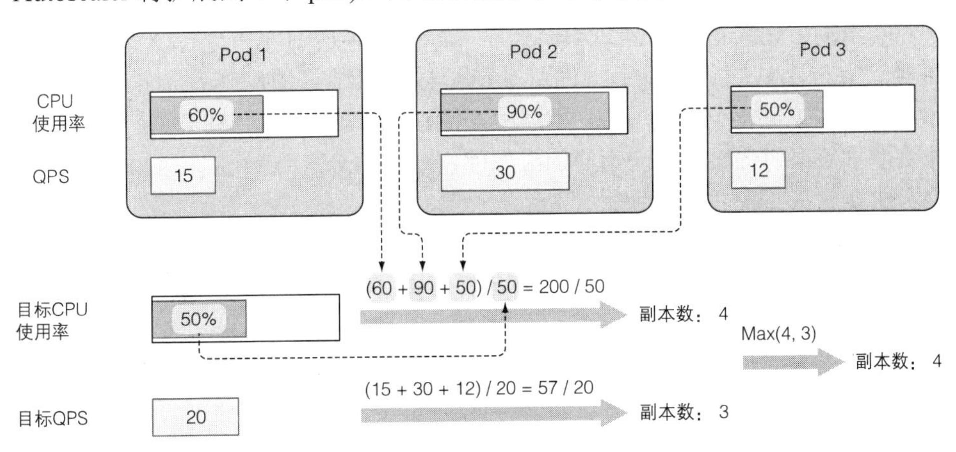

图15.2 从两个度量计算副本数

更新被伸缩资源的副本数

自动伸缩操作的最后一步是更新被伸缩资源对象（比如 ReplicaSet）上的副本数字段，然后让 ReplicaSet 控制器负责启动更多 pod 或者删除多余的 pod。

Autoscaler 控制器通过 Scale 子资源来修改被伸缩资源的 `replicas` 字段。这样 Autoscaler 不必了解它所管理资源的细节，而只需要通过 Scale 子资源暴露的界面，就可以完成它的工作了（见图 15.3）。

图 15.3 HPA 只对 Scale 子资源进行更改

这意味着只要 API 服务器为某个可伸缩资源暴露了 Scale 子资源，Autoscaler 即可操作该资源。目前暴露了 Scale 子资源的资源有：

- Deployment
- ReplicaSet
- ReplicationController
- StatefulSet

目前也只有这些对象可以附着 Autoscaler。

了解整个自动伸缩过程

既然你对自动伸缩过程的三个步骤都有所了解了，我们就用一张图表直观地感受一下自动伸缩过程中的各个组件吧，如图 15.4 所示。

从 pod 指向 cAdvisor，再经过 Heapster，而最终到达 HPA 的箭头代表度量数据的流向。值得注意的是，每个组件从其他组件拉取数据的动作是周期性的（即 cAdvisor 用一个无限循环从 pod 中采集数据；Heapster 与 HPA 控制器亦是如此）。这意味着度量数据的传播与相应动作的触发都需要相当一段时间，不是立即发生的。接下来实地观察 Autoscaler 行为时要注意这一点。

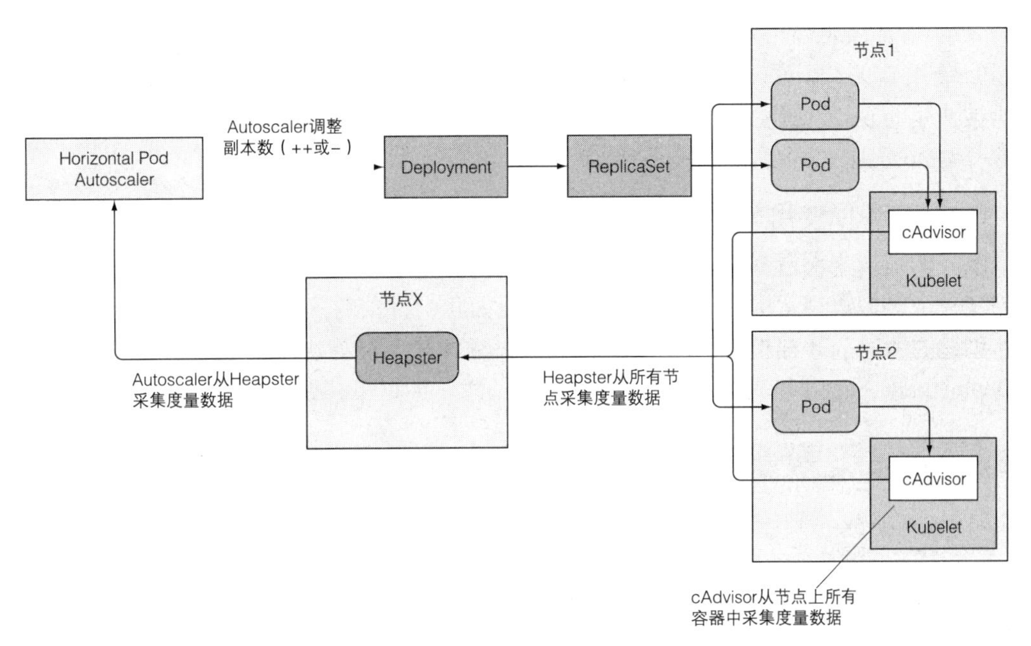

图 15.4 Autoscaler 获取度量数据伸缩目标部署的方式

15.1.2 基于 CPU 使用率进行自动伸缩

可能你最想用以指导自动伸缩的度量就是 pod 中进程的 CPU 使用率了。假设你用几个 pod 来提供服务，如果它们的 CPU 使用率达到了 100%，显然它们已经扛不住压力了，要么进行纵向扩容（scale up），增加它们可用的 CPU 时间，要么进行横向扩容（scale out），增加 pod 数量。因为本章谈论的是 HPA，我们仅仅关注横向扩容。这么一来，平均 CPU 使用率就应该下降了。

因为 CPU 使用通常是不稳定的，比较靠谱的做法是在 CPU 被压垮之前就横向扩容——可能平均负载达到或超过 80% 的时候就进行扩容。但这里有个问题，到底是谁的 80% 呢？

提示 一定把目标 CPU 使用率设置得远远低于 100%（一定不要超过 90%），以预留充分空间给突发的流量洪峰。

你可能还记得，上一章中提到容器中的进程被保证能够使用该容器资源请求中所请求的 CPU 资源数量。但在没有其他进程需要 CPU 时，进程就能使用节点上所有可用的 CPU 资源。如果有人说“这个 pod 用了 80% 的 CPU”，我们并不清楚对方的意思是 80% 的节点 CPU，还是 80% 的 guaranteed CPU（资源请求量），还是用资源限额给 pod 配置的硬上限的 80%。

就 Autoscaler 而言，只有 pod 的保证 CPU 用量（CPU 请求）才与确认 pod 的 CPU 使用有关。Autoscaler 对比 pod 的实际 CPU 使用与它的请求，这意味着你需要给被伸缩的 pod 设置 CPU 请求，不管是直接设置还是通过 LimitRange 对象间接设置，这样 Autoscaler 才能确定 CPU 使用率。

基于 CPU 使用率创建 HPA

我们现在来看看如何创建一个 HPA，并让它基于 CPU 使用率来伸缩 pod。你将创建一个类似第 9 章中的 Deployment，但正如我们讨论的，你需要确保 Deployment 所创建的所有 pod 都指定了 CPU 资源请求，这样才有可能实现自动伸缩。你需要给 Deployment 的 pod 模板添加一个 CPU 资源请求，如以下代码清单所示。

代码清单 15.1 设置了 CPU 请求的 Deployment：deployment.yaml

```
apiVersion: extensions/v1beta1
kind: Deployment
metadata:
  name: kubia
spec:
  replicas: 3              <-- 手动设置（初始）想要的副本数为 3
  template:
    metadata:
      name: kubia
      labels:
        app: kubia
    spec:
      containers:
      - image: luksa/kubia:v1     <-- 运行 kubia:v1 镜像
        name: nodejs
        resources:
          requests:
            cpu: 100m        <-- 每个 pod 请求 100 毫核的 CPU
```

这就是一个正常的 Deployment 对象——现在还没有启用自动伸缩。它会运行 3 个实例的 `kubia` NodeJS 应用，每个实例请求 100 毫核的 CPU。

创建了 Deployment 之后，为了给它的 pod 启用横向自动伸缩，需要创建一个 HorizontalpodAutoscaler（HPA）对象，并把它指向该 Deployment。可以给 HPA 准备 YAML manifest，但有个办法更简单——还可以用 `kubectl autoscale` 命令：

```
$ kubectl autoscale deployment kubia --cpu-percent=30 --min=1 --max=5
deployment "kubia" autoscaled
```

这会帮你创建 HPA 对象，并将叫作 `kubia` 的 Deployment 设置为伸缩目标。你还设置了 pod 的目标 CPU 使用率为 30%，指定了副本的最小和最大数量。Autoscaler 会持续调整副本的数量以使 CPU 使用率接近 30%，但它永远不会调整到少于 1 个或者多于 5 个。

提示 一定要确保自动伸缩的目标是 Deployment 而不是底层的 ReplicaSet。这样才能确保预期的副本数量在应用更新后继续保持（记着 Deployment 会给每个应用版本创建一个新的 ReplicaSet）。手动伸缩也是同样的道理。

让我们看看 HorizontalpodAutoscaler 资源的定义，更深入地理解它，如以下代码清单所示。

代码清单 15.2　一个 HorizontalpodAutoscaler 的 YAML 定义

```
$ kubectl get hpa.v2beta1.autoscaling kubia -o yaml
apiVersion: autoscaling/v2beta1              # HPA 资源位于 autoscaling 这
kind: HorizontalPodAutoscaler                # 个 API 组中
metadata:
  name: kubia                                # 每个 HPA 都有一个名称（并不一定非要像这里一样与 Deployment 名称一致）
  ...
spec:
  maxReplicas: 5                             # 指定的最小和最大副本数
  metrics:
  - resource:
      name: cpu
      targetAverageUtilization: 30           # 你想让 Autoscaler 调整 pod 数量以使每个 pod 都使用所请求 CPU 的 30%
    type: Resource
  minReplicas: 1                             # 指定的最小和最大副本数
  scaleTargetRef:
    apiVersion: extensions/v1beta1           # 该 Autoscaler 将作用于的
    kind: Deployment                         # 目标资源
    name: kubia
  status:
    currentMetrics: []                       # Autoscaler 的
    currentReplicas: 3                       # 当前状态
    desiredReplicas: 0
```

注意 HPA 资源存在多个版本：新的 `autoscaling/v2beta1` 和旧的 `autoscaling/v1`。此处请求的是新版资源。

观察第一个自动伸缩事件

cAdvisor 获取 CPU 度量与 Heapster 收集这些度量都需要一阵子，之后 Autoscaler 才能采取行动。在这段时间里，如果用 `kubectl get` 显示 HPA 资源，`TARGETS` 列就会显示 `<unknown>`：

```
$ kubectl get hpa
NAME     REFERENCE          TARGETS          MINPODS   MAXPODS   REPLICAS
kubia    Deployment/kubia   <unknown> / 30%  1         5         0
```

因为在运行三个空无一请求的pod，它们的CPU使用率应该接近0，应该预期Autoscaler将它们收缩到1个pod，因为即便只有一个pod，CPU使用率仍然会低于30%的目标值。

确实，Autoscaler就是这么做的。它很快就把Dcployment收缩到单个副本：

```
$ kubectl get deployment
NAME     DESIRED   CURRENT   UP-TO-DATE   AVAILABLE   AGE
kubia    1         1         1            1           23m
```

记住，Autoscaler只会在Deployment上调节预期的副本数量。接下来由Deployment控制器负责更新ReplicaSet对象上的副本数量，从而使ReplicaSet控制器删除多余的两个pod而留下一个。

可以使用 `kubectl describe` 来观察HorizontalpodAutoscaler的更多信息，以及它底层控制器的工作，如以下代码清单所示。

代码清单15.3 用 `kubectl describe` 检查一个HorizontalpodAutoscaler

```
$ kubectl describe hpa
Name:                               kubia
Namespace:                          default
Labels:                             <none>
Annotations:                        <none>
CreationTimestamp:                  Sat, 03 Jun 2017 12:59:57 +0200
Reference:                          Deployment/kubia
Metrics:                            ( current / target )
  resource cpu on pods
  (as a percentage of request):     0% (0) / 30%
Min replicas:                       1
Max replicas:                       5
 Events:
 From                       Reason              Message
 ----                       ------              ---
 horizontal-pod-autoscaler  SuccessfulRescale   New size: 1; reason: All
                                                metrics below target
```

注意 为使可读性更佳，输出被重新排版了。

把你的注意力转移到代码清单底部的事件列表。可以看到因为所有度量都低于目标值，HPA已经成功收缩到单个副本了。

触发一次自动扩容

你已经目击了第一个自动伸缩事件（一个收缩事件）。现在要往pod发送请求，增加它的CPU使用率，随后你应该看到Autoscaler检测到这一切并启动更多的pod。

需要通过一个Service来暴露pod，以便用单一的URL访问到所有pod。你可能还记得做这件事最简单的方法就是 kubectl expose：

```
$ kubectl expose deployment kubia --port=80 --target-port=8080
service "kubia" exposed
```

在向 pod 发送请求之前，你可能希望在另一个终端里运行以下命令，来观察 HPA 与 Deployment 上发生了什么，如以下代码清单所示。

代码清单 15.4 并行观察多个资源

```
$ watch -n 1 kubectl get hpa,deployment
Every 1.0s: kubectl get hpa,deployment

NAME         REFERENCE          TARGETS    MINPODS   MAXPODS   REPLICAS   AGE
hpa/kubia    Deployment/kubia   0% / 30%   1         5         1          45m

NAME           DESIRED   CURRENT   UP-TO-DATE   AVAILABLE   AGE
deploy/kubia   1         1         1            1           56m
```

提示 用逗号分隔资源类型可以让 kubectl get 一次列举多个资源类型。

如果你在使用 macOS 系统，需要将 watch 命令替换为一个循环，手动定期调用 kubectl get，或者使用 kubectl 的 --watch 选项。需要注意的是，尽管 kubectl get 一次可以显示多个资源，带上前述的 --watch 选项之后就不能了，因此这种情况下你需要使用两个终端来同时观察 HPA 与 Deployment 对象。

在你运行产生负载的 pod 的同时，注意观察这两个对象的状态。在另一个终端里运行以下命令：

```
$ kubectl run -it --rm --restart=Never loadgenerator --image=busybox
➥ -- sh -c "while true; do wget -O - -q http://kubia.default; done"
```

这会运行一个 pod 重复请求 kubia 服务。你在运行 kubectl exec 命令时见过几次 -it 选项了。如你所见，它对 kubectl run 也适用。它允许你将控制台附加到被观察的进程，不仅允许你直接观察进程的输出，而且在你按下 CTRL+C 组合键时还会直接终止进程。--rm 选项使得 pod 在退出之后自动被删除；--restart=Never 选项则使 kubectl run 命令直接创建一个非托管的 pod，而不是通过一个你用不着的 Deployment 对象间接创建。对于需要在集群中执行命令，又不想在已有的 pod 之上运行的情形，这组选项很实用。它们不仅与本地运行的效果相同，甚至在运行结束之后还会把现场清理干净！

观察 Autoscaler 扩容 Deployment

随着负载生成 pod 的运行，可以观察到它一开始都在请求目前唯一的 pod。与此前一样，度量更新需要一些时间，但等到它们更新的时候你就可以看到 Autoscaler

增加副本数了。在笔者的环境中，pod 的 CPU 使用率一开始升高到了 108%，使得 Autoscaler 增加 pod 数量到 4。于是单个 pod 的 CPU 使用率降低到了 74%，并最终稳定在 26% 左右。

注意 如果你的 CPU 使用率一直不超过 30%，可以试试多运行几个负载生成 pod。

可以再次用 `kubectl describe` 检查 Autoscaler 事件，看看它都在干嘛（以下代码清单仅仅展示了最关键的部分信息）。

代码清单 15.5 一个 HPA 的事件列表

```
From     Reason               Message
----     ------               -------
h-p-a    SuccessfulRescale    New size: 1; reason: All metrics below target
h-p-a    SuccessfulRescale    New size: 4; reason: cpu resource utilization
                              (percentage of request) above target
```

一开始只有一个 pod 时，平均 CPU 使用率达到了 108%，超过了 100%，不知你有没有感觉奇怪？记着，容器的 CPU 使用率是它实际的 CPU 使用除以它的 CPU 请求。CPU 请求定义了容器可用的最少而非最多 CPU 资源数量，因此一个容器可能使用的 CPU 比请求的还要多，从而使百分比超过 100%。

在我们进入下一个话题之前，先做一些简单的计算，看看 Autoscaler 是如何得出需要 4 个副本的结论的。最开始只有 1 个副本处理请求，它的 CPU 使用率飙升到了 108%。用目标 CPU 使用率百分比 30 去除 108，得到了 3.6；Autoscaler 将它向上取整，得到了 4。如果你用 4 去除 108，你会得到 27%；如果 Autoscaler 扩容到 4 个 pod，它们的平均 CPU 使用率预期应该在 27% 左右，这很接近目标值 30%，也跟实际观察到的 CPU 使用率几乎吻合。

了解伸缩操作的最大速率

在笔者的实验中，CPU 使用率飙升到了 108%，但通常来讲，初始的 CPU 使用率尖峰可能更高。然而即使初始平均 CPU 使用率确实更高（比方说 150%），需要 5 个副本才能达到 30% 的目标，Autoscaler 在第一步仍然只会扩容到 4 个 pod。这是因为 Autoscaler 在单次扩容操作中可增加的副本数受到限制。如果当前副本数大于 2，Autoscaler 单次操作至多使副本数翻倍；如果副本数只有 1 或 2，Autoscaler 最多扩容到 4 个副本。

另外，Autoscaler 两次扩容操作之间的时间间隔也有限制。目前，只有当 3 分钟内没有任何伸缩操作时才会触发扩容，缩容操作频率更低——5 分钟。记住这一点，这样你再看到度量数据很明显应该触发伸缩却没有触发的时候，就不会感到奇怪了。

修改一个已有 HPA 对象的目标度量值

作为这一节的结束，我们再来做最后一个练习。可能你一开始设置的目标值30% 有点太低了，我们把它提高到 60%。你将使用 kubectl edit 命令来完成这项工作。文本编辑器打开之后，把 targetAverageUtilization 字段改为 60，如以下代码清单所示。

代码清单 15.6 通过编辑 HPA 资源来提高目标 CPU 使用率

```
...
spec:
  maxReplicas: 5
  metrics:
  - resource:
      name: cpu
      targetAverageUtilization: 60
    type: Resource
...
```

将这里的 30 改成 60

正如大多数其他资源一样，在你修改资源之后，Autoscaler 控制器会检测到这一变更，并执行相应动作。也可以先删除 HPA 资源再用新的值创建一个，因为删除 HPA 资源只会禁用目标资源的自动伸缩（本例中为一个 Deployment），而它的伸缩规模会保持在删除资源的时刻。在你为 Deployment 创建一个新的 HPA 资源之后，自动伸缩过程就会继续进行。

15.1.3 基于内存使用进行自动伸缩

你已经看到了配置横向 Autoscaler 让 CPU 使用率保持在设定水平有多么容易。但基于 pod 的内存使用来自动伸缩呢？

基于内存的自动伸缩比基于 CPU 的困难很多。主要原因在于，扩容之后原有的 pod 需要有办法释放内存。这只能由应用完成，系统无法代劳。系统所能做的只有杀死并重启应用，希望它能比之前少占用一些内存；但如果应用使用了跟之前一样多的内存，Autoscaler 就会扩容、扩容，再扩容，直到达到 HPA 资源上配置的最大 pod 数量。显然没有人想要这种行为。基于内存使用的自动伸缩在 Kubernetes 1.8 中得到支持，配置方法与基于 CPU 的自动伸缩完全相同。具体使用方式留作读者练习。

15.1.4 基于其他自定义度量进行自动伸缩

你看到了基于 CPU 使用率伸缩 pod 有多简单；最早的时候只有这一种可用的自动伸缩方案。要使 Autoscaler 使用应用自定义的度量来进行自动伸缩决策，这一过程十分复杂。最早的 Autoscaler 设计并不能轻易支持单纯基于 CPU 伸缩以外的场景，这驱使 Kubernetes 自动伸缩特别小组（SIG）完全重新设计了 Autoscaler。

如果你好奇最初的 Autoscaler 使用自定义度量究竟有多难，邀你阅读笔者的博文"*Kubernetes autoscaling based on custom metrics without using a host port*"，可登录 http://medium.com/@marko.luksa 在线浏览。你会了解到笔者在尝试配置基于自定义度量自动伸缩的过程中遇到的千辛万苦。幸运的是新版 Kubernetes 没有这些问题，笔者会在一篇新的博文中讲述该主题。

我们在此不用完整例子展开说明，而是快速过一下如何配置 Autoscaler 使用不同的度量源。我们先观察一下在前一个例子中我们是如何定义要使用的度量的。以下代码清单展示了你之前的 HPA 对象是怎么被配置为使用 CPU 使用率度量的。

代码清单 15.7 配置为基于 CPU 自动伸缩的 HorizontalpodAutoscaler 定义

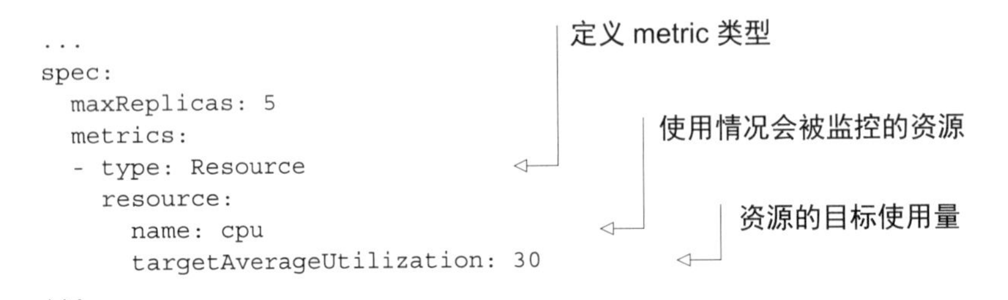
...
spec:
  maxReplicas: 5
  metrics:
  - type: Resource
    resource:
      name: cpu
      targetAverageUtilization: 30
...
定义 metric 类型
使用情况会被监控的资源
资源的目标使用量

如你所见，`metrics` 字段允许你定义多个度量供使用。在代码清单中使用了单个度量。每个条目都指定相应度量的类型——本例中为一个 `Resource` 度量。可以在 HPA 对象中使用三种度量：

- 定义 metric 类型
- 使用情况会被监控的资源
- 资源的目标使用量

了解 Resource 度量类型

`Resource` 类型使 Autoscaler 基于一个资源度量做出自动伸缩决策，在容器的资源请求中指定的那些度量即为一例。这一类型的使用方式我们已经看过了，所以重点关注另外两种类型。

了解 Pods 度量类型

`Pods` 类型用来引用任何其他种类的（包括自定义的）与 pod 直接相关的度量。上文提过的每秒查询次数（QPS），或者消息队列中的消息数量（当消息队列服务运行在 pod 之中）都属于这种度量。要配置 Autoscaler 使用 pod 的 QPS 度量，HPA 对象的 `metrics` 字段中就需要包含以下代码清单所示的条目。

代码清单 15.8 在 HPA 中引用一个自定义 pod 度量

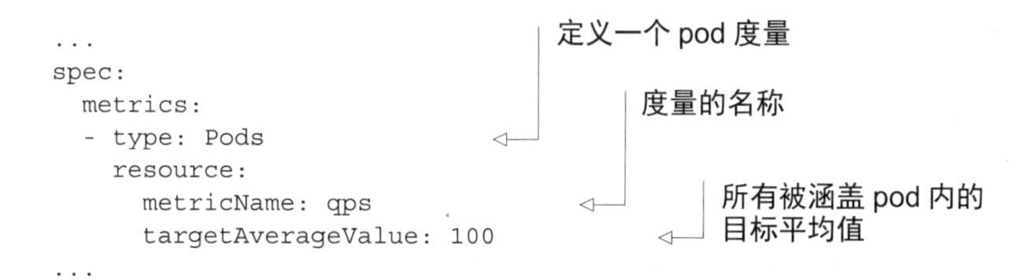
```
...
spec:
  metrics:
  - type: Pods
    resource:
      metricName: qps
      targetAverageValue: 100
...
```


代码清单中的示例配置 Autoscaler，使该 HPA 控制的 ReplicaSet（或其他）控制器下所辖 pod 的平均 QPS 维持 100 的水平。

了解 Object 度量类型

Object 度量类型被用来让 Autoscaler 基于并非直接与 pod 关联的度量来进行伸缩。比方说，你可能希望基于另一个集群对象，比如 Ingress 对象，来伸缩你的 pod。这度量可能是代码清单 15.8 中的 QPS，可能是平均请求延迟，或者完全是不相干的其他东西。

与此前的例子不同，使用 Object 度量类型时，Autoscaler 只会从这单个对象中获取单个度量数据；在此前的例子中，Autoscaler 需要从所有下属 pod 中获取度量，并使用它们的平均值。你需要在 HPA 对象的定义中指定目标对象与目标值。以下代码清单即为一例。

代码清单 15.9 在 HPA 中引用其他对象的度量

```
...
spec:
  metrics:
  - type: Object
    resource:
      metricName: latencyMillis
      target:
          apiVersion: extensions/v1beta1
          kind: Ingress
          name: frontend
        targetValue: 20
      scaleTargetRef:
        apiVersion: extensions/v1beta1
        kind: Deployment
        name: kubia
    ...
```


该例中 HPA 被配置为使用 Ingress 对象 frontend 的 latencyMillis 度量，目标值为 20。HPA 会监控该 Ingress 对象的度量，如果该度量超过了目标值太多，

autoscaler 便会对 `kubia` Deployment 资源进行扩容了。

15.1.5 确定哪些度量适合用于自动伸缩

你要明白，不是所有度量都适合作为自动伸缩的基础。正如之前提到的，pod 中容器的内存占用并不是自动伸缩的一个好度量。如果增加副本数不能导致被观测度量平均值的线性（或者至少接近线性）下降，那么 autoscaler 就不能正常工作。

比方说，如果你只有一个 pod 实例，度量数值为 X，这时 autoscaler 扩容到了 2 个副本，度量数值就需要落在接近 X/2 的位置。每秒查询次数（QPS）就是这么一种自定义度量，对 web 应用而言即为应用每秒接收的请求数。增大副本数总会导致 QPS 成比例下降，因为同样多的请求数现在被更多数量的 pod 处理了。

在你决定基于应用自有的自定义度量来伸缩它之前，一定要思考 pod 数量增加或减少时，它的值会如何变化。

15.1.6 缩容到 0 个副本

HPA 目前不允许设置 `minReplicas` 字段为 0，所以 autoscaler 永远不会缩容到 0 个副本，即便 pod 什么都没做也不会。允许 pod 数量缩容到 0 可以大幅提升硬件利用率：如果你运行的服务几个小时甚至几天才会收到一次请求，就没有道理留着它们一直运行，占用本来可以给其他服务利用的资源；然而一旦客户端请求进来了，你仍然还想让这些服务马上可用。

这叫空载（idling）与解除空载（un-idling），即允许提供特定服务的 pod 被缩容到 0 副本。在新的请求到来时，请求会先被阻塞，直到 pod 被启动，从而请求被转发到新的 pod 为止。

Kubernetes 目前暂时没有提供这个特性，但在未来会实现。可以检查 Kubernetes 文档来看看空载特性有没有被实现。

15.2 pod的纵向自动伸缩

横向伸缩很棒，但并不是所有应用都能被横向伸缩。对这些应用而言，唯一的选项是纵向伸缩——给它们更多 CPU 和（或）内存。因为一个节点所拥有的资源通常都比单个 pod 请求的要多，我们应该几乎总能纵向扩容一个 pod，对不对？

因为 pod 的资源请求是通过 pod manifest 的字段配置的，纵向伸缩 pod 将会通过改变这些字段来实现。笔者这里说的是“将会”，因为目前还不可能改变已有 pod 的资源请求和限制。在笔者动笔之前（已经是一年多之前了），笔者确信等到写到这一章的时候，Kubernetes 应该已经支持靠谱的纵向 pod 自动伸缩了，因此笔者在目录计划中包含了这部分内容。不幸的是，笔者等了一辈子，纵向 pod 自动伸缩还没得用。

15.2.1 自动配置资源请求

这是一个实验性的特性，如果新创建的 pod 的容器没有明确设置 CPU 与内存请求，该特性即会代为设置。这一特性由一个叫作 InitialResources 的准入控制（Admission Control）插件提供。当一个没有资源请求的 pod 被创建时，该插件会根据 pod 容器的历史资源使用数据（随容器镜像、tag 而变）来设置资源请求。

可以不用指定资源请求就部署 pod，而靠 Kubernetes 来最终得出每个容器的资源需求有多少。实质上，Kubernetes 是在纵向伸缩这些 pod。比方说，如果一个容器总是内存不足，下次创建一个包含该容器镜像的 pod 的时候，它的内存资源请求就会被自动调高了。

15.2.2 修改运行中 pod 的资源请求

有朝一日，同样的机制也会用于修改已有 pod 的资源请求，这意味着在 pod 运行的同时也可以被该机制纵向伸缩。在笔者写作此节之时，一份新的纵向 pod 自动伸缩提案正在定稿中。请参考 Kubernetes 文档来检查纵向 pod 自动伸缩实现了没有。

15.3 集群节点的横向伸缩

HPA 在需要的时候会创建更多的 pod 实例。但万一所有的节点都满了，放不下更多 pod 了，怎么办？显然这个问题并不局限于 Autoscaler 创建新 pod 实例的场景。即便是手动创建 pod，也可能碰到因为资源被已有 pod 使用殆尽，以至于没有节点能接收新 pod 的情况。

在这种情况下，你需要删除一些已有的 pod，或者纵向缩容它们，抑或向集群中添加更多节点。如果你的 Kubernetes 集群运行在自建（on premise）基础架构上，你得添加一台物理机，并将其加入集群。但如果你的集群运行于云端基础架构之上，添加新的节点通常就是点击几下鼠标，或者向云端做 API 调用。这可以自动化的，对吧？

Kubernetes 支持在需要时立即自动从云服务提供者请求更多节点。该特性由 Cluster Autoscaler 执行。

15.3.1 Cluster Autoscaler 介绍

Cluster Autoscaler 负责在由于节点资源不足，而无法调度某 pod 到已有节点时，自动部署新节点。它也会在节点长时间使用率低下的情况下下线节点。

从云端基础架构请求新节点

如果在一个 pod 被创建之后，Scheduler 无法将其调度到任何一个已有节点，一个新节点就会被创建。Cluster Autoscaler 会注意此类 pod，并请求云服务提供者启动一个新节点。但在这么做之前，它会检查新节点有没有可能容纳这个（些）pod，毕竟如果新节点本来就不可能容纳它们，就没必要启动这么一个节点了。

云服务提供者通常把相同规格（或者有相同特性）的节点聚合成组。因此 Cluster Autoscaler 不能单纯地说“给我多一个节点”，它还需要指明节点类型。

Cluster Autoscaler 通过检查可用的节点分组来确定是否有至少一种节点类型能容纳未被调度的 pod。如果只存在唯一一个此种节点分组，Cluster Autoscaler 就可以增加节点分组的大小，让云服务提供商给分组中增加一个节点。但如果存在多个满足条件的节点分组，Cluster Autoscaler 就必须挑一个最合适的。这里“最合适”的精确含义显然必须是可配置的。在最坏的情况下，它会随机挑选一个。图 15.5 简单描述了 Cluster Autoscaler 面对一个不可调度 pod 时是如何反应的。

新节点启动后，其上运行的 Kubelet 会联系 API 服务器，创建一个 Node 资源以注册该节点。从这一刻起，该节点即成为 Kubernetes 集群的一部分，可 以调度 pod 于其上了。

简单吧？那么缩容呢？

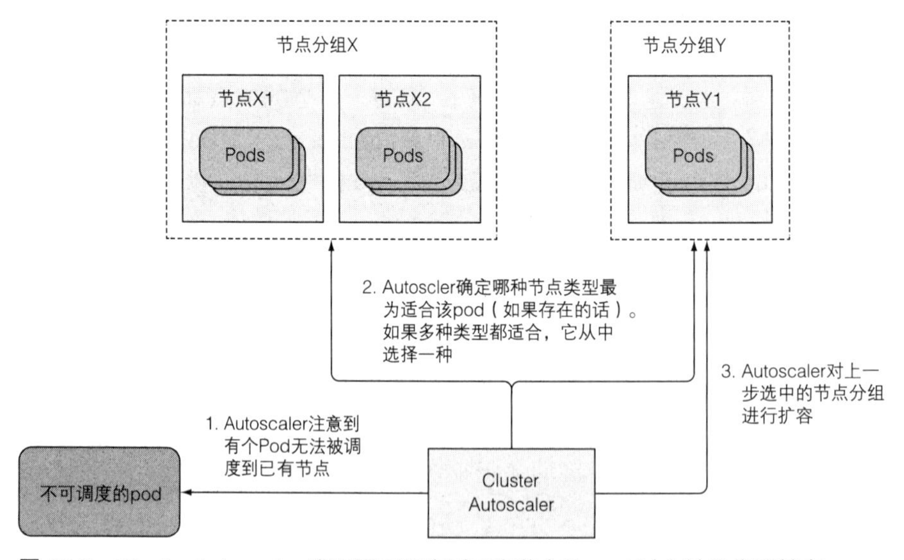

图 15.5　Cluster Autoscaler 发现不可调度到已有节点的 pod 时会触发集群扩容

归还节点

当节点利用率不足时，Cluster Autoscaler 也需要能够减少节点的数目。Cluster Autoscaler 通过监控所有节点上请求的 CPU 与内存来实现这一点。如果某个节点上所有 pod 请求的 CPU、内存都不到 50%，该节点即被认定为不再需要。

这并不是决定是否要归还某一节点的唯一因素。Cluster Autoscaler 也会检查是否有系统 pod（仅仅）运行在该节点上（这并不包括每个节点上都运行的服务，比如 DaemonSet 所部署的服务）。如果节点上有系统 pod 在运行，该节点就不会被归还。对非托管 pod，以及有本地存储的 pod 也是如此，否则就会造成这些 pod 提供的服务中断。换句话说，只有当 Cluster Autoscaler 知道节点上运行的 pod 能够重新调度到其他节点，该节点才会被归还。

当一个节点被选中下线，它首先会被标记为不可调度，随后运行其上的 pod 将被疏散至其他节点。因为所有这些 pod 都属于 ReplicaSet 或者其他控制器，它们的替代 pod 会被创建并调度到其他剩下的节点（这就是为何正被下线的节点要先标记为不可调度的原因）。

> **手动标记节点为不可调度、排空节点**
>
> 节点也可以手动被标记为不可调度并排空。不涉及细节，这些工作可用以下 `kubectl` 命令完成：
>
> - `kubectl cordon <node>` 标记节点为不可调度（但对其上的 pod 不做任何事）。
> - `kubectl drain <node>` 标记节点为不可调度，随后疏散其上所有 pod。
>
> 两种情形下，在你用 `kubectl uncordon <node>` 解除节点的不可调度状态之前，不会有新 pod 被调度到该节点。

15.3.2 启用 Cluster Autoscaler

集群自动伸缩在以下云服务提供商可用：

- Google Kubernetes Engine (GKE)
- Google Compute Engine (GCE)
- Amazon Web Services (AWS)
- Microsoft Azure

启动 Cluster Autoscaler 的方式取决于你的 Kubernetes 集群运行在哪。如果你的 kubia 集群运行在 GKE 上，可以这样启用 Cluster Autoscaler：

```
$ gcloud container clusters update kubia --enable-autoscaling \
  --min-nodes=3 --max-nodes=5
```

如果你的集群运行在 GCE 上，需要在运行 kube-up.sh 前设置以下环境变量：

- KUBE_ENABLE_CLUSTER_AUTOSCALER=true
- KUBE_AUTOSCALER_MIN_NODES=3
- KUBE_AUTOSCALER_MAX_NODES=5

可以参考 https://github.com/kubernetes/auto- scaler/tree/master/cluster-autoscaler 上的 Cluster Autoscaler GitHub 版本库，来了解在其他平台上如何启用它。

注意 Cluster Autoscaler 将它的状态发布到 kube-system 命名空间的 cluster-autoscaler-status ConfigMap 上。

15.3.3　限制集群缩容时的服务干扰

如果一个节点发生非预期故障，你不可能阻止其上的 pod 变为不可用；但如果一个节点被 Cluster Autoscaler 或者人类操作员主动下线，可以用一个新特性来确保下线操作不会干扰到这个节点上 pod 所提供的服务。

一些服务要求至少保持一定数量的 pod 持续运行，对基于 quorum 的集群应用而言尤其如此。为此，Kubernetes 可以指定下线等操作时需要保持的最少 pod 数量，我们通过创建一个 podDisruptionBudget 资源的方式来利用这一特性。

尽管这个资源的名称听起来挺复杂的，实际上它是最简单的 Kubernetes 资源之一。它只包含一个 pod 标签选择器和一个数字，指定最少需要维持运行的 pod 数量，从 Kubernetes 1.7 开始，还有最大可以接收的不可用 pod 数量。我们会看看 PodDisruptionBudget（PDB）资源长什么样，但不会通过 YAML 文件来创建它。你将用 kubectl create poddisruptionbudget 命令创建它，然后再查看一下 YAML 文件。

如果想确保你的 kubia pod 总有 3 个实例在运行（它们有 app=kubia 这个标签），像这样创建 PodDisruptionBudget 资源：

```
$ kubectl create pdb kubia-pdb --selector=app=kubia --min-available=3
poddisruptionbudget "kubia-pdb" created
```

简单吧？现在获取这个 PDB 的 YAML 文件，如以下代码清单所示。

代码清单 15.10 一个 podDisruptionBudget 定义

```
$ kubectl get pdb kubia-pdb -o yaml
apiVersion: policy/v1beta1
kind: PodDisruptionBudget
metadata:
  name: kubia-pdb
spec:
  minAvailable: 3        <-- 应该有多少个 pod 始终可用
  selector:              用来确定该预算应该覆盖哪些 pod 的标签选择器
    matchLabels:
      app: kubia
status:
  ...
```

也可以用一个百分比而非绝对数值来写 minAvailable 字段。比方说，可以指定 60% 带 app=kubia 标签的 pod 应当时刻保持运行。

注意 从 Kubernetes 1.7 开始，podDisruptionBudget 资源也支持 maxUnavailable。如果当很多 pod 不可用而想要阻止 pod 被剔除时，就可以用 maxUnavailable 字段而不是 minAvailable。

关于这个资源，没有更多要讲的了。只要它存在，Cluster Autoscaler 与 kubectl drain 命令都会遵守它；如果疏散一个带有 app=kubia 标签的 pod 会导致它们的总数小于 3，那这个操作就永远不会被执行。

比方说，如果总共有 4 个 pod，minAvailable 像例子中一样被设为 3，pod 疏散过程就会挨个进行，待 ReplicaSet 控制器把被疏散的 pod 换成新的，才继续下一个。

15.4 本章小结

本章向你展示了 Kubernetes 能够如何伸缩你的 pod 以及节点。你学到了

- 配置 pod 的自动横向伸缩很简单，只要创建一个 HorizontalpodAutoscaler 对象，将它指向一个 Deployment、ReplicaSet、ReplicationController，并设置 pod 的目标 CPU 使用率即可。
- 除了让 HPA 基于 pod 的 CPU 使用率进行伸缩操作，还可以配置它基于应用自身提供的自定义度量，或者在集群中部署的其他对象的度量来自动伸缩。
- 目前还不能进行纵向 pod 自动伸缩。
- 如果你的 Kubernetes 集群运行在支持的云服务提供者之上，甚至集群节点也可以自动伸缩。

- 可以用带有 `-it` 和 `--rm` 选项的 `kubectl run` 命令在 pod 中运行一次性的进程，并在按下 CTRL+C 组合键时自动停止并删除该临时 pod。

在下一章中，你将探索一些高级调度特性。例如，不让某些 pod 运行在特定节点上、将一些 pod 紧密或者分开调度。

16 高级调度

本章内容涵盖

- 使用节点污点和 pod 容忍度组织 pod 调度到特定节点
- 将节点亲缘性规则作为节点选择器的一种替代
- 使用节点亲缘性进行多个 pod 的共同调度
- 使用节点非亲缘性来分离多个 pod

Kubernetes 允许你去影响 pod 被调度到哪个节点。起初，只能通过在 pod 规范里指定节点选择器来实现，后面其他的机制逐渐加入来扩容这项功能，本章将包括这些内容。

16.1 使用污点和容忍度阻止节点调度到特定节点

首先要介绍的高级调度的两个特性是节点污点，以及 pod 对于污点的容忍度，这些特性被用于限制哪些 pod 可以被调度到某一个节点。只有当一个 pod 容忍某个节点的污点，这个 pod 才能被调度到该节点。

这与使用节点选择器和节点亲缘性有些许不同，本章后面部分会介绍到。节点选择器和节点亲缘性规则，是通过明确的在 pod 中添加的信息，来决定一个 pod 可以或者不可以被调度到哪些节点上。而污点则是在不修改已有 pod 信息的前提下，通过在节点上添加污点信息，来拒绝 pod 在某些节点上的部署。

16.1.1 介绍污点和容忍度

学习节点污点的最佳路径就是看一个已有的污点。附录 B 展示了如何使用 kubeadm 工具去设置一个多节点的集群，默认情况下，这样一个集群中的主节点需要设置污点，这样才能保证只有控制面板 pod 才能部署在主节点上。

显示节点的污点信息

可以通过 kubectl describe node 查看节点的污点信息，如以下代码清单所示。

代码清单 16.1 显示通过 kubeadm 创建的集群中的主节点信息

```
$ kubectl describe node master.k8s
Name:          master.k8s
Role:
Labels:        beta.kubernetes.io/arch=amd64
               beta.kubernetes.io/os=linux
               kubernetes.io/hostname=master.k8s
               node-role.kubernetes.io/master=
Annotations:   node.alpha.kubernetes.io/ttl=0
               volumes.kubernetes.io/controller-managed-attach-detach=true
Taints:        node-role.kubernetes.io/master:NoSchedule     <-- 主节点包含一个污点
...
```

主节点包含一个污点，污点包含了一个 *key*、*value*，以及一个 *effect*，表现为 <key>=<value>:<effect>。上面显示的主节点的污点信息，包含一个为 node-role.kubernetes.io/master 的 key，一个空的 value，以及值为 NoSchedule 的 effect。

这个污点将阻止 pod 调度到这个节点上面，除非有 pod 能容忍这个污点，而通常容忍这个污点的 pod 都是系统级别 pod（见图 16.1）。

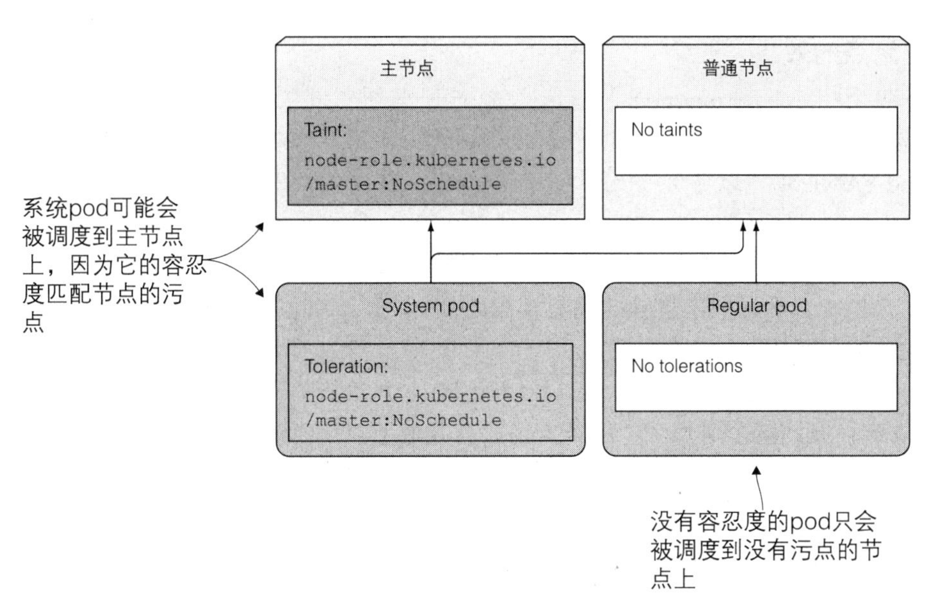

图 16.1 一个 pod 只有容忍了节点的污点，才能被调度到该节点上面

显示 pod 的污点容忍度

在一个通过 kubeadm 初始化的集群中，kube-proxy 集群组件以 pod 的形式运行在每个节点上，其中也包括主节点。因为以 pod 形式运行的主节点组件同时也需要访问 Kubernetes 服务。为了确保 kube-proxy pod 也能够运行在主节点上，该 pod 需要添加相应的污点容忍度。该 pod 整体包含了 3 个污点容忍度，如以下代码清单所示。

代码清单 16.2 一个 pod 的污点容忍度

```
$ kubectl describe po kube-proxy-80wqm -n kube-system
...
Tolerations:     node-role.kubernetes.io/master=:NoSchedule
                 node.alpha.kubernetes.io/notReady=:Exists:NoExecute
                 node.alpha.kubernetes.io/unreachable=:Exists:NoExecute
...
```

如你所见，第一个污点容忍度匹配了主节点的污点，表示允许这个 kube-proxy pod 被调度到主节点上。

注意 尽管在 pod 的污点容忍度中显示了等号，但是在节点的污点信息中却没有。当污点或者污点容忍度中的 value 为 null 时，kubectl 故意将污点和污点容忍度进行不同形式的显示。

了解污点的效果

另外两个在 kube-proxy pod 上的污点定义了当节点状态是没有 ready 或者是 unreachable 时，该 pod 允许运行在该节点多长时间（时间用秒来表示，这里没有显示，但是在 pod YAML 中可以看到）。这两个污点容忍度使用的效果是 `NoExecute` 而不是 `NoSchedule`。

每一个污点都可以关联一个效果，效果包含了以下三种：

- `NoSchedule` 表示如果 pod 没有容忍这些污点，pod 则不能被调度到包含这些污点的节点上。
- `PreferNoSchedule` 是 `NoSchedule` 的一个宽松的版本，表示尽量阻止 pod 被调度到这个节点上，但是如果没有其他节点可以调度，pod 依然会被调度到这个节点上。
- `NoExecute` 不同于 `NoSchedule` 以及 `PreferNoSchedule`，后两者只在调度期间起作用，而 `NoExecute` 也会影响正在节点上运行着的 pod。如果在一个节点上添加了 `NoExecute` 污点，那些在该节点上运行着的 pod，如果没有容忍这个 `NoExecute` 污点，将会从这个节点去除。

16.1.2 在节点上添加自定义污点

假设你有一个单独的 Kubernetes 集群，上面同时有生产环境和非生产环境的流量。其中最重要的一点是，非生产环境的 pod 不能运行在生产环境的节点上。可以通过在生产环境的节点上添加污点来满足这个要求，可以使用 `kubectl taint` 命令来添加污点：

```
$ kubectl taint node node1.k8s node-type=production:NoSchedule
node "node1.k8s" tainted
```

这个命令添加了一个 taint，其中，key 为 `node-type`，value 为 `production`，效果为 `NoSchedule`。如果现在你部署一个常规 pod 的多个副本，你会发现没有一个 pod 被部署到你添加了污点信息的节点上面，如以下代码清单所示。

代码清单 16.3 部署没有污点容忍度的 pod

```
$ kubectl run test --image busybox --replicas 5 -- sleep 99999
deployment "test" created

$ kubectl get po -o wide
NAME                READY   STATUS    RESTARTS   AGE   IP          NODE
test-196686-46ngl   1/1     Running   0          12s   10.47.0.1   node2.k8s
test-196686-73p89   1/1     Running   0          12s   10.47.0.7   node2.k8s
test-196686-77280   1/1     Running   0          12s   10.47.0.6   node2.k8s
test-196686-h9m8f   1/1     Running   0          12s   10.47.0.5   node2.k8s
test-196686-p85ll   1/1     Running   0          12s   10.47.0.4   node2.k8s
```

现在，没人能够随意地将 pod 部署到生产环境节点上了。

16.1.3 在 pod 上添加污点容忍度

为了将生产环境 pod 部署到生成环境节点上，pod 需要能容忍那些你添加在节点上的污点。你的生产环境 pod 的清单里面需要增加以下的 YAML 代码片段。

代码清单 16.4 标记污点容忍度的生产环境部署：production-deployment.yaml

```
apiVersion: extensions/v1beta1
kind: Deployment
metadata:
  name: prod
spec:
  replicas: 5
  template:
    spec:
      ...
      tolerations:
      - key: node-type
        operator: Equal
        value: production
        effect: NoSchedule
```

此处的污点容忍度允许 pod 被调度到生产环境节点上

如果运行了这个部署，你将看到 pod 就会被调度到生产环境节点，如以下代码清单所示。

代码清单 16.5 包含污点容忍度的 pod 被调度到生产环境节点 node1

```
$ kubectl get po -o wide
NAME                READY   STATUS    RESTARTS   AGE   IP          NODE
prod-350605-1ph5h   0/1     Running   0          16s   10.44.0.3   node1.k8s
prod-350605-ctqcr   1/1     Running   0          16s   10.47.0.4   node2.k8s
prod-350605-f7pcc   0/1     Running   0          17s   10.44.0.6   node1.k8s
prod-350605-k7c8g   1/1     Running   0          17s   10.47.0.9   node2.k8s
prod-350605-rp1nv   0/1     Running   0          17s   10.44.0.4   node1.k8s
```

正如你所见，生产环境 pod 也被调度到了非生产环境 node2。为了防止这种情况发生，你也需要在非生产环境的节点设置污点信息，例如 node-type=non-production:NoSchedule。那么，你也需要在非生产环境 pod 上添加了对应的污点容忍度。

16.1.4 了解污点和污点容忍度的使用场景

节点可以拥有多个污点信息，而 pod 也可以有多个污点容忍度。正如你所见，污点可以只有一个 key 和一个效果，而不必设置 value。污点容忍度可以通过设置

Equal 操作符 Equal 操作符来指定匹配的 value（默认情况下的操作符），或者也可以通过设置 Exists 操作符来匹配污点的 key。

在调度时使用污点和容忍度

污点可以用来组织新 pod 的调度（使用 NoSchedule 效果），或者定义非优先调度的节点（使用 PreferNoSchedule 效果），甚至是将已有的 pod 从当前节点剔除。

可以用任何你觉得合适的方式去设置污点和容忍度。例如，可以将一个集群分成多个部分，只允许开发团队将 pod 调度到他们特定的节点上。当你的部分节点提供了某种特殊硬件，并且只有部分 pod 需要使用到这些硬件的时候，也可以通过设置污点和容忍度的方式来实现。

配置节点失效之后的 pod 重新调度最长等待时间

你也可以配置一个容忍度，用于当某个 pod 运行所在的节点变成 unready 或者 unreachable 状态时，Kubernetes 可以等待该 pod 被调度到其他节点的最长等待时间。如果查看其中一个 pod 的容忍度信息，你将看到两条容忍度信息，如以下代码清单所示。

代码清单 16.6 带有默认容忍度的 pod

```
$ kubectl get po prod-350605-1ph5h -o yaml
...
  tolerations:
  - effect: NoExecute
    key: node.alpha.kubernetes.io/notReady
    operator: Exists
    tolerationSeconds: 300
  - effect: NoExecute
    key: node.alpha.kubernetes.io/unreachable
    operator: Exists
    tolerationSeconds: 300
```

该 pod 允许所在节点处于 notReady 状态为 300 秒，之后 pod 将被重新调度

同样的配置应用于节点处理 unreachable 状态

这两个容忍度表示，该 pod 将容忍所在节点处于 notReady 或者 unreachable 状态维持 300 秒。当 Kubernetes 控制器检测到有节点处于 notReady 或者 unreachable 状态时，将会等待 300 秒，如果状态持续的话，之后将把该 pod 重新调度到其他节点上。

当没有定义这两个容忍度时，他们会自动添加到 pod 上。如果你觉得对于你的 pod 来说，5 分钟太长的话，可以在 pod 描述中显式地将这两个容忍度设置得更短一些。

注意 当前这是一个 alpha 阶段的特性，在未来的 Kubernetes 版本中可能会有所改变。基于污点信息的 pod 剔除也不是默认启用的，如果要启用这个特性，需要在

运行控制器管理器时使用 `--feature-gates=TaintBasedEvictions=true` 选项。

16.2　使用节点亲缘性将pod调度到特定节点上

正如你目前所学到的，污点可以用来让 pod 远离特定的几点。现在，你将学习一种更新的机制，叫作*节点亲缘性*（*node affinity*），这种机制允许你通知 Kubernetes 将 pod 只调度到某个几点子集上面。

对比节点亲缘性和节点选择器

在早期版本的 Kubernetes 中，初始的节点亲缘性机制，就是 pod 描述中的 `nodeSelector` 字段。节点必须包含所有 pod 对应字段中的指定 label，才能成为 pod 调度的目标节点。

节点选择器实现简单，但是它不能满足你的所有需求。正因为如此，一种更强大的机制被引入。节点选择器最终会被弃用，所以现在了解新的节点亲缘性机制就变得重要起来。

与节点选择器类似，每个 pod 可以定义自己的节点亲缘性规则。这些规则可以允许你指定硬性限制或者偏好。如果指定一种偏好的话，你将告知 Kubernetes 对于某个特定的 pod，它更倾向于调度到某些节点上，之后 Kubernetes 将尽量把这个 pod 调度到这些节点上面。如果没法实现的话，pod 将被调度到其他某个节点上。

检查默认的节点标签

节点亲缘性根据节点的标签来进行选择，这点跟节点选择器是一致的。当你了解到如何使用节点亲缘性之后，让我们来检查下一个 Google Kubernetes 引擎集群（GKE）中节点的标签，来看一下它们默认的标签是什么，如以下代码清单所示。

代码清单 16.7　GKE 节点的默认标签

```
$ kubectl describe node gke-kubia-default-pool-db274c5a-mjnf
Name:     gke-kubia-default-pool-db274c5a-mjnf
Role:
Labels:   beta.kubernetes.io/arch=amd64
          beta.kubernetes.io/fluentd-ds-ready=true
          beta.kubernetes.io/instance-type=f1-micro
          beta.kubernetes.io/os=linux
          cloud.google.com/gke-nodepool=default-pool
          failure-domain.beta.kubernetes.io/region=europe-west1
          failure-domain.beta.kubernetes.io/zone=europe-west1-d
          kubernetes.io/hostname=gke-kubia-default-pool-db274c5a-mjnf
```

这三个标签对于节点亲缘性来说最为重要

这个节点有很多标签，但涉及节点亲缘性和 pod 亲缘性时，最后三个标签是最重要的。我们将在稍后学到，这三个标签的含义如下：

- failure-domain.beta.kubernetes.io/region 表示该节点所在的地理地域。
- failure-domain.beta.kubernetes.io/zone 表示该节点所在的可用性区域（availability zone）。
- kubernetes.io/hostname 很显然是该节点的主机名。

这三个以及其他标签，将被用于 pod 亲缘性规则。在第三章中，你已经学会如何给一个节点添加自定义标签，并且在 pod 的节点选择器中使用它。可以通过给 pod 加上节点选择器的方式，将节点部署到含有这个自定义标签的节点上。现在，你将学习到怎么用节点亲缘性规则实现同样的功能。

16.2.1 指定强制性节点亲缘性规则

在第 3 章的例子中，使用了节点选择器使得需要 GPU 的 pod 只被调度到有 GPU 的节点上。包含了 nodeSelector 字段的 pod 描述如以下代码清单所示。

代码清单 16.8 使用了节点选择器的 pod：kubia-gpu-nodeselector.yaml

```
apiVersion: v1
kind: Pod
metadata:
  name: kubia-gpu
spec:
  nodeSelector:
    gpu: "true"
  ...
```

这个 pod 会被调度到包含了 gpu=true 标签的节点上

nodeSelector 字段表示，pod 只能被部署在包含了 gpu=true 标签的节点上。如果你将节点选择器替换为节点亲缘性规则，pod 定义将会如以下代码清单所示。

代码清单 16.9 使用了节点亲缘性规则的 pod：kubia-gpu-nodeaffinity.yaml

```
apiVersion: v1
kind: Pod
metadata:
  name: kubia-gpu
spec:
  affinity:
    nodeAffinity:
      requiredDuringSchedulingIgnoredDuringExecution:
        nodeSelectorTerms:
```

```
- matchExpressions:
  - key: gpu
    operator: In
    values:
    - "true"
```

首先你会注意到的是，这种写法比简单的节点选择器要复杂得多，但这是因为它的表达能力更强，让我们再详细看一下这个规则。

较长的节点亲缘性属性名的意义

正如你所看到的，这个 pod 的描述包含了 affinity 字段，该字段又包含了 nodeAffinity 字段，这个字段有一个极其长的名字，所以，让我们先重点关注这个。

让我们把这个名字分成两部分，然后分别看下它们的含义：

- requiredDuringScheduling... 表明了该字段下定义的规则，为了让 pod 能调度到该节点上，明确指出了该节点必须包含的标签。
- ...IgnoredDuringExecution 表明了该字段下定义的规则，不会影响已经在节点上运行着的 pod。

目前，当你知道当前的亲缘性规则只会影响正在被调度的 pod，并且不会导致已经在运行的 pod 被剔除时，情况可能会更简单一些。这就是为什么目前的规则都是以 IgnoredDuringExecution 结尾的。最终，Kubernetes 也会支持 RequiredDuringExecution，表示如果去除掉节点上的某个标签，那些需要节点包含该标签的 pod 将会被剔除。正如笔者所说，Kubernetes 目前还不支持次特性。所以，我们可以暂时不去关心这个长字段的第二部分。

了解节点选择器条件

记住上一节所解释的内容，我们将更容易理解 nodeSelectorTerms 和 matchExpressions 字段，这两个字段定义了节点的标签必须满足哪一种表达式，才能满足 pod 调度的条件。样例中的单个表达式比较容易理解，节点必须包含一个叫作 gpu 的标签，并且这个标签的值必须是 true。

因此，这个 pod 只会被调度到包含 gpu=true 的节点上，如图 16.2 所示。

现在，更有趣的部分来了，节点亲缘性也可以在调度时指定节点的优先级，我们将在接下来的部分看到。

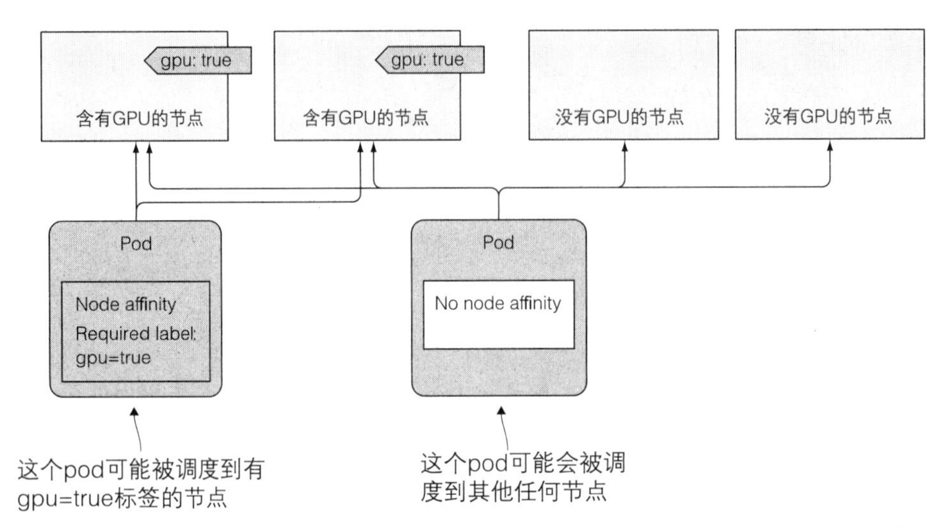

图 16.2 一个 pod 的节点亲缘性指定了节点必须包含哪些标签才能满足 pod 调度的条件

16.2.2 调度 pod 时优先考虑某些节点

最近介绍的节点亲缘性的最大好处就是，当调度某一个 pod 时，指定调度器可以优先考虑哪些节点，这个功能是通过 `preferredDuringSchedulingIgnoredDuringExecution` 字段来实现的。

想象一下你拥有一个跨越多个国家的多个数据中心，每一个数据中心代表了一个单独的可用性区域。在每个区域中，你有一些特定的机器，只提供给你自己或者你的合作公司使用。现在，你想要部署一些 pod，希望将 pod 优先部署在区域 `zone1`，并且是为你公司部署预留的机器上。如果你的机器没有足够的空间用于这些 pod，或者出于其他一些重要的原因不希望这些 pod 调度到上面，那么就会调度到其他区域的其他机器上面，这种情况你也是可以接受的。节点亲缘性就可以实现这样的功能。

给节点加上标签

首先，节点必须加上合适的标签。每个节点需要包含两个标签，一个用于表示所在的这个节点所归属的可用性区域，另一个用于表示这是一个独占的节点还是一个共享的节点。

附录 B 解释了如何在本地 VM 中设置一个三个节点的集群（一个主节点和两个工作节点）。在接下来的例子中，笔者将使用这个集群中的两个工作节点，当然你也可以使用 GKE 或者其他多节点的集群。

注意 Minikube 并不是运行这些例子的最佳选择，因为它只运行了一个节点。

首先，给这些节点加上标签，如以下代码清单所示。

代码清单 16.10 给节点加上标签

```
$ kubectl label node node1.k8s availability-zone=zone1
node "node1.k8s" labeled
$ kubectl label node node1.k8s share-type=dedicated
node "node1.k8s" labeled
$ kubectl label node node2.k8s availability-zone=zone2
node "node2.k8s" labeled
$ kubectl label node node2.k8s share-type=shared
node "node2.k8s" labeled
$ kubectl get node -L availability-zone -L share-type
NAME         STATUS    AGE      VERSION   AVAILABILITY-ZONE   SHARE-TYPE
master.k8s   Ready     4d       v1.6.4    <none>              <none>
node1.k8s    Ready     4d       v1.6.4    zone1               dedicated
node2.k8s    Ready     4d       v1.6.4    zone2               shared
```

指定优先级节点亲缘性规则

当这些节点的标签设置好，现在可以创建一个 Deployment，其中优先选择 zone1 中的 dedicated 节点。下面的代码清单显示了这个 Deployment 的描述。

代码清单 16.11 含有优先级节点亲缘性规则的 Deployment: preferred-deployment.yaml

```
apiVersion: extensions/v1beta1
kind: Deployment
metadata:
  name: pref
spec:
  template:
    ...
    spec:
      affinity:
        nodeAffinity:
          preferredDuringSchedulingIgnoredDuringExecution:
          - weight: 80
            preference:
              matchExpressions:
              - key: availability-zone
                operator: In
                values:
                - zone1
```

指定优先级，这不是必需的

节点优先调度到 zone1。这是最重要的偏好

```
      - weight: 20
        preference:
          matchExpressions:
          - key: share-type
            operator: In
            values:
            - dedicated
...
```

同时优先调度 pod 到独占节点，但是该优先级为 zone 优先级的 1/4

让我们仔细查看上面的代码清单，你定义了一个节点亲缘性优先级，而不是强制要求。你想要 pod 被调度到包含标签 availability-zone=zone1 以及 share-type=dedicated 的节点上。第一个优先级规则是相对重要的，因此将其 weight 设置为 80，而第二个优先级规则就不那么重要（weight 设置为 20）。

了解节点优先级是如何工作的

如果你的集群包含多个节点，当调度上面的代码清单中的 Deployment pod 时，节点将会分成 4 个组，如图 16.3 所示。那些包含 availability-zone 以及 share-type 标签，并且匹配 pod 亲缘性的节点，将排在最前面。然后，由于 pod 的节点亲缘性规则配置的权重，接下来是 zone1 的 shared 节点，然后是其他区域的 dedicated 节点，优先级最低的是剩下的其他节点。

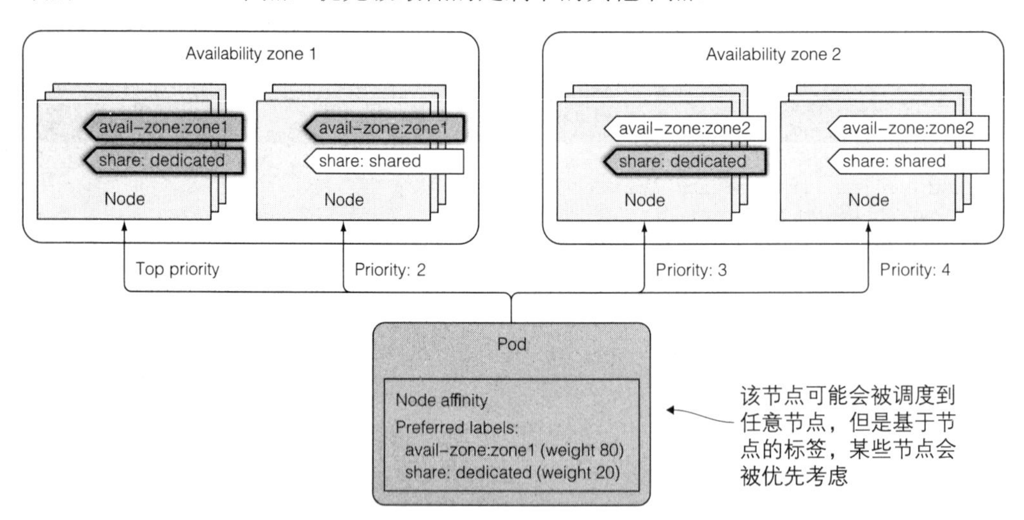

图 16.3 基于 pod 节点亲缘性优先级对节点进行排序

在一个包含两个节点的集群中部署节点

如果你在一个包含两个节点的集群中创建该部署，你看到的最多的应该是 pod 被部署在了 node1 上面。检查下面的代码清单看情况是否属实。

代码清单 16.12 查看 pod 调度情况

```
$ kubectl get po -o wide
NAME                READY   STATUS    RESTARTS   AGE   IP           NODE
pref-607515-1rnwv   1/1     Running   0          4m    10.47.0.1    node2.k8s
pref-607515-27wp0   1/1     Running   0          4m    10.44.0.8    node1.k8s
pref-607515-5xd0z   1/1     Running   0          4m    10.44.0.5    node1.k8s
pref-607515-jx9wt   1/1     Running   0          4m    10.44.0.4    node1.k8s
pref-607515-mlgqm   1/1     Running   0          4m    10.44.0.6    node1.k8s
```

5 个 pod 被创建，其中 4 个部署在了 node1，1 个部署在了 node2。为什么会有 1 个 pod 会被调度到 node2 而不是 node1 ？原因是除了节点亲缘性的优先级函数，调度器还是使用其他的优先级函数来决定节点被调度到哪。其中之一就是 Selector SpreadPriority 函数，这个函数确保了属于同一个 ReplicaSet 或者 Service 的 pod，将分散部署在不同节点上，以避免单个节点失效导致这个服务也宕机。这就是有 1 个 pod 被调度到 node2 的最大可能。

可以去试着扩容部署至 20 个实例或更多，你将看到大多数的 pod 被调度到 node1。在笔者的测试中，20 个实例只有 2 个被调度到了 node2。如果你没有设置任何节点亲缘性优先级，pod 将会被均匀地分配在两个节点上面。

16.3 使用pod亲缘性与非亲缘性对pod进行协同部署

你已经了解了节点亲缘性规则是如何影响 pod 被调度到哪个节点。但是，这些规则只影响了 pod 和节点之间的亲缘性。然而，有些时候你也希望能有能力指定 pod 自身之间的亲缘性。

举例来说，想象一下你有一个前端 pod 和一个后端 pod，将这些节点部署得比较靠近，可以降低延时，提高应用的性能。可以使用节点亲缘性规则来确保这两个 pod 被调度到同一个节点、同一个机架、同一个数据中心。但是，之后还需要指定调度到具体哪个节点、哪个机架或者哪个数据中心。因此，这不是一个最佳的解决方案。更好的做法应该是，让 Kubernetes 将你的 pod 部署在任何它觉得合适的地方，同时确保 2 个 pod 是靠近的。这种功能可以通过 pod 亲缘性来实现，让我们从一个例子来了解更多吧。

16.3.1 使用 pod 间亲缘性将多个 pod 部署在同一个节点上

你将部署 1 个后端 pod 和 5 个包含 pod 亲缘性配置的前端 pod 实例，使得这些前端实例将被部署在后端 pod 所在的同一个节点上。

首先，我们来部署后端 pod：

```
$ kubectl run backend -l app=backend --image busybox -- sleep 999999
deployment "backend" created
```

该部署并没有什么特别的，唯一需要注意的是通过 `-l` 选项添加的 `app=backend` 标签，这个标签将在前端 pod 的 `podAffinity` 配置中使用到。

在 pod 定义中指定 pod 亲缘性

前端 pod 的描述如以下代码清单所示。

代码清单 16.13　使用 `podAffinity` 的 pod：frontend-podaffinity-host.yaml

```
apiVersion: extensions/v1beta1
kind: Deployment
metadata:
  name: frontend
spec:
  replicas: 5
  template:
    ...
    spec:
      affinity:
        podAffinity:
          requiredDuringSchedulingIgnoredDuringExecution:
          - topologyKey: kubernetes.io/hostname
            labelSelector:
              matchLabels:
                app: backend
      ...
```

定义节点亲缘性规则

定义一个强制性要求，而不是偏好

本次部署的 pod，必须被调度到匹配 pod 选择器的节点上

代码清单显示了，该部署将创建包含强制性要求的 pod，其中要求 pod 将被调度到和其他包含 `app=backend` 标签的 pod 所在的相同节点上（通过 `topologyKey` 字段指定），如图 16.4 所示。

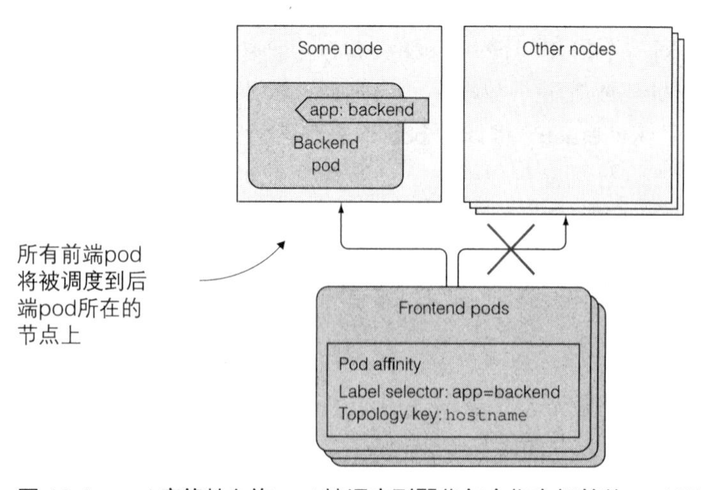

图 16.4　pod 亲缘性允许 pod 被调度到那些包含指定标签的 pod 所在的节点上

注意 除了使用简单的 matchLabels 字段，也可以使用表达能力更强的 matchExpressions 字段。

部署包含 pod 亲缘性的 pod

在你创建此次部署之前，让我们先来看一下之前的后端 pod 被调度到了哪个节点上：

```
$ kubectl get po -o wide
NAME                   READY   STATUS    RESTARTS   AGE   IP          NODE
backend-257820-qhqj6   1/1     Running   0          8m    10.47.0.1   node2.k8s
```

当你创建前端 pod 时，它们应该也会被调度到 node2 上。接着你开始创建 Deployment，然后看 pod 被调度到了哪里。结果显示在下面的代码清单中。

代码清单 16.14 部署前端 pod，观察 pod 被调度到哪些节点

```
$ kubectl create -f frontend-podaffinity-host.yaml
deployment "frontend" created

$ kubectl get po -o wide
NAME                    READY   STATUS    RESTARTS   AGE   IP          NODE
backend-257820-qhqj6    1/1     Running   0          8m    10.47.0.1   node2.k8s
frontend-121895-2c1ts   1/1     Running   0          13s   10.47.0.6   node2.k8s
frontend-121895-776m7   1/1     Running   0          13s   10.47.0.4   node2.k8s
frontend-121895-7ffsm   1/1     Running   0          13s   10.47.0.8   node2.k8s
frontend-121895-fpgm6   1/1     Running   0          13s   10.47.0.7   node2.k8s
frontend-121895-vb9ll   1/1     Running   0          13s   10.47.0.5   node2.k8s
```

所有的前端 pod 确实都被调度到了和后端 pod 相同的节点上。当调度前端 pod 时，调度器首先找出所有匹配前端 pod 的 podAffinity 配置中 labelSelector 的 pod，之后将前端 pod 调度到相同的节点上。

了解调度器如何使用 pod 亲缘性规则

有趣的是，如果现在你删除了后端 pod，调度器会将该 pod 调度到 node2，即便后端 pod 本身没有定义任何 pod 亲缘性规则（只有前端 pod 设置了规则）。这种情况很合理，因为假设后端 pod 被误删除而被调度到其他节点上，前端 pod 的亲缘性规则就被打破了。

如果增加调度器的日志级别检查它的日志的话，可以确定调度器是会考虑其他 pod 的亲缘性规则的。下面的代码清单显示了相关的日志。

代码清单 16.15 调度器日志显示了后端 pod 被调度到 node2 的原因

```
... Attempting to schedule pod: default/backend-257820-qhqj6
... ...
... backend-qhqj6 -> node2.k8s: Taint Toleration Priority, Score: (10)
... backend-qhqj6 -> node1.k8s: Taint Toleration Priority, Score: (10)
... backend-qhqj6 -> node2.k8s: InterPodAffinityPriority, Score: (10)
... backend-qhqj6 -> node1.k8s: InterPodAffinityPriority, Score: (0)
... backend-qhqj6 -> node2.k8s: SelectorSpreadPriority, Score: (10)
... backend-qhqj6 -> node1.k8s: SelectorSpreadPriority, Score: (10)
... backend-qhqj6 -> node2.k8s: NodeAffinityPriority, Score: (0)
... backend-qhqj6 -> node1.k8s: NodeAffinityPriority, Score: (0)
... Host node2.k8s => Score 100030
... Host node1.k8s => Score 100022
... Attempting to bind backend-257820-qhqj6 to node2.k8s
```

如果你关注加粗的两行日志，你会发现当调度后端 pod 时，由于 pod 间亲缘性，node2 获得了比 node1 更高的分数。

16.3.2 将 pod 部署在同一机柜、可用性区域或者地理地域

在前面的例子中，使用了 podAffinity 将前端 pod 和后端 pod 部署在了同一个节点上。你可能不希望所有的前端 pod 都部署在同一个节点上，但仍希望和后端 pod 保持足够近，比如在同一个可用性区域中。

在同一个可用性区域中协同部署 pod

笔者正在使用的集群运行在本机的三个虚拟机中，因此可以说所有节点都运行在同一个可用性区域中。但是，如果这些节点运行在不同的可用性区域中，那么需要将 topologyKey 属性设置为 failure-domain.beta.kubernetes.io/zone，以确保前端 pod 和后端 pod 运行在同一个可用性区域中。

在同一个地域中协同部署 pod

为了允许你将 pod 部署在同一个地域而不是区域内（云服务提供商通常拥有多个地理地域的数据中心，每个地理地域会被划分成多个可用性区域），那么需要将 topologyKey 属性设置为 failure-domain.beta.kubernetes.io/region。

了解 topologyKey 是如何工作的

topologyKey 的工作方式很简单，目前我们提到的 3 个键并没有什么特别的。如果你愿意，可以任意设置自定义的键，例如 rack，为了让 pod 能部署到同一个机柜。唯一的前置条件就是，在你的节点上加上 rack 标签。这种场景将在图 16.5 中进行展示。

举例来说，你有 20 个节点，每 10 个节点在同一个机柜中，你将前 10 个节点加上标签 `rack=rack1`，另外 10 个加上标签 `rack=rack2`。接着，当定义 pod 的 `podAffinity` 时，将 `toplogyKey` 设置为 `rack`。

当调度器决定 pod 调度到哪里时，它首先检查 pod 的 `podAffinity` 配置，找出那些符合标签选择器的 pod，接着查询这些 pod 运行在哪些节点上。特别的是，它会寻找标签能匹配 `podAffinity` 配置中 `topologyKey` 的节点。接着，它会优先选择所有的标签匹配 pod 的值的节点。在图 16.5 中，标签选择器匹配了运行在 `Node 12` 的后端 pod，那个节点 `rack` 标签的值等于 `rack2`。所以，当调度 1 个前端 pod 时，调度器只会在包含标签 `rack=rack2` 的节点中进行选择。

注意 在调度时，默认情况下，标签选择器只有匹配同一命名空间中的 pod。但是，可以通过在 `labelSelector` 同一级添加 `namespaces` 字段，实现从其他的命名空间选择 pod 的功能。

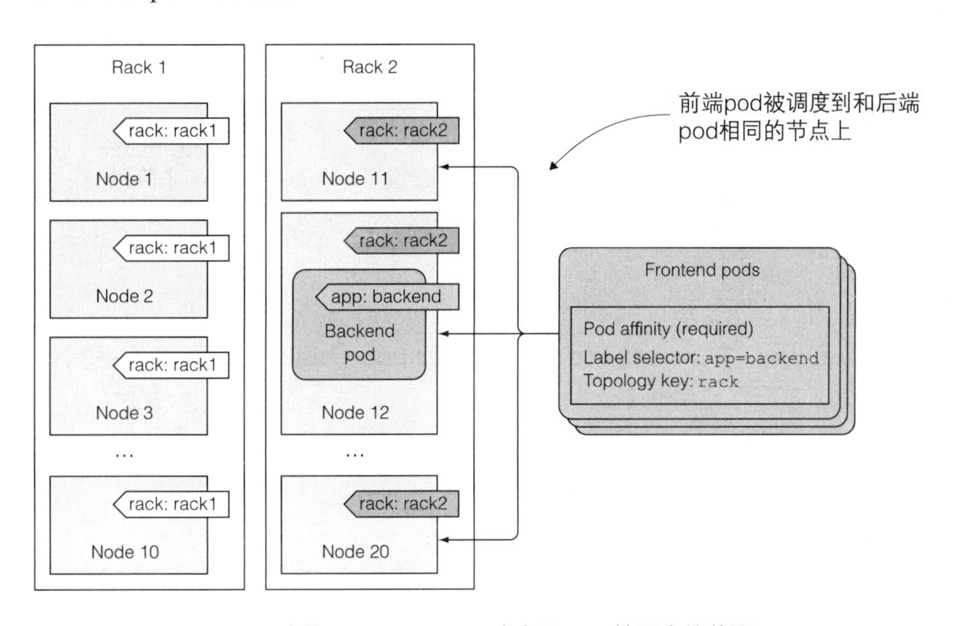

图 16.5 `podAffinity` 中的 `topologyKey` 决定了 pod 被调度的范围

16.3.3 表达 pod 亲缘性优先级取代强制性要求

较早的篇幅，我们谈论了节点亲缘性，你了解了 `nodeAffinity` 可以表示一种强制性要求，表示 pod 只能被调度到符合节点亲缘性规则的节点上。它也可以表示一种节点优先级，用于告知调度器将 pod 调度到某些节点上，同时也满足当这些节点出于各种原因无法满足 pod 要求时，将 pod 调度到其他节点上。

这种特性同样适用于 podAffinity，你可以告诉调度器，优先将前端 pod 调度到和后端 pod 相同的节点上，但是如果不满足需求，调度到其他节点上也是可以的。一个使用了 preferredDuringSchedulingIgnoredDuringExecutionpod 亲缘性规则的 Deployment 的样例如以下代码清单所示。

代码清单 16.16　pod 亲缘性优先级

```
apiVersion: extensions/v1beta1
kind: Deployment
metadata:
  name: frontend
spec:
  replicas: 5
  template:
    ...
    spec:
      affinity:
        podAffinity:
          preferredDuringSchedulingIgnoredDuringExecution:   ◁ 使用了 Preferred，而不是 Required
          - weight: 80
            podAffinityTerm:
              topologyKey: kubernetes.io/hostname
              labelSelector:
                matchLabels:
                  app: backend
      containers: ...
```

weight 和 podAffinityTerm 设置为和之前例子中一样的值

跟 nodeAffinity 优先级规则一样，需要为一个规则设置一个权重。同时也需要设置 topologyKey 和 labelSelector，正如 podAffinity 规则中的强制性要求一样。图 16.6 展示了这种场景。

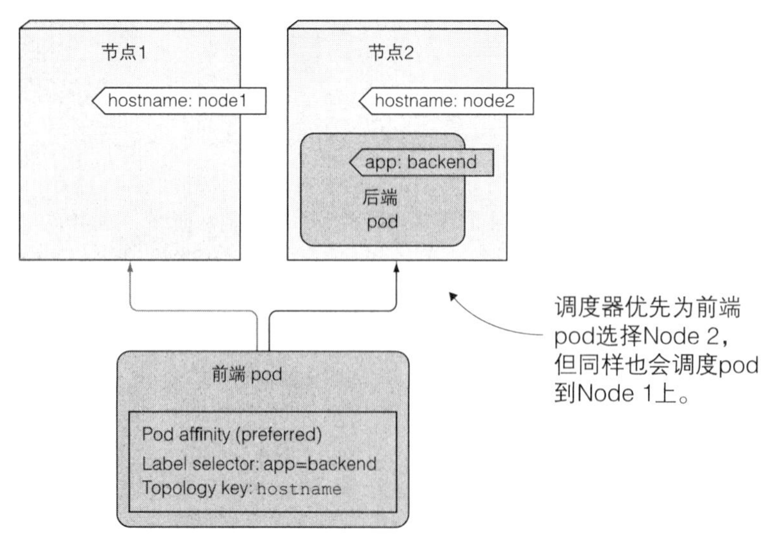

图 16.6　pod 亲缘性可以用来告知调度器优先考虑那些有包含某些标签的 pod 正在运行着的节点

正如 nodeAffinity 样例，部署将 4 个 pod 调度到和后端 pod 一样的节点，另外一个调度到了其他节点（如下面的代码清单所示）。

代码清单 16.17 使用 podAffinity 优先级的 pod 部署

```
$ kubectl get po -o wide
NAME                     READY  STATUS   RESTARTS  AGE  IP          NODE
backend-257820-ssrgj     1/1    Running  0         1h   10.47.0.9   node2.k8s
frontend-941083-3mff9    1/1    Running  0         8m   10.44.0.4   node1.k8s
frontend-941083-7fp7d    1/1    Running  0         8m   10.47.0.6   node2.k8s
frontend-941083-cq23b    1/1    Running  0         8m   10.47.0.1   node2.k8s
frontend-941083-m70sw    1/1    Running  0         8m   10.47.0.5   node2.k8s
frontend-941083-wsjv8    1/1    Running  0         8m   10.47.0.4   node2.k8s
```

16.3.4 利用 pod 的非亲缘性分开调度 pod

你现在已经知道了如何告诉调度器对 pod 进行协同部署，但有时候你的需求却恰恰相反，你可能希望 pod 远离彼此。这种特性叫作 pod 非亲缘性。它和 pod 亲缘性的表示方式一样，只不过是将 podAffinity 字段换成 podAntiAffinity，这将导致调度器永远不会选择那些有包含 podAntiAffinity 匹配标签的 pod 所在的节点，如图 16.7 所示。

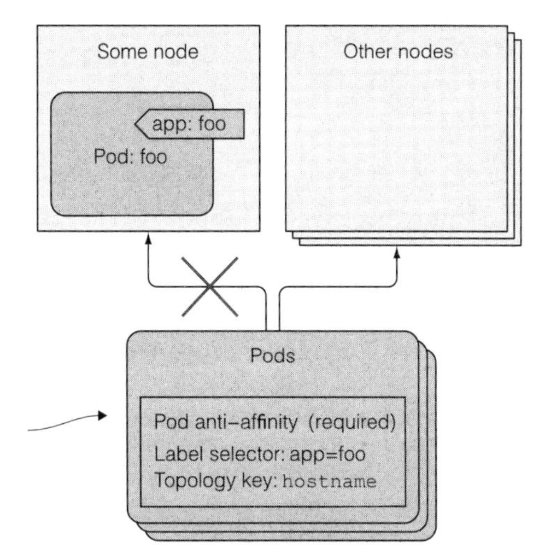

图 16.7 使用 pod 非亲缘性使得 pod 原理包含某些标签 pod 所在的节点

一个为什么需要使用 pod 非亲缘性的例子，就是当两个集合的 pod，如果运行在同一个节点上会影响彼此的性能。在这种情况下，你需要告知调度器永远不要将这些 pod 部署在同一个节点上。另一个例子是强制让调度器将同一组的 pod 分在在不同的可用性区域或者地域，这样让整个区域或地域失效之后，不会使得整个服务完全不可用。

使用非亲缘性分散一个部署中的 pod

让我们来看一下如何强制前端 pod 被调度到不同节点上。下面的代码清单展示了 pod 的非亲缘性是如何配置的。

代码清单 16.18 包含非亲缘性的 pod：frontend-podantiaffinity-host.yaml

```
apiVersion: extensions/v1beta1
kind: Deployment
metadata:
  name: frontend
spec:
  replicas: 5
  template:
    metadata:
      labels:
        app: frontend
    spec:
      affinity:
        podAntiAffinity:
          requiredDuringSchedulingIgnoredDuringExecution:
          - topologyKey: kubernetes.io/hostname
            labelSelector:
              matchLabels:
                app: frontend
      containers: ...
```

前端 pod 有 app=frontend 标签

定义 pod 非亲缘性强制性要求

一个前端 pod 必须不能调度到有 app=frontend 标签的 pod 运行的节点上

这次，你需要定义 `podAntiAffinity` 而不是 `podAffinity`，并且将 `labelSelector` 和 Deployment 创建的 pod 匹配。让我们看一下当创建了该 Deployment 之后会发生什么，创建的 pod 如下面的代码清单所示。

代码清单 16.19 Deployment 创建的 pod

```
$ kubectl get po -l app=frontend -o wide
NAME                     READY  STATUS    RESTARTS  AGE  IP         NODE
frontend-286632-0lffz    0/1    Pending   0         1m   <none>
frontend-286632-2rkcz    1/1    Running   0         1m   10.47.0.1  node2.k8s
frontend-286632-4nwhp    0/1    Pending   0         1m   <none>
frontend-286632-h4686    0/1    Pending   0         1m   <none>
frontend-286632-st222    1/1    Running   0         1m   10.44.0.4  node1.k8s
```

正如你所见，只有 2 个 pod 被调度，一个在 `node1` 上，另一个在 `node2` 上。剩下的 3 个 pod 均处于 `Pending` 状态，因为调度器不允许这些 pod 调度到同一个节点上。

理解 pod 非亲缘性优先级

在这种情况下，你可能应该制定软性要求（使用 preferredDuringSchedulingIgnoredDuringExecution 字段）。毕竟，如果有 2 个前端 pod 运行在同一个节点上也不是什么大问题。但是如果运行在同一个节点上会造成问题的场景下，使用 requiredDuringScheduling 就比较合适了。

与使用 pod 亲缘性一样，topologyKey 字段决定了 pod 不能被调度的范围。可以使用这个字段决定 pod 不能被调度到同一个机柜、可用性区域、地域，或者任何你创建的自定义节点标签标示的范围。

16.4 本章小结

在本章中，我们了解了如何通过节点的标签或是上面运行的 pod，保证不把 pod 调度到某个节点上，或者只把 pod 调度到特定节点上。

- 如果你在节点上添加了 1 个污点信息，除非 pod 容忍这些污点，否则 pod 不会被调度到该节点上。
- 有 3 种污点类型：NoSchedule 完全阻止调度，PreferNoSchedule 不强制阻止调度，NoExecute 会将已经在运行的 pod 从节点上剔除。
- NoExecute 污点同时还可以设置，当 pod 运行的节点变成 unreachable 或者 unready 状态，pod 需要重新调度时，控制面板的最长等待时间。
- 节点亲缘性允许你去指定 pod 应该被调度到哪些节点上。它可以被用作一种强制性要求，也可以作为一种节点的优先级。
- pod 亲缘性被用于告知调度器将 pod 调度到和另一个 pod 相同的一节点(基于 pod 的标签)上。
- pod 亲缘性的 topologyKey 表示了被调度的 pod 和另一个 pod 的距离（在同一个节点、同一个机柜、同一个可用性局域或者可用性地域）。
- pod 非亲缘性可以被用于将 pod 调度到远离某些 pod 的节点。
- 和节点亲缘性一样，pod 亲缘性和非亲缘性可以设置是强制性要求还是优先选择。

在下一章，你将学习在 Kubernetes 环境中开发应用，以及将应用平滑运行的最佳实践。

17 开发应用的最佳实践

本章内容涵盖

- 了解在一个典型应用中会出现哪些 Kubernetes 的资源
- 添加 pod 启动后和停止前的生命周期钩子
- 在不断开客户端连接的情况下妥善地停止应用
- 在 Kubernetes 中如何方便地管理应用
- 在 pod 中使用 init 容器
- 使用 Minikube 在本地进行应用开发

到目前为止，我们已经介绍了大部分你需要了解的知识来让你可以在 Kubernetes 中运行应用。我们已经探索了每个单独的资源的功能以及其使用方法。现在我们来看看如何将它们和运行在 Kubernetes 上面的一个典型的应用结合在一起。我们也将看看如何让一个应用可以顺利运行。毕竟，这是使用 Kubernetes 的重点，不是吗？

希望本章将有助于澄清任何误解，以及解释尚未明确说明的事情。在这个过程中，我们还会介绍一些其他尚未提及的概念。

17.1 集中一切资源

我们首先看看一个实际应用程序的各个组成部分。这也会让你有机会看看你是否记得迄今为止所学到的一切，并且能够从全局来审视它们。图 17.1 显示了一个典型应用中所使用的各个 Kubernetes 组件。

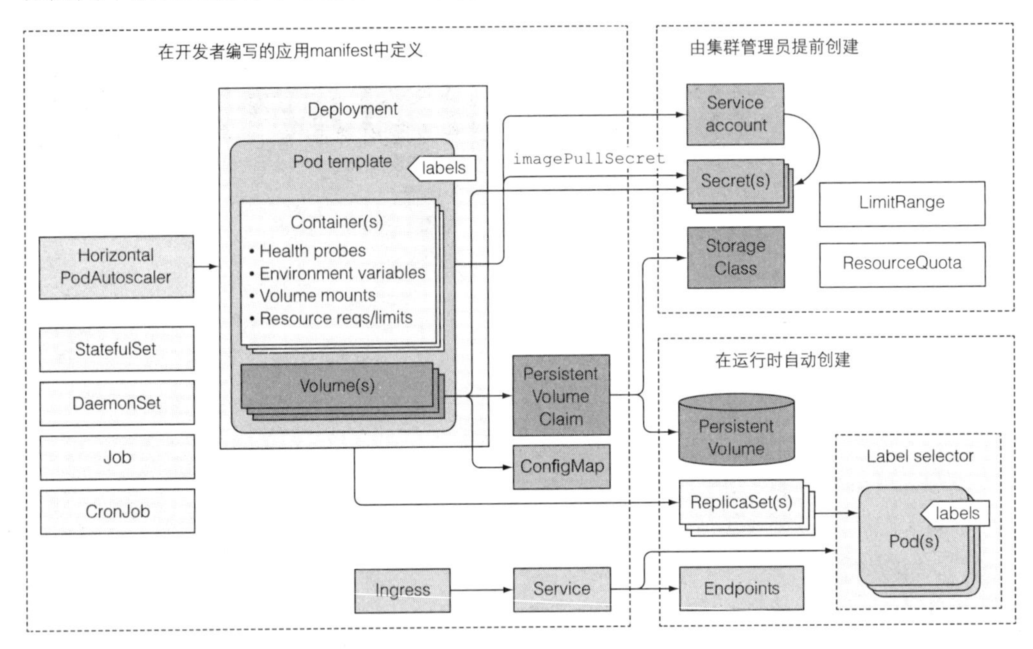

图 17.1 一个典型应用中的资源

一个典型的应用 manifest 包含了一个或者多个 Deployment 和 StatefulSet 对象。这些对象中包含了一个或者多个容器的 pod 模板，每个容器都有一个存活探针，并且为容器提供的服务（如果有的话）提供就绪探针。提供服务的 pod 是通过一个或者多个服务来暴露自己的。当需要从集群外访问这些服务的时候，要么将这些服务配置为 `LoadBalancer` 或者 `NodePort` 类型的服务，要么通过 Ingress 资源来开放服务。

pod 模板（从中创建 pod 的配置文件）通常会引用两种类型的私密凭据（Secret）。一种是从私有镜像仓库拉取镜像时使用的；另一种是 pod 中运行的进程直接使用的。私密凭据本身通常不是应用 manifest 的一部分，因为它们不是由应用开发者来配置，而是由运维团队来配置的。私密凭据通常会被分配给 ServiceAccount，然后 ServiceAccount 会被分配给每个单独的 pod。

一个应用还包含一个或者多个 ConfigMap 对象，可以用它们来初始化环境变量，或者在 pod 中以 `configMap` 卷来挂载。有一些 pod 会使用额外的卷，例如 `emptyDir` 或 `gitRepo` 卷，而需要持久化存储的pod则需要 `persistentVolumeClaim` 卷。PersistentVolumeClaim 也是一个应用 manifest 的一部分，而被 PersistentVolumeClaim 所引用的 StorageClass 则是由系统管理员事先创建的。

在某些情况下，一个应用还需要使用任务（Jobs）和定时任务（CronJobs）。守护进程集（DaemonSet）通常不是应用部署的一部分，但是通常由系统管理员创建，以在全部或者部分节点上运行系统服务。水平 pod 扩容器（HorizontalpodAutoscaler）可以由开发者包含在应用 manifest 中或者后续由运维团队添加到系统中。集群管理员还会创建 LimitRange 和 ResourceQuota 对象，以控制每个 pod 和所有的 pod（作为一个整体）的计算资源使用情况。

在应用部署后，各种 Kubernetes 控制器会自动创建其他的对象。其中包括端点控制器（Endpoint controller）创建的服务端点（Endpoint）对象，部署控制器（Deployment controller）创建的 ReplicaSet 对象，以及由 ReplicaSet（或者 Job、CronJob、StatefulSet、DaemonSet）创建的实际的 pod 对象。

资源通常通过一个或者多个标签来组织。这不仅仅适用于 pod，同时也适用于其他的资源。除了标签，大多数的资源还包含一个描述资源的注解，列出负责该资源的人员或者团队的联系信息，或者为管理者和其他的工具提供额外的元数据。

pod 是所有一切资源的中心，毫无疑问是 Kubernetes 中最重要的资源。毕竟，你的每个应用都运行在 pod 中。为了确保你知道如何开发能充分利用应用所在环境资源的应用，我们最后再从应用的角度来仔细看一下 pod。

17.2 了解pod的生命周期

我们之前说过，可以将 pod 比作只运行单个应用的虚拟机。尽管在 pod 中运行的应用和虚拟机中运行的应用没什么不同，但是还是存在显著的差异。其中一个例子就是 pod 中运行的应用随时可能会被杀死，因为 Kubernetes 需要将这个 pod 调度到另外一个节点，或者是请求缩容。我们接下来将探讨这方面的内容。

17.2.1 应用必须预料到会被杀死或者重新调度

在 Kubernetes 之外，运行在虚拟机中的应用很少会被从一台机器迁移到另外一台。当一个操作者迁移应用的时候，他们可以重新配置应用并且手动检查应用是否在新的位置正常运行。借助于 Kubernetes，应用可以更加频繁地进行自动迁移而无须人工介入，也就是说没有人会再对应用进行配置并且确保它们在迁移之后能够正常运行。这就意味着应用开发者必须允许他们的应用可以被相对频繁地迁移。

预料到本地 IP 和主机名会发生变化

当一个 pod 被杀死并且在其他地方运行之后（技术上来讲是一个新的 pod 替换了旧的 pod，旧 pod 没有被迁移），它不仅拥有了一个新的 IP 地址还有了一个新的名称和主机名。大部分无状态的应用都可以处理这种场景同时不会有不利的影响，但是有状态服务通常不能。我们已经了解到有状态应用可以通过一个 StatefulSet 来运行，StatefulSet 会保证在将应用调度到新的节点并启动之后，它可以看到和之前一样的主机名和持久化状态。当然 pod 的 IP 还是会发生变化，应用必须能够应对这种变化。因此应用开发者在一个集群应用中不应该依赖成员的 IP 地址来构建彼此的关系，另外如果使用主机名来构建关系，必须使用 StatefulSet。

预料到写入磁盘的数据会消失

还有一件事情需要记住的是，在应用往磁盘写入数据的情况下，当应用在新的 pod 中启动后这些数据可能会丢失，除非你将持久化的存储挂载到应用的数据写入路径。在 pod 被重新调度的时候，数据丢失是一定的，但是即使在没有调度的情况下，写入磁盘的文件仍然会丢失。甚至是在单个 pod 的生命周期过程中，pod 中的应用写入磁盘的文件也会丢失。我们通过一个例子来解释一下这个问题。

假设有个应用，它的启动过程是比较耗时的而且需要很多的计算操作。为了能够让这个应用在后续的启动中更快，开发者一般会把启动过程中的一些计算结果缓存到磁盘上（例如启动时扫描所有的用作注解的 Java 类然后把结果写入到索引文件）。由于在 Kubernetes 中应用默认运行在容器中，这些文件会被写入到容器的文件系统中。如果这个时候容器重启了，这些文件都会丢失，因为新的容器启动的时候会使用一个全新的可写入层（参考图 17.2）。

不要忘了，单个容器可能因为各种原因被重启，例如进程崩溃了，例如存活探针返回失败了，或者是因为节点内存逐步耗尽，进程被 OOMKiller 杀死了。当上述情况发生的时候，pod 还是一样，但是容器却是全新的了。Kubelet 不会一个容器运行多次，而是会重新创建一个容器。

使用存储卷来跨容器持久化数据

当 pod 的容器重启后，本例中的应用仍然需要执行有大量计算过程的启动程序。这个或许不是你所期望的。为了保证这种情况下数据不丢失，你需要至少使用一个 pod 级别的卷。因为卷的存在和销毁与 pod 生命周期是一致的，所以新的容器将可以重用之前容器写到卷上的数据（见图 17.3）。

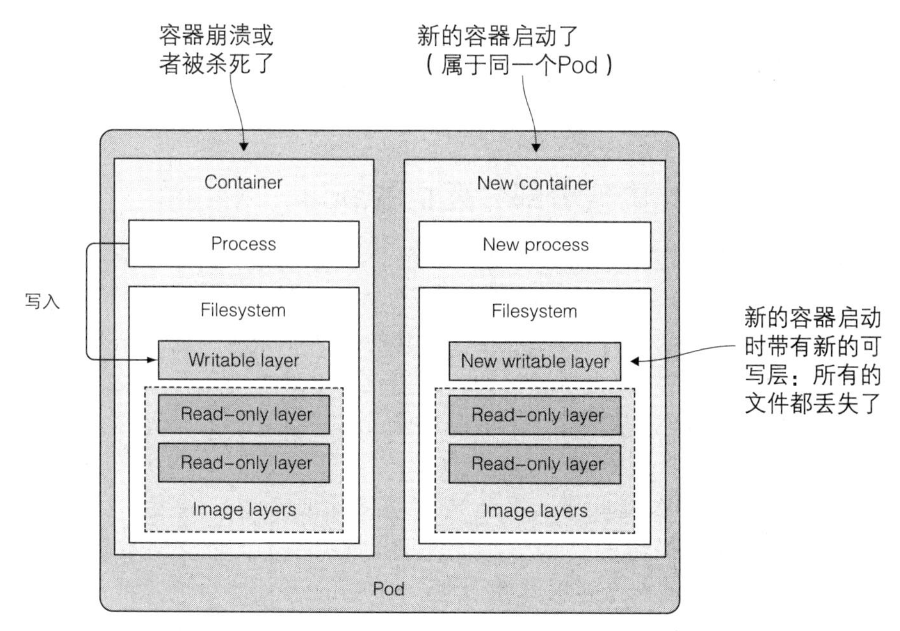

图 17.2 写入到容器文件系统的文件在容器重启之后都丢失了

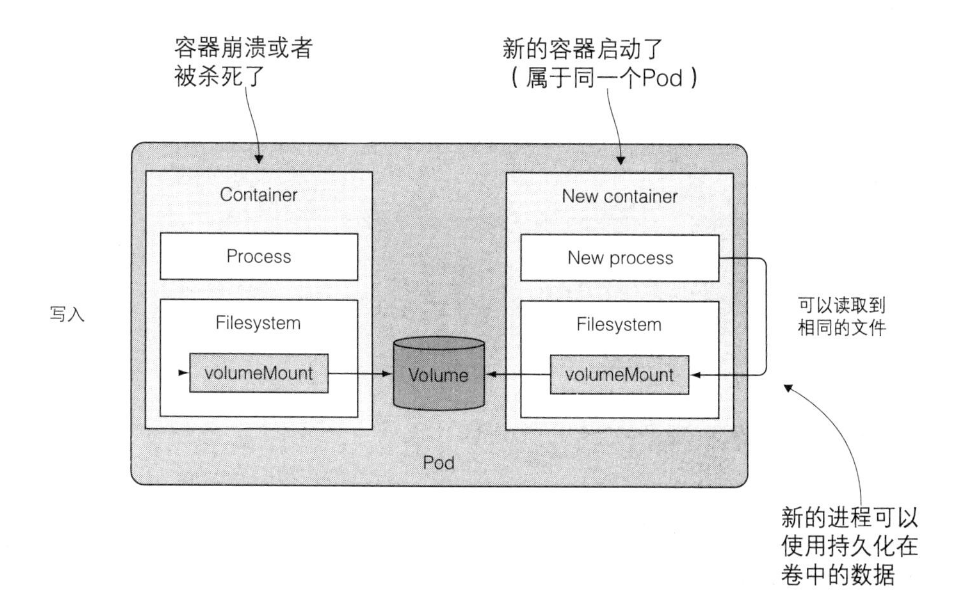

图 17.3 使用存储卷来跨容器持久化数据

有时候使用存储卷来跨容器存储数据是个好办法，但是也不总是如此。万一由于数据损坏而导致新创建的进程再次崩溃呢？ 这会导致一个持续性的循环崩溃（pod

会提示 CrashLoopBackOff 状态）。如果不使用存储卷的话，新的容器会从零开始启动，并且很可能不会崩溃。使用存储卷来跨容器存储数据是把双刃剑。你需要仔细思考是否使用它们。

17.2.2　重新调度死亡的或者部分死亡的 pod

如果一个 pod 的容器一直处于崩溃状态，Kubelet 将会一直不停地重启它们。每次重启的时间间隔将会以指数级增加，直到达到 5 分钟。在这个 5 分钟的时间间隔中，pod 基本上是死亡了，因为它们的容器进程没有运行。公平来讲，如果是个多容器的 pod，其中的一些容器可能是正常运行的，所以这个 pod 只是部分死亡了。但是如果 pod 中仅包含一个容器，那么这个 pod 是完全死亡的而且已经毫无用处了，因为里面已经没有进程在运行了。

你或许会奇怪，为什么这些 pod 不会被自动移除或者重新调度，尽管它们是 ReplicaSet 或者相似控制器的一部分。如果你创建了一个期望副本数是 3 的 ReplicaSet，当那些 pod 中的一个容器开始崩溃，Kubernetes 将不会删除或者替换这个 pod。结果就是这个 ReplicaSet 只剩下了两个正确运行的副本，而不是你期望的三个（见图 17.4）。

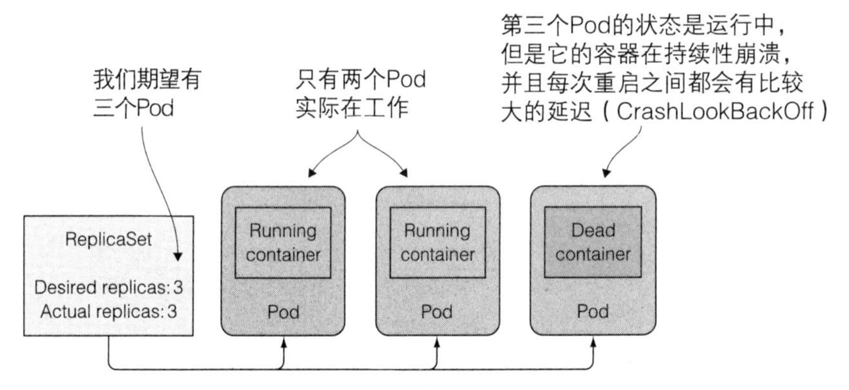

图 17.4　ReplicaSet 控制器没有重新调度死亡的 pod

你或许期望能够删除这个 pod 然后重新启动一个可以在其他节点上成功运行的 pod。毕竟这个容器可能是因为一个节点相关的问题而导致的崩溃，这个问题在其他的节点上不会出现。很遗憾，并不是这样的。ReplicaSet 本身并不关心 pod 是否处于死亡状态，它只关心 pod 的数量是否匹配期望的副本数量，在这种情况下，副本数量确实是匹配的。

如果你想自己研究一下，这里有一个 ReplicaSet 的 YAML manifest 文件，它里面定义的 pod 会不停地崩溃（这个文件是代码归档中的 replicaset-crashingpods.yaml）。如果创建了这个 ReplicaSet 然后检查一下创建的 pod，你会看到如下的代码清单。

代码清单 17.1　ReplicaSet 和 持续崩溃的 pod

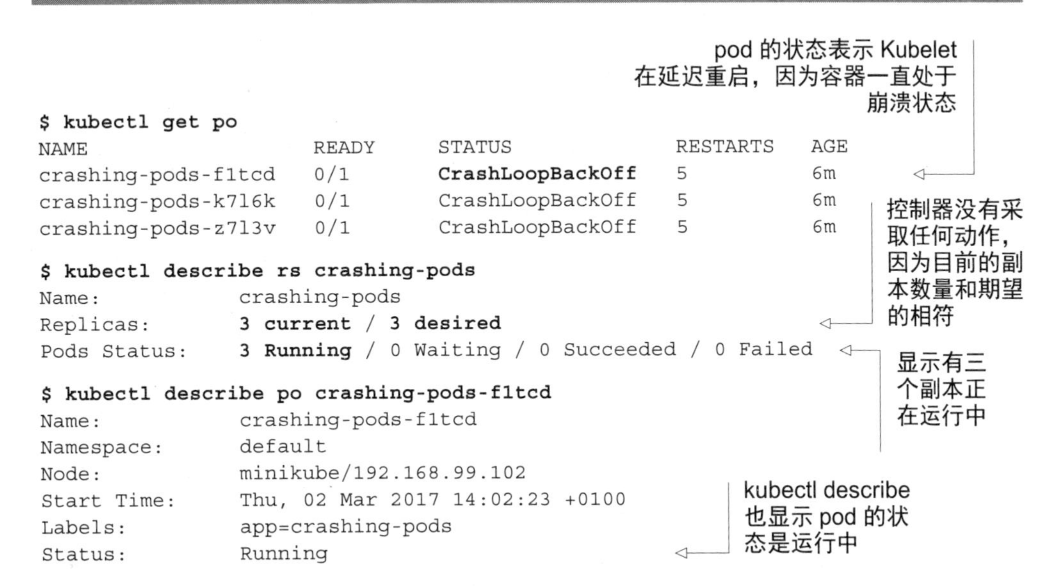

```
$ kubectl get po
NAME                 READY   STATUS             RESTARTS   AGE
crashing-pods-f1tcd  0/1     CrashLoopBackOff   5          6m
crashing-pods-k7l6k  0/1     CrashLoopBackOff   5          6m
crashing-pods-z7l3v  0/1     CrashLoopBackOff   5          6m

$ kubectl describe rs crashing-pods
Name:           crashing-pods
Replicas:       3 current / 3 desired
Pods Status:    3 Running / 0 Waiting / 0 Succeeded / 0 Failed

$ kubectl describe po crashing-pods-f1tcd
Name:           crashing-pods-f1tcd
Namespace:      default
Node:           minikube/192.168.99.102
Start Time:     Thu, 02 Mar 2017 14:02:23 +0100
Labels:         app=crashing-pods
Status:         Running
```

pod 的状态表示 Kubelet
在延迟重启，因为容器一直处于
崩溃状态
控制器没有采
取任何动作，
因为目前的副
本数量和期望
的相符
显示有三
个副本正
在运行中
kubectl describe
也显示 pod 的状
态是运行中

在某种程度上，可以理解为什么 Kubernetes 会这样做。容器将会每 5 分钟重启一次，在这个过程中 Kubernetes 期望崩溃的底层原因会被解决。这个机制依据的基本原理就是将 pod 重新调度到其他节点通常并不会解决崩溃的问题，因为应用运行在容器的内部，所有的节点理论上应该都是相同的。虽然上面的情况并不总是如此，但是大多数情况下都是这样。

17.2.3　以固定顺序启动 pod

pod 中运行的应用和手动运行的应用之间的另外一个不同就是运维人员在手动部署应用的时候知道应用之间的依赖关系，这样他们就可以按照顺序来启动应用。

了解 pod 是如何启动的

当你使用 Kubernetes 来运行多个 pod 的应用的时候，Kubernetes 没有内置的方法来先运行某些 pod 然后等这些 pod 运行成功后再运行其他 pod。当然你也可以先发布第一个应用的配置，然后等待 pod 启动完毕再发布第二个应用的配置。但是你的整个系统通常都是定义在一个单独的 YAML 或者 JSON 文件中，这些文件包含了多个 pod、服务或者其他对象的定义。

Kubernetes API 服务器确实是按照 YAML/JSON 文件中定义的对象的顺序来进行处理的，但是仅仅意味着它们在被写入到 etcd 的时候是有顺序的。无法确保 pod

会按照那个顺序启动。

但是你可以阻止一个主容器的启动，直到它的预置条件被满足。这个是通过在 pod 中包含一个叫作 init 的容器来实现的。

init 容器介绍

除了常规的容器，pod 还可以包括 init 容器。如容器名所示，它们可以用来初始化 pod，这通常意味着向容器的存储卷中写入数据，然后将这个存储卷挂载到主容器中。

一个 pod 可以拥有任意数量的 init 容器。init 容器是顺序执行的，并且仅当最后一个 init 容器执行完毕才会去启动主容器。换句话说，init 容器也可以用来延迟 pod 的主容器的启动——例如，直到满足某一个条件的时候。init 容器可以一直等待直到主容器所依赖的服务启动完成并可以提供服务。当这个服务启动并且可以提供服务之后，init 容器就执行结束了，然后主容器就可以启动了。这样主容器就不会发生在所依赖服务准备好之前使用它的情况了。

下面让我们来看一个 pod 使用 init 容器来延迟主容器启动的例子。还记得第 7 章中你创建的名叫 `fortune` 的 pod 吗？它是一个能够返回给客户端请求一个人生格言作为响应的 web 服务。现在假设你有一个叫作 `fortune-client` 的 pod，它的主容器需要依赖 `fortune` 服务先启动并且运行之后才能启动。可以给 `fortune-client` 的 pod 添加一个 init 容器，这个容器主要检查发送给 `fortune` 服务的请求是否被响应。如果没有响应，那么这个 init 容器将一直重试。当这个 init 容器获得响应之后，它的执行就结束了然后让主容器启动。

将 init 容器加入 pod

init 容器可以在 pod spec 文件中像主容器那样定义，不过是通过字段 `spec.initContainers` 来定义的。可以在本书的代码归档中找到 fortune-client pod 完整的 YAML 定义文件。下面的代码清单展示了 init 容器定义的部分。

代码清单 17.2　pod 中定义的 init 容器：fortune-client.yaml

```
spec:
  initContainers:                    ← 你在定义一个 init 容器，而不是常规的容器
  - name: init
    image: busybox
    command:
    - sh
    - -c
    - 'while true; do echo "Waiting for fortune service to come up...";
      wget http://fortune -q -T 1 -O /dev/null >/dev/null 2>/dev/null
      && break; sleep 1; done; echo "Service is up! Starting main
      container."'
```
（init 容器运行一个循环，并且在 fortune 服务启动之后循环才退出）

当你部署这个 pod 的时候，只有 pod 的 init 容器会启动起来。这个可以通过命令 `kubectl get` 查看 pod 的状态来展示：

```
$ kubectl get po
NAME             READY     STATUS     RESTARTS   AGE
fortune-client   0/1       Init:0/1   0          1m
```

`STATUS` 列展示了目前没有 init 容器执行完毕。可以通过 `kubectl logs` 命令来查看 init 容器的日志：

```
$ kubectl logs fortune-client -c init
Waiting for fortune service to come up...
```

当运行 `kubectl logs` 命令的时候，需要通过选项 `-c` 来指定 init 容器的名称（在这个例子中，pod 的 init 容器的名称就叫作 init，如代码清单 17.2 所示）。

主容器直到你部署的 `fortune` 服务和 `fortune-server` pod 启动之后才会运行。这些配置内容都在文件 fortune-server.yaml 中。

处理 pod 内部依赖的最佳实践

你已经了解如何通过 init 容器来延迟 pod 主容器的启动，直到预置的条件被满足（例如，为了确保 pod 所依赖的服务已经准备好），但是更佳的情况是构建一个不需要它所依赖的服务都准备好后才能启动的应用。毕竟，这些服务在后面也有可能下线，但是这个时候应用已经在运行中了。

应用需要自身能够应对它所依赖的服务没有准备好的情况。另外不要忘了 Readiness 探针。如果一个应用在其中一个依赖缺失的情况下无法工作，那么它需要通过它的 Readiness 探针来通知这个情况，这样 Kubernetes 也会知道这个应用没有准备好。需要这样做的原因不仅仅是因为这个就绪探针收到的信号会阻止应用成为一个服务端点，另外还因为 Deployment 控制器在滚动升级的时候会使用应用的就绪探针，因此可以避免错误版本的出现。

17.2.4 增加生命周期钩子

我们已经讨论了如果使用 init 容器来介入 pod 的启动过程，另外 pod 还允许你定义两种类型的生命周期钩子：

- *启动后（Post-start）*钩子
- *停止前（Pre-stop）*钩子

这些生命周期的钩子是基于每个容器来指定的，和 init 容器不同的是，init 容器是应用到整个 pod。这些钩子，如它们的名字所示，是在容器启动后和停止前执行的。

生命周期钩子与存活探针和就绪探针相似的是它们都可以：

- 在容器内部执行一个命令
- 向一个 URL 发送 HTTP GET 请求

让我们分别来看一下这两个钩子，看看它们是如何在容器的生命周期中起作用的。

使用启动后容器生命周期钩子

启动后钩子是在容器的主进程启动之后立即执行的。可以用它在应用启动时做一些额外的工作。当然，如果你是容器中运行的应用的开发者，可以在应用的代码中加入这些操作。但是，如果你在运行一个其他人开发的应用，大部分情况下并不想（或者无法）修改它的源代码。启动后钩子可以让你在不改动应用的情况下，运行一些额外的命令。这些命令可能包括向外部监听器发送应用已启动的信号，或者是初始化应用以使得应用能够顺利运行。

这个钩子和主进程是并行执行的。钩子的名称或许有误导性，因为它并不是等到主进程完全启动后（如果这个进程有一个初始化的过程，Kubelet 显然不会等待这个过程完成，因为它并不知道什么时候会完成）才执行的。

即使钩子是以异步方式运行的，它确实通过两种方式来影响容器。在钩子执行完毕之前，容器会一直停留在 `Waiting` 状态，其原因是 `ContainerCreating`。因此，pod 的状态会是 `Pending` 而不是 `Running`。如果钩子运行失败或者返回了非零的状态码，主容器会被杀死。

一个包含启动后钩子的 pod manifest 内容如下面的代码清单所示。

代码清单 17.3 一个包含启动后生命周期钩子的 pod：post-start-hook.yaml

```
apiVersion: v1
kind: Pod
metadata:
  name: pod-with-poststart-hook
spec:
  containers:
  - image: luksa/kubia
    name: kubia
    lifecycle:
      postStart:
        exec:
          command:
          - sh
          - -c
          - "echo 'hook will fail with exit code 15'; sleep 5; exit 15"
```

钩子是在容器启动时执行的

它在容器内部执行 /bin 目录下的 postStart.sh 脚本

在这个例子中，命令 `echo`、`sleep` 和 `exit` 是在容器创建时和容器的主进程一起执行的。典型情况下，我们并不会像这样来执行命令，而是通过存储在容器镜像中的 shell 脚本或者二进制可执行文件来运行。

遗憾的是，如果钩子程序启动的进程将日志输出到标准输出终端，你将无法在任何地方看到它们。这样就会导致调试生命周期钩子程序非常痛苦。如果钩子程序失败了，你仅仅会在 pod 的事件中看到一个 FailedPostStartHook 的告警信息（可以通过命令 `kubectl describe pod` 来查看）。稍等一会儿，你就可以看到更多关于钩子为什么失败的信息，如下面的代码清单所示。

代码清单 17.4　pod 的事件显示了基于命令的钩子程序的退出码

```
FailedSync    Error syncing pod, skipping: failed to "StartContainer" for
              "kubia" with PostStart handler: command 'sh -c echo 'hook
              will fail with exit code 15'; sleep 5 ; exit 15' exited
              with 15: : "PostStart Hook Failed"
```

最后一行的数字 `15` 就是命令的退出码。当使用 HTTP GET 请求作为钩子的时候，失败原因可能类似于如下代码清单（可以从本书的代码归档中找到文件 post-start-hook-httpget.yaml 并部署一下）。

代码清单 17.5　pod 的事件显示了基于 HTTP GET 的钩子程序的失败原因

```
FailedSync    Error syncing pod, skipping: failed to "StartContainer" for
              "kubia" with PostStart handler: Get
              http://10.32.0.2:9090/postStart: dial tcp 10.32.0.2:9090:
              getsockopt: connection refused: "PostStart Hook Failed"
```

注意　这个启动后钩子是故意地使用错误的端口 9090 而不是正确的端口 8080 来演示钩子失败时会发生什么情况的。

基于命令的启动后钩子输出到标准输出终端和错误输出终端的内容在任何地方都不会记录，因此你或许想把钩子程序的进程输出记录到容器的文件系统文件中，这样你可以通过如下的命令来查看文件的内容：

```
$ kubectl exec my-pod cat logfile.txt
```

如果容器因为各种原因重启了（包括由于钩子执行失败导致的），这个文件在你能够查看之前就消失了。这种情况下，可以通过给容器挂载一个 `emptyDir` 卷，并且让钩子程序向这个存储卷写入内容来解决。

使用停止前容器生命周期钩子

停止前钩子是在容器被终止之前立即执行的。当一个容器需要终止运行的时候，Kubelet 在配置了停止前钩子的时候就会执行这个停止前钩子，并且仅在执行完钩子程序后才会向容器进程发送 `SIGTERM` 信号（如果这个进程没有优雅地终止运行，则会被杀死）。

停止前钩子在容器收到 SIGTERM 信号后没有优雅地关闭的时候，可以利用它来触发容器以优雅的方式关闭。这些钩子也可以在容器终止之前执行任意的操作，并且并不需要在应用内部实现这些操作（当你在运行一个第三方应用，并且在无法访问应用或者修改应用源码的情况下很有用）。

在 pod 的 manifest 中配置停止前钩子和增加一个启动后钩子方法差不多。上面的例子演示了执行命令的启动后钩子，这里我们来看看执行一个 HTTP GET 请求的停止前钩子。下面的代码清单演示了如何在 pod 中定义一个停止前 HTTP GET 的钩子。

代码清单 17.6　停止前钩子的 YAML 配置片段：pre-stop-hook-httpget.yaml

```
lifecycle:
  preStop:
    httpGet:
      port: 8080
      path: shutdown
```

这是一个执行 HTTP GET 请求的停止前钩子

这个请求发送到 http://POD_IP:8080/shutdown

这个代码清单中定义的停止前钩子在 Kubelet 开始终止容器的时候就立即执行到 http://pod_IP:8080/shutdown 的 HTTP GET 请求。除了代码清单中所示的 port 和 path，还可以设置 scheme（HTTP 或 HTTPS）和 host，当然也可以设置发送出去的请求的 httpHeaders。默认情况下，host 的值是 pod 的 IP 地址。确保请求不会发送到 localhost，因为 localhost 表示节点，而不是 pod。

和启动后钩子不同的是，无论钩子执行是否成功容器都会被终止。无论是 HTTP 返回的错误状态码或者基于命令的钩子返回的非零退出码都不会阻止容器的终止。如果停止前钩子执行失败了，你会在 pod 的事件中看到一个 FailedPreStopHook 的告警，但是因为 pod 不久就会被删除了（毕竟是 pod 的删除动作触发的停止前钩子的执行），你或许都看不到停止前钩子执行失败了。

提示 如果停止前钩子的成功执行对系统的行为很重要，请确认这个钩子是否成功执行了。笔者遇到过停止前钩子根本没有执行而开发者都没有注意到的情况。

在应用没有收到 SIGTERM 信号时使用停止前钩子

很多开发者在定义停止前钩子的时候会犯错误，他们在钩子中只向应用发送了 SIGTERM 信号。他们这样做是因为他们没有看到他们的应用接收到 Kubelet 发送的 SIGTERM 信号。应用没有接收到信号的原因并不是 Kubernetes 没有发送信号，而是因为在容器内部信号没有被传递给应用的进程。如果你的容器镜像配置是通过执行一个 shell 进程，然后在 shell 进程内部执行应用进程，那么这个信号就被这个 shell 进程吞没了，这样就不会传递给子进程。

在这种情况下，合理的做法是让 shell 进程传递这个信号给应用进程，而不是添加一个停止前钩子来发送信号给应用进程。可以通过在作为主进程执行的 shell 进程内处理信号并把它传递给应用进程的方式来实现。或者如果你无法配置容器镜像执行 shell 进程，而是通过直接运行应用的二进制文件，可以通过在 Dockerfile 中使用 `ENTRYPOINT` 或者 `CMD` 的 exec 方式来实现，即 `ENTRYPOINT ["/mybinary"]` 而不是 `ENTRYPOINT /mybinary`。

在通过第一种方式运行二进制文件 `mybinary` 的容器中，这个进程就是容器的主进程，而在第二种方式中，是先运行一个 shell 作为主进程，然后 `mybinary` 进程作为 shell 进程的子进程运行。

了解生命周期钩子是针对容器而不是 pod

作为对启动后和停止前钩子最后的思考，笔者会强调的是这些生命周期的钩子是针对容器而不是 pod 的。你不应该使用停止前钩子来运行那些需要在 pod 终止的时候执行的操作。原因是停止前钩子只会在容器被终止前调用（大部分可能是因为存活探针失败导致的终止）。这个过程会在 pod 的生命周期中发生多次，而不仅仅是在 pod 被关闭的时候。

17.2.5 了解 pod 的关闭

我们已经接触过关于 pod 终止的话题，所以这里我们会进一步探讨相关细节来看看 pod 关闭的时候具体发生了什么。这个对理解如何干净地关闭 pod 中运行的应用很重要。

让我们从头开始，pod 的关闭是通过 API 服务器删除 pod 的对象来触发的。当接收到 HTTP DELETE 请求后，API 服务器还没有删除 pod 对象，而是给 pod 设置一个 `deletionTimestamp` 值。拥有 `deletionTimestamp` 的 pod 就开始停止了。

当 Kubelet 意识到需要终止 pod 的时候，它开始终止 pod 中的每个容器。Kubelet 会给每个容器一定的时间来优雅地停止。这个时间叫作终止宽限期（Termination Grace Period），每个 pod 可以单独配置。在终止进程开始之后，计时器就开始计时，接着按照顺序执行以下事件：

1. 执行停止前钩子（如果配置了的话），然后等待它执行完毕
2. 向容器的主进程发送 `SIGTERM` 信号
3. 等待容器优雅地关闭或者等待终止宽限期超时
4. 如果容器主进程没有优雅地关闭，使用 `SIGKILL` 信号强制终止进程

事件的顺序如图 17.5 所示。

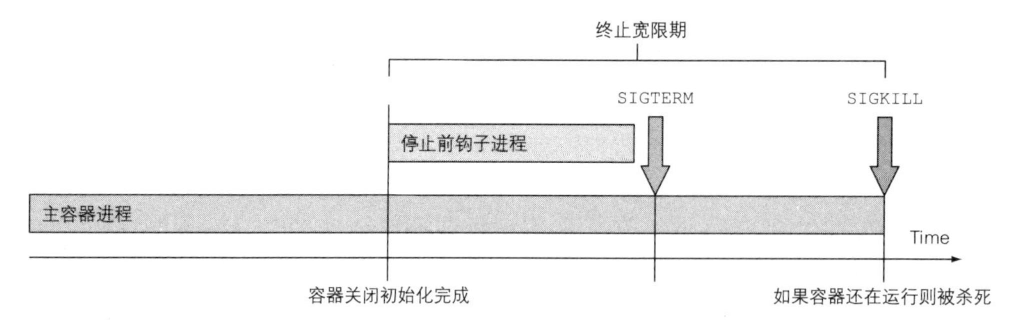

图 17.5 容器停止顺序

指定终止宽限期

终止宽限期可以通过 pod spec 中的 spec.terminationGracePeriod Periods 字段来设置。默认情况下，值为 30，表示容器在被强制终止之前会有 30 秒的时间来自行优雅地终止。

提示 你应该将终止宽限时间设置得足够长，这样你的容器进程才可以在这个时间段内完成清理工作。

在删除 pod 的时候，pod spec 中指定的终止宽限时间也可以通过如下方式来覆盖：

```
$ kubectl delete po mypod --grace-period=5
```

这个命令将会让 Kubectl 等待 5 秒钟，让 pod 自行关闭。当 pod 所有的容器都停止后，Kubelet 会通知 API 服务器，然后 pod 资源最终都会被删除。可以强制 API 服务器立即删除 pod 资源，而不用等待确认。可以通过设置宽限时间为 0，然后增加一个 --force 选项来实现：

```
$ kubectl delete po mypod --grace-period=0 --force
```

在使用这个选项的时候需要注意，尤其是 StatefulSet 的 pod。StatefulSet 控制器会非常小心地避免在同一时间运行相同 pod 的两个实例（两个 pod 拥有相同的序号、名称，并且挂载到相同的 PersistentVolume）。强制删除一个 pod 会导致控制器不会等待被删的 pod 里面的容器完成关闭就创建一个替代的 pod。换句话说，相同 pod 的两个实例可能在同一时间运行，这样会导致有状态的集群服务工作异常。只有在确认 pod 不会再运行，或者无法和集群中的其他成员通信（可以通过托管 pod 的节点网络连接失败并且无法重连来确认）的情况下再强制删除有状态的 pod。

现在你已经了解了容器关闭的方式，接下来我们从应用的角度来看一下应用应该如何处理容器的关闭流程。

在应用中合理地处理容器关闭操作

应用应该通过启动关闭流程来响应 SIGTERM 信号，并且在流程结束后终止运行。除了处理 SIGTERM 信号，应用还可以通过停止前钩子来收到关闭通知。在这两种情况下，应用只有固定的时间来干净地终止运行。

但是如果你无法预测应用需要多长时间来干净地终止运行怎么办呢？例如，假设你的应用是一个分布式数据存储。在缩容的时候，其中一个 pod 的实例会被删除然后关闭。在这个关闭的过程中，这个 pod 需要将它的数据迁移到其他存活的 pod 上面以确保数据不会丢失。那么这个 pod 是否应该在接收到终止信号的时候就开始迁移数据（无论是通过 SIGTERM 信号还是停止前钩子）？

完全不是！这种做法是不推荐的，理由至少有两点：

- 一个容器终止运行并不一定代表整个 pod 被终止了。
- 你无法保证这个关闭流程能够在进程被杀死之前执行完毕。

第二种场景不仅会在应用在超过终止宽限期还没有优雅地关闭时发生，还会在容器关闭过程中运行 pod 的节点出现故障时发生。即使这个时候节点又重启了，Kubelet 不会重启容器的关闭流程（甚至都不会再启动这个容器了）。这样就无法保证 pod 可以完成它整个关闭的流程。

将重要的关闭流程替换为专注于关闭流程的 pod

如何确认一个必须运行完毕的重要的关闭流程真的运行完毕了呢（例如，确认一个 pod 的数据成功迁移到了另外一个 pod）？

一个解决方案是让应用（在接收到终止信号的时候）创建一个新的 Job 资源，这个 Job 资源会运行一个新的 pod，这个 pod 唯一的工作就是把被删除的 pod 的数据迁移到仍然存活的 pod。但是如果你注意到的话，你就会了解你无法保证应用每次都能够成功创建这个 Job 对象。万一当应用要去创建 Job 的时候节点出现故障呢？

这个问题的合理的解决方案是用一个专门的持续运行中的 pod 来持续检查是否存在孤立的数据。当这个 pod 发现孤立的数据的时候，它就可以把它们迁移到仍存活的 pod。当然不一定是一个持续运行的 pod，也可以使用 CronJob 资源来周期性地运行这个 pod。

你或许以为 StatefulSet 在这里会有用处，但实际上并不是这样。如你所记起的那样，给 StatefulSet 缩容会导致 PersistentVolumeClaim 处于孤立状态，这会导致存储在 PersistentVolumeClaim 中的数据搁浅。当然，在后续的扩容过程中，PersistentVolume 会被附加到新的 pod 实例中，但是万一这个扩容操作永远不会发生（或者很久之后才会发生）呢？因此，当你在使用 StatefulSet 的时候或许想运行一个数据迁移的 pod（这种场景如图 17.6 所示）。为了避免应用在升级过程中出现数据迁移，专门用于数据迁移的 pod 可以在数据迁移之前配置一个等待时间，让有状态的 pod 有时间启动起来。

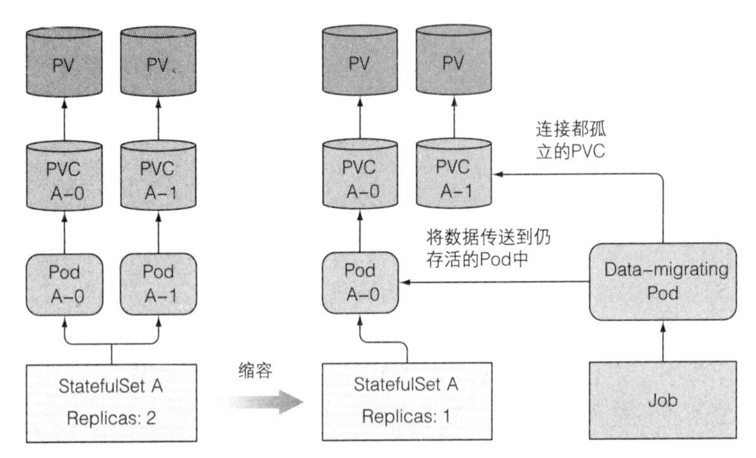

图 17.6 使用专门的 pod 来迁移数据

17.3 确保所有的客户端请求都得到了妥善处理

你已经了解清楚如何干净地关闭 pod 了。现在，我们从 pod 的客户端角度来看看 pod 的生命周期（使用 pod 提供的服务的客户端）。了解这一点很重要，如果你希望 pod 扩容或者缩容的时候客户端不会遇到问题的话。

毋庸赘言，你希望所有的客户端请求都能够得到妥善的处理。你显然不希望 pod 在启动或者关闭过程中出现断开连接的情况。Kubernetes 本身并没有避免这种事情的发生。你的应用需要遵循一些规则来避免遇到连接断开的情况。首先，我们重点看一下如何在 pod 启动的时候，确保所有的连接都被妥善处理了。

17.3.1 在 pod 启动时避免客户端连接断开

确保 pod 启动的时候每个连接都被妥善处理很容易，只要你理解了服务和服务端点是如何工作的。当一个 pod 启动的时候，它以服务端点的方式提供给所有的服务，这些服务的标签选择器和 pod 的标签匹配。在第 5 章说过，pod 需要发送信号给 Kubernetes 通知它自己已经准备好了。pod 在准备好之后，它才能变成一个服务端点，否则无法接收任何客户端的连接请求。

如果你在 pod spec 中没有指定就绪探针，那么 pod 总是被认为是准备好了的。当第一个 kube-proxy 在它的节点上面更新了 `iptables` 规则之后，并且第一个客户端 pod 开始连接服务的时候，这个默认被认为是准备好了的 pod 几乎会立即开始接收请求。如果你的应用这个时候还没有准备好接收连接，那么所有的客户端都会看到“连接被拒绝”一类的错误信息。

你需要做的是当且仅当你的应用准备好处理进来的请求的时候，才去让就绪探针返回成功。好的实践第一步是添加一个指向应用根 URL 的 HTTP GET 请求的就绪探针。在很多情况下，这样做就足够了，免得你还需要在应用中实现一个特殊的 readiness endpoint。

17.3.2 在 pod 关闭时避免客户端连接断开

现在我们来看一下在 pod 生命周期的另一端——当 pod 被删除，pod 的容器被终止的时候会发生什么。我们已经讨论过 pod 的容器应该如何在它们收到 `SIGTERM` 信号的时候干净地关闭（或者容器的停止前钩子被执行的时候）。但是这就能确保所有的客户端请求都被妥善处理了吗？

当应用接收到终止信号的时候应该如何做呢？它应该继续接收请求么？那些已经被接收但是还没有处理完毕的请求该怎么办呢？那些打开的 HTTP 长连接（连接上已经没有活跃的请求了）该怎么办呢？在回答这些问题之前，我们需要详细地看一下当 pod 删除的时候，集群中的一连串事件是如何发生的。

了解 pod 删除时发生的一连串事件

在第 11 章中，我们深入地研究了一下 Kubernetes 集群的组成部分。你需要一直记住的是这些组件都是运行在不同机器上面的不同的进程。它们并不是在一个庞大的单一进程中。让集群中的所有组件同步到一致的集群状态需要时间。我们通过 pod 删除时集群中发生的一连串事件来探究一下真相。

当 API 服务器接收到删除 pod 的请求之后，它首先修改了 etcd 中的状态并且把删除事件通知给观察者。其中的两个观察者就是 Kubelet 和端点控制器（Endpoint Controller）。图 17.7 展示了并行发生的两串事件（用 A 或 B 标识）。

在标识为 A 的一串事件中，当 Kubelet 接收到 pod 应该被终止的通知的时候，它初始化了 17.2.5 中讲解过的关闭动作序列（执行停止前钩子，发送 `SIGTERM` 信号，等待一段时间，然后在容器没有自我终止时强制杀死容器）。如果应用立即停止接收客户端的请求以作为对 `SIGTERM` 信号的响应，那么任何尝试连接到应用的请求都会收到 Connection Refused 的错误。从 pod 被删除到发生这个情况的时间相对来说特别短，因为这是 API 服务器和 Kubelet 之间的直接通信。

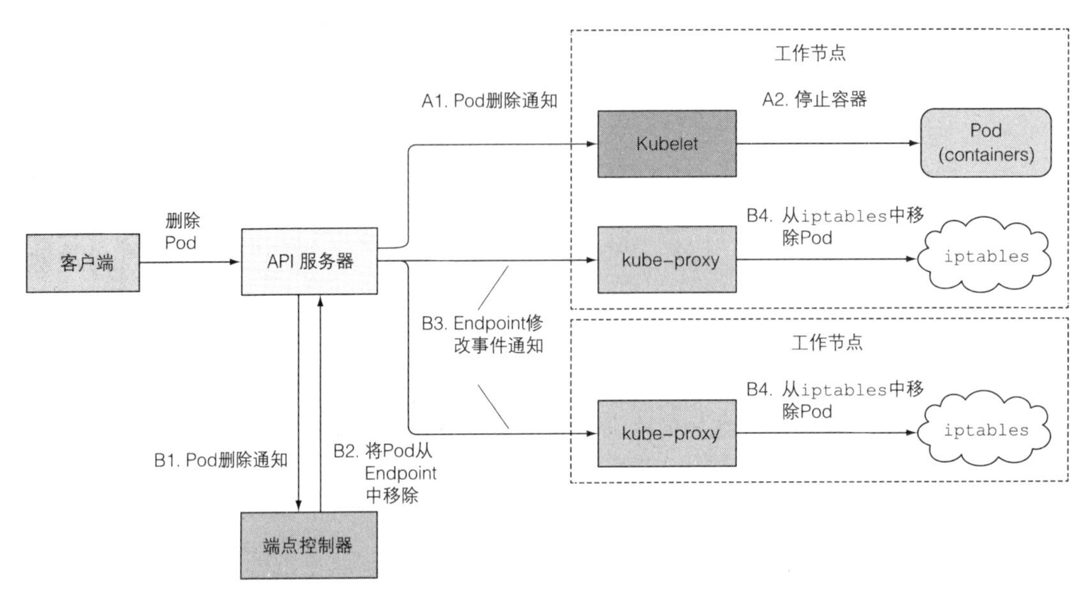

图 17.7 pod 删除时发生的一连串事件

那么，让我们再看看另外一串事件中发生了什么——就是在 pod 被从 iptables 规则中移除之前的那些事件（图中标识为 B 的序列）。当端点控制器（在 Kubernetes 的控制面板的 Controller Manager 中运行）接收到 pod 要被删除的通知时，它从所有 pod 所在的服务中移除了这个 pod 的服务端点。它通过向 API 服务器发送 REST 请求来修改 Endpoint API 对象。然后 API 服务器会通知所有的客户端关注这个 Endpoint 对象。其中的一些观察者都是运行在工作节点上面的 kube-proxy 服务。每个 kube-proxy 服务都会在自己的节点上更新 iptables 规则，以阻止新的连接被转发到这些处于停止状态的 pod 上。这里一个重要的细节是，移除 iptables 规则对已存在的连接没有影响——已经连接到 pod 的客户端仍然可以通过这些连接向 pod 发送额外的请求。

上面的两串事件是并行发生的。最有可能的是，关闭 pod 中应用进程所消耗的时间比完成 iptables 规则更新所需要的时间稍微短一点。导致 iptables 规则更新的那一串事件相对比较长（见图 17.8），因为这些事件必须先到达 Endpoint 控制器，然后 Endpoint 控制器向 API 服务器发送新的请求，然后 API 服务器必须修改 kube-proxy，最后 kube-proxy 再修改 iptables 规则。存在一个很大的可能性是 SIGTERM 信号会在 iptables 规则更新到所有的节点之前发送出去。

最终的结果是，在发送终止信号给 pod 之后，pod 仍然可以接收客户端请求。如果应用立即关闭服务端套接字，停止接收请求的话，这会导致客户端收到“连接被拒绝”一类的错误（这个情形和 pod 启动时应用还无法立即接收请求，并且还没有给 pod 定义一个就绪探针时发生的一样）。

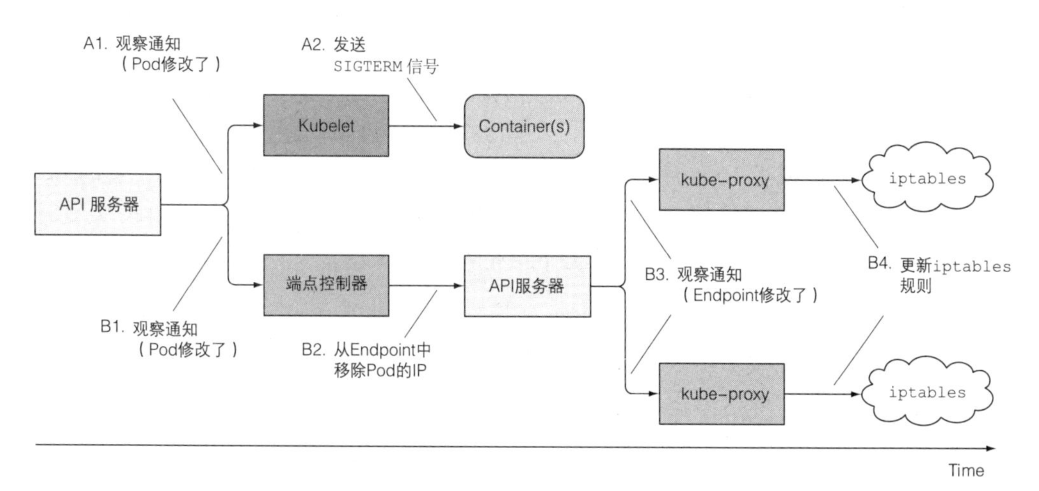

图 17.8　pod 删除时事件发生的时间线

解决问题

用 Google 搜索这个问题的解决方案看上去就是给你的 pod 添加一个就绪探针来解决问题。假设你所需要做的事情就是在 pod 接收到 SIGTERM 信号的时候就绪探针开始失败。这会导致 pod 从服务的端点中被移除。但是这个移除动作只会在就绪探针持续性失败一段时间后才会发生（可以在就绪探针的 spec 中配置），并且这个移除动作还是需要先到达 kube-proxy 然后 iptables 规则才会移除这个 pod。

实际上，就绪探针完全不影响这个过程。端点控制器在接收到 pod 要被删除（当 pod spec 中的 deletionTimestamp 字段不再是 null）的通知的时候就会从 Endpoint 中移除 pod。从那个时候开始，就绪探针的结果已经无关紧要了。

那么这个问题的合适的解决方案是什么呢？如何保证所有的请求都被处理了呢？

很明显，pod 必须在接收到终止信号之后仍然保持接收连接直到所有的 kube-proxy 完成了 iptables 规则的更新。当然，不仅仅是 kube-proxy，这里还会有 Ingress 控制器或者负载均衡器直接把请求转发给 pod 而不经过 Service（iptables）。这也包括使用客户端负载均衡的客户端。为了确保不会有客户端遇到连接断开的情况，需要等到它们通知你它们不会再转发请求给 pod 的时候。

这是不可能的，因为这些组件分布在不同的机器上面。即使你知道每一个组件的位置并且可以等到它们都来通知你可以关闭 pod 了，万一其中有一个组件未响应呢？这个时候，你需要等待这个回复多长时间？记住，在这个时间段内，你延阻了关闭的过程。

你可以做的唯一的合理的事情就是等待足够长的时间让所有的 kube-proxy 可以

完成它们的工作。那么多长时间才是足够的呢？在大部分场景下，几秒钟应该就足够了，但是无法保证每次都是足够的。当 API 服务器或者端点控制器过载的时候，通知到达 kube-proxy 的时间会更长。你无法完美地解决这个问题，理解这一点很重要，但是即使增加 5 秒或者 10 秒延迟也会极大提升用户体验。可以用长一点的延迟时间，但是别太长，因为这会导致容器无法正常关闭，而且会导致 pod 被删除很长一段时间后还显示在列表里面，这个会给删除 pod 的用户带来困扰。

小结

简要概括一下，妥善关闭一个应用包括如下步骤：

- 等待几秒钟，然后停止接收新的连接。
- 关闭所有没有请求过来的长连接。
- 等待所有的请求都完成。
- 然后完全关闭应用。

为了理解这个过程中连接和请求都发生了什么，请仔细看一下图 17.9。

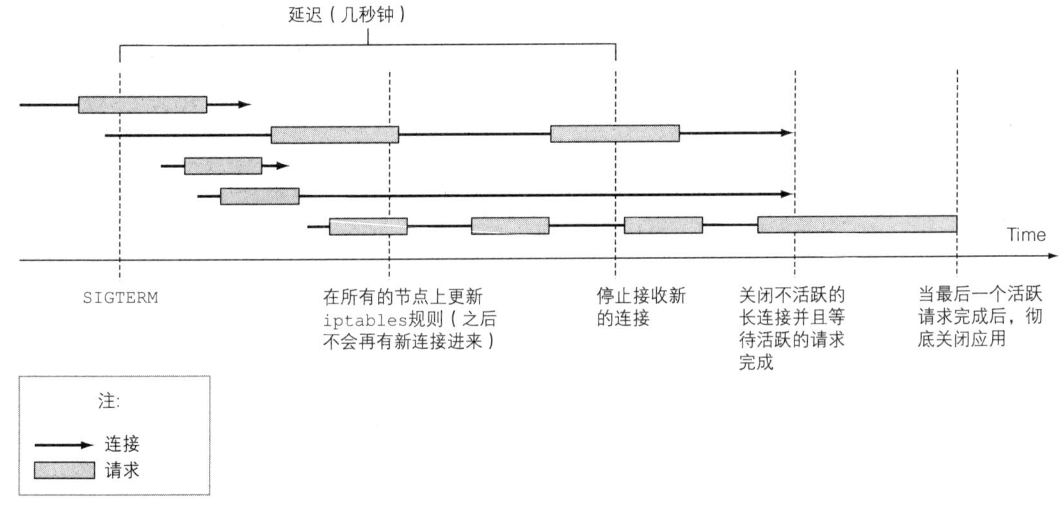

图 17.9 在接收到终止信号后妥善地处理已存在和建立的连接

这个过程不像进程接收到终止信号立即退出那么简单，不是吗？真的值得这么做吗？这个取决于你。但是至少你可以添加一个停止前钩子来等待几秒钟再退出，或许就像下面代码清单中所示的一样。

代码清单 17.7　用于避免连接断开的停止前钩子

```
lifecycle:
  preStop:
    exec:
      command:
      - sh
      - -c
      - "sleep 5"
```

这样你就不需要修改你的代码了。如果你的应用已经能够确保所有的进来的请求都得到了处理，那么这个停止前钩子带来的等待已经足够了。

17.4　让应用在Kubernetes中方便运行和管理

希望你目前已经对如何妥善处理客户端请求有了一个更加清晰的了解。现在我们来看看其他方面的内容，即如何构建方便在 Kubernetes 中管理的应用。

17.4.1　构建可管理的容器镜像

当你把应用打包进镜像的时候，可以包括应用的二进制文件和它的依赖库，或者可以将一个完整的操作系统和应用打包在一起。很多人都会这样做，尽管很多时候并不需要这样。

镜像里面的操作系统中的每个文件你都需要吗？或许并不是这样。大多数文件都不会用到而且仅仅会让你的镜像变得比需要的大。当然，镜像的分层会让每个独立的层只会被下载一次，但是当 pod 第一次被调度到节点的时候，你也不希望等待过长的时间。

部署新的 pod 或者扩展它们会很快。这个要求镜像足够小而且不包容任何无用的东西。如果你使用 Go 语言来构建应用，你的镜像除了应用的可执行二进制文件外不需要任何东西。这样基于 Go 语言的容器镜像就会非常小，很适合 Kubernetes。

提示 在这些镜像的 Dockerfile 中使用 `FROM scratch` 指令。

但是在实践中，你就会发现这些最小化构建的镜像非常难以调试。当你需要运行一些工具，例如 `ping`、`dig`、`curl` 或者容器中其他类似的命令的时候，你就会意识到让容器再至少包含这些工具的最小集合有多重要。笔者无法告诉你应该在你的镜像中包含哪些工具，不包含哪些工具，因为一切取决于你的需求，你需要自己发现最适合自己的方式。

17.4.2 合理地给镜像打标签，正确地使用 ImagePullPolicy

你很快就会发现在 pod manifest 中使用 `latest` 来引用镜像会出问题，因为你无法知道每个 pod 副本中运行的镜像版本。即使开始的时候所有的 pod 副本都运行相同的镜像版本，当你再以标签 `latest` 来推送一个新的镜像版本的时候，如果 pod 被重新调度了（或者你扩容了 Deployment），新的 pod 就会运行新的镜像版本，而旧的 pod 还是运行旧的镜像版本。另外，使用 `latest` 标签会导致你无法回退到之前的版本（除非你重新推送了旧的镜像）。

必须使用能够指明具体版本的标签而不是 `latest`。记住如果你使用的是可更改的标签（总是向相同的标签推送更改），那么你需要在 pod spec 中将 `imagePullPolicy` 设置为 `Always`。但是如果你在生产环境中使用这种方式，需要注意它的附加说明。如果镜像的拉取策略设置为 `Always` 的话，容器的运行时在遇到新的 pod 需要部署的时候都会去联系镜像注册中心。这会拖慢 pod 的启动速度，因为节点需要去检查镜像是否已经被修改了。更糟糕的是，当镜像注册中心无法连接到的时候，这个策略会导致新的 pod 无法启动。

17.4.3 使用多维度而不是单维度的标签

别忘了给所有的资源都打上标签，而不仅仅是 pod。确保你给每个资源添加了多个标签，这样就可以通过不同的维度来选择它们了。在资源数量飞速增长的时候，你（或者运维团队）会感激你自己的。

标签可以包含如下的内容

- 资源所属的应用（或者微服务）的名称
- 应用层级（前端、后端，等等）
- 运行环境（开发、测试、预发布、生产，等等）
- 版本号
- 发布类型（稳定版、金丝雀、蓝绿开发中的绿色或者蓝色，等等）
- 租户（如果你在每个租户中运行不同的 pod 而不是使用命名空间）
- 分片（带分片的系统）

标签管理可以让你以组而不是隔离的方式来管理资源，从而很容易了解资源的归属。

17.4.4 通过注解描述每个资源

可以使用注解来给你的资源添加额外的信息。资源至少应该包括一个描述资源的注解和一个描述资源负责人的注解。

在微服务框架中，pod 应该包含一个注解来描述该 pod 依赖的其他服务的名称。这样就很容易展现 pod 之间的依赖关系了。其他的注解可以包括构建和版本信息，以及其他工具或者图形界面会使用到的元信息（图标名称等）。

标签和注解都可以让你更加容易地管理运行中的应用，但是没有什么比应用开始崩溃而你对原因一无所知更糟糕的了。

17.4.5 给进程终止提供更多的信息

没有什么比调查容器为什么终止运行（或者持续终止运行）更加令人沮丧的了，尤其是在最糟糕的时候发生这个情况。对运维人员好一点吧，把所有必需的调试信息都写到日志文件中。

为了让诊断过程更容易，可以使用 Kubernetes 的另一个特性，这个特性可以在 pod 状态中很容易地显示出容器终止的原因。可以让容器中的进程向容器的文件系统中指定文件写入一个终止消息。这个文件的内容会在容器终止后被 Kubelet 读取，然后显示在 `kubectl describe pod` 中。如果一个应用使用这种机制的话，操作人员无须去查看容器的日志就可以很快地看到应用为什么终止了。

这个进程需要写入终止消息的文件默认路径是 /dev/termination-log，当然这个路径也可以在 pod spec 中容器定义的部分设置 `terminationMessagePath` 字段来自定义。

可以通过运行一个容器会立即死亡的 pod 来实际看一下这个过程，如下面的代码清单所示。

代码清单 17.8 写终止消息的 pod：termination-message.yaml

```
apiVersion: v1
kind: Pod
metadata:
  name: pod-with-termination-message
spec:
  containers:
  - image: busybox
    name: main
    terminationMessagePath: /var/termination-reason
    command:
    - sh
    - -c
    - 'echo "I''ve had enough" > /var/termination-reason ; exit 1'
```

在覆盖默认的终止消息写入文件路径

容器会在退出之前将这个消息写入文件中

当运行这个 pod 的时候，你会很快看到 pod 的状态变成 `CrashLoopBackOff`。这个时候如果你使用 `kubectl describe`，你会看到容器为什么死亡了，而不需要去深入到它的日志中，如下面的代码清单所示。

代码清单 17.9 使用 kubectl describe 来查看容器的终止消息

```
$ kubectl describe po
Name:           pod-with-termination-message
...
Containers:
...
    State:      Waiting
      Reason:   CrashLoopBackOff
    Last State: Terminated
      Reason:   Error
      Message:  I've had enough
      Exit Code:        1
      Started:          Tue, 21 Feb 2017 21:38:31 +0100
      Finished:         Tue, 21 Feb 2017 21:38:31 +0100
    Ready:              False
    Restart Count:      6
```

可以不用查看日志就知道容器死亡的原因

如你所见，容器进程写入文件 /var/termination-reason 中的终止消息“I've had enough”显示在了容器的 Last State 中。注意，这个机制并不仅仅适用于崩溃的容器。它也可以用在那些运行一个可完成的任务并且成功终止的容器中（可以在文件 termination-message-success.yaml 中找到示例）。

这种机制对已终止运行的容器非常有用，然而你或许会同意类似的机制对于显示运行中的应用的特定状态信息（不仅仅是已终止的容器）也很有用。Kubernetes 暂时不提供类似功能，而且笔者也不清楚是否有计划引入。

注意 如果容器没有向任何文件写入消息，可以将 terminationMessagePolicy 字段的值设置为 FallbackToLogsOnError。在这种情况下，容器的最后几行日志会被当作终止消息（当然仅当容器没有成功终止的情况下）。

17.4.6 处理应用日志

当我们讨论应用的日志记录时，我们再次强调应用应该将日志写到标准输出终端而不是文件中。这样可以很容易地通过 kubectl logs 命令来查看应用日志。

提示 如果一个容器崩溃了，然后使用一个新的容器替代它，你就会看到新的容器的日志。如果希望看到之前容器的日志，那么在使用 kubectl logs 命令的时候，加上选项 --previous。

如果应用把日志写到了文件而不是标准输出终端，那么可以使用另外一种方法来查看日志：

```
$ kubectl exec <pod> cat <logfile>
```

这个命令会在容器内部执行 `cat` 命令，把日志流返回给 kubectl，然后 kubectl 将它们显示在你的终端。

将日志或者其他文件复制到容器或者从容器中复制出来

也可以使用 `kubectl cp` 命令将日志文件复制到本地机器，这个我们目前还没有介绍过。这个命令允许你从容器中复制文件或者将文件复制到容器中。例如，如果一个 pod 名叫 `foo-pod`，它只有一个容器，并且这个容器有个文件叫作 `/var/log/foo.log`，那么可以使用下面的命令将这个文件传送到本地机器：

```
$ kubectl cp foo-pod:/var/log/foo.log foo.log
```

将文件从你的本地机器复制到 pod 中，可以指定 pod 的名字作为第二个参数：

```
$ kubectl cp localfile foo-pod:/etc/remotefile
```

这个命令把本地文件 localfile 复制到了 pod 的容器里面，路径是 /etc/remotefile。如果 pod 中有多个容器，可以使用 `-c containerName` 选项来指定具体的容器。

使用集中式日志记录

在一个生产环境系统中，你希望使用一个集中式的面向集群的日志解决方案，所以你所有的日志都会被收集并且（永久地）存储在一个中心化的位置。这样你可以查看历史日志，分析趋势。如果没有这个系统，pod 的日志只有在 pod 存在的时候才存在。当 pod 被删除之后，它的日志也会被删除。

Kubernetes 本身并不提供任何集中式的日志记录，必须通过其他的组件来支持所有容器日志的集中式的存储和分析，这些组件通常在集群中以普通的 pod 方式运行。

部署集中式的日志记录方案很简单。你需要做的就是部署几个 YAML/JSON 的 manifest 文件，这样就可以了。在 Google 的 Kubernetes 引擎上，这个就更加简单了。在设置集群的时候选中“Enable Stackdriver Logging”选项即可。在一个预置的 Kubernetes 集群上配置一个集中式的日志记录功能已经超出了本书的范畴，但是会给你大致介绍一下常见的方式。

你或许已经听说过由 ElasticSearch、Logstash 和 Kibana 组成的 ELK 栈。一个稍微更改的变种是 EFK 栈，其中 Logstash 被 FluentD 替换了。

当使用 EFK 作为集中式日志记录的时候，每个 Kubernetes 集群节点都会运行一个 FluentD 的代理（通过使用 DaemonSet 作为 pod 来部署），这个代理负责从容器搜集日志，给日志打上和 pod 相关的信息，然后把它们发送给 ElasticSearch，然后由 ElasticSearch 来永久地存储它们。ElasticSearch 在集群中也是作为 pod 部署的。这些日志可以通过 Kibana 在 Web 浏览器中查看和分析，Kibana 是一个可视化

ElasticSearch 数据的工具。它经常也是作为 pod 来运行的，并且通过一个服务暴露出来。EFK 的三个组件如下图所示。

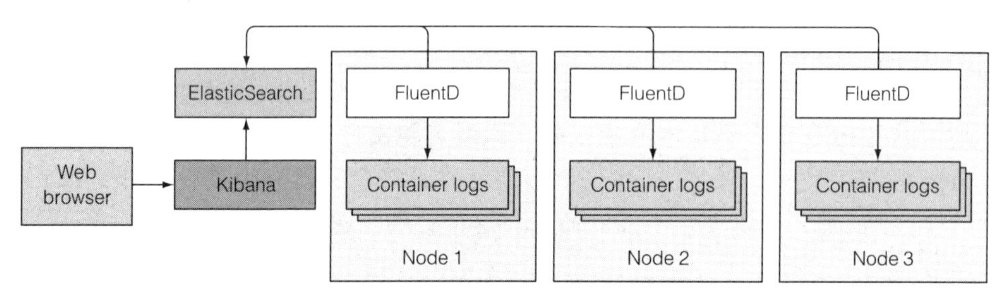

图 17.10 使用 FluentD、ElasticSearch 和 Kibana 的集中式日志记录

注意 在下一章，你会学习到 Helm 图表。可以使用 Kubernetes 社区创造的图表来部署 EFK 栈，不用再自己创建 YAML manifest 文件了。

处理多行日志输出

FluentD 代理将日志文件的每一行当作一个条目存储在 ElasticSearch 数据存储中。这里就会有一个问题。当日志输出跨越多行的时候，例如 Java 的异常堆栈，就会以不同条目存储在集中式的日志记录系统中。

为了解决这个问题，可以让应用日志输出 JSON 格式的内容而不是纯文本。这样的话，一个多行的日志输出就可以作为一个条目进行存储了，也可以在 Kibana 中以一个条目的方式显示出来。但是这种做法会让通过 `kubectl logs` 命令查看日志变得不太人性化了。

解决方案或许是输出到标准输出终端的日志仍然是用户可读的日志，但是写入日志文件供 FluentD 处理的日志是 JSON 格式。这就要求在节点级别合理地配置 FluentD 代理或者给每一个 pod 增加一个轻量级的日志记录容器。

17.5 开发和测试的最佳实践

我们已经讲解了开发应用时需要注意的事项，但是我们还没有谈到帮助你简化这些过程的开发和测试流程。这里笔者不打算讲得太详细，因为每个人都需要找到适合他们自己的最佳方式，但是这里有几个方案的基本出发点供参考。

17.5.1 开发过程中在 Kubernetes 之外运行应用

当你在开发一个即将在生产环境的 Kubernetes 中运行的应用时，是否意味着你需要在开发的时候就在 Kubernetes 中运行它呢？并不一定。如果一定需要在每次小的修改后构建应用，构建容器镜像，然后推送到镜像中心，再重新部署 pod 服务，那么整个开发过程会非常缓慢而痛苦。幸运的是，你并不需要经历这些麻烦。

可以一直在自己的本地机器上面开发和运行应用，和过去的方式一样。毕竟，Kubernetes 上面运行的应用也只是集群中某个节点上面运行的一个普通的（隔离的）进程。如果应用依赖了 Kubernetes 环境提供的一些功能，可以很容易地在本地开发的机器上面复制这个功能。

这里甚至没有讨论到在容器中运行应用的部分。大多数时间你不需要这样做，通常可以直接在你的 IDE 里面运行你的应用。

连接到后台服务

在生产环境中，如果应用连接到后台服务，并且使用环境变量 BACKEND_SERVICE_HOST 和 BACKEND_SERVICE_PORT 来查找服务的协调者，可以很容易地在本地机器上手动设置这些环境变量，并且把它们指向到后台服务，不管这个后台服务是在 Kubernetes 里面还是外面运行。如果这个服务在 Kubernetes 里面运行，总是可以（至少是临时的）把这个服务改为 NodePort 或者 LoadBalancer 类型来让这个服务对外可访问。

连接到 API 服务器

同样地，如果你的应用运行在 Kubernetes 集群中时需要访问 Kubernetes 的 API 服务器，它在开发的时候可以很容易地从集群外部访问 API 服务器。如果应用使用 ServiceAccount 凭证来验证自己，那么你可以把 ServiceAccount 的 Secret 文件使用 kubectl cp 命令复制到你的本地机器。API 服务器并不关心客户端的请求是来自集群内部还是外部。

如果应用使用 ambassador container 的话，就像第 8 章描述的那样，你甚至都不需要那些 Secret 文件。在你本地机器上运行 kubelet proxy，然后本地运行你的应用，这个应用将很容易和这个 kubelet proxy 通信（只要这个应用和 ambassador container 把代理绑定到同一个端口）。

在这种情况下，需要确保本地 kubectl 所使用的用户账号和应用将在某个 ServiceAccount 下运行的这个 ServiceAccount 具有相同的权限。

在开发过程中在容器内部运行应用

如果在开发过程中，你因为各种原因不可避免地要在容器中运行应用，这里有个方法，不用每次都去构建一个容器。例如，可以总是将本地文件系统通过 Docker 的 Volume 挂载到容器中。这样，当你给应用构建了一个新的二进制版本之后，你所需要做的事情就是重启这个容器（在支持热部署的情况下，甚至都不需要重启容器），不需要重新构建整个镜像。

17.5.2 在开发过程中使用 Minikube

如你所见，在开发过程中并不会强迫你在 Kubernetes 中运行应用。但是你仍然可以这样做，来看看在 Kubernetes 中应用是如何运行的。

你或许已经使用过 Minikube 来运行本书中的例子。尽管 Minikube 集群只运行一个工作节点，它也是在 Kubernetes 中尝试运行你的应用（以及开发组成完整应用的资源 manifest）的一个有价值的方法。Minikube 没有提供一个完整的多节点 Kubernetes 集群的功能，但是在大多数的场景下，这并不影响什么。

将本地文件挂载到 Minikube VM 然后再挂载到容器中

如果你正在使用 Minikube 进行开发，并且希望在 Kubernetes 集群中试验应用的每个更改，可以使用 `minikube mount` 命令将本地的文件系统挂载到 Minikube VM 中，然后通过一个 `hostPath` 卷挂载到容器中。可以在 Minikube 文档中找到更多的使用说明，文档链接在 https://github.com/kubernetes/minikube/tree/ master/docs 上。

在 Minikube VM 中使用 Docker Daemon 来构建镜像

如果你正在使用 Minikube 开发应用，并且计划在每个更改之后都构建一个镜像，可以在 Minikube VM 中使用 Docker Daemon 来进行镜像构建，而不是通过本地的 Docker Daemon 构建然后再推送到镜像中心，最后拉取到 Minikube VM 中。为了使用 Minikube 的 Docker Daemon，只需要将你的 `DOCKER_HOST` 环境变量指向它。幸运的是，这个做起来实际上比听上去容易多了，只需要在本地机器上运行下面的命令：

```
$ eval $(minikube docker-env)
```

这个命令会帮你设置所有需要的环境变量，然后你就可以像 Docker Daemon 运行在你本地的时候那样构建镜像了。构建完镜像之后，不需要再去推送镜像，因为它已经存储在 Minikube VM 中了，这样新的 pod 就可以立即使用这个镜像了。如果你的 pod 已经在运行了，那么可以删除它们或者杀死容器让它们重启。

在本地构建镜像然后直接复制到 Minikube VM 中

如果你无法使用 Minikube VM 内部的 Docker Daemon 来构建镜像，这里仍然有方法来避免将镜像推送到镜像中心，然后使用运行在 Minikube VM 内部的 Kubelet 拉取镜像这样的流程。如果你在本地机器构建好了镜像，可以使用下面的命令将镜像直接复制到 Minikube VM 中：

```
$ docker save <image> | (eval $(minikube docker-env) && docker load)
```

和之前一样，这个镜像也可以在pod中立即使用了。这里注意确保pod spec中的imagePullPolicy不要设置为Always，因为这会导致从外部镜像中心拉取镜像，从而导致你复制过去的镜像的更改丢失。

将Minikube和Kubernetes集群结合起来

你在使用Minikube开发应用的时候几乎没有任何限制，甚至可以将Minikube集群和一个Kubernetes集群结合起来。笔者有的时候在本地的Minikube集群运行开发中的服务，然后让它们和部署在千里之外的远程多节点Kubernetes集群中的其他服务进行通信。

当笔者完成开发工作之后，可以几乎不用修改什么就将本地的服务迁移到远程集群中，并且由于Kubernetes将底层基础框架的复杂性进行抽象和应用独立开来，所以运行过程也没有什么问题。

17.5.3 发布版本和自动部署资源清单

因为Kubernetes采用的是指令式模型，你不必判断出部署的资源的当前状态，然后向它们发送命令来将资源状态切换到你期望的那样。你需要做的就是告诉Kubernetes你希望的状态，然后Kubernetes会采取相关的必要措施来将集群的状态切换到你期望的样子。

可以将资源的manifest存放到一个版本控制系统中，这样可以方便做代码审查，审计跟踪，或者任何需要的时候回退更改。在每次提交更改之后，可以使用kubectl apply命令将更改反映到部署的资源中。

如果你运行了一个定时代理（或者是代理检测到新的提交的时候）来从版本控制系统（VCS）中检出资源manifest，然后调用apply命令应用更改，那么你可以简单通过向VCS提交更改来管理你运行中的应用，这样就不需要手动和Kubernetes API服务器进行通信了。幸运的是Box公司（碰巧也是托管本书手稿和其他材料的地方）的人开发并发布了一个叫作kube-applier的工具，恰好可以用来完成笔者所描述的功能。这个工具的源代码在https://github.com/box/kube-applier上。

你可以使用不同的代码分支来部署开发，测试，预发布和生产集群等环境（或者是同一个集群中不同的命名空间）下的资源manifest。

17.5.4 使用Ksonnet作为编写YAML/JSON manifest文件的额外选择

我们在本书中已经看到了许许多多的YAML配置文件。对于笔者来说，编写YAML文件不是个大问题，尤其是当你学会如何使用kubectl explain来查看可用选项的时候，但是对于有些人来说却是个问题。

就在笔者完成本书的手稿的时候，一个新的工具 Ksonnet 发布了。它是基于 Jsonnet 开发的一个库，Jsonnet 是一个用来创建 JSON 数据结构的模板语言。它可以让你定义一些参数化的 JSON 片段，给这些片段起一个名称，然后通过名称来引用这些片段以构建一个完整的 JSON 配置文件，这样就不需要在多个地方重复编写相同的 JSON 代码了。这个过程很像你在编程语言中调用函数或者方法。

Ksonnet 定义了 Kubernetes 中资源配置的片段，可以让你以很少的代码快速创建一个完整的 Kubernets 资源 JSON 配置文件。下面的代码清单展示了一个例子。

代码清单 17.10 使用 Ksonnet 编写的 kubia 配置 ：kubia.ksonnet

```
local k = import "../ksonnet-lib/ksonnet.beta.1/k.libsonnet";

local container = k.core.v1.container;
local deployment = k.apps.v1beta1.deployment;

local kubiaContainer =
  container.default("kubia", "luksa/kubia:v1") +
  container.helpers.namedPort("http", 8080);

deployment.default("kubia", kubiaContainer) +
deployment.mixin.spec.replicas(3)
```

这里定义了一个叫作 kubia 的容器，它使用 luksa/kubia:v1 镜像，还包含了一个名叫 http 的端口

这个会扩充为整个 Deployment 资源。这里定义的 kubiaContainer 会包含在 Deployment 的 pod 模板中

上面展示的 kubia.ksonnet 文件可以通过下面的命令转换为一个完整的 JSON 格式的 Deployment 配置文件 ：

```
$ jsonnet kubia.ksonnet
```

当你意识到可以自己定义高级别的片段，并且让你的配置保持一致性和可复用性的时候，你就会了解 Ksonnet 和 Jsonnet 的强大了。可以在 https://github.com/ksonnet/ksonnet-lib 上找到更多安装和使用 Ksonnet 和 Jsonnet 的信息。

17.5.5 利用持续集成和持续交付

我们之前讨论过 Kubernetes 资源的自动部署，但是或许你希望能够建立一个完整的 CI/CD 工作流来构建应用的二进制文件、容器镜像以及资源配置，然后部署到一个或者多个 Kubernetes 集群中。

可以在网上找到很多讨论这方面的资源。这里特别向你介绍一个叫作 Fabric8 的项目（http://fabric8.io），这是一个 Kubernetes 的集成开发平台。这个平台包括著名的自动化集成系统 Jenkins，以及其他很多提供完整的 CI/CD 工作流的工具，这些

工具面向 DevOps 风格的开发、部署，以及 Kubernetes 上微服务的管理。

如果你希望构建自己的解决方案，建议你看看一个讨论这个话题的 Google Cloud 平台的在线实验室。它的地址在 https://github.com/GoogleCloudPlatform/continuous-deployment-on-kubernetes 上。

17.6 本章小结

希望本章的内容已经帮助你更加深入地了解了 Kubernetes 是如何工作的，并且能够帮助你自如地构建应用并部署到 Kubernetes 集群。本章的目标是：

- 向你展示本书中覆盖的所有的资源是如何组织在一起，构成一个运行在 Kubernetes 上的典型的应用的。
- 促使你思考很少在机器间进行迁移的应用和运行在 pod 中经常会被调度的应用之间的区别。
- 帮助你理解为什么拥有多组件的应用（或者微服务）不应该依赖具体的服务启动顺序。
- 介绍 init 容器，它可以帮助你初始化一个 pod 或者延迟 pod 主容器的启动直到预置的条件被满足。
- 讲解容器生命周期钩子并且应该在何时使用它们。
- 对 Kubernetes 组件的分布式特性所引发的结果，以及 Kubernetes 的最终一致性模型进行深入的了解。
- 学习如何在不断开客户端连接的情况下，妥善地关闭你的应用。
- 给你几个让应用方便管理的小提示，包括控制镜像大小、给资源添加注解以及多维度的标签，以及方便查看应用终止的原因。
- 讲解如何开发 Kubernetes 应用，以及如何在本地或者 Minikube 中运行，然后再部署到多节点的集群中。

在下一章，也是最后一章，我们将学习如何通过自定义的 API 对象和控制器来扩展 Kubernetes，以及其他人是如何基于此在 Kubernetes 上创建完整的平台即服务解决方案的。

18 Kubernetes应用扩展

本章内容涵盖

- 在 Kubernetes 上添加自定义对象
- 为自定义对象添加控制器
- 添加自定义 API 服务器
- 使用 Kubernetes 服务目录完成自助服务配置
- 红帽（Red Hat）容器平台 OpenShift 介绍
- Deis Workflow 与 Deis Helm

本章是本书的最后一章。作为总结，我们介绍如何自定义 API 对象，并为这些对象添加控制器。除此之外，我们还会了解基于 Kubernetes 的优秀平台即服务（platform-as-a-Service，PaaS）解决方案。

18.1 定义自定义API对象

通过阅读本书，你已经了解了 Kubernetes 所提供的 API 对象，以及如何使用它们开发应用。然而，目前 Kubernetes 用户使用的大多仅是代表相对底层、通用概念的对象。

随着 Kubernetes 生态系统的持续发展，越来越多高层次的对象将会不断涌现。比起目前使用的对象，新对象将更加专业化。有了它们，开发者将不再需要逐一进行 Deployment、Service、ConfigMap 等步骤，而是创建并管理一些用于表述整个应用程序或者软件服务的对象。我们能使用自定义控件观察高阶对象，并在这些高阶对象的基础上创建底层对象。例如，你想在 Kubernetes 集群中运行一个 messaging 代理，只需要创建一个队列资源实例，而自定义队列控件将自动完成所需的 Secret、Deployment 和 Service。目前，Kubernetes 已经提供了类似的自定义资源添加方式。

18.1.1 CustomResourceDefinitions 介绍

开发者只需向 Kubernetes API 服务器提交 CRD 对象，即可定义新的资源类型。成功提交 CRD 之后，我们就能够通过 API 服务器提交 JSON 清单或 YAML 清单的方式创建自定义资源，以及其他 Kubernetes 资源实例。

注意 在 Kubernetes 1.7 之前的版本中，需要通过 ThirdPartyResource 对象的方式定义自定义资源。ThirdPartyResource 与 CRD 十分相似，但在 Kubernetes 1.8 中被 CRD 取代。

开发者可以通过创建 CRD 来创建新的对象类型。但是，如果创建的对象无法在集群中解决实际问题，那么它就是一个无效特性。通常，CRD 与所有 Kubernetes 核心资源都有一个关联控制器 (一个基于自定义对象有效实现目标的组件），详见第 11 章。因此，只有在部署了控制器之后，开发者才能真正知道 CRD 所具有的功能远不止添加自定义对象实例而已。接下来的内容将详细介绍这一点。

CRD 范例介绍

如果你想让自己的 Kubernetes 集群用户不必处理 pod、服务以及其他 Kubernetes 资源，甚至只需要确认网站域名以及网站中的文件 (HTML、CSS、PNG，等等）就能以最简单的方式运行静态网站。 这时候，你需要一个 Git 存储库当作这些文件的来源。当用户创建网站资源实例时，你希望 Kubernetes 创建一个新的 web 服务器 pod，并通过服务将它公开，如图 18.1 所示。

想要创建网站资源，用户可以按照如下代码清单所示的方式发布清单。

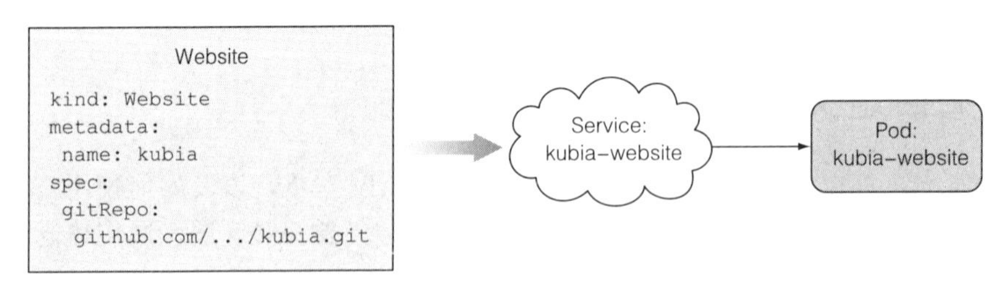

图 18.1 每个网站对象都应该产生一个服务和一个 HTTP 服务器 pod

代码清单 18.1 虚构的自定义资源：imaginary-kubia-website.yaml

```
kind: Website                     <- 自定义对象类型
metadata:
  name: kubia                     <- 网站的名称（用于命名生成的服务和 pod）
spec:
  gitRepo: https://github.com/luksa/kubia-website-example.git   <- 存放网站文件的 Git 仓库
```

与其他所有资源一样，你所创建的资源也包含一个 kind 和一个 metadata.name 字段和一个 spec 小节。它包含一个单独的 gitRepo 字段（字段名称可自选）——它指向了存储网站文件 Git 仓库。除此之外，自定义资源还需要包含一个 apiVersion 字段，但它的值不是固定的。

如果像下图这样将资源发布到 Kubernetes，那么你将会收到报错提示，因为 Kubernetes 无法识别这样的网站对象：

```
$ kubectl create -f imaginary-kubia-website.yaml
error: unable to recognize "imaginary-kubia-website.yaml": no matches for
➥ /, Kind=Website
```

因此，在你创建自定义对象实例之前，首先需要确保 Kubernetes 能够识别它们。

创建一个 CRD 对象

想要使 Kubernetes 接收你的自定义网站资源实例，需要按照以下代码清单所示的格式向 API 服务器提交 CRD。

代码清单 18.2 一个 CRD 列表：website-crd.yaml

```
apiVersion: apiextensions.k8s.io/v1beta1      | CRD 所属的 API 集群
kind: CustomResourceDefinition                | 和版本号
metadata:
  name: websites.extensions.example.com       <- 自定义对象的全名
spec:
  scope: Namespaced                           <- 你期望 Website 这种资源是属于某个命名空间下的
group: extensions.example.com                 | 定义 API 集群和网站
version: v1                                   | 资源版本
names:
  kind: Website                               | 需要指定自定义对象名称的
  singular: website                           | 各种形式
  plural: websites
```

将以上描述符发布到 Kubernetes 之后，你便能够创建任意数量的自定义网站资源实例。

然后，就可以依照代码归档文件中找到的 website-crd.yaml 文件创建 CRD 了：

```
$ kubectl create -f website-crd-definition.yaml
customresourcedefinition "websites.extensions.example.com" created
```

如果 CRD 的名称长到让你惊讶的话，为了避免冲突，不妨暂且称它为 Website。为了区分它们，可以采取添加 CRD 名称后缀（通常情况下，后缀即创建该 CRD 的机构名称）的方式。幸好，一个长的资源名字并不意味着你一定要用 `kind: websites.extensions.example.com` 这种方式来创建 Website 资源。可以用 CRD 中指定的 `names.kind` 属性，即 `kind: Website`。`extensions.example.com` 的部分是资源的 API 组。

如你所见，在创建 Deployment 对象时，你需要将 `apiVersion` 设置为 `apps/v1beta1` 而不是 `v1`。其中，"/"前的部分为 API 组（属于该 API 组的 Deployment），"/"后的部分为 API 组的版本名（如果是 Deployment 的话，则为 `v1beta1`）。在创建自定义网站资源的实例时，`apiVersion` 属性需要设置为 `extensions.example.com/v1`。

创建自定义资源实例

现在，请为你的网站创建一个合适的 YAML 资源实例。YAML 列表显示在下面的代码清单中。

代码清单 18.3　一个自定义网站资源：kubia-website.yaml

```
apiVersion: extensions.example.com/v1
kind: Website
metadata:
  name: kubia
spec:
  gitRepo: https://github.com/luksa/kubia-website-example.git
```

这个自定义资源的 `kind` 是 Website，而 `apiVersion` 是由 API 组和你在 CRD 中定义的版本号两部分组成的。

下一步，创建网站对象：

```
$ kubectl create -f kubia-website.yaml
website "kubia" created
```

从响应看出，API 服务器已经接收并存储了你的自定义对象。现在，让我们看看你是否可以检索它。

检索自定义资源实例

首先，我们需要列举出集群中的所有网站：

```
$ kubectl get websites
NAME      KIND
kubia     Website.v1.extensions.example.com
```

与现有的 Kubernetes 资源一样，可以创建并列出自定义资源实例。也可以使用 kubectl describe 来查看自定义对象的详细信息，或者使用 kubectl get 检索整个 YAML 列表，如代码清单 18.4 所示。

代码清单 18.4 从 API 服务器检索完整的网站资源定义

```
$ kubectl get website kubia -o yaml
apiVersion: extensions.example.com/v1
kind: Website
metadata:
  creationTimestamp: 2017-02-26T15:53:21Z
  name: kubia
  namespace: default
  resourceVersion: "57047"
  selfLink: /apis/extensions.example.com/v1/.../default/websites/kubia
  uid: b2eb6d99-fc3b-11e6-bd71-0800270a1c50
spec:
  gitRepo: https://github.com/luksa/kubia-website-example.git
```

请注意，该资源包含了 YAML 基本定义中的所有内容。同时，与其他所有资源一样，Kubernetes 已经初始化了该资源中额外的元数据字段。

删除自定义资源实例

显然，除了创建和检索自定义资源实例，也可以删除它们：

```
$ kubectl delete website kubia
website "kubia" deleted
```

注意 你删除的是网站实例，而不是网站 CRD 资源。当然也可以删除 CRD 对象本身，但是我们在这里不进行详细介绍，因为在下一节你需要创建更多网站实例。

让我们总结一下之前的内容。 通过创建一个 CRD 对象，可以通过 Kubernetes API 服务器存储、检索和删除自定义对象。这些对象目前还没有任何动作，因此，你需要创建一个控制器来控制它们的运行。

通常情况下，像这样创建自定义对象，并不仅仅是为了解决实际问题。因为某些自定义对象仅用于存储数据，而不是使用更通用的机制（例如 ConfigMap）。 在 pod 内运行的应用程序可以查询这些对象的 API 服务器并读取存储在其中的全部内容。

但是在本例中，希望启动一个 web 服务器为 Website 对象中的 Git 仓库中的内容提供服务，接下来我们将看看如何做到这一点。

18.1.2 使用自定义控制器自动定制资源

为了让你的网站对象运行一个通过服务暴露的 web 服务器 pod，你就需要构建和部署一个网站控制器。它能查看 API 服务器创建网站对象的过程，然后为每一个对象创建服务和 Web 服务器 pod。

控制器将创建 Deployment 资源，而不是直接创建非托管 pod，这样就能确保 pod 既能被管理，还能在遇到节点故障时继续正常工作。控制器的操作总结如图 18.2 所示。

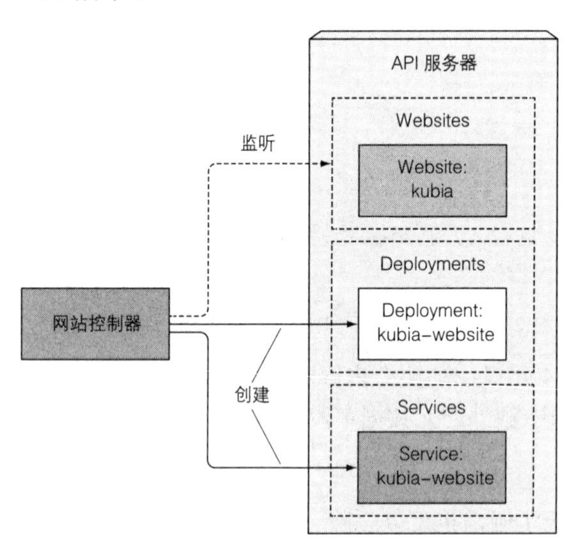

图 18.2 使用网站控制器创建网站对象并创建 Deployment 和 Service

这是笔者写的一个简单的初始版控制器，它能够很好地展示 CRD 和控制器的实际运行情况。但由于它被过度简化，因此不可用于生产环境。容器镜像的地址为 docker.io/luksa/website-controller:latest，源码存放在 https://github.com/luksa/k8s-website-controller 上。接下来解释控制器的功能。

了解网站控制器的功能

启动后，控制器立即开始通过以下 URL 请求查看网站对象：

```
http://localhost:8001/apis/extensions.example.com/v1/websites?watch=true
```

通过识别主机名和端口，我们看到控制器不直接连接到 API 服务器，而是连接到 kubectl proxy 进程。该进程在同一个 pod 中的 sidecar 容器中运行，并充当 API 服务器的 ambassador（见第 8 章）。代理将请求转发给 API 服务器，并同时处理 TLS 加密和认证（见图 18.3）。

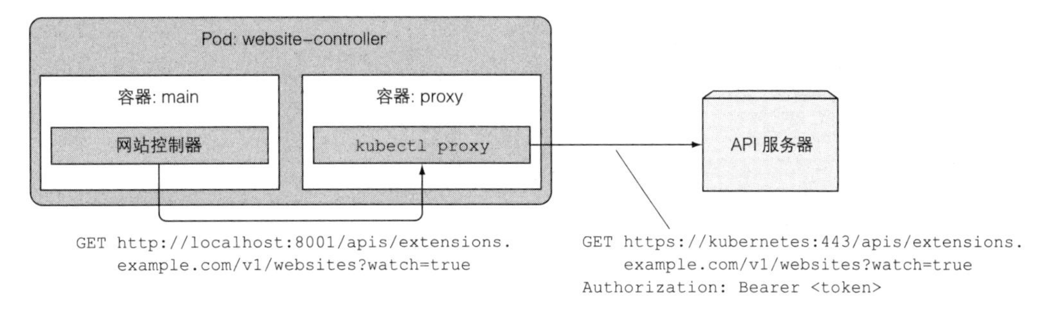

图 18.3 网站控制器通过代理（在 ambassador 容器中）与 API 服务器交互

通过此 HTTP GET 请求打开的连接，API 服务器将针对任何网站对象的每个更改发送监听事件（watch event）。

每次创建新的网站对象时，API 服务器都会发送 ADDED 监听事件。当控制器收到这样的事件时，就会在该监听事件所包含的网站对象中提取网站名称和 Git 存储库的 URL，然后将它们的 JSON 清单发布到 API 服务器，来创建 Deployment 和 Service 对象。

Deployment 资源包含一个具有两个容器的 pod 模板（如图 18.4 所示）：其中一个容器运行一个 nginx 服务器，另一个容器则运行一个 gitsync 进程，用来保持本地目录与 Git 仓库的内容同步。本地目录通过一个 emptyDir 卷与 nginx 容器共享(类似第 6 章，但此处不是让本地目录与 Git 仓库卷保持同步，而是使用 gitrepo 卷在 pod 启动时下载 Git 仓库的内容；该卷的内容与 Git 存储库并不同步)。作为一个 NodePort Service，它通过每个节点上的随机端口公开你的 web 服务器 pod（所有节点使用相同的端口）。这样，当 Deployment 对象创建一个 pod 时，用户就可以通过节点端口访问该网站。

当网站资源实例被删除时，API 服务器还会发送 DELETED 监听事件。在收到事件后，控制器就会删除之前创建的 Deployment 资源和 Service 资源。与此同时，控制器也会关闭并删除为该网站提供服务的 web 服务器。

注意 由于笔者所编写的控制器查看 API 对象的方式无法确保它不会错过任何一个监听事件，因此并没有被正确实施。当我们通过 API 服务器查看对象时，还要定期重新列出所有对象，以防监听事件被错过。

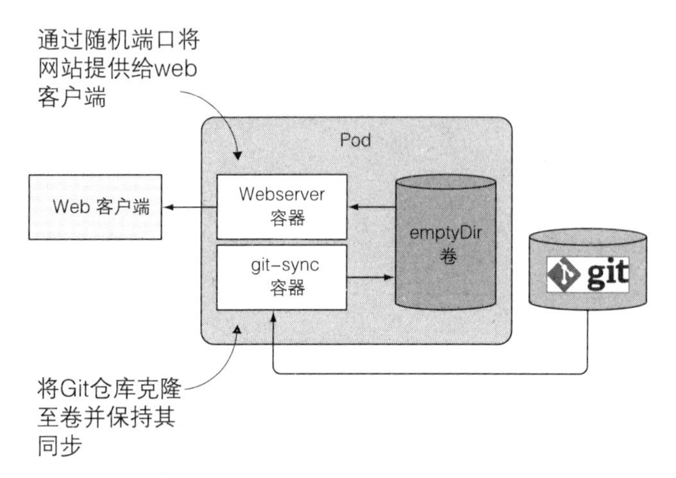

图 18.4 网站对象中服务指定网站的 pod

将控制器作为 pod 运行

在开发期间，笔者在本地笔记本电脑上运行控制器时，会使用本地运行的 `kubectl proxy` 进程作为Kubernetes API服务器的ambassador(不是作为pod运行)。这种方法能够更快地完成开发，因为不需要在每次修改源代码之后构建一个容器镜像，然后在 Kubernetes 内运行它。

当准备将控制器部署到生产环境中时，最好的方法是在 Kubernetes 内部运行控制器，就像所有其他核心控制器那样。要在 Kubernetes 中运行控制器，可以通过 Deployment 资源进行部署。下面的代码清单展示了这样一个示例的 Deployment。

代码清单 18.5 部署网站控制器：website-controller.yaml

```
apiVersion: apps/v1beta1
kind: Deployment
metadata:
  name: website-controller
spec:
  replicas: 1                    <- 运行控制器的单个副本
  template:
  metadata:
    name: website-controller
    labels:
      app: website-controller
  spec:
    serviceAccountName: website-controller    <- 在特殊服务账户下运行
    containers:
    - name: main
      image: luksa/website-controller
    - name: proxy
      image: luksa/kubectl-proxy:1.6.2
```

两个容器：主容器和代理 sidecar 容器

如你所见，在 Deployment 过程中部署了一个双容器 pod 副本。其中一个容器用于运行你的控制器，而另一个容器则是用于与 API 服务器进行简单通信的 ambassador。这个 pod 在其特殊的服务账户下运行，因此需要在部署控制器之前创建一个服务账户：

```
$ kubectl create serviceaccount website-controller
serviceaccount "website-controller" created
```

如果你在集群中启用了基于角色的访问控制（RBAC），Kubernetes 将不允许控制器查看网站资源或创建 Deployment 或 Service。为了避免这种情况，需要采用创建一个集群角色绑定的方式，将 `website-controller` 服务账户绑定到 `cluster-admin` ClusterRole，如下面的代码清单所示。

```
$ kubectl create clusterrolebinding website-controller
➥ --clusterrole=cluster-admin
➥ --serviceaccount=default:website-controller
clusterrolebinding "website-controller" created
```

一旦你有了服务账户和集群角色绑定，就可以部署控制器的 Deployment。

观察运行中的控制器

在控制器运行过程中，再次创建 `kubia` 网站资源：

```
$ kubectl create -f kubia-website.yaml
website "kubia" created
```

这时候，让我们来检查控制器的日志（如下面的代码清单所示）是否接收到了监听事件。

代码清单 18.6 显示网站控制器的日志

```
$ kubectl logs website-controller-2429717411-q43zs -c main
2017/02/26 16:54:41 website-controller started.
2017/02/26 16:54:47 Received watch event: ADDED: kubia: https://github.c...
2017/02/26 16:54:47 Creating services with name kubia-website in namespa...
2017/02/26 16:54:47 Response status: 201 Created
2017/02/26 16:54:47 Creating deployments with name kubia-website in name...
2017/02/26 16:54:47 Response status: 201 Created
```

从日志中我们看到，控制器收到了 `ADDED` 事件，并且为 `kubia-website` 网站创建了 Service 和 Deployment。同时，API 服务器响应 `201 Created`，这表示两个资源都已经存在。接下来，我们可以看看下面的代码清单，来验证 Deployment、Service 和 Pod 是否已经创建了。

代码清单 18.7　为 kubia-website 创建的 Deployment、Service 和 Pod

```
$ kubectl get deploy,svc,po
NAME                        DESIRED   CURRENT   UP-TO-DATE   AVAILABLE   AGE
deploy/kubia-website        1         1         1            1           4s
deploy/website-controller   1         1         1            1           5m

NAME                  CLUSTER-IP     EXTERNAL-IP   PORT(S)        AGE
svc/kubernetes        10.96.0.1      <none>        443/TCP        38d
svc/kubia-website     10.101.48.23   <nodes>       80:32589/TCP   4s

NAME                                    READY   STATUS    RESTARTS   AGE
po/kubia-website-1029415133-rs715       2/2     Running   0          4s
po/website-controller-1571685839-qzmg6  2/2     Running   1          5m
```

你已经成功创建了 Deployment、Service 和 Pod。同时，所有集群节点上的端口 32589 都能够提供 kubia-website 服务，通过它可以用浏览器访问你的网站。是不是很棒呢？

现在你的 Kubernetes 集群用户可以在几秒钟内部署静态网站。而且，除了你自定义的网站资源而不必了解有关 Pod、Service 或其他 Kubernetes 资源的任何信息。

不过，完成这些并不代表没有改进空间了。例如，控制器可以监听 Service 对象；可以在分配了节点端口之后，立即将该网站可访问的 URL 写入网站资源的 status 部分；还可以让控制器为每个网站创建一个 Ingress 对象。你可以将实现这些附加功能作为练习。

18.1.3　验证自定义对象

可能你已经发现，你还没有在网站 CRD 中指定任何类型的验证模式。这会导致你的用户可以在网站对象的 YAML 中包含他们想要的任何字段。由于 API 服务器并不会验证 YAML 的内容（apiVersion、kind 和 metadata 等常用字段除外），用户创建的 Website 对象就有可能是无效对象（例如没有 gitRepo 字段）。

既然如此，我们是否可以向控制器添加验证并防止无效的对象被 API 服务器接收？事情并没有这么简单。因为 API 服务器首先需要存储对象，然后向客户端（kubectl）返回成功响应，最后才会通知所有监听器（包括你的控制器）。在监听事件中，所有控制器都可以在收到对象时验证这个对象。如果对象无效，则将报错信息写入 Website 对象（通过对 API 服务器的新请求更新对象）。但是，你的用户并不会收到自动错误通知，而是只能通过查询网站对象的 API 服务器来获取错误消息，否则他们无法知道对象是否有效。

显然，你希望的是 API 服务器在验证对象时立即拒绝无效对象。在 Kubernetes 1.8 版本中，自定义对象的验证作为 alpha 特性被引入。如果想要让 API 服务器验证自定义对象，需要在 API 服务器中启用 CustomResourceValidation 特性，并在 CRD 中指定一个 JSON schema。

18.1.4 为自定义对象提供自定义 API 服务器

如果你想更好地支持在 Kubernetes 中添加自定义对象，最好的方式是使用你自己的 API 服务器，并让它直接与客户端进行交互。

API 服务器聚合

在 Kubernetes 1.7 版本中，通过 API 服务器聚合，可以将自定义 API 服务器与主 Kubernetes API 服务器进行集成。 从诞生以来，Kubernetes API 服务器一直是单一的单片组件。直到 Kubernetes 1.7 版本，我们才可以在同一个 location 暴露多个聚合的 API 服务器。从此，客户端可以被连接到聚合 API，并直接将请求转发给相应的 API 服务器。这样一来，客户端甚至无法察觉幕后有多个 API 服务器正在处理不同的对象。因此，即使是 Kubernetes API 核心服务器最终也可能会被拆分成多个较小的 API 服务器。通过聚合后，这些被拆分的 API 服务器会作为单独服务器被暴露，如图 18.5 所示。

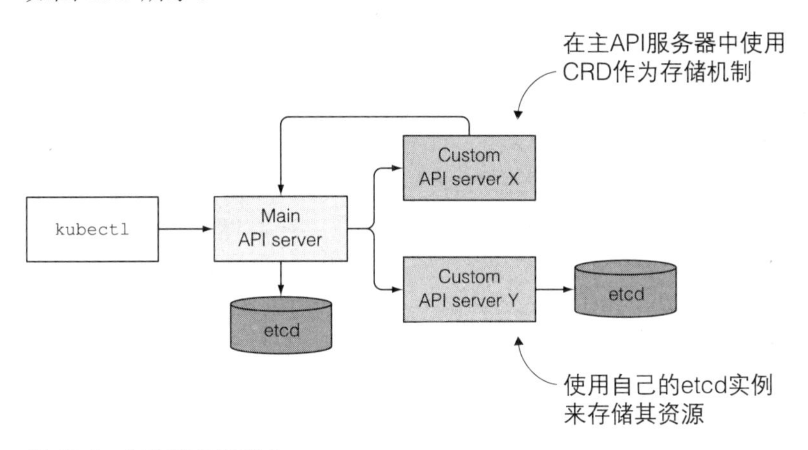

图 18.5 API 服务器聚合

对你来说，可以创建一个专门负责处理你的网站对象的 API 服务器，并使它参照 Kubernetes API 核心服务器验证对象的方式来验证你的网站。这样你就不必再创建 CRD 来表示这些对象，就可以直接将网站对象类型实现到你的自定义 API 服务器中。

通常来说，每个 API 服务器会负责存储它们自己的资源。 如图 18.5 所示，它可以运行自己的 etcd 实例（或整个 etcd 集群），也可以通过创建 CRD 实例将其资源存储在核心 API 服务器的 etcd 存储中。在这种情况下，就需要先创建一个 CRD 对象，然后才能创建 CRD 实例，正如在示例中所做的那样。

注册一个自定义 API 服务器

如果你想要将自定义 API 服务器添加到集群中，可以将其部署为一个 pod 并通过 Service 暴露。下一步，为了将它集成到主 API 服务器中，需要部署一个描述 APIService 资源的 YAML 列表，如下面的代码清单所示。

代码清单 18.8　`APIService` YAML 定义

```
apiVersion: apiregistration.k8s.io/v1beta1
kind: APIService
metadata:
  name: v1alpha1.extensions.example.com
spec:
  group: extensions.example.com
  version: v1alpha1
  priority: 150
  service:
    name: website-api
    namespace: default
```

- 这是 APIService 资源（apiVersion、kind）
- 此 API 服务器负责的 API 组（group）
- 支持的 API 版本（version）
- 定制 API 服务器暴露的服务（service）

在创建以上代码列表中的 APIService 资源后，被发送到主 API 服务器的包含 `extensions.example.com` API 组任何资源的客户端请求，会和 `v1alpha1` 版本号一起被转发到通过 `website-api` Service 公开的自定义 API 服务器 pod。

创建自定义客户端

虽然你可以使用常规的 `kubectl` 客户端从 YAML 文件创建自定义资源，但为了更简便地部署自定义对象，除了提供自定义 API 服务器，还可以构建自定义 CLI 工具。构建自定义 CLI 工具之后，你就可以添加用于操作这些对象的专用命令，类似于 `kubectl` 允许通过 resource-specific 命令（如 `kubectl create secret` 或 `kubectl create deployment`）创建 Secret、Deployment 和其他资源。

正如前文所述，定制 API 服务器、API 服务器聚合，以及与 Kubernetes 扩展相关的其他功能目前还在不断开发中。因此，它们的最新进展在本书发布后仍将发生变化。想要获得有关该主题的最新信息，可以参阅 http://github.com/kubernetes 中的 Kubernetes Git 仓库。

18.2　使用Kubernetes服务目录扩展Kubernetes

第一个通过 API 服务器 aggregation 加入 Kubernetes 的附加 API 服务器是服务目录 API 服务器。服务目录是 Kubernetes 社区的热门话题之一，让我们来了解一下。

目前，对于使用服务的 pod(这里的服务与 Service 资源无关。例如，数据库服务包含了用户能够在其应用中使用数据库所需的所有内容)，有人需要部署提供服务的pod、一个Service资源，可能还需要一个可以让客户端pod用来同服务器进行身份认证的密钥。通常是与部署客户端pod相同的一个用户，或者如果一个团队专门部署这些类型的通用服务。那么用户需要提交一个票据，并等待团队提供服务。这意味着用户需要为服务的所有组件创建文件，知道如何正确配置，并手动部署，或者等待其他团队来完成。

但是，Kubernetes显然应该是一个易于使用的自助服务系统。理想情况下，如果用户的应用需要特定的服务（例如，需要后端数据库的web应用程序），那么他只需要对Kubernetes说："嘿，我需要一个PostgreSQL数据库。请告诉我在哪里，以及如何连接到它。"想要快速实现这一功能，你就需要使用Kubernetes服务目录。

18.2.1 服务目录介绍

顾名思义，服务目录就是列出所有服务的目录。用户可以浏览目录并自行设置目录中列出的服务实例，却无须处理服务运行所需的Pod、Service、ConfigMap和其他资源。这听起来与自定义网站资源很相似。

服务目录并不会为每种服务类型的API服务器添加自定义资源，而是将以下四种通用API资源引入其中：

- 一个ClusterServiceBroker，描述一个可以提供服务的（外部）系统
- 一个ClusterServiceClass，描述一个可供应的服务类型
- 一个ServiceInstance，已配置服务的一个实例
- 一个ServiceBinding，表示一组客户端（pod）和ServiceInstance之间的绑定

图18.6中阐释了这四种资源的关系，接下来我们会做进一步解释。

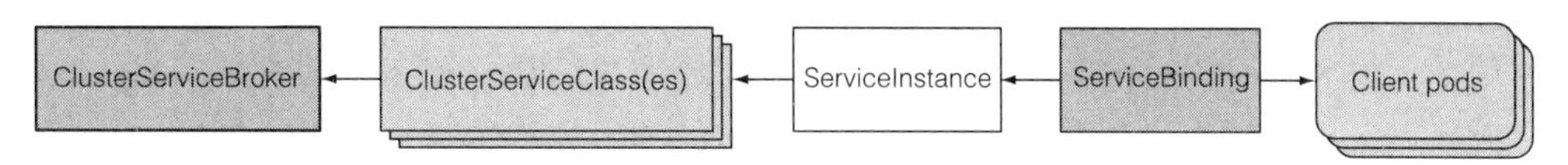

图18.6 服务目录API资源之间的关系

简而言之，集群管理员为会每个服务代理创建一个ClusterServiceBroker资源，而这些服务代理需要在集群中提供它们的服务。接着，Kubernetes从服务代理获取它可以提供的服务列表，并为它们中的每个服务创建一个ClusterServiceClass资源。当用户调配服务时，首先需要创建一个ServiceInstance资源，然后创建一个ServiceBinding以将该ServiceInstance绑定到它们的pod。下一步，这些pod会被注入一个Secret，该Secret包含连接到配置的ServiceInstance所需的凭证和其他数据。

图18.7展示了服务目录系统体系结构。

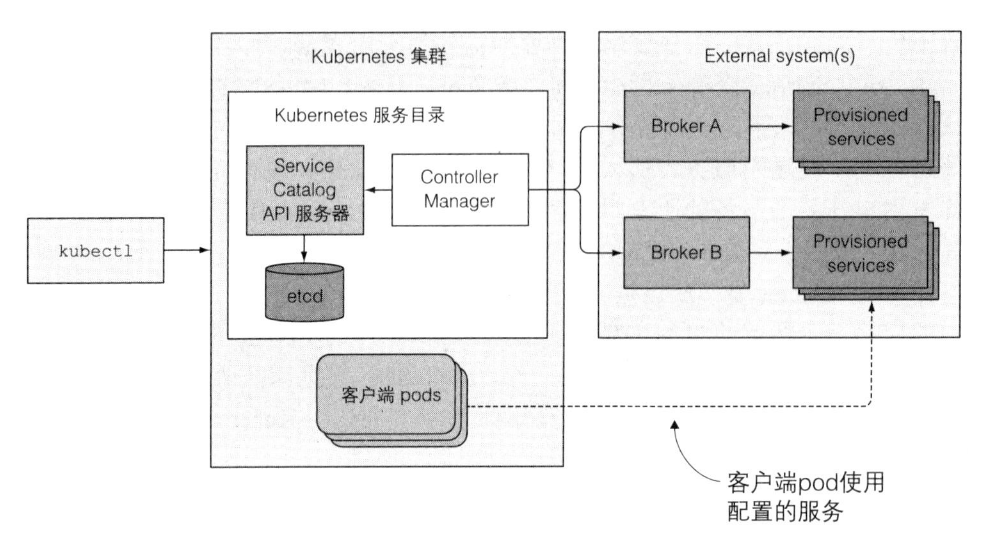

图 18.7 服务目录的体系结构

接下来对图中的各个组件进行说明。

18.2.2 服务目录 API 服务器与控制器管理器介绍

与核心 Kubernetes 类似的是，服务目录也是由三个组件组成的分布式系统：

- 服务目录 API 服务器
- 作为存储的 etcd
- 运行所有控制器的控制器管理器

之前所介绍的四个与服务目录相关的资源是通过将 YAML / JSON 清单发布到 API 服务器来创建的。随后，API 服务器会将它们存储到自己的 etcd 实例中，或者使用主 API 服务器中的 CRD 作为替代存储机制（在这种情况下不需要额外的 etcd 实例）。

使用这些资源的控制器正在控制器管理器中运行。显然，它们与服务目录 API 服务器交互的方式，与其他核心 Kubernetes 控制器与核心 API 服务器交互的方式相同。这些控制器本身不提供所请求的服务，而是将其留给外部服务代理，再由代理通过在服务目录 API 中创建 ServiceBroker 资源进行注册。

18.2.3 Service 代理和 OpenServiceBroker API

集群管理员可以在服务目录中注册一个或多个外部 ServiceBroker。同时，每个代理都必须实施 OpenServiceBroker API。

OpenServiceBroker API 介绍

通过 OpenServiceBroker API，服务目录可以通过 API 与 broker 进行通信。 这个简单的 REST API，能够提供以下功能：

- 使用 `GET/v2/catalog` 检索服务列表
- 配置服务实例（`PUT/v2/service_instances/：id`）
- 更新服务实例（`PATCH/v2/service_instances/：id`）
- 绑定服务实例（`PUT/v2/service_instances/：id/service_bindings/：binding_id`）
- 解除绑定实例 (`DELETE/v2/service_instances/:id/service_bindings/:binding_id`)
- 取消服务实例配置 (`DELETE/v2/service_instances/:id`)

查看 OpenServiceBroker API 规范，请浏览 https://github.com/openservicebrokerapi/servicebroker。

在服务目录中注册代理

集群管理员可以通过向服务目录 API 发布 ServiceBroker 资源清单来注册代理，如代码清单 18.9 所示。

代码清单 18.9 一个 ClusterServiceBroker 清单：database-broker.yaml

```
apiVersion: servicecatalog.k8s.io/v1alpha1      资源 API 组和
kind: ClusterServiceBroker                      版本
metadata:
  name: database-broker                <---- 代理的名称
spec:
  url: http://database-osbapi.myorganization.org   <---- 服务目录与代理连接处
```

代码清单 18.9 描述了一个可以提供不同类型数据库的虚构代理。在管理员创建 ClusterServiceBroker 资源后，Service Catalog Controller Manager 中的控制器就会连接到资源中指定的 URL，并且检索此代理可以提供的服务列表。

在检索服务列表后，就会为每个服务创建一个 ClusterServiceClass 资源。每个 ClusterServiceClass 资源都描述了一种可供应的服务（“PostgreSQL 数据库”就是 ClusterServiceClass 的一个典型例子）。每个 ClusterServiceClass 都有一个或多个与之关联的服务方案。用户可以根据他们需要的服务级别选择不同的方案（例如，仅提供有限数据库和机械硬盘的“免费”方案，或是提供无线数据库和 SSD 存储的“高端”方案)。

罗列集群中的可用服务

通过使用 kubectl get serviceclasses，Kubernetes 集群用户可以按照以下代码清单中的方法检索集群中所有可供应服务列表。

代码清单 18.10 集群中的 ClusterServiceClass 列表

```
$ kubectl get clusterserviceclasses
NAME                 KIND
postgres-database    ClusterServiceClass.v1alpha1.servicecatalog.k8s.io
mysql-database       ServiceClass.v1alpha1.servicecatalog.k8s.io
mongodb-database     ServiceClass.v1alpha1.servicecatalog.k8s.io
```

这个代码清单显示了虚拟数据库代理可以提供的服务 ClusterServiceClasses。通过将 ClusterServiceClass 与在第 6 章中讨论的 StorageClass 进行比较，就会发现两者之间的区别，StorageClass 允许你选择想要容器中使用的存储类型，而 ClusterServiceClasses 允许选择服务类型。

可以采用检索其 YAML 的方式，来查看其中一个 ClusterServiceClass 的详细信息。

代码清单 18.11 ClusterServiceClass 定义

```
$ kubectl get serviceclass postgres-database -o yaml
apiVersion: servicecatalog.k8s.io/v1alpha1
bindable: true
brokerName: database-broker              <- 这个 ClusterServiceClass
description: A PostgreSQL database          由数据库代理提供
kind: ClusterServiceClass
metadata:
  name: postgres-database
  ...
planUpdatable: false
plans:
- description: A free (but slow) PostgreSQL instance     这项服务的
  name: free                                               免费方案
  osbFree: true
  ...
- description: A paid (very fast) PostgreSQL instance
  name: premium                                            高端方案
  osbFree: false
  ...
```

代码清单中的 ClusterServiceClass 包含两种方案：free 方案和 premium 方案。我们可以看到 ClusterServiceClass 是由 database-broker broker 提供的。

18.2.4 提供服务与使用服务

假设你正在部署的pod需要使用数据库。在此之前，你已经查看了全部可用的ClusterServiceClass列表，并选择使用 `postgres-database` ClusterServiceClass `free` 方案。

提供服务实例

要想预分配数据库，需要做的是创建一个ServiceInstance资源，如下面的代码清单所示。

代码清单 18.12 ServiceInstance 列表：database-instance.yaml

```
apiVersion: servicecatalog.k8s.io/v1alpha1
kind: ServiceInstance
metadata:
  name: my-postgres-db                          <- 你给实例的命名
spec:
  clusterServiceClassName: postgres-database    | 你需要的 ServiceClass
  clusterServicePlanName: free                  | 和方案
  parameters:
    init-db-args: --data-checksums              <- 传递给代理的其他参数
```

创建了一个名为`my-postgres-db`（这会是你部署的资源的名字）的ServiceInstance，并且指定ClusterServiceClass、选定方案。还需要指定一个明确的broker和ClusterServiceClass需要的参数。假设你已经看过broker的文档了解了可能需要的参数。

一旦你创建了这个资源，服务目录就要求ClusterServiceClass所属的代理来调配服务，它将传递你选择的ClusterServiceClass、计划名称以及指定的所有参数。

接下来，由于采取何种方法处理这些信息完全由代理决定，你可能会看到你的数据库代理会启动一个新的PostgreSQL数据库的实例，这个实例可能不在同一个Kubernetes集群中，甚至根本不在Kubernetes中，而是在一个虚拟机上运行数据库。对此，服务目录和用户请求服务都不会察觉。

可以通过检查你创建的my-postgres-db ServiceInstance的 `status` 来检查是否已经成功提供服务，如以下代码清单所示。

代码清单 18.13 查看 ServiceInstance 状态

```
$ kubectl get instance my-postgres-db -o yaml
apiVersion: servicecatalog.k8s.io/v1alpha1
kind: ServiceInstance
```

```
...
status:
  asyncOpInProgress: false
  conditions:
  - lastTransitionTime: 2017-05-17T13:57:22Z
    message: The instance was provisioned successfully    数据库配置成功
    reason: ProvisionedSuccessfully
    status: "True"
    type: Ready        <-- 已准备好被使用
```

可以看到数据库实例已经在运行了，但如果你想在pod中使用这个实例，就需要将其绑定。

绑定服务实例

想要在pod中使用配置的ServiceInstance，可以按照以下代码列表创建ServiceBindingresource。

代码清单 18.14 ServiceBinding: my-postgres-db-binding.yaml

```
apiVersion: servicecatalog.k8s.io/v1alpha1
kind: ServiceBinding
metadata:
  name: my-postgres-db-binding
spec:
  instanceRef:                    在引用之前创建的实例
    name: my-postgres-db
  secretName: postgres-secret     <-- 你希望获得存储在此Secret中的服务凭据
```

代码显示你正在定义一个名为`my-postgres-db-binding`的ServiceBinding资源，其中引用了之前创建的`my-postgres-db`服务实例，同时你也命名了一个Secret。在这个名为`postgres-secret`的Secret中，你希望服务目录放入所有访问服务实例必需的凭证。但是要在哪里将ServiceInstance绑定到pod上呢？实际上，并不需要绑定。

目前，服务目录并不能向pod注入ServiceInstance的证书。当一个叫PodPresets的新的Kubernetes特性可用时向pod注入ServiceInstance证书将变得可能。在那之前，可以创建一个密钥，将需要的证书存进密钥并将密钥手动挂载到pod上。

在你将ServiceBinding资源从先前的列表提交到服务目录API服务器时，控制器会再次联系数据库代理，并为之前配置的ServiceInstance创建一个绑定。作为响应，这时候代理会返回以连接到数据库所需的凭证和其他数据。随后，服务目录会使用在ServiceBinding资源中指定的名称创建一个新的Secret，并将所有数据存储在Secret中。

在客户端pod中使用新创建的Secret

服务目录系统创建的Secret可以装载到pod中，这样Secret就可以读取其中的内容并使用它们连接到配置好的服务实例（示例中的一个 PostgreSQL 数据库）。这个 Secret 可能和以下代码清单中的十分相似。

代码清单 18.15 一个持有连接到服务实例的凭证的 Secret

```
$ kubectl get secret postgres-secret -o yaml
apiVersion: v1
data:
  host: <base64-encoded hostname of the database>
  username: <base64-encoded username>
  password: <base64-encoded password>
kind: Secret
metadata:
  name: postgres-secret
  namespace: default
  ...
type: Opaque
```

这是 pod 应该用来连接数据库服务的内容

由于可以自己选择 Secret 的名称，因此可以在设置或绑定服务之前部署 pod。如果没有这样一个 Secret，pod 就不会启动，就像第 7 章中提到的那样。

必要情况下，还可以为不同的 pod 创建多个绑定。这样一来服务代理就可以在每个绑定中使用相同的凭据集（但最好为每个绑定实例重新创建一组凭据）。通过这种方式，你就可以通过删除 ServiceBinding 资源来阻止使用该服务。

18.2.5 解除绑定与取消配置

一旦你不再需要服务绑定，可以按照删除其他资源的方式将其删除：

```
$ kubectl delete servicebinding my-postgres-db-binding
servicebinding "my-postgres-db-binding" deleted
```

这时候，服务目录控制器将删除密钥并通知代理解除绑定，而服务实例（PostgreSQL 数据库）仍会运行。因此，你可以创建一个新的服务绑定。

但是，如果你不再需要数据库实例，就应该一并删除服务实例资源：

```
$ kubectl delete serviceinstance my-postgres-db
serviceinstance "my-postgres-db " deleted
```

删除 ServiceInstance 资源后，服务目录就会在服务代理上执行取消配置的操作。同样，尽管取消配置带来的后果是由代理决定的，但你应该让代理关闭调配服务实例时创建的 PostgreSQL 数据库实例。

18.2.6 服务目录给我们带来了什么

如你所知，服务提供者可以通过在任何 Kubernetes 集群中注册代理，在该集群中暴露服务，这就是服务目录的最大作用。

很早之前，笔者就已经使用服务目录实施了一个代理。由此，可以很方便地配置消息系统，并将其暴露给 Kubernetes 集群中的 pod。也有别的团队实施了一个能轻松配置 Amazon Web 服务的代理。

总而言之，服务代理让你能够在 Kubernetes 中轻松配置和暴露服务。这一优点使得 Kubernetes 成为你部署应用程序的最佳平台之一。

18.3 基于Kubernetes搭建的平台

由于 Kubernetes 中的组件都可以轻松扩展，越来越多原本拥有自研平台的公司转而在 Kubernetes 上重新实施。Kubernetes 被大量新一代 PaaS 产品采用，这也证明了它的确是一个伟大的系统。

基于 Kubernetes 构建的最著名的 PaaS 系统包括 Deis Workflow 和 Red Hat 的 OpenShift。我们对这两套系统进行大致介绍，看看 Kubernetes 在它们的成功背后发挥了什么作用。

18.3.1 Red Hat OpenShift 容器平台

作为一个 PaaS 平台，Red Hat（红帽）OpenShift 非常注重开发者的体验。Red Hat OpenShift 容器平台最想要实现的目标就是帮助开发者实现应用程序快速开发、便捷部署、轻松扩展以及长期维护。早在 Kubernetes 正式发布之前，OpenShift 容器平台就已经迭代了第 1 版和第 2 版。而当 Kubernetes 正式发布之后，Red Hat 公司当即决定，抛弃原有基础，基于 Kubernetes 重新开发第 3 版，对于像 Red Hat 这样的公司来说，显然是充分考察了 Kubernetes 的优点，才会做出如此重大决策。

与 Kubernetes 能够实现应用程序自动化部署和扩展相似，OpenShift 也能实现应用程序开发自动化，并且开发者无须在集群中集成解决方案即可完成自动部署。

OpenShift 还提供了用户管理和群组管理功能，使你能够运行安全的多用户 Kubernetes 集群。在这个集群中个人用户只能访问他们自己名下的 Kubernetes 空间，而在这些空间中运行的应用程序也默认完全与网络隔离。

OpenShift 容器平台中其他可用的资源

除了 Kubernetes 中提供的所有可用 API 外，OpenShift 还提供了一些额外的 API 对象。通过接下来的介绍，你就能很好地了解 OpenShift 所提供的功能。这些功能包括：

- Users&Groups（用户与群组）
- Projects（项目）

- Templates（模板）
- Buildconfigs（构建配置）
- DeploymentConfigs（部署配置）
- ImageStreams（镜像流）
- Routes（路由）
- 其他

用户、群组、项目简介

在前文中我们已经提到，与 Kubernetes 没有 API 对象来表示集群中的单个用户不同，OpenShift 为用户提供了多用户环境（Kubernetes 可以用 ServiceAccounts 代表运行在其中的服务）。OpenShift 可以设定每个用户可以执行或不能执行的操作。这些强大的用户管理功能实现时间早于基于角色的访问控制，而到了 Kubernetes vanilla 版本中，已经成了标准功能。

每个用户只能访问特定的项目，而这些项目仅仅是一个个带有附加注释的 Kubernetes 命名空间。用户只能对其有权访问的项目中的资源进行操作，并且仅有集群管理员能够授予用户项目访问权限。

应用程序模板简介

Kubernetes 可以通过单个 JSON 或 YAML 清单部署一组资源。而 OpenShift 则更进一步，通过让清单可参数化来完成这一工作，这个可参数化的列表就被称为模板（*Template*）。应用程序模板实际上就是一个对象列表，列表中的定义包含了一些占位符。在你处理完这些占位符，并将模板实例化之后，就可以用参数值替换这些占位符（见图 18.8）。

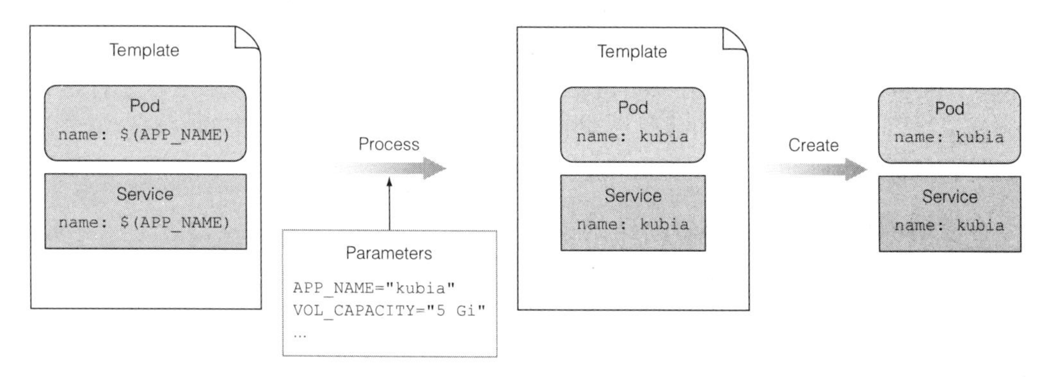

图 18.8 OpenShift 模板

本质上，模板就是一个包含了参数列表的 JSON 或 YAML 文件，列举了这个 JSON / YAML 文件定义的资源中被引用的参数。与其他对象一样，模板也可以存储在 API 服务器中。 在你将模板实例化之前，需要事先通过以下方式进行处理：首先提供模板参数的值，然后 OpenShift 用这些值替换对参数的引用。经过处理之后，你就能像创建 Kubernetes 资源列表一样，通过单个 POST 请求创建模板了。

OpenShift 还为用户提供了许多预制的模板列表，用户仅需指定几个参数（如果模板为参数提供合理的默认值，甚至可以不用指定参数），就能快速运行复杂的应用程序。例如，一个模板可以创建 Java EE 应用程序所需的全部 Kubernetes 资源，来保证其在应用程序服务器中运行。同时，模板还能将应用程序服务器与后端数据库连接。用户只需一个命令就能完成全部部署。

使用构建配置通过源码构建镜像

通过将 OpenShift 集群指向包含应用程序源代码的 Git 存储库，用户能在 OpenShift 集群中快速构建和部署应用程序，这也是 OpenShift 最好的特性之一。OpenShift 会创建一个名为构建配置的资源，构建配置能够在你向 Git 仓库提交变更之后立即触发构建容器镜像，这样你就不必亲自构建容器镜像了，因为 OpenShift 已经为你完成了这一步。

尽管 OpenShift 不会监控 Git 仓库本身，但仓库中的 hook 可以将新的提交通知 OpenShift。然后，OpenShift 将从 Git 仓库中提取更改并开始构建过程。通过一个名为 *Source To Image* 的构建机制，可以检测 Git 存储库中的应用程序类型，并为其运行适当的构建过程。例如，如果它检测到 Java Maven 格式项目中使用的 pom.xml 文件，那么它就会运行 Maven 构建。构建生成后，它就会被打包到容器镜像中，并被推送到内部容器注册表（由 OpenShift 提供）。在注册表内，构建就会被提取并在集群中运行。

开发者通过创建一个 BuildConfig 对象，就可以指向一个 Git 仓库。这样开发者就不用再构建容器镜像，甚至几乎不需要知道有关容器的任何信息。如果 ops 团队部署了 OpenShift 集群并向开发者开放访问，那么开发者就能像将应用程序打包到容器一样，将他们开发好的代码提交并推送到 Git 仓库。而接下来的构建、部署和应用程序管理就都会由 OpenShift 负责。

使用部署配置自动部署新建的镜像

通过创建一个部署配置对象并将其指向一个镜像流的方法，新建立的容器镜像也可以自动部署到集群中。 顾名思义，镜像流就是一串图像，镜像一旦被构建就会被添加到镜像流中。由于这一功能，DeploymentConfig 能够及时找到新建的镜像，并允许它产生新镜像（见图 18.9）。

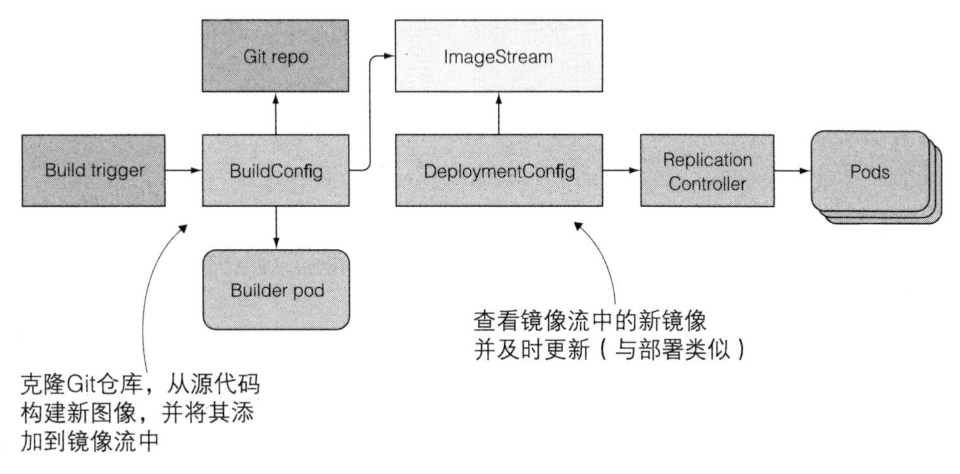

图 18.9 OpenShift 中的构建配置和部署配置

除了发布时间更早，部署配置与 Kubernetes 中的部署对象几乎相同。并且，和部署对象一样，部署配置具有用于在部署之间转换的可配置策略。部署配置包含一个用于创建实际 pod 的 pod 模板，但它也同时支持配置部署前 hook 和部署后 hook。与 Kubernetes 部署会创建 ReplicaSet 不同的是，部署配置的是 ReplicationController，并提供了一些附加功能。

使用路由向外部暴露服务

在 Kubernetes 诞生之初，它并没有提供 Ingress 对象，所以需要使用 `NodePort` 或是 `LoadBalancer` 类型的服务来对外暴露服务。而在那个时候，OpenShift 就已经通过路径资源提供了一个更好的选择。尽管路径与 Ingress 有些类似，但它提供了一些与 TLS 终止和流量拆分有关的其他配置。

与 Ingress 控制器类似，路径也需要一个路由器作为一个控制器来提供负载均衡器，或者该路由器提供负载均衡器或代理。而与 Kubernetes 不同的是，OpenShift 提供的路由器能够做到开箱即用。

试用 OpenShift

如果你有兴趣尝试 OpenShift，可以先使用 Minishift（与 Minikube 等效的 OpenShift）。还可以在 https://manage.openshift.com 上尝试免费的多租户托管解决方案——OpenShift Online Starter。

18.3.2 Deis Workflow 与 Helm

另一个基于 Kubernetes 开发的优秀 PaaS 产品案例是 Deis 的 Workflow，而微软宣布完成了对 Deis 的收购。除了 Workflow，他们还开发了一个名为 Helm 的工具。

在 Kubernetes 社区里，Helm 已经成了部署现有应用的标准方式，具有极大的知名度。接下来会介绍一下这两个产品。

Deis Workflow 简介

可以将 Deis Workflow 部署到任何现有的 Kubernetes 集群中（而 OpenShift 是一个包含修改后的 API 服务器和其他 Kubernetes 组件的完整集群）。在你运行 Workflow 时，它会创建一组 Service 和 ReplicationController，这会为开发人员提供一个简单、友好的开发环境。

只需通过 `git push deis master` 推送更改就可以触发应用程序新版本更新，而剩余的工作都会由 Workflow 完成。与 OpenShift 类似，Workflow 也为核心 Kubernetes 中的镜像机制、应用部署和回滚、边缘路由、日志聚合、指标监控和告警提供了源。

想要在 Kubernetes 集群中运行 Workflow，你首先需要安装 Deis Workflow 和 Helm CLI 工具，然后将 Workflow 安装到集群中。具体步骤和更多详细情况可以访问 https://deis.com/workflow。接下来我们将要探讨 Helm 工具，它可以在没有工作流的情况下使用，并且已经在社区中得到普及。

通过 Helm 部署资源

Helm 是一个 Kubernetes 包管理器（类似于 OS 包管理器，比如 Linux 中的 `yum`、`apt`，或者 MacOS 中的 `homebrew`）。

Helm 由两部分组成：

- 一个 `helm` CLI 工具（客户端）.
- Tiller，一个作为 Kubernetes 集群内 pod 运行的服务器组件。

这两个组件用于在 Kubernetes 集群中部署和管理应用程序包。Helm 应用程序包称为图表，它们与配置结合在一起，包含配置信息且合并到图表中以创建一个发行版本（Release），这是一个应用程序的运行实例（结合了图表和配置）。可以使用 `helm` CLI 工具部署和管理发行版本，以及与 Tiller 服务器交互。如图 18.10 所示，想要创建所有图表中定义的必需 Kubernetes 资源，你就需要使用 Tiller 服务器组件。

可以自己创建图表并将它们保存在本地磁盘上，也可以在 https://github.com/kubernetes/charts 上寻找现有的图表。目前，可用的图表数量还在不断增加中，包括 PostgreSQL、MySQL、MariaDB、Magento、Memcached、MongoDB、OpenVPN、PHPBB、RabbitMQ、Redis、WordPress 等应用程序的图表。

就像你不需要在 Linux 系统中手动构建和安装其他人开发的应用程序一样，你可能也不想亲自为这些应用程序构建和管理自己的 Kubernetes 清单。因此，Helm 和笔者所提到的 GitHub 仓库正是你需要的。

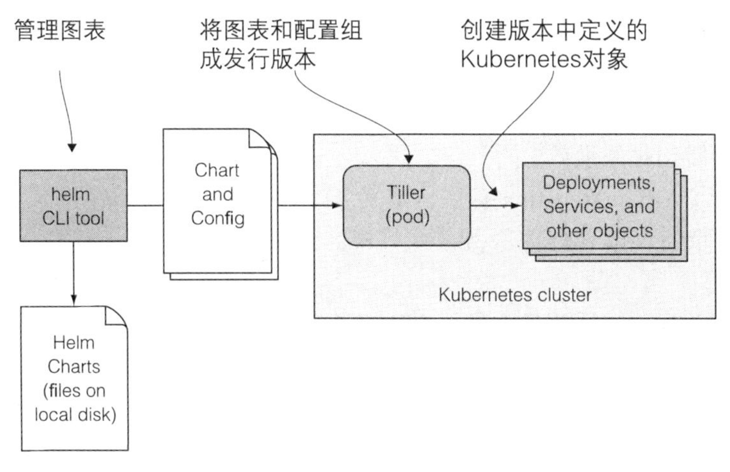

图 18.10 Helm 概览

如果你准备在 Kubernetes 集群中运行 PostgreSQL 或 MySQL 数据库，不必急着编写清单，而是检查一下是否已经有别人踩过相关的坑，并且准备好了一个 Helm 图表。

一旦某人为特定的应用程序准备了 Helm 图表并将其添加到 Helm 图表 Git 仓库中，安装整个应用程序只需一条单行命令。比如说，你想要在 Kubernetes 集群中运行 MySQL，只需将图表 Git 仓库克隆到你的本地计算机，然后运行以下命令（需要保证你的集群中运行了 Helm 的 CLI 工具和 Tiller）：

```
$ helm install --name my-database stable/mysql
```

这样就能够创建在集群中运行 MySQL 所需的 Deployment、Service、Secret 和 PersistentVolumeClaim，你不必关心自己需要什么组件，以及如何配置它们以正确运行 MySQL。是不是很棒！

提示 OpenVPN 图表是仓库中最有趣的图表之一，他能使你在 Kubernetes 集群内运行 OpenVPN 服务器，并允许你通过 VPN 和访问服务来输入 pod 网络，就好像本地计算机是集群中的一个容器一样。这在开发应用程序并在本地运行时非常有用。

以上这些例子说明了 Kubernetes 以及 Red Hat 和 Deis（现在的微软）等公司如何扩展应用。你还在等什么？快赶上 Kubernetes 的浪潮吧！

18.4 本章小结

在最后一章里，我们向你展示了基于 Kubernetes 扩展各种功能，并介绍了 Deis 和 Red Hat 的应用案例。读完本章，你已经能够掌握如下知识：

- 通过创建一个 CRD 对象，能够在 API 服务器中注册自定义资源。
- 可以对自定义对象实例进行存储、检索、更新和删除，而无须更改 API 服务器代码。
- 实施自定义控制器能让对象生效。
- Kubernetes 可以通过 API aggregation 扩展自定义 API 服务器。
- Kubernetes 服务目录使自部署外部服务，并且暴露给集群中运行的 pod 变为可能。
- 通过 API 聚合，Kubernetes 可以在自定义 API 服务器进行扩展。
- 基于 Kubernetes 构建的 PaaS 产品可以轻松地在同一个 Kubernetes 集群中构建、运行容器化应用程序。
- 使用名为 Helm 的软件包管理器，可以部署现有的应用程序，而不需要为它们构建资源清单。

感谢你花时间阅读这本书。笔者在撰写这本书的过程中学到了很多，希望你在阅读后也能收获颇丰。

在多个集群中使用kubectl

A

A.1 在Minikube和Google Kubernetes引擎之间切换

本书中的例子既可以在由 Minikube 创建的集群中运行，也可以在使用 Google Kubernetes Engine（GKE）创建的集群中运行。如果你打算同时使用两者，那么你需要了解如何在它们之间切换。下一节将详细介绍如何在多个集群中使用 kubectl。本节将介绍如何在 Minikube 和 GKE 之间进行切换。

切换到 Minikube

幸运的是，每次使用 minikube start 启动 Minikube 集群时，kubectl 都会被重新配置以使用：

```
$ minikube start
Starting local Kubernetes cluster...
...
Setting up kubeconfig...
Kubectl is now configured to use the cluster.
```

每次启动集群时，Minikube 都会重新设置 kubectl

从 Minikube 切换到 GKE 后，可以通过停止 Minikube 并重新启动切换回来。这时 kubectl 会被再次重新设置以适用于 Minikube 集群。

切换到 GKE

可以使用以下命令切换到 GKE 集群：

```
$ gcloud container clusters get-credentials my-gke-cluster
```

此时 kubectl 会被设置使用名为 my-gke-cluster 的 GKE 集群。

更进一步

上面两种方法应该仅仅是让你快速入门，下一节会完整介绍如何在多集群中使用 kubectl。

A.2　在多集群或多命名空间下使用kubectl

如果你需要在多个 Kubernetes 集群之间切换，或者如果你想在默认命名空间之外的命名空间下工作，但是不想在每次运行 kubectl 时指定 --namespace 选项，请执行以下操作。

A.2.1　配置 kubeconfig 文件的路径

kubectl 使用的配置通常存储在～/.kube/config 文件中。如果存储在其他位置，环境变量 KUBECONFIG 需要指向配置文件的位置。

注意 可以通过在 KUBECONFIG 环境变量中指定多个配置文件（使用冒号分隔它们）来让 kubectl 一次性加载全部配置。

A.2.2　了解 kubeconfig 文件中的内容

下面的代码清单中展示了一个配置文件的示例。

代码清单 A.1　kubeconfig 文件示例

```
apiVersion: v1
clusters:
- cluster:
    certificate-authority: /home/luksa/.minikube/ca.crt
    server: https://192.168.99.100:8443
  name: minikube
contexts:
- context:
    cluster: minikube
    user: minikube
    namespace: default
  name: minikube
current-context: minikube
kind: Config
preferences: {}
users:
```

包含一个 Kubernetes 集群的信息

定义一个 kubectl 的上下文

kubectl 使用的当前上下文

```
- name: minikube
  user:
    client-certificate: /home/luksa/.minikube/apiserver.crt
    client-key: /home/luksa/.minikube/apiserver.key
```

包含用户凭据信息

kubeconfig 文件由以下四部分组成：

- 集群列表
- 用户列表
- 上下文列表
- 当前上下文名称

每个集群、用户和上下文都有一个名称用于区分。

集群

集群条目代表 Kubernetes 集群，并包含 API 服务器的 URL、证书颁发机构（CA）文件，以及可能与通过 API 服务器进行通信相关的一些其他配置选项。CA 证书可以存储在单独的文件中并在 kubeconfig 文件中引用，也可以直接将其包含在 `certificate-authority-data` 字段中。

用户

每个用户定义了在与 API 服务器交谈时使用的凭据。这可以是用户名和密码、身份验证令牌或客户端密钥和证书。证书和密钥可以包含在 kubeconfig 文件中（通过 `client-certificate-data` 和 `client-key-data` 属性），或者存储在单独的文件中并在配置文件中引用，如代码清单 A.1 所示。

上下文

上下文将 `kubectl` 执行命令时应使用的集群、用户以及默认命名空间关联在一起。多个上下文可以指向同一个用户或集群。

当前上下文

虽然可以在 kubeconfig 文件中定义多个上下文，但在同一时间，只有其中一个是当前上下文。稍后会介绍当前上下文是如何被改变的。

A.2.3 查询、添加和修改 kube 配置条目

既可以手动编辑该文件以添加、修改和删除集群、用户和上下文等信息，也可以通过 `kubectl config` 命令进行这些操作。

添加或修改一个集群

使用 `kubectl config set-cluster` 命令添加一个集群：

```
$ kubectl config set-cluster my-other-cluster
➥ --server=https://k8s.example.com:6443
➥ --certificate-authority=path/to/the/cafile
```

这会添加一个 API 服务器地址位于 https://k8s.expample.com:6443，名为 my-other-cluster 的集群。要查看其他选项，请运行 kubectl config set-cluster 以打印出使用示例。

如果指定的集群名称已存在，则 set-cluster 命令将会覆盖该同名集群的配置选项。

添加或修改用户凭据

添加和修改用户与添加或修改集群类似。使用以下命令为 API 服务器添加一个使用用户名和密码认证的用户：

```
$ kubectl config set-credentials foo --username=foo --password=pass
```

若要使用基于 token 的认证方式，可使用如下命令：

```
$ kubectl config set-credentials foo --token=mysecrettokenXFDJIQ1234
```

上述两个示例都以名称 foo 存储用户凭据。如果你使用相同凭据来针对不同集群进行身份验证，则可以只定义一个用户并将其用于两个集群。

将集群和用户凭据联系到一起

上下文中定义了哪个用户使用哪个集群，同时也可以定义 kubectl 应该使用的命名空间，这样就不需要使用 --namespace 或 -n 选项手动指定命名空间。

以下命令用于创建新的上下文，并将集群与你创建的用户联系在一起：

```
$ kubectl config set-context some-context --cluster=my-other-cluster
➥ --user=foo --namespace=bar
```

这会创建一个名为 some-context 的上下文，该上下文使用 my-other-cluster 集群和 foo 用户凭据。此上下文中的默认命名空间设置为 bar。

也可以使用同样的命令来更改当前上下文的命名空间。例如，可以像这样获取当前上下文的名称：

```
$ kubectl config current-context
minikube
```

然后使用如下命令修改命名空间：

```
$ kubectl config set-context minikube --namespace=another-namespace
```

与每次运行 kubectl 时必须包含 --namespace 选项相比，这种方式更方便便捷。

提示 若要方便地在命名空间之间切换，请先定义一个别名：alias kcd ='kubectl config set-context $(kubectl config current-context)--namespace'。然后就可以使用 kcd some-namespace 命令在命名空间之间切换。

A.2.4 在不同的集群、用户和上下文中使用 kubectl

运行 kubectl 命令时，会使用 kubeconfig 当前上下文中定义的集群、用户和命名空间，同时也可以使用以下命令行选项覆盖它们：

- --user 指定一个 kubeconfig 文件中不同的用户。
- --username 和 --password 分别指定不同的用户名和密码（该用户名和密码不需要在配置文件中预先定义）。如果使用其他类型的认证，可以使用 --client-key 、--client-certificate 或 --token。
- --cluster 指定一个不同的集群（该集群必须在配置文件中预先定义）。
- --server 指定一个不同服务器的 URL（配置文件中不存在的）。
- --namespace 指定一个不同的命名空间。

A.2.5 切换上下文

可以使用 set-context 命令创建附加上下文，然后在上下文之间切换，而不是像前面的示例中那样修改当前上下文。当处理多个集群时（使用 set-cluster 为它们创建集群条目），这非常方便。一旦你设置了多个上下文，在它们之间切换就很简单了：

```
$ kubectl config use-context my-other-context
```

这样就将当前上下文切换到了 my-other-context。

A.2.6 列出上下文和集群

要列出你的 kubeconfig 文件中定义的所有上下文，请运行以下命令：

```
$ kubectl config get-contexts
CURRENT   NAME          CLUSTER       AUTHINFO            NAMESPACE
*         minikube      minikube      minikube            default
          rpi-cluster   rpi-cluster   admin/rpi-cluster
          rpi-foo       rpi-cluster   admin/rpi-cluster   foo
```

正如你所看到的，这里使用了三种不同的上下文。rpi-cluster 和 rpi-foo

上下文使用相同的集群和凭据，但默认使用不同的命名空间。

列出类似集群：

```
$ kubectl config get-clusters
NAME
rpi-cluster
minikube
```

出于安全考虑，凭据信息不会被列出。

A.2.7 删除上下文和集群

要清理上下文或集群的列表，可以手动删除 kubeconfig 文件中的条目，也可以使用以下两个命令：

```
$ kubectl config delete-context my-unused-context
```

和

```
$ kubectl config delete-cluster my-old-cluster
```

使用kubeadm配置多节点集群

本附录展示了如何安装一个具有多个节点的Kubernetes集群。可以在VirtualBox虚拟机中运行节点，也可以使用其他的虚拟化工具或者裸机。`kubeadm`工具可以帮助你配置主节点和工作节点。

B.1 设置操作系统和所需的软件包

首先，需要下载并安装VirtualBox。可以从https://www.virtualbox.org/wiki/Downloads下载。安装并运行VirtualBox后，请从www.centos.org/download下载CentOS 7 minimal ISO镜像。当然，也可以选择其他http://kubernetes.io网站中显示支持的Linux发行版。

B.1.1 创建虚拟机

接下来将展示如何为Kubernetes主节点创建虚拟机。如图B.1所示，首先单击VirtualBox界面左上角的New图标。然后输入“k8s-master”作为虚拟机名称，并选择Linux作为系统类型，选择Red Hat（64位）作为操作系统版本。

单击Next按钮后，可以设置虚拟机的内存大小并设置硬盘。如果内存足够，请选择至少2GB（请记住，你将运行三个这样的虚拟机）。创建硬盘时，保留选中的默认选项，例如：

- 硬盘文件类型：VDI（VirtualBox Disk Image）

- 物理磁盘存储方式：Dynamically allocated
- 硬盘文件存储路径和大小：k8s-master, 8GB

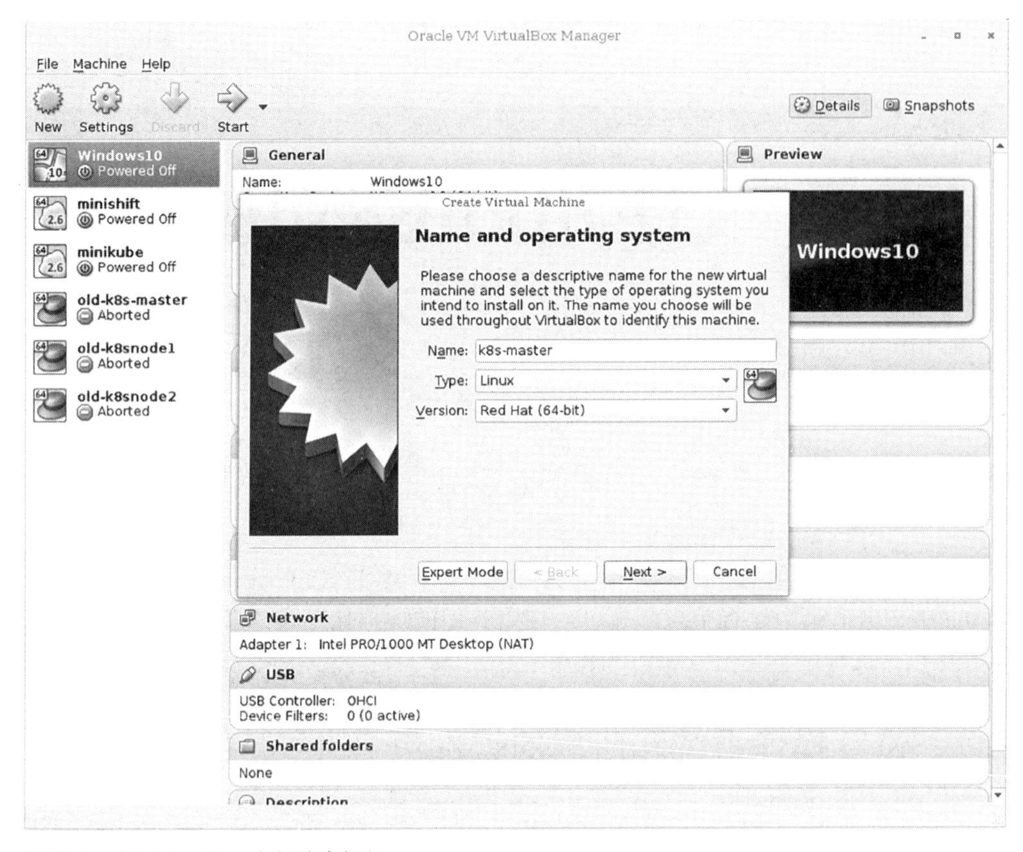

图 B.1 在 VirtualBox 中创建虚拟机

B.1.2 为虚拟机配置网络适配器

完成虚拟机创建后，为了能够正确地运行多节点，需要手动配置网络适配器。配置适配器使用桥接适配器模式，这样能够让虚拟机都连接到主机所在的同一网络。并且，像连接到与主机连接的交换机相同的物理机器一样，每个虚拟机都将获得独立的 IP 地址。其他选项卡用于配置更加复杂的多网络适配器情况。

要配置网络适配器，可以在 VirtualBox 主窗口中选择要配置的虚拟机，单击 Settings 图标（在之前单击的 New 图标旁边）。

然后将弹出如图 B.2 所示的窗口，在左侧选择 Network，然后在右侧的主面板中选择 Attached to: Bridged Adapter，在 Name 下拉菜单中，选择用户虚拟机联网的的适配器。

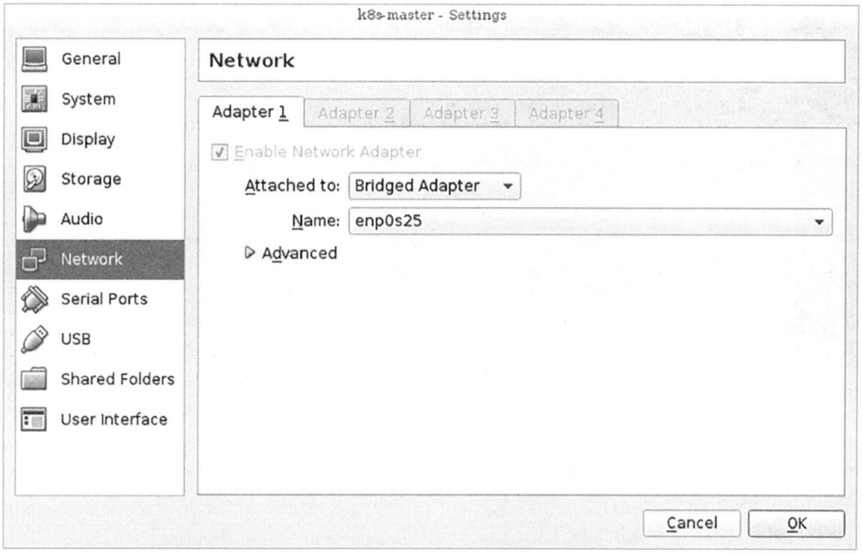

图 B.2　为虚拟机配置网络适配器

B.1.3　安装操作系统

至此，你已经配置好了虚拟机，下一步可以进行操作系统的安装了。选中列表中的虚拟机，单击主窗口上面的 Start 图标。

选择启动磁盘

在虚拟机启动之前，VirtualBox 会询问你要使用哪个磁盘启动。点击下拉列表旁边的图标（如图 B.3 所示），找到并选择你之前下载的 CentOS ISO 镜像，然后单击 Start 按钮启动虚拟机。

启动安装

当虚拟机启动时，屏幕上将出现文本菜单。使用光标键选择安装 CentOS Linux 7 选项，然后按 Enter 键继续。

设置安装选项

片刻之后，会出现一个图形界面，显示欢迎使用 CentOS Linux 7，并让你选择想要使用的语言。此处建议你保持语言设置为英文。然后单击继续按钮进入主设置屏幕，如图 B.4 所示。

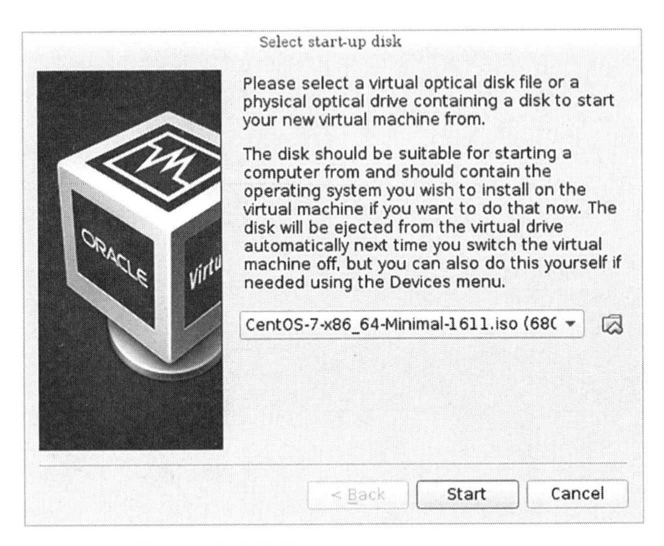

图 B.3　选择 ISO 安装镜像

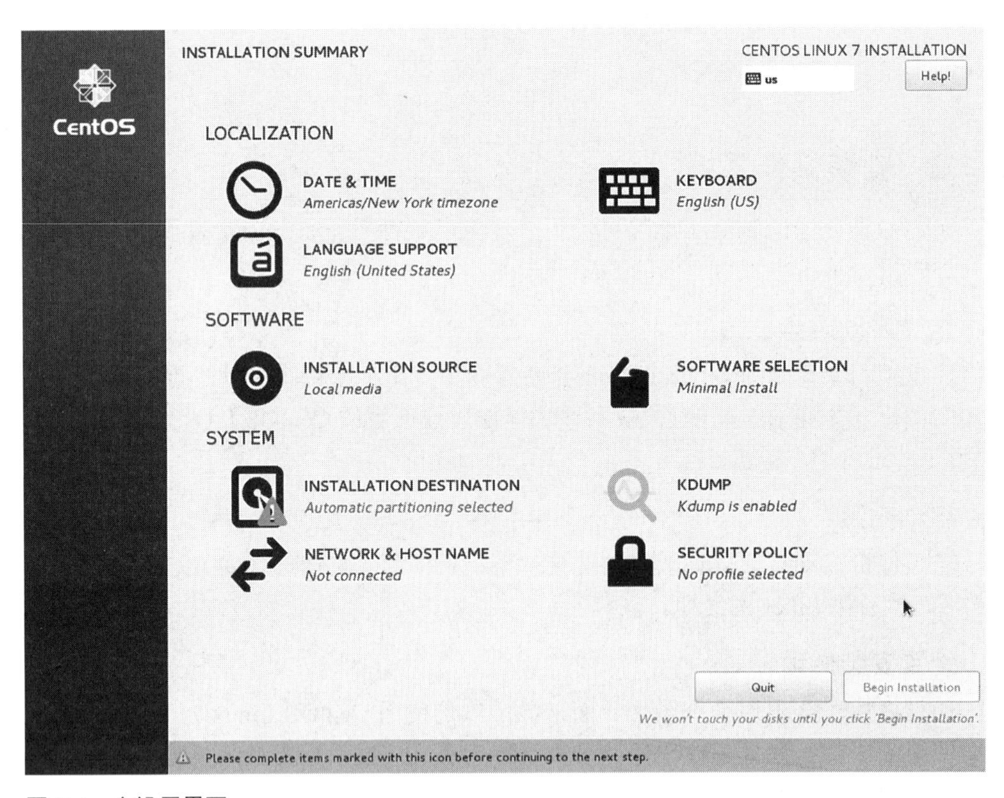

图 B.4　主设置界面

提示 当单击虚拟机的窗口时，键盘和鼠标将被虚拟机捕获。按虚拟机运行的 VirtualBox 窗口右下角提示的快捷键将释放捕获。在 Windows 和 Linux 系统中一般是 Right Control 键，在 MacOS 系统中则是 Command 键。

首先，单击 Installation Destination，然后立即单击出现的屏幕上的 Done 按钮（不需要单击其他任何地方）。

然后单击 Network&Host Name。在下一个屏幕上，首先通过单击右上角的 ON / OFF 开关启用网络适配器，然后在左下角的输入框中输入主机名，如图 B.5 所示。目前正在设置主节点，因此请将主机名设置为 master.k8s。单击文本框旁边的 Apply 按钮以确认新的主机名。

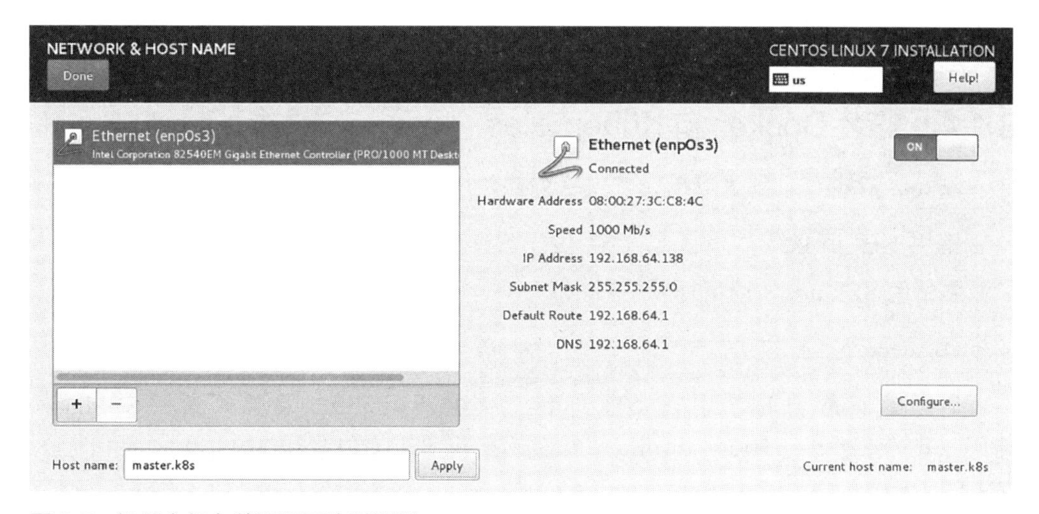

图 B.5　设置主机名并配置网络适配器

单击左上角的 Done 按钮返回到主设置界面。

你还需要设置正确的时区。单击 Date&Time，然后在打开的界面上，选择地区和城市或者在地图上单击你的位置，最后单击左上角的 Done 按钮返回到主设置界面。

运行安装

单击右下角的 Begin Installation 按钮，将出现如图 B.6 所示的界面，开始安装。在安装操作系统的过程中，如有需要，可以设置 root 密码并创建一个用户账户。安装完成后，单击右下角的 Reboot 按钮重启。

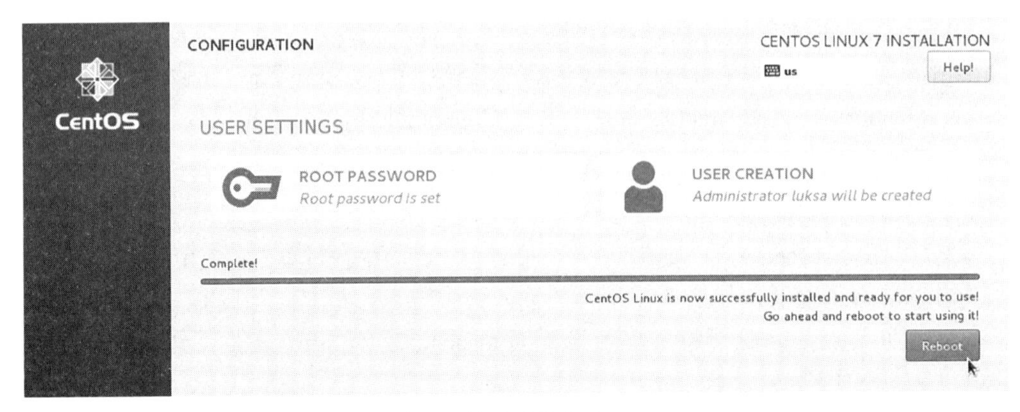

图 B.6 在安装操作系统时设置 root 密码，然后重新启动

B.1.4 安装 Docker 和 Kubernetes

以 root 身份登录到虚拟机。首先，需要禁用两个安全功能：SELinux 和防火墙。

禁用 SELinux

要禁用 SELinux，请运行以下命令：

```
# setenforce 0
```

但是这只能暂时禁用它（直到下一次重新启动）。要永久禁用 SELinux，请编辑 /etc/selinux/config 文件并将 SELINUX=enforcing 更改为 SELINUX=permissive。

禁用防火墙

为了避免遇到与防火墙相关的问题，你还需要防火墙。运行以下命令：

```
# systemctl disable firewalld && systemctl stop firewalld
Removed symlink /etc/systemd/system/dbus-org.fedoraproject.FirewallD1...
Removed symlink /etc/systemd/system/basic.target.wants/firewalld.service.
```

在 Yum 仓库中添加 Kubernetes

为了让 Kubernetes RPM 包在 yum 包管理器中可用，需要参照如下代码清单中的内容，在 /etc/yum.repos.d/ 文件夹中添加 kubernetes.repo 文件。

代码清单 B.1 添加 Kubernetes RPM 仓库

```
# cat <<EOF > /etc/yum.repos.d/kubernetes.repo
[kubernetes]
```

```
name=Kubernetes
baseurl=http://yum.kubernetes.io/repos/kubernetes-el7-x86_64
enabled=1
gpgcheck=1
repo_gpgcheck=1
gpgkey=https://packages.cloud.google.com/yum/doc/yum-key.gpg
        https://packages.cloud.google.com/yum/doc/rpm-package-key.gpg
EOF
```

注意 如果你正在复制和粘贴，请确保在 EOF 之后不存在空白字符。

安装 Docker、Kubelet、Kubeadm、Kubectl 和 Kubernetes-CNI

到此，可以开始安装你需要的包了：

```
# yum install -y docker kubelet kubeadm kubectl kubernetes-cni
```

如你所见，你正在安装许多包。它们分别是：

- `docker` ——容器运行时
- `kubelet`——Kubernetes 节点代理，它将为你运行一切
- `kubeadm`——一个用于部署多节点 Kubernetes 集群的工具
- `kubectl`——用于和 Kubernetes 交互的命令行工具
- `kubernetes-cni`——Kubernetes 容器网络接口

安装完成后，需要手动启动 `docker` 和 `kubelet` 服务：

```
# systemctl enable docker && systemctl start docker
# systemctl enable kubelet && systemctl start kubelet
```

启用 NET.BRIDGE.BRIDGE-NF-CALL-IPTABLES 内核选项

实践过程中，注意到有些东西会禁用 `bridge-nf-call-iptables` 内核参数，而这是 Kubernetes 服务正常运行所必需的。为了纠正这个问题，需要运行以下两个命令：

```
# sysctl -w net.bridge.bridge-nf-call-iptables=1
# echo "net.bridge.bridge-nf-call-iptables=1" > /etc/sysctl.d/k8s.conf
```

禁用交换分区

如果启用了交换分区则无法启动 Kubelet，因此需要使用如下命令禁用交换分区：

```
# swapoff -a &&  sed -i '/ swap / s/^/#/' /etc/fstab
```

B.1.5 克隆虚拟机

目前为止，你所做的所有工作都必须在计划用于集群的每台机器上完成。如果你使用的是裸机，则需要对每个工作节点重复上一节中描述的过程至少两次。如果你使用虚拟机构建集群，现在是克隆虚拟机的时候了，最终将会有三个不同的虚拟机。

关闭虚拟机

要在 VirtualBox 中克隆虚拟机，首先需要执行关机命令来关闭虚拟机：

```
# shutdown now
```

克隆虚拟机

现在，用鼠标右键单击 VirtualBox 界面中的虚拟机并选择 Clone，输入新机器的名称，如图 B.7 所示（例如，第一个克隆的叫作 k8s-node1，第二个克隆的叫作 k8s-node2）。请确保你选中了重新初始化所有网卡的 MAC 地址选项，以便每个虚拟机使用不同的 MAC 地址（因为它们将位于同一网络中）。

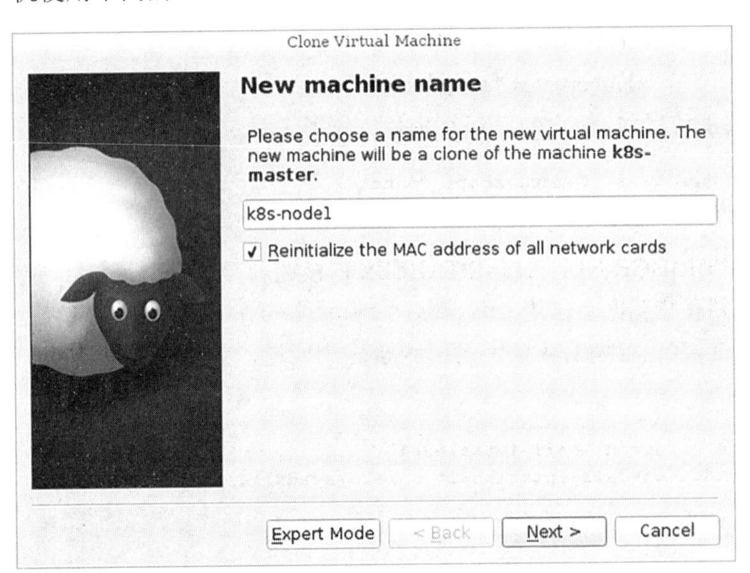

图 B.7 克隆主节点虚拟机

单击Next按钮，然后再次确认Full Clone选项已被选中，然后再次单击Next按钮。然后，在下一个屏幕上，单击 Clone（选择当前机器状态选项）按钮。为第二个节点重复上述的过程，然后通过选择全部三个虚拟机并单击 Start 图标来启动所有三个虚拟机。

为克隆出的虚拟机修改主机名

由于另外两个虚拟机是通过克隆主节点创建的，所以这三台虚拟机的主机名都是一样的。因此，你需要为两台克隆出的虚拟机修改主机名。以 root 用户的身份分别登录两台节点执行下面的命令：

```
# hostnamectl --static set-hostname node1.k8s
```

注意 记得在第二台虚拟机上执行上述命令时，指定主机名为 node2.k8s。

为三台主机配置名称解析

为了保证三台机器都能被解析到，需要添加三台机器的记录到 DNS 服务器，或者将所有节点的信息填入 /etc/hosts 文件中。例如，可以将以下三行添加到 hosts 文件（将 IP 替换为虚拟机的 IP），如下面的代码清单所示。

代码清单 B.2 在 /etc/hosts 文件中添加各个集群节点的记录

```
192.168.64.138 master.k8s
192.168.64.139 node1.k8s
192.168.64.140 node2.k8s
```

可以通过以 root 用户身份登录到节点来获取每个节点的 IP，运行 ip addr 并查找与 enp0s3 网络适配器关联的 IP 地址，如以下代码清单所示。

代码清单 B.3 查找每个节点的 IP 地址

```
# ip addr
1: lo: <LOOPBACK,UP,LOWER_UP> mtu 65536 qdisc noqueue state UNKNOWN qlen 1
    link/loopback 00:00:00:00:00:00 brd 00:00:00:00:00:00
    inet 127.0.0.1/8 scope host lo
       valid_lft forever preferred_lft forever
    inet6 ::1/128 scope host
       valid_lft forever preferred_lft forever
2: enp0s3: <BROADCAST,MULTICAST,UP,LOWER_UP> mtu 1500 qdisc pfifo_fast state
     UP qlen 1000
    link/ether 08:00:27:db:c3:a4 brd ff:ff:ff:ff:ff:ff
    inet 192.168.64.138/24 brd 192.168.64.255 scope global dynamic enp0s3
       valid_lft 59414sec preferred_lft 59414sec
    inet6 fe80::77a9:5ad6:2597:2e1b/64 scope link
       valid_lft forever preferred_lft forever
```

上述代码清单中的命令输出显示，该机器的 IP 地址为 192.168.64.138。你需要分别在每个节点上运行此命令以获取所有的 IP 信息。

B.2 使用kubeadm配置主节点

终于，现在已准备好在你的主节点上设置 Kubernetes Control Plane 了。

运行 kubeadm init 初始化主节点

得益于优秀的 kubeadm 工具，只需要运行如下一条命令即可完成主节点的初始化工作，如以下代码清单所示。

代码清单 B.4 运行 kubeadm init 初始化主节点

```
# kubeadm init
[kubeadm] WARNING: kubeadm is in beta, please do not use it for production
    clusters.
[init] Using Kubernetes version: v.1.8.4
...
You should now deploy a pod network to the cluster.
Run "kubectl apply -f [podnetwork].yaml" with one of the options listed at:
  http://kubernetes.io/docs/admin/addons/

You can now join any number of machines by running the following on each node
    as root:

kubeadm join --token eb3877.3585d0423978c549 192.168.64.138:6443
    --discovery-token-ca-cert-hash
    sha256:037d2c5505294af196048a17f184a79411c7b1eac48aaa0ad137075be3d7a847
```

注意 记录 kubeadm init 命令输出的最后一段内容，后续过程需要用到。

Kubeadm 部署了所有必要的控制面板组件，包括 etcd、API 服务器、Scheduler 和 Controller Manager。它还部署了 kube-proxy，使得主节点可以使用 Kubernetes 服务。

B.2.1 了解 kubeadm 如何运行组件

使用 docker ps 命令，可以发现所有这些组件都作为容器运行。但 kubeadm 不直接使用 Docker 来运行它们。它将它们的 YAML 描述符部署到 /etc/kubernetes/manifests 目录。Kubelet 会监控该目录，并通过 Docker 运行这些组件。这些组件以 pod 的形式运行。配置 kubectl 后可以用 kubectl get 命令看到它们。

在主节点上运行 kubectl

在初始步骤中安装了 kubectl，以及 docker、kubeadm 和其他软件包。但是，在配置过 kubeconfig 文件之前，无法使用 kubectl 与集群进行通信。

幸运的是，/etc/kubernetes/admin.conf 文件中展示了必要的一些配置。如附录 A 中所述，只需通过设置 KUBECONFIG 环境变量让 kubectl 使用它即可：

```
# export KUBECONFIG=/etc/kubernetes/admin.conf
```

列出 pod

为了测试 kubectl 是否正常工作，如以下代码清单所示，可以列出控制面板中的所有 pod（位于 kube-system 命名空间）：

代码清单 B.5 kube-system 命名空间中的 system pods

```
# kubectl get po -n kube-system
NAME                                    READY     STATUS    RESTARTS   AGE
etcd-master.k8s                         1/1       Running   0          21m
kube-apiserver-master.k8s               1/1       Running   0          22m
kube-controller-manager-master.k8s      1/1       Running   0          21m
kube-dns-3913472980-cn6kz               0/3       Pending   0          22m
kube-proxy-qb709                        1/1       Running   0          22m
kube-scheduler-master.k8s               1/1       Running   0          21m
```

列出节点

你已经配置好了主节点，后面还需要配置其他节点。虽然已经在两个工作节点上安装了 Kubelet（可以单独安装到每个节点，也可以在安装完所有必需软件包后克隆初始虚拟机），它们还不是 Kubernetes 集群的一部分。可以通过 kubectl 列出节点看出：

```
# kubectl get node
NAME         STATUS     ROLES     AGE       VERSION
master.k8s   NotReady   master    2m        v1.8.4
```

可以看到，当前列表中只有主节点，而且主节点的状态也显示为 NotReady。稍后会解释为何如此，现在你需要先配置另外两个节点。

B.3 使用kubeadm配置工作节点

使用 kubeadm，配置工作节点甚至比配置主节点更加简单方便。实际上，当你之前运行 kubeadm init 命令配置主节点时，它已经告诉了你应该如何配置你的工作节点，如以下代码清单所示：

代码清单 B.6　kubeadm init 命令输出的最后部分内容

```
You can now join any number of machines by running the following on each node
    as root:

kubeadm join --token eb3877.3585d0423978c549 192.168.64.138:6443
    --discovery-token-ca-cert-hash
    sha256:037d2c5505294af196048a17f184a79411c7b1eac48aaa0ad137075be3d7a847
```

你需要在两个工作节点上使用特定的 token，以及主节点的 IP 地址、端口信息执行 `kubeadm join` 命令，然后节点会在不到一分钟的时间内把自己的信息注册到主节点。可以在主节点上再次执行 `kubectl get node` 命令检查是否注册完成：

```
# kubectl get nodes
NAME         STATUS     ROLES     AGE     VERSION
master.k8s   NotReady   master    3m      v1.8.4
node1.k8s    NotReady   <none>    3s      v1.8.4
node2.k8s    NotReady   <none>    5s      v1.8.4
```

好了，你已经完成了重要的一步。你的 Kubernetes 集群现在由三个节点组成，不过它们的状态都是 NotReady，让我们继续。

使用下面代码清单中的 `kubectl describe` 命令来查看更多信息。在输出信息中，你会看到 `Conditions` 列表，列表中显示了节点上的当前条件，其中一条会指出 `Reason` 和 `Message`：

代码清单 B.7　kubectl descibe 查看节点 NotReady 的原因

```
# kubectl describe node node1.k8s
...
KubeletNotReady      runtime network not ready: NetworkReady=false
                     reason:NetworkPluginNotReady message:docker:
                     network plugin is not ready: cni config uninitialized
```

据此，Kubelet 没有完全准备好是因为容器网络（CNI）插件没有准备好，这是预料之中的，因为你还没有部署 CNI 插件，下面会指导你进行部署。

B.3.1　配置容器网络

你将安装 Weave Net 容器网络插件，但也有几种替代方案可供选择。可以在 http://kuber-netes.io/docs/admin/addons/ 上查看可用的 Kubernetes 插件。

部署 Weave Net 插件（大多数其他插件也一样）非常简单：

```
$ kubectl apply -f "https://cloud.weave.works/k8s/net?k8s-version=$(kubectl
    version | base64 | tr -d '\n')
```

这将部署一个 DaemonSet 和一些与安全相关的资源（请参阅第 12 章了解与 DaemonSet 一起部署的 ClusterRole 和 ClusterRoleBinding 的解释）。

一旦 DaemonSet 控制器创建了 pod，并且在所有节点上启动，则节点状态应该会变成准备就绪：

```
# k get node
NAME          STATUS    ROLES     AGE       VERSION
master.k8s    Ready     master    9m        v1.8.4
node1.k8s     Ready     <none>    5m        v1.8.4
node2.k8s     Ready     <none>    5m        v1.8.4
```

这样就完成了。你现在拥有一个功能齐全的三节点 Kubernetes 集群，并具有 Weave Net 提供的覆盖网络。除 Kubelet 本身之外，所有必需的组件都作为 pod 运行，由 Kubelet 管理，如下面的代码清单所示。

代码清单 B.8 部署完 Weave Net 后 kube-system 命名空间中的 system pods

```
# kubectl get po --all-namespaces
NAMESPACE     NAME                                  READY     STATUS    AGE
kube-system   etcd-master.k8s                       1/1       Running   1h
kube-system   kube-apiserver-master.k8s             1/1       Running   1h
kube-system   kube-controller-manager-master.k8s    1/1       Running   1h
kube-system   kube-dns-3913472980-cn6kz             3/3       Running   1h
kube-system   kube-proxy-hcqnx                      1/1       Running   24m
kube-system   kube-proxy-jvdlr                      1/1       Running   24m
kube-system   kube-proxy-qb709                      1/1       Running   1h
kube-system   kube-scheduler-master.k8s             1/1       Running   1h
kube-system   weave-net-58zbk                       2/2       Running   7m
kube-system   weave-net-91kjd                       2/2       Running   7m
kube-system   weave-net-vt279                       2/2       Running   7m
```

B.4 在本地使用集群

到目前为止，你已经在主节点上使用 `kubectl` 来与集群进行通信。你可能也想能够在本地机器上配置 kubectl 实例。

为此，你需要使用以下命令将 master 文件中的 `/etc/kubernetes/admin.conf` 文件复制到本地计算机：

```
$ scp root@192.168.64.138:/etc/kubernetes/admin.conf ~/.kube/config2
```

将上面的IP替换为你的主节点的IP，然后为～/.kube/config2设置KUBECONFIG环境变量，具体命令如下：

```
$ export KUBECONFIG=~/.kube/config2
```

现在Kubectl会使用这个配置文件。若要切换回之前的配置文件，重置该环境变量即可。

现在你已经可以在本地计算机上使用集群了。

C 使用其他容器运行时

C.1 使用rkt替换Docker

本书中我们已经提到了几次 rkt（发音为 rock-it）。它使用与 Docker 相同的 Linux 技术在隔离的容器中运行应用程序。我们来看看 rkt 与 Docker 有哪些区别，以及如何在 Minikube 中使用它。

rkt 一个很重要的特点就是它直接支持 pod（运行多个相关容器）的概念。这和 Docker 只是运行独立的容器不同。rtk 基于开放标准，并从一开始就考虑到安全性（例如，图像签名，用于确定它们未被篡改）。Docker 最初的客户端—服务器的体系结构不能很好地与 init 系统（如 systemd）配合使用，而 rkt 是一个 CLI 工具，它是直接运行容器，而非通知守护进程运行它。关于 rkt 的一个好消息，是它可以运行现有的 Docker 格式的容器镜像，所以你要使用 rkt 的话，并不需要重新打包你的应用程序。

C.1.1 配置 Kubernetes 使用 rkt

正如第 11 章中所述，Kubelet 是唯一与容器运行时进行对话的 Kubernetes 组件。要让 Kubernetes 使用 rkt 而不是 Docker，可以通过 `--container-runtime=rkt` 命令行选项配置 Kubelet。需要注意的是，目前对 rkt 的支持并不像 Docker 一样成熟。

请参阅 Kubernetes 文档了解更多有关如何使用 rkt 以及 rkt 的特性。现在，将通过一个简单的示例来展示。

C.1.2 使用 Minikute 尝试 rkt

幸运的是，要开始在 Kubernetes 中使用 rkt，只需要用到与你已使用的 Minikube 可执行文件。要在 Minikube 中使用 rkt 作为容器运行时，你需要做的就是启动 Minikube 时在参数中包含以下两个选项：

```
$ minikube start --container-runtime=rkt --network-plugin=cni
```

注意 你可能需要先执行 minikute delete 命令删除已有的 Minikute 虚拟机。

显而易见，--container-runtime=rkt 选项用于配置 rkt 作为 Kubelet 的容器运行时，而 --network-plugin=cni 用于配置 Container Network Interface 作为网络插件。没有这两条命令，pod 无法运行。

运行一个 pod

Minikube 虚拟机启动后，可以像之前一样和 Kubernetes 进行交互。可以使用 kubectl run 命令部署 kubia 应用，例如：

```
$ kubectl run kubia --image=luksa/kubia --port 8080
deployment "kubia" created
```

当 pod 启动时，可以通过使用 kubectl describe 检查其容器，如下面的代码清单所示。

代码清单 C.1 使用 rkt 运行 pod

```
$ kubectl describe pods
Name:           kubia-3604679414-l1nn3
...
Status:         Running
IP:             10.1.0.2
Controllers:    ReplicaSet/kubia-3604679414
Containers:
  kubia:
    Container ID:       rkt://87a138ce-...-96e375852997:kubia   <-
    Image:              luksa/kubia
    Image ID:           rkt://sha512-5bbc5c7df6148d30d74e0...   <-
...
```

容器和镜像 ID 中提到了 rkt 而非 Docker

也可以尝试连接 pod 的 HTTP 端口，检查它是否能正确地响应 HTTP 请求。例如，可以通过创建 NodePort 服务或使用 kubectl port-forward。

在 Minikube 虚拟机中检查运行的容器

可以使用下面的命令登录到 Minikube 虚拟机熟悉一下 rkt：

```
$ minikube ssh
```

然后，可以使用 rkt list 查看正在运行的pod和容器，如下面的代码清单所示：

代码清单 C.2 使用 rkt list 命令列出运行中的容器

```
$ rkt list
UUID      APP                  IMAGE NAME                           STATE   ...
4900e0a5  k8s-dashboard        gcr.io/google_containers/kun...  running ...
564a6234  nginx-ingr-ctrlr     gcr.io/google_containers/ngi...  running ...
5dcafffd  dflt-http-backend    gcr.io/google_containers/def...  running ...
707a306c  kube-addon-manager   gcr.io/google-containers/kub...  running ...
87a138ce  kubia                registry-1.docker.io/luksa/k...  running ...
d97f5c29  kubedns              gcr.io/google_containers/k8s...  running ...
          dnsmasq              gcr.io/google_containers/k8...
          sidecar              gcr.io/google_containers/k8...
```

可以看到 kubia 容器，以及其他正在运行的系统容器（在 kube-system 命名空间的容器中部署的容器）。请注意底部的两个容器在 UUID 或 STATE 列中什么都没有显示，这是因为它们与上面列出的 kubedns 容器属于同一个容器。

Rkt 将属于同一个 pod 的容器放在一起，打印成一组。每个 pod（而不是每个容器）都有其自己的 UUID 和状态。对比使用 Docker 作为容器运行时的执行结果，你会发现，使用 rkt 查看所有 pod 及其容器是多么容易。你可能注意到，由于 rkt 原生支持 pod，每个 pod 中都不存在基础设施容器（我们在第 11 章中对其进行了说明）。

列出容器镜像

如果你熟悉 Docker CLI 命令，那么也会很快上手 rkt 的命令。不带任何参数运行 rkt 会提示你所有可以运行的命令。下面的代码清单中展示了如何列出容器镜像。

代码清单 C.3 使用 rkt image list 命令列出镜像

```
$ rkt image list
ID           NAME                              SIZE     IMPORT TIME  LAST USED
sha512-a9c3  ...addon-manager:v6.4-beta.1  245MiB  24 min ago   24 min ago
sha512-a078  .../rkt/stage1-coreos:1.24.0  224MiB  24 min ago   24 min ago
sha512-5bbc  ...ker.io/luksa/kubia:latest  1.3GiB  23 min ago   23 min ago
sha512-3931  ...es-dashboard-amd64:v1.6.1  257MiB  22 min ago   22 min ago
sha512-2826  ...ainers/defaultbackend:1.0  15MiB   22 min ago   22 min ago
sha512-8b59  ...s-controller:0.9.0-beta.4  233MiB  22 min ago   22 min ago
sha512-7b59  ...dns-kube-dns-amd64:1.14.2  100MiB  21 min ago   21 min ago
sha512-39c6  ...nsmasq-nanny-amd64:1.14.2  86MiB   21 min ago   21 min ago
sha512-89fe  ...-dns-sidecar-amd64:1.14.2  85MiB   21 min ago   21 min ago
```

这些都是 Docker 格式的容器镜像。也可以使用 acbuild 工具（可在 https://github.com/containers/build 获取）构建 OCI（OCI 代表 Open Container Initiative）格

式的镜像。这些内容超出了本书的范围，在此不做详细介绍，你可以自行尝试。

到目前为止，本附录中解释的信息已经足以让你在 Kubernetes 中开始使用 rkt，要了解更多内容，请参阅 rtk 文档（https://coreos.com/rkt）和 Kubernetes 文档（https://kubernetes.io/docs）。

C.2 通过CRI使用其他容器运行时

Kubernetes 对容器运行时的支持并不仅限于 Docker 和 rkt。这两个运行时都是最初直接集成到 Kubernetes 中的，但在 Kubernetes 版本 1.5 中引入了 Container Runtime Interface（CRI）。CRI 是一个插件 API，可以轻松地将其他容器运行时与 Kubernetes 进行集成。用户现在无须深入研究 Kubernetes 代码，就可以自由地将其他容器运行时接入 Kubernetes，需要做的仅仅就是实现一些接口而已。

从 Kubernetes 1.6 版本开始，CRI 是 Kubelet 使用的默认接口。Docker 和 rkt 现在都通过 CRI 被使用。

C.2.1 CRI-O 容器运行时简介

除 Docker 和 rkt 外，一个称为 CRI-O 的新的 CRI 实现允许 Kubernetes 直接启动和管理 OCI-compliant 容器，而无须部署任何额外的容器运行时。

可以用 `--container-runtime=crio` 来启动 Minikube 试用 CRI-O。

C.2.2 使用虚拟机代替容器运行应用

Kubernetes 是一个容器编排系统，对吧？在整本书中，我们探讨了许多功能，表明它不仅仅是一个编排系统，但是目前为止，当你使用 Kubernetes 运行应用程序时，应用程序都是在容器中运行的。

正在开发新的 CRI 实现，允许 Kubernetes 在虚拟机中而非在容器中运行应用程序。一个名为 Frakti 的实现允许你直接通过 hypervisor 运行基于 Docker 的常规容器镜像，这意味着每个容器都运行它自己的内核。与使用相同内核的情况相比，这样可以更好地隔离容器。

不仅如此，另一个 CRI 实现是 Mirantis Virtlet，它可以运行真正的虚拟机镜像（采用 QCOW2 镜像文件格式，这是 QEMU 虚拟机工具使用的格式之一），而非容器镜像。当你使用 Virtlet 作为 CRI 插件时，Kubernetes 为每个 pod 启动一个虚拟机。

D Cluster Federation

在第 11 章，有关高可用性的章节中，我们探讨了 Kubernetes 是如何处理单个机器的故障，甚至整个服务器集群或基础设施的故障的。但是如果整个数据中心出了问题，该怎么办呢？

为确保你不受数据中心级别故障的影响，应用程序应同时部署在多个数据中心或云可用区域中。当其中一个数据中心或可用区域变得不可用时，可将客户端请求路由到运行在其余健康数据中心或区域中的应用程序。

虽然 Kubernetes 并不要求你在同一个数据中心内运行控制面板和节点，但为了降低它们之间的网络延迟，减少连接中断的可能性，人们还是希望将它们部署到一起。与其将单个集群分散到多个位置，更好的选择是在每个位置都有一个单独的 Kubernetes 集群。我们将在本附录中探讨这种方法。

D.1 认识Cluster Federation

Kubernetes 允许你通过 Cluster Federation 将多个集群组合成联合集群。它允许用户在全球不同地点运行多个集群部署和管理应用程序，同时也支持跨不同的云提供商与本地集群（混合云）相结合。Cluster Federation 的目标不仅是为了确保高可用性，还要将多个异构集群合并为一个通过单一管理界面进行管理的超级集群。

例如，通过将本地集群与在云提供商的基础架构上运行的集群相结合，可以在本地运行应用系统中的隐私敏感组件，而非敏感部件可以部署在云中运行。还有一种场景是，最初只在小型本地集群上运行应用程序，但是当应用程序的计算需求超过集群的容量时，应用程序就会溢出到基于云的集群上，云集群将在云供应商的基础架构上自动配置。

D.2 架构介绍

先来快速了解一下 Kubernetes Cluster Federation。联合集群就相当于是一个特殊的集群，只不过这个集群的节点是一个个完整的集群。与普通的 Kubernetes 集群包括控制面板和多个工作节点类似，联合集群包括一个 Federated 控制面板和多个 Kubernetes 集群。也正如 Kubernetes 控制面板管理分布在各个工作节点上的应用一样，Federated 控制面板管理分布在各个集群上的应用程序。

Federated 控制面板由三部分组成：

- 用于存储联合 API 对象的 etcd
- Federation API 服务器
- Federation Controller Manager

这与普通的 Kubernetes Control Plane 没有多大区别。etcd 存储联合 API 对象，API 服务器以 REST 的方式和所有其他组件通信，以及 Federation Controller Manager 运行多个联合控制器，这些控制器通过 API 服务器创建的 API 对象执行各种操作。

用户与 Federation API 服务器通信以创建联合 API 对象（或联合资源）。联合控制器监听这些对象，然后与底层集群的 API 服务器通信来创建常规 Kubernetes 资源。图 D.1 显示了联合集群的体系结构。

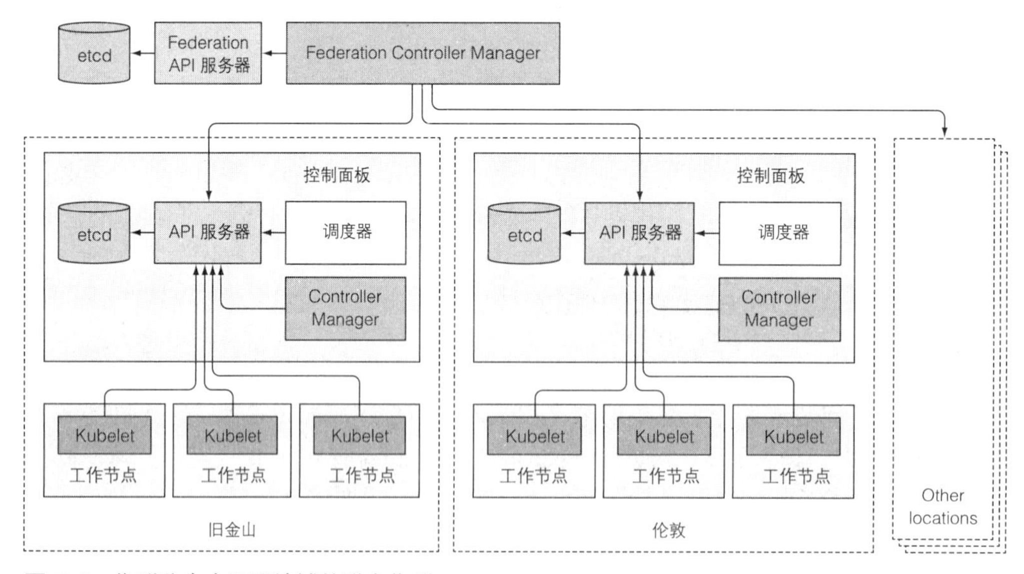

图 D.1 集群分布在不同地域的联合集群

D.3 了解连接API对象

联合 API 服务器可以创建你在本书中了解的所有对象的集合。

D.3.1 了解 Kubernetes 资源的联合版本

在本书编写的时候，以下的联合资源是被支持的：

- Namespace
- ConfigMap 和 Secret
- Service 和 Ingresse
- Deployment、ReplicaSet、Job 和 Daemonset
- HorizontalpodAutoscaler

注意 请阅读Kubernetes Cluster Federation 文档了解最新受支持的联合资源清单。

除了这些资源，联合 API 服务器还支持代表 Kubernetes 集群的 Cluster 对象，这与普通 Kubernetes 集群中 Node 对象代表工作节点的方式相同。图 D.2 更直观地展示了联合对象和底层集群创建的对象之间的关系。

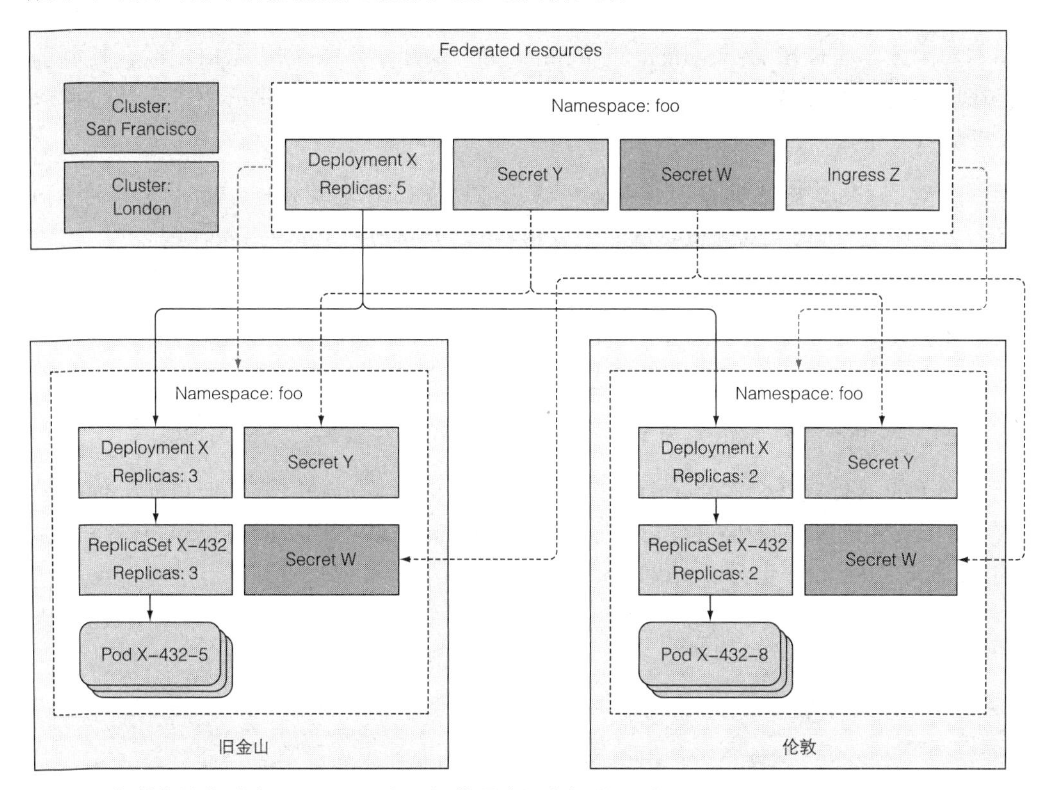

图 D.2 在潜在的集群中 federated 资源与普通资源之间的关系

D.3.2 了解联合资源的用途

对于一部分联合对象来说，当你在联合 API 服务器中创建对象的时候，Federation Controller Manager 中运行的控制器会在所有底层 Kubernetes 集群中创建普通的集群内资源，并管理这些资源直到联合对象被删除为止。

对于某些联合资源类型，在底层集群中创建的资源是联合资源的精确副本；对于其的联合资源而言，情况有些不同，这些联合资源根本不会在底层集群中创建任何对应的资源。副本与原始联合版本保持同步，但是同步只是单向的，只会从联合服务器到底层集群同步。如果修改底层集群中的资源，则这些更改将不会同步到联合 API 服务器。

例如，如果你在联合 API 服务器中创建一个命名空间，则所有底层集群中同样会创建出具有相同名称的命名空间。如果你在该命名空间内创建了一个 ConfigMap，那么具有相同名称和内容的 ConfigMap 将在所有基础集群中的同一个命名空间中被创建出来。这也适用于 Secret、Service 和 DaemonSet。

ReplicaSet 和 Deployment 是特例，它们不会盲目地被复制到底层集群，因为通常这不是用户想要的。毕竟，如果你创建一个期望副本数为 10 的 Deployment，那么可能你希望的并不是在每个底层集群中运行 10 个 pod 副本，而是一共需要 10 个副本。因此，当你在 Deployment 或 ReplicaSet 中指定所需的副本数时，联合控制器会在底层创建总数相同的副本。默认情况下，副本均匀分布在集群中，当然也可以手动修改。

注意 如果要获取所有集群中运行的 pod 列表，需要单独连接各个集群的 API 服务器获得。目前，还无法通过联合 API 服务器列出所有集群的 pod 列表。

另一方面，联合 Ingress 资源不会导致在底层集群中创建任何 Ingress 对象。你可能还记得，根据第 5 章的介绍，Ingress 代表了外部客户访问服务的单一入口点。因此，联合 Ingress 资源创建了多底层集群范围全局入口点。

注意 对于普通的 Ingress 来说，一个联合 Ingress 控制器还是必要的。

关于如何配置联合 Kubernetes 集群不在本书的讨论范围之内。但是如果你想了解关于这个主题的更多信息，可以参考 Kubernetes 在线文档中的用户和管理指南中的 Cluster Federation 部分 (http://kubernetes.io/docs/)。